ENCYCLOPÉDIE INDUSTRIELLE
Fondée par M.-C. Lechalas, Inspecteur général des Ponts et Chaussées en retraite

ANALYSE INFINITÉSIMALE

A L'USAGE DES INGÉNIEURS

PAR

Eugène ROUCHÉ

MEMBRE DE L'INSTITUT, PROFESSEUR AU CONSERVATOIRE DES ARTS ET MÉTIERS
EXAMINATEUR DE SORTIE A L'ÉCOLE POLYTECHNIQUE

ET

Lucien LÉVY

RÉPÉTITEUR D'ANALYSE ET EXAMINATEUR D'ADMISSION A L'ÉCOLE POLYTECHNIQUE

TOME SECOND

CALCUL INTÉGRAL

INTÉGRALES INDÉFINIES ET DÉFINIES
SÉRIES DE FOURIER. — FONCTIONS ELLIPTIQUES
ÉQUATIONS DIFFÉRENTIELLES ORDINAIRES ET AUX DÉRIVÉES PARTIELLES
CALCUL DES VARIATIONS

PARIS
GAUTHIER-VILLARS, IMPRIMEUR-LIBRAIRE
DE L'ÉCOLE POLYTECHNIQUE, DU BUREAU DES LONGITUDES, ETC.
Quai des Grands-Augustins, 55

1902

(*Voir la suite ci-après*)

ANALYSE INFINITÉSIMALE

ENCYCLOPÉDIE INDUSTRIELLE
Fondée par M.-C. Lechalas, Inspecteur général des Ponts et Chaussées en retraite

ANALYSE INFINITÉSIMALE

A L'USAGE DES INGÉNIEURS

PAR

Eugène ROUCHÉ

MEMBRE DE L'INSTITUT, PROFESSEUR AU CONSERVATOIRE DES ARTS ET MÉTIERS
EXAMINATEUR DE SORTIE A L'ÉCOLE POLYTECHNIQUE

ET

Lucien LÉVY

RÉPÉTITEUR D'ANALYSE ET EXAMINATEUR D'ADMISSION A L'ÉCOLE POLYTECHNIQUE

TOME SECOND

CALCUL INTÉGRAL

INTÉGRALES INDÉFINIES ET DÉFINIES
SÉRIES DE FOURIER. — FONCTIONS ELLIPTIQUES
ÉQUATIONS DIFFÉRENTIELLES ORDINAIRES ET AUX DÉRIVÉES PARTIELLES
CALCUL DES VARIATIONS

PARIS
GAUTHIER-VILLARS, IMPRIMEUR-LIBRAIRE
DE L'ÉCOLE POLYTECHNIQUE, DU BUREAU DES LONGITUDES, ETC.
Quai des Grands-Augustins, 55

1902

PRÉFACE DU TOME SECOND

Ce second volume est consacré au calcul des intégrales et à la solution des équations différentielles. Comme le premier, il s'adresse surtout aux Ingénieurs; il offre même un caractère pratique plus accentué, vu le nombre beaucoup plus considérable des applications géométriques ou mécaniques qu'il renferme.

Les applications relatives au calcul des intégrales concernent les rectifications, les quadratures, les volumes, les centres de gravité, les moments d'inertie, etc... Nous avons donné (pages 346 à 376) des tableaux contenant les formules que l'on rencontre le plus fréquemment; et même, pour faciliter l'emploi de ces tableaux, nous n'avons pas craint de nous répéter en plaçant à côté des types généraux quelques types particuliers; c'est ainsi que, après avoir donné les intégrales où figure le trinôme $mx^2 + 2nx + p$, nous avons donné aussi celles qui renferment les trinômes $-mx^2 + 2nx + p$, $x^2 + a^2$, $x^2 - a^2$, $(x-a)(x-b)$.

Les applications relatives aux équations différentielles sont empruntées à la théorie de l'élasticité, à la résistance des matériaux, au mouvement des fluides, à l'électricité, etc... Il ne pouvait évidemment entrer dans notre cadre d'exposer les théories physiques ou mécaniques conduisant aux équations différentielles traitées par nous ; il nous a suffi d'indiquer le sens précis de chaque lettre, puis de donner la solution des équations considérées, de telle sorte que l'ingénieur n'ait plus qu'à traduire en nombres les résultats obtenus.

Pour donner satisfaction aux lecteurs qui voudraient pousser plus avant leur instruction mathématique, nous avons fait place à quelques théories qu'on pourra omettre dans une première lecture ; telles sont la réduction des intégrales abéliennes, ou la méthode de Jacobi pour l'intégration des équations aux dérivées partielles du premier ordre. Nous avons aussi laissé entrevoir qu'il peut exister, pour les problèmes les plus simples, des solutions discontinues ou même des solutions non analytiques ; mais, nous avons évité de nous étendre sur les considérations qui permettent d'exclure ou de prévoir de telles solutions, notre but se bornant à avertir le lecteur qu'il faut parfois sortir des sentiers battus.

Nous sommes heureux d'offrir nos remerciements à M. Emile Picard qui a bien voulu résumer, spécialement pour notre ouvrage, ses beaux travaux sur les méthodes d'approximation relatives aux équations différentielles ordinaires ou aux dérivées partielles. Ce sujet est bien propre à intéresser les ingénieurs ; il est même assurément peu de recherches qui puissent leur être plus utiles.

La même raison nous a amenés à insister sur le calcul des variations ; ce calcul a parfois paru rebutant à cause de la complication des formules générales. En nous restreignant volontairement aux cas les plus simples qui sont aussi les plus usuels, et en changeant profondément le mode d'exposition, nous espérons avoir fait de ce chapitre un des plus attrayants du calcul intégral.

SUITE DE L'ERRATUM DU TOME PREMIER

Page 230, ligne 7, effacer le crochet.
233, » 16, *au lieu de* : $(y - y_3)^3$, *lire* : $(y - y_3)^2$.
273, » 3, *au lieu de* : $\frac{y}{1.\,2}$, *lire* : $\frac{y^2}{1.\,2}$.
284, » 2 en remontant, ajouter dx après le radical.
290, » 1, après quelconque effacer la virgule.
311, » 13 en remontant, mettre $S \equiv$ devant le Σ.
338, » 12 en remontant, effacer le n° 5.
390, dans la dernière ligne du texte, *au lieu de* : d'une forme, *lire* : conforme d'une.
431, ligne 5, *au lieu de* : β^2 *lire* : $\beta\eta$.
498, » 9 en remontant, *au lieu de* : disons, que, *lire* : dirons que.
id., » 8 en remontant, *au lieu de* : voulons, *lire* : voudrons.
531, » 3, 4, 5 en remontant, *au lieu de* : $\frac{d^2x}{du\,dv}$, $\frac{d^2y}{du\,dv}$, $\frac{d^2z}{du\,dv}$,
lire : $\frac{\partial^2 x}{\partial u\,\partial v}$, $\frac{\partial^2 y}{\partial u\,\partial v}$, $\frac{\partial^2 z}{\partial u\,\partial v}$.
532, dernière ligne, effacer l'indice du premier r_1.
538, formule (65), *au lieu de* : $\frac{\partial r_1}{\partial v} - \frac{\partial r}{\partial u}$, *lire* : $\frac{\partial r}{\partial v} - \frac{\partial r_1}{\partial u}$.
539, ligne 7, *au lieu de* : C, *lire* : G.
546, » 14, *au lieu de* : λ étant en fonction de u et de v, *lire* : (λ étant fonction de u et de v).

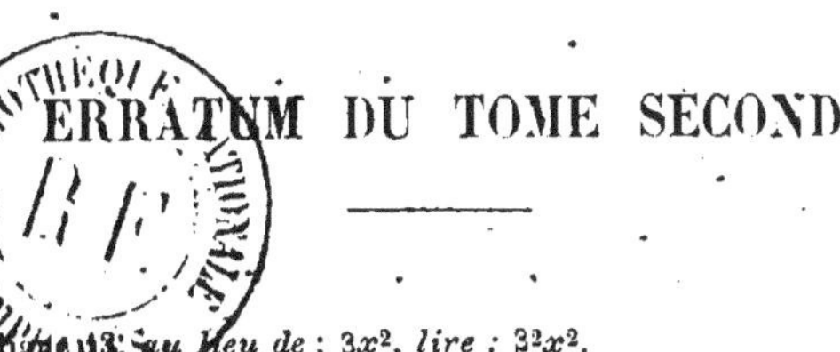

ERRATUM DU TOME SECOND

Page 55, ligne 13, *au lieu de* : βx^2, *lire* : $\beta^2 x^2$.
75, » 5, mettre le signe — devant la fraction, après le mot « log ».
98, » 4, l'égalité (15) doit être écrite ainsi : $I = -\frac{\pi}{2} \log 2$.
101, » 3 en remontant, rétablir la barre de fraction entre les lettres b et a.
id., dernière ligne, après le signe +, écrire C.
102, ligne 6, *au lieu de* : a_m, *lire* : A_m.
105, dernière ligne, *lire* : dans laquelle les coefficients c_i sont entiers.
155, ligne 6, *au lieu de* : Z, *lire* : z.
166, » 6, le paragraphe doit être numéroté 125.
167, » 10, *au lieu de* : z, *lire* : Z.
173, » 7, la lettre α doit avoir l'indice k et la lettre β l'indice j.
191, » 14 en remontant, *au lieu de* : 138, *lire* : 139.
224, » 10 et 11, *au lieu de* : 168 à 171, *lire* : 169 à 172.
249, » 10, rétablir la parenthèse entre les lettres f et x.
id., » 11, *au lieu de* : tendue, *lire* : étendue.
278, dans le second membre de la formule (35 *bis*), mettre le signe + entre Pdu et Qdv.
308, ligne 2 en remontant, le premier terme du second membre doit être précédé du facteur $\frac{1}{e}$.
345, la dernière ligne se termine par dz et non par yz.
353, ligne 3, sous le second radical, *au lieu de* : $a^2 + x^3$, *lire* : $a^2 + x^2$.
354, » 1, immédiatement après le signe =, *au lieu de* : $\frac{2}{\sqrt{a^2 - b^2}}$, *lire* : $\frac{2}{\sqrt{a^2 + b^2}}$.
368, » 3, *au lieu de* : segment $= ab \arcsin \frac{x}{a} - \frac{b}{a} x \sqrt{a^2 - x^2}$, *lire* :

$$\text{segment} = \frac{1}{2}\left(ab \arcsin \frac{x}{a} + \frac{b}{a} x \sqrt{a^2 - x^2}\right).$$

481, » 15, au numérateur de la fraction, *au lieu de* : ${}_0a$, *lire* : a_0.
626, » 9 en remontant, entre (72) et le mot « devient » ajouter « (chap. I) ».
663, » 13 en remontant, *au lieu de* : Arupère, *lire* : Ampère.
id., » 7 en remontant, *au lieu de* M. Kowaleski, *lire* : Mme Kowaleski.
666, » 4, *au lieu de* f_8, *lire* : f_3.
752, le numéro du paragraphe est 605 et non 695.
774, ligne 8 en remontant, rétablir la lettre y sous le radical après le signe —.

CHAPITRE PREMIER

DES INTÉGRALES INDÉFINIES

Rappel de définitions et définitions nouvelles Premières propriétés

1. Nous avons eu, à plusieurs reprises, dans le premier volume, l'occasion de donner les premières définitions du calcul intégral. Rappelons-les rapidement.

Considérons la somme

$$\sum_{0}^{n-1} (x_{i+1} - x_i) f(\xi_i) \tag{1}$$

dans laquelle i reçoit les valeurs 0, 1, 2... $n-1$ et où ξ_i représente un nombre quelconque compris entre x_i et x_{i+1} ; on suppose, de plus, que $x_0 = a$, et $x_n = b$, a et b étant deux constantes. Nous avons démontré (t. I, n° 3), par des considérations géométriques et l'on démontrerait aisément, par une méthode analytique analogue à celle que nous avons développée n° 282, que cette somme a, lorsque les différences $x_{i+1} - x_i$ tendent toutes vers zéro, une limite bien définie ; nous supposons pour le moment que $f(x)$ reste, pour toutes les valeurs de x comprises entre a et b, continue et bien déterminée. On appelle cette limite *somme* de a à b, et on la désigne par la notation

$$\int_a^b f(x)dx.$$

Cette expression s'appelle aussi une *intégrale définie* ; a et b sont les limites de cette intégrale, et il est essentiel de remarquer qu'il n'y a aucun lien entre les limites et la lettre qui figure dans l'expression $f(x)dx$. Ainsi on a

$$\int_a^b f(x)dx = \int_a^b f(\alpha)d\alpha$$

L'intégrale définie ne dépend que de ses limites. La différentielle $f(x)dx$ s'appelle aussi la *quantité sous le signe* $\int$ ou l'*expression à intégrer*.

2. Si la limite supérieure b est variable, et nous la désignerons alors par x, l'intégrale définie devient une fonction d'x qu'on appelle une *intégrale indéfinie* ; cette intégrale indéfinie a pour dérivée $f(x)$ (I, n° 4) ; ainsi l'on a

$$\left[\int_a^x f(\alpha)d\alpha\right]' = f(x), \tag{2}$$

et l'intégrale indéfinie est une fonction primitive de $f(x)$.

3. Soit $\varphi(x)$ une fonction primitive quelconque de $f(x)$. Nous avons démontré (n° 234) que

$$\int_a^b f(\alpha)d\alpha = \varphi(b) - \varphi(a) \tag{3}$$

On écrit souvent

$$\int_a^b f(\alpha)d\alpha = \left[\varphi(x)\right]_a^b$$

4. Voici maintenant quelques propriétés évidentes du nouveau symbole dans lequel nous supprimerons, pour la rapidité de l'écriture, l'expression différentielle $f(\alpha)d\alpha$. Soit

$$d > c > b > a\,;$$

on aura

$$\int_a^d = \int_a^b + \int_b^c + \int_c^d \tag{4}$$

5. Si, dans la définition de l'intégrale définie, on change le signe de toutes les différences $x_{i+1} - x_i$, on voit immédiatement que

$$\int_a^b = -\int_b^a \tag{5}$$

6. Il résulte des nos 3 et 5 la dérivée d'une intégrale définie par rapport à sa limite inférieure :

$$\frac{d}{da}\int_a^b f(x)dx = -f(a) \tag{6}$$

7. On a encore évidemment

$$\int_a^b \left[A f(x) + B\varphi(x) + C\psi(x) + \ldots\right] dx$$

$$= A\int_a^b f(x)dx + B\int_a^b \varphi(x)dx + C\int_a^b \psi(x)dx + \ldots,$$

A, B, C... étant des constantes. Et la relation subsiste pour les intégrales indéfinies, à condition d'ajouter au second membre une constante arbitraire, puisque, pour passer à l'intégrale indéfinie, il suffit de rendre variable la limite supérieure.

Théorèmes de la moyenne

8. Soit M la plus grande et m la plus petite des valeurs que peut prendre la fonction $f(x)$ entre a et b. Comme on a évidemment, en supposant $x_{i+1} > x_i$,

$$M(x_{i+1} - x_i) > f(\xi_i)(x_{i+1} - x_i) > m(x_{i+1} - x_i),$$

on aura aussi

$$\sum_{i=0}^{i=n-1} M(x_{i+1} - x_i) > \sum f(\xi_i)(x_{i+1} - x_i) > \sum m(x_{i+1} - x_i),$$

c'est-à-dire, en supposant $b > a$,

$$M(b-a) > \int_a^b f(x)dx > m(b-a).$$

Si, comme nous l'avons supposé, la fonction $f(x)$ est continue, le produit $(b-a)f(x)$ passe par toutes les valeurs comprises entre $m(b-a)$ et $M(b-a)$ et, en particulier, il y aura une valeur ξ de x comprise entre a et b, telle que l'on ait

$$\int_a^b f(x)dx = (b-a)f(\xi), \tag{7}$$

C'est dans cette dernière égalité que consiste le *premier théorème de la moyenne*; elle suppose essentiellement, rappelons-le, ξ compris entre a et b.

Si l'on désigne par $F(x)$ une fonction primitive de $f(x)$, l'égalité (7) peut s'écrire

$$F(b) - F(a) = (b-a)F'(\xi);$$

on retrouve ainsi le théorème des accroissements finis (t. I, n° 37).

9. Considérons maintenant une fonction $\varphi(x)$ qui reste positive pour toutes les valeurs de x comprises entre a et b, et conservons les notations du numéro précédent; on aura encore

$$M\varphi(\xi_i)(x_{i+1}-x_i) > \varphi(\xi_i)f(\xi_i)(x_{i+1}-x_i) > m\varphi(\xi_i)(x_{i+1}-x_i)$$

En faisant la somme de toutes les inégalités analogues pour $i = 0, 1, 2 \ldots n-1$, et passant à la limite, comme le veut la définition de l'intégrale définie, on trouve

$$M\int_a^b \varphi(x)dx > \int_a^b f(x)\varphi(x)dx > m\int_a^b \varphi(x)dx.$$

On peut encore écrire, pour les mêmes raisons qu'au n° 8

$$\int_a^b \varphi(x)f(x)dx = f(\xi)\int_a^b \varphi(x)dx, \qquad (8)$$

ξ étant compris entre a et b. Nous donnerons à cette égalité le nom de *second théorème de la moyenne* (*).

Ainsi l'intégrale

$$\int_0^x \frac{dx}{\sqrt{(1-x^2)(1-k^2x^2)}},$$

dans laquelle on suppose x et k^2 inférieurs à l'unité, est égale à

$$\frac{1}{\sqrt{1-k^2\xi^2}}\int_0^x \frac{dx}{\sqrt{1-x^2}},$$

(*) On réserve souvent ce nom à un théorème un peu plus compliqué, dû à O. Bonnet, dont nous n'aurons pas à faire usage.

c'est-à-dire à

$$\frac{\text{arc sin } x}{\sqrt{1-k^2\xi^2}}.$$

On peut encore écrire, en remplaçant ξ par *zéro* et par *un* successivement,

$$\text{arc sin } x < \int_0^x \frac{dx}{\sqrt{(1-x^2)(1-k^2x^2)}} < \frac{\text{arc sin } x}{\sqrt{1-k^2}},$$

Objet du calcul intégral

10. Le calcul intégral a pour objet de déterminer les intégrales indéfinies connaissant leurs différentielles, de calculer les valeurs des intégrales définies, même dans les cas où l'intégrale indéfinie ne peut être obtenue, d'étudier les propriétés des intégrales indéfinies lors même qu'elles ne peuvent être exprimées à l'aide d'aucune fonction antérieurement connue, d'étendre cette étude au cas où la variable devient imaginaire. Des problèmes analogues se posent avec plusieurs variables. On sait encore déterminer certaines fonctions, connaissant une relation dite *équation différentielle*, entre la fonction et quelques unes de ses dérivées, traiter le même problème lorsque plusieurs fonctions d'une variable sont reliées par un même nombre d'équations différentielles, étudier une fonction de plusieurs variables étant donnée une relation, dite *équation aux dérivées partielles*, entre ses dérivées de divers ordres par rapport à ces variables, s'élever enfin au cas de plusieurs fonctions satisfaisant à un système d'équations aux dérivées partielles. Chemin faisant, nous rencontrerons d'autres recherches suggérées par les problèmes dont il vient d'être question. Ce premier chapitre sera consacré à la recherche des intégrales indéfinies qui peuvent s'exprimer à l'aide de fonctions antérieurement connues, c'est-à-dire, au fond, à la recherche des fonctions primitives ; nous écrirons

$$\int f(x)dx \quad \text{au lieu de} \quad \int_a^x f(\alpha)d\alpha,$$

le changement de la limite inférieure n'influant que sur la constante arbitraire qui doit être ajoutée à la fonction primitive.

Extension de la notion d'intégrale définie

11. La fonction $f(x)$ a été, jusqu'à présent, supposée continue et bien déterminée. On peut, dans une certaine mesure, supprimer la première condition. D'abord, il est évident que $f(x)$ peut avoir un nombre fini de discontinuités dans le champ de l'intégration. Supposons, en effet, que pour $x = x_0$, $f(x)$ saute brusquement de la valeur βB à la valeur βC, l'élément de la somme (1),

$$f(\xi_i)\,(x_{i+1} - x_i),$$

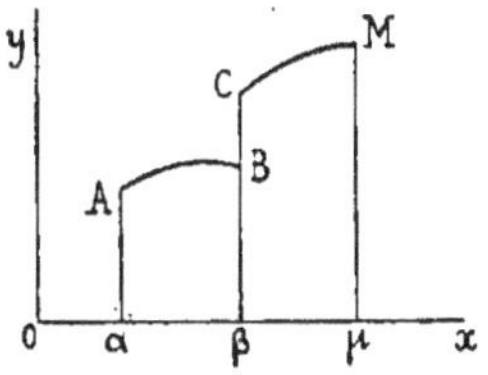

qu'on peut faire correspondre à $x_i = x_0 - \varepsilon$ et $x_{i+1} = x_0 + \varepsilon'$, tend vers zéro, quelle que soit la valeur donnée à $f(\xi_i)$, lorsque ε et ε' tendent vers zéro ; sa valeur n'influe donc pas sur la somme $\sum_0^{n-1} f(\xi_i)(x_{i+1} - x_i)$. L'intégrale représente encore l'aire αABCMμα.

Fig. 1

12. En second lieu, admettons que, pour $x = x_0$, $f(x)$ devienne infinie. Ici il faut y regarder de plus près.

Reprenons l'égalité (4) que nous écrirons ainsi

$$\int_a^b = \int_a^{x_0-\varepsilon} + \int_{x_0-\varepsilon}^{x_0+\varepsilon'} + \int_{x_0+\varepsilon'}^b .$$

L'intégrale intermédiaire

$$\int_{x_0-\varepsilon}^{x_0+\varepsilon'} f(x)dx,$$

qui tend vers zéro en même temps que ε et ε' lorsque $f(x)$ demeure finie, perd toute signification, en général, si $f(x)$ devient infinie pour $x = x_0$. Supposons alors que les intégrales

$$\int_a^{x_0-\varepsilon} f(x)dx \quad \text{et} \quad \int_{x_0+\varepsilon'}^b f(x)dx$$

aient, dans les mêmes hypothèses, des limites bien déterminées; nous prendrons *pour définition* de l'intégrale définie l'égalité

$$\int_a^b f(x)dx = \lim_{\varepsilon=0} \int_a^{x_0-\varepsilon} f(x)dx + \lim_{\varepsilon'=0} \int_{x_0+\varepsilon'}^b f(x)dx. \quad (9)$$

Cette définition ne suppose pas que l'intégrale $\int_{x_0-\varepsilon}^{x_0+\varepsilon'}$ tende vers zéro; mais, si cette dernière intégrale tend vers zéro lorsque ε et ε' tendent d'une manière quelconque vers zéro, les intégrales $\int_{x_0-\varepsilon}^{x_0}$ et $\int_{x_0}^{x_0+\varepsilon'}$ tendent évidemment vers zéro; les intégrales qui figurent dans le second membre de l'égalité (9) ont des limites et cette égalité s'applique.

13. Considérons par exemple l'expression

$$\int_{-1}^{+1} x^\alpha dx.$$

L'intégrale indéfinie de $x^\alpha dx$ est

$$\frac{x^{\alpha+1}}{\alpha+1}$$

et l'on aura (n° 3)

$$\int_{-1}^{+1} x^\alpha dx = \frac{1-(-1)^{\alpha+1}}{\alpha+1}.$$

Mais il faut, pour que cette formule subsiste, que x^α ne devienne pas infinie dans le champ de l'intégration, c'est-à-dire que α soit positif, ou, si cet exposant est négatif, que les conditions exposées au n° 12 soient remplies.

Dans ce dernier cas, x^α devient infinie pour $x = 0$, et nous avons à examiner l'intégrale

$$\int_{-\varepsilon}^{+\varepsilon'} x^\alpha dx = \frac{\varepsilon'^{\alpha+1}-(-\varepsilon)^{\alpha+1}}{\alpha+1}$$

lorsque ε et ε' tendent simultanément vers zéro. Pour que cette intégrale devienne nulle, il faut et il suffit que l'exposant $\alpha+1$ soit positif, ce qui donne la condition

$$\alpha > -1.$$

On a alors

$$\int_{-1}^{+1} x^{\alpha}dx = \lim_{\varepsilon=0}\int_{-1}^{\varepsilon} x^{\alpha}dx + \lim_{\varepsilon'=0}\int_{\varepsilon'}^{+1} x^{\alpha}dx =$$
$$= \frac{-(-1)^{\alpha+1}}{\alpha+1} + \frac{1}{\alpha+1},$$

comme dans le cas où α est positif.

Si $\alpha = -1$, on a $x^{\alpha} = \frac{1}{x}$,

$$\int \frac{dx}{x} = \log x,$$

ce qui exige essentiellement que x soit positif.

L'intégrale

$$\int_{-1}^{+1} \frac{dx}{x},$$

n'a aucun sens jusqu'à présent.

Si l'on a $\alpha < -1$, les deux intégrales $\int_{-1}^{0} x^{\alpha}dx$ et $\int_{0}^{+1} x^{\alpha}dx$ sont infinies et leur somme n'a aucun sens.

14. Les limites de l'intégrale ont été, jusqu'à présent, supposées finies. Faisons maintenant croître à l'infini la limite supérieure b. Si l'intégrale tend vers une limite, on aura, par définition,

$$\int_{a}^{\infty} f(x)dx = \lim_{b=\infty}\int_{a}^{b} f(x)dx.$$

15. Soit par exemple $f(x) = \frac{1}{x^p}$, $(p > 1)$.

On aura

$$\int_b^a \frac{dx}{x^p} = \frac{1}{1-p}\left(\frac{1}{b^{p-1}} - \frac{1}{a^{p-1}}\right) \qquad (10)$$

et

$$\int_a^\infty \frac{dx}{x^p} = -\frac{1}{1-p}\frac{1}{a^{p-1}}.$$

Si au contraire p est inférieur ou égal à l'unité, le symbole $\int_a^\infty$ n'a plus de sens ; le second membre de (10) croît sans limite.

16. Il n'existe pas de règle générale pour reconnaître si $\int_a^\infty f(x)dx$ est bien déterminée, pas plus qu'on ne sait en général, reconnaître, si l'intégrale $\int_a^b f(x)dx$ conserve un sens défini lorsque $f(x)$ devient infinie pour une valeur de x comprise entre a et b.

Voici deux théorèmes qui permettent de résoudre la question dans des cas assez étendus.

17. *Si, pour $x = x_0$, $f(x)$ devient infinie, mais si le produit $(x - x_0)^\alpha f(x)$ conserve une valeur finie, α étant inférieur à l'unité, l'intégrale $\int_a^b f(x)dx$, où l'on a $a < x_0 < b$, aura un sens bien déterminé.*

Il suffit évidemment, à cause de la définition, de démontrer que chacune des intégrales suivantes

$$\int_a^{x_0} f(x)dx \quad \text{et} \quad \int_{x_0}^{b} f(x)dx,$$

a un sens bien déterminé ; la démonstration est la même pour les deux. Nous n'examinerons que la première. Soit A la limite du produit $(x_0 - x)^\alpha f(x)$, on aura, pourvu que x soit suffisamment voisin de x_0 $(x < x_0)$,

$$A - \varepsilon < (x_0 - x)^\alpha f(x) < A + \varepsilon,$$

ε étant un nombre donné aussi petit qu'on voudra. On déduit de là

$$\frac{A - \varepsilon}{(x_0 - x)^\alpha} < f(x) < \frac{A + \varepsilon}{(x_0 - x)^\alpha},$$

et par suite

$$(A - \varepsilon) \int_a^{x_0} \frac{dx}{(x_0 - x)^\alpha} < \int_a^{x_0} f(x)dx < (A + \varepsilon) \int_a^{x_0} \frac{dx}{(x_0 - x)^\alpha}.$$

Or l'intégrale qui figure dans le premier et dans le troisième membres a une valeur L bien déterninée. L'intégrale $\int_a^{x_0} f(x)dx$ a donc une limite $A \times L$ bien déterminée.

De même, si ce produit ne tend pas vers zéro, et si α est supérieur à l'unité, l'intégrale $\int_a^{x_0} f(x)dx$ n'a pas de sens ; l'expression $\int_a^{x_0 - \varepsilon}$ croît sans limite quand ε tend vers zéro. La démonstration est identique à celle qui vient d'être donnée : on pourra, pour ε suffisamment petit, et en supposant, par exemple $(x_0 - x)^\alpha f(x)$ positif, trouver un nombre n tel que l'on ait

$$(x_0 - x)^\alpha f(x) > n,$$

ou, comme $(x_0 - x)^\alpha$ est positif,

$$f(x) > \frac{n}{(x_0 - x)^\alpha},$$

ou, en intégrant

$$\int_a^{x_0 - \varepsilon} f(x)dx > n \int_a^{x_0 - \varepsilon} \frac{dx}{(x_0 - x)^\alpha}.$$

L'intégrale du second membre a pour valeur

$$\frac{1}{\alpha - 1}\left[\frac{1}{\varepsilon^{\alpha - 1}} - \frac{1}{(x_0 - \;)^{\alpha - 1}}\right],$$

et croît sans limite lorsque ε tend vers zéro.

18. *Si, pour x infini, le produit $x^n f(x)$ reste inférieur en valeur absolue à un nombre donné L, l'intégrale* $\int_a^x f(x)dx$ *aura une limite, pourvu que n soit supérieur à l'unité.*

Supposons positives les quantités x, $f(x)$, et par suite L, ce qui facilite l'écriture sans diminuer la généralité de la démonstration. On aura

$$x^n f(x) < \mathrm{L},$$

d'où

$$f(x) < \frac{\mathrm{L}}{x^n},$$

et, en intégrant,

$$\int_a^x f(x)dx < \frac{L}{1-n}\left[\frac{1}{x^{n-1}} - \frac{1}{a^{n-1}}\right].$$

Lorsque x croît à l'infini, le second membre a une limite finie; il en est donc de même du premier qui est une somme de quantités positives.

En particulier, si L est la limite du produit $x^n f(x)$, on aura

$$\int_a^\infty f(x)dx = \frac{L}{n-1}\frac{1}{a^{n-1}}.$$

Au contraire *si n est supérieur ou égal à l'unité et si le produit $x^n f(x)$ reste, pour x suffisamment grand, supérieur en valeur absolue à un nombre donné, l'intégrale* $\int_a^\infty f(x)dx$ *n'aura pas de limite.* La démonstration étant analogue aux précédentes, nous nous dispenserons de la donner.

19. Par exemple, les deux théorèmes précédents permettent d'affirmer que

$$\int_a^{x_1} \frac{dx}{(x-x_1)(x-x_2)(x-x_3)\dots},$$

est infinie, tandis que

$$\int_a^{x_1} \frac{dx}{\sqrt{4x^3 - g_2x - g_3}} \quad \text{et} \quad \int_a^{x_1} \frac{dx}{\sqrt{(1-x^2)(1-k^2x^2)}},$$

ont des valeurs bien déterminées, x_1 étant une racine du polynôme soumis au radical et a un nombre inférieur à cette racine, mais supérieur à la racine qui est immédiatement inférieure à x_1. A vrai dire une nouvelle difficulté se présente ici, les quantités soumises au radical pouvant être négatives ; mais nous supposerons, dans ce cas, qu'on a changé tous les signes, sauf à multiplier l'intégrale par $\sqrt{-1}$.

De même on peut affirmer que $\int_0^\infty e^{-x^2}dx$ a une valeur finie.

Rappelons que les théorèmes de la moyenne permettent d'aller plus loin. Nous avons vu par exemple (n° 9) que l'intégrale

$$\int_0^1 \frac{dx}{\sqrt{(1-x^2)(1-k^2x^2)}}$$

est comprise entre

$$\frac{\pi}{2} \quad \text{et} \quad \frac{1}{\sqrt{1-k^2}}\frac{\pi}{2}.$$

L'intégrale

$$\mathrm{I} = \int_0^\infty e^{-x^2}dx,$$

peut s'écrire

$$\int_0^1 e^{-x^2}dx + \int_1^\infty e^{-x^2}dx.$$

Pour les valeurs de x positives et inférieures à l'unité on aura

$$\int_0^1 e^{-x^2}x dx < \int_0^1 e^{-x^2}dx.$$

La première expression peut s'intégrer complètement, car on connaît la fonction primitive de xe^{-x^2}, qui est $-\frac{1}{2}e^{-x^2}$; on a donc

$$\int_0^1 e^{-x^2}x\,dx = \frac{1}{2}\left(1-\frac{1}{e}\right)$$

et

$$\frac{1}{2}\left(1-\frac{1}{e}\right) < \int_0^1 e^{-x^2}dx < 1, \qquad (11)$$

en remarquant, pour écrire la dernière inégalité, que e^{-x^2} est toujours inférieur à *un*.

On aura de même, pour x compris entre 1 et ∞,

$$0 < \int_1^\infty e^{-x^2}dx < \int_1^\infty e^{-x^2}x\,dx$$

ou

$$0 < \int_1^\infty e^{-x^2}dx < \frac{1}{2e}. \qquad (12)$$

Donc finalement on aura, en ajoutant les inégalités (11) et (12) membre à membre,

$$\frac{1}{2} - \frac{1}{2e} < \mathrm{I} < 1 + \frac{1}{2e}.$$

La valeur exacte de I est $\frac{\sqrt{\pi}}{2}$, comme on le verra dans le second chapitre.

20. Le théorème, énoncé au début du n° 18, impose à $f(x)$ la condition d'avoir zéro pour limite lorsque x devient infinie. Mais cette condition n'est nullement nécessaire et $f(x)$ peut être indéterminée. Nous en verrons des exemples dans le chapitre suivant.

21. Il importe de vérifier que les propriétés établies aux nos 3 et suivants pour les intégrales ordinaires subsistent avec l'extension que nous avons donnée à ce mot.

Supposons d'abord que, pour $x = c$, $f(x)$ devienne infinie, mais que la fonction primitive $\varphi(x)$ reste finie et continue. On a par définition

$$\int_a^b f(x)dx = \lim_{\varepsilon = 0} \int_a^{c-\varepsilon} f(x)dx + \lim_{\varepsilon' = 0} \int_{c+\varepsilon'}^b f(x)dx$$
$$= \lim_{\varepsilon = 0} \left[\varphi(c-\varepsilon) - \varphi(a)\right] + \lim_{\varepsilon' = 0} \left[\varphi(b) - \varphi(c+\varepsilon')\right]$$
$$= \varphi(b) - \varphi(a).$$

Même démonstration pour les formules des nos 4, 5, 6 et 7.

22. Il résulte des nos précédents que le calcul des intégrales définies se trouve singulièrement simplifié lorsqu'on connaît l'intégrale indéfinie. C'est à la recherche de cette dernière intégrale que sera consacrée la fin du chapitre.

Intégration par parties

23. Cette première méthode d'intégration est fondée sur la formule

$$d.uv = udv + vdu,$$

qu'on peut écrire

$$udv = d.uv - vdu,$$

ou, en intégrant,

$$\int udv = uv - \int vdu. \qquad (13)$$

Si l'intégrale $\int v du$ rentre dans celles qui viennent d'être établies (ou qui s'en déduisent immédiatement), la formule (13) fera connaître $\int u dv$.

24. Par exemple, soit

$$u = \text{arc sin } x \qquad dv = dx,$$

la formule (13) donne

$$\begin{aligned}\int \text{arc sin } x \, dx &= x \text{ arc sin } x - \int \frac{x dx}{\sqrt{1 - x^2}} \\ &= x \text{ arc sin } x + \int d. \sqrt{1 - x^2} \\ &= x \text{ arc sin } x + \sqrt{1 - x^2}\end{aligned}$$

De même soit :

$$u = \text{L } x, \qquad dv = dx;$$

$$\int \text{L}x dx = x\text{L}x - \int x \frac{dx}{x} = x\text{L}x - x.$$

On aura de même

$$\begin{aligned}\int x^m \text{L}x dx &= \frac{x^{m+1}}{m+1} \text{L}x - \int \frac{x^m}{m+1} dx \\ &= \frac{x^{m+1}}{m+1} \text{L}x - \frac{x^{m+1}}{(m+1)^2}.\end{aligned}$$

Considérons encore l'intégrale

$$\int \frac{x^2 dx}{(x \sin x + \cos x)^2}$$

que nous écrirons, en multipliant et divisant par la dérivée de la parenthèse, $x \cos x$.

$$\int \frac{x}{\cos x} \frac{x \cos x \, dx}{(x \sin x + \cos x)^2}.$$

On peut alors appliquer la formule (13) en posant

$$u = \frac{x}{\cos x}, \qquad v = -\frac{1}{x \sin x + \cos x},$$

ce qui donne

$$\begin{aligned} \int \frac{x}{\cos x} \frac{x \cos x \, dx}{(x \sin x + \cos x)^2} &= -\frac{x}{\cos x} \frac{1}{x \sin x + \cos x} + \int \frac{dx}{\cos^2 x} \\ &= -\frac{x}{\cos x} \frac{1}{x \sin x + \cos x} + \operatorname{tang} x \\ &= \frac{\sin x - x \cos x}{x \sin x + \cos x}. \end{aligned}$$

On verrait de même que

$$\int \frac{x^2 dx}{(\sin x - x \cos x)^2} = -\frac{x \sin x + \cos x}{\sin x - x \cos x}.$$

25. La méthode précédente peut être appliquée plusieurs fois de suite.

Soit par exemple $P(x)$ ou simplement P un polynôme de degré n ; soient P', P'', ... ses dérivées successives par rapport à x. Comme $e^{-x}dx$ est une différentielle exacte, on aura successivement

$$\int Pe^{-x}dx = -Pe^{-x} + \int P'e^{-x}dx,$$

$$\int P'e^{-x}dx = -P'e^{-x} + \int P''e^{-x}dx$$

. . . .

$$\int P^{(n-1)}e^{-x}dx = -P^{(n-1)}e^{-x} + \int P^{(n)}e^{-x}dx$$

$$\int P^{(n)}e^{-x}dx = -P^{(n)}e^{-x}$$

d'où, en ajoutant toutes ces égalités membre à membre et posant

$$F(x) = -\left[P + P' + P'' + \ldots\ldots + P^{(n-1)} + P^{(n)}\right],$$

$$\int Pe^{-x}dx = F(x)e^{-x}. \qquad (14)$$

26. L'exemple précédent a pu être poussé jusqu'au bout parce qu'un des deux facteurs du produit s'est trouvé être une dérivée n^{me} exacte. Il en sera de même dans tous les cas analogues et nous pouvons écrire la formule, obtenue en appliquant p fois la formule (13),

$$\left.\begin{aligned} \int uv^{(n)}dx &= uv^{(n-1)} - u'v^{(n-2)} + u''v^{(n-3)} \ldots\ldots \\ &+ (-1)^p u^{(p)}v^{(n-p-1)} + (-1)^{p+1}\int u^{(p+1)}v^{(n-p-1)}dx. \end{aligned}\right\} \quad (15)$$

Si, pour une valeur de p, la dernière intégration peut être effectuée, il en résultera la valeur du premier membre de l'égalité (15) sous forme finie.

27. Il est clair qu'une différentielle étant donnée, il se présente une infinité de manières de la décomposer en un produit de deux facteurs. L'habileté du calculateur consiste précisément dans le choix du mode de décomposition qui fera réussir la méthode d'intégration par parties. On en a vu, au n° 24, un exemple intéressant.

En voici un autre qui nous conduira à une formule très usuelle. Soit à intégrer

$$I_m = \int \sin^m x dx.$$

Nous écrirons

$$I_m = \int \sin^{m-1} x . \sin x dx ;$$

ce qui donne, en intégrant par parties,

$$I_m = -\sin^{m-1} x \cos x + (m-1) \int \sin^{m-2} x \cos^2 x dx \quad (16)$$

Remarquons maintenant que $\cos^2 x = 1 - \sin^2 x$; la dernière intégrale s'écrira

$$\int \sin^{m-2} x (1 - \sin^2 x) dx = \int \sin^{m-2} x dx - \int \sin^m x dx$$
$$= I_{m-2} - I_m.$$

La formule (16) deviendra donc

$$m I_m = -\sin^{m-1} x \cos x + (m-1) I_{m-2} \quad (17)$$

C'est une formule de réduction et, si m est un nombre entier, on est sûr, en l'appliquant plusieurs fois, de ramener le problème à l'intégration de I_1 ou de I_0, qu'on sait effectuer puisque

$$I_1 = \int \sin x dx = -\cos x,$$

$$I_0 = \int dx = x.$$

On obtiendrait évidemment de même

$$\int \cos^m x dx.$$

28. Nous avons, dans le cours du calcul précédent, décomposé une intégrale en deux par la simple formule

$$\int (u+v)dx = \int udx + \int vdx,$$

déjà signalée au n° 7. Le procédé est trop évident pour être érigé en méthode ; il importait cependant de le signaler.

D'ailleurs il est d'un usage constant, et, combiné avec d'autres méthodes, il permet souvent d'obtenir des intégrales d'aspect compliqué. Nous en donnerons un dernier exemple. Soit à intégrer

$$I_m = \int \frac{dx}{(x^2+a^2)^m}.$$

Nous écrirons

$$I_m = \frac{1}{a^2}\int \frac{a^2+x^2-x^2}{(a^2+x^2)^m}dx = \frac{1}{a^2} I_{m-1} - \frac{1}{a^2}\int \frac{x^2dx}{(a^2+x^2)^m} \quad (18)$$

Nous appliquerons la méthode d'intégration par parties à la dernière intégrale, mise d'abord sous la forme

$$\int \frac{xdx}{(a^2+x^2)^m} \times x,$$

ce qui donne

$$x\frac{1}{(a^2+x^2)^{m-1}} \times \frac{1}{2(1-m)} - \int \frac{1}{2(1-m)}\frac{1}{(a^2+x^2)^{m-1}}dx,$$

et finalement, en revenant à l'équation (18),

$$I_m = \frac{x}{2(m-1)a^2(a^2+x^2)^{m-1}} + \frac{2m-3}{2m-2}\frac{1}{a^2}I_{m-1} \qquad (19)$$

C'est une nouvelle formule de récurrence dont l'application répétée conduira évidemment au résultat lorsque m sera entier.

Dans le cas particulier où $m = 2$ et $a = 1$ on a

$$\int \frac{dx}{(1+x^2)^2} = \frac{x}{2(1+x^2)} + \frac{1}{2}\operatorname{arc\,tang} x; \qquad (20)$$

la formule (19) est illusoire lorsque m est égal à l'unité.

Intégration par substitution

29. Une autre méthode consiste à changer de variable. En d'autres termes, dans l'intégrale $\int f(x)dx$, on pose

$$x = \varphi(t)$$

d'où

$$dx = \varphi'(t)dt,$$

et l'on considère la nouvelle intégrale

$$\int \psi(t)\varphi'(t)dt,$$

$\psi(t)$ désignant ce qu'est devenue $f(x)$ lorsqu'on y a remplacé x par $\varphi(t)$. Cette dernière intégrale peut être facile à calculer dans des cas où la première ne l'est pas.

30. Soit, par exemple,

$$\int \frac{dx}{\sqrt{1-x^2}}$$

Posons

$$x = \sin t, \quad dx = \cos t dt.$$

L'intégrale devient

$$\int dt = t = \text{arc} \sin x.$$

On a donc

$$\int \frac{dx}{\sqrt{1-x^2}} = \text{arc} \sin x,$$

ce qui était un résultat connu.

Considérons encore l'expression

$$\int \frac{xdx}{1+x^4}$$

On pose

$$x^2 = t \qquad \text{d'où} \qquad 2xdx = dt,$$

et l'intégrale devient

$$\frac{1}{2}\int \frac{dt}{1+t^2} = \frac{1}{2} \text{arc tang } t.$$

On a donc

$$\int \frac{xdx}{1+x^4} = \frac{1}{2} \text{arc tang } x^2.$$

Soit enfin à intégrer

$$I = \int \text{arc tang}\, x\, dx.$$

On posera

$$x = \text{tang}\, t \qquad \text{d'où } dx = \frac{dt}{\cos^2 t}.$$

$$I = \int t \frac{dt}{\cos^2 t}.$$

Intégrons par parties

$$I = t\, \text{tang}\, t - \int \text{tang}\, t\, dt = t\, \text{tang}\, t + \int \frac{-\sin t\, dt}{\cos t}.$$

Posons dans la dernière intégrale $\cos t = u$, elle devient

$$\int \frac{du}{u} = Lu = L \cos t = L \frac{1}{\sqrt{1 + x^2}}.$$

Le résultat cherché est donc

$$\int \text{arc tang}\, x\, dx = x\, \text{arc tang}\, x - \frac{1}{2} L(1 + x^2) ;$$

C'est bien la formule du n° 22.

31. La légitimité de la méthode résulte de ce que la différentielle d'une fonction reste la même quelle que soit la variable à l'aide de laquelle on l'exprime (I. n° 68). Mais il y aura lieu, lorsqu'on reviendra aux intégrales définies (qui sont fondées sur la notion de somme), de voir s'il ne faut pas apporter quelques restrictions à l'usage des changements de variables.

Nous nous bornerons, pour le moment, aux indications qui précèdent et nous aborderons immédiatement l'étude des classes de fonctions dont on sait effectuer l'intégration.

Intégration des fractions rationnelles

32. On appelle *fraction rationnelle* le quotient de deux polynômes entiers. Dans le cas particulier où le dénominateur est une constante, on a un polynôme entier qu'on sait intégrer puisqu'on sait intégrer une somme (nº 7) ainsi que l'expression x^m. Comme de plus on sait mettre toute fraction sous la forme

$$Q + \frac{R}{B},$$

où Q est un polynôme entier et R un polynôme de degré inférieur au degré de B, finalement nous n'avons à considérer que des fractions de la forme $\frac{f(x)}{\varphi(x)}$ dans lesquelles nous supposerons le dénominateur de degré m et le numérateur de degré au plus égal à $m - 1$. On peut évidemment supposer les deux termes de la fraction premiers entre eux.

33. Soit a une racine multiple d'ordre α de $\varphi(x)$;

$$\varphi(x) = (x - a)^\alpha \varphi_1(x),$$

on démontre en Algèbre que, *f, U et V étant trois polynômes premiers entre eux deux à deux, la fraction $\frac{f}{UV}$ peut se mettre, par de simples divisions, sous la forme*

$$\frac{f}{UV} = \frac{f_1}{U} + \frac{F_1}{V}; \qquad (21)$$

de plus, si le degré de f est inférieur au degré du produit UV, f_1 sera de degré inférieur au degré de U et premier avec U; F_1 de degré inférieur au degré de V et premier avec V. Il en résulte qu'en tenant compte de la valeur de $\varphi(x)$ on pourra écrire

$$\frac{f(x)}{\varphi(x)} = \frac{f_1(x)}{(x-a)^\alpha} + \frac{F_1(x)}{\varphi_1(x)}.$$

La dernière fraction pourra être décomposée de même, de sorte que la fraction proposée pourra s'écrire

$$\frac{f(x)}{\varphi(x)} = \sum_a \frac{f_1(x)}{(x-a)^\alpha}; \tag{22}$$

le signe $\sum$ s'étend à toutes les racines a de $f(x)$, et $f_1(x)$ est un polynôme de degré $\alpha - 1$.

Maintenant la formule de Taylor donne

$$f_1(x) = f_1(a+x-a) = f_1(a) + (x-a)f_1'(a) + \frac{(x-a)^2}{2} f_1''(a) + \dots$$
$$+ \frac{(x-a)^{\alpha-1}}{(\alpha-1)!} f_1^{(\alpha-1)}(a),$$

et par suite

$$\frac{f_1(x)}{(x-a)^\alpha} = \frac{f_1(a)}{(x-a)^\alpha} + \frac{f'_1(a)}{(x-a)^{\alpha-1}} + \dots + \frac{\frac{1}{(\alpha-1)!} f_1^{\alpha-1}(a)}{x-a}. \tag{23}$$

Dans cette égalité quelques-uns des numérateurs peuvent être nuls, mais le premier est nécessairement différent de zéro, parce que $f_1(x)$ est premier avec $(x-a)^\alpha$ en vertu des hypothèses faites.

Finalement la fraction est une somme de fractions du type $\frac{A_p}{(x-a)^p}$ et son intégration est immédiate ; on aura

$$\int \frac{f(x)}{\varphi(x)} dx = \sum_p \frac{A_p}{1-p} \frac{1}{(x-a)^{p-1}} + \sum_a A_1 \log(x-a). \tag{24}$$

Dans l'égalité (24), le signe $\sum_p$ doit s'étendre, pour une racine a, à toutes les valeurs de l'exposant p de 2 à α, et aussi à toutes les racines a de $\varphi(x)$; le second signe $\sum_a$ s'étend aux racines a.

31. Le nombre A_1 s'appelle le résidu de la fraction *relatif au point a.*

Dans le cas où toutes les racines de $\varphi(x)$ sont simples, ce résidu peut se mettre sous une forme remarquable qu'il est utile de connaître. On a en effet :

$$\frac{f(x)}{\varphi(x)} = \frac{A_1}{x-a} + \frac{B_1}{x-b} + \ldots \qquad (25)$$

Multiplions les deux membres par $x - a$ et écrivons ainsi

$$\frac{f(x)}{\dfrac{\varphi(x)-\varphi(a)}{x-a}} = A_1 + (x-a)\left[\frac{B_1}{x-b} + \ldots\right].$$

Si x tend vers a, l'égalité devient

$$A_1 = \frac{f(a)}{\varphi'(a)}; \qquad (26)$$

c'est la valeur du résidu.

En reportant cette valeur dans l'égalité (25) et chassant les dénominateurs, on obtient une formule

$$f(x) = \frac{f(a)}{\varphi'(a)}\frac{\varphi(x)}{x-a} + \frac{f(b)}{\varphi'(b)}\frac{\varphi(x)}{x-b} + \ldots, \qquad (27)$$

connue sous le nom de *formule d'interpolation de Lagrange.*

Elle permet d'écrire un polynôme de degré $m - 1$, connaissant les m valeurs numériques $f(a)$, $f(b)$... prises par ce polynôme lorsqu'on donne à la variable x les m valeurs arbitraires $a, b,$... En effet l'on a

$$\varphi(x) = (x-a)(x-b)\ldots$$

et les quotients $\frac{\varphi(x)}{x-a}$, $\frac{\varphi(x)}{x-b}$... sont des polynômes entiers entièrement connus;

$$\varphi'(a) = (a-b)(a-c)\ldots$$

. . . .

Signalons encore une formule importante relative au cas où le degré du numérateur $f(x)$ de la fraction est inférieur de deux unités au moins au degré m du dénominateur. Il faut alors, dans l'identité (27) que le coefficient de x^{m-1} soit nul, ce qui entraîne la formule cherchée

$$\sum_a \frac{f(a)}{\varphi'(a)} = 0 \tag{28}$$

Donc, *si le degré du numérateur d'une fraction est inférieur de deux unités au degré du dénominateur, la somme des résidus relatifs aux pôles de cette fraction est nulle.* (On appelle *pôles* d'une fonction, dans la représentation géométrique des valeurs de la variable (I. n° 258), les points pour lesquels la fonction devient infinie).

35. Dans les développements qui précèdent, nous n'avons pas distingué les racines réelles des racines imaginaires. En se reportant à la formule (24), on voit que l'on n'éprouvera de difficultés que dans les termes logarithmiques; pour les autres en effet ils seront, ou réels, ou imaginaires conjugués deux à deux et la somme de deux imaginaires conjuguées se met facilement sous forme réelle. A la vérité, si a est une imaginaire de la forme $\alpha + \beta i$, on a vu (tome I n° 269) que

$$\log(x-a) = \frac{1}{2}\log'\left[(x-\alpha)^2+\beta^2\right] + i \operatorname{arc\,tang} \frac{\beta}{x-\alpha};$$

et, comme à l'imaginaire conjuguée $\alpha - \beta i$ correspondra le coefficient imaginaire conjugué de A_1, les deux termes correspondants dans (24) auront encore une somme qu'on débarrassera facilement des imaginaires.

Mais cette manière de procéder est longue et pénible. Il vaut mieux ne pas introduire les imaginaires.

Soit donc $x^2 + px + q$ un diviseur du second degré de $\varphi(x)$, correspondant à deux racines imaginaires conjuguées et soit n son degré de multiplicité ; on aura

$$\varphi(x) = (x^2 + px + q)^n \psi(x),$$

et (formule 21)

$$\frac{f(x)}{\varphi(x)} = \frac{f_1(x)}{(x^2 + px + q)^n} + \frac{F_1(x)}{\psi(x)},$$

$f_1(x)$ étant un polynôme de degré $2n - 1$ au plus et premier avec $x^2 + px + q$. Divisons $f_1(x)$ par $x^2 + px + q$; nous aurons un quotient $f_2(x)$ et un reste du premier degré $Mx + N$, c'est-à-dire que l'on pourra écrire

$$\frac{f_1(x)}{(x^2 + px + q)^n} = \frac{f_2(x)}{(x^2 + px + q)^{n-1}} + \frac{Mx + N}{(x^2 + px + q)^n}.$$

On aura de même

$$\frac{f_2(x)}{(x^2 + px + q)^{n-1}} = \frac{f_3(x)}{(x^2 + px + q)^{n-2}} + \frac{M_1x + N_1}{(x^2 + px + q)^{n-1}},$$

etc. On voit ainsi que la fraction proposée conduira à des fractions simples de deux types distincts, et qu'on pourra, a désignant maintenant une racine réelle quelconque, remplacer l'égalité (22) par la suivante

$$\frac{f(x)}{\varphi(x)} = \sum \frac{A_p}{(x - a)^p} + \sum \frac{Mx + N}{(x^2 + px + q)^s}. \tag{29}$$

Nous avons appris à intégrer les fractions du premier type ; restent les dernières. On peut écrire

$$\frac{Mx + N}{(x^2 + px + q)^s} = \frac{\frac{M}{2}(2x + p) + N - \frac{1}{2}Mp}{(x^2 + px + q)^s},$$

d'où

$$\int \frac{Mx + N}{(x^2 + px + q)^s} = \frac{M}{2}\int \frac{2x + p}{(x^2 + px + q)^s}\,dx +$$

$$+ \left(N - \frac{1}{2}Mp\right)\int \frac{dx}{(x^2 + px + q)^s}.$$

La première intégrale a pour valeur $\frac{1}{(1-s)}\frac{1}{(x^2 + px + q)^{s-1}}$; nous n'avons donc plus qu'à envisager l'intégrale

$$I = \int \frac{dx}{(x^2 + px + q)^s},$$

Comme

$$x^2 + px + q = \left(x + \frac{p}{2}\right)^2 + q - \frac{p^2}{4},$$

on est amené à effectuer le changement de variables réel suivant

$$x + \frac{p}{2} = \sqrt{q - \frac{p^2}{4}}\,t,$$

grâce auquel I devient

$$I = \left(q - \frac{p^2}{4}\right)^{\frac{1}{2} - s}\int \frac{dt}{(1 + t^2)^s}.$$

Nous avons donné (formules 19 et 20) le moyen d'effectuer l'intégration précédente. Le problème est donc entièrement résolu.

Une remarque sera utile pour les applications : les coefficients qui figurent dans l'identité (29) ne peuvent recevoir chacun qu'une valeur bien déterminée. On sera donc maître de la marche à suivre pour les déterminer ; en particulier on pourra les obtenir par une simple identification du second membre avec le premier.

35 bis. Soit par exemple à décomposer en fractions simples la fraction

$$\frac{2x+1}{x(x-2)^3(x^2+1)^2}.$$

Le développement sera de forme

$$\frac{2x+1}{x(x-2)^3(x^2+1)^2}=\frac{A}{x}+\frac{B_1}{(x-2)^3}+\frac{B_2}{(x-2)^2}+\frac{B_3}{x-2}$$
$$+\frac{Cx+D}{(x^2+1)^2}+\frac{C_1x+D_1}{x^2+1}.$$

La formule (26) donne immédiatement

$$A=\frac{1}{-8}=-\frac{1}{8};$$

on peut remarquer, dans le calcul du dénominateur, qu'ayant à faire $x=o$ dans la dérivée, il suffit de prendre la dérivée du premier facteur et de multiplier par les autres facteurs $(x-2)^3(x^2+1)^2$. Cette remarque est souvent utile dans les applications.

Pour calculer B_1, B_2, B_3, nous remplacerons x par $2+t$ et nous ordonnerons les deux termes de la fraction suivant les puissances ascendantes de t, ce qui donne, en n'écrivant dans la parenthèse que les trois termes qui vont être utiles,

$$\frac{5+2t}{t^3(50+105t+92t^2+\ldots)},$$

ou, en effectuant la division du numérateur par la parenthèse

$$\frac{1}{t^3}\left(\frac{1}{10}-\frac{17}{100}t+\frac{865}{100}t^2+\ldots\right)=\frac{1}{10t^3}-\frac{17}{100t^2}+\frac{173}{1\,000t}+\ldots$$
$$=\frac{1}{10(x-2)^3}-\frac{17}{100(x-2)^2}+\frac{173}{1\,000(x-2)}+\ldots$$

Donc

$$B_1=\frac{1}{10}\quad,\quad B_2=-\frac{17}{100}\quad,\quad B_3=\frac{1\,000}{173}.$$

C et D s'obtiennent en multipliant les deux termes de l'identité à établir par $(x^2+1)^2$ et remplaçant d'abord x^2 par -1, ce qui donne

$$\frac{2x+1}{-2x-11} \equiv Cx + D.$$

Cette identité n'a plus lieu que pour les deux valeurs de x qui annulent x^2+1. On peut encore chasser le dénominateur et remplacer x^2 par -1, ce qui donne

$$2x+1 \equiv (11C-2D)\,x + 2C - 11D.$$

Cette identité devant avoir lieu pour deux valeurs de x, il en résulte

$$\begin{aligned} -11C - 2D &= 2 \\ 2C - 11D &= 1, \end{aligned}$$

d'où l'on tire

$$C = -\frac{4}{25} \quad , \quad D = -\frac{3}{25}.$$

Il reste à calculer C_1 et D_1 ; pour cela, dans la première identité, nous ferons passer la fraction

$$\frac{Cx+D}{(x^2+1)^2}, \text{ c'est-à dire } \quad \frac{4x+3}{25\,(x^2+1)^2},$$

dans le premier membre, et nous multiplierons de nouveau les deux membres de l'identité par x^2+1 ; en faisant alors $x^2 = -1$, on obtient

$$\frac{22x+46}{-50x-275} \equiv C_1 x + D_1.$$

Le calcul s'achève comme ci-dessus et l'on trouve

$$C_1 = -\frac{1}{125} \quad , \quad D_1 = -\frac{2}{25}.$$

Intégration des différentielles algébriques irrationnelles

36. On ne peut pas en général intégrer les différentielles qui contiennent des radicaux. Mais la méthode de réduction dont nous nous sommes servis dans le n° précédent peut aussi leur être appliquée, lorsqu'on a une *différentielle binôme.*

Soit

$$I_{m,p} = \int x^m (a + bx^n)^p dx. \tag{30}$$

Nous ne ferons, pour le moment, aucune hypothèse sur les exposants m et p ; mais il est facile de voir qu'on peut supposer n entier. Supposons en effet

$$n = \frac{\lambda}{\mu}.$$

Nous ferons le changement de variables suivant

$$x = y^\mu$$

d'où

$$dx = \mu\, y^{\mu - 1} dy.$$

L'intégrale devient

$$I_{m,p} = \mu \int y^{m\mu + \mu - 1}(a + by^\lambda)^p dy$$

et l'exposant dans la parenthèse est entier.

Cela posé, l'intégrale (30) peut s'écrire

$$I_{m,p} = \int x^{m-n+1} x^{n-1} (a + bx^n)^p dx,$$

d'où, en intégrant par parties,

$$\left.\begin{aligned} I_{m,p} &= x^{m-n+1}\frac{(a+bx^n)^{p+1}}{b(p+1)n} \\ &- \frac{m-n+1}{b(p+1)n}\int x^{m-n}(a+bx^n)^{p+1}dx \end{aligned}\right\} \quad (31)$$

La dernière intégrale peut s'écrire

$$\int x^{m-n}(a+bx^n)\,(a+bx^n)^p dx$$

ou

$$a\int x^{m-n}(a+bx^n)^p + b\int x^m(a+bx^n)^p dx.$$

En reportant cette valeur dans l'équation (31) et ordonnant, on trouve

$$I_{m,p} = \frac{x^{m-n+1}(a+bx^n)^{p+1}}{(m+np+1)b} - \frac{a}{b}\,\frac{m-n+1}{m+np+1}\,I_{m-n,p}. \quad (32)$$

Cette formule de réduction n'est pas bien commode parce qu'elle diminue l'indice m de n unités et qu'il vaudrait mieux procéder par unités. Mais nous allons en déduire une autre formule. On a en effet évidemment

$$I_{m\,p+1} = a\,I_{m,p} + bI_{m+n,p}.$$

Appliquant la formule (32) à l'intégrale $I_{m+n,p}$, nous transformons l'égalité précédente en celle-ci :

$$I_{m,p+1} = a\,I_{m,p} + \frac{x^{m+1}(a+bx^n)^{p+1}}{(m+n+np+1)} - a\,\frac{m+1}{m+n+np+1}\,I_{m,p}$$

d'où l'on déduit enfin l'identité

$$I_{m,p+1} = \frac{an(p+1)}{m+1+n(p+1)} I_{m,p} + \frac{x^{m+1}(a+bx^n)^{p+1}}{m+1+n(p+1)}$$

dont l'écriture se simplifie un peu en diminuant m et p d'une unité :

$$I_{m-1,p} = \frac{anp}{m+np} I_{m-1,p-1} + \frac{(a+bx^n)^p x^m}{m+np} \qquad (33)$$

Cette formule permettra si p est positif de diminuer d'unités en unités jusqu'à ce que l'exposant soit compris entre zéro et un ; si p est négatif, la même formule résolue par rapport à $I_{m-1,p-1}$ permettra d'augmenter l'exposant jusqu'à le comprendre aussi entre zéro et un.

Il tombe sous le sens que, si p est entier, on arrivera finalement à la forme

$$\int x^m(a+bx^n)dx$$

dont l'intégration est immédiate et donne

$$a\frac{x^{m+1}}{m+1} + b\frac{x^{m+n+1}}{m+n+1};$$

l'application de la formule (33) sera dans ce cas aussi rapide que celle qui résulterait des numéros précédents.

37. On vient de voir que, si p est entier, la différentielle algébrique s'intègre toujours. Il existe deux autres cas d'intégration ; pour les mettre en lumière, nous allons d'abord montrer qu'on peut toujours supposer $n = 1$. Posons en effet

$$bx^n = at$$

d'où

$$x = \sqrt[n]{\frac{a}{b}}\, t^{\frac{1}{n}}, \qquad dx = \frac{1}{n}\sqrt[n]{\frac{a}{b}}\, t^{\frac{1}{n}-1}dt.$$

Il vient

$$\int x^m(a+bx^n)^p dx = \frac{1}{n} a^p \left(\frac{a}{b}\right)^{\frac{m+1}{n}} \int t^{\frac{m+1}{n}-1}(1+t)^p dt.$$

Nous pouvons alors, pour simplifier, supposer qu'on ait commencé par le changement de variables précédent et que, dans la formule (32), on ait

$$a=1, \qquad b=1, \qquad n=1.$$

Elle devient ainsi

$$I_{m,p} = \frac{(1+x)^{p+1}x^m}{m+p+1} - \frac{m}{m+p+1} I_{m-1,p} \tag{34}$$

Et cette formule de récurrence n'offre plus l'inconvénient de la formule (32); elle permettra, en diminuant ou augmentant d'unités en unités, de ramener m à être compris entre *zéro* et *un*. Si m est entier, on sera même ramené à intégrer $(1+x)^p dx$, ce qui est toujours possible, quel que soit p: on trouve en effet immédiatement

$$\int (1+x)^p dx = \frac{(1+x)^{p+1}}{p+1}.$$

38. Un dernier cas d'intégration est celui où $m+p$ est entier. On a en effet identiquement

$$\int (1+x)^p x^m dx = \int \left(\frac{1+x}{x}\right)^p x^{m+p} dx$$

soit $p=\frac{\lambda}{\mu}$; nous poserons

$$\frac{1+x}{x} = y^\mu$$

d'où

$$x = \frac{1}{y^\mu - 1}, \qquad dx = -\frac{\mu y^{\mu-1}}{(y^\mu - 1)^2} dy$$

et

$$\int \left(\frac{1+x}{x}\right)^\nu x^{m+\nu} dx = -\mu \int \frac{y^{\lambda+\mu-1}}{(y^\lambda - 1)^{m+\nu+2}} dy$$

et la dernière intégration se porte plus que sur une fraction rationnelle; elle peut donc être effectuée.

A part les trois cas dont il vient d'être question, on ne peut pas ramener aux fonctions algébriques ou logarithmiques l'intégrale de $x^m(1+x)^\nu dx$ (J. M. P. 1853, Tchebycheff).

39. La transformation que nous venons d'employer réussit évidemment aussi dans le cas, à apparence plus compliquée, où l'on a une intégrale telle que

$$\int \mathrm{R}\left[x, \left(\frac{ax+b}{cx+d}\right)^\alpha, \quad \left(\frac{ax+b}{cx+d}\right)^\beta \ldots\right] dx,$$

dans laquelle R désigne une fraction rationnelle et α, β... des fractions numériques. Soit d un dénominateur commun à α, β...; on posera

$$\frac{ax+b}{cx+d} = y^d$$

et l'expression à intégrer sera rendue entièrement rationnelle.

40. Quelques exemples seront utiles pour éclaircir ce qui précède.

1° Intégrer
$$\int \frac{1+\sqrt[3]{1+x}}{1-\sqrt{1+x}} dx.$$

On pose

$$1 + x = y^6, \qquad dx = 6y^5 dy,$$

et l'intégrale devient

$$6\int\left[y^4+y^2+y+\frac{2}{3(y-1)}+\frac{y+2}{y^2+y+1}\right]dy$$

dont la valeur en termes finis est

$$\frac{6y^5}{5}+2y^3+3y^2+4\log(y-1)+\log\sqrt{1+t^2}+\frac{8-\sqrt{3}}{2\sqrt{3}}\operatorname{arc\,tang} t,$$

quand on pose

$$t=\frac{2y}{\sqrt{3}}+\frac{1}{\sqrt{3}}.$$

2° Intégrer $\int \sin^m x \cos^p x\, dx$, m et p étant entiers.

Nous poserons

$$\sin^2 x = t,$$

ce qui transforme l'intégrale dans la suivante

$$\frac{1}{2}\int t^{\frac{m}{2}-1}(1-t)^{\frac{p-1}{2}}dt,$$

et il est facile de voir que cette différentielle binôme est toujours intégrable quelles que soient les hypothèses faites sur la parité des lettres m et p. Nous donnerons d'ailleurs plus loin des moyens plus rapides d'opérer dans ce cas.

Intégrales abéliennes

11. Les intégrales, qui viennent d'être étudiées sous le nom d'intégrales de différentielles binômes, ne sont qu'un cas particulier d'une classe des plus intéressantes, que nous allons maintenant définir.

Soit

$$f(x,y) = o \tag{35}$$

l'équation d'une courbe algébrique indécomposable, c'est-à-dire que $f(x,y)$ est un polynôme entier en x et y, non réductible à un produit de facteurs rationnels de degrés moindres.

L'intégrale

$$\int P(x,y)dx \tag{36}$$

dans laquelle P désigne une fonction rationnelle et y une fonction implicite de x définie par l'équation (35) est une *intégrale abélienne* et l'on dit qu'elle est *attachée à la courbe donnée* (35).

L'élément fondamental de la courbe au point de vue de l'intégration est le *genre*, que nous avons défini (tome I, n° 384).

42. Considérons par exemple les courbes unicursales ou de genre zéro. On a vu (I n° 385) que les coordonnées d'un point peuvent, dans ces courbes, s'exprimer en fonctions rationnelles d'un même paramètre : soient

$$x = \varphi(t), \qquad y = \psi(t). \tag{37}$$

En portant ces valeurs dans l'intégrale (36), la différentielle devient rationnelle en t et peut être intégrée.

Comme première application, supposons que la courbe (35) soit une *strophoïde*

$$y^2(x + a) = x^2(a - x), \tag{38}$$

et cherchons à intégrer

$$\int \frac{x + y}{x - y}\, dx. \tag{39}$$

Pour cela il suffit de poser, dans l'équation (38),

$$y = tx,$$

d'où

$$x = a\frac{1-t^2}{1+t^2} \qquad y = at\frac{1-t^2}{1+t^2} \qquad dx = -4a\frac{tdt}{(1+t^2)^2}$$

et

$$\int \frac{x+y}{x-y}dx = -4a\int \frac{1+t}{1-t}\frac{tdt}{(1+t^2)^2}.$$

Or l'on a identiquement

$$\frac{(1+t)t}{(1-t)(1+t^2)^2} = \frac{1}{2(1-t)} - \frac{1}{(1+t^2)^2} + \frac{t+1}{2(1+t^2)}.$$

Par suite, en tenant compte de résultats antérieurement calculés et remettant $\frac{y}{x}$ au lieu de t, on trouve

$$\int \frac{x+y}{x-y}dx = -4a\left[\log\sqrt{\frac{x-y}{x}}\sqrt[4]{\frac{x^2+y^2}{x^2}} - \frac{xy}{2(x^2+y^2)}\right],$$

y étant une fonction d'x définie par l'équation (38).

13. Mais le cas particulier le plus intéressant des courbes de genre zéro est celui des coniques. Puisque ce sont des courbes unicursales, il résulte des considérations précédentes que l'on saura intégrer toute différentielle algébrique qui ne renfermera pas d'autre irrationnelle qu'un radical de la forme $\sqrt{ax^2+bx+c}$; car il suffira de poser

$$y = \sqrt{ax^2+bx+c}$$

et d'exprimer les deux coordonnées d'un point de cette conique en fonctions rationnelles d'un même paramètre, ce qui sera toujours facile.

Soit par exemple à intégrer

$$\int \frac{dx}{\sqrt{(x-1)(x-2)}}.$$

Posant

$$y^2 = (x-1)(x-2),$$

nous remarquerons que cette conique coupe l'axe des x au point dont l'abscisse est égale à l'unité, et nous ferons passer par ce point une sécante

$$y = (x-1)t.$$

Le second point d'intersection de cette sécante avec la conique a pour coordonnées

$$x = \frac{t^2-2}{t^2-1}, \qquad y = -\frac{t}{t^2-1},$$

et l'intégrale devient

$$\int \frac{2dt}{1-t^2}.$$

Sa valeur en termes finis est donc

$$\log \frac{t+1}{t-1} = \log \frac{\sqrt{(x-1)(x-2)}+x-1}{\sqrt{(x-1)(x-2)}+1-x}.$$

Mais le cas des racines carrées de trinômes du second degré est trop important pour que nous nous bornions à ce qui précède, et nous reviendrons sur les différents cas particuliers qui peuvent se présenter lorsque nous aurons achevé d'exposer les théories générales relatives aux intégrales hyperelliptiques (voir n° 31).

Intégrales elliptiques et hyperelliptiques

11. La recherche des intégrales que nous avons étudiées jusqu'à présent ne nous a conduits qu'à des fonctions connnes que nous désignerons à l'avenir sous le nom de fonctions élémentaires (rationnelles et circulaires, logarithmes, exponentielles). Dans ce qui va suivre, nous serons amenés par l'intégration à introduire de nouvelles fonctions.

Le cas le plus simple qui se présente après les courbes de genre zéro est celui des courbes de genre *un*. On sait (n° 391) qu'on peut faire correspondre la cubique

$$Y^2 = 4X^3 - g_2X - g_3 \qquad (40)$$

à toute courbe de genre *un*, de manière qu'à tout point de la première courbe corresponde un seul point de la seconde et inversement, les coordonnées de chacun des deux points s'exprimant rationnellement en fonction des coordonnées de l'autre. En d'autres termes, on peut remplacer l'intégration de toute différentielle algébrique attachée à une courbe de genre *un* par l'intégration suivante

$$\int R(x, \sqrt{4x^3 - g_2x - g_3})\, dx, \qquad (41)$$

dans laquelle R désigne une expression rationnelle. On pressent ainsi l'importance de ces nouvelles fonctions transcendantes sur lesquelles nous aurons à revenir plusieurs fois.

On appelle *intégrales elliptiques* celles dans lesquelles ne figurent pas d'autre irrationnelle que la racine carrée d'un polynôme du troisième ou du quatrième degré.

Dans les intégrales *hyperelliptiques*, le polynôme sous le radical est de degré supérieur au quatrième.

Réduction des intégrales hyperelliptiques

15. En général il ne sera pas possible de ramener aux fonctions élémentaires les intégrales hyperelliptiques ni même les intégrales elliptiques. Il est donc essentiel de savoir diminuer autant que possible la difficulté du problème et de classer exactement ces nouvelles transcendantes. Nous verrons par exemple que l'intégration de toutes les intégrales *elliptiques* exige seulement l'introduction de trois nouvelles fonctions.

Montrons d'abord qu'on peut toujours supposer impair le degré n du polynôme P_n soumis au radical.

Désignons par I_n l'intégrale donnée :

$$I_n = \int R(x, \sqrt{P_n})dx,$$

et soit a une racine de P_n ; nous poserons

$$x = a + \frac{1}{z}.$$

Si $n = 2p$, on aura

$$P_{2p}(x) = \frac{P_{2p-1}(z)}{z^{2p}},$$

et par suite l'intégrale sera remplacée par une intégrale de même forme avec un polynôme du degré $2p - 1$ sous le radical.

Inversement si $n = 2p - 1$, et posant

$$x = \frac{1}{z},$$

on trouvera

$$P_{2p-1}(x) = \frac{P_{2p-1}(z)}{z^{2p-1}} = \frac{zP_{2-p1}(z)}{z^{2p}}$$

et la nouvelle intégrale contient sous le radical un polynôme de degré $2p$.

Nous n'avons pas tenu compte, dans ce qui précède, de la distinction des racines réelles ou imaginaires. C'est un véritable inconvénient, puisque nous n'avons pas encore défini les intégrales contenant des imaginaires. Nous aurons donc à revenir sur cette question dans les applications.

16. La quantité à intégrer peut évidemment s'écrire

$$\frac{A + B\sqrt{X}}{C + D\sqrt{X}},$$

A, B, C, D étant des fractions rationnelles en x, et X un polynôme entier de degré $2n$ ou $2n - 1$. On rend le dénominateur rationnel en multipliant, par $C - D\sqrt{X}$, les deux termes de la fraction, qui prend ainsi la forme

$$E + F\sqrt{X} = E + \frac{F.X}{\sqrt{X}}$$

Le premier terme donne une intégrale $\int E dx$ que nous savons effectuer ; reste le second. Or, nous avons appris à décomposer FX en un polynôme entier $\sum a_k x^k$ et en une somme de fractions de la forme $\frac{b_i}{(x-\alpha)^i}$. Nous sommes donc ramenés à deux types d'intégrales

$$\int \frac{x^k dx}{\sqrt{X}} \quad \text{et} \quad \int \frac{dx}{(x-\alpha)^i\sqrt{X}}.$$

Nous allons montrer que si m est le degré de X, la première intégrale ou plutôt la somme des intégrales analogues, est réductible à des fonctions algébriques et à des intégrales où les exposants k sont de degré inférieur à $m - 1$. A cet effet, écrivons le polynôme $\sum a_k x^k$ sous la forme

$$\sum a_k x^k = a_p x^p + f_{p-1}(x),$$

p étant le terme de degré le plus élevé et $f_{p-1}(x)$, l'ensemble des autres termes. Soit enfin

$$X = A_0 x^m + A_1 x^{m-1} + \dots..$$

On a l'identité

$$a_p x^p = \frac{a_p}{A_0} \frac{\left[2(p - m + 1)x^{p-m}X + x^{p-m+1}X'\right]}{2p - m + 2} + g_{p-1}(x),$$

$g_{p-1}(x)$ étant aussi de degré $p - 1$. Il en résulte, en intégrant,

$$\int \frac{a_p x^p + f_{p-1}(x)}{\sqrt{X}} dx = \frac{2}{2p - m + 2} \frac{a_p}{A_0} x^{p-m+1} \sqrt{X}$$

$$+ \int \frac{f_{p-1}(x) + g_{p-1}(x)}{\sqrt{X}} dx.$$

Le numérateur du coefficient différentiel est maintenant de degré $p - 1$ et l'on conçoit que, par application répétée de la méthode, on arrivera à un polynôme de degré $m - 2$.

Cela posé, les intégrales $\int \frac{x^k dx}{\sqrt{X}}$, dans lesquelles k est maintenant inférieur à $m - 1$, peuvent encore être divisées en deux classes. Les *intégrales de première espèce* sont celles qui ne deviennent pas infinies avec x ; les *intégrales de seconde espèce* celles qui deviennent infinies avec x. Cherchons à les distinguer. Pour cela écrivons

$$\sqrt{X} = x^{\frac{m}{2}} \sqrt{A_0} \left(1 + \frac{A_1}{A_0} \frac{1}{x} + \dots..\right)^{\frac{1}{2}}$$

ou, en appliquant la formule du binôme généralisée,

$$\frac{1}{\sqrt{X}} = \frac{1}{x^{\frac{m}{2}} \sqrt{A_0}} \left(1 - \frac{1}{2} \frac{A_1}{A_0} \frac{1}{x} + \dots..\right)$$

On en tire

$$\int \frac{x^k dx}{\sqrt{X}} = \int \frac{1}{\sqrt{A_0}}\left(1 - \frac{1}{2}\frac{A_1}{A_0}\frac{1}{x} + \dots\right)x^{k-\frac{m}{2}}dx = \frac{1}{\sqrt{A_0}}x^{k-\frac{m}{2}+1} + \dots,$$

le terme écrit étant le terme de degré le plus élevé de la série. L'intégrale sera donc de seconde espèce si $k > \frac{m}{2} - 1$, et de première espèce si $k < \frac{m}{2} - 1$, la dernière inégalité n'excluant pas l'égalité, si m est pair.

Il est essentiel de remarquer que les intégrales de première espèce ne deviennent jamais infinies, et que les intégrales de seconde espèce ne sont infinies que pour x infini. Cela résulte immédiatement du n° 17 dans le voisinage des racines de X, et c'est vrai *à fortiori* pour toutes les autres valeurs de x.

17. — Considérons maintenant les intégrales de la forme

$$\int \frac{dx}{(x-\alpha)^i\sqrt{X}}$$

Deux cas sont à considérer suivant que X est, ou non, divisible par $x - \alpha$. Revenant même un peu en arrière, parce qu'on n'a pas eu besoin jusqu'ici et qu'on n'a pas immédiatement besoin de supposer connues les racines des polynômes donnés, nous chercherons à réduire les intégrales de la forme (*)

$$\int \frac{P dx}{Q^\mu \sqrt{X}},$$

(*) Pour nous borner à cette forme, nous nous appuyons sur ce fait, bien connu dans l'étude des racines multiples, qu'on peut toujours, par de simples divisions, mettre un polynôme sous la forme $Q_1 Q_2^2 Q_3^3 \dots$, $Q_1, Q_2 \dots$ étant premiers entre eux. Il n'y a plus qu'à appliquer la formule (21) pour avoir la forme du texte.

P étant de degré inférieur au degré de Q. Les deux cas à considérer sont celui où Q est premier avec X et celui où Q a avec X un diviseur commun.

Premier cas : Q premier avec X. — Comme le polynôme Q n'a que des racines simples, il est premier avec sa dérivée Q', par suite avec le produit Q'X et l'on sait, par la théorie du plus grand commun diviseur, trouver deux polynômes A et B tels que l'on ait identiquement.

$$1 = AQ + B(Q'X), \tag{42}$$

d'où

$$\left.\begin{aligned}\int \frac{P}{Q^\mu \sqrt{X}}\,dx &= \int \frac{P(AQ + BQ'X)}{Q^\mu \sqrt{X}}\,dx \\ &= \int \frac{PA}{Q^{\mu-1}\sqrt{X}}\,dx + \int PB\sqrt{X}.\frac{Q'}{Q^\mu}\,dx\end{aligned}\right\} \tag{43}$$

La dernière quantité, intégrée par parties, donne

$$\int PB\sqrt{X}.\frac{Q'}{Q^\mu}\,dx = -\frac{1}{\mu-1}\frac{1}{Q^{\mu-1}}PB\sqrt{X} + \frac{1}{\mu-1}\int\frac{d(PB\sqrt{X})}{Q^{\mu-1}};$$

par conséquent, en effectuant la dernière différentielle et remplaçant dans l'équation (43) la dernière intégrale par sa valeur ainsi calculée, on trouve

$$\left.\begin{aligned}\int \frac{P}{Q^\mu \sqrt{X}}\,dx &= -\frac{1}{\mu-1}\frac{PB\sqrt{X}}{Q^{\mu-1}} \\ &+ \int \frac{PA + \frac{1}{\mu-1}\left[(PB)'X + \frac{1}{2}PBX'\right]}{Q^{\mu-1}\sqrt{X}}\,dx\end{aligned}\right\} \tag{44}$$

L'intégrale du second membre est de même forme que celle du premier membre, mais l'exposant de Q est diminué d'une unité. La formule (44) est donc une formule de réduction, et l'on pourra s'en servir pour toutes les valeurs de μ supérieures à l'unité. L'intégrale proposée est donc, en dernière analyse, égale à une expression rationnelle en x et $\sqrt{X}$ augmentée d'une intégrale de la forme

$$\int \frac{P}{Q\sqrt{X}}\,dx$$

qu'on ramènera au type

$$\int \frac{dx}{(x-a)\sqrt{X}} \tag{45}$$

en décomposant $\frac{P}{Q}$ en fractions simples.

Deuxième cas : X a un plus grand diviseur D commun avec Q. — Soit

$$X = DX_1, \qquad Q = DQ_1,$$

comme D est premier avec Q_1, puisque, par hypothèse, Q n'a pas de racines multiples, on pourra (formule 21) décomposer la fraction $\frac{P}{Q^\mu}$ en deux fractions simples

$$\frac{P}{Q^\mu} = \frac{P_1}{D^\mu} + \frac{P_2}{Q_1^\mu}.$$

On aura donc

$$\int \frac{P}{Q^\mu\sqrt{X}}\,dx = \int \frac{P_1}{D^\mu\sqrt{X}}\,dx + \int \frac{P_2}{Q_1^\mu\sqrt{X}}\,dx.$$

La deuxième intégrale du second membre rentre dans le premier cas traité, parce que Q_1 premier avec D et avec X_1, est premier avec X. Dans la première, D divise exactement X et on peut écrire cette intégrale, en faisant sortir D du radical,

$$\int \frac{P_1}{D^{\mu+\frac{1}{2}}\sqrt{X_1}}\, dx.$$

Il n'y a plus maintenant qu'à répéter textuellement la méthode suivie dans le premier cas, sauf que Q est ici remplacé par D et μ par $\mu + \frac{1}{2}$, pour obtenir une formule de réduction analogue à (44). Seulement ici l'exposant étant fractionnaire, on pourra faire $\mu = 1$, et la seule transcendante qui subsistera sera de la forme

$$\int \frac{P dx}{D^{\frac{1}{2}}\sqrt{X_1}} = \int \frac{P dx}{\sqrt{X}}.$$

Cette intégrale a été examinée au n° 46, et dans ce numéro nous n'avons trouvé qu'une nouvelle transcendante, savoir

$$\int \frac{dx}{(x-a)\sqrt{X}},$$

qu'on appelle *intégrale* de *troisième espèce.*

48. Dans le cas où X est du troisième degré, il y a une intégrale de première espèce

$$I_1 = \int \frac{dx}{\sqrt{4x^3 - g_2 x - g_3}},$$

une de deuxième espèce

$$I_2 = \int \frac{x dx}{\sqrt{4x^3 - g_2 x - g_3}},$$

sans parler de l'intégrale de troisième espèce

$$I_3 = \int \frac{dx}{(x-a)\sqrt{4x^3 - g_2 x - g_3}}.$$

49. Si X est du quatrième degré, nous allons faire voir qu'on peut toujours supposer que c'est un polynôme bicarré.

Il est d'abord évident qu'en partant du radical $\sqrt{4x^3 - g_2 x - g_3}$ on obtient la forme bicarrée par la substitution suivante $x = \alpha + t^2$, dans laquelle α désigne une racine réelle de

$$4x^3 - g_2 x - g_3.$$

Réciproquement, si X est bicarré, en posant $x^2 = z$, on retombera sur les formes du n° 48.

Soit maintenant X quelconque du quatrième degré ; nous pouvons le supposer décomposé en un produit de deux facteurs réels du second degré, c'est-à-dire mis sous la forme

$$X = (ax^2 + bx + c)(a'x^2 + b'x + c');$$

supposons de plus que, si ces facteurs ont eux-mêmes leurs racines réelles, ces racines ne soient pas enchevêtrées.

Nous ferons la substitution

$$x = \frac{\alpha y + \beta}{y + 1}. \tag{46}$$

Il en résulte

$$\sqrt{X} = \frac{1}{(y+1)^2}\sqrt{Y}$$

en posant

$$\begin{aligned} Y = &\left[a(\alpha y + \beta)^2 + b(\alpha y + \beta)(y+1) + c(y+1)^2\right] \\ &\left[a'(\alpha y + \beta)^2 + b'(\alpha y + \beta)(y+1) + c'(y+1)^2\right]. \end{aligned}$$

Exprimons que, dans chacun des crochets, le terme en y disparait, nous aurons, pour calculer α et β, deux équations

$$\left.\begin{aligned} 2a\alpha\beta + b(\alpha + \beta) + 2c = 0 \\ 2a'\alpha\beta + b'(\alpha + \beta) + 2c' = 0; \end{aligned}\right\} \tag{47}$$

on en tire $\alpha\beta$ et $\alpha+\beta$. L'équation du second degré, qui fera connaître α et β, aura ses racines réelles parce que la condition de réalité

$$(ac'-ca')^2-(ab'-ba')(bc'-cb')>0$$

exprime précisément que les racines des deux facteurs qui composent X ne sont pas enchevêtrées. Nous avons donc réussi, par des substitutions réelles, à transformer une fonction rationnelle en x et $\sqrt{X}$, X étant un polynôme quelconque du 4me degré, dans une autre fonction rationnelle en y et $\sqrt{Y}$ pour laquelle Y est le produit de deux facteurs de la forme my^2+n, c'est-à-dire pour laquelle Y est un trinôme bicarré.

$$Y=\lambda y^4+\mu y^2+\nu. \tag{48}$$

A vrai dire, l'analyse précédente suppose que l'on peut tirer $\alpha\beta$ et $\alpha+\beta$ de (47), c'est-à-dire que l'on n'a pas

$$\frac{b}{2a}=\frac{b'}{2a'}.$$

Mais si cette dernière égalité avait lieu, en posant dans X

$$x+\frac{b}{2a}=y,$$

on aurait immédiatement

$$X=\left(ay^2+\frac{4ac-b^2}{4a}\right)\left(a'y^2+\frac{4a'c'-b'^2}{4a'}\right),$$

ce qui est bien la forme (48).

On voit alors immédiatement, d'après la classification du nº 46, qu'il y aura une intégrale elliptique de première espèce

$$I_1=\int\frac{dx}{\sqrt{\lambda x^4+\mu x^2+\nu}}, \tag{49}$$

et une de deuxième espèce

$$I_2 = \int \frac{x^2 dx}{\sqrt{\lambda x^4 + \mu x^2 + \nu}}. \tag{50}$$

L'intégrale $\int \frac{x dx}{\sqrt{\lambda x^4 + \mu x^2 + \nu}}$ n'est pas elliptique, comme on le voit en posant $x^2 = z$.

Legendre, à qui l'on doit l'idée première de cette classification des intégrales elliptiques, ramenait toujours la quantité soumise au radical à la forme *canonique*

$$(1 - x^2)(1 - k^2 x^2), \tag{51}$$

k^2 étant inférieur à l'unité. Pour obtenir cette forme à un seul paramètre, il était nécessaire de multiplier la variable par un facteur que Legendre appelait le *multiplicateur*. Enfin cet illustre auteur avait été amené à prendre comme intégrale type de deuxième espèce, non pas la forme (50), mais

$$I'_2 = \int \frac{\sqrt{1 - k^2 x^2}}{\sqrt{1 - x^2}} dx,$$

et comme intégrale de troisième espèce

$$\int \frac{dx}{(1 + m x^2)\sqrt{(1 - x^2)(1 - k^2 x^2)}}.$$

Comme on a identiquement

$$I'_2 = \int \frac{1 - k^2 x^2}{\sqrt{(1 - x^2)(1 - k^2 x^2)}} dx = I_1 - k^2 I_2,$$

on voit que l'intégrale de deuxième espèce de Legendre se

rattache de la manière la plus simple aux types qui résultent de la classification générale.

50. Nous allons montrer qu'on peut toujours par des transformations réelles ramener le polynôme (48) à la forme canonique (51), sauf, bien entendu, le cas où λ, μ et ν seraient tous les trois négatifs. Encore dans ce dernier cas I_1 et I_2 étant purement imaginaires, on pourra en mettant $\sqrt{-1}$ en facteur faire rentrer ce cas dans celui où tous les coefficients sont positifs.

Supposons le polynôme bicarré, soumis au radical, décomposé en un produit de deux facteurs réels

$$X = (ax^2 + b)(a'x^2 + b').$$

On peut toujours supposer $a > o$, puisqu'on aurait le droit de changer tous les signes dans les deux facteurs de X. Posons alors

$$ax^2 + b = t^2,$$

d'où

$$axdx = tdt,$$

et

$$dx = \frac{tdt}{a\sqrt{\frac{t^2 - b}{a}}}.$$

L'intégrale elliptique de première espèce devient

$$\int \frac{dx}{\sqrt{X}} = \int \frac{dt}{\sqrt{(t^2 - b)(a't^2 - ba' + ab')}}.$$

Le facteur $ax^2 + b$ se trouve remplacé par le facteur $t^2 - b$ où le second terme a changé de signe. Nous pourrons donc toujours supposer que le premier facteur a ses racines réelles :

désignons le par $x^2 - \alpha^2$, et nous n'aurons que quatre types différents

$$X = (x^2 - \alpha^2)(\beta^2 x^2 + \gamma^2)$$
$$X = (x^2 - \alpha^2)(\beta^2 x^2 - \gamma^2)$$
$$X = (x^2 - \alpha^2)(-\beta^2 x^2 + \gamma^2)$$
$$X = (x^2 - \alpha^2)(-\beta^2 x^2 - \gamma^2)$$

La substitution

$$x = \frac{1}{y},$$

suivie d'un changement de signe des deux facteurs qui composent X, ramènera les deux derniers types aux deux premiers. Enfin une substitution analogue à celle déjà employée,

$$\beta x^2 + \gamma^2 = t^2,$$

ramènera la première forme à la seconde, à laquelle nous pouvons donc limiter notre examen. Nous l'écrivons, après suppression d'un facteur positif constant,

$$X = (1 - a^2 x^2)(1 - b^2 x^2).$$

a et b ne sont pas égaux, sans quoi X serait un carré parfait et $\sqrt{X}$ serait rationnel. Soit

$$a^2 < b^2.$$

Posons

$$a^2 = k^2 . b^2.$$

Il vient

$$X = (1 - k^2 b^2 x^2)(1 - b^2 x^2).$$

Une dernière substitution,

$$x = \frac{x_1}{b},$$

donnera

$$X = (1 - x_1^2)(1 - k^2 x_1^2),$$

ce qui est la forme canonique.

Quant à l'intégrale de troisième espèce

$$\int \frac{dx}{(x - a)\sqrt{X}},$$

il suffit de multiplier les deux termes de la fraction par $x + a$ pour apercevoir qu'elle est la somme d'une fraction intégrable et d'une intégrale de la forme adoptée par Legendre pour type des intégrales de troisième espèce.

Posons $x = \sin\varphi$; ces trois types deviennent respectivement

$$I_1 = \int \frac{d\varphi}{\sqrt{1 - k^2\sin^2\varphi}}$$

$$I_2 = \int d\varphi\sqrt{1 - k^2\sin^2\varphi}$$

$$I_3 = \int \frac{d\varphi}{(1 + m\sin^2\varphi)\sqrt{1 - k^2\sin^2\varphi}}.$$

Remarque. — Si $k = o$ les intégrales elliptiques se réduisent aux fonctions circulaires

$$I_1 = \varphi = \text{arc}\sin x,\ \ I_2 = \text{arc}\sin x,\ \ I_3 = \frac{1}{\sqrt{1 + m}}\,\text{arc tg}\left(\sqrt{1 + m}\,\text{tg}\varphi\right).$$

De même si $k^2 = 1$, on trouve les fonctions logarithmiques

$$I_1 = -\log\text{tg}\left(\frac{\pi}{4} - \frac{\varphi}{2}\right), \qquad I_2 = \sin\varphi,$$

$$I_3 = \frac{1}{1 - a^2}\log\frac{x - a}{1 - x} + \frac{1}{(1 - a)^2}\log(1 + x).$$

51. *Exercices.* On peut souvent réduire aux intégrales elliptiques des intégrales à apparence hyperelliptique. En voici quelques exemples.

Les deux intégrales (*)

$$\int \frac{F(x)dx}{\sqrt[4]{Ax^4+Bx^3+Cx^2+Dx+F}}, \quad \int \frac{F(x)dx}{\sqrt[4]{(Ax^4+Bx^3+Cx^2+Dx+F)^3}},$$

peuvent être ramenées aux intégrales elliptiques par une des deux transformations

$$x^2 = \beta \operatorname{séc}^2\varphi - \gamma \operatorname{tang}^2\varphi$$
$$x^2 = \beta \cos^2\varphi + \gamma \sin^2\varphi,$$

après qu'on les a transformées, par des procédés analogues à ceux qui viennent d'être employés, de manière à les mettre sous la forme ($\beta > \gamma$)

$$\int \frac{f(x^2)dx}{\sqrt[4]{\pm(x^2-\beta)(x^2-\gamma)}}, \quad \int \frac{f(x^2)dx}{\sqrt[4]{\pm(x^2-\beta)^3(x^2-\gamma)^3}}.$$

La substitution

$$x^3 + \frac{1}{x^3} = 2t - \frac{2}{3},$$

ramène l'intégrale

$$\int \frac{dx}{\sqrt[3]{1+x^6}},$$

à la forme elliptique (Serret, calcul intégral 1868 p. 65).

Enfin les deux substitutions successives

$$x = \frac{1}{z} - \alpha, \qquad \sqrt[3]{(z+\alpha)(z+\beta)} = 9u,$$

(*) M. DE SPARRE, *Annales de la Société scientifique* de Bruxelles, T. XXI, IIe partie 1897.

ramènent l'intégrale

$$\int \frac{dx}{\sqrt[6]{(x+a)^2(x+b)^5(x+c)^5}},$$

à la suivante

$$\int \frac{du}{\sqrt{4u^4 + \left(\frac{\alpha - \beta}{27}\right)^2 u}},$$

dans laquelle

$$\alpha = c - a, \qquad \beta = b - a.$$

32. La méthode de réduction des intégrales hyperelliptiques s'emploie avec succès dans les intégrales où la seule irrationnelle est un radical portant sur un trinôme du second degré. C'est même le plus souvent la méthode la plus rapide pour arriver à l'intégration. Nous pouvons donc considérer seulement l'intégrale de première espèce

$$I_1 = \int \frac{dx}{\sqrt{ax^2 + bx + c}},$$

et celle de troisième espèce

$$I_3 = \int \frac{dx}{(x - \alpha)\sqrt{ax^2 + bx + c}}.$$

On voit d'abord que la dernière se ramène à la précédente en posant

$$x - \alpha = \frac{1}{y};$$

il en résulte en effet

$$dx = -\frac{dy}{y^2},$$

et

$$I_3 = -\int \frac{dy}{\sqrt{a + by + cy^2}}.$$

Nous n'avons donc qu'à considérer I_1 et à indiquer, suivant la nature des racines du trinôme, le procédé le plus propre à effectuer dans chaque cas l'intégration. On peut d'abord, dans tous les cas, écrire le trinôme

$$a\left(x + \frac{b}{2a}\right)^2 + \frac{4ac - b^2}{4a};$$

par suite, en prenant $x + \frac{b}{2a}$ pour variable, on aura trois formes distinctes ;

$$\int \frac{dt}{\sqrt{t^2 + \alpha^2}},$$

$$\int \frac{dt}{\sqrt{t^2 - \alpha^2}},$$

$$\int \frac{dt}{\sqrt{\alpha^2 - t^2}},$$

Suivant la méthode indiquée au n° 43, nous poserons, pour intégrer les deux premières,

$$\sqrt{t^2 \pm \alpha^2} = t + z,$$

ce qui revient, au point de vue géométrique, à couper la courbe $u^2 = t^2 \pm \alpha^2$ par une parallèle à une asymptote.

On en tire

$$t = \frac{\pm \alpha^2 - z^2}{2z}, \qquad dt = \frac{\mp \alpha^2 - z^2}{2z^2}\, dz,$$

$$\sqrt{t^2 \pm \alpha^2} = \frac{\pm \alpha^2 + z^2}{2z}.$$

Les deux intégrales deviennent ainsi

$$\int \frac{dt}{\sqrt{t^2 \pm \alpha^2}} = -\int \frac{dz}{z} = -\log z = -\log(\sqrt{t^2 \pm \alpha^2} - t),$$

ou enfin, en supprimant la constante $\log \alpha^2$,

$$\int \frac{dt}{\sqrt{t^2 \pm \alpha^2}} = \log(t + \sqrt{t^2 \pm \alpha^2}). \tag{52}$$

Si le trinôme sous le radical est réductible à la forme $\alpha^2 - t^2$, nous poserons

$$t = \alpha \sin \varphi, \qquad \text{d'où} \qquad dt = \alpha \cos \varphi d\varphi,$$

et

$$\int \frac{dt}{\sqrt{\alpha^2 - t^2}} = \int d\varphi = \varphi,$$

$$\int \frac{dt}{\sqrt{\alpha^2 - t^2}} = \text{arc sin} \frac{t}{\alpha}. \tag{53}$$

53. Nous avons opéré sur les formes réduites auxquelles on est conduit, en dernière analyse, par l'application de la méthode générale. Mais il est clair que les changements de variables effectués sur ces formes réduites auraient pu être opérés dès le début sur l'expression

$$\int R(x, \sqrt{ax^2 + bx + c})dx,$$

où R désigne une fonction rationnelle. Le résultat auquel on arrive est une fonction rationnelle de la nouvelle variable, sauf pour la dernière substitution qui introduit $\sin \varphi$; mais on sait qu'on peut exprimer les lignes trigonométriques d'un même angle en fonctions rationnelles d'un paramètre par les formules

$$\left.\begin{array}{c}\sin\varphi = \dfrac{2u}{1+u^2}, \quad \cos\varphi = \dfrac{1-u^2}{1+u^2}, \quad \operatorname{tg}\varphi = \dfrac{2u}{1-u^2} \\ d\varphi = \dfrac{2du}{1+u^2}.\end{array}\right\} \quad (54)$$

On peut donc considérer l'irrationalité comme ayant entièrement disparu dans tous les cas.

Afin de réunir tout ce qui concerne ces fonctions, rappelons la méthode du n° 43 qui suppose connues les deux racines α et β du trinôme $ax^2 + bx + c$; on pose alors $x - \alpha = (x - \beta)t^2$.

51. Nous donnerons quelques exemples.

1° Intégrer

$$I = \int \sqrt{\frac{1-x}{1+x}}\, dx.$$

Nous effectuerons la substitution employée au n° 51.

$$x = \cos\varphi, \qquad dx = -\sin\varphi d\varphi.$$

L'intégrale devient

$$I = -\int \sqrt{\frac{1-\cos\varphi}{1+\cos\varphi}} \sin\varphi d\varphi = -\int 2\sin^2\frac{\varphi}{2}\, d\varphi$$

$$= \int (\cos\varphi - 1)d\varphi = \sin\varphi - \varphi.$$

et enfin

$$I = \sqrt{1-x^2} - \operatorname{arc}\cos x \qquad (55)$$

La méthode du n° 43, appliquée au même exemple, donne le calcul suivant :

On pose

$$\sqrt{\frac{1-x}{1+x}} = y,$$

d'où

$$x = \frac{1 - y^2}{1 + y^2}, \qquad dx = \frac{-4y\,dy}{(1 + y^2)^2}.$$

$$\mathrm{I} = -\int \frac{4y^2 dy}{(1 + y^2)^2} = -4\int \frac{dy}{1 + y^2} + 4\int \frac{dy}{(1 + y^2)^2}.$$

La dernière intégrale a été calculée (formule 20) ; on a donc

$$\mathrm{I} = -2 \text{ arc tang } y + \frac{2y}{1 + y^2} = -2 \text{ arc tang}\sqrt{\frac{1 - x}{1 + x}} + \sqrt{1 - x^2},$$

ce qui est la formule (55) sous une autre forme.

Cette méthode s'applique d'ailleurs toutes les fois que la différentielle ne contient pas d'autre irrationnelle que

$$\sqrt[n]{\frac{x - a}{x - b}}.$$

Il suffit alors de poser

$$\frac{x - a}{x - b} = y^n.$$

2° Soit encore à intégrer

$$\int \frac{dx}{(a + bx)\sqrt{1 + x^2}}.$$

Nous poserons, comme au n° 51,

$$\sqrt{1 + x^2} = x + z,$$

ce qui donne

$$x = \frac{1 - z^2}{2z}, \qquad dx = -\frac{1 + z^2}{2z^2}\,dz, \qquad \sqrt{1 + x^2} = \frac{1 + z^2}{2z},$$

$$\left.\begin{aligned} \int \frac{dx}{(a + bx)\sqrt{1 + x^2}} &= -\int \frac{2dz}{2az + b(1 - z^2)} \\ &= \frac{1}{\sqrt{a^2 + b^2}} \log \frac{a - bz + \sqrt{a^2 + b^2}}{a - bz - \sqrt{a^2 - b^2}}; \end{aligned}\right\} \quad (57)$$

il n'y a plus qu'à remplacer dans le second membre z par $\sqrt{1-x^2}-x$.

Réduction des intégrales abéliennes (*)

55. — Les intégrales, d'une nature plus compliquée, que nous avons définies au n° 41, ne peuvent pas, en général, être ramenées à des intégrales élémentaires. On peut du moins essayer, comme cela a été fait pour les intégrales hyperelliptiques, d'en opérer une classification et de ramener certaines d'entre elles à d'autres analogues.

Soit

$$I = \int F(x,y)dx \qquad (58)$$

l'intégrale attachée à la courbe indécomposable.

$$f(x,y) = o \qquad (59)$$

Nous supposerons que cette courbe est de degré m et qu'elle n'a aucune asymptote parallèle aux axes, ce qui exige simplement que les axes de coordonnées aient été convenablement choisis; enfin nous supposerons que les points à l'infini soient simples, ce qu'il est toujours possible de réaliser en faisant une perspective de la courbe. Ces hypothèses reviennent à dire que l'ensemble des termes du plus haut degré est de la forme

$$(\alpha_1 x + \beta_1 y)(\alpha_2 x + \beta_2 y).....(\alpha_m x + \beta_m y),$$

aucun des nombres α_i, β_i n'étant nul, et tous les rapports $\frac{\beta_i}{\alpha_i}$ étant distincts.

Cela posé, soit une fraction rationnelle définie par l'égalité

$$\psi(x,y) = f'_y.F(x,y);$$

(*) Les n°s 55 à 59 peuvent être passés à une première lecture.

on peut toujours supposer que le dénominateur ne contient que la variable x. On démontre en effet en Algèbre que, si A et B sont deux polynômes en y premiers entre eux, on peut trouver deux autres polynômes en y, U et V, tels qu'on ait identiquement

$$AU + BV \equiv K,$$

K étant indépendant de y. La démonstration est absolument la même lorsque les coefficients des polynômes A, B, U, V, renferment une autre variable x. Si donc on appelle X une fonction de x et si l'on suppose que $\psi(x,y)$ est une fraction $\frac{A}{B}$, on pourra trouver deux polynômes U et V entiers en x et en y et tels que

$$BU + Vf \equiv X$$

ou, comme, par hypothèse, $f(x,y) = o$, tels que

$$BU \equiv X\,;$$

on aura alors

$$\psi(x,y) = \frac{A}{B} = \frac{AU}{BU} = \frac{AU}{X},$$

et

$$I = \int \frac{AU}{Xf'_y} dx.$$

Finalement, si l'on décompose $\frac{1}{X}$ en éléments simples, on voit que toute intégrale abélienne peut être considérée comme provenant de deux types d'intégrales,

$$I_1 = \int \frac{P(x,y)}{f'_y} dx \quad \text{et} \quad I_2 = \int \frac{P(x,y)}{(x-a)^\alpha f'_y} dx$$

dans lesquelles le numérateur est un polynôme.

56. — Nous allons essayer de réduire les intégrales de la forme I_1. Soit p le degré de P, P_1 l'ensemble des termes homogènes de degré p dans P, $\varphi(x,y)$ l'ensemble des termes homogènes de degré m dans $f(x,y)$. Nous allons démontrer qu'*on peut toujours ramener le degré du polynôme* P *à être au plus égal à* $2m - 4$.

A cet effet nous déterminerons un polynôme homogène $\lambda(x,y)$ tel que la différence $I_1 - \lambda$ puisse être mise sous la forme d'une intégrale de même forme que I_1, mais avec un numérateur de degré $p - 1$. Nous remarquerons pour cela qu'on peut écrire

$$\lambda(x,y) = \int \frac{d\lambda}{dx} dx ;$$

or,

$$\frac{d\lambda}{dx} = \lambda'_x + y'_x\lambda'_y = \lambda'_x - \frac{f'_x}{f'_y}\lambda'_y,$$

en vertu de l'équation $f(x,y) = o$; on a donc

$$\lambda(x,y) = \int \frac{\lambda'_x f'_y - \lambda'_y f'_x}{f'_y} dx,$$

et

$$I_1 - \lambda(x,y) = \int \frac{P - (\lambda'_x f'_y - \lambda'_y f'_x)}{f'_y} dx. \qquad (60)$$

L'ensemble des termes du plus haut degré dans le numérateur sera

$$P_1(x,y) - (\lambda'_x \varphi'_y - \lambda'_y \varphi'_x) \qquad (61)$$

à condition que le degré de λ soit $p - m + 2$; nous devons disposer de λ de manière à faire disparaître ces termes. Le théorème d'Euler relatif aux fonctions homogènes donne l'identité

$$x\lambda'_x + y\lambda'_y = (p - m + 2)\lambda,$$

et l'expression (61) devient

$$\frac{x\mathrm{P}_1 - (p - m + 2)\lambda\varphi'_y + (y\varphi'_y + x\varphi'_x)\lambda'_y}{x},$$

ou

$$\frac{x\mathrm{P}_1 - (p - m + 2)\lambda\varphi'_y + m\varphi\lambda'_y}{x}. \qquad (62)$$

Si cètte expression est divisible par φ, en appelant Q le quotient et retranchant du numérateur de l'intégrale dans (60) le produit $\mathrm{QX}f$ qui est nul par hypothèse, on aura réussi à faire disparaître, dans (60), les termes de degré p. Tout revient donc à exprimer que l'expression (62) est divisible par φ ou, comme φ ne contient pas x en facteur, que

$$x\mathrm{P}_1 - (p - m + 2)\lambda\varphi'_y,$$

s'annule identiquement lorsqu'on y remplace x par les m racines $-\frac{\beta_i}{\alpha_i}y$ de φ ; il faut pour cela que λ contienne m coefficients au moins ou que son degré $p - m + 2$ soit supérieur ou égal à $m - 1$, ce qui donne

$$p - m + 2 \geqslant m - 1 \qquad \text{ou} \qquad p \geqslant 2m - 3.$$

Ainsi l'on pourra diminuer le degré dans les intégrales I_1 tant qu'il sera supérieur à $2m - 4$, ce qui démontre le théorème.

57. Le cas où le dénominateur contient une puissance de $x - a$ est plus compliqué ; il se subdivise immédiatement en deux, suivant que les m points d'intersection de la courbe $f(x,y)$ avec la droite $x = a$ sont distincts ou non. Nous admettrons comme démontré (*) le lemme suivant : toute courbe $\Phi(x,y)=0$, passant par les points communs aux deux courbes $f(x,y)=0$ et $g(x,y)=0$, peut se mettre sous la forme suivante dans laquelle A et B désignent deux polynômes en x et y

$$\Phi \equiv Af(x,y) + Bg(x,y) = 0,$$

lorsque les points communs sont simples sur chacune des courbes ; en d'autres termes on a, dans ce cas, aux points de rencontre des courbes Φ et f

$$\frac{\Phi}{g(x,y)} \equiv B, \tag{63}$$

B étant un polynôme en x et y.

Cela posé, supposons d'abord que la droite $x=a$ ne touche la courbe $f(x,y)$ en aucun point. Nous allons, par analogie avec ce qui a été fait précédemment, chercher un polynôme $\lambda(x,y)$ tel que

$$\int \frac{P(x,y)}{(x-a)^\alpha f'_y}\,dx - \frac{\lambda(x,y)}{(x-a)^{\alpha-1}}$$

devienne une nouvelle intégrale où le dénominateur ne contienne plus $x-a$ qu'à la puissance $\alpha-1$. Comme l'on a

$$\frac{\lambda}{(x-a)^{\alpha-1}} = \int \frac{d}{dx}\left[\frac{\lambda}{(x-a)^{\alpha-1}}\right]dx$$

$$= \int \frac{(x-a)\left(\frac{d\lambda}{dx}\right) - (\alpha-1)\lambda}{(x-\alpha)^\alpha}\,dx$$

$$= \int \frac{(x-a)(\lambda'_x f'_y - \lambda'_y f'_x) - (\alpha-1)\lambda f'_y}{(x-a)^\alpha f'_y}\,dx,$$

(*) NÖTHER, *Math. Annalen*, t. VI, p. 352.

la différence précédente s'écrira

$$\int \frac{\mathrm{P} - (x-a)(\lambda'f'_y - \lambda'_y f'_x) + (\alpha - 1)\lambda f'_y}{(x-a)^\alpha f'_y}\,dx.$$

Pour que le numérateur soit divisible par $x - a$ (en tenant compte de la condition $f(x,y) = 0$), il suffit que

$$\mathrm{P} + (\alpha - 1)\lambda f'_y$$

le soit. Or, d'après le lemme, si la courbe

$$\mathrm{P} + (\alpha - 1)\lambda f'_y = 0 \tag{64}$$

passe aux points de rencontre de la courbe $f(x,y)$ avec la droite $x = a$, on peut toujours mettre

$$\frac{\mathrm{P} + (\alpha - 1)\lambda f'_y}{x - a}$$

sous la forme d'un polynôme en x et y (formule (63). Il suffit donc d'exprimer que la courbe (64) passe aux points précédents, ou que le premier membre de (64), dans lequel on a fait $x = a$, est divisible par $f(a,y)$; ces conditions s'exprimeront sans peine, si l'on a choisi pour λ un polynôme de degré $m - 1$ en y seul, parce que $f'_y(a,y)$ est différent de zéro.

On pourra appliquer ce procédé de réduction tant que α n'aura pas la valeur *un*.

58. Considérons enfin le cas où la droite $x = a$ est tangente à la courbe $f(x,y)$, au point (a,y_1), les autres points (a,y_2), (a,y_3)... $y(a,y_{m-1})$ étant différents et distincts. On a alors $f'_{y_1}(a,y_1) = 0$, et le raisonnement précédent n'est plus applicable.

Nous retrancherons alors de l'intégrale à réduire la quantité.

$$\frac{\lambda(x,y)}{(x-a)^\alpha} = \int \frac{(x-a)(\lambda'_x f'_y - \lambda'_y f'_x) - \alpha\lambda f'_y}{(x-a)^{\alpha+1} f'_y}\,dx$$

et nous essaierons de déterminer λ de manière que

$$(x-a)P(x,y) + \alpha\lambda f'_y - (x-a)(\lambda'_x f'_y - \lambda'_y f'_x) \qquad (65)$$

soit divisible par $(x-a)^2$.

Il faut d'abord que $\frac{\alpha\lambda f'_y}{x-a}$ puisse se mettre sous la forme d'un polynôme, en tenant compte de la condition $f(x,y)=0$; comme $f'_{y_1}(a,y_1)=0$, nous pouvons prendre

$$\lambda = (y-y_1)(y-y_2)\ldots\ldots(y-y_{m-1})\mu(y), \qquad (66)$$

$\mu(y)$ étant un polynôme en y. La courbe $\lambda f'_y = 0$ passera bien par les points communs à la courbe f et à la droite $x=a$, le point (a,y_1) comptant pour deux, et en vertu du lemme (formule 63), $\frac{\lambda f'_y}{x-a}$ sera un polynôme en x et y.

Il faut ensuite que

$$\frac{P(x,y) + \frac{\alpha\lambda f'_y}{x-a} + f'_x\lambda'_y}{x-a}$$

puisse être à son tour mis sous la forme d'un polynôme, ou que la courbe

$$P + \frac{\alpha\lambda f'_y}{x-a} + f'_x\lambda'_y = 0 \qquad (67)$$

passe par les points communs à f et à la droite $x=a$, et touche cette droite au point (a,y_1). Exprimons d'abord que la courbe (67) passe aux points (a,y_1), $(a,y_2)\ldots$ (a,y_{m-1}). Pour cela, il faut remplacer, dans l'équation (67), λ par sa valeur (66), ce qui donne

$$\left.\begin{aligned} P(x,y) &+ \frac{\alpha f'_y}{x-a}(y-y_1)(y-y_2)\ldots(y-y_{m-1})\mu(y) \\ &+ (y-y_1)(y-y_2)\ldots(y-y_{m-1})\mu'(y)f'_x \\ &+ \mu(y)f'_x\frac{d}{dy}(y-y_1)\ldots(y-y_{m-1}) = 0. \end{aligned}\right\} \qquad (68)$$

Lorsque nous ferons $x=a$, $y=y_1$ le dernier facteur

devient $(y_1 - y_2)(y_1 - y_3)\dots(y_1 - y_{m-1})$; quant au second terme, il renferme une expression, en apparence indéterminée

$$\frac{(y-y_1)f_y'}{x-a} \tag{69}$$

dont nous allons chercher la vraie valeur. L'équation de la courbe attachée à l'intégrale peut s'écrire en appliquant la formule de Taylor et en tenant compte de ce que, par hypothèse $f(a,y_1) \equiv 0$ et $f_y'(a,y_1) = 0$

$$\left.\begin{aligned} f(x,y) = 0 = (x-a)f_x'(a,y_1) + \frac{1}{2}(x-a)^2 f''_{x^2}(a,y_1) \\ +(x-a)(y-y_1)f''_{x,y}(a,y_1) + \frac{1}{2}(y-y_1)^2 f''_{y^2}(a,y_1) + \dots; \end{aligned}\right\} \tag{70}$$

On a de même

$$f_y'(x,y) = (x-a)f''_{x,y}(a,y_1) + (y-y_1)f''_{x,y}(a,y_1) + \dots$$

et, en tenant compte de (70),

$$\begin{aligned} \frac{(y-y_1)f_y'(x,y)}{x-a} = -2f_x'(a,y_1) - (x-a)f_x''(a,y_1) \\ -(y-y_1)f''_{xy}(a,y_1) + \dots \end{aligned}$$

La vraie valeur de (69) est donc

$$-2f_x'(a,y_1)$$

et la condition cherchée s'écrit

$$P(a,y_1) + (1-2\alpha)(y_1-y_2)\dots(y_1-y_{m-1})f_x'(a,y_1)\mu(y_1) = 0.$$

Comme, par hypothèse, le point (a,y_1) est simple, $f_x'(a,y_1)$ n'est pas nulle, et l'équation précédente fait connaître $\mu(y_1)$. De même, en faisant dans l'équation (68) $x = a$ et $y = y_2$, on trouvera

$$P(a,y_2) + (1-\alpha)(y_2-y_1)\dots(y_2-y_{m-1})f_x'(a,y_2)\mu(y_2) = 0;$$

cette équation déterminera $\mu(y_2)$, à condition que $f_x'(a,u_2)$ ne soit pas nulle, c'est-à-dire à condition que la tangente au point a, y_2 ne soit pas parallèle à ox ce qu'il est toujours possible de réaliser par un choix convenable des axes. Voilà donc déjà

$$\mu(y_1), \quad \mu(y_2)\dots \quad \mu(y_{m-1})$$

déterminées; il reste encore à exprimer que la courbe (68) touche la droite $x = a$ au point (a, y_1), ce qui déterminera $\mu'(y_1)$. A cet effet, exprimons que la dérivée par rapport à y du premier membre de (68) s'annule quand on y fait $x = a$, $y = y_1$; on voit sans peine que le coefficient de $\mu'(y_1)$, le seul intéressant à considérer, est

$$2(1 - \alpha)(y_1 - y_2)(y_1 - y_3)\dots(y_1 - y_{m-1})f_x'(a, y_1).$$

Ce coefficient n'est pas nul, tant que α est différent de l'unité. On pourra donc déterminer $\mu'(y_1)$. On est enfin ramené à un problème tout à fait simple d'interpolation, à savoir : déterminer un polynôme $\mu(y)$ connaissant les valeurs qu'il prend pour $y = y_1, y_2 \dots y_{m-1}$, ainsi que la valeur de sa dérivée pour $y = y_1$. Soit, par exemple, $\nu(y)$ le polynôme de degré $m - 2$ fourni par la formule de Lagrange (27) et qui prend les valeurs données pour $y = y_1, y_2\dots$; on pourra prendre

$$\mu(y) = \nu(y) + C(y - y_1)(y - y_2)\dots(y - y_{m-1}),$$

la constante C étant déterminée par la condition

$$\mu'(y_1) = \nu'(y_1) + C(y_1 - y_2)\dots(y_1 - y_{m-1}).$$

59. Le raisonnement du n° précédent tomberait en défaut si l'on avait $f_x'(a, y_1) = 0$, c'est-à-dire si le point (a, y_1) était double. Il faudrait dans ce cas retrancher de l'intégrale abélienne une fraction rationnelle de la forme

$$\frac{\lambda(x,y)}{(x - a)^{\alpha+1}},$$

$\lambda(x,y)$ étant un polynôme à déterminer. Nous ne donnerons pas le détail du calcul qui se trouve dans le *Traité d'analyse* de M. Picard, tome I; ce qui précède suffit amplement pour faire comprendre l'esprit de la méthode, et nous admettons comme démontré que l'intégrale

$$\int \frac{P(x,y)}{(x-a)^\alpha f'_y}\, dx$$

peut, par la soustraction d'une fraction rationnelle convenablement choisie, être ramenée à l'intégrale

$$\int \frac{Q(x,y)}{(x-a) f'_y}\, dx$$

Q désignant encore un polynôme. On peut même supposer que la plus haute puissance de y dans ce polynôme soit y^{m-1}, en tirant y^m de l'équation $f(x,y) = 0$ autant de fois qu'il sera besoin. Enfin l'on peut écrire

$$\begin{aligned} Q(x,y) &= Q(a + x - a, y) \\ &= Q(a,y) + (x-a)Q'_x(a,y) + \dots \end{aligned}$$

et l'intégrale précédente sera une somme d'intégrales telles que

$$\int \frac{R(y)}{(x-a) f'_y}\, dx$$

où $R(y)$ est un polynôme en y de degré $m - 1$ au plus.

Intégration des fonctions rationnelles de sin x et de cos x

60. Les fonctions trigonométriques de sin x et de cos x se rattachent immédiatement aux fonctions algébriques. On sait, en effet, qu'il suffit de poser

$$\operatorname{tang} \frac{x}{2} = t,$$

pour exprimer sin x, cos x, tang x en fonctions rationnelles d'un même paramètre t; les formules de transformation sont

$$\sin x = \frac{2t}{1+t^2}, \quad \cos x = \frac{1-t^2}{1+t^2}, \quad \operatorname{tg} x = \frac{2t}{1-t^2}, \quad dx = \frac{2dt}{1+t^2} \quad (71)$$

L'intégrale

$$\int \mathrm{R}(\sin x, \cos x)dx$$

est donc ainsi transformée en une intégrale de fonction rationnelle.

Soit, par exemple, à intégrer

$$\mathrm{I} = \int \frac{dx}{\sin x}.$$

La transformation qui vient d'être indiquée donne immédiatement

$$\mathrm{I} = \int \frac{dt}{t} = \log t = \log \operatorname{tang} \frac{x}{2}.$$

61. Il existe d'autres procédés, souvent plus rapides, pour arriver à l'intégration des expressions trigonométriques. D'abord il sera toujours possible, par les mêmes moyens que ceux employés pour rendre rationnel le dénominateur d'une fraction, de n'avoir au dénominateur que des puissances paires de sin x et de cos x; par suite, on pourra toujours ramener l'intégration à celle des trois intégrales suivantes :

$$\mathrm{I}_1 = \int \frac{\mathrm{P}}{\mathrm{Q}} dx,$$

$$I_2 = \int \frac{P_1 \sin x dx}{Q_1},$$

$$I_3 = \int \frac{P_2 \cos x dx}{Q_2},$$

dans lesquelles P_1, P_2 et Q_1, Q_2 sont des polynômes ne contenant que des puissances paires de $\sin x$ et de $\cos x$, tandis que P est un polynôme où les puissances peuvent être impaires, mais où le degré total de chaque terme en $\sin x$ et en $\cos x$ est pair.

Cela posé, pour intégrer I_1, on posera

$$\operatorname{tang} x = t,$$

d'où

$$\sin x = \frac{t}{\sqrt{1+t^2}}, \qquad \cos x = \frac{1}{\sqrt{1+t^2}}, \qquad dx = \frac{dt}{1+t^2}.$$

Il est évident que la différentielle $\frac{P}{Q}\,dx$ sera transformée en une différentielle rationnelle.

Pour intégrer I_2, on posera

$$\cos x = t \quad \text{d'où} \quad -\sin x dx = dt\,;$$

enfin, pour intégrer I_3, on emploiera la substitution

$$\sin x = t.$$

Soit, par exemple, à intégrer

$$\int \frac{dx}{a \sin x + b \cos x}$$

Cette intégrale peut s'écrire

$$\int \frac{(a \sin x - b \cos x)dx}{a^2\sin^2 x - b^2\cos^2 x}$$

$$= a\int \frac{\sin x dx}{a^2\sin^2 x - b^2\cos^2 x} - b\int \frac{\cos x dx}{a^2\sin^2 x - b^2\cos^2 x},$$

et l'on voit sans peine qu'elle a pour valeur

$$\frac{1}{2\sqrt{a^2+b^2}} \log \frac{\left(\cos x - \frac{a}{\sqrt{a^2+b^2}}\right)\left(\sin x + \frac{b}{\sqrt{a^2+b^2}}\right)}{\left(\cos x + \frac{a}{\sqrt{a^2+b^2}}\right)\left(\sin x - \frac{b}{\sqrt{a^2+b^2}}\right)}.$$

Si l'on pose

$$\frac{a}{\sqrt{a^2+b^2}} = \cos \varphi, \qquad \frac{b}{\sqrt{a^2+b^2}} = \sin \varphi,$$

la dernière expression prend un aspect plus élégant

$$\frac{1}{\sqrt{a^2+b^2}} \log \operatorname{tang} \frac{x+\varphi}{2}.$$

On aurait d'ailleurs pu introduire l'angle φ dès le début; l'intégrale aurait pris la forme

$$\frac{1}{\sqrt{a^2+b^2}} \int \frac{d(x+\varphi)}{\sin(x+\varphi)},$$

et l'on reconnait ainsi l'intégrale qui a été calculée au n° précédent.

62. Les intégrales

$$I_{m,n} = \int \sin^m x \cos^n x \, dx$$

méritent une étude spéciale. Nous avons déjà dit (nº 40) qu'elles pouvaient être rattachées aux intégrales de différentielles binômes irrationnelles.

On peut encore, en remplaçant un certain nombre de fois les expressions sin px sin qx, sin px cos qx, et cos px cos qx par des sommes ou différences de sinus et de cosinus, réduire l'expression précédente aux intégrales

$$\int \sin kx\, dx \quad \text{et} \quad \int \cos kx\, dx$$

qui ont pour valeurs respectivement

$$-\frac{1}{k}\cos kx \quad \text{et} \quad \frac{1}{k}\sin kx.$$

Mais il est plus élégant, et la plupart du temps plus rapide, d'opérer sur les intégrales $I_{m,n}$ une réduction analogue à celles que nous avons déjà plusieurs fois effectuées.

Nous écrirons

$$I_{m,n} = \int \sin^m x \cos x\, dx . \cos^{n-1} x,$$

d'où, en intégrant par parties,

$$I_{m,n} = \frac{\sin^{m+1} x}{m+1} \cos^{n-1} x + \frac{n-1}{m+1} \int \sin^{m+2} x \cos^{n-2} x\, dx,$$

et, comme

$$\sin^{m+2} x = \sin^m x\, (1 - \cos^2 x),$$

$$I_{m,n} = \frac{\sin^{m+1} x \cos^{n-1} x}{m+1} + \frac{n-1}{m+1} \left[I_{m,n-2} - I_{m,n} \right].$$

On a donc enfin

$$I_{m,n} = \frac{\sin^{m+1} x \cos^{n-1} x}{m+n} + \frac{n-1}{m+n} I_{m,n-2} \tag{72}$$

L'application répétée de cette formule permettra de réduire l'intégration au cas où $n = 1$ ou au cas où $n = 0$.

Si $n = 1$, l'intégration est immédiate :

$$I_{m,1} = \int \sin^m x \cos x \, dx = \frac{\sin^{m+1} x}{m+1}.$$

Si $n = 0$, on est ramené à intégrer

$$J_m = \int \sin^m x \, dx.$$

Pour cela, écrivons

$$J_m = \int \sin^{m-2} x (1 - \cos^2 x) dx = J_{m-2} - \int \sin^{m-2} x \cos x . \cos x \, dx;$$

en intégrant par parties la dernière intégrale, on a

$$\frac{\sin^{m-1} x}{m-1} \cos x + \int \frac{\sin^{m-1} x . \sin x \, dx}{m-1};$$

et en portant cette valeur dans la formule précédente, on obtient

$$J_m = J_{m-2} - \frac{\sin^{m-1} x \cos x}{m-1} - \frac{1}{m-1} J_m,$$

d'où la nouvelle formule de réduction

$$J_m = \frac{m-1}{m} J_{m-2} - \frac{1}{m} \sin^{m-1} x \cos x \qquad (73)$$

Cette formule permettra de ramener l'intégration à celles

qui correspondent aux cas de $m = 0$ ou $m = 1$, et qui sont immédiates :

$$J_0 = \int dx = x$$

$$J_1 = \int \sin x \, dx = -\cos x$$

Il est clair qu'on aurait pu procéder de même en commençant par diminuer l'exposant m dans $I_{m,n}$; on aurait alors rencontré des intégrales, telles que $\int \cos^n x \, dx$, qu'on aurait traitées comme J_m.

Remarquons enfin que la formule (72) pourrait être employée comme formule de réduction dans le cas de n négatif : il suffirait de la résoudre par rapport à $I_{m,n-2}$. Même observation si m est négatif.

63. Une dernière méthode consiste à introduire les exponentielles imaginaires par les formules connues

$$\cos x = \frac{e^{ix} + e^{-ix}}{2}, \qquad \sin x = \frac{e^{ix} - e^{-ix}}{2i}. \tag{74}$$

Le coefficient différentiel devient alors fonction rationnelle de e^{ix} et peut s'intégrer comme on le verra dans la section suivante. Nous nous bornerons ici à déduire des formules (74) les expressions de $\cos^m x$, $\sin^m x$ en sinus et cosinus des multiples de l'arc.

On a en effet

$$\cos^m x = \frac{e^{mix} + me^{(m-2)ix} + \frac{m(m-1)}{2} e^{(m-4)ix} + \dots + e^{-mix}}{2^m}.$$

Or la première formule (74) donne

$$e^{mix} + e^{-mix} = 2\cos mx;$$

on aura donc

$$2^{m-1}\cos^m x = \cos mx + m\cos(m-2)x + \frac{m(m-1)}{2}\cos(m-4)x + \ldots \quad (75)$$

et dans cette formule le dernier terme devra être divisé par 2, si m est pair.

De même

$$\sin^m x = \frac{e^{mix} - me^{(m-2)ix} + \frac{m(m-1)}{1.2}e^{(m-4)ix} + \ldots + (-1)^m e^{-mix}}{2^m i^m}$$

Si m est pair, on aura, en ayant toujours soin de diviser par 2 le dernier terme,

$$\left.\begin{aligned}(-1)^{\frac{m}{2}}2^{m-1}\sin^m x = \cos mx - m\cos(m-2)x \\ + \frac{m(m-1)}{2}\cos(m-4)x \ldots\ldots;\end{aligned}\right\} \quad (76)$$

Si m est impair, on aura

$$\left.\begin{aligned}(-1)^{\frac{m-1}{2}}2^{m-1}\sin^m x = \sin mx - m\sin(m-2)x \\ + \frac{m(m-1)}{1.2}\sin(m-4)x \ldots\ldots\end{aligned}\right\} \quad (77)$$

A l'aide de ces formules, l'intégrale $I_{m,n}$ du n° précédent est immédiatement ramenée à des intégrales telles que

$$\int \sin px \cos qx dx, \qquad \int \cos px \cos qx dx$$

et comme

$$2\sin px \cos qx = \sin(p+q)x + \sin(p-q)x,$$
$$2\cos px \cos qx = \cos(p+q)x + \cos(p-q)x,$$

l'intégration peut être considérée comme achevée.

Exemple :

$$\int \sin^3 x \cos^4 x dx = \frac{1}{64}\left(\frac{1}{7}\cos 7x + \frac{1}{5}\cos 5x - 2\cos 3x + 6\cos x\right)$$

Intégrales où figurent des exponentielles ou des logarithmes

64. Le cas où l'intégrale ne contient qu'une expression rationnelle en e^x n'offre aucune difficulté. On posera

$$e^x = y \quad \text{d'où} \quad dx = \frac{dy}{y}$$

et l'expression à intégrer sera devenue une expression rationnelle en y.

65. Soit maintenant à intégrer

$$I_m = \int e^x x^m dx.$$

En intégrant par parties, on aura

$$I_m = x^m e^x - m \int x^{m-1} e^x dx$$

ou

$$I_m = x^m e^x - m I_{m-1}.$$

L'application répétée de cette formule conduit rapidement à la suivante

$$\int x^m e^x dx = e^x[x^m - m x^{m-1} + m(m-1)x^{m-2} \ldots]$$

66. Considérons une expression telle que

$$\int e^{nx} R(x)dx$$

où $R(x)$ désigne une expression rationnelle, qu'on sait, par conséquent mettre sous la forme

$$\sum A_m x^m + \sum \frac{B_\alpha}{(x-a)^\alpha}.$$

Les intégrales $\int x^m e^x dx$ ont été étudiées dans le n° précédent. Il reste à examiner

$$\int \frac{e^{nx}}{(x-a)^\alpha} dx.$$

L'intégration par parties donne d'abord

$$\int \frac{e^{nx}}{(x-a)^\alpha} dx = \frac{1}{1-\alpha} \frac{e^{nx}}{(x-a)^{\alpha-1}} + \frac{n}{\alpha-1} \int \frac{e^{nx}}{(x-a)^{\alpha-1}} dx$$

et cette formule de réduction permettra d'arriver à l'intégrale

$$\int \frac{e^{nx}}{x-a} dx.$$

Posons

$$x = a + \frac{y}{n} \qquad \text{d'où} \qquad dx = \frac{dy}{n};$$

on est ramené à

$$e^{na} \int \frac{e^y}{y} dy.$$

Enfin si l'on fait

$$y = \mathrm{L}z,$$

on a à considérer

$$\int \frac{z}{\mathrm{L}z}\, dz$$

qui est une transcendante nouvelle ; elle prend le nom de *logarithme intégral* lorsque la constante d'intégration est déterminée de manière que cette transcendante s'annule pour $z = 0$.

66. Si, au lieu d'exponentielles, on a des logarithmes, on ramène ce cas aux précédents en posant

$$\mathrm{L}x = y,$$

d'où

$$x = e^y, \qquad dx = e^y dy$$

CHAPITRE II

DES INTÉGRALES DÉFINIES

Des intégrales définies dont la valeur s'obtient en appliquant la définition

67. La définition donnée au n° 1 du chapitre précédent permet d'obtenir immédiatement un grand nombre d'intégrales. La valeur étant indépendante de la loi suivant laquelle se succèderont les valeurs de x dans la somme à calculer

$$\sum_{0}^{n-1} (x_{i+1} - x_i) f(\xi_i) \tag{1}$$

on profitera de cette latitude pour fixer une loi qui permette d'effectuer cette sommation.

68. Nous allons donner quelques exemples de cette manière d'opérer.

1° Soit à calculer

$$\int_0^x e^x dx\,;$$

on divise l'intervalle de o à x en n parties égales et l'on pose

$$x = nh, \quad x_{i+1} - x_i = h, \quad \xi_i = x_i$$

La somme (1) devient

$$h\left[1 + e^h + e^{2h} + \dots + e^{(n-1)h}\right] = h\,\frac{e^{nh} - 1}{e^h - 1} = (e^x - 1)\,\frac{h}{e^h - 1}.$$

Lorsque h tend vers zéro, la dernière fraction tend vers *un*, et l'on a

$$\int_0^x e^x dx = e^x - 1$$

2° Au lieu de prendre des valeurs de x qui se suivent en progression arithmétique, on peut diviser l'intervalle de manière que les termes se succèdent comme ceux d'une progression géométrique. On posera alors

$$b = aq^n, \quad x_{i+1} = qx_i, \quad \xi_i = x_i,$$

et la formule (1) deviendra

$$\left.\begin{aligned}\int_a^b f(x)dx &= \lim_{q=1} \sum_{i=0}^{i=h-1} (q-1)x_i f(x_i)\\ &= \lim_{q=1} a(q-1)\left[f(a) + qf(aq) + q^2 f(aq^2) + \dots + q^{n-1} f(aq^{n-1})\right]\end{aligned}\right\} \quad 2$$

Ainsi, soit à intégrer

$$\int_a^b \frac{dx}{x};$$

l'équation (2) donne

$$\int_a^b f(x)dx = \lim_{q=1} a(q-1)\left[\frac{1}{a} + q\cdot\frac{1}{aq} + \dots + q^{n-1}\frac{1}{aq^{n-1}}\right]$$

$$= \lim n(q-1) = \lim_{q=1} \frac{q-1}{\log q} \log\frac{b}{a}.$$

ou enfin

$$\int_a^b \frac{dx}{x} = \log \frac{b}{a}.$$

3° Dans les deux exemples précédents, on connaissait l'intégrale indéfinie $\int f(x)\,dx$. Voici un exemple où elle est inconnue : soit à calculer

$$\mathrm{I} = \int_0^{\frac{\pi}{2}} \log \sin x \, dx.$$

Nous partagerons l'intervalle de zéro à $\frac{\pi}{2}$ en n parties égales et nous poserons

$$h = \frac{\pi}{2n}, \qquad \xi_i = x_{i+1}$$

de sorte qu'on aura par définition

$$\mathrm{I} = \lim_{n=\infty} \sum_1^n \frac{\pi}{2n} \log \sin i \frac{\pi}{2n}$$

ou

$$\mathrm{I} = \frac{\pi}{2} \lim \frac{1}{n} \log \prod_1^n$$

en posant

$$\prod_1^n = \sin \frac{\pi}{2n} \sin 2.\frac{\pi}{2n} \ldots \sin (n-1) \frac{\pi}{2n}.$$

Or on a évidemment

$$\sin (n-k) \frac{\pi}{2n} = \sin (n+k) \frac{\pi}{2n}$$

et

$$\sin k \frac{\pi}{2n} = \cos (n - k) \frac{\pi}{2n}.$$

De là résulte, en multipliant $\prod_{1}^{n}$ par la même expression dans laquelle on a écrit les facteurs en ordre inverse,

$$\left(\prod_{1}^{n}\right)^{2} = \prod_{1}^{2n-1} = \frac{1}{2^{n-1}} \prod_{i=1}^{i=n-1} \sin i \frac{\pi}{n}.$$

Ce dernier produit se calcule sans peine, il suffit de former l'équation qui donne $\sin \frac{\pi}{n}$ connaissant $\sin \pi = 0$: le produit des racines de cette équation, après suppression de la racine nulle, sera le produit cherché. On trouve ainsi

$$\prod_{i=1}^{i=n-1} = \frac{1}{2^{n-1}} n;$$

d'où l'on déduit

$$\prod_{1}^{n} = \frac{1}{2^{n-1}} \sqrt{n},$$

$$\mathrm{I} = \frac{\pi}{2} \lim \frac{1}{n} \log \frac{\sqrt{n}}{2^{n-1}},$$

$$\mathrm{I} = \frac{\pi}{2} \lim \frac{\frac{1}{2} \log n - (n-1) \log 2}{n}$$

ou enfin

$$\int_{0}^{\frac{\pi}{2}} \log \sin x \, dx = -\frac{\pi}{2} \log 2 \tag{3}$$

4° Voici un dernier exemple. L'intégrale

$$I = \int_0^\pi \log(1 - 2\alpha \cos x + \alpha^2)\, dx$$

a été calculée par Poisson. On a par définition

$$I = \lim_{n=\infty} \sum_0^{n-1} \frac{\pi}{n}\left[\log(1 - 2\alpha + \alpha^2) + \log\left(1 - 2\alpha\cos\frac{\pi}{n} + \alpha^2 + \ldots\right]\right.$$

$$= \lim_{n=\infty} \frac{\pi}{n} \log \prod_n,$$

en posant

$$\prod_n = (1 - 2\alpha + \alpha^2)\left(1 - 2\alpha\cos\frac{\pi}{n} + \alpha^2\right)$$
$$\ldots\left(1 - 2\alpha\cos\frac{k\pi}{n} + \alpha^2\right)\ldots\left(1 - 2\alpha\cos\frac{n-1}{n}\pi + \alpha^2\right).$$

Or on démontre aisément que ce produit est égal à

$$\frac{(\alpha^{2n} - 1)(\alpha - 1)}{\alpha + 1};$$

on a donc

$$I = \lim_{n=\infty} \frac{\pi}{n} \log \frac{(\alpha^{2n} - 1)(\alpha - 1)}{\alpha + 1}$$

Si $|\alpha| < 1$, nous écrirons

$$I = \lim_{n=\infty} \frac{\pi}{n}\left[\log\frac{1-\alpha}{1+\alpha} + \log(1 - \alpha^{2n})\right]$$

et l'on a évidemment

$$I = 0$$

Si au contraire le module de α est supérieur à l'unité, nous devons écrire

$$\begin{aligned} I &= \lim_{n=\infty} \frac{\pi}{n}\left[\log\frac{\alpha-1}{\alpha+1}+\log(\alpha^{2n}-1)\right] \\ &= \lim_{n=\infty} \frac{\pi}{n}\log(\alpha^{2n}-1) = \lim \frac{\pi}{n}\log \alpha^{2n}\left(1-\frac{1}{\alpha^{2n}}\right) \end{aligned}$$

et l'on voit que

$$I = \pi \log \alpha^2 \qquad (4)$$

69. La méthode employée dans le n° précédent ne peut évidemment plus être appliquée sans corrections dans le cas où une des limites de l'intégrale devient infinie, puisque l'on n'a plus un intervalle fixe à diviser en parties dont le nombre augmente ensuite au-delà de toute limite. Il faudra examiner d'abord l'intégrale

$$\int_a^b f(x)\,dx$$

et faire ensuite croître b à l'infini. L'intégrale précédente devra tendre vers une limite, ou encore l'intégrale

$$\int_b^c f(x)\,dx$$

devra tendre vers zéro lorsque b et c croîtront indéfiniment.

Nous examinerons en premier lieu une intégrale célèbre

$$I = \int_0^\infty e^{-x^2}\,dx.$$

Elle sera la limite de

$$\int_0^b e^{-x^2}dx,$$

pour $b = \infty$, si $\int_b^c e^{-x^2}dx$ tend vers zéro pour b et c infinis.

Par définition la première intégrale s'écrit

$$\lim_{h=o} \sum h(1 + e^{-h^2} + e^{-4h^2} + e^{-9h^2} + \ldots + e^{-n^2h^2}) \quad (5)$$

avec $nh = b$, et la deuxième

$$\lim_{h=o} \sum_{i=o}^{i=m-1} h \left[e^{-b^2} + e^{-(b+h)^2} + \ldots \right.$$
$$\left. + e^{-(b+ih)^2} + \ldots + e^{-(b+\overline{m-1}h)^2}\right].$$

Or, dans cette dernière somme, on a

$$e^{-(b+ih)^2} = e^{-b^2}e^{-2bih}e^{-i^2h^2} < e^{-b^2}e^{-i^2h^2},$$

d'où l'on déduit

$$\int_b^c e^{-x^2}dx < e^{-b^2} \lim_{h=o} \sum h \left[1 + e^{-h^2} + e^{-4h^2} + \ldots\right],$$

la somme dans le crochet étant prolongée à l'infini ce qui ne peut que l'augmenter. Cette somme, que nous appellerons S, est finie, comme on va le voir : elle peut s'écrire

$$S = \frac{h}{\sqrt{1 - e^{-h^2}}} \sqrt{1 - q}\, f(q),$$

en posant

$$e^{-h^2} = q \quad \text{et} \quad f(q) = 1 + q + q^4 + \ldots + q^{n^2} + \ldots$$

Désignons par $[\sqrt{n}]$ le plus grand entier contenu dans $\sqrt{n}$, et comparons les deux séries, divergentes pour $q \geqslant 1$,

$$\frac{f(q)}{1-q} = \psi(q) = 1 + [\sqrt{1}]\, q + [\sqrt{2}]\, q^2 + \ldots + [\sqrt{n}]\, q^n + \ldots$$

et

$$F(q) = (1-q)^{-\frac{3}{2}} = 1 + \frac{3}{2} q + \ldots + \frac{1.3.5\ldots 2n-1}{2.4.6\ldots 2n}(2n+1)q^n + \ldots$$

Dans cette dernière série, le coefficient de q^n peut s'écrire, en vertu de la formule de Wallis (nº 79),

$$\sqrt{\frac{2}{\pi}}(1+\varepsilon)\sqrt{2n+1} = \frac{2\sqrt{n}}{\sqrt{\pi}}(1+\varepsilon'),$$

ε et ε' tendant vers zéro pour $n = \infty$. Le rapport des coefficients de q^n dans $\psi(q)$ et dans $F(q)$

$$\frac{\sqrt{\pi}}{2}\frac{[\sqrt{n}]}{\sqrt{n}},$$

a donc pour limite $\frac{1}{2}\sqrt{\pi}$, et, par suite, d'après un théorème connu (*), le rapport des deux séries a la même limite. On a donc, en faisant tendre q vers *un*

$$\lim_{q=1} \frac{\psi(q)}{f(q)} = \lim_{q=1} \sqrt{1-q}\, f(q) = \frac{1}{2}\sqrt{\pi}.$$

(*) *Lorsque deux séries ordonnées suivant les puissances ascendantes d'une même lettre sont divergentes et que le rapport des coefficients d'une même puissance de la lettre ordonnatrice a une limite, le rapport de la somme des* n *premiers termes a la même limite lorsque* n *croît à l'infini.* En effet dans une suite de rapports égaux ou inégaux

$$\frac{a_\alpha}{b_\alpha}, \quad \frac{a_\beta}{b_\beta}, \ldots, \quad \frac{a_\lambda}{b_\lambda},$$

le rapport

$$\frac{a_\alpha + a_\beta + \ldots + a_\lambda}{b_\alpha + b_\beta + \ldots + b_\lambda},$$

est compris entre le plus grand et le plus petit de ces rapports. Si donc

Il en résulte,

$$S = \frac{1}{2}\sqrt{\pi} \lim_{h=o} \frac{h}{\sqrt{1 - e^{-h^2}}} = \frac{1}{2}\sqrt{\pi}.$$

Cela posé, on a

$$\int_b^c e^{-x^2} dx < e^{-b^2} S ;$$

si l'on fait croître b à l'infini, le second membre tend vers zéro, donc aussi le premier, et l'on est fondé, dans la somme (5) qui sert de définition à I, à faire croître b à l'infini, c'est-à-dire que

$$I = \lim_{h=o} \sum h(1 + e^{-h^2} + e^{-4h^2} + \ldots).$$

n est assez grand pour que le rapport des termes de même rang des deux séries divergentes,

$$f(n) = a_o + a_1 x + \ldots + a_n x^n + \ldots$$
$$\varphi(n) = b_o + b_1 x + \ldots + b_n x^n + \ldots,$$

diffère, pour cette valeur de n et pour les valeurs supérieures, de sa limite l d'un nombre inférieur à ε, on pourra écrire

$$l + \varepsilon < \frac{a_n x^n + a_{n+1} x^{n+1} + \ldots + a_{n+p} x^{n+p}}{b_n x^n + b_{n+1} x^{n+1} + \ldots + b_{n+p} x^{n+p}} < l + \varepsilon.$$

Soit $f_p(x)$ la somme des $n+p$ premiers termes de $f(x)$ et $\varphi_p(x)$ celle des $n+p$ premiers termes de $\varphi(x)$, le rapport intermédiaire pourra s'écrire

$$\frac{f_p(x) - (a_o + a_1 x + \ldots + a_{n-1} x^{n-1})}{\varphi_p(x) - (b_o + b_1 x + \ldots + b_{n-1} x^{n-1})},$$

ou

$$\frac{f_p(x)}{(\varphi_p x)} \frac{1 - \dfrac{a_o + a_1 x + \ldots + a_{n-1} x^{n-1}}{f_p x}}{1 - \dfrac{b_o + b_1 x + \ldots + b_{n-1} x^{n-1}}{\varphi_p(x)}}.$$

Comme la deuxième de ces fractions tend vers un pour $p = \infty$, on voit que $\frac{f(x)}{\varphi(x)}$ sera compris entre $l - \varepsilon$ et $l + \varepsilon$, ce qui démontre le théorème.

Le second membre est précisément S ; on a donc enfin

$$\int_0^{\infty} e^{-x^2} dx = \frac{1}{2}\sqrt{\pi}. \qquad (6)$$

70. On intègre, par un raisonnement analogue,

$$\int_0^{\infty} \frac{\sin x}{x}\, dx = \lim_{\substack{n=\infty \\ h=0}} \left(\sin h + \frac{\sin 2h}{2} + \ldots + \frac{\sin nh}{n}\right).$$

Nous démontrerons plus loin (série de Fourier) l'identité, valable tant que h est compris entre 0 et 2π,

$$\sin h + \frac{\sin 2h}{2} + \ldots + \frac{\sin nh}{n} + \ldots = \frac{1}{2}(\pi - h).$$

Il en résulte immédiatement

$$\int_0^{\infty} \frac{\sin x}{x}\, dx = \frac{\pi}{2}, \qquad (7)$$

Il est à remarquer que le produit de la fonction à intégrer $\frac{\sin x}{x}$ par x ne tend pas vers zéro pour x infini, et cependant l'intégrale a une limite : cela tient à ce que la fonction change de signe un nombre infini de fois.

71. L'intégrale

$$I = \int_0^{\infty} \frac{\sin^2 x}{x^2}\, dx.$$

se ramène à la précédente en intégrant par parties

$$\int_0^{\infty} \frac{\sin^2 x}{x^2}\, dx = \left|\frac{\sin^2 x}{x}\right|_0^{\infty} + \int_0^{\infty} \frac{\sin 2x}{2x}\, 2dx = \frac{\pi}{2}.$$

72. Dans les exemples précédents, on a pu effectuer directement les sommations. Quelquefois il est commode de commencer par établir des inégalités qui permettent d'enfermer la somme inconnue entre deux quantités qui ont la même limite. Cherchons par exemple à évaluer

$$I = \int_a^b \frac{dx}{x \log x}.$$

Soit toujours $b = a + nh$. Nous partirons de l'identité

$$\log \log (x + h) - \log \log x = \log \left[1 + \frac{\log\left(1 + \frac{h}{x}\right)}{\log x} \right]. \quad (8)$$

que nous allons combiner avec les inégalités suivantes, dont les deux premières résultent immédiatement des développements en séries des logarithmes,

$$\log (1 + z) < z < \log \frac{1}{1 - z}. \quad (9)$$

et dont les deux suivantes se déduisent de celles que nous venons d'écrire en remplaçant, dans la première $1 + z$ par t, et dans la seconde $\frac{1}{1-z}$ par t

$$t - 1 > \log t > \frac{t - 1}{t} \quad (10)$$

On aura ainsi, en appliquant la première inégalité (9)

$$\log \left[1 + \frac{\log\left(1 + \frac{h}{x}\right)}{\log x} \right] < \frac{\log\left(1 + \frac{h}{x}\right)}{\log x} < \frac{h}{x \log x},$$

et, en appliquant la deuxième inégalité (10)

$$\log \left[1 + \frac{\log\left(1 + \frac{h}{x}\right)}{\log x} \right] > \frac{\log\left(1 + \frac{h}{x}\right)}{\log (x + h)} > \frac{h}{(x + h) \log (x + h)}$$

On a donc

$$\frac{h}{(x+h)\log(x+h)} < \log\log(x+h) - \log\log x < \frac{h}{x\log x}.$$

Remplaçons maintenant dans cette double inégalité x successivement par a, $a+h$, $a+2h$...,$a+(n-1)h$ et ajoutons ces inégalités membre à membre. Nous trouverons

$$S - \frac{h}{a\log a} < \log\log b - \log\log a < S - \frac{h}{b\log b},$$

en posant

$$S = \frac{h}{a\log a} + \frac{h}{(a+h)\log(a+h)} + \ldots + \frac{h}{b\log b}.$$

La double inégalité précédente peut s'écrire

$$\log\log b - \log\log a + \frac{h}{b\log b} < S < \log\log b - \log\log a + \frac{h}{a\log a}.$$

Lorsque h tend vers zéro, S tend vers I et l'on obtient le résultat cherché :

$$\int_a^b \frac{dx}{x\log x} = \log\log b - \log\log a.$$

73. A cet ordre d'idées se rattache une puissante règle de convergence des séries due à Cauchy. Soit $\varphi(x)$ une fonction qui soit constamment positive et décroissante, et qui tende vers zéro, lorsque x croît à partir d'un certain nombre entier a jusqu'à l'infini : *la série*

$$\varphi(1) + \varphi(2) + \ldots + \varphi(n) + \ldots \tag{11}$$

sera convergente ou divergente suivant que l'intégrale

$$\int_a^{\infty} \varphi(x)dx \tag{12}$$

sera finie et déterminée ou non.

En effet, on a, par hypothèse, pour x compris entre n et $n+1$

$$\varphi(n) > \varphi(x) > \varphi(n+1)$$

d'où

$$\int_n^{n+1} \varphi(n)dx > \int_n^{n+1} \varphi(x)dx > \int_n^{n+1} \varphi(n+1)dx,$$

ou

$$\varphi(n) > \int_n^{n+1} \varphi(x)dx > \varphi(n+1).$$

On aura de même, en remplaçant successivement n par $n+1, n+2 \ldots\ldots n+p-1$,

$$\varphi(n+1) > \int_{n+1}^{n+2} \varphi(x)dx > \varphi(n+2)$$

. . . .

$$\varphi(n+p-1) > \int_{n+p-1}^{n+p} \varphi(x)dx > \varphi(n+p).$$

Faisons la somme de ces diverses inégalités et posons, pour abréger

$$S_k = \varphi(1) + \varphi(2) + \ldots + \varphi(k);$$

il vient

$$S_{n+p} - S_n + \varphi(n) - \varphi(n+p) > \int_n^{n+p} \varphi(x)dx > S_{n+p} - S_n \quad (13)$$

Laissons n fixe et faisons croître p à l'infini ; supposons de plus la série (11) convergente. Alors S_{n+p} a une limite S et la première inégalité (13) nous montre que, le premier membre ayant une limite finie, il en est forcément de même de l'intégrale.

Supposons en second lieu l'intégrale déterminée; la deuxième inégalité (13) s'écrit

$$S_{n+p} < S_n + \int_n^{n+p} \varphi(x)dx.$$

Il en résulte que S_{n+p} a une limite lorsque p croît à l'infini.

Considérons par exemple la série $\sum \frac{1}{n^\alpha}$ étudiée tome I n° 124. L'intégrale correspondante $\int_a^\infty \frac{dx}{x^\alpha} = \left[\frac{1}{1-\alpha} x^{1-\alpha}\right]_a^\infty$ est finie si $\alpha > 1$, infinie si $\alpha \leqslant 1$. On retrouve ainsi les conditions du n° 124.

De même la série $\sum \frac{1}{n \log n}$ (tome I n° 125) est divergente parce que l'intégrale $\int_a^\infty \frac{dx}{n \log n}$ est infinie : pour le voir, il suffit de poser $x = e^y$. L'intégrale devient

$$\int_a^\infty \frac{dy}{y} = [\log y]_a^\infty = \infty .$$

De l'emploi des changements de variables pour le calcul des intégrales définies

71. Un autre procédé d'intégration consiste à obtenir par diverses transformations une égalité où ne figure que l'intégrale à calculer. En voici des exemples.

Soit à évaluer l'intégrale déjà obtenue au n° 68

$$I = \int_0^{\frac{\pi}{2}} \log \sin x dx.$$

Nous ferons d'abord le changement de variables

$$x = \frac{\pi}{2} - y;$$

il en résulte

$$I = -\int_{\frac{\pi}{2}}^{0} \log \cos y dy = \int_0^{\frac{\pi}{2}} \log \cos y dy.$$

On en déduit

$$2I = \int_0^{\frac{\pi}{2}} \log \sin x dx + \int_0^{\frac{\pi}{2}} \log \cos x dx = \int_0^{\frac{\pi}{2}} \log \sin x \cos x dx$$

$$= \int_0^{\frac{\pi}{2}} \log \frac{\sin 2x}{2} dx = \frac{1}{2}\int_0^{\frac{\pi}{2}} \log \sin 2x . 2dx - \int_0^{\frac{\pi}{2}} \log 2 dx$$

ou encore, en posant dans le second membre $2x = z$,

$$2I = \frac{1}{2}\int_0^{\pi} \log \sin z dz - \frac{\pi}{2} \log 2.$$

Mais on a évidemment

$$\int_0^{\pi} \log \sin z dz = 2\int_0^{\frac{\pi}{2}} \log \sin z dz = 2I. \qquad (14)$$

On a donc enfin l'égalité cherchée

$$2I = I - \frac{\pi}{2}\log 2$$

d'où l'on tire

$$2I = I - \frac{\pi}{2}\log 2. \tag{15}$$

Du résultat précédent s'en déduit facilement un nouveau. L'identité,

$$\int_0^{\pi} x^2 \log\sin x\,dx = \int_0^{\pi} (\pi - x)^2 \log\sin x\,dx,$$

qui est évidente si l'on remplace x par $\pi - y$ dans le premier membre, se réduit, après le développement de $(\pi - x)^2$, à

$$\pi \int_0^{\pi} \log\sin x\,dx = 2\int_0^{\pi} x \log\sin x\,dx.$$

Le premier membre vient d'être calculé (formules 14 et 15) ; on a donc

$$\int_0^{\pi} x \log\sin x\,dx = -\frac{\pi^2}{2}\log 2.$$

75. Considérons encore l'égalité démontrée au n° 69.

$$\int_0^{\infty} e^{-x^2}\,dx = \frac{1}{2}\sqrt{\pi}$$

et, dans cette égalité, faisons, $x = y\sqrt{\alpha}$, α étant positif, nous aurons

$$\int_0^{\infty} e^{-\alpha y^2}\,dy = \frac{1}{2\sqrt{\alpha}}\sqrt{\pi}.$$

76. Nous avons admis dans les numéros précédents que le changement de variables était légitime, comme aux nos 29 et suivants. Il faut cependant y regarder d'un peu plus près. Soit

$$x = f(y)$$

l'égalité qui définit le changement de variables : on en déduit

$$dx = f'(y)\,dy$$

et par suite

$$\int_a^b F(x)dx = \int_c^d F[f(y)]\,f_y'\,dy.$$

Il faut que f_y' reste finie et bien déterminée dans le champ de l'intégration. De plus puisque, par définition, x varie toujours dans le même sens, il doit en être de même pour y.

Considérons par exemple l'intégrale

$$\int_0^\pi \sin^m x\,dx$$

et posons

$$x = \text{arc}\sin y$$

d'où

$$dx = \pm \frac{dy}{\sqrt{1-y^2}}.$$

Pour $y = 1$, la dérivée x'_y de x devient infinie ; il faut alors diviser l'intervalle en deux et poser

$$\int_0^\pi \sin^m x\,dx = \int_0^{\frac{\pi}{2}} + \int_{\frac{\pi}{2}}^\pi.$$

Lorsque x croît de o à $\frac{\pi}{2} - \varepsilon$, y croît de o à $1 - \eta$, et il n'y a pas de singularités. On peut donc poser.

$$\int_0^{\frac{\pi}{2}-\varepsilon} \sin^m x\, dx = \int_0^{1-\eta} \frac{y^m}{\sqrt{1-y^2}}\, dy\,;$$

de plus, si α est un nombre compris entre $\frac{1}{2}$ et 1, le produit de $\frac{y^m}{\sqrt{1-y^2}}$ par $(1-y)^\alpha$ tend vers zéro lorsque y tend vers *un*; la dernière intégrale a donc une limite déterminée (n° 17) lorsque η tend vers zéro et l'on peut écrire

$$\int_0^{\frac{\pi}{2}} \sin^m x\, dx = \int_0^1 \frac{y^m}{\sqrt{1-y^2}}\, dy.$$

Pour x variant de $\frac{\pi}{2}$ à π, x'_y est négative, y décroît de 1 à 0, et l'on a

$$\int_{\frac{\pi}{2}}^{\pi} \sin^m x\, dx = \int_1^0 \frac{y^m}{-\sqrt{1-y^2}}\, dy = \int_0^1 \frac{y^m}{\sqrt{1-y^2}}\, dy$$

Finalement

$$\int_0^{\pi} \sin^m x\, dx = 2\int_0^1 \frac{y^m}{\sqrt{1-y^2}}\, dy$$

Cet exemple suffit pour montrer comment il faudra opérer dans chaque cas. On décomposera le champ de l'intégration en plusieurs parties dans chacune desquelles il ne se présente de singularités qu'aux limites.

Par exemple, dans l'identité

$$\int_{-1}^{+1} f(x)dx = \int_{-1}^{0} f(x)dx + \int_0^{+1} f(x)dx,$$

faisons

$$x = \frac{1}{y}, \qquad dx = -\frac{1}{y^2};$$

nous obtenons

$$\int_{-1}^{+1} f(x)dx = -\int_{-1}^{-\infty} \frac{1}{y^2} f\left(\frac{1}{y}\right) dy - \int_{+\infty}^{+1} \frac{1}{y^2} f\left(\frac{1}{y}\right) dy.$$

Des intégrales définies qui se déduisent de l'intégrale indéfinie

77. La méthode la plus simple est celle qui consiste simplement à appliquer la formule (3) du chapitre précédent. Ainsi l'on a

$$\int e^x dx = e^x + c;$$

on en déduit immédiatement

$$\int_0^x e^x dx = e^x - 1,$$

comme on l'a trouvé au numéro 68.

De même la formule

$$\int_a^b \frac{dx}{x} = \log \frac{b}{a},$$

résulte immédiatement de celle-ci :

$$\int \frac{dx}{x} = \log x + .$$

78. Lorsqu'on a à calculer une intégrale définie, il arrive que les formules de récurrence se simplifient beaucoup et qu'un calcul pénible sur l'intégrale indéfinie devient facile si l'on introduit les limites.

Soit par exemple à calculer

$$a_m = \int_0^{\frac{\pi}{2}} \sin^m x \, dx.$$

En introduisant les limites dans la formule (73) du chapitre précédent, elle devient

$$A_m = \frac{m-1}{m} A_{m-2} \tag{16}$$

et en changeant m successivement en $m-2$, $m-4$..... $m-2p+2$

$$A_{m-2} = \frac{m-3}{m-2} A_{m-4}$$

$$\cdots\cdots\cdots\cdots$$

$$A_{m-2p+2} = \frac{m-2p-3}{m-2p-2} A_{m-2p}$$

Multiplions ces égalités membre à membre, il vient, après une simplification évidente,

$$A_m = \frac{(m-1)(m-3)\ldots(m-2p+1)}{m.(m-2)\ldots(m-2p+2)} A_{m-2p}. \tag{17}$$

Ici deux cas sont à distinguer suivant la parité de m. Si m est pair, on rencontrera, pour $p = \frac{m}{2}$, l'intégrale A_0 dont la valeur est $\frac{\pi}{2}$; si m est impair, on aboutira à A_1 qui est évidemment égale à *un*; d'où les deux formules suivantes, déduites de (17).

Soit $m = 2k$, on fera $p = k$, ce qui donne

$$A_{2k} = \frac{(2k-1)(2k-3)\ldots3.1}{2k(2k-2)\ldots4.2} \frac{\pi}{2}; \tag{18}$$

au contraire, pour $m = 2k + 1$ et $p = k$; on obtient

$$A_{2k+1} = \frac{2k(2k-2)\dots 2}{(2k+1)(2k-1)\dots 3}. \qquad (19)$$

Formule de Wallis

79. On a évidemment

$$A_{2k} > A_{2k+1} > A_{2k+2},$$

le coefficient différentiel $\sin^m x\, dx$ diminuant lorsque m augmente. On déduit de là

$$1 > \frac{A_{2k+1}}{A_{2k}} > \frac{A_{2k+2}}{A_{2k}}.$$

Or le dernier rapport tend vers l'unité, en vertu de l'égalité (16), lorsque k croît à l'infini. Donc

$$\lim_{k=\infty} \frac{A_{2k+1}}{A_{2k}} = 1.$$

Remplaçons, dans cette égalité, A_{2k} et A_{2k+1} par leurs valeurs tirées de (18) et de (19); nous obtenons la nouvelle égalité

$$\lim_{k=\infty} \frac{2k}{2k+1}\,\frac{2k}{2k-1}\,\frac{2k-2}{2k-1}\,\frac{2k-2}{2k-3}\cdots\frac{2}{3}\cdot\frac{2}{1}\cdot\frac{2}{\pi} = 1,$$

d'où l'on tire

$$\frac{\pi}{2} = \frac{2}{1}\cdot\frac{2}{3}\cdot\frac{4}{3}\cdot\frac{4}{5}\cdots = \prod_{n=1}^{n=\infty}\left(\frac{2n}{2n+1}\right)^2(2n+1) \qquad (20)$$

Cette formule, connue sous le nom de *formule de Wallis*, donne le nombre π sous forme de produit infini. Wallis l'avait découverte avant l'invention du calcul intégral.

Deuxième méthode pour le calcul de $\int_0^\infty e^{-x^2}dx$.

80. C'est encore par une formule de réductions successives que nous obtiendrons cette célèbre intégrale sur laquelle nous avons déjà appelé l'attention du lecteur (n° 69).

Considérons l'intégrale définie.

$$A_m = \int_0^\infty \frac{dx}{(a^2 + x^2)^m}.$$

L'égalité (19) du chapitre I donne immédiatement la formule de récurrence

$$A_m = \frac{2m-3}{2m-2}\frac{1}{a^2}A_{m-1},$$

qui est applicable pour toutes les valeurs de m supérieures à l'unité. Or

$$A_1 = \int_0^\infty \frac{dx}{a^2+x^2} = \frac{1}{a}\left[\text{arc tang}\,\frac{x}{a}\right]_0^\infty = \frac{1}{a}\frac{\pi}{2};$$

on a donc, en donnant à m dans la formule de récurrence les valeurs 2, 3... m :

$$A_m = \frac{1}{2}\cdot\frac{3}{4}\cdot\frac{5}{6}\cdots\frac{2m-3}{2m-2}\frac{1}{a^{2m-1}}\frac{\pi}{2}.$$

Posons maintenant

$$x = \frac{z}{\sqrt{m}}, \qquad dx = \frac{dz}{\sqrt{m}};$$

la formule précédente devient

$$A_m\sqrt{m} = \int_0^{\infty} \frac{dz}{\left(a^2 + \frac{z^2}{m}\right)^m} = \frac{1.3.5\ldots(2m-3)}{2.4.6\ldots(2m-2)} \frac{\sqrt{m}}{a^{2m-1}} \frac{\pi}{2}.$$

Faisons $a = 1$ et supposons que m croisse à l'infini, cette égalité devient

$$\int_0^{\infty} e^{-z^2}dz = \frac{\pi}{2} \lim_{m=\infty} \frac{1.3.5\ldots 2m-3}{2.4.6\ldots 2m-2}\sqrt{m},$$

ou en écrivant $m+1$ au lieu de m

$$\int_0^{\infty} e^{-z^2}dz = \frac{\pi}{2} \lim_{m=\infty} \frac{1.3.5\ldots 2m-1}{2.4.6\ldots 2m}\sqrt{2m+1}\sqrt{\frac{m}{2m+1}},$$

ou enfin, en tenant compte de la formule de Wallis et remettant x à la place de z :

$$\int_0^{\infty} e^{-x^2}dx = \frac{1}{2}\sqrt{\pi}. \qquad (21)$$

Transcendance du nombre e et du nombre π

81. C'est à l'aide des intégrales définies que M. Hermite a réussi à démontrer que le nombre e ne peut pas être algébrique ; en d'autres termes on ne peut pas avoir une équation de la forme

$$F(e) \equiv c_0 + c_1 e + c_2 e^2 + \ldots + c_m e^m = 0 \qquad (22)$$

dans laquelle c_k sont les coefficients entiers.

Faisons une remarque préliminaire : l'intégration par parties donne immédiatement, en répétant λ fois l'opération,

$$\left.\begin{aligned}\int_0^{\infty} x^\lambda e^{-x}dx &= \Big[-x^\lambda e^{-x}\Big]_0^\infty + \lambda\int_0^{\infty} x^{\lambda-1}e^{-x}dx\\ &= \lambda\int_0^{\infty} x^{\lambda-1}e^{-x}dx = \ldots = \lambda\,!\end{aligned}\right\} \quad (23)$$

Cela posé, introduisons avec M. Hilbert, qui a perfectionné la méthode d'Hermite, le polynôme P défini par l'égalité

$$P = \frac{x^{p-1}(x-1)^p(x-2)^p\ldots(x-m)^p}{(p-1)\,!},$$

p étant un entier arbitraire et soit

$$J = \int_0^{\infty} Pe^{-x}dx.$$

Nous allons choisir p de manière que l'équation (22), ou plutôt l'équation

$$JF(e) \equiv \sum_0^m c_k e^k J = 0,$$

soit impossible. Pour cela nous l'écrirons

$$\sum_1^m c_k e^k \int_0^k Pe^{-x}dx + \sum_0^m c_k e^k \int_k^{\infty} Pe^{-x}dx = 0 \quad (24)$$

et nous montrerons que, pour des valeurs suffisamment grandes de p, le premier terme de cette équation est une fraction inférieure à l'unité, tandis que le second est un entier non nul. Ces deux termes ne pourront donc se détruire.

Considérons la première somme ; son module est inférieur

à la somme des modules de ses termes ; un terme a pour module

$$|c_k|e^k\int_0^k e^{-x}|\mathrm{P}|dx.$$

Les facteurs qui composent le numérateur de P ont tous un module inférieur à m^p; e^{-x} est inférieur à l'unité dans le champ de l'intégration. On a donc

$$|c_k|e^k\int_0^k e^{-x}|\mathrm{P}|dx < |c_k|e^k\frac{m^{mp+p-1}k}{(p-1)!}.$$

Faisons la somme des inégalités déduites de la précédente en y remplaçant k par 1, 2, 3... m, inégalités qui seront vérifiées *a fortiori* si l'on écrit e^m au lieu de e^k et m au lieu de k; nous obtiendrons enfin l'inégalité

$$\sum_0^m c_k e^k\int_0^k \mathrm{P}e^{-x}dx < e^m\frac{m^{(m+1)p}}{(p-1)!}\sum|c_k|$$

Nous poserons encore

$$m^{m+1}=a$$

$$e^m m^{m+1}\sum|c_k|=b$$

de manière à donner au second membre la forme simple

$$b.\frac{a^{p-1}}{(p-1)!}.$$

Le second facteur seul dépend de p et l'on sait (I. 246) qu'il tend vers zéro pour p infini : donc, quels que soient b et a, on est assuré de pouvoir rendre cette expression fractionnaire.

Considérons maintenant le second terme de l'équation (24).

Le numérateur de P ordonné suivant les puissances ascendantes de x s'écrira,

$$(-1)^{mp}(m\,!)^p x^{p-1} + A_1 x^p + \ldots$$

les coefficients A_i étant entiers. Multipliant chaque terme par e^{-x}, divisant par $(p-1)\,!$ et intégrant, nous trouvons pour valeur de $c_0 J$, à cause de la remarque préliminaire (form. 23),

$$c_0 J = (-1)^{mp}(m\,!)^p + \text{mult. de } p.$$

Remplaçons maintenant dans le terme général de la seconde somme x par $x+k$

$$\int_k^\infty \mathrm{P}e^{-n}dx$$

$$= e^{-k}\int_0^\infty \frac{(x+k-1)^{p-1}(x+k)^p \ldots x^p \ldots (x+k-m)^p}{(p-1)\,!} e^{-x}dx.$$

En opérant comme précédemment on voit que cette intégrale sera un entier divisible par p ; il en sera donc de même de $c_k e^k \int_k^\infty \mathrm{P}e^{-x}dx$. La seconde somme de l'équation (24) est donc de la forme $(-1)^{mp}c_0(m\,!)^p +$ mult. de p, et il est évident qu'on peut choisir p de manière que $c_0(m\,!)^p$ ne soit pas divisible par p, c'est-à-dire de manière que la somme soit un entier non nul. Le théorème est donc démontré.

82. Supposons maintenant que π soit un nombre algébrique et que $\alpha_1 = i\pi$ satisfasse à une équation de degré n, à coefficients entiers, dont nous désignerons les autres racines par $\alpha_2 \ldots \alpha_n$. Comme $1 + e^{\alpha_1} = 0$, le produit

$$(1+e^{\alpha_1})(1+e^{\alpha_2})\ldots(1+e^{\alpha_n})$$

dont la valeur est

$$(1 + e^{\beta_1} + \ldots + e^{\beta_N})$$

sera aussi nul. Il résulte de la théorie des fonctions symétriques que les quantités $\beta_1, \beta_2 \ldots \beta_N$, dont quelques unes peuvent être nulles, satisfont aussi à une équation algébrique à coefficients entiers. Cette équation, débarrassée des racines nulles, s'écrira

$$f(z) \equiv bz^M + b_1 z^{M-1} + \ldots + b_M = 0, \quad \text{avec} \quad bb_M \lesseqgtr 0.$$

Le produit P s'écrira, en groupant les exponentielles à exposants nuls et mettant en évidence les racines de l'équation précédente,

$$a + e^{\beta_1} + e^{\beta_2} + \ldots + e^{\beta_M} \quad \text{avec} \quad a \text{ entier}$$

Multiplions P par l'intégrale

$$\int_0^\infty = \int_0^\infty z^\rho [g(z)]^{\rho+1} e^{-z} dz, \quad (\rho \text{ entier} > 0),$$

où l'on a $g(z) \equiv b^M f(z)$. On démontrera d'une manière analogue à celle du n° précédent que le produit $P \int_0^\infty$ ne peut être nul. Il y a donc contradiction : *le nombre π est transcendant.*

Ce théorème, démontré pour la première fois par M. Lindemann, établit l'impossibilité de la quadrature du cercle.

Dérivation sous le signe $\int$

83. Il peut arriver que le coefficient différentiel contienne un paramètre α, et même que ce paramètre figure dans les limites de l'intégrale. Cette intégrale définie devient ainsi une fonction d'α et, comme telle, admet des dérivées par rapport à α. Il s'agit de préciser la manière d'effectuer ces dérivations.

Soit

$$I = \int_a^b f(x,\alpha)dx$$

et supposons d'abord a et b indépendantes d'α; nous cherchons $\frac{dI}{d\alpha}$. Donnons à α l'accroissement $\Delta\alpha$, il en résultepour I un accroissement ΔI et l'on a

$$\frac{\Delta I}{\Delta\alpha} = \frac{1}{\Delta\alpha}\left[\int_a^b f(x,\alpha + \Delta\alpha)dx - \int_a^b f(x,\alpha)dx\right],$$

ou (nº 7)

$$\frac{\Delta I}{\Delta\alpha} = \int_a^b \frac{f(x,\alpha + \Delta\alpha) - f(x,\alpha)}{\Delta\alpha}\, dx,$$

ou encore, en appliquant le théorème des accroissements finis,

$$\frac{\Delta I}{\Delta\alpha} = \int_a^b f'_\alpha(x,\alpha + \theta\Delta\alpha)dx.$$

Si la fonction $f(x,t)$ a pour toutes les valeurs de x comprises entre a et b, et pour toutes les valeurs de t comprises entre α et $\alpha + \Delta\alpha$ une dérivée par rapport à t bien déterminée et continue, on pourra poser pour des valeurs de $\Delta\alpha$ suffisamment petites

$$f'_\alpha(x,\alpha + \theta\Delta\alpha) = f'_\alpha(x,\alpha) + \mathrm{R}$$

R ayant un module inférieur à tout nombre ε fixé d'avance. Il en résulte

$$\frac{\Delta \mathrm{I}}{\Delta\alpha} = \int_a^b f'_\alpha(x,\alpha)dx + \int_a^b \mathrm{R}dx$$

La dernière intégrale a un module inférieur à $(b - a)\varepsilon$, et par suite tend vers zéro avec $\Delta\alpha$. On a donc à la limite

$$\mathrm{D}_\alpha \int_a^b f(x,\alpha)dx = \int_a^b f'_\alpha(x,\alpha)dx \qquad (26)$$

Cette importante formule est connue sous le nom de *formule de la dérivation sous le signe* $\int$; elle est due à Leibnitz.

Dans le cas où une (ou les deux) limite de l'intégrale devient infinie, la démonstration précédente ne subsiste plus ; car le terme $(b - a)\varepsilon$ se compose d'un facteur qui devient infini, l'autre étant infiniment petit.

Remarquons alors que, p étant quelconque, on a l'identité

$$\int_a^\infty = \int_a^p + \int_p^\infty,$$

d'où

$$\underset{\Delta\alpha = 0}{\text{limite}} \int_a^\infty f'_\alpha(x,\alpha + \theta\Delta\alpha dx)$$

$$= \int_a^p f'(x,\alpha)dx + \lim_{\Delta\alpha = 0} \int_p^\infty f'_\alpha(x,\alpha + \theta\Delta\alpha)dx.$$

La première intégrale du deuxième membre a pour limite, par définition, lorsque p devient infini,

$$\int_a^\infty f'(x,\alpha)dx;$$

pour qu'il en soit de même du premier membre, il faut que l'on ait, pour $p = \infty$,

$$\lim_{\Delta\alpha=0} \int_p^\infty f'_\alpha(x,\alpha + \theta\Delta\alpha)dx = 0 \qquad (27)$$

ce sera une vérification à faire dans chaque cas. Sous cette réserve, la formule (26) pourra s'appliquer même si l'une des limites ou si les deux limites deviennent infinies.

81. La formule (26) peut évidemment s'écrire en multipliant les deux membres par $d\alpha$ et en intégrant entre les limites α_0 et α

$$\int_a^b f(x,\alpha)dx - \int_a^b f(x,\alpha_0)dx = \int_{\alpha_0}^\alpha d\alpha \int_a^b f'_\alpha(x,\alpha)dx$$

ou encore

$$\int_a^b \left[f(x,\alpha) - f(x,\alpha_0)\right] dx = \int_{\alpha_0}^\alpha d\alpha \int_a^b f'_\alpha(x,\alpha)dx,$$

et enfin

$$\int_a^b dx \int_{\alpha_0}^\alpha f'_\alpha(x,\alpha)d\alpha = \int_{\alpha_0}^\alpha d\alpha \int_a^b f'_\alpha(x,\alpha)dx,$$

ce qui s'énonce ainsi : *pour intégrer par rapport à un para-*

mètre arbitraire une intégrale définie qui contient ce paramètre dans le coefficient différentiel, on peut commencer par faire l'intégration sous le signe $\int$ par rapport à ce paramètre. En d'autres termes, *on peut intervertir l'ordre des intégrations.* Ce théorème exige que la quantité à intégrer demeure finie et bien déterminée pour toutes les valeurs de x et de α comprises dans les limites des intégrations. Si donc les deux membres de la dernière formule, calculés séparément, se trouvent inégaux, on peut affirmer que la fonction à intégrer est devenue infinie ou indéterminée dans le champ de l'intégration.

85. Considérons, par exemple, l'intégrale déterminée au n° 75.

$$\int_0^{\infty} e^{-\alpha x^2}dx = \alpha^{-\frac{1}{2}}\frac{\sqrt{\pi}}{2}. \tag{28}$$

En dérivant les deux membres par rapport à α, on trouve

$$\int_0^{\infty} x^2 e^{-\alpha x^2}dx = \frac{1}{2}\alpha^{-\frac{3}{2}}\frac{\sqrt{\pi}}{2} \tag{29}$$

Prenons de nouveau les dérivées des deux membres, par rapport à α, et répétons l'opération $m - 1$ fois ; nous obtenons l'égalité

$$\int_0^{\infty} x^{2m} e^{-\alpha x^2}dx = \frac{1}{2}\frac{3}{2}\cdots\frac{2m-1}{2}\alpha^{-\frac{2m+1}{2}}\frac{\sqrt{\pi}}{2} \tag{30}$$

86. Pour justifier l'emploi de la différentiation sur le signe $\int$, il faut vérifier que l'équation (27) a bien lieu. Il suffit de remarquer que l'on a,

$$e^{-(\alpha+\theta\Delta\alpha)x^2} < \frac{2}{(\alpha+\theta\Delta\alpha)^2x^4},$$

d'où

$$\int_p^\infty x^2 e^{-(\alpha+\theta\Delta\alpha)x^2}dx < \frac{2}{(\alpha+\theta\Delta\alpha)^2}\int_p^\infty \frac{dx}{x^2};$$

cette dernière intégrale a pour valeur $\frac{1}{p}$. Elle tend donc vers zéro, ce qui justifie la formule (29). Même raisonnement pour la formule (30).

87. Nous supposerons maintenant que les limites a et b sont fonctions du paramètre α. L'intégrale $\int_a^b f(x,\alpha)dx$ est alors une fonction composée et il n'y a qu'à lui appliquer la règle de dérivation des fonctions composées, ce qui donne

$$\frac{dI}{d\alpha} = \frac{dI}{db}\frac{db}{d\alpha} + \frac{dI}{da}\frac{da}{d\alpha} + \int_a^b \frac{d}{d\alpha}f(x,\alpha)dx.$$

Les deux premiers termes du deuxième membre se calculent d'après la règle donnée (nos 2 et 6) et l'on trouve ainsi

$$\frac{d}{d\alpha}\int_a^b f(x,\alpha)dx = f(b,\alpha)\frac{db}{d\alpha} - f(a,\alpha)\frac{da}{d\alpha} + \int_a^b \frac{d}{d\alpha}f(x,\alpha)dx.$$

88. On pourrait encore effectuer le changement de variables

$$x = a + (b-a)y,$$

qui ramène les limites de l'intégrale à être *zéro* et *un*, c'est-à-dire indépendantes de α.

Intégration par les séries

89. Une méthode féconde consiste à développer en série le coefficient différentiel ou un des facteurs de ce coefficient.

Soit

$$f(x) = f_0(x) + f_1(x) + \dots + f_n(x) + R_n,$$

R_n ayant pour limite 0 pour $n = \infty$.

On aura

$$\int_a^b f(x)dx = \int_a^b f_0(x)dx + \dots + \int_a^b f_n(x)dx + \int_a^b R_n dx,$$

et l'on pourra faire croître n à l'infini dans cette dernière égalité si

$$\lim_{n=\infty} \int_a^b R_n dx = 0.$$

90. Considérons, par exemple, l'intégrale suivante étudiée par Fourier dans la théorie de la chaleur :

$$I = \int_0^\infty e^{-x^2} \cos 2bx \, dx.$$

Comme

$$\cos 2bx = 1 - \frac{(2bx)^2}{2} + \frac{(2bx)^4}{4!} + \dots + (-1)^m \frac{(2bx)^{2m}}{(2m)!} + \dots,$$

on aura

$$I = \int_0^\infty e^{-x^2} dx - \frac{4b^2}{2} \int_0^\infty x^2 e^{-x^2} dx + \dots$$

$$+ (-1)^m \frac{(2b)^{2m}}{(2m)!} \int_0^\infty x^{2m} e^{-x^2} dx + \dots,$$

ou, en vertu de (30),

$$I = \frac{\sqrt{\pi}}{2} \left[1 - \frac{(2b)^2}{2} + \dots + (-1)^m \frac{(2b)^{2m}}{(2m)!} \frac{1.3\dots(2m-1)}{2^m} + \dots \right].$$

Le terme général qui figure dans le crochet peut s'écrire

$$(-1)^m \frac{b^{2m}}{m!},$$

on aura donc enfin

$$\int_0^\infty e^{-x^2} \cos 2bx \, dx = \frac{1}{2} e^{-b^2} \sqrt{\pi}. \qquad (31)$$

Mais, pour que la méthode précédente soit applicable, il faudra vérifier que

$$\int_0^\infty R_m \, dx,$$

a bien pour limite zéro. Or

$$R_m = \frac{(2bx)^{2m+1}}{(2m+1)!} f^{(2m+1)}(\theta x) e^{-x^2},$$

en désignant par $f^{2m+1}(\theta x)$ un sinus ou un cosinus. On a donc

$$| R_m | < \frac{(2bx)^{2m+1}}{(2m+1)!} e^{-x^2} < \frac{(2b)^{2m+1} x^{2m}(1+x^2)}{(2m+1)!} e^{-x^2}.$$

Le module de $\int_0^\infty R_m dx$ est inférieur à

$$\frac{(2b)^{2m+1}}{(2m+1)!}\int_0^\infty (x^{2m}+x^{2m+2})e^{-x^2}dx,$$

qui peut s'écrire

$$\frac{2b}{2m+1}\times\frac{(2b)^{2m}}{(2m)!}\int_0^\infty x^{2m}e^{-x^2}dx$$

$$+\frac{2m+2}{2b}\cdot\frac{(2b)^{2m+2}}{(2m+2)!}\int_0^\infty x^{2m+2}e^{-x^2}dx$$

ou encore

$$\frac{\sqrt{\pi}}{2}\left[\frac{2b}{2m+1}\frac{b^{2m}}{m!}+\frac{2m+2}{2b}\frac{b^{2m+2}}{(m+1)!}\right];$$

et enfin

$$\frac{\sqrt{\pi}}{2}\frac{b^{2m}}{m!}\left[\frac{2b}{2m+1}+b\right];$$

cette quantité tend évidemment vers zéro. L'égalité (31) est donc légitime.

91. On trouvera de même la valeur de l'intégrale,

$$I=\int_0^1\frac{\log x}{1-x}dx,$$

qui est finie parce que, pour $x=1$, $\log x$ et $1-x$ sont des infiniment petits de même ordre et que le produit $x^\alpha \log x$ tend vers zéro avec x, quel que soit α positif.

Si x est inférieur à l'unité, on pourra écrire

$$\frac{1}{1-x} = 1 + x + x^2 + \dots + x^n + \frac{x^{n+1}}{1-x},$$

la dernière fraction tendant vers zéro pour $x = \infty$. On aura donc

$$\mathrm{I} = \int_0^1 \log x dx + \int_0^1 x \log x dx + \dots + \int_0^1 x^n \log x dx + \mathrm{R}_n,$$

en posant

$$\mathrm{R}_n = \int_0^1 \frac{x^{n+1}}{1-x} \log x\, dx.$$

Etudions d'abord la quantité

$$\mathrm{I}_n = \int_0^1 x^n \log x\, dx\,;$$

en l'intégrant par parties, on trouve

$$\mathrm{I}_n = \left[\frac{x^{n+1}}{n+1} \log x\right]_0^1 - \frac{1}{n+1}\int_0^1 x^n dx.$$

Le crochet est nul, et il reste

$$\mathrm{I}_n = -\frac{1}{(n+1)^2}.$$

Pour étudier R_n, nous décomposerons le champ de l'intégration en deux parties

$$\int_0^1 = \int_0^p + \int_p^1,$$

p étant un nombre fixe aussi voisin de l'unité que l'on voudra, mais inférieur à un. La première intégrale

$$\int_0^p \frac{x^{n+1}}{1-x} \log x \, dx \text{ est inférieure à } \int_0^p \frac{p^{n+1}}{1-x} \log x \, dx,$$

c'est-à-dire à $p^{n+1} \displaystyle\int_0^p \frac{\log x}{1-x} dx$; elle tend donc vers zéro lorsque n croît à l'infini. Dans le deuxième terme, nous écrirons

$$\log x = \log [1 - (1-x)] = -\left[(1-x) + \frac{(1-x)^2}{2} + \ldots\right]$$
$$= -(1-x)\left[1 + \frac{1-x}{2} + \ldots\right].$$

Comme p est aussi voisin de l'unité que l'on veut et que x est compris entre p et 1, nous supposerons p choisi de manière que les termes qui suivent le premier dans le crochet précédent aient une somme inférieure à un nombre donné ε. On aura alors

$$|\log x| < (1-x)(1+\varepsilon)$$

$$\left|\int_p^1 \frac{x^{n+1} \log x}{1-x} dx\right| < (1+\varepsilon) \int_p^1 x^{n+1} dx$$

cette dernière intégrale, dont la valeur est $\dfrac{1-p^{n+2}}{n+2}$ a évidemment aussi pour limite zéro. On peut donc développer I en série et écrire

$$\int_0^1 \frac{\log x}{1-x} dx = -\left(1 + \frac{1}{2^2} + \frac{1}{3^2} + \ldots\ldots\right);$$

ce dernier crochet a pour valeur (*) $\frac{\pi^2}{6}$; on a donc enfin

$$\int_0^1 \frac{\log x}{1-x}\,dx = -\frac{\pi^2}{6}.$$

92. C'est encore de la même manière qu'on obtient la constante connue sous le nom *d'intégrale elliptique complète de première espèce* (voir n° 50)

$$K = \int_0^1 \frac{dx}{\sqrt{(1-x^2)(1-k^2x^2)}} = \int_0^{\frac{\pi}{2}} \frac{d\varphi}{\sqrt{1-k^2\sin^2\varphi}}$$

Comme k^2 est inférieur à l'unité, on a, en développant en série,

$$(1-k^2\sin^2\varphi)^{-\frac{1}{2}} = 1 + \frac{1}{2}k^2\sin^2\varphi + \frac{1.3}{2.4}k^4\sin^4\varphi + \dots$$

et par suite

$$K = \frac{\pi}{2} + \frac{1}{2}k^2\int_0^{\frac{\pi}{2}} \sin^2\varphi\,d\varphi + \dots + \frac{1.3\dots 2m-1}{2.4\dots 2m}k^{2m}\int_0^{\frac{\pi}{2}} \sin^{2m}\varphi\,d\varphi + \dots$$

Or cette dernière intégrale a été calculée (n° 78). On a donc enfin

$$K = \frac{\pi}{2}\left[1 + \left(\frac{1}{2}\right)^2 k^2 + \dots + \left(\frac{1.3\dots 2m-1}{2.4\dots 2m}\right)^2 k^{2m} + \dots\right]$$

Cette dernière série ne converge rapidement que si k^2 est petit ; si k^2 est voisin de l'unité, il vaut mieux poser

$$k^2 = 1 - k'^2$$

(*) Voir la démonstration au n° 140.

et partir du développement de

$$(\cos^2\varphi + k'^2\sin^2\varphi)^{-\frac{1}{2}} = \frac{1}{\cos\varphi}(1 + k'^2 \operatorname{tg}^2\varphi)^{-\frac{1}{2}},$$

ce qui conduit à des calculs analogues aux précédents, et sur lesquels il n'est pas utile d'insister.

93. L'intégrale peut se présenter comme série illimitée, d'une tout autre manière. Ainsi l'intégrale $\int_a^\infty f(x)dx$ pourra être considérée comme la somme des intégrales

$$\int_a^{a_1} + \int_{a_1}^{a_2} + \ldots + \int_{a_{n-1}}^{a_n} + \ldots,$$

dans lesquelles les nombres a, a_1, $a_2 \ldots a_n \ldots$ sont rangés par ordre de grandeur croissante et n croît à l'infini.

94. Considérons par exemple l'intégrale

$$I = \int_0^\infty \frac{\sin x}{x}\,dx.$$

Nous l'écrirons

$$I = \int_0^\pi \frac{\sin x}{x}\,dx + \int_\pi^{2\pi} \frac{\sin x}{x}\,dx + \ldots + \int_{h\pi}^{(h+1)\pi} \frac{\sin x}{x}\,dx + \ldots$$

Si l'on pose

$$x = (2n - 1)\pi + y,$$

on a

$$\int_{(2n-1)\pi}^{2n\pi} \frac{\sin x}{x}\,dx = -\int_0^\pi \frac{\sin y}{(2n-1)\pi + y}\,dy,$$

tandis que

$$x = (2n+1)\pi - y$$

donne

$$\int_{2n\pi}^{(2n+1)\pi} = \int_0^\pi \frac{\sin y}{(2n+1)\pi - y}\, dy.$$

On voit ainsi que les termes de la série sont alternativement positifs et négatifs. De plus chacun est inférieur au précédent et ces termes tendent vers zéro ; la série est donc convergente. On peut alors écrire

$$\mathrm{I} = \int_0^\pi \sin y \left[\frac{1}{\pi - y} - \frac{1}{\pi + y} + \frac{1}{3\pi - y} - \frac{1}{3\pi + y} + \dots\right] dy$$

$$= \int_0^\pi \sin y \left[\frac{2y}{\pi^2 - y^2} + \frac{2y}{9\pi^2 - y^2} + \dots + \frac{2y}{(2n-1)^2\pi^2 - y^2} + \dots\right] dy.$$

Or on sait (voir par exemple n° 141) que

$$\frac{\pi}{2} \operatorname{tang} \frac{\pi x}{2} = \sum_1^\infty \frac{2x}{(2k+1)^2 - x^2}\,; \tag{32}$$

dans cette égalité, remplaçons x par $\frac{y}{\pi}$; nous obtenons la formule

$$\operatorname{tang} \frac{y}{2} = 2 \sum_1^\infty \frac{2y}{(2k+1)^2\pi^2 - y^2},$$

d'où l'on tire

$$\mathrm{I} = \frac{1}{2} \int_0^\pi \sin y \operatorname{tg} \frac{y}{2}\, dy = \int_0^\pi \sin^2 \frac{y}{2}\, dy$$

ou enfin

$$\int_0^\infty \frac{\sin x}{x} = \frac{\pi}{2}. \qquad (33)$$

95. On établit de la même manière l'égalité

$$\int_0^\infty \frac{\cos x dx}{a^2 + x^2} = \frac{1}{4a}\int_0^{2\pi} \frac{(e^a - e^{-a}) \cos y}{e^a - 2 \cos y + e^{-a}} dy.$$

C'est encore un développement en série qui permettra d'intégrer le deuxième membre : posons en effet

$$e^a = t$$

La fraction à intégrer peut s'écrire, en n'écrivant pas provisoirement le facteur cos y,

$$\begin{aligned}\frac{t^2 - 1}{t^2 - 2t \cos y + 1} &= 1 + \frac{2t \cos y - 2}{t^2 - 2t \cos y + 1}\\ &= 1 + \frac{e^{-iy}}{t - e^{-iy}} + \frac{e^{iy}}{t - e^{iy}}\\ &= 1 + e^{iy-a}\left[1 + e^{iy-a} + e^{2(iy-a)} + \dots\right]\\ &\quad + e^{-iy-a}\left[1 + e^{-iy-a} + e^{-2(iy+a)} + \dots\right]\\ &= 1 + 2e^{-a}\cos y + 2e^{-2a}\cos 2y + 2e^{-3a}\cos 3y + \dots\end{aligned}$$

On a donc enfin, en remarquant que dans l'intégration le second terme seul donne un résultat différent de zéro,

$$\int_0^\infty \frac{\cos x dx}{a^2 + x^2} = \frac{\pi}{2a} e^{-a}.$$

Intégrales curvilignes

96. L'intégration se présente parfois sous une apparence plus compliquée. On rencontre en effet des expressions de la forme

$$I = \int_{x_0 y_0}^{x_1 y_1} \left[P(x,y)dx + Q(x,y)dy\right], \tag{34}$$

l'intégration devant être effectuée le lon d'une courbe plane (C) *donnée* du point $(x_0 y_0)$ au point $(x_1 y_1)$.

Voici exactement ce qu'il faut entendre par là. Soient

$$\begin{cases} x = f(t) \\ y = \varphi(t), \end{cases} \tag{35}$$

les équations qui définissent les coordonnées d'un point de la courbe plane (C) donnée en fonction d'un paramètre t. Pour $t = t_0$, le point courant coïncidera avec le point M_0 qui a pour coordonnées

$$\begin{cases} x_0 = f(t_0) \\ y_0 = \varphi(t_0), \end{cases}$$

et, pour $t = t_1$, avec le point M_1 dont les coordonnées sont

$$\begin{cases} x_1 = f(t_1) \\ y_1 = \varphi(t_1). \end{cases}$$

Si dans les fonctions $P(x,y)$, $Q(x,y)$ on remplace x et y par leurs valeurs en fonction de t, en même temps qu'on fera

$$\begin{cases} dx = f'(t)dt \\ dy = \varphi'(t)dt, \end{cases}$$

les fonctions $P(x,y)$, $Q(x,y)$ deviendront des fonctions de t, $P_1(t)$, $Q_1(t)$ et l'on aura, par définition :

$$= \int_{t_0}^{t_1} \left[P_1(t) f'(t) + Q_1(t) \varphi'(t) \right] dt. \qquad (36)$$

97. Cette nouvelle espèce d'intégrales donne naissance à un problème très important. *Si deux courbes ont les mêmes extrémités M_0 et M_1, à quelles conditions les intégrales effectuées le long de ces courbes auront-elles la même valeur ?*

Soient

$$\left.\begin{aligned} x &= F(t) \\ y &= \Phi(t) \end{aligned}\right\} \qquad (37)$$

les équations qui définissent une deuxième courbe (C'), avec les conditions initiales et finales

$$\left\{\begin{aligned} x_0 &= F(t_0) \qquad & x_1 &= F(t_1) \\ y_0 &= \Phi(t_0) \qquad & y_1 &= \Phi(t_1). \end{aligned}\right.$$

Nous allons envisager une courbe (C'') qui se déforme de manière à passer de la forme (C) à la forme (C') ; pour cela nous poserons

$$\left.\begin{aligned} x &= f(t) + \alpha \left[F(t) - f(t) \right] \\ y &= \varphi(t) + \alpha \left[\Phi(t) - \varphi(t) \right] \end{aligned}\right\} \qquad (38)$$

La courbe (C'') ainsi définie se confond avec (C) pour $\alpha = 0$ et avec C' pour $\alpha = 1$. Nous exprimerons que l'intégrale prise le long de cette dernière courbe est indépendante du paramètre variable α pour toutes les valeurs de α comprises entre 0 et 1. Les limites étant indépendantes de α, nous différentierons sous le signe $\int$; il faut remarquer que maintenant, dans (34) x et y sont remplacées par les valeurs tirées des équations (38) et qu'on doit remplacer par exemple dx par $\frac{dx}{dt}\,dt$, dy par $\frac{dy}{dt}\,dt$. On aura ainsi

$$\frac{dI}{d\alpha} = \int_{t_0}^{t_1} \left[\left(\frac{\partial P}{\partial x}\frac{dx}{d\alpha} + \frac{\partial P}{\partial y}\frac{dy}{d\alpha} \right)\frac{dx}{dt} + P\,\frac{d^2x}{d\alpha dt} \right.$$

$$\left. + \left(\frac{\partial Q}{\partial x}\frac{dx}{d\alpha} + \frac{\partial Q}{\partial y}\frac{dy}{d\alpha} \right)\frac{dy}{dt} + Q\,\frac{d^2y}{d\alpha dt} \right] dt.$$

Retranchons de cette égalité la suivante

$$0 = \left[P\,\frac{dx}{d\alpha} + Q\,\frac{dy}{d\alpha} \right]_{t_0}^{t_1} = \int_{t_0}^{t_1} \left[\frac{d}{dt}\left(P\,\frac{dx}{d\alpha}\right) + \frac{d}{dt}\left(Q\,\frac{dy}{d\alpha}\right) \right] dt,$$

qui est identiquement vérifiée parce qu'aux limites $\frac{dx}{d\alpha}$ et $\frac{dy}{d\alpha}$ sont nulles.

Il vient

$$\frac{dI}{d\alpha} = \int_{t_0}^{t_1} \left(\frac{\partial P}{\partial y} - \frac{\partial Q}{\partial x} \right) \left(\frac{dy}{d\alpha}\frac{dx}{dt} - \frac{dy}{dt}\frac{dx}{d\alpha} \right) dt.$$

Pour que cette dérivée soit nulle, quelle que soit α, il suffit que

$$\frac{\partial P}{\partial y} = \frac{\partial Q}{\partial x}. \tag{39}$$

La condition est aussi nécessaire, comme nous le démontrerons à propos du calcul des variations.

98. Il est indispensable de remarquer que ce raisonnement exige expressément que les deux fonctions P et Q soient continues et bien déterminées ainsi que leurs dérivées du premier ordre pour tous les points compris entre les deux courbes (c) et (c'). En effet lorsque le paramètre α variera de zéro à l'unité, la courbe (38) balaiera tout l'espace compris entre (C) et (C').

Nous désignerons désormais par la notation

$$\int_{M_0M_1} (Pdx + Qdy)$$

l'intégrale qui vient d'être définie et qui ne dépend que des limites de l'intégrale. Lorsque nous voudrons distinguer deux chemins ayant les mêmes extrémités, nous les désignerons par trois lettres ; ainsi, en négligeant même, pour plus de rapidité, d'écrire la différentielle, le théorème que nous venons de démontrer s'énonce

$$\int_{M_0QM_1} = \int_{M_0PM_1}$$

sous la condition (39).

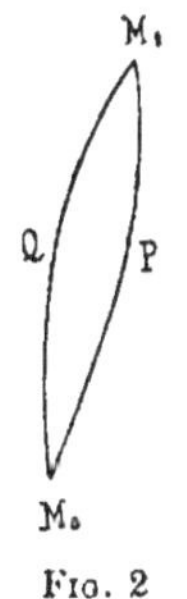

Fig. 2

99. On a évidemment

$$\int_{M_0PM_1} = -\int_{M_1PM_0}.$$

100. Le théorème précédent peut encore s'énoncer comme il

suit : *Si les fonctions* P *et* Q *ne présentent aucune singularité à l'intérieur d'un contour fermé, l'intégrale*

$$\int (Pdx + Qdy)$$

prise le long de ce contour est nulle, pourvu que l'on ait en tous les points de l'aire considérée

$$\frac{\partial P}{\partial y} = \frac{\partial Q}{\partial x}.$$

En effet on a

$$\int_{M_0PM_1QM_0} = \int_{M_0PM_1} + \int_{M_1QM_0} = \int_{M_0PM_1} - \int_{M_0QM_1} = 0.$$

Si donc l'intégrale prise le long d'un contour fermé est différente de zéro, on peut affirmer qu'une au moins des fonctions P ou Q présente une singularité à l'intérieur du contour.

101. Les intégrales curvilignes jouissent évidemment de la propriété des intégrales ordinaires qui peut être ainsi formulée

$$\int_{AB} + \int_{BC} = \int_{ABC}.$$

102. *L'intégrale curviligne peut être considérée comme fonction de sa limite supérieure.*

Soit u cette fonction, nous poserons

$$u = \int_{x_0y_0}^{xy} (Pdx + Qdy)$$

et u dépendra des deux variables x et y. Donnons à x l'accroissement Δx, y restant constant ; u deviendra

$$u + \Delta u = \int_{x_0 y_0}^{x + \Delta x, y} (\mathrm{P}dx + \mathrm{Q}dy)$$

$$= \int_{x_0 y_0}^{xy} (\mathrm{P}dx + \mathrm{Q}dy) + \int_{xy}^{x + \Delta x, y} (\mathrm{P}dx + \mathrm{Q}dy).$$

On aura par suite

$$\Delta u = \int_{xy}^{x + \Delta x, y} (\mathrm{P}dx + \mathrm{Q}dy) = \int_{xy}^{x + \Delta x, y} \mathrm{P}dx$$

parce que, dans cette dernière intégration, y reste constant. Il en résulte immédiatement

$$\frac{\partial u}{\partial x} = \mathrm{P},$$

et l'on démontrerait de même que

$$\frac{\partial u}{\partial y} = \mathrm{Q}.$$

On a donc

$$du = \mathrm{P}dx + \mathrm{Q}dy.$$

Ainsi, *si deux fonctions* P *et* Q *sont telles que*

$$\frac{\partial \mathrm{P}}{\partial \mathrm{y}} = \frac{\partial \mathrm{Q}}{\partial \mathrm{x}},$$

il existe une fonction u *des deux variables* x *et* y, *définie par la notation*

$$\mathrm{u} = \int_{\mathrm{M_0 M}} (\mathrm{Pdx} + \mathrm{Qdy}),$$

et dont les dérivées partielles sont précisément P *et* Q.

Pour déterminer cette fonction, on pourra intégrer d'abord sur une parallèle à Ox de x_0 à x, en laissant y constant et égal à y_0, puis sur une parallèle à Oy de y_0 à y en laissant x constant et égal à la valeur finale x. On aura ainsi

$$u = \int_{x_0}^{x} P(x, y_0) dx + \int_{y_0}^{y} Q(x, y) dy + u_0$$

en désignant par u_0 la valeur de u au point M_0.

103. Il est clair que la différentielle totale d'une fonction quelconque de deux variables remplira les conditions d'intégration voulues. Soit en effet

$$du = \frac{\partial u}{\partial x} dx + \frac{\partial u}{\partial y} dy.$$

on aura évidemment

$$\frac{d}{dy}\left(\frac{\partial u}{\partial x}\right) = \frac{d}{dx}\left(\frac{\partial u}{\partial y}\right)$$

puisque chacune de ces deux expressions a pour valeur $\frac{\partial^2 u}{\partial x \partial y}$.

104. *Exemple.* La quantité

$$\frac{ydx - xdy}{x^2 + y^2}$$

remplit les conditions d'intégrabilité, comme on le vérifie aisément. On aura donc

$$u = \int_{x_0}^{x} \frac{y_0}{x^2 + y_0^2} dx - \int_{y_0}^{y} \frac{x}{x^2 + y^2} dy$$

$$= \text{arctang}\,\frac{x}{y_0} - \text{arctang}\,\frac{x_0}{y_0} - \left(\text{arctang}\,\frac{y}{x} - \text{arctang}\,\frac{y_0}{x}\right).$$

Or on a évidemment

$$\text{arctg}\,\frac{x}{y_0} + \text{arctg}\,\frac{y_0}{x} = \frac{\pi}{2};$$

l'intégrale cherchée est donc

$$u = \frac{\pi}{2} - \text{arctg}\,\frac{y}{x} - \text{arctg}\,\frac{x_0}{y_0},$$

ou, plus simplement,

$$u = \text{arctg}\,\frac{x}{y} + c.$$

Intégration des différentielles totales

105. Les résultats obtenus dans les paragraphes précédents peuvent être généralisés. Désignant par $X_1, X_2, \ldots X_n$ des fonctions de n variables $x_1, x_2 \ldots x_n$, nous considérerons maintenant des expressions ε telles que

$$\varepsilon = X_1 dx_1 + X_2 dx_2 + \ldots + X_n d_n. \qquad (40)$$

On obtient, par exemple, de pareilles expressions en différentiant totalement une fonction quelconque de ces n variables ; on a en effet

$$d\varphi = \frac{\partial\varphi}{\partial x_1}\,dx_1 + \frac{\partial\varphi}{\partial x_2}\,dx_2 + \ldots + \frac{\partial\varphi}{\partial x_n}\,dx_n.$$

Si donc ε est la différentielle totale d'une fonction φ, on peut affirmer que

$$X_i = \frac{\partial\varphi}{\partial x_i}.$$

On en déduit immédiatement que

$$\frac{\partial X_i}{\partial x_k} = \frac{\partial X_k}{\partial x_i}\,; \qquad (41)$$

car les deux membres sont égaux à $\frac{\partial^2\varphi}{\partial x_i \partial x_k}$. Nous obtenons ainsi $\frac{n(n-1)}{2}$ conditions auxquelles doivent *nécessairement* être assujettis les coefficients X_i pour que l'expression ε puisse être une différentielle exacte d'une certaine fonction φ.

Nous allons montrer réciproquement que, si les conditions (41) sont remplies, il est toujours possible de déterminer une fonction φ, dont ε soit la différentielle et qui prenne une valeur donnée u_0 pour des valeurs arbitraires $a_1, a_2 \dots a_n$ attribuées aux variables $x_1, x_2 \dots x_n$. Posons

$$u_1 = \int_{a_1}^{x_1} X_1 dx_1,$$

l'intégration ne se rapportant qu'à la variable x_1, nous aurons

$$\frac{\partial u_1}{\partial x_1} = X_1$$

et, pour i différent de l'unité,

$$\frac{\partial u_1}{\partial x_i} = \int_{a_1}^{x_1} \frac{\partial X_1}{\partial x_i} dx_1 = \int_{a_1}^{x_1} \frac{\partial X_i}{\partial x_1} dx_1 = X_i - X_i^{a_1}$$

en désignant par $X_i^{a_1}$ la valeur de X_i pour x_1. Il en résulte

$$du_1 = X_1 dx_1 + (X_2 - X_2^{a_1})dx_2 + \dots + (X_n - X_n^{a_1})dx_n.$$

Retranchons cette égalité de l'égalité (40) : il reste

$$\varepsilon - du_1 = X_2^{a_1} dx_2 + \dots + X_n^{a_1} dx_n$$

le second membre étant composé comme ε, mais avec une variable de moins. Dans ce second membre, les conditions d'intégrabilité sont évidemment satisfaites puisqu'elles figurent parmi les équations (41) où on a seulement remplacé x_1 par a_1.

On réduira de même à une nouvelle expression simplifiée en posant

$$u_2 = \int_{a_2}^{x_2} X_2^{a_1} dx_1,$$

ce qui donnera, par une notation facile à comprendre,

$$\varepsilon - du_1 - du_2 = X_3^{a_1, a_2} dx_3 + \dots + X_n^{a_1, a_2} dx_n,$$

et ainsi de suite. Finalement on aura

$$\varepsilon = du_1 + du_2 + \dots + du_n,$$

et par conséquent ε sera la différentielle d'une fonction

$$\varphi = u_1 + u_2 + \dots + u_n + \mathrm{C^{te}}$$

ou

$$\varphi = \int_{a_1}^{x_1} X_1 dx_1 + \int_{a_2}^{x_2} X_2^{a_1} dx_2 + \int_{a_3}^{x_3} X_3^{a_1, a_2} dx_3 + \dots$$

Soit par exemple

$$d\varphi = (y + z)dx + (z + x)dy + (x + y)dz$$

On a

$$\varphi = (y + z)(x - a_1) + (z + a_1)(y - a_2) + (a_1 + a_2)(z - a_3)$$
$$= xy + yz + zx + \mathrm{C^{te}}.$$

Des fonctions multiformes

106. Les considérations développées dans les nos 100 à 103 permettent de préciser le sens du mot « fonction ». Nous appellerons fonctions *uniformes* ou *monodrômes* celles qui reprennent toujours la même valeur au même point (c'est-à-dire pour le même système de valeurs des coordonnées x

et y), quel que soit le chemin suivi pour arriver à ce point. Les autres fonctions sont dites *multiformes*, *polydrômes*, ou simplement *mal déterminées*. Ces mots s'entendent dans tout le plan ou dans une région limitée, suivant les cas. Les fonctions

$$x^2 - y^2, \quad \frac{x}{y}, \quad e^x \sin y,$$

sont des fonctions uniformes.

Au contraire

$$\sqrt{x^2 + y^2}, \quad \text{arctang}\,\frac{y}{x}$$

sont des fonctions multiformes. En effet donnons à x la valeur 3 et à y la valeur 4 ; $\sqrt{x^2 + y^2}$ peut prendre les deux valeurs ± 5, et arctang $\frac{y}{x}$ peut recevoir une infinité de valeurs renfermées dans la formule

$$k\pi + \text{arc tang}\,\frac{4}{3},$$

le dernier *arc tang* étant celui compris entre zéro et $\frac{\pi}{2}$.

107. Si l'on différentie une fonction multiforme, la valeur de l'intégrale de cette différentielle dépendra du chemin suivi. En particulier l'intégrale le long d'un contour fermé ne sera pas toujours nulle.

Considérons, par exemple, la différentielle

$$du = d.\text{arctang}\,\frac{y}{x} = \frac{xdy - ydx}{x^2 + y^2}$$

et cherchons la valeur de l'intégrale (Cf n° 104)

$$\frac{1}{2\pi}\int \frac{xdy - ydx}{x^2 + y^2}$$

prise le long d'un cercle de rayon R qui a son centre à l'origine. La géométrie donne immédiatement la réponse ; en effet on a sur le cercle

$$x^2 + y^2 = R^2$$

et $xdy - ydx$ représente, *au signe près*, le double de l'aire du triangle qui a pour sommets l'origine et deux points M et M' infiniment voisins l'un de l'autre, pris sur la circonférence. La somme des aires de ces triangles infiniment petits est évidemment πR^2 et l'on a

$$\frac{1}{2\pi}\int \frac{xdy - ydx}{x^2 + y^2} = \pm 1.$$

On prendra le signe +, si, en tournant sur la circonférence dans le sens trigonométrique on rencontre d'abord le point $M(x, y)$, puis le point $M'(x + dx, y + dy)$, le signe — dans le cas contraire.

Le même résultat peut d'ailleurs être retrouvé autrement : posons

$$x = R \cos t$$
$$y = R \sin t.$$

L'intégrale devient, en tournant dans le sens trigonométrique

$$\frac{1}{2\pi}\int_0^{2\pi} dt = 1,$$

et, en tournant en sens contraire,

$$\frac{1}{2\pi}\int_0^{-2\pi} dt = -1.$$

Cet exemple fait voir qu'il *faut toujours*, dans le calcul des intégrales le long d'un contour fermé, *préciser avec soin le sens dans lequel on décrit ce contour.*

108. Nous allons entrer, à ce sujet, dans quelques détails et envisager des contours plus compliqués.

Soit une courbe (C) fermée, et renfermant plusieurs autres courbes fermées (γ), (γ'), (γ'') : supposons que ces contours n'aient aucun point commun.

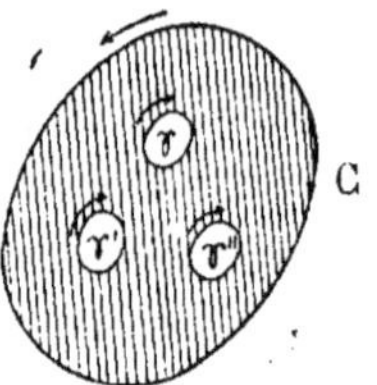

Fig. 3

Il existe une région, couverte de hachures dans la figure, comprise entre les courbes (γ), (γ'), (γ'') et (C). Nous dirons que le contour de la région est parcouru dans un sens donné si un mobile, parcourant les quatre courbes, laisse toujours la région du même côté, par exemple à sa gauche. Observons, en passant, qu'un autre chemin fermé quelconque tracé dans la région pourra, par des déformations successives, être réduit, ou non, à un point, suivant qu'il enfermera, ou non, quelques unes des courbes (γ), (γ'), (γ'').

On pourrait imaginer des contours plus compliqués, tels que le suivant ;

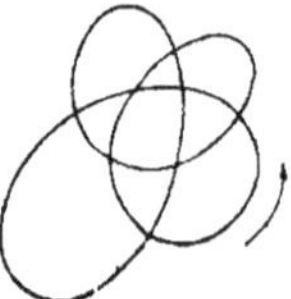

Fig. 4

mais nous n'aurons pas à les envisager.

109. Cela posé, supposons que les fonctions P et Q restent uniformes dans la région ombrée qui vient d'être définie.

L'intégrale

$$\int (Pdx + Qdy),$$

prise le long d'une courbe fermée quelconque réductible à un point par des déformations successives, aura toujours pour valeur zéro.

Nous allons en déduire la relation

$$\int_{(c)} = \int_{(\gamma)} + \int_{(\gamma')} + \int_{(\gamma'')},$$

les contours étant cette fois-ci tous parcourus dans le sens trigonométrique, ou tous en sens contraire.

Envisageons à cet effet le chemin RABCDEFGHIJKLMNO PQR ; ce chemin pourrait être réduit à zéro par des déformations successives, et sans sortir de la région. L'intégrale

$$\int (\mathrm{P}dx + \mathrm{Q}dy),$$

prise le long de ce chemin, est donc nulle ; on a donc, en la décomposant

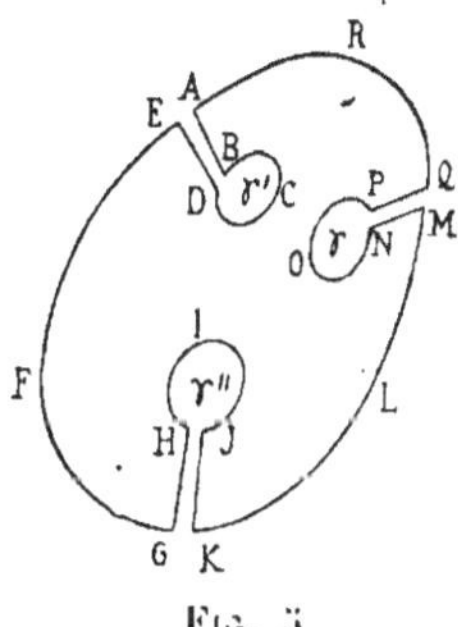

Fig. 5

$$\left.\begin{array}{l}\displaystyle\int_{AB} + \int_{BCD} + \int_{DE} + \int_{EFG} + \int_{GH} + \int_{HIJ} + \int_{JK} \\ \displaystyle + \int_{KLM} + \int_{MN} + \int_{NOP} + \int_{PQ} + \int_{QRA} = 0.\end{array}\right\} \quad (42)$$

Mais on peut supposer les deux contours AB et DE aussi voisins l'un de l'autre que l'on voudra et même confondus; de même HG et JK, MN et QP. Les fonctions P et Q reprenant par hypothèse les mêmes valeurs aux mêmes points, on aura

$$\int_{AB} = -\int_{DE}, \quad \int_{GH} = -\int_{JK}, \quad \int_{MN} = -\int_{PQ};$$

$$\int_{BCD} = -\int_{(\gamma')}, \quad \int_{HIJ} = -\int_{(\gamma'')}, \quad \int_{NOP} = -\int_{(\gamma)},$$

en désignant par $\int_{(\gamma)}, \int_{(\gamma')} \dots \int_{(c)}$ les intégrales parcourues dans le sens trigonométrique. Enfin

$$\int_{EFG} + \int_{KLM} + \int_{QRA} = \int_{(c)},$$

de sorte que l'égalité (42) devient

$$\int_{(c)} = \int_{(\gamma)} + \int_{(\gamma')} + \int_{(\gamma'')},$$

ce que nous voulions démontrer.

110. *Retour sur les fonctions multiformes.* Il est toujours possible, en restreignant les facilités que le point $M(x,y)$ de la courbe a à se déplacer, de transformer une fonction multiforme en fonction uniforme ; nous entendons par là que la fonction, soumise maintenant aux restrictions auxquelles nous avons fait allusion, ne peut plus prendre en chaque point de la région considérée qu'une seule valeur.

Un exemple fera bien comprendre la manière d'opérer. Reprenons la fonction $arctg\, \frac{y}{x}$, et montrons d'abord qu'il est toujours possible de passer d'une valeur de la fonction à une valeur différente par une variation continue, tout en restant dans un domaine déterminé, par exemple à l'intérieur d'une circonférence de centre O et de rayon 2. Nous choisirons, comme chemin décrit par le point $M(x, y)$, la circonférence de centre O et de rayon 1, et pour valeur initiale de la fonction au point A, dont les coordonnées sont $x = 1$, $y = 0$, la valeur *zéro*. Posons

$$x = \cos t$$
$$y = \sin t\,;$$

la fonction $\operatorname{arctang} \frac{y}{x}$ est simplement égale à t, et, pour que le point M décrive la circonférence donnée, il suffit de faire varier t de *zéro* à 2π. Lorsque M sera revenu en A, $\operatorname{arctang} \frac{y}{x}$ aura la valeur 2π.

Menons maintenant un rayon OB quelconque du cercle de rayon 2, et interdisons au point M de franchir ce rayon. Quel que soit le chemin parcouru dans le domaine considéré, avec la nouvelle restriction que nous venons d'apporter aux déplacements, soit par exemple le chemin ANDN'CA, lorsque le point M reviendra à son point de départ, la fonction reprendra sa valeur initiale ; $\operatorname{arctg} \frac{y}{x}$ est dans les nouvelles conditions une fonction uniforme.

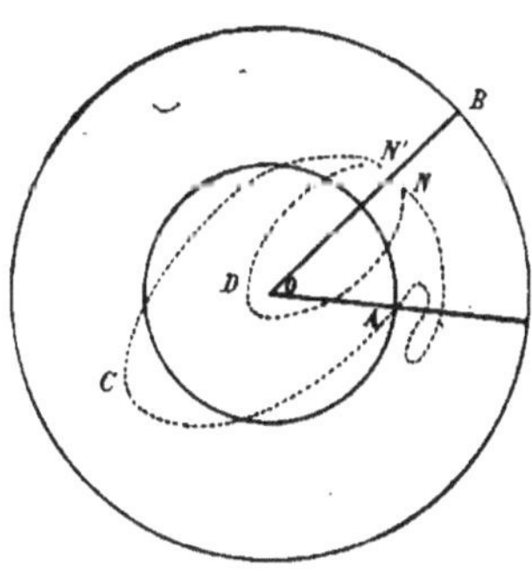

Fig. 6

Il est à remarquer qu'aux deux points N et N' qu'on peut supposer aussi voisins qu'on le voudra de OB, mais de part et d'autre de OB, la fonction arctg $\frac{y}{x}$ prend deux valeurs qui diffèrent entre elles de près de 2π. Si donc l'on voulait franchir le rayon OB pour passer de N à N', il faudrait diminuer brusquement la valeur en N de 2π pour avoir la valeur en N'. Le rayon OB s'appelle une *coupure*.

Ce qui précède suffit pour faire comprendre comment il faudra opérer dans tous les cas. Appelons *points de branchement* les points qui, situés entre deux chemins ayant les mêmes extrémités, font acquérir finalement à la fonction qui parcourt ces deux chemins, avec la même valeur initiale, des valeurs différentes. On mènera des *coupures* de chaque point de branchement à la limite du domaine, limite qui peut dans certains cas être reculée à l'infini ; pour tout chemin intérieur au domaine et qui ne franchira aucune coupure, la fonction demeurera uniforme.

Nous trouverons dans le chapitre suivant de nouveaux exemples.

CHAPITRE III

INTÉGRATION DES FONCTIONS DE VARIABLES IMAGINAIRES

---

111. Les intégrales de la forme $\int (Pdx + Qdy)$, lorsqu'elles existent, définissent ce qu'on peut appeler des *fonctions de point.* Parmi celles-ci, nous considérerons en particulier les fonctions de variables imaginaires telles que nous les avons définies dans le premier volume (§§ 260 et suivants). Quoique nous paraissions sortir du domaine pratique qui intéresse exclusivement l'ingénieur, le lecteur, qui prendra la peine de lire ce chapitre, verra que l'emploi des imaginaires présente souvent le plus court moyen de trouver d'importants résultats relatifs au domaine réel. S'il le veut, il pourra d'ailleurs se contenter de constater ces résultats.

Nous désignerons toujours par la lettre z la fonction de point très simple $x + iy$. Soit alors

$$f(z) = P(x,y) + iQ(x,y).$$

L'intégrale $\displaystyle\int_{z_0}^{z_1} f(z)dz$ sera définie de la manière suivante : on se donne une courbe (C)

$$\left.\begin{aligned} x &= \varphi(t) \\ y &= \psi(t) \end{aligned}\right\} \qquad \text{(C)}$$

passant aux points $M_0(z_0 = x_0 + iy_0)$ et $M_1(z_1 = x_1 + iy_1)$. Si l'on remplace

$$z \quad \text{par} \quad \varphi(t) + i\psi(t)$$
$$dz \quad \text{par} \quad [\varphi'(t) + i\psi'(t)]\,dt,$$

$f(z)dz$ devient

$$[F(t) + iF_1(t)]\,[\varphi'(t) + i\psi'(t)]\,dt,$$

ce qui peut s'écrire, plus simplement,

$$[M(t) + iN(t)]\,dt\,;$$

la quantité

$$\int_{t_0}^{t_1} M(t)dt + i\int_{t_0}^{t_1} N(t)dt$$

sera dite la valeur de $\int_{z_0}^{z_1} f(z)dz$. Il est clair que cette intégrale jouit des propriétés des intégrales réelles auxquelles elle se ramène par définition.

En particulier si z_2 est un point de la courbe (C) compris entre z_0 et z_1, on aura

$$\int_{z_0}^{z_1} = \int_{z_0}^{z_2} + \int_{z_2}^{z_1}.$$

On pourra aussi poser

$$f(z) = P(x,y) + iQ(x,y)\,;$$

et l'on aura, le long de la même courbe (C),

$$\int_{z_0}^{z_1} f(z)dz = \int_{x_0,y_0}^{x_1,y_1} (P + iQ)\,(dx + idy)$$
$$= \int_{x_0,y_0}^{x_1,y_1} [(P + iQ)dx + (iP - Q)dy],$$

cette dernière intégrale étant parfaitement définie lorsqu'on remplace x et y par leurs valeurs en fonction de t.

112. Si maintenant on cherche à quelles conditions l'intégrale qui vient d'être définie ne dépend que des limites, on sera conduit à faire un raisonnement identique à celui du n° 97, et par suite la condition (39) s'appliquera, c'est-à-dire qu'on devra avoir

$$\frac{\partial P}{\partial y} + i\frac{\partial Q}{\partial y} = i\frac{\partial P}{\partial x} - \frac{\partial Q}{\partial x},$$

ou encore, en séparant les parties réelles et les parties imaginaires

$$\frac{\partial P}{\partial x} = \frac{\partial Q}{\partial y}, \quad \frac{\partial P}{\partial y} = -\frac{\partial Q}{\partial x}, \tag{1}$$

ce sont les conditions (10) du n° 261 (Tome 1er). Ainsi, dès que $P + iQ$ représente une fonction de $x + iy$, il existe une autre fonction de point que l'on peut représenter par la notation

$$u = \int f(z)dz,$$

et qui est égale à l'intégrale curviligne

$$\int (P + iQ)(dx + idy).$$

Comme on a (n° 102)

$$du = (P + iQ)dx + (P + iQ)idy = (P + iQ)(dx + idy),$$

ou

$$du = f(z)dz,$$

$f(z)$ est la dérivée de u, la dérivée étant prise comme si z était réelle.

113. Cette intégrale jouit évidemment des propriétés des intégrales ordinaires, rappelées (n°s 3 à 6). On aura :

$$\int_a^b f(z)dz = \varphi(b) - \varphi(a),$$

si $\varphi(z)$ est une fonction primitive de $f(z)$ et si, de a à b, le chemin parcouru ne présente aucun point critique ; de même

$$\int_a^d = \int_a^b + \int_b^c + \int_c^d,$$

les points b et c étant sur le parcours de a à d ; enfin

$$\int_a^b = -\int_b^a.$$

Les théorèmes de la moyenne doivent être modifiés. On aurait bien, à la vérité, pour t et h réels,

$$f(t+h) + i\varphi(t+h) - \left[f(t) + i\varphi(t)\right] = h\left[f'(t+\theta h) + i\varphi'(t+\theta_1 h)\right].$$

Mais M. Darboux a montré qu'on peut supposer $\theta = \theta_1$, à condition de modifier le multiplicateur des dérivées. Posons

$$F(t) = f(t) + i\varphi(t)$$

$$J = \int_a^b F(t)dt.$$

Le module d'une somme étant inférieur à la somme des modules des termes de la somme, on aura

$$|J| < \int_a^b |F(t)| dt;$$

le second membre est maintenant réel, et on peut lui appliquer le premier théorème de la moyenne (n° 8, form. 7)

$$\int_a^b |F(t)|\,dt = (b-a)\,|F(\xi)|,$$

d'où, en désignant par θ un nombre positif inférieur à *un*,

$$|J| = \theta(b-a)\,|F(\xi)|.$$

Or si φ et ω désignent les arguments de J et de $F(\xi)$, on a

$$J = |J|(\cos\varphi + i\sin\varphi)$$
$$F(\xi) = |F(\xi)|(\cos\omega + i\sin\omega);$$

on en déduit

$$\frac{J}{\cos\varphi + i\sin\varphi} = \theta(b-a)\frac{F(\xi)}{\cos\omega + i\sin\omega},$$

ou

$$J = \theta(b-a)\left[\cos(\varphi-\omega) + i\sin(\varphi-\omega)\right]F(\xi),$$

ou enfin

$$\int_a^b F(t)dt = \lambda(b-a)F(\xi), \qquad (2)$$

λ étant une quantité complexe dont le module est inférieur à l'unité et ξ un nombre réel compris entre a et b. La formule (2) est la généralisation de la formule (7) du premier chapitre ; on généraliserait d'une manière analogue la formule (8) et nous écrirons, sans démonstration,

$$\int_a^b f(t)F(t)dt = \lambda f(\xi)\int_a^b F(t)dt \qquad (3)$$

les lettres λ et ξ conservant la même signification que ci-dessus, et la fonction $f(t)$ étant assujettie à être réelle et positive entre a et b.

Considérons enfin l'intégrale

$$J = \int_{z_0}^{z_1} f(z)dz = \int_{t_0}^{t_1} (P + iQ)(dx + idy);$$

on a, d'après ce qui précède,

$$\text{mod } J = \theta \int_{t_0}^{t_1} \text{mod } f(z) \text{ mod } (dx + idy) = \theta \text{ mod } f(\xi) \int_{t_0}^{t_1} ds$$

en appelant ds l'arc AA' de courbe terminé aux point z_0 et z...

Enfin, en introduisant le facteur λ de M. Darboux, on a

$$J = \lambda \text{ arc } AA' f(\xi)$$

114. Le théorème du nº 17 subsiste sans modification ; et il est encore vrai (nº 18) que l'intégrale $\int_a^z f(z)dz$ a une signification, si le produit $z^n f(z)$ a une limite pour $z = \infty$ et pour $n > 1$. Voici un théorème analogue qui nous sera d'une grande utilité : « *Si, pour $z = \infty$ ou pour $z = 0$ le produit $zf(z)$ tend vers zéro, l'intégrale $\int f(z)dz$, prise le long d'un cercle de rayon infini, ou d'un cercle de rayon infiniment petit, ayant l'origine pour centre, est nulle.*

En effet, l'on a, comme précédemment,

$$\left| \int f(z)dz \right| < \int |f(z)| \; |dz| .$$

Posons

$$z = R(\cos\varphi + i \sin\varphi),$$

d'où

$$dz = Ri(\cos\varphi + i\sin\varphi)\,d\varphi, \qquad |dz| = Rd\varphi;$$

mais on a

$$\lim zf(z) = 0;$$

donc

$$|f(z)| < \frac{\varepsilon}{|z|},$$

ε étant un nombre arbitraire, ou

$$|f(z)| < \frac{\varepsilon}{R}.$$

En se reportant à la première inégalité, on voit que l'on a

$$\left|\int f(z)\,dz\right| < \int \frac{\varepsilon}{R}\,Rd\varphi$$
$$< 2\pi\varepsilon$$

ce qui démontre le théorème, puisque ε peut être pris aussi petit que l'on veut.

Remarque. — En transportant l'origine au point a, on verrait de même que l'intégrale $\int f(z)\,dz$ prise le long d'un cercle infiniment petit décrit autour du point a comme centre est nulle si le produit $(z-a)\,f(z)$ tend vers zéro pour $z = a$.

115. L'intégrale

$$u = \int_{z_0}^{z} f(z)\,dz$$

ne dépend, par définition, que de ses limites; nous avons cependant spécifié que, entre deux chemins donnant la même valeur pour u, il ne devait pas y avoir de points critiques de (fz). Il peut donc arriver qu'en un même point z la fonction u prenne des valeurs différentes, en nombre fini ou infini, et cela, soit que $f(z)$ prenne elle-même des valeurs distinctes, soit que $f(z)$ soit uniforme. Il n'y a d'ailleurs aucun lien nécessaire entre les nombres de valeurs distinctes que peuvent prendre u et $f(z)$ au même point.

116. Voici quelques exemples.

1° Soit

$$f(z) = \frac{1}{z},$$

d'où

$$u = \log z.$$

On sait que u prendra une infinité de valeurs données par la formule (I, n° 269)

$$u = \log' r + i(\varphi + 2k\pi)$$

et qu'on passe de l'une à l'autre en faisant décrire au point z des circonférences de rayon r autour de l'origine.

Nous avons dit (n° 13) que $\int_{-1}^{+1} \frac{dx}{x}$ est indéterminée, et le fait reste exact si x est réelle ; mais $\int_{-1}^{+1} \frac{dz}{z}$ sera bien définie si la variable z décrit un chemin quelconque ne passant pas par l'origine.

2° De même la fonction $\frac{1}{1+z^2}$ est uniforme et son intégrale

$$u = \int \frac{dz}{1+z^2} = \text{arc tang } z$$

admet une infinité de valeurs contenues dans la formule

$$u = u_0 + k\pi$$

Voici comment se trouvent ces diverses valeurs : on remarque que u peut s'écrire

$$u = \frac{1}{2i}\int_{\circ}^{\cdot} \frac{dz}{z-i} - \frac{1}{2i}\int_{\circ}^{\cdot} \frac{dz}{z+i} = \frac{1}{2i}\log(z-i) - \frac{1}{2i}\log(z+i).$$

Lorsque le point z tourne autour d'un des points critiques $+i$ et $-i$, l'un ou l'autre des logarithmes s'accroît (ou diminue) de $2\pi i$; par suite u a repris, après un tour de z, sa valeur initiale augmentée ou diminuée de π.

3° Dans l'exemple suivant, la fonction est indéterminée mais n'est susceptible que de deux déterminations, tandis que son intégrale admet encore, pour chaque valeur de z, une infinité de valeurs. Soit

$$u = \int_{\circ}^{\cdot} \frac{dz}{\sqrt{1-z^2}} = \text{arc sin } z ;$$

si α est une valeur de arc sin z, les autres sont données par la formule

$$k\pi + (-1)^k\alpha,$$

dans laquelle k représente un nombre entier positif ou négatif.

Marquons en effet sur l'axe ox les points A et A′ qui ont pour coordonnées 1 et -1 ; supposons de plus que nous donnions à $\sqrt{1-z^2}$ comme valeur initiale $+1$ à l'origine.

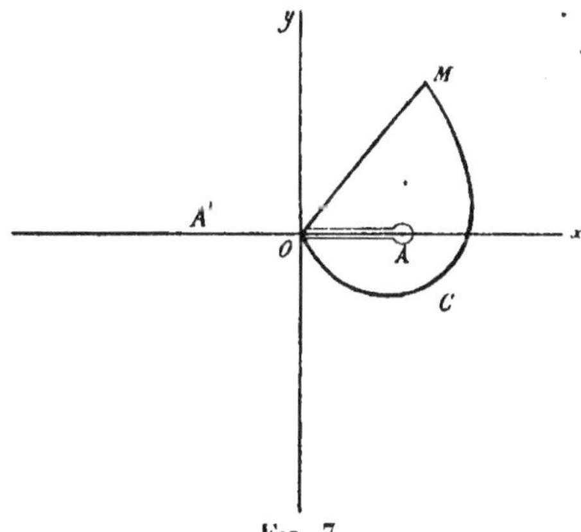

Fig. 7

Si l'on va en ligne droite de O à M, le radical acquerra en

M une certaine valeur que nous appellerons R. Mais si l'on suit le chemin OCM, la valeur finale en M ne sera plus nécessairement la même, parce qu'entre les deux chemins se trouve le point A qui est critique pour $\sqrt{1-z^2}$. Ce chemin peut être remplacé par le suivant : de 0 jusqu'au voisinage de A en dessous de $0x$ (z réel et égal à x), une circonférence de rayon r autour de A décrite dans le sens trigonométrique, de A en 0 au-dessus de $0x$ et enfin de 0 à M en ligne droite. Entre ce nouveau chemin et la ligne OCM, il n'y a aucun point singulier de $\dfrac{1}{\sqrt{1-z^2}}$; on peut donc être sûr que ces deux chemins font acquérir à $f(z)$ la même valeur. Or posons

$$z = x + iy, \qquad x = 1 + r\cos t, \qquad y = r\sin t,$$

d'où

$$\begin{aligned} f(z) &= \frac{1}{\sqrt{1-z^2}} = \frac{1}{\sqrt{-r(\cos t + i\sin t)(2 + r\cos t + ir\sin t)}} \\ &= \frac{1}{\sqrt{r}}\,\frac{1}{\sqrt{2 + r\cos t + ir\sin t}}\left(\cos\frac{t+\pi}{2} - i\sin\frac{t+\pi}{2}\right). \end{aligned}$$

Lorsque le point z varie de 0 à A, l'argument t conserve la valeur $-\pi$; près de A, on peut supposer r assez petit pour que le produit des facteurs affectés de radicaux reste suffisamment voisin de $\dfrac{1}{\sqrt{2r}}$. Le seul facteur qui sera sérieusement modifié pendant le parcours de la circonférence autour de A, c'est-à-dire lorsque t varie de $-\pi$ à $+\pi$ est le facteur $\cos\dfrac{t+\pi}{2} - i\sin\dfrac{t+\pi}{2}$. Sa valeur initiale est $+1$ et sa valeur finale -1, c'est-a-dire qu'après avoir tourné autour de A, $f(z)$ a changé de signe et, lorsqu'on revient en 0, sa valeur est -1, par suite en M, elle sera égale à $-$ R. Un nouveau tour autour de A ou A′, changera encore une fois le signe ; on pourra donc, à volonté, suivant que le nombre des tours faits autour de A et de A′ sera pair ou impair, arriver finalement en M avec la valeur $+$ R ou $-$ R.

Considérons maintenant l'intégrale

$$\int \frac{dz}{\sqrt{1-z^2}},$$

et voyons comment elle se modifiera dans les mêmes circonstances. Appelons I la valeur de cette intégrale lorsque l'on va en ligne droite de O à M :

$$I = \int_0^z \frac{dz}{\sqrt{1-z^2}};$$

posons aussi

$$\frac{\pi}{2} = \int_0^1 \frac{dx}{\sqrt{1-x^2}}.$$

Le long du chemin OCM, on aura, en remplaçant ce chemin par le dernier chemin que nous avons considéré,

$$\int_{\text{OCM}} = \int_{\text{OA}} + \int_{\text{circ A}} + \int_{\text{AO}} + \int_0^z; \qquad (4)$$

or on a

$$\int_{\text{OA}} = \int_0^1 \frac{dx}{\sqrt{1-x^2}} = \frac{\pi}{2},$$

$$\int_{\text{circ A}} = \int_{-\pi}^{+\pi} \frac{r(-\cos t + i\cos t)}{\sqrt{r}\sqrt{2+r\cos t+ir\sin t}}\left(\cos\frac{\pi+t}{2} - i\sin\frac{\pi+t}{2}\right)dt;$$

lorsque r tend vers zéro, il en est évidemment de même de l'intégrale, à cause de la présence du facteur constant $\frac{r}{\sqrt{r}}$ et l'on a

$$\int_{\text{circ A}} = 0.$$

En tournant autour du point A, le radical a changé de signe et l'on a

$$\int_{A_0} = \int_1^0 \frac{dx}{-\sqrt{1-x^2}} = \int_0^1 \frac{dx}{\sqrt{1-x^2}} = \frac{\pi}{2}.$$

Enfin (5)

$$\int_0^z = \int_0^z \frac{dz}{-\sqrt{1-z^2}} = -\mathrm{I}.$$

Donc, en se reportant à la formule (5), on trouve

$$\int_{OCM} = \pi - \mathrm{I}.$$

Si l'on fait un nouveau tour autour de A′ avant d'aller de O en M, le signe du radical sera de nouveau changé, et comme

$$\int_{OA'} = \int_0^{-1} \frac{dx}{\sqrt{1-x^2}} = -\int_0^1 \frac{dx}{\sqrt{1-x^2}} = -\frac{\pi}{2},$$

on arrivera en M avec la valeur

$$2\pi + \mathrm{I}.$$

Finalement on obtiendra en M pour l'intégrale une infinité de valeurs de la forme

$$k\pi + (-1)^k \mathrm{I}$$

k étant un nombre entier positif ou nul. Les valeurs négatives de k s'obtiendraient en commençant par tourner autour de A′, ou en tournant en sens contraire.

117. Tout chemin qui part d'un point ordinaire pour contourner un point critique et revenir au point de départ, comme celui que nous avons considéré dans l'exemple précédent, s'appelle un *lacet*. On vient de voir que c'est à l'existence des lacets dans le contour suivi qu'est due la naissance des périodes. Cette profonde considération due au géomètre Norvégien Abel a révolutionné le calcul intégral ; avant de traiter un deuxième exemple, insistons sur les conséquences de l'étude faite dans le paragraphe précédent. L'intégrale, prise suivant un chemin quelconque de O à M, et que nous désignerons par la lettre u, a été considérée comme fonction de z, et l'on a vu que cette fonction est mal déterminée puisqu'à une valeur de z correspondent une infinité de valeurs de u. Au contraire, si z est pris comme fonction de u,

$$z = \varphi(u),$$

la fonction z est parfaitement déterminée : à chaque valeur de u correspond une seule valeur de z, et cette dernière fonction reprend périodiquement la même valeur pour toutes les valeurs de u comprises dans la formule

$$u = k\pi + (-1)^k \mathrm{I}.$$

Pour k pair $= 2k'$, on a

$$u = 2k'\pi + \mathrm{I};$$

$2k\pi'$ s'appelle *une période* de z. La plus petite période correspond à $k' = 1$; c'est la période 2π.

L'équation

$$u = \int_0^z \frac{dz}{\sqrt{1 - z^2}}$$

peut donc être considérée comme définissant, soit u en fonction de z, c'est-à-dire arc sin z, soit la fonction inverse z en fonction de u, c'est-à-dire le *sinus*. Il faut cependant donner en plus la valeur initiale de u pour $z = 0$, soit $u = 0$. A vrai dire, nous n'avons étudié que la périodicité de z et notre étude est incomplète. Mais la fonction sin u est trop connue pour que nous insistions davantage. Nous préférons appliquer la même méthode à des fonctions moins élémentaires.

Théorème de Taylor

118. Auparavant nous démontrerons la formule de Taylor dans le cas où la variable est imaginaire. Etablissons d'abord un lemme du à Cauchy : « *Si* f(z) *est une fonction continue et uniforme et si elle a des dérivées bien déterminées en chaque point d'une région limitée par un contour fermé, on aura les formules*

$$\left.\begin{aligned} f(a) &= \frac{1}{2\pi i}\int_c \frac{f(z)}{z-a}\,dz \\ f'(a) &= \frac{1}{2\pi i}\int_c \frac{f(z)}{(z-a)^2}\,dz \\ &\ldots\ldots\ldots\ldots\ldots \\ f^{(n-1)}(a) &= \frac{(n-1)!}{2\pi i}\int_c \frac{f(z)}{(z-a)^n}\,dz. \end{aligned}\right\} \quad (6)$$

En effet entourons le point $A(z=a)$ d'une petite circon-

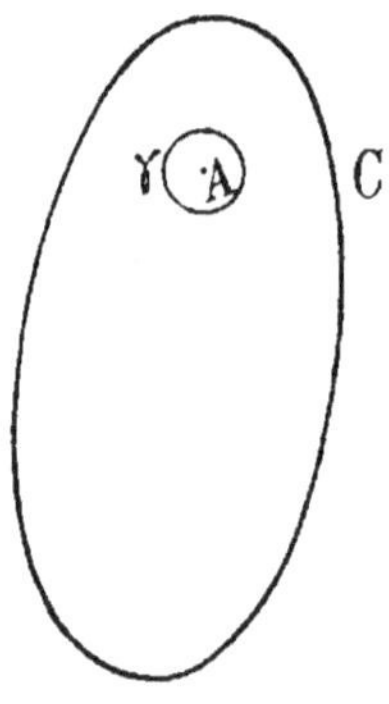

Fig. 8

férence (γ) de centre A. On peut pour l'intégration remplacer le contour (C) par (γ) et poser

$$z = a + r(\cos t + i \sin t) = a + re^{it}$$
$$dz = rie^{it}dt.$$

Donc

$$\frac{1}{2\pi i}\int_C \frac{f(z)}{z-a}\,dz = \frac{1}{2\pi i}\int_0^{2\pi} if(a+re^{it})dt,$$

Mais la fonction étant continue, on peut prendre r assez petit pour que $f(a+re^{it})$ diffère de $f(a)$ de moins de ε, quel que soit ε.

Posons

$$f(a+re^{it}) = f(a) + \mathrm{R};$$

on aura

$$|\mathrm{R}| < \varepsilon,$$

$$\int_0^{2\pi} f(a+re^{it})dt = \int_0^{2\pi} f(a)dt + \int_0^{2\pi} \mathrm{R}dt,$$

$$\int_0^{2\pi} \mathrm{R}dt < \int_0^{2\pi} \varepsilon dt,$$

$$\int_0^{2\pi} \mathrm{R}dt < 2\pi\varepsilon dt.$$

Lorsque ε tend vers zéro, il en est de même de $\int_0^{2\pi} \mathrm{R}dt$ et il reste

$$\frac{1}{2\pi i}\int_C \frac{f(z)}{z-a}\,dz = \frac{1}{2\pi}\int_0^{2\pi} f(a)dt = f(a),$$

ce qui démontre la première égalité (6) ; les autres s'en déduisent en prenant les dérivées des deux membres par rapport à a, ce qui se fera, dans le premier membre, en différentiant simplement sous le signe $\int$.

Il est très intéressant de remarquer que, si a est une variable, la fonction $\frac{1}{2\pi i}\int_C \frac{f(z)}{z-a}\,dz$ prend la valeur $f(a)$, tant que a reste à l'intérieur du contour (c) et la valeur zéro, en dehors du contour. Cette ligne (C) est donc une ligne de discontinuité, une *coupure*.

119. Cela posé, considérons l'intégrale $\int_C \frac{f(z)}{z-a-t}\,dz$ qui a pour valeur, d'après ce qui vient d'être démontré, $f(a+t)$, pourvu que le point $a+t$ soit aussi à l'intérieur du contour (C)

$$f(a+t)=\int_C \frac{f(z)}{z-a-t}\,dz.$$

Nous supposerons de plus la distance du point A au point $a+t$ inférieure à la plus courte distance δ de A à la courbe (C), de manière à avoir pour tous les points de cette courbe

$$|t|<|z-a|.$$

On pourra alors poser

$$\frac{1}{z-a-t}=\frac{1}{z-a}+\frac{t}{(z-a)^2}+\frac{t^2}{(z-a)^3}+\dots+\frac{t^{n-1}}{(z-a)^n}$$
$$+\frac{t^n}{(z-a)^n(z-a-t)},$$

d'où

$$2\pi i f(a+t) = \int_C \frac{f(z)}{z-a-t}\, dz$$

$$= \int_C \frac{f(z)}{z-a}\, dz + t \int_C \frac{f(z)}{(z-a)^2}\, dz + \ldots$$

$$+ t^{n-1} \int_C \frac{f(z)}{(z-a)^n}\, dz + t^n \int_C \frac{f(z)}{(z-a)^n (z-a-t)}\, dz.$$

Cette égalité devient, à cause des formules (6),

$$f(a+t) = f(a) + tf'(a) + \frac{t^n}{2!} f''(a) + \ldots + \frac{t^{n-1}}{(n-1)!} f^{n-1} a + R_n, \quad (7)$$

en posant

$$2\pi i R_n = t^n \int_C \frac{f(z)}{(z-a)^n (z-a-t)}\, dz.$$

On pourra supposer n infini si R_n tend vers zéro. Or on peut remplacer l'intégrale le long de (C) par l'intégrale prise le long d'un cercle ayant pour centre le point A, enfermant le point $a+t$ tout en restant intérieur à (C). Soit ρ le rayon de ce cercle, M le modèle maximum de $f(z)$ sur le cercle ; le module de $z-a-t$ sera supérieur à $\rho - |t|$, celui de la fraction à intégrer sera inférieur ou au plus égal au quotient de M par $\rho^n(\rho - |t|)$. Comme l'intégrale de dz le long du cercle a pour module $2\pi\rho$, on aura enfin

$$2\pi |R_n| \leqslant \frac{|t^n|}{\rho^n} \frac{M}{\rho - |t|} 2\pi\rho$$

et cette dernière quantité tend évidemment vers zéro pour $n = \infty$. On a donc finalement, pour les quantités imaginaires comme pour les quantités réelles, la formule de Taylor

$$f(a+t) = f(a) + t.f'(a) + \ldots + \frac{t^n}{n!} f^{(n)}(a) + \ldots$$

Cette formule subsistera pour tous les points intérieurs au plus petit cercle, concentrique à **A**, qui passe par un point critique de $f(z)$.

120. En particulier, pour $a = 0$, on aura la formule de Maclaurin

$$f(t) = f(0) + tf'(0) + \dots + \frac{t^n}{n!} f^{(n)}(0) + \dots \tag{8}$$

Par exemple, on aura, à l'intérieur d'un cercle de rayon *un* concentrique à l'origine

$$\frac{1}{1-t} = 1 + t + t^2 + t^3 + \dots\dots$$

$$\frac{1}{\sqrt{1-t}} = 1 + \frac{1}{2} t + \frac{1.3}{2.4} t^2 + \frac{1.3.5}{2.4.6} t^3 + \dots\dots$$

$$\frac{1}{1+t^2} = 1 - t^2 + t^4 \dots\dots;$$

en général les formules établies dans le premier volume (n°s 152 et suivants) subsisteront avec les mêmes conditions de convergence. Ainsi e^z, $\sin z$, $\cos z$ seront développables en série dans tout le plan.

Il est essentiel de remarquer la clarté que le domaine imaginaire apporte dans ce théorème ; ainsi dans le troisième exemple qui vient d'être donné, la fonction n'a aucun point critique réel, tandis qu'elle admet les pôles $t = \pm i$: la convergence cesse donc sur le cercle qui passe par ces points critiques, c'est-à-dire sur le cercle de rayon *un*, et cela, même en se bornant aux valeurs réelles de t.

Inversion des intégrales hyperelliptiques

121. Nous avons appelé *intégrales hyperelliptiques* celles dont le coefficient différentiel est composé rationnellement de la variable et d'un radical portant sur un polylôme entier par rapport à cette variable, et nous avons appris (n° 46) à réduire ces intégrales à un certain nombre de types. Nous n'envisagerons ici que celles de la forme

$$u - u_0 = \int_{z_0}^{z} \frac{dz}{\sqrt{Z}} \tag{9}$$

où

$$Z = A_0(z - a_1)(z - a_2)\ldots(z - a_m) \tag{10}$$

les quantités $a_1, a_2 \ldots a_m$ sont supposées distinctes. Nous allons effectuer l'*inversion*, c'est-à-dire étudier z comme fonction de u définie par l'équation (9).

Soit d'abord z_1 un point ordinaire de z; on peut développer $\frac{1}{\sqrt{Z}}$ en série de Taylor dans le voisinage de z_1 et écrire

$$du = \left[\alpha_0 + \alpha_1(z - z_1) + \ldots\right] dz$$

d'où

$$u - u_1 = \alpha_0(z - z_1) + \frac{\alpha_1}{2}(z - z_1)^2 + \ldots$$

On voit déjà que le point z_1 est un point ordinaire de u; mais, de plus, si l'on résoud l'équation précédente par rapport à $z - z_1$, ce qui se fera en posant, dans cette équation,

$$z - z_1 = \beta_1(u - u_1) + \beta_2(u - u_1)^2 + \ldots$$

et en déterminant les coefficients $\beta_1, \beta_2 \ldots$, on trouve pour $\beta_1, \beta_2 \ldots$ des valeurs bien déterminées et uniques, ce qui prouve que u_1 est un point ordinaire de la fonction z.

Etudions maintenant z dans le voisinage d'un point a_i; par exemple, supposons que z tende vers a_1. Nous poserons

$$z = a_1 + t^2,$$

d'où

$$dz = 2tdt$$

$$du = \frac{dz}{\sqrt{Z}} = \frac{2dt}{\sqrt{A_0(a_1 - a_2 + t^2)(a_1 - a_3 + t^2)\ldots\ldots}}$$

$$= \frac{2}{\sqrt{A_0}}[\gamma_0 + \gamma_1 t^2 + \ldots$$

$$u - u_1 = \frac{2t}{\sqrt{A_0}}\left[\gamma_0 + \frac{1}{3}\gamma_1 t^2 + \ldots\right]$$

$$= 2\frac{\sqrt{z - a_1}}{\sqrt{A_0}}[\gamma_0 + \ldots].$$

Le crochet est monodrôme en $t^2 = z - a_1$; donc le point $z = a_1$ est un point de branchement pour u et autour de ce point s'échangent deux valeurs de u. Mais on tirera de l'équation précédente $\sqrt{z - a_1}$, et à plus forte raison $z - a_1$, en fonction monodrôme de $u - u_1$,

$$z - a_1 = \delta(u - u_1)^2 + \delta_1(u - u_1)^3 + \ldots$$

c'est-à-dire que, pour la fonction inverse z, le point u_1 est un point ordinaire.

Cherchons enfin ce qui se passe si z devient infinie : posons

$$z = \frac{1}{t} \quad dz = -\frac{dt}{t^2}$$

$$du = -\frac{dt}{t^{2-\frac{m}{2}}\sqrt{(1 - a_1 t)(1 - a_2 t)\ldots(1 - a_m t)}}$$

$$= -t^{\frac{m}{2}-2}(1 + \alpha t + \beta t^2 + \ldots)\,dt.$$

On en déduit

$$u - u_0 = -\frac{t^{\frac{m}{2}-1}}{\frac{m}{2} - 1}(1 + \alpha_1 t + \beta_1 t^2 + \ldots$$

$$(u - u_0)^{\frac{2}{m-2}} = \frac{t}{\left(\frac{2-m}{2}\right)^{\frac{2}{m-2}}}(1 + \alpha_1 t + \ldots)^{\frac{2}{m-2}}.$$

Et par suite t s'écrira

$$t = (u - u_0)^{\frac{2}{m-2}} \left[a + b(u - u_0) + \dots \right].$$

Si $m > 4$, l'exposant est une vraie fraction et le point u_0 est un point de branchement pour t et pour son inverse z.

Soit $m = 4$: le point u_0 est un zéro simple de t et par suite z est infinie pour $u = u_0$.

Soit $m = 3$: on aura

$$t = (u - u_0)^2 \left[a + b(u - u_0) + \dots\dots \right]$$

$$z = \frac{1}{(u - u_0)^2 \left[a + b(u - u_0) + \dots \right]} = \frac{1}{(u - u_0)^2} \left[\alpha + \beta(u - u_0) + \dots \right]$$

ou encore

$$z = \frac{\alpha}{(u - u_0)^2} + \frac{\beta}{u - u_0} + \gamma + \dots$$

La fonction z est infinie pour $u = u_0$, et son inverse admet u_0 comme zéro double ; nous dirons que u_0 est un *pôle* double de z. La fonction z ne cesse pas d'être uniforme aux environs de u_0.

Pour $m = 2$, on voit que le point u_0 est ordinaire pour t et pour son inverse z. Dans ce cas z reste finie pour toutes les valeurs *finies* de u, ce qui était d'ailleurs connu puisque dans ce cas z est, à une constante près, proportionnelle à un sinus.

Enfin, si $m = 1$, le point u_0 est un pôle pour t et un zéro simple pour z qui n'a, dans ce cas encore, ni branchement, ni point de discontinuité dans tout le plan ; on a en effet

$$u = \int \frac{dz}{\sqrt{z - a_1}} = 2\sqrt{z - a_1} + u_0$$

$$z = a_1 + \frac{(u - u_0)^2}{4}.$$

Avant de résumer cette discussion, nous allons donner quelques définitions.

122. On appelle *point ordinaire* d'une fonction un point dans les environs duquel la fonction reste continue et uniforme ainsi que sa dérivée. Un *pôle* est, comme nous venons de le voir, un point où la fonction devient infinie, mais qui est ordinaire pour l'inverse de la fonction. En un pareil point l'on a donc, m désignant un nombre positif entier

$$t = (u - u_0)^m \left[a + b(u - u_0) + \dots\right]$$
$$z = \frac{1}{(u - u_0)^m} \cdot \frac{1}{a + b(u - u_0) + \dots}$$

ou

$$z = \frac{1}{(u - u_0)^m}\left[\alpha_1 + \alpha_2(u - u_0) + \dots\right]$$
$$z = \frac{\alpha_1}{(u - u_0)^m} + \frac{\alpha_2}{(u - u_0)^{m-1}} + \dots + \frac{\alpha_m}{u - u_0} + \beta + \dots \quad (11)$$

Le pôle u_0 est ici un pôle *d'ordre m* ; la quantité α_m qui figure au numérateur de la fraction du premier degré joue un rôle capital dans la théorie des fonctions, on lui a donné le nom de *résidu de la fonction relatif au pôle* u_0.

On appelle fonctions *holomorphes*, ou simplement *entières*, ou encore *régulières* les fonctions uniformes qui ne présentent aucun point critique, sauf peut-être à l'infini et qui ont une dérivée en chaque point ; fonctions *méromorphes* (à formes fractionnaires) celles qui restent finies, sauf en certains points isolés qui sont des pôles.

Les polynômes entiers, e^z, $\sin z$, sont des fonctions holomorphes ; les fractions algébriques rationnelles, les quotients de deux fonctions holomorphes, par exemple $\text{tang}\, z$, sont des fonctions méromorphes.

Suivant les cas, la fonction sera holomorphe ou méromorphe, dans tout le plan, ou dans une partie du plan.

123. Il existe d'autres espèces de points critiques ; nous avons déjà rencontré, dans les expressions irrationnelles, des points autour desquels s'échangent les déterminations diverses d'une fonction multiforme. Ce sont des *points de branchement*.

Considérons encore le logarithme : l'origine est un point critique pour $\log z$; si l'affixe tourne autour de l'origine, le logarithme peut acquérir une infinité de valeurs comprises dans la formule (tome 1er n° 269).

$$\log z = \log' r + i(\varphi + 2k\pi)$$

et l'on voit qu'il suffira de tourner k fois autour de l'origine pour que le logarithme s'augmente de $2k\pi i$. A l'origine même, le logarithme a son module infini et son argument indéterminé.

Comme autre exemple, nous considèrerons la fonction $\frac{1}{\sin \frac{1}{z}}$. Cette fonction a une infinité de pôles qu'on obtient en posant

$$z = \frac{1}{k\pi},$$

k étant entier positif ou négatif. Ce sont des pôles dans le voisinage desquels la fonction reste bien déterminée ; ils sont isolés les uns des autres. Il en est tout autrement du point $z = 0$ qui ne peut être isolé des pôles voisins, car on pourra toujours prendre k assez grand pour que le pôle $z = \frac{1}{k\pi}$ soit aussi voisin de l'origine qu'on voudra. De plus dans le voisinage de l'origine, la fonction pourra prendre toutes les valeurs que l'on voudra ; car, si l'on résout l'équation

$$\sin \frac{1}{z} = \text{A},$$

on trouvera une infinité de solutions données par la formule

$$\frac{1}{z} = h\pi + (-1)^h a$$

ou

$$z = \frac{1}{h\pi + (-1)^h a},$$

formule qui donne des points aussi voisins de l'origine qu'on le veut en prenant h suffisamment grand.

Enfin la fonction $e^{\frac{1}{z}}$ présente l'exemple d'une fonction monodrôme et continue dans tout le plan, sauf à l'origine où son module $e^{\frac{\cos\varphi}{r}}$ est nul ou infini suivant que cos φ est négatif ou positif, et indéterminé si cos φ tend vers zéro en même temps que r

On appelle *points singuliers essentiels* ceux où la fonction est indéterminée, tout en restant uniforme dans le voisinage (ils sont donc critiques pour la fonction en même temps que pour son inverse). Un point singulier essentiel n'est pas nécessairement un point de branchement et, si on l'entoure d'un petit cercle, il se peut très bien qu'à l'instar de ce qui se passe pour un pôle, la fonction demeure holomorphe à l'extérieur et dans le voisinage de ce cercle. Au contraire, il ne suffirait pas d'entourer un point de branchement d'un petit cercle pour que, dans la région extérieure au petit cercle, la fonction devienne uniforme ; nous avons vu (nº 108) qu'il faut établir dans le plan de la variable des coupures infranchissables à la variable pour transformer une fonction multiforme en fonction uniforme. Le théorème suivant va nous montrer comment, par extension de ce qui se fait pour les fonctions méromorphes, on peut développer une fonction dans le voisinage d'un point singulier essentiel.

124. Théorème de Laurent. — *Si une fonction uniforme est continue dans la région comprise entre deux circonférences, elle peut être développée, dans cette région, en série doublement infinie suivant les puissances de l'accroissement de la variable positives et négatives.*

Soit en effet a le centre des deux circonférences ; $a + t$ un point de la couronne circulaire, c et c' les circonférences, r et r' leurs rayons ($r > r'$). Décrivons autour du point $a + t$ une circonférence γ qui reste tout entière dans la couronne. On a vu (nº 117) que

$$f(a+t) = \frac{1}{2\pi i}\int_{\gamma} \frac{f(z)}{z-a-t}\, dz. \qquad (12)$$

Mais comme il n'y a pas de points critiques dans la région comprise entre les circonférences

$$\int_{\gamma} + \int_{c'} = \int_{c},$$

d'où

$$\int_{\gamma} = \int_{c} - \int_{c'}. \tag{13}$$

Le long de c on a

$$|z - a| > |t|.$$

Donc

$$\frac{1}{z-a-t} = \frac{1}{z-a} + \frac{t}{(z-a)^2} + \frac{t^2}{(z-a)^3} + \dots$$

$$\frac{1}{2\pi i}\int_{c} \frac{f(z)}{z-a-t}\,dz = \frac{1}{2\pi i}\int_{c} \frac{f(z)}{z-a}\,dz + \frac{t}{2\pi i}\int_{(c)} \frac{f(z)}{z-a}\,dz + \dots$$

$$= A_0 + A_1 t + A_2 t^2 + \dots$$

Le long de c' on a

$$|z - a| < |t|,$$

d'où

$$\frac{1}{z-a-t} = -\frac{1}{t-(z-a)} = -\left[\frac{1}{t} + \frac{z-a}{t^2} + \frac{(z-a)^2}{t^3}\right] + \dots$$

$$\frac{1}{2\pi i}\int_{c'} \frac{f(z)}{z-a-t}\,dz = -\frac{1}{2\pi i}\left[\frac{1}{t}\int_{c} f(z)\,dz + \frac{1}{t^2}\int_{c} (z-a)f(z)\,dz + \right]$$

$$= -\frac{1}{2\pi i}\left[\frac{B_1}{t} + \frac{B_2}{t^2}\right]\dots$$

En se reportant aux formules (12) et (13), on trouve enfin

$$f(a+t) = \ldots \frac{B_n}{t^n} + \frac{B_{n-1}}{t^{n-1}} + \ldots + \frac{B_1}{t} + A_0 + A_1 t + \ldots$$

$$= \sum_{-\infty}^{+\infty} A_\alpha t^\alpha. \tag{14}$$

Cette formule fait connaître le développement d'une fonction dans le voisinage d'un point singulier essentiel.

124. Nous pouvons maintenant résumer les résultats acquis au n° 120 et qui concernent l'intégrale

$$u = \int_{z_0}^{z} \frac{dz}{\sqrt{Z}},$$

où Z est un polynôme de degré m en z ; les racines $a_1, a_2 \ldots a_m$ de Z sont supposées distinctes.

Si m est supérieur à 4, les infinis de la fonction Z, c'est-à-dire les valeurs u_0 de u qui rendent Z infinie, sont des points de branchement pour Z.

Si $m = 3$ ou 4, les points u_0 sont des pôles de Z, simples si $m = 4$, doubles si $m = 3$, et Z est une fonction méromorphe.

Si $m = 2$ ou 1, la fonction Z est holomorphe dans tout le plan.

126. Périodes des fonctions inverses des intégrales hyperelliptiques.

Marquons dans le plan les points $A_1, A_2 \ldots A_m$, dont les affixes sont $a_1, a_2 \ldots a_m$, et joignons les à l'origine par des lignes droites.

Désignons par $A_1, A_2 \ldots$ les valeurs de l'intégrale hyperelliptique comptées en ligne droite de 0 aux points précédents, et obtenues toutes en partant de la même détermination initiale de $\sqrt{Z}$:

$$A_i = \int_0^{a_i} \frac{dz}{\sqrt{Z}}.$$

Ces intégrales sont finies, malgré la présence d'un dernier élément infini dans le coefficient différentiel (n° 17). Si l'affixe décrit autour de A_i un cercle de rayon infiniment petit, l'intégrale prise le long de ce cercle est elle-même infiniment petite en vertu des mêmes considérations ; seulement dans ce circuit, le radical a changé de signe avec le facteur $\sqrt{z - a_i}$, de sorte qu'un lacet composé de la droite OA_i, d'un cercle de rayon infiniment petit décrit autour de A_i et de la droite A_iO aura pour valeur

$$\int_0^{a_i} \frac{dz}{\sqrt{z}} + \int_{a_i}^{0} \frac{dz}{-\sqrt{z}} = 2A_i,$$

et il est bon de remarquer que le sens dans lequel on tourne autour de A_i est indifférent.

Cela posé, soit M un point quelconque et z son affixe ; désignons par u_0 l'intégrale $\int \frac{dz}{\sqrt{Z}}$ comptée en ligne droite de O à M et par u la même intégrale prise le long d'un autre chemin quelconque OBM ayant les mêmes extrémités. Il s'agit de trouver une relation entre u et u_0.

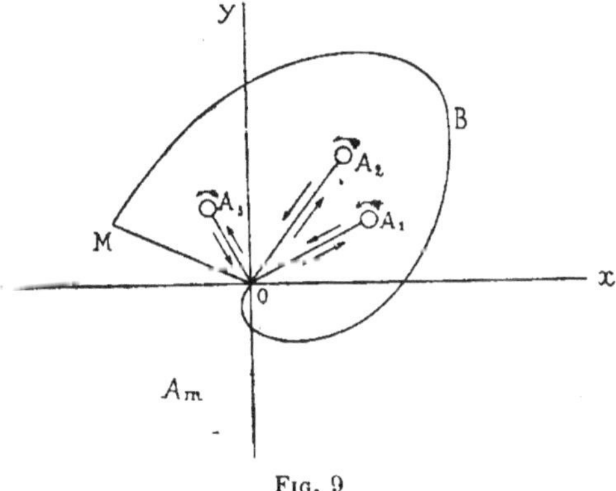

Fig. 9

Supposons, pour fixer les idées, qu'entre la droite OM et la courbe OBM, se trouvent trois points critiques A_1, A_2, A_3. Le circuit OBM pourra être remplacé par le chemin $OA_1OA_2OA_3OM$ indiqué sur la figure par des flèches, à condition que le point décrivant ait toujours à sa gauche la région qui renferme les points critiques; entre nos deux circuits, il ne reste aucun point critique. Les deux circuits sont donc équivalents, et l'on peut écrire

$$u = \int_{OBM} = \int_{OA_1OA_2OA_3OM} = \int_{OA_1O} + \int_{OA_2O} + \int_{OA_3O} + \int_{OM}.$$

La première intégrale du dernier membre a été calculée plus haut et a pour valeur $2A_1$; quant à la deuxième, comme elle est prise avec la valeur initiale de $\sqrt{Z}$ égale et de signe contraire à celle qui a servi à nos définitions, sa valeur est $-2A_2$ et, après le circuit autour de A_2, $\sqrt{Z}$ a repris sa valeur initiale; la troisième intégrale a donc pour valeur $2A_3$, et pour la même raison, la dernière aura pour valeur $-u_0$, de sorte qu'on a

$$u = 2A_1 - 2A_2 + 2A_3 - u_0,$$

et, plus généralement, si l'on appelle k le nombre des points critiques compris entre la droite OM et le chemin OBM,

$$u = 2A_1 - 2A_2 + \ldots + (-1)^{k-1}2A_k + (-1)^k u_0.$$

On pourra d'ailleurs tourner un nombre quelconque de fois autour de chaque point critique de sorte qu'on aura finalement

$$u = 2m_1A_1 + 2m_2A_2 + \ldots + 2m_kA_k \pm u_0 \qquad (15)$$

Ainsi, à une même valeur de z correspondent une infinité de valeurs distinctes de u. Introduisons de nouvelles constantes,

$$\left.\begin{array}{l} 2\omega_1 = 2A_1 - 2A_2 \\ 2\omega_2 = 2A_2 - 2A_3 \\ \ldots\ldots\ldots\ldots \\ 2\omega_{m-1} = 2A_{m-1} - 2A_m \end{array}\right\} \qquad (16)$$

Il est à remarquer qu'une différence quelconque $2A_i - 2A_k$ pourra toujours s'évaluer linéairement en fonction des nouvelles constantes. D'ailleurs écrivons la formule (15) comme il suit :

$$\left.\begin{aligned} u = 2m_1(A_1 - A_2) + 2(m_1 + m_2)(A_2 - A_3) \\ +2(m_1+m_2+m_3)(A_3 - A_4) + \ldots + 2(m_1+m_2+\ldots+m_{k-1}) \\ (A_{k-1} - A_k + 2(m_1 + m_2 + \ldots + m_k)A_k \pm u_0 ; \end{aligned}\right\} \quad (17)$$

dans cette formule le coefficient de A_k sera *zéro* ou *un* suivant les cas. Si l'on tient compte de (16), l'on pourra écrire

$$u = 2m'_1\omega_1 + 2m'_2\omega_2 + \ldots + 2m'_k\omega_k + 2\varepsilon A_k + (-1)^\varepsilon u_0 \quad (18)$$

les quantités $m'_1, m'_2 \ldots$ étant des nombres arbitraires positifs ou négatifs, mais entiers ou nuls ; ε peut être nul ou égal à l'unité. La formule (18) fait connaître toutes les valeurs de l'intégrale qui correspondent à une même valeur de z. Le même fait peut s'exprimer autrement en effectuant l'inversion, c'est-à-dire en considérant z comme fonction de la variable u : lorsque u passe par toutes les valeurs possibles réelles ou imaginaires, la fonction z repasse périodiquement par les mêmes valeurs et l'on a

$$\begin{aligned} z = f(u) &= f(u + 2m'_1\omega_1 + 2m'_2\omega_2 + \ldots 2m'_{m-1}\omega_{m-1}) \\ &= f(2A_k - u + 2m'_1\omega_1 + \ldots). \end{aligned}$$

Les quantités $2\omega_1, 2\omega_2 \ldots$ sont appelées les *périodes* de la fonction z. Si $m = 3$, il y a deux périodes, et la fonction est dite *doublement périodique*. Si $m = 4$, il semble y avoir trois périodes distinctes ; mais nous avons déjà vu (n° 45) que, par une transformation birationnelle, on ramène toujours le cas de $m = 2k$ à celui de $m = 2k - 1$. Et d'ailleurs il suffit d'intégrer le long d'un cercle de rayon infini pour voir que dans ce cas il existe une relation linéaire entre les périodes. En effet, comme le produit $z \times \frac{1}{\sqrt{Z}}$ tend vers zéro pour $|z| = \infty$, l'intégrale en question a pour valeur zéro (n° 112) ; d'ailleurs cette intégrale équivaut aux $m = 2k$ lacets, ou plus exactement à l'intégrale obtenue de la manière suivante : le contour d'intégration sera un chemin fermé composé de OA_1 (côté droit), d'un cercle de rayon infiniment petit décrit autour de A_1), de A_1O (côté gauche), de OA_2 (côté droit) et ainsi de suite, de manière que ce chemin fermé englobe tous les points critiques et qu'il n'en reste aucun entre ce contour et le cercle de rayon infini. On aura alors

$$0 = 2A_1 - 2A_2 + 2A_3 - 2A_4 + \ldots + 2A_{2k-1} - 2A_k$$

ou

$$2\omega_1 + 2\omega_3 + \ldots + 2\omega_{2k-1} = 0.$$

Ainsi, dans le cas de $m = 4$, il n'y a encore que deux périodes indépendantes et la fonction Z est encore doublement périodique.

Usage des intégrales imaginaires pour le calcul de quelques intégrales réelles

127. L'intégration d'une fonction de variables imaginaires est souvent le moyen le plus simple d'obtenir des intégrales définies réelles.

Voici comment l'on opère : soit à calculer, a et b étant réelles ainsi que x,

$$I = \int_a^b f(x)dx.$$

On considère, dans le plan des xy, un contour formé de la portion de droite ox qui va de a à b et d'une courbe ou ligne brisée retournant de b à a ; si l'on sait évaluer l'intégrale suivant les portions du contour autres que la droite ab, il en résultera nécessairement la valeur de I. La plupart du temps on pourra faire figurer dans le contour un cercle, ou un demi cercle, ou un quart de cercle de rayon infini, et l'intégrale e long de cette portion du contour se trouvera nulle en vertu du théorème démontré au nº 113. D'autre part en isolant les points critiques, qui se trouvent dans la région limitée, par des petits cercles ou des portions de cercles ayant ces points pour centres, on pourra appliquer les théorèmes relatifs aux fonctions uniformes, et ramener l'intégrale le long du contour total à celle le long des petits cercles.

Soient alors $a, b \ldots l$ les pôles de la fonction dans la région limitée par notre contour ; A, B,... L les résidus relatifs à ces pôles. La fonction, dans le voisinage du pôle a par exemple, pourra se mettre sous la forme

$$f(z) = \frac{A}{z-a} + \sum_{\alpha} A_{\alpha}(z-a)^{\alpha}$$

les valeurs de α étant entières, positives ou négatives, mais différentes de -1. On en conclut :

$$\int f(z)dz = A \log(z-a) + \sum_{\alpha} \frac{A_{\alpha}}{\alpha+1}(z-a)^{\alpha+1},$$

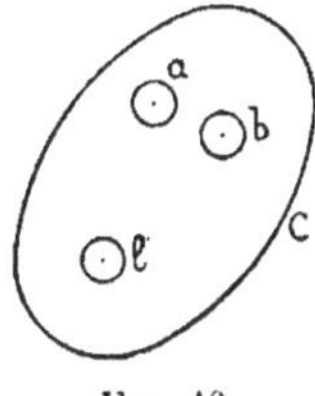

Fig. 10

et par suite, pour l'intégration prise le long du cercle (a) parcouru dans le sens direct.

$$\int f(z)dz = 2\pi i A,$$

puisque tous les termes du second membre, sauf le premier, reprennent leur valeur initiale.

Enfin, pour l'intégrale le long de C, comme elle peut être remplacée par la somme des intégrales le long des petits cercles autour des pôles (n° 108), on aura

$$\int_C f(z)dz = 2\pi i(A + B + \ldots + L) \qquad (19)$$

c'est-à-dire que *l'intégrale d'une fonction méromorphe, prise le long d'un contour fermé* C *parcouru dans le sens positif, est égale à* $2\pi i$ *multiplié par la somme des résidus de cette fonction relatifs aux pôles situés à l'intérieur du contour* C.

Ce théorème est connu sous le nom de *théorème des résidus.*

128. Comme application, nous considérerons l'intégrale

$$\int_C \varphi(z) \mathrm{D} \log f(z) dz,$$

dans laquelle $\varphi(z)$ est une fonction holomorphe à l'intérieur du contour, tandis que $f(z)$ est méromorphe. Le coefficient différentiel ne peut donc avoir pour pôles que les zéros ou les pôles de $f(z)$; soit a l'un d'eux. On aura, en désignant par $Q(z)$ une fonction holomorphe dans le voisinage de a

$$f(z) = (z - a)^m Q(z),$$

$$\mathrm{D} \log f(z) = \frac{m}{z-a} + \frac{Q'(z)}{Q(z)},$$

$$\int_\gamma \frac{m\,\varphi(z)}{z-a} dz + \int_\gamma \varphi(z) \frac{Q'(z)}{Q(z)} dz;$$

la deuxième intégrale est nulle le long du cercle γ de rayon très petit décrit autour de a, parce qu'à l'intérieur de ce cercle $Q(z)$ et $\varphi(z)$ sont holomorphes. La première intégrale a pour valeur $2\pi i$ multipliée par le résidu relatif au pôle a, savoir $m\varphi(a)$. En étendant ce résultat à tous les pôles et à tous les zéros, on trouve

$$\int_{C} \varphi(z) \mathrm{D} \log f(z) dz = 2\pi i \sum m\varphi(a).$$

Dans cette formule m est positif si a est un zéro, et négatif si c'est un pôle. En séparant les zéros α_k et les pôles β_j, on a finalement

$$\sum_k m\varphi(\alpha_i) - \sum_j n\varphi(\beta_i) = \frac{1}{2\pi i} \int_{C} \varphi(z) \mathrm{D} \log f(z) dz.$$

Comme cas particuliers, nous signalerons celui où $\varphi(z) = z$ et celui où $\varphi(z) = 1$; on trouve ainsi que, *à l'intérieur d'un contour* C, *l'excès de la somme des zéros sur la somme des pôles comptés chacun autant de fois que l'indique leur degré de multiplicité a pour valeur* $\frac{1}{2\pi i} \int_{C} z \mathrm{D} \log f(z) dz$,

$$\sum m\alpha_k - \sum n\beta_j = \frac{1}{2\pi i} \int_{C} z \frac{f'(z)}{f(z)} dz ; \qquad (20)$$

et aussi que l'*excès du nombre des zéros sur le nombre des pôles, à l'intérieur du même contour* C, *a pour valeur*

$$\frac{1}{2\pi i} \int_{C} \frac{f'(z)}{f(z)} dz,$$

$$\sum m - \sum n = \frac{1}{2\pi i} \int_{C} \frac{f'(z)}{f(z)} dz \qquad (21)$$

Considérons par exemple un polynôme algébrique

$$f(z) = A_0 z^p + A_1 z^{p-1} + \dots,$$

et prenons pour contour d'intégration C un cercle de rayon infini. Comme il n'y a pas de pôles, le premier membre de (21) donne le nombre des racines de $f(z)$; quant au second membre, on peut écrire

$$\frac{f'(z)}{f(z)} = \frac{p}{z} + \frac{\varepsilon}{z},$$

ε étant une expression dont le module est inférieur à tout nombre fixé η dès que z est suffisamment grand. On a donc

$$\int_c \frac{f'(z)}{f(z)}\, dz = p \left[\log z\right]_c + \int_c \frac{\varepsilon dz}{z}.$$

Le premier terme du deuxième membre a pour valeur $2\pi ip$, et le second est inférieur à $2\pi i\eta$, c'est-à-dire tend vers zéro avec η. Par conséquent :

$$m = p,$$

c'est-à-dire que *le nombre des racines d'une équation algébrique est égal au degré de l'équation*. Ce théorème est dû à Dalembert ; la démonstration est de Cauchy.

129. Nous allons appliquer la même méthode au calcul de quelques intégrales fréquemment employées. Soit d'abord

$$\mathrm{I} = \int_{-\infty}^{+\infty} \frac{\cos x}{a^2 + x^2}\, dx$$

$$\mathrm{J} = \int_{-\infty}^{+\infty} \frac{\sin x}{a^2 + x^2}\, dx.$$

Ces deux intégrales sont bien définies. Nous allons déduire leur valeur de celle de

$$\mathrm{I} + i\mathrm{J} = \int_{-\infty}^{+\infty} \frac{e^{ix}}{a^2 + x^2}\, dx$$

A cet effet considérons l'intégrale

$$\int \frac{e^{iz}}{a^2 + z^2} dz$$

prise suivant un contour composé de l'axe des x et d'une demi-circonférence de rayon infiniment grand ayant l'origine pour

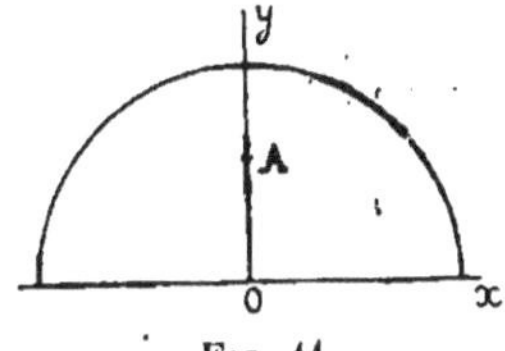

Fig. 11

centre. Comme $\frac{ze^{iz}}{a^2 + z^2}$ tend vers zéro pour $z = \infty$, l'intégrale le long de la demi-circonférence est nulle et la formule (19) se réduit ici à

$$\int_{-\infty}^{+\infty} \frac{e^{ix}}{a^2 + x^2} dx = 2\pi i A,$$

A étant le résidu relatif au point $a\sqrt{-1}$, seul pôle de la région considérée. Tout revient à calculer ce résidu : e^{iz} a, au pôle A, la valeur finie, non nulle, e^{-a}. Si l'on pose $z = ai + h$, on aura

$$\frac{1}{a^2 + z^2} = \frac{1}{2aih + h^2} = \frac{1}{h} \times \frac{1}{2ai + h};$$

le coefficient de $\frac{1}{h}$ tend vers $\frac{1}{2ai}$ et le résidu de $\frac{e^{iz}}{a^2 + z^2}$ est $\frac{e^{-a}}{2ai}$. On a donc

$$\int_{-\infty}^{+\infty} \frac{e^{ix}}{a^2 + x^2} dx = \frac{\pi e^{-a}}{a},$$

d'où l'on déduit (cf n° 95)

$$\left.\begin{aligned} I &= \frac{\pi e^{-a}}{a}, \\ J &= 0. \end{aligned}\right\} \qquad (22)$$

130. La fonction $\frac{z^{p-1}}{1+z}$ dans laquelle p est compris entre zéro et *un* est mal déterminée, on la rend uniforme en établissant une coupure depuis l'origine, par exemple la partie positive de l'axe ox. Cela posé, pour calculer l'intégrale

$$I = \int_0^\infty \frac{x^{p-1}}{1+x} dx,$$

nous considérerons un contour formé de la manière suivante : bord supérieur OA de la coupure, circonférence de rayon infini ayant pour centre l'origine, bord inférieur BO de la coupure,

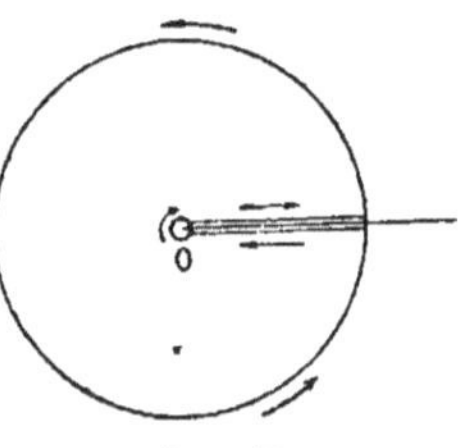

Fig. 12

circonférence de rayon infiniment petit ayant l'origine pour centre. Ce contour renferme un seul point critique, le point $z = -1$, et le résidu relatif à ce point est évidemment $(-1)^{p-1}$; l'intégrale $\int \frac{z^{p-1}}{1+z} dz$, prise le long du contour qui vient d'être défini, a donc pour valeur

$$2\pi i(-1)^{p-1}.$$

Mais, pour $z = \infty$ et pour $z = 0$, le produit $z.\frac{z^{p-1}}{1+z}$ a pour limite zéro ; les intégrales le long des circonférences sont donc nulles et l'intégrale le long du contour se réduit aux deux intégrales prises le long des deux bords de la coupure, de sorte que l'on a

$$\int_{OA} + \int_{BO} = 2\pi i(-1)^{p-1} \tag{23}$$

Or

$$\int_{OA} = \int_0^\infty \frac{x^{p-1}}{1+x}dx = I;$$

d'autre part, comme

$$z^{p-1} = e^{(p-1)\log z},$$

après un tour autour de O le long de la circonférence de rayon infini, le logarithme de z est augmenté de $2\pi i$ et le coefficient différentiel est multiplié par $e^{(p-1)2\pi i}$, de sorte que

$$\int_{BO} = e^{(p-1)2\pi i}\int_\infty^0 \frac{x^{p-1}dx}{1+x} = -e^{(p-1)2\pi i}I.$$

L'identité (61) devient ainsi

$$[1 - e^{(p-1)2\pi i}] \times I = (-1)^{p-1}2\pi i,$$

d'où l'on tire

$$I = \frac{(-1)^{p-1}2\pi i}{1 - e^{(p-1)2\pi i}};$$

mais

$$-1 = e^{\pi i}, \quad (-1)^{p-1} = e^{(p-1)\pi i}.$$

On a donc, en multipliant les deux termes de la fraction par $e^{-(p-1)\pi i}$,

$$I = \frac{2\pi i}{e^{-(p-1)\pi i} - e^{(p-1)\pi i}} = \frac{2\pi i}{e^{p\pi i} - e^{-p\pi i}},$$

ou enfin, à cause de la formule connue $\sin p\pi = \dfrac{e^{p\pi i} - e^{-p\pi i}}{2i}$,

$$I = \int_0^\infty \frac{x^{p-1}}{1+x}\,dx = \frac{\pi}{\sin p\pi}. \tag{24}$$

En particulier, pour $p = \frac{1}{2}$, on aura

$$\int_0^\infty \frac{dx}{(1+x)\sqrt{x}} = \pi, \tag{25}$$

comme il est facile de le vérifier directement en posant $x = y^2$.

CHAPITRE IV

POLYNOMES DE LEGENDRE

FONCTIONS EULÉRIENNES

131. Nous nous occuperons dans ce chapitre de deux espèces de fonctions auxquelles nous appliquerons les règles établies dans le chapitre précédent, mais sur lesquelles, vu leur importance, nous croyons utile de donner quelques détails complémentaires.

132. On désigne sous le nom de *polynômes de Legendre* ou *fonctions* X_n les coefficients du développement de $(1-2\alpha x+\alpha^2)^{-\frac{1}{2}}$ suivant les puissances ascendantes de α.

$$(1-2\alpha x+\alpha^2)^{-\frac{1}{2}} = X_0 + X_1\alpha + X_2\alpha^2 + \dots + X_n\alpha^n + \dots \quad (1)$$

Nous rencontrerons fréquemment ces polynômes et nous allons en donner ici quelques propriétés.

I. $X_0 = 1$.

II. $X_1 = x$.

III. X_n est un polynôme entier en x de degré n.

En effet posons

$$T = \alpha^2 - 2\alpha x = \alpha(\alpha - 2x),$$

le développement de $(1-2\alpha x+\alpha^2)^{-\frac{1}{2}}$ s'écrira

$$(1+T)^{-\frac{1}{2}} = 1 - \frac{1}{2}T + \frac{1}{2}\frac{3}{2}\frac{T^2}{2} + \dots + (-1)^k \frac{1.3\dots(2k-1)}{2^k}\frac{T^k}{k!} + \dots$$

avec

$$T^k = \alpha^k\left[\alpha^k - k\frac{2x}{1}\alpha^{k-1} + \frac{k(k-1)}{1.2}(2x)^2\alpha^{k-2} + \ldots + (-1)^k(2x)^k\right].$$

Pour que T^k fournisse un terme en α^n, il faudra que k soit au moins égal à $\frac{n}{2}$ et au plus à n ; prenons dans T^k le terme général

$$(-1)^p\frac{k(k-1)\ldots(k-p+1)}{p\,!}(2x)^p\alpha^{2k-p};$$

pour que l'exposant de α égale n, il faut prendre l'exposant p de x égal à $2k - n$; cette valeur est comprise entre zéro et n, ce qui établit la troisième propriété.

Le lecteur vérifiera sans peine que

$$X_n = \frac{1}{2^n n\,!}\frac{d}{dx^n}(x^2-1)^n, \tag{2}$$

en prenant dans le développement de $(x^2 - 1)^n$ le terme en x^{2k} et en le dérivant n fois.

IV. Il résulte de la forme qui vient d'être donnée à X_n que *l'équation $X_n = 0$ a toutes ses racines réelles, distinctes et comprises entre -1 et $+1$.* En effet l'équation

$$(x^2 - 1)^n = 0,$$

a n racines égales à 1 et n égales à -1 ; sa dérivée a $(n-1)$ racines égales à $+1$, $n-1$ égales à -1 et une (nulle) comprise entre -1 et $+1$; la dérivée seconde aura $n-2$ racines égales à $+1$, $n-2$ égales à -1, une entre zéro $+1$, une entre zéro et -1, et ainsi de suite en appliquant proche en proche le théorème de Rolle.

$X_n(1) = 1$

$X_n(-1) = (-1)^n.$

Il suffit pour établir ces deux propriétés de voir que, pour $x = 1$ ou -1, $(1 - 2\alpha x + \alpha^2)^{-\frac{1}{2}}$ devient

$$\frac{1}{1-\alpha} = 1 + \alpha + \alpha^2 + \ldots + \alpha^n + \ldots$$
$$\frac{1}{1+\alpha} = 1 - \alpha + \alpha^2 + \ldots + (-1)^n\alpha^n + \ldots$$

VII. Posons

$$y = (x^2 - 1)^n,$$

d'où

$$y' = 2nx(x^2 - 1)^{n-1},$$
$$2nxy - (x^2 - 1)y' = 0.$$

En prenant n fois de suite la dérivée des deux membres dans cette dernière équation et appliquant à cet effet la formule de Leibnitz (tome I, n° 88), on trouve

$$n(n + 1)y^{(n)} - 2xy^{(n+1)} - (x^2 - 1)y^{(n+2)} = 0.$$

ou, en multipliant par $2^n.n\,!$,

$$n(n + 1)X_n - 2xX'_n - (x^2 - 1)X''_n = 0. \qquad (3)$$

C'est une relation entre X_n et ses deux premières dérivées.

VIII. On peut encore trouver une relation récurrente entre trois fonctions X_n successives. Revenant à l'égalité de définition (1), différentions-la par rapport à α ; nous trouvons

$$(x - \alpha)(1 - 2\alpha x + \alpha^2)^{-\frac{3}{2}} = \sum nX_n\alpha^{n-1}.$$

Multiplions les deux membres de cette égalité par $1 - 2\alpha x + \alpha^2$ et remplaçons ensuite dans le premier $(1 - 2\alpha x + \alpha^2)^{-\frac{1}{2}}$ par sa valeur $\sum X_n\alpha^n$, nous obtenons l'identité

$$(x - \alpha)\sum X_n\alpha^n = (1 - 2\alpha x + \alpha^2)\sum nX_n\alpha^{n-1},$$

d'où l'on déduit aisément en comparant les termes en x^n :

$$(n+1)X_{n+1} - (2n+1)xX_n + nX_{n-1} = 0. \qquad (4)$$

Cette égalité permet de calculer X_{n+1} connaissant X_n et X_{n-1}, c'est-à-dire de proche en proche toutes ces fonctions puisque nous avons donné X_0 et X_1, Elle montre aussi que les racines de la fonction X_n donnent des signes contraires aux deux fonctions qui l'encadrent.

$$\text{IX} \quad \int_{-1}^{+1} X_m X_n dx = 0 \quad \text{si} \quad m \gtrless n, \quad \int_{-1}^{+1} X_n^2 dx = \frac{2}{2n+1}.$$

En effet, en intégrant par parties plusieurs fois de suite, on aura, y ayant la même définition que ci-dessus (VII),

$$\int_{-1}^{+1} y^{(n)} y^{(m)} dx = \Big[y^{(n)} y^{(m-1)} \Big]_{-1}^{+1} - \int_{-1}^{+1} y^{(n+1)} y^{(m-1)} dx$$

$$= \Big[y^{(n)} y^{(m-1)} - y^{(n+1)} y^{(m-2)} \Big]_{-1}^{+1} + \int_{-1}^{+1} y^{(n+2)} y^{(m-2)} dx$$

$$= \Big[y^{(n)} y^{(m-1)} - y^{(n+1)} y^{(m-2)} + \ldots + (-1)^k y^{(n+k)} y^{(m-k-1)} \Big]_{-1}^{+1}$$

$$+ (-1)^{k+1} \int_{-1}^{+1} y^{(n+k+1)} y^{(m-k-1)} dx.$$

Si m est inférieur à n, ce qu'on peut supposer, toutes les dérivées $y^{(m-1)}$, $y^{(m-2)}$... sont nulles pour $x = \pm 1$; la $(m+1)^{\text{ième}}$ et les suivantes sont nulles identiquement, ce qui démontre la première formule énoncée.

Si $m = n$, soit $k = n - 1$, on aura

$$\int_{-1}^{+1} y^{(n)} y^{(n)} dx = (-1)^n \int_{-1}^{+1} y^{(2n)} y dx$$

$$= (-1)^n (2n)! \int_{-1}^{+1} (x^2 - 1)^n dx.$$

En considérant $x^2 - 1$ comme le produit de $x - 1$ par $x + 1$, et en intégrant n fois par parties, on trouve aisément

$$\int_{-1}^{+1} y^{(n)} y^{(n)} dx = (n\,!)^2 \frac{2^{2n+1}}{2n+1}.$$

Or

$$X_n = \frac{y^n}{2^n n\,!},$$

donc enfin

$$\int_{-1}^{+1} X_n^2 dx = \frac{2}{2n+1}, \qquad (5)$$

X. Le polynôme X_n peut se mettre sous forme de déterminant. On peut se reporter par exemple au n° 249. M. Rouché a également donné la forme (C. R tome LXVII)

$$X_n = M \begin{vmatrix} a_0 & a_1 \ldots a_n \\ a_1 & a_2 \ldots a_{n-1} \\ \cdot & \cdot \quad \cdot \quad \cdot \quad \cdot \\ a_{n-1} & a_n \ldots a_{2n-1} \\ 1 & x \,.\, . x^n \end{vmatrix}.$$

dans laquelle M est un coefficient numérique,

$$a_r = \frac{1 + (-1)^r}{2(r+1)}.$$

Nous n'aurons pas à utiliser ces résultats purement théoriques.

133. Nous allons enfin appliquer les principes qui ont été établis dans ce chapitre au problème suivant : mettre X_n sous la forme d'une intégrale définie. A cet effet nous intégrerons la fonction

$$f(z) = \frac{1}{z^{n+1}\sqrt{1 - 2xz + z^2}} \quad \begin{matrix} (n \text{ entier positif} \\ (x \text{ et } z \text{ quantités complexes}) \end{matrix}$$

le long d'un cercle (γ), de rayon infiniment petit, ayant l'origine pour centre. Cette intégrale a pour valeur le résidu de $f(z)$ multiplié par $2\pi i$, c'est-à-dire en se reportant à la formule (1), $2\pi i X_n$; on a donc

$$X_n = \frac{1}{2\pi i} \int_\gamma \frac{dz}{z^{n+1}\sqrt{1 - 2xz + z^2}}. \qquad (6)$$

134. Dans l'intégrale précédente, faisons

$$z = \frac{1}{t};$$

en appelant (C) un cercle de rayon infini concentrique au précédent, nous obtenons la nouvelle expression

$$X_n = \pm \frac{1}{2\pi i} \int_C \frac{t^n}{\sqrt{t^2 - 2tx + 1}} dt.$$

Pour évaluer cette intégrale, nous remarquerons que le dénominateur s'annule pour

$$t = x \pm \sqrt{x^2 - 1},$$

soit aux points a et a'. Entourons chacun de ces points d'un cercle infiniment petit et faisons une coupure par une droite unissant ces deux points; dans la région isolée par cette coupure, la fonction sera uniforme. En effet si le point t tourne autour de a, il devra en même temps tourner autour de a' et le radical aura changé deux fois de signe; la fonction aura donc repris la valeur qu'elle avait au départ.

On peut donc, les points critiques étant isolés, remplacer l'intégrale le long du cercle C par une intégrale le long du chemin suivant : circonférence a, bord supérieur de la coupure, circonférence a', bord inférieur de la coupure. Les intégrales le long des deux petites circonférences sont nulles en vertu de la remarque faite au n° 113; les intégrales le long des deux bords de la coupure sont égales : car, si le radical a changé de signe en tournant autour de a', par exemple, dt prend en reve-

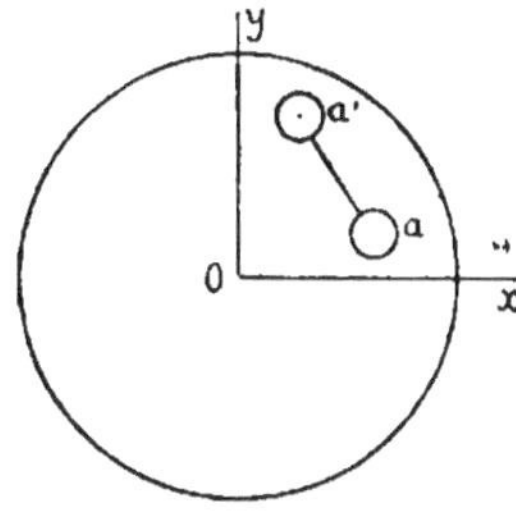

Fig. 13

nant le long de $a'a$ des valeurs égales et des signes contraires à celles qu'il avait le long de aa', de sorte qu'on a finalement

$$\int_C \frac{t^n}{\sqrt{t^2 - 2tx + 1}} dt = 2 \int_{aa'} \frac{t^n}{\sqrt{t^2 - 2tx + 1}} dt.$$

Pour évaluer cette dernière intégrale nous ferons le changement de variables suivant

$$t = x + \sqrt{x^2 - 1} \cos \varphi,$$

d'où

$$dt = -\sqrt{x^2 - 1} \sin \varphi \, d\varphi,$$

et il suffira de faire varier φ de 0 à π :

$$\int_{aa'} \frac{t^n}{\sqrt{t^2 - 2tx + 1}} dt = i \int_0^{\pi} (x + \sqrt{x^2 - 1} \cos \varphi)^n d\varphi.$$

La fonction X_n a enfin la forme

$$X_n = + \frac{1}{\pi} \int_0^{\pi} (x + \sqrt{x^2 - 1} \cos \varphi)^n d\varphi. \qquad (7)$$

car c'est le signe + qu'on doit prendre comme on le voit en faisant $x = 1$.

135. Les mêmes considérations auraient permis d'évaluer l'intégrale sous la forme (6) ; mais une difficulté se serait présentée, tenant à ce que le second membre de l'égalité (6) est discontinu tandis que le premier est continu, accident qui ne s'était pas rencontré dans le n° précédent. Nous allons lever cette difficulté, à titre d'exercice, et pour montrer comment l'on devra opérer dans des cas analogues.

Nous isolerons, comme précédemment (*fig.* 13) les points (a) et (a') par une coupure et par deux petits cercles : soit k le contour ainsi formé, soit c la circonférence de rayon infini, γ celle de rayon infiniment petit ayant pour centre l'origine. Nous aurons

$$\int_c = \int_k + \int_\gamma .$$

ou, comme $zf(z)$ tend vers zéro pour $z = \infty$ et que $X_n = \int_\gamma$

$$X_n = -\frac{1}{2\pi i}\int_k \frac{dz}{z^{n+1}\sqrt{1-2xz+z^2}}$$

Posons encore

$$z = x + \sqrt{x^2-1}\cos\varphi$$
$$dz = -\sqrt{x^2-1}\sin\varphi d\varphi ;$$

nous obtenons X_n sous la forme d'une intégrale définie ordinaire.

$$X_n = \pm\frac{1}{\pi}\int_0^\pi \frac{d\varphi}{(x+\sqrt{x^2-1}\cos\varphi)^{n+1}}. \tag{8}$$

Dans cette formule, faisons $x = 1$; comme $X_n(1) = 1$ et que le second membre devient ± 1, il faudra prendre le signe +.

Faisons au contraire $x = -1$, le premier membre devient $X_n(-1) = (-1)^n$ et le second $\pm(-1)^{n+1}$; il faut donc prendre le signe —. Ainsi, il n'est pas possible de fixer, une fois pour toutes, le signe ambigu dans la formule (8) : mais alors quelle règle suivre? Remarquons que le dénominateur ne peut s'annuler que si $\frac{x^2}{x^2-1}$ est réel, positif, et < 1, ce qui exige que x soit purement imaginaire. A part cela la fonction $\frac{1}{x+\sqrt{x^2-1}\cos\varphi}$ est continue : le second membre de (8) gardera donc un signe constant à droite de l'axe des imaginaires yy', et un signe constant à gauche. Ces signes étant connus aux points ± 1, on voit que le second membre de (8) devra être pris avec le signe +, si la partie réelle de x est positive, et avec le signe —, si elle est négative. D'ailleurs, si x est purement imaginaire, l'intégrale n'est pas déterminée.

Formule de Lagrange

136. — Les polynômes de Legendre se retrouvent comme application d'une formule très importante due à Lagrange et dont la démonstration a été l'objet de nombreux travaux. Le problème consiste à développer en série l'une des racines de l'équation en z

$$z = x + \alpha\psi(z).$$

M. Rouché (*) a appris à distinguer nettement la racine développée en série et à préciser les conditions de convergence de son développement. Sa démonstration ne fait pas intervenir le calcul intégral ; celle que nous donnons ici, n'en diffère par aucun point essentiel et présente une très intéressante application de la formule du n° 127.

$$I = \sum m\varphi(a) = \frac{1}{2\pi i}\int_C \varphi(z) D \log f(z) dz. \qquad (9)$$

(*) Rouché. — *Journal de l'École Polytechnique*, XXXIXe cahier.

Supposons que $f(z)$ soit de la forme

$$f(z) = z - x - \alpha\psi(z),$$

$\psi(z)$ étant holomorphe, x un point intérieur au contour C et α une constante ; m sera positif, et la formule (9) s'écrira

$$\mathrm{I} = \frac{1}{2\pi i}\int_{\mathrm{C}} \varphi(z)\,\frac{1-\alpha\psi'(z)}{f(z)}\,dz. \tag{10}$$

Or, si l'on suppose la constante α de module assez petit pour que $\frac{1}{f(z)}$ soit développable en série à l'intérieur du contour C, c'est-à-dire pour qu'on ait

$$\left|\frac{\alpha\psi(z)}{z-x}\right| < 1,$$

on pourra écrire

$$\frac{1}{f(z)} = \frac{1}{z-x-\alpha\psi(z)} = \frac{1}{z-x} + \frac{\alpha\psi(z)}{(z-x)^2} + \ldots + \frac{\alpha^n[\psi(z)]^n}{(z-x)^{n+1}} + \ldots$$

Par suite la formule (10) devient

$$\mathrm{I} = \frac{1}{2\pi i}\sum_0^\infty \alpha^n \int_{\mathrm{C}} \varphi(z)\,\frac{[\psi(z)]^n[1-\alpha\psi'(z)]dz}{(z-x)^{n+1}},$$

ou, en appliquant les formules (6) du chapitre précédent (n° 117),

$$\mathrm{I} = \sum_0^\infty \frac{\alpha^n}{n!}\,\frac{d^n}{dx^n}\left\{\varphi(x)\,[\psi^{(n)}(x)]^n\,[1-\alpha\psi'(x)]\right\}. \tag{11}$$

La dérivée qui figure dans le second membre est la somme des deux suivantes

$$\frac{d^n}{dx^n}[\varphi(x)\psi^n(x)] \quad \text{et} \quad -\alpha\frac{d^n}{dx^n}[\varphi(x)\psi^n(x)\psi'(x)].$$

Il faudra donner à n les valeurs 0, 1, 2...., et ajouter ; le coefficient de α^n sera ainsi

$$\frac{1}{n!}\frac{d^n}{dx^n}[\varphi(x)\psi^n(x)] - \frac{1}{(n-1)!}\frac{d^{n-1}}{dx^{n-1}}[\varphi(x)\psi^{n-1}(x)\psi'(x)]$$
$$= \frac{1}{n!}\frac{d^{n-1}}{dx^{n-1}}\left\{\varphi'(x)[\psi(x)]^n\right\}$$

et l'on aura finalement, en revenant à la formule (11),

$$\mathrm{I} = \sum m\varphi(a) = \varphi(x) + \sum_1^\infty \frac{\alpha^n}{n!}\frac{d^{n-1}}{dx^{n-1}}\left\{\varphi'(x)[\psi(x)]^n\right\} \quad (12)$$

Il résulte de cette formule deux conséquences

1° Supposons $\varphi(x) = 1$, le second membre prend la valeur 1 ; par suite m qui indique le degré de multiplicité de la racine a, égale *un* et l'on a ce théorème : *si* $\psi(z)$ *est une fonction holomorphe à l'intérieur du contour* C, *si* x *est un point intérieur à ce contour et si* α *est une constante telle que pour tous les points du domaine* C *on ait*

$$\left|\frac{z-x}{\alpha\psi(z)}\right| < 1,$$

l'équation

$$z = x + \alpha\psi(z)$$

a une racine et une seule, a, à l'intérieur de ce contour.

2° *La valeur de toute fonction holomorphe* $\varphi(z)$ *dans le même contour est donnée, au point a, par la formule* (12) *que nous transcrivons à nouveau*

$$\varphi(a) = \varphi(x) + \alpha\psi(x)\varphi'(x) + \ldots + \frac{\alpha^n}{n!}\frac{d^{n-1}}{dx^{n-1}}\left\{\varphi'(x)[\psi(x)]^n\right\} + \ldots \quad (12)$$

En particulier, on aura

$$a = x + \alpha\psi(x) + \ldots + \frac{\alpha^n}{n!}\frac{d^{n-1}}{dx^{n-1}}[\psi(x)]^n + \ldots \qquad (13)$$

137. Comme première application nous rappellerons, sans

y insister, l'application de la formule de Lagrange à la célèbre équation qui relie l'anomalie excentrique z à l'anomalie moyenne x. Il suffit de faire $\psi(z) = \sin z$; on a alors, en désignant par e l'excentricité de l'orbite, à résoudre l'équation

$$z = x + e \sin z,$$

dans laquelle il faut supposer

$$e < 0{,}6627434,$$

et la solution est

$$z = x + e \sin x + \frac{e^2}{1.2} \sin 2x + \ldots + \frac{e^n}{n\,!} \frac{d^{n-1}}{dx^{n-1}} \sin^n x + \ldots ;$$

le module de $z - x$ est inférieur à $1{,}19967864$.

Le rayon vecteur de la planète, $1 - e\cos z$, est alors obtenu en appliquant la formule (12). On trouve ainsi

$$1 - e\cos z = 1 - e\cos x + \frac{e^2}{1}\sin^2 x + \ldots + \frac{e^n}{(n-1)!}\frac{d^{n-2}\sin^n x}{dx^{n-2}} + \ldots$$

138. Comme deuxième application, nous développerons en série la plus petite racine de l'équation.

$$z = x + \alpha \frac{z^2 - 1}{2}, \qquad (14)$$

α et x étant des nombres réels compris entre $+1$ et -1. Cette racine, toujours réelle, est

$$z = \frac{1 - \sqrt{1 - 2\alpha x + \alpha^2}}{\alpha} ; \qquad (15)$$

le radical s'annule pour

$$\alpha = x - i\sqrt{1 - x^2},$$

c'est-à-dire pour deux valeurs dont le module est *un*.

Le développement suivant les puissances de α sera donc valable à l'intérieur d'un cercle de rayon un ; la formule de Lagrange donne immédiatement

$$z = x + \alpha \frac{x^2 - 1}{2} + \ldots + \frac{\alpha^n}{n!} \frac{d^{n-1}}{dx^{n-1}} \left(\frac{x^2 - 1}{2} \right)^n + \ldots$$

Si maintenant on dérive par rapport à x les deux membres de cette équation, après avoir remplacé préalablement z par sa valeur tirée de (15), on trouve

$$\frac{1}{\sqrt{1 - 2\alpha x + \alpha^2}} = 1 + \alpha x + \ldots + \frac{\alpha^n}{2^n n!} \frac{d^n}{dx^n} (x^2 - 1)^n + \ldots,$$

ce qui montre immédiatement que les fonctions de Legendre, définies au n° 131, ont pour valeurs

$$X_0 = 1, \qquad X_1 = x, \ldots \qquad X_n = \frac{1}{2^n n!} \frac{d^n}{dx^n} (x^2 - 1)^n.$$

Retour sur les produits infinis

138. Nous allons revenir sur ces produits, que nous avons déjà considérés au n° 170 (tome I). Nous supposerons maintenant que les facteurs peuvent être imaginaires. Soit

$$u_n = 1 + \alpha_n$$
$$P_n = u_1 u_2 \ldots u_n ;$$

on suppose

$$\alpha_n = a_n + ib_n = \rho_n(\cos \varphi_n + i \sin \varphi_n).$$

On démontrera, comme au n° cité, que α_n doit tendre vers zéro, et l'on remplacera encore l'étude du produit P_n par celle de son logarithme. Seulement la formule (52) du n° 170 n'étant plus applicable, il faudrait modifier le raisonnement.

Nous n'étudierons que les produits *absolument* convergents ; la série

$$\sum \log (1 + \alpha_n),$$

sera donc absolument convergente, et tout revient à chercher à quelles conditions il en sera ainsi.

Remarquons d'abord que

$$\log(1+\alpha_n) = \log(1+\rho_n\cos\varphi_n + i\rho_n\sin\varphi_n) = \frac{1}{2}\log\left[1+\rho_n^2+2\rho_n\cos\varphi_n\right]$$
$$+ i\left[\text{arctang}\,\frac{\rho_n\sin\varphi_n}{1+\rho_n\cos\varphi_n} + 2k_n\pi\right];$$

on pourra toujours supposer l'argument φ_n choisi de manière que dans l'égalité précédente $k_n = 0$, c'est-à-dire de manière que $\log(1+\alpha_n)$ tende vers zéro en même temps que α_n. Dans ces conditions le rapport $v_n = \frac{\log(1+\alpha_n)}{\alpha_n}$ tendra vers l'unité, et la série $\sum\log(1+\alpha_n)$ sera absolument convergente en même temps que la série $\sum\alpha_n$ dont le terme général ne diffère de la précédente que par le facteur v_n qui a un module fini. Ainsi *pour que le produit* P_n *tende absolument vers une limite finie, non nulle, il faut et il suffit que la série*

$$\sum(u_n - 1),$$

soit absolument convergente.

Le produit étant absolument convergent, on pourra intervertir l'ordre des facteurs.

140. Les conditions précédentes s'étendent évidemment aux produits qui sont infinis dans les deux sens. C'est ainsi que le produit

$$\prod_{-\infty}^{+\infty}\left(1-\frac{x}{n}\right),$$

n'est pas absolument convergent parce que la série $\sum\frac{x}{n}$ est divergente, tandis que le produit

$$\prod_{-\infty}^{+\infty}\left(1-\frac{x}{n}\right)e^{\frac{x}{n}}$$

est absolument convergent parce que la série

$$\left[\left(1-\frac{x}{n}\right)e^{\frac{x}{n}}-1\right]$$

est absolument convergente ; en effet le produit par n^2 du terme général de cette série tend vers la quantité finie $-\frac{x^2}{2}$ pour $n=\infty$.

141. Comme application nous donnerons le développement de $\sin x$ en produit infini. Soit m un nombre impair ; on démontre dans tous les traités de trigonométrie que $\sin mx$ peut s'exprimer par un polynôme en $\sin x$ dont les différentes racines sont les valeurs que prend $\sin\frac{k\pi}{m}$ pour m valeurs consécutives entières de k. On peut, par exemple, poser

$$\sin mx = \mathrm{A}\sin x\left(\sin x-\sin\frac{\pi}{m}\right)\left(\sin x-\sin\frac{2\pi}{m}\right)\cdots\left(\sin x-\sin\frac{m-1}{2}\frac{\pi}{m}\right)$$
$$\left(\sin x+\sin\frac{\pi}{m}\right)\left(\sin x+\sin\frac{2\pi}{m}\right)\cdots\left(\sin x+\sin\frac{m-1}{2}\frac{\pi}{m}\right),$$

ou encore

$$\sin mx = \mathrm{B}\sin x\left(1-\frac{\sin^2 x}{\sin^2\frac{\pi}{m}}\right)\cdots\left(1-\frac{\sin^2 x}{\sin^2\frac{m-1}{2}\frac{\pi}{m}}\right).$$

Dans cette dernière égalité, supposons d'abord x infiniment petit, nous obtenons $\mathrm{B}=m$. Remplaçons ensuite x par $\frac{\pi x}{m}$; il vient

$$\sin\pi x = m\sin\frac{\pi x}{m}\left(1-\frac{\sin^2\frac{\pi x}{m}}{\sin^2\frac{\pi}{m}}\right)\cdots\left(1-\frac{\sin^2\frac{\pi x}{m}}{\sin^2\frac{m-1}{2}\frac{\pi}{m}}\right)$$
$$= m\sin\frac{\pi x}{m}\prod_1^p\left(1-\frac{\sin^2\frac{\pi x}{m}}{\sin^2\frac{k\pi}{m}}\right)\times\prod_p^{\frac{m-1}{2}}\left(1-\frac{\sin^2\frac{\pi x}{m}}{\sin^2\frac{k\pi}{m}}\right).$$

Si, *p restant fixe*, m croît à l'infini, le premier produit Π tend vers

$$\prod_1^p \left(1 - \frac{x^2}{k^2}\right);$$

dans le second produit, il n'est pas permis de remplacer, comme on vient de le faire, $\dfrac{\sin^2 \dfrac{\pi x}{m}}{\sin^2 \dfrac{k\pi}{m}}$ par le rapport des valeurs principales $\dfrac{\left(\dfrac{\pi x}{m}\right)^2}{\left(\dfrac{k\pi}{m}\right)^2}$ parce que k peut devenir infiniment grand de même ordre que m et que $\sin \dfrac{k\pi}{m}$ n'est plus nécessairement un infiniment petit. Mais le rapport de $\sin \dfrac{k\pi}{m}$ à $\dfrac{k\pi}{m}$ est, pour $\dfrac{k}{m}$ compris entre 0 et $\dfrac{1}{2}$, compris entre 1 et $\dfrac{2}{\pi}$; soit θ_k sa valeur. Pour m suffisamment grand, on aura aussi

$$\sin \frac{\pi x}{m} = \lambda_m \times \frac{\pi x}{m},$$

λ_m étant un nombre qui tend vers l'unité pour m infini; par suite le produit $\displaystyle\prod_p^{\frac{m-1}{2}} \left(1 - \frac{\sin^2 \dfrac{\pi x}{m}}{\sin^2 \dfrac{k\pi}{m}}\right)$ pourra être remplacé par le produit $\displaystyle\prod_p^{\frac{m-1}{2}} \left(1 - \frac{\lambda_m^2}{\theta_k^2} \frac{x^2}{k^2}\right)$ qui est encore absolument convergent. On pourra prendre p assez grand pour que chacun des facteurs de ce produit, et par suite ce produit lui-même diffère de l'unité d'aussi peu que l'on voudra. Finalement on aura

$$\sin \pi x = \pi x \prod_1^p \left(1 - \frac{x^2}{k^2}\right) \times (1 + \varepsilon)$$

et, en faisant maintenant $p = \infty$,

$$\sin \pi x = \pi x \prod_{1}^{\infty}\left(1 - \frac{x^2}{k^2}\right). \tag{16}$$

Remarque : Si dans cette formule, on fait $x = \frac{1}{2}$, on retrouve la formule de Wallis (n° 79).

142. Dans l'égalité (16), remplaçons x par $\frac{x}{2}$ et divisons membre à membre cette même égalité (16) par la nouvelle égalité obtenue ; nous aurons immédiatement le développement du cosinus en produit infini

$$\cos \frac{\pi x}{2} = \prod_{1}^{\infty}\left[1 - \frac{x^2}{(2k+1)^2}\right]. \tag{17}$$

En prenant la dérivée logarithmique des deux membres, on trouve la formule

$$\frac{\pi}{2} \operatorname{tang} \frac{\pi x}{2} = \sum_{1}^{\infty} \frac{2x}{(2k+1)^2 - x^2} \tag{18}$$

qui a été utilisée au n° 94.

143. Nous allons encore établir la formule qui nous a servi à démontrer l'équation (30) du n° 90.

La formule (16) peut, si l'on veut, être remplacée par celle-ci, qui est aussi absolument convergente (n° 139),

$$\sin \pi x = \pi x \prod_{-\infty}^{+\infty}\left(1 + \frac{x}{k}\right)e^{-\frac{x}{k}},$$

la valeur $k = 0$ étant naturellement exclue. Prenons la dérivée logarithmique des deux membres ; nous trouvons

$$\pi \cot \pi x = \frac{1}{x} + \sum_{-\infty}^{+\infty}\left(\frac{1}{x+k} - \frac{1}{k}\right) = \frac{1}{x} - \sum_{-\infty}^{+\infty}\frac{x}{k^2} + \sum_{-\infty}^{+\infty}\frac{x^2}{k^3}\cdots$$

ce qui peut s'écrire encore

$$\pi \cot \pi x = \frac{1}{x} - 2x \sum_1^\infty \frac{1}{k^2} + \ldots$$

La somme $\sum_1^\infty \frac{1}{k^2}$ est la vraie valeur de la fraction

$$\frac{\frac{1}{x} - \pi \cot \pi x}{2x}$$

pour x infiniment petit. On trouve ainsi

$$\sum_1^\infty \frac{1}{k^2} = \frac{\pi^2}{6}. \qquad (19)$$

114. Le produit $\prod_{-\infty}^{+\infty} \left(1 - \frac{x}{n}\right)$ qui n'est pas absolument convergent, ainsi qu'il a été dit, donne lieu à d'intéressantes considérations. Posons

$$\varphi(x) = \prod_{-m}^{+n} \left(1 - \frac{x}{\mu}\right) = \left(1 + \frac{x}{m}\right)\left(1 + \frac{x}{m-1}\right)\ldots(1+x)(1-x)\ldots\left(1 - \frac{x}{n}\right)$$

et prenons la dérivée logarithmique des deux membres ; nous obtenons l'égalité

$$\frac{\varphi'(x)}{\varphi(x)} = \sum_1^n \frac{1}{x-\mu} + \sum_1^m \frac{1}{x+\mu}$$

$$= \sum_1^n \frac{x}{\mu x - \mu^2} - \sum_1^n \frac{1}{\mu} - \sum_1^m \frac{x}{\mu x + \mu^2} + \sum_1^m \frac{1}{\mu}.$$

La première et la troisième sommes convergent évidemment vers des limites finies pour n et m infinis ; la deuxième et la quatrième, qui se confondent avec la série harmonique, croissent au-delà de toute limite. Mais leur différence reste finie : soit $m = \omega n$ et

$$\lambda = \sum_1^m \frac{1}{\mu} - \sum_1^n \frac{1}{\mu}.$$

Nous remarquons que

$$\frac{1}{\mu} = \int_0^1 x^{\mu-1} dx;$$

donc

$$\lambda = \int_0^1 (1 + x + \dots + x^m)dx - \int_0^1 (1 + x + \dots + x^n)dx$$

$$= \int_0^1 \frac{1 - x^{\omega n}}{1 - x} dx - \int_0^1 \frac{1 - x^n}{1 - x} dx = \int_0^1 \frac{x^n - x^{\omega n}}{1 - x} dx.$$

Pour évaluer cette intégrale, Hermite pose

$$x = 1 - \frac{z}{n},$$

ce qui donne

$$\lambda = \int_0^n \frac{\left(1 - \frac{z}{n}\right)^n - \left(1 - \frac{z}{n}\right)^{\omega n}}{z} dz.$$

Il s'agit de trouver, si elle existe, la limite de λ pour $n = \infty$:

$$\lim \lambda = \int_0^\infty \frac{e^{-z} - e^{-\omega z}}{z} dz.$$

Or la dérivée de cette intégrale par rapport à ω est

$$\int_0^\infty e^{-\omega z} dz = -\frac{1}{\omega} \Big[e^{-\omega z} \Big]_0^\infty = \frac{1}{\omega};$$

on a donc, pour l'intégrale cherchée,

$$\int_0^\infty \frac{e^{-z} - e^{-\omega z}}{z} dz = \log \omega + \text{constante}.$$

La constante est nulle comme on le voit en faisant $\omega = 1$; il reste enfin

$$\lim \lambda = \log \omega.$$

La dérivée logarithmique du produit considéré dépend donc de ω, et par suite le produit lui-même dépend du lien qu'on établira entre m et n. Si $m = n$, $\omega = 1$, $\log \omega = 0$, on a

$$\frac{\varphi'(x)}{\varphi(x)} = \sum_1^n \left(\frac{x}{\mu x - \mu^2} - \frac{x}{\mu x + \mu^2}\right) = \sum_1^n \frac{2x}{x^2 - \mu^2},$$

et par suite, (n° 143)

$$\lim_{n=\infty} \frac{\varphi'(x)}{\varphi(x)} = \lim_{n=\infty} \sum_1^n \frac{2x}{x^2 - \mu^2} = \pi \cot \pi x - \frac{1}{x};$$

ou, en remontant des dérivées logarithmiques aux nombres,

$$\prod_{-\infty}^{+\infty} = \frac{\sin \pi x}{\pi x}.$$

Si enfin on suppose $m = \omega n$, ω restant quelconque, on aura, pour m et n infinis,

$$\lim \pi x \prod_{-m}^{+n} \left(1 - \frac{x}{\mu}\right) = \omega^x \sin \pi x.$$

Il importe de remarquer que, pour $\omega = 1$, le premier membre est une fonction périodique de période 2, tandis que, si ω demeure quelconque, le premier membre se trouve multiplié par ω^2 lorsqu'on change x en $x + 2$.

145. Des considérations analogues pourraient être développées relativement aux produits infinis à double entrée de la forme

$$x \prod \left(1 + \frac{x}{an + bm}\right).$$

Il en résulterait de nouvelles fonctions qui sont multipliées par une exponentielle lorsque x s'accroît de a ou de b, l'exponentielle dépendant d'ailleurs de la loi suivant laquelle sont reliés m et n. Mais ces considérations nous entraîneraient trop loin et nous ne pouvons que renvoyer le lecteur à un Mémoire publié par M. Cayley dans le *Journal de Liouville*, tome X.

Fonctions Eulériennes

146. — On appelle *fonction eulérienne de deuxième espèce*, et l'on désigne par la notation $\Gamma(z)$, la fonction

$$\Gamma(z) = \lim_{n=\infty} \frac{n!\, n^{z-1}}{z(z+1)\ldots(z+n-1)}. \qquad (20)$$

Cette définition ne distingue pas le réel de l'imaginaire ; mais nous n'envisagerons généralement que les valeurs rélles de z.

147. — Il faut d'abord chercher les conditions de convergence de l'expression qui sert à définir $\Gamma(z)$. Il est évident que si z est nul ou égal à un entier négatif la fraction devient infinie pour une valeur de n. Je dis qu'elle a une limite finie pour toute autre valeur de z. En effet l'on a

$$\log \Gamma(z) = \log 2 + \log 3 + \ldots + \log(n-1) + \log n$$
$$+ (z-1)\log n - \log z - \log(z+1) - \ldots - \log(z+n-1)$$

ou

$$\left.\begin{aligned} \log z + \log \Gamma(z) = z \log n - \log(z+1) - \log\left(1+\frac{z}{2}\right)\ldots \\ - \log\left(1+\frac{z}{n-1}\right). \end{aligned}\right\} \qquad (21)$$

Remplaçons, avec Gauss, $\log n$ par

$$\log\frac{2}{1}+\log\frac{3}{2}+\log\frac{4}{3}+\ldots+\log\frac{n}{n-1};$$

l'égalité précédente devient

$$\log z\Gamma(z)=\left[z\log 2-\log(1+z)\right]+\left[z\log\frac{3}{2}-\log\left(1+\frac{z}{2}\right)\right]+\ldots$$
$$+\left[z\log\frac{n}{n-1}-\log\left(1+\frac{z}{n-1}\right)\right]$$
$$=\sum_{1}^{\infty}\left[z\log\left(1+\frac{1}{p}\right)-\log\left(1+\frac{z}{p}\right)\right]$$

en écrivant p au lieu de $n-1$.

Or

$$u_p=z\log\left(1+\frac{1}{p}\right)-\log\left(1+\frac{z}{p}\right)$$
$$=z\left(\frac{1}{p}-\frac{1}{2p^2}+\frac{1}{3p^3}\cdots\right)-\left(\frac{z}{p}-\frac{z^2}{2p^2}+\frac{z^3}{3p^3}\cdots\right),$$

donc

$$\lim_{p=\infty} p_2 u_p = z(z-1).$$

La série est donc absolument convergente et par suite $z\Gamma(z)$ est bien définie pour toutes les valeurs réelles ou imaginaires de z autres que zéro ou les nombres entiers négatifs.

Propriétés des fonctions Eulériennes de deuxième espèce

148. Posons

$$\varphi(n,z)=\frac{n!\;n^{z-1}}{z(z+1)\ldots(z+n-1)};$$

par définition, on aura

$$\Gamma(z)=\lim\varphi(n,z).$$

I. L'égalité évidente

$$\frac{\varphi(n, z+1)}{\varphi(n, z)} = \frac{nz}{n+z}$$

conduit, en passant à la limite, à la formule

$$\Gamma(z+1) = z\Gamma(z) \tag{22}$$

II. Dans l'égalité précédente, remplaçons z par p nombres entiers consécutifs, $1, 2, 3 \ldots p$; comme on a évidemment $\Gamma(1) = 1$, nous aurons

$$\begin{aligned} \Gamma(2) &= 1 \\ \Gamma(3) &= 2 \\ \Gamma(4) &= 2.3 \\ &\cdots\cdots \\ \Gamma(p) &= 1.2.3 \ldots (p-1) = (p-1)! \end{aligned} \tag{23}$$

III. Faisons $z = \frac{1}{2}$.

$$\begin{aligned} \Gamma\left(\frac{1}{2}\right) &= \lim \frac{n!}{\frac{1}{2}\left(1+\frac{1}{2}\right)\cdots\left(n-\frac{1}{2}\right)\sqrt{n}} \\ &= \lim \frac{2.4.6\ldots 2n}{1.3.5\ldots(2n-1)\sqrt{n}}. \end{aligned}$$

Or la formule de Wallis (nº 79) peut s'écrire

$$\sqrt{\frac{\pi}{2}} = \lim \frac{2.4.6\ldots 2n}{3.5\ldots(2n-1)\sqrt{2n+1}}.$$

Il en résulte immédiatement

$$\Gamma\left(\frac{1}{2}\right) = \sqrt{\pi}. \tag{24}$$

IV. Le produit $\varphi(n, z)\varphi(n, 1-z)$ s'écrit, comme on le voit sans peine

$$\varphi(n, z)\varphi(n, 1-z) = \frac{1}{z\left(1-\frac{z}{n}\right)(1-z^2)\left(1-\frac{z^2}{4}\right)\cdots\left[1-\frac{z^2}{(n-1)^2}\right]}.$$

Par suite on a, en appliquant la formule (16),

$$\Gamma(z)\Gamma(1-z) = \frac{\pi}{\sin \pi z}. \tag{25}$$

Si dans l'égalité précédente, on fait $z = \frac{1}{2}$, on retrouve la formule (24).

V. Revenons à la formule (22), et donnons à z les p valeurs $\frac{1}{2}, \frac{3}{2}, \frac{5}{2} \dots \frac{2p-1}{2}$; on trouve immédiatement

$$\Gamma\left(p + \frac{1}{2}\right) = \frac{1.3.5\dots(2p-1)}{2^p}\sqrt{\pi}. \tag{26}$$

VI. Nous donnerons enfin l'expression de $\Gamma(z)$ par une intégrale définie. A cet effet nous invoquerons de nouveau le théorème suivant que nous avons déjà utilisé (n° 69) : *Si, dans deux séries divergentes ordonnées suivant les puissances ascendantes de la variable, le rapport des coefficients de la puissance $m^{\text{ième}}$ de la variable tend vers une limite finie l, les deux séries ont le même rapport.*

Les deux séries que nous envisagerons ici sont

$$f(x) = 1^{z-1}x + 2^{z-1}x^2 + 3^{z-1}x^3 + \dots$$

et

$$\varphi(x) = (1-x)^{-z} = 1 + \frac{z}{1}x + \frac{z(z+1)}{1.2}x^2 + \frac{z(z+1)(z+2)}{1.2.3}x^3 + \dots$$

qui sont divergentes pour $z > 0$ et $\lim x = 1$.

Le rapport des coefficients de x^n est la fonction désignée jusqu'ici par $\varphi(n, z)$; nous avons donc, en supposant $x = \infty$,

$$\begin{aligned}\Gamma(z) &= \lim_{n=\infty} \varphi(n, z) = \lim_{x=1} \frac{f(x)}{\varphi(x)} \\ &= \lim_{x=1} \left[1^{z-1}x + 2^{z-1}x^2 + \dots\right](1-x)^z.\end{aligned}$$

Soit $x = e^{-h}$; on pourra écrire

$$\frac{f(x)}{\varphi(x)} = \left(\frac{1-e^{-h}}{h}\right)^z \left[h^{z-1}e^{-h} + (2h)^{z-1}e^{-2h} + (3h)^{z-1}e^{-3h} + \dots\right]h.$$

Lorsque x tend vers *un*, h tend vers zéro; le premier facteur tend vers l'unité. Quant au produit du crochet par h, il tend, par définition, vers $\int_0^\infty x^{z-1}e^{-x}dx$. On a donc

$$\Gamma(z) = \int_0^\infty x^{z-1}e^{-x}dx. \tag{27}$$

Cette égalité est souvent prise pour définition de la fonction eulérienne de deuxième espèce. On en déduirait sans peine les propriétés déjà démontrées ; nous laissons au lecteur le soin de faire cet exercice facile.

149. En résumé, la formule (22), qui permet de diminuer l'argument d'une unité et par suite d'autant d'unités qu'on le voudra, permettra de ramener z à être compris entre 0 et 1 ; à l'aide de la formule (25), on ramènera z à être compris entre 0 et $\frac{1}{2}$, et il suffira d'avoir une table des valeurs de cette fonction pour les valeurs de l'argument comprises entre ces deux dernières limites.

Nous n'entreprendrons pas l'étude détaillée des procédés par lesquels on est arrivé à construire cette table. Bornons-nous à représenter par une courbe la variation de $\Gamma(x)$ pour x variant de 0 à ∞.

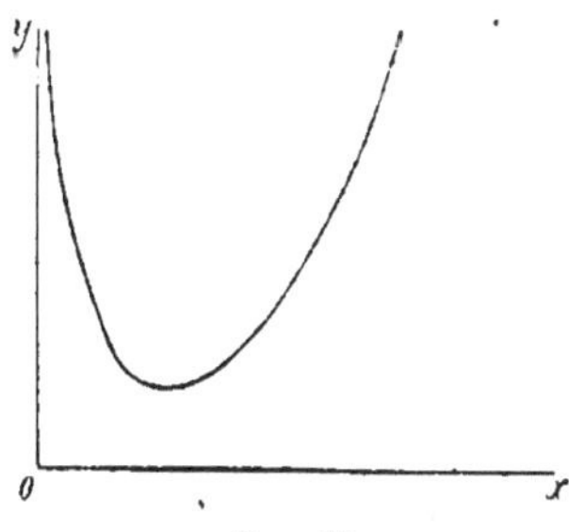

Fig. 14

Le minimum de $\Gamma(x)$, qui est égal à 0,8856032, correspond à

$$x = 1{,}4616321.$$

L'égalité

$$\Gamma(x) = \frac{\Gamma(1+x)}{x},$$

montre que $\Gamma(x) = \infty$ pour x infiniment voisin de zéro. On déduit aussi de la formule (22) la suivante

$$\Gamma(x+p) = (x+p-1)(x+p-2)\ldots x\Gamma(x),$$

d'où il résulte immédiatement que l'intégrale eulérienne de deuxième espèce est infinie en même temps que l'argument. Le lecteur conclura d'ailleurs du n° suivant que $\log \Gamma(x)$ ne peut avoir qu'un minimum puisque sa dérivée seconde est essentiellement positive. Il en est de même de $\Gamma(x)$.

150. La formule (21)

$$\log \Gamma(z) = \lim \left[z \log n - \log z - \log(z+1) - \ldots - \log\left(1 + \frac{n-1}{z}\right)\right],$$

conduit à des conséquences d'une autre nature sur lesquelles nous allons maintenant nous étendre.

En dérivant deux fois les deux membres on trouve

$$\mathrm{D} \log \Gamma(z) = \lim \left[\log n - \frac{1}{z} - \frac{1}{1+z} - \ldots - \frac{1}{z+n-1}\right],$$

$$\mathrm{D}_2 \log \Gamma(z) = \lim \left[\frac{1}{z^2} + \frac{1}{(z+1)^2} + \ldots + \frac{1}{(z+n-1)^2}\right].$$

Cette dernière série est absolument convergente, on peut donc l'intégrer entre zéro et un et écrire

$$\left.\begin{aligned} &\frac{\Gamma'(z)}{\Gamma(z)} = \mathrm{D} \log \Gamma(z) \\ &= -\mathrm{C} + \left(1 - \frac{1}{z}\right) + \left(\frac{1}{2} - \frac{1}{z+1}\right) + \ldots + \left(\frac{1}{n} - \frac{1}{z+n-1}\right) + \ldots \end{aligned}\right\} (28)$$

$D \log \Gamma(z)$ se présente maintenant sous la forme d'une série absolument convergente, car elle a pour terme général

$$\frac{1}{n} - \frac{1}{z+n-1} = \frac{z-1}{n(n+z-1)}.$$

La constante C, qui se présente dans un grand nombre de problèmes, a reçu le nom de *constante d'Euler* et a pour valeur

$$C = 0{,}5772156649\ldots.. ; \qquad (29)$$

il résulte de la formule (28) qu'elle peut s'exprimer de la manière suivante

$$C = -\Gamma'(1).$$

Comme on a

$$\Gamma'(z) = \int_0^\infty x^{z-1} \log x . e^{-x} dx,$$

on a

$$C = -\int_0^\infty \log x . e^{-x} dx \qquad (30)$$

mais cette formule est incommode pour le calcul de C et c'est autrement (voir par exemple Serret, tome II, n° 522) qu'a été obtenue la valeur (29). On peut encore mettre cette constante C sous une autre forme en se reportant à la première expression de $D \log z$ donnée dans ce numéro. Si en effet on y fait $z = 1$, on trouve

$$-\Gamma'(1) = C = \lim_{n=\infty} \left(1 + \frac{1}{2} + \frac{1}{3} + \ldots + \frac{1}{n} - \log n\right).$$

Dans l'égalité (28), changeons z en $z+1$: il vient

$$D \log \Gamma(z+1) = -C$$
$$+ \left(1 - \frac{1}{z+1}\right) + \left(\frac{1}{2} - \frac{1}{z+2}\right) + \ldots + \left(\frac{1}{n} - \frac{1}{z+n}\right) + \ldots$$

Intégrons entre les limites 0 et z ; nous obtenons l'égalité

$$\log \frac{1}{\Gamma(z+1)} = C_1 + Cz + [\log(z+1) - z] + \ldots + \left[\log(z+n) - \frac{z}{n}\right]$$
$$= Cz + [\log(z+1) - z] + \ldots + \left[\log\left(1+\frac{z}{n}\right) - \frac{z}{n}\right] + \ldots,$$

les deux membres s'annulant maintenant pour $z = 0$. On déduit de là

$$\frac{1}{\Gamma(z+1)} = e^{Cz} \prod_0^\infty \left(1+\frac{z}{n}\right) e^{-\frac{z}{n}}.$$

Le dernier produit est absolument convergent, ainsi que nous l'avons déjà vu ; la fonction $\frac{1}{\Gamma(z+1)}$ est donc holomorphe dans tout le plan.

151. Euler a établi la formule

$$\Gamma(z)\Gamma\left(z+\frac{1}{n}\right)\ldots\Gamma\left(z+\frac{n-1}{n}\right) = (2\pi)^{\frac{n-1}{2}}\, n^{-nz+\frac{1}{2}}\,\Gamma(nz). \quad (31)$$

Pour la démontrer, formons d'une part le produit

$$\varphi(p,z)\varphi\left(p,z+\frac{1}{n}\right)\ldots\varphi\left(p,z+\frac{n}{n-1}\right),$$

dont le premier membre de (31) est la limite pour $p = \infty$, d'autre part le produit

$$n^{-nz}\varphi(pn,nz)$$

qui, pour $p = \infty$, devient $n^{-nz}\Gamma(nz)$. Le quotient de ces deux produits

$$\frac{(p\,!)^n n^{np+1}}{(np)\,!\;p^{\frac{n-1}{2}}}$$

est indépendant de z ; tout revient donc à chercher la limite de cette fraction pour p infini, ou encore, ce qui est préférable, à calculer la valeur du quotient précédent pour une valeur particulière de z. Nous ferons $z = 1$ et nous calculerons

$$Q = \frac{\Gamma(1)\Gamma\left(1+\frac{1}{n}\right)\ldots\Gamma\left(1+\frac{n-1}{n}\right)}{n^{-n}\Gamma(n)}.$$

Le dénominateur a pour valeur $n^{-n}(n-1)!$; le numérateur équivaut, à cause de la formule (22) à

$$\frac{1}{n}\Gamma\left(\frac{1}{n}\right) \times \frac{2}{n}\Gamma\left(\frac{2}{n}\right)\ldots\ldots \frac{n-1}{n}\Gamma\left(\frac{n-1}{n}\right).$$

Or on a (formule 24)

$$\Gamma\left(\frac{1}{n}\right)\Gamma\left(\frac{n-1}{n}\right) = \frac{\pi}{\sin\frac{\pi}{n}}$$

$$\Gamma\left(\frac{2}{n}\right)\Gamma\left(\frac{n-2}{n}\right) = \frac{\pi}{\sin\frac{2\pi}{n}}$$

$$\Gamma\left(\frac{n-1}{n}\right)\Gamma\left(\frac{1}{n}\right) = \frac{\pi}{\sin\frac{(n-1)\pi}{n}};$$

d'où en multipliant ces égalités, membre à membre, et tenant compte de la valeur du produit calculée au n° 68

$$\Gamma\left(\frac{1}{n}\right)\ldots\Gamma\left(\frac{n-1}{n}\right) = \sqrt{\frac{\pi^{n-1}}{n2^{1-n}}}.$$

Finalement on aura

$$Q = \frac{(n-1)!}{n^{n-1}}\frac{\pi^{\frac{n-1}{2}}}{n^{\frac{1}{2}}}2^{\frac{n-1}{2}}\frac{n^n}{(n-1)!} = (2\pi)^{\frac{n-1}{2}}n^{\frac{1}{2}},$$

ce qui démontre entièrement la formule (31).

Signalons en passant la formule, que nous venons de rencontrer,

$$\Gamma\left(\frac{1}{n}\right)\Gamma\left(\frac{2}{n}\right)\ldots\Gamma\left(n-1\right) = (2\pi)^{\frac{n-1}{2}}n^{-\frac{1}{2}}. \qquad (32)$$

152. La formule précédente permet d'évaluer une intégrale définie célèbre

$$I = \int_0^1 \log \Gamma(x) dx.$$

On a en effet, par définition, si $nh = 1$

$$I = \lim \left[h \log \Gamma h + h \log \Gamma(2h) + \ldots + h \log \Gamma(nh)\right]$$

$$= \lim_{n=\infty} \frac{\log \Gamma\left(\frac{1}{n}\right) \Gamma\left(\frac{2}{n}\right) \ldots \Gamma\left(n-1\right)}{n}$$

$$= \lim \frac{\frac{n-1}{2} \log 2\pi - \frac{1}{2} \log n}{n} = \frac{1}{2} \log 2\pi$$

ou enfin

$$\int_0^1 \log \Gamma(x) dx = \log \sqrt{2\pi}$$

On démontrerait d'une manière analogue la formule de Raabe

$$\int_a^{a+1} \log \Gamma(x) dx = a(\log a - 1) + \log \sqrt{2\pi}.$$

Formule de Stirling

153. L'objet de cette formule est d'évaluer, d'une manière approchée, la fonction $\Gamma(n+1) = n!$. Signalons d'abord un premier procédé très rapide. Nous désignerons par $E(x)$ le plus grand entier inférieur à x de sorte que, par exemple, la fonction discontinue $\frac{E(x)}{x}$ aura pour valeurs successives, suivant que la partie entière de x sera 1, 2, 3 etc, $\frac{1}{x}$, $\frac{2}{x}$, $\frac{3}{x}$ etc. La définition que nous avons donnée de l'intégrale définie n'exclut pas les fonctions discontinues (n° 11); l'intégrale $\int_1^{n+1} \frac{E(x)}{x} dx$ a donc une signification très nette, et l'on peut écrire immédiatement en appliquant les formules les plus élémentaires :

$$\int_1^{n+1} \frac{E(x)}{x} dx = \int_1^2 + \int_2^3 + \dots + \int_n^{n+1}$$
$$= \log 2 + 2(\log 3 - \log 2) + \dots + n\left[\log(n+1) - \log n\right]$$
$$= n \log(n+1) - \log n!$$

Prenons comme valeur approchée de $E(x)$ la quantité $x - \frac{1}{2}$ qui n'en diffère jamais de plus d'une demi unité. L'intégrale $\int_1^{n+1} \frac{x - \frac{1}{2}}{x} dx$ a pour valeur $n - \frac{1}{2} \log(n+1)$ et cette valeur peut être prise comme valeur approchée de

$$\int_1^{n+1} \frac{E(x)}{x} dx.$$

On en déduit que

$$\log n! \quad \text{ou} \quad \log \Gamma(n+1)$$

diffère peu de

$$\left(n + \frac{1}{2}\right) \log(n+1) - n.$$

154. Mais cette méthode rapide a l'inconvénient de ne donner aucune idée de l'approximation avec laquelle la dernière expression permet d'évaluer $\log \Gamma(n+1)$. Nous allons exposer une méthode qui permet de serrer le problème de plus près et qui a été donnée pour la première fois par M. Rouché (C. R. 1890).

La relation bien connue (I. n° 162 form. 41)

$$\log (n+1) - \log n = \frac{2}{2n+1}\left[1 + \frac{\theta}{12n(n+1)}\right],$$

où n désigne un nombre entier positif quelconque, et θ un nombre compris entre 0 et 1, peut s'écrire

$$\frac{\theta}{12n(n+1)} = -1 + \left(n + \frac{1}{2}\right)\left[\log (n+1) - \log n\right].$$

Elle devient

$$\frac{\theta}{12n(n+1)} = \log \varphi(n) - \log \varphi(n+1),$$

quand on pose

$$\varphi(n) = \frac{1.2.3...n}{e^{-n}n^{n+\frac{1}{2}}}. \tag{33}$$

On conclut de là

$$\log \varphi(n) > \log \varphi(n+1),$$

et

$$\log \varphi(n) - \frac{1}{12n} < \log \varphi(n+1) - \frac{1}{12(n+1)};$$

en d'autres termes, des deux fonctions

$$\varphi(n),\ \varphi(n)e^{-\frac{1}{12n}},$$

la première est décroissante et la seconde croissante, lorsque l'entier n croît. Si donc on désigne par p un nombre entier positif quelconque, on a les inégalités

$$\varphi(n) > \varphi(n+p),$$
$$\varphi(n)e^{-\frac{1}{12n}} < \varphi(n+p)e^{-\frac{1}{12(n+p)}},$$

que l'on peut remplacer par l'égalité

$$\frac{\varphi(n)}{\varphi(n+p)} = e^{\frac{\theta_p}{12n(n+p)}}, \tag{34}$$

dans laquelle θ_p désigne un nombre compris entre 0 et 1.

Il est bien aisé de déduire de cette relation la formule célèbre de Stirling pour l'évaluation approchée du produit $1.2.3...n$ lorsque n est un grand nombre.

En effet, la relation (34), appliquée au cas où n est égal à p, montre immédiatement que le rapport

$$\frac{\varphi(p)}{\varphi(2p)},$$

a pour limite l'unité, lorsque p croît indéfiniment. On a donc, pour $p = \infty$,

$$\lim \varphi(p) = \lim \frac{\varphi(p)^2}{\varphi(2p)}, \tag{35}$$

ou, d'après (33),

$$\lim \varphi(p) = \lim \sqrt{4.\frac{2}{1}.\frac{2}{3}.\frac{4}{3}.\frac{4}{5}\cdots\frac{2p-2}{2p-1}.\frac{2p}{2p-1}}, \tag{36}$$

et enfin, en vertu du théorème de Wallis,

$$\lim \varphi(p) = \sqrt{2\pi}. \tag{37}$$

Dès lors si dans la formule (34) on laisse n fixe en faisant croître p indéfiniment, on obtient

$$\frac{\varphi(n)}{\sqrt{2\pi}} = e^{\frac{\theta}{12n}},$$

c'est-à-dire d'après la définition de $\varphi(n)$,

$$1.2.3...n = \sqrt{2\pi n}\, n^n e^{-n} e^{\frac{\theta}{12n}}. \tag{38}$$

C'est la formule de Stirling, qui donne deux limites

$$\sqrt{2\pi n}\, n^n e^{-n}, \qquad \sqrt{2\pi n}\, n^n e^{-n} . e^{\frac{1}{12n}},$$

entre lesquelles est compris le produit $1.2.3 \ldots n$.

On peut l'écrire en prenant les logarithmes

$$\log \Gamma(n+1) = \left(n + \frac{1}{2}\right) \log n - n + \frac{1}{2} \log 2\pi + \frac{\theta}{12n}. \quad (39)$$

Le dernier terme tend vers zéro quand n croît à l'infini; l'ensemble de ceux qui le précèdent constitue donc une valeur asymptotique de $\log \Gamma(n+1)$. Cette valeur diffère peu de celle que nous avons donnée à la fin du numéro précédent.

155. En réalité, la formule de Stirling est plus complète en ce qu'elle donne une expression du terme complémentaire

$$R_n = \frac{\theta}{12n}.$$

Si l'on écrit le développement en série

$$\frac{x}{e^x - 1} = 1 - \frac{x}{2} + \frac{B_1}{1.2} x^2 - \frac{B^2}{4!} x^4 + \ldots + (-1)^{n-1} \frac{B_n}{n!} x^{2n} + \ldots,$$

les nombres B_1, B_2 ... sont appelés *nombres de Bernouilli.* Ils ont pour valeurs

$$B_1 = \frac{1}{6}, \quad B_2 = \frac{1}{30}, \quad B_3 = \frac{1}{42}, \quad B_4 = \frac{1}{30}$$
$$B_5 = \frac{5}{66}, \quad B_6 = \frac{691}{2730}, \quad B_7 = \frac{7}{6} \cdots$$

Cela posé, le terme complémentaire de la formule de

Stirling, donné en premier lieu par Euler dans le cas de n entier, est

$$R_n = \frac{B_1}{1.2}\frac{1}{n} - \frac{B_2}{3.4}\frac{1}{n^2} + \dots + (-1)^{p-1}\frac{B_p}{(2p-1)p}\frac{1}{n^{2p-1}}$$
$$+ (-1)^p\theta_p \frac{B_{p+1}}{(2p+1)(2p+2)}\frac{1}{n^{2p+1}},$$

avec

$$0 < \theta_p < 1.$$

Nous renverrons le lecteur, pour la démonstration, à l'ouvrage déjà cité de J. Bertrand.

La série, qui représente R_n, est divergente si p croît à l'infini; mais limitée comme nous l'avons fait, elle fournit bien une expression qui tend vers zéro pour $n = \infty$. Il y aura lieu, dans chaque cas, de choisir la valeur de p la plus avantageuse. Dans sa thèse, M. Bourguet a démontré qu'il convient de s'arrêter au rang p pour lequel p est le plus grand entier inférieur à $\pi n + \frac{3}{4} + \frac{1}{32\pi n}$.

Fonctions eulériennes de première espèce

156. On appelle fonction eulérienne de première espèce et on désigne par la notation $B(p, q)$ la fonction de deux arguments

$$B(p, q) = \int_0^1 x^{p-1}(1-x)^{q-1}dx. \qquad (40)$$

Cette fonction est symétrique par rapport aux lettres p et q, comme on le voit en posant $x = 1 - y$. On peut encore l'écrire en remplaçant x par $\frac{x}{1+x}$:

$$B(p, q) = \int_0^1 \frac{x^{p-1}}{(1+x)^{p+q}}dx. \qquad (41)$$

ou encore

$$B(p, q) = 2\int_0^{\frac{\pi}{2}} \sin^{2q-1}\omega \cos^{2p-1}\omega d\omega, \qquad (41\ bis)$$

en posant $x = \cos^2\omega$.

157. Intégrons le deuxième membre par parties ; nous obtenons la nouvelle forme

$$B(p, q) = \frac{q-1}{p}\int_0^1 x^p(1-x)^{q-2}dx,$$

d'où l'on déduit, en écrivant $[1-(1-x)]\, x^{p-1}$ au lieu de x^p,

$$B(p,q) = \frac{q-1}{p+q-1} B(p,q-1).$$

De même

$$B(p,q-1) = \frac{q-2}{p+q-2} B(p,q-2)$$

$$\cdots\cdots\cdots\cdots$$

$$B(p,q-k) = \frac{q-k-1}{p+q-k-1} B(p,q-k-1),$$

d'où

$$B(p,q) = \frac{(q-1)(q-2)\ldots(q-k-1)}{(p+q-1)(p+q-2)\ldots(p+q-k-1)} B(p,q-k-1).$$

Cette formule permettra de ramener le calcul d'une fonction $B(p,q)$ quelconque à celui d'une fonction où q serait compris entre zéro et un. On pourra de même réduire p à être entre zéro et un.

158. Supposons maintenant q entier, et faisons dans la formule précédente $k = q-2$; elle devient

$$B(p,q) = \frac{(q-1)!}{(p+1)\ldots(p+q-1)} B(p,1)$$

On voit directement que

$$B(p,1) = \frac{1}{p};$$

donc

$$B(p,q) = \frac{(q-1)!}{p(p+1)\ldots(p+q-1)}. \tag{42}$$

Si de plus p est aussi entier, cette formule peut s'écrire

$$B(p,q) = \frac{(p-1)!\,(q-1)!}{(p+q-1)!}$$

et elle est ainsi mise sous une forme symétrique par rapport aux deux arguments.

159. *L'intégrale de première espèce dégénère dans celle de deuxième espèce si* q *devient infini.* Pour le voir, revenons à la formule (42) où p est supposé quelconque ; remplaçons $B(p,q)$ par l'intégrale qui lui sert de définition et dans cette intégrale, écrivons $\frac{x}{q}$ au lieu de x. Nous obtenons la nouvelle égalité.

$$\int_0^q x^{p-1}\left(1-\frac{x}{q}\right)^{q-1} dx = \frac{(q-1)!\,q^p}{p(p+1)\ldots(p+q-1)}.$$

On peut maintenant supposer q infini ; le premier membre tend vers $\Gamma(p)$, ce qui démontre la proposition énoncée, à savoir que

$$\lim_{q=\infty} B(p,q) = \Gamma(p).$$

Mais la démonstration montre en outre, de nouveau, que l'on a

$$\int_0^\infty x^{p-1}e^{-x}dx = \lim_{q=\infty} \frac{q^p(q-1)!}{p(p+1)\ldots(p+q-1)}.$$

160. Le lien entre les intégrales eulériennes des deux espèces est d'ailleurs beaucoup plus complet. *Toute intégrale de première espèce s'exprime rationnellement en fonction d'intégrales de deuxième espèce.*

Voici comment se démontre ce théorème : posons dans l'identité (27),

$$x = m.y\,;$$

elle devient

$$\Gamma(z) = m^z \int_0^\infty y^{z-1}\, e^{-my} dy$$

ce que nous écrirons

$$\frac{1}{m^z} = \frac{1}{\Gamma(z)} \int_0^\infty y^{z-1}\, e^{-my} dy \qquad (43)$$

Après avoir signalé en passant cette importante formule qui permet de remplacer l'inverse d'une puissance par une intégrale définie, nous la mettrons sous la forme

$$\frac{1}{(1+x)^{p+q}} = \frac{1}{\Gamma(p+q)} \int_0^\infty y^{p+q-1}\, e^{-(1+x)y} dy\,.$$

ce qui permet d'écrire la formule (41),

$$\mathrm{B}(p,q) = \int_0^\infty \frac{x^{p-1}}{\Gamma(p+q)}\, dx \int_0^\infty y^{p+q-1}\, e^{-(1+x)y} dy$$

ou, en intervertissant l'ordre des intégrations,

$$\mathrm{B}(p,q) = \frac{1}{\Gamma(p+q)} \int_0^\infty y^{p+q-1}\, e^{-y} dy \int_0^\infty x^{p-1}\, e^{-xy} dx$$

Or la formule (43) nous montre que

$$\int_0^\infty x^{p-1} e^{-xy} dy = \frac{\Gamma(p)}{y^p};$$

on a donc

$$B(p,q) = \frac{\Gamma(p)}{\Gamma(p+q)} \int_0^\infty y^{q-1} e^{-y} dy$$

c'est-à-dire

$$B(p,q) = \frac{\Gamma(p)\,\Gamma(q)}{\Gamma(p+q)} \qquad (44)$$

161. Cette égalité va nous permettre de retrouver un certain nombre de résultats déjà obtenus autrement.

Supposons

$$q = 1 - p.$$

La formule (44) devient

$$B(p, 1-p) = \Gamma(p)\Gamma(1-p).$$

D'autre part la formule (41) donne, dans la même hypothèse,

$$B(p, 1-p) = \int_0^\infty \frac{x^{p-1}}{1+x}\, dx;$$

or l'on a vu n° (129) que

$$\int_0^\infty \frac{x^{p-1}}{1+x}\, dx = \frac{\pi}{\sin p\pi}$$

Donc

$$\Gamma(p)\Gamma(1-p) = \frac{\pi}{\sin p\pi}$$

En particulier si $p = \frac{1}{2}$, on a

$$\Gamma\left(\frac{1}{2}\right) = \sqrt{\pi}.$$

Table des logarithmes de $\Gamma(1 + x)$

x	0	1	2	3	4	5	6	7	8	9	d
0,0	$\bar{1}$,00000	99753	99513	99280	99053	98834	98621	98415	98215	98021	— 187
1	97834	97653	97478	97310	97147	96990	96839	96694	96554	96421	— 129
2	96292	96169	96052	95940	95833	95732	95636	95545	95459	95378	— 76
3	95302	95231	95165	95104	95047	94995	94948	94905	94868	94834	— 29
4	94805	94781	94761	94745	94734	94727	94724	94725	94731	94741	+ 13
0,5	$\bar{1}$,94754	94772	94794	94820	94850	94884	94921	94963	95008	95057	+ 53
6	95110	95167	95227	95291	95359	95430	95505	95583	95665	95750	+ 89
7	95839	95931	96027	96126	96229	96444	96444	96556	96672	96791	+ 122
8	96913	97038	97167	97298	97433	97712	97712	97856	98004	98154	+ 153
9	98307	98463	98622	98784	98949	99117	99288	99462	99638	99818	+ 182

CHAPITRE V

SÉRIES DE FOURIER — SÉRIES DE POLYNOMES

162. Nous n'avons jusqu'à présent utilisé, comme mode de représentation des fonctions, que les séries ordonnées suivant les puissances ascendantes de la variable. Les fonctions qui sont susceptibles de ce mode de représentation sont dites *fonctions analytiques*. Mais il existe bien d'autres manières de représenter une fonction, même en se limitant au procédé du développement en série ; les différents termes de la série peuvent être des fonctions trigonométriques, des polynômes, ou même des fonctions transcendantes plus compliquées. Les fonctions ainsi représentées pourront être analytiques ou non, être, ou non, continues, avoir ou ne pas avoir des dérivées etc. On aperçoit ainsi de nouveaux principes de classification des fonctions; on entrevoit un domaine illimité ouvert à l'analyse, domaine qui commence à peine à être exploré et où nous n'aurons garde de retenir le lecteur. Nous nous bornerons dans ce chapitre aux séries de sinus et de cosinus, ne donnant de cette étude que ce qui est strictement utile pour les applications.

163. C'est Fourier qui a le premier affirmé qu'on pouvait représenter toute fonction $f(x)$, pour des valeurs de x comprises entre zéro et 2π, par un développement de la forme

$$f(x) = a_0 + \sum_{m=1}^{m=\infty} (a_m \cos mx + b_m \sin mx) \qquad (1)$$

m étant un nombre entier positif.

Admettant, pour un instant, cette possibilité, nous allons déterminer les coefficients a_0, a_m, b_m. A cette effet, nous remarquerons que, des formules de trigonométrie qui permettent de transformer un produit en somme, on déduit immédiatement les identités suivantes.

$$\int_0^{2\pi} \cos mx \sin px dx = 0$$

$$\int_0^{2\pi} \cos mx \cos px dx = \int_0^{2\pi} \sin mx \sin px dx = 0 \text{ si } m \neq p$$

$$\int_0^{2\pi} \cos^2 mx dx = \int_0^{2\pi} \sin^2 mx dx = \pi.$$

Cela posé, multiplions successivement les deux membres de l'égalité (1) 1° par dx, 2° par cos $mxdx$, 3° par sin $mxdx$, et, dans chaque cas, intégrons de zéro à 2π. Nous trouverons successivement

$$\left.\begin{aligned} &\int_0^{2\pi} f(x) dx = 2\pi a_0 \\ &\int_0^{2\pi} f(x) \cos mx dx = \pi a_m \\ &\int_0^{2\pi} f(x) \sin mx dx = \pi b_m \end{aligned}\right\} \quad (2)$$

et ces égalités résolvent le problème. On trouve ainsi l'égalité, purement formelle jusqu'à présent

$$\left.\begin{aligned} f(x) = \frac{1}{2\pi}\int_0^{2\pi} f(x)\, dx + \frac{1}{\pi}\sum_1^{\infty} \cos mx \int_0^{2\pi} f(\alpha) \cos m\alpha d\alpha \\ + \frac{1}{\pi}\sum_1^{\infty} \sin mx \int_0^{2\pi} f(\alpha) \sin m\alpha d\alpha \end{aligned}\right\} \quad (3)$$

dans laquelle nous avons écrit α au lieu de x dans les intégrales.

164. Il est indispensable de remarquer que la marche qui vient d'être suivie ne suppose nullement la fonction continue ; il suffit qu'elle soit intégrable. Par exemple la série de Fourier représentera parfaitement une fonction qui serait égale à x entre zéro et π et à x^2 entre zéro et 2π. L'on voit ainsi quel intérêt elle présente pour l'ingénieur qui rencontre rarement des fonctions analytiques pouvant rendre compte d'une manière satisfaisante de tous les phénomènes observés, même dans un domaine assez restreint.

D'ailleurs la limitation aux valeurs 0 et 2π n'est qu'apparente. Si, en effet, on a besoin de représenter une fonction entre les valeurs a et b de x, on fera la substitution

$$x = a + \frac{b-a}{2\pi} y ;$$

les limites correspondantes pour y seront zéro et 2π.

165. Pour donner au moins un exemple, considérons le développement de $\frac{x}{2}$ que nous avons utilisé au n° 69. Ici on a

$$f(x) = \frac{x}{2}, \quad a_0 = \frac{\pi}{2},$$

$$a_m = \frac{1}{2\pi} \int_0^{2\pi} \alpha \cos m\alpha d\alpha$$

$$= \frac{1}{2\pi} \left[\frac{x}{m} \sin mx \right]_0^{2\pi} - \frac{1}{2\pi m} \int_0^{2\pi} \sin m\alpha d\alpha = 0$$

$$b_m = \frac{1}{2\pi} \int_0^{2\pi} \alpha \sin m\alpha d\alpha$$

$$= \frac{1}{2\pi} \left[- \frac{x \cos mx}{m} \right]_0^{2\pi} + \frac{1}{2\pi m} \int_0^{2\pi} \cos m\alpha d\alpha = - \frac{1}{m}$$

On a donc, pour x compris entre zéro et 2π,

$$\frac{x}{2}=\frac{\pi}{2}-\frac{\sin x}{1}-\frac{\sin 2x}{2}-\ldots-\frac{\sin mx}{m}-\ldots \qquad (4)$$

166. Dans le développement précédent, ou plutôt dans celui qu'on en déduit pour $\pi - x$, ne figurent que des sinus. Il en sera de même toutes les fois que la fonction $f(x)$ changera de signe, sans changer de valeur, par le changement de x en $2\pi - x$. En effet soit

$$\alpha = 2\pi - y\,;$$

on en tire

$$\int_0^{2\pi} f(\alpha)\cos m\alpha d\alpha = -\int_0^{2\pi} f(y)\cos my dy,$$

ou

$$2\int_0^{2\pi} f(\alpha)\cos m\alpha d\alpha = 0$$

De même si $f(x)$ n'est pas altérée par le changement de x en $2\pi - x$, on aura

$$\int_0^{2\pi} f(\alpha)\sin m\alpha d\alpha = -\int_0^{2\pi} f(y)\sin my dy$$

$$2\int_0^{2\pi} f(\alpha)\sin m\alpha d\alpha = 0,$$

et ce seront les sinus qui disparaîtront dans le développement.

167. On peut même aller plus loin et se proposer de représenter une fonction quelconque, soit par une série de sinus, soit par une série de cosinus. Soit en effet la fonction $f(x)$

qu'il s'agit de représenter; nous supposerons cette fonction définie entre 0 et π, et nous considérons la fonction auxiliaire $\varphi(x)$ définie par les conditions suivantes :

$$\varphi(x) = f(x) \quad \text{pour} \quad 0 < x < \pi,$$
$$\varphi(2\pi - x) = f(x) \quad \text{pour} \quad \pi < x < 2\pi.$$

D'après ce qui précède on aura

$$\varphi(x) = \frac{1}{2\pi}\int_0^{2\pi} \varphi(\alpha)d\alpha + \frac{1}{\pi}\sum_1^{\infty} \cos mx \int_0^{2\pi} \varphi(\alpha)\cos m\alpha d\alpha.$$

Mais on a, pour les deux intégrales

$$\int_0^{2\pi} = \int_0^{\pi} + \int_0^{2\pi} = 2\int_0^{\pi}.$$

Donc enfin, entre 0 et π,

$$f(x) = \frac{1}{\pi}\int_0^{\pi} f(\alpha)d\alpha + \frac{2}{\pi}\sum_1^{\infty} \cos mx \int_0^{\pi} f(\alpha)\cos m\alpha d\alpha. \quad (5)$$

Si l'on veut exprimer $f(x)$, en série de sinus, on posera

$$\varphi(x) = f(x) \quad \text{pour} \quad 0 < x < \pi,$$
$$\varphi(2\pi - x) = -f(x) \quad \text{pour} \quad \pi < x < 2\pi.$$

et l'on trouvera sans peine

$$f(x) = \frac{2}{\pi}\sum_1^{\infty} \sin mx \int_0^{\pi} f(\alpha)\sin m\alpha d\alpha. \quad (6)$$

168. Jusqu'ici nous avons supposé que le second membre de la formule (3) représentait bien $f(x)$. L'étude des conditions pour qu'il en soit effectivement ainsi est des plus délicates, et nous ne pouvons songer même à énumérer tous les théorèmes énonçant des conditions suffisantes. Voici les plus usuelles : elles sont connues sous le nom de *conditions de Dirichlet : si la fonction $\varphi(x)$ reste finie et continue pour toutes les valeurs de x (sauf peut-être pour quelques-unes) et n'a qu'un nombre limité de maxima et de minima dans l'intervalle considéré* (*), *la série de Fourier a pour valeur* $\frac{1}{2}\left[f(x+0)+f(x-0)\right]$. Si donc x n'est pas un point de discontinuité, la valeur est bien $f(x)$.

Nous donnerons la démonstration de ce théorème (nos 168 à 171), bien qu'elle soit un peu longue : elle peut d'ailleurs être passée sans inconvénient à une première lecture. Désignons par $\frac{1}{\pi}\varphi(x)$ la somme des termes de la série, arrêtée au multiple

(*) Il existe des fonctions qui ne remplissent cette condition dans aucun intervalle. Voici, par exemple, une fonction signalée par M. Darboux dans son mémoire sur les fonctions discontinues (Annales Ec. Norm. 1875) auquel nous avons fait de fréquents emprunts. Soit $E(x)$ le plus grand entier contenu dans x.

$$a_1 + a_2 + \ldots + a_n + \ldots = A,$$

une série absolument convergente. La série.

$$f(x) = a_1 \frac{E(x)}{x} + a_2 \frac{E(2x)}{2x} + \ldots + a_n \frac{E(nx)}{xn} + \ldots$$

est uniformément convergente et discontinue dans tout intervalle. Que la série soit absolument convergente, cela résulte de ce que $\frac{E(nx)}{nx}$ est inférieur à un. Soit alors $x = \frac{p}{q}$, p et q étant entiers. Comme, pour a entier, on a $E(a+0) = a$ et $E(a-0) = a-1$, on aura

$$f(x+0) = f(x),$$

et

$$f(x-0) = f(x) - \frac{1}{qx}\left(a_q + \frac{1}{2}a_{2q} + \frac{1}{3}a_{3q} + \ldots\right).$$

La fonction $f(x)$ est donc discontinue pour toutes les valeurs commensurables de x.

px de x. Comme l'on peut faire entrer le facteur $\cos mx$ ou le facteur $\sin mx$ sous le signe $\int$, on aura

$$\varphi(x) = \int_0^{2\pi} f(\alpha) \left[\frac{1}{2} + \sum_1^p (\cos mx \cos m\alpha + \sin mx \sin m\alpha) \right] d\alpha,$$

$$\varphi(x) = \int_0^{2\pi} f(\alpha) \left[\frac{1}{2} + \sum_1^p \cos m(x - \alpha) \right] d\alpha.$$

Or on sait que

$$\frac{1}{2} + \cos(x - \alpha) + \dots + \cos p(x - \alpha) = \frac{\sin \frac{2p+1}{2}(x - \alpha)}{2 \sin \frac{x - \alpha}{2}}. \quad (7)$$

On aura donc

$$\varphi(x) = \int_0^{2\pi} f(\alpha) \frac{\sin \frac{2p+1}{2}(x - \alpha)}{2 \sin \frac{x - \alpha}{2}} dx, \quad (8)$$

et tout revient à chercher la limite de $\varphi(x)$, si elle existe, lorsque p croît à l'infini.

169. Il y a deux cas à considérer suivant que x est compris entre 0 et 2π ou est égal à une de ces limites.

1° Soit

$$0 < x < 2\pi.$$

Nous pouvons écrire

$$\varphi(x) = \int_0^x + \int_x^{2\pi}. \quad (9)$$

La première de ces intégrales peut être transformée en posant

$$\frac{x - \alpha}{2} = y,$$

d'où

$$\int_0^x = \int_0^{\frac{x}{2}} f(x-2y)\,\frac{\sin(2p+1)y}{\sin y}\,dy\,;$$

dans la deuxième intégrale, nous ferons

$$\frac{x-\alpha}{2} = -y\,;$$

elle devient ainsi

$$\int_0^{\pi-\frac{x}{2}} f(x+2y)\,\frac{\sin(2p+1)y}{\sin y}\,dy.$$

2° Soit

$$x = 0.$$

L'intégrale s'écrit

$$\varphi(0) = \int_0^{\pi} f(\alpha)\,\frac{\sin\frac{2p+1}{2}\alpha}{2\sin\frac{\alpha}{2}}\,d\alpha + \int_{\pi}^{2\pi} f(\alpha)\,\frac{\sin\frac{2p+1}{2}\alpha}{2\sin\frac{\alpha}{2}}\,d\alpha.$$

Dans la première, nous poserons $\alpha = y$ et dans la deuxième $\alpha = 2\pi - 2y$. Nous aurons ainsi

$$\left.\begin{aligned}\varphi(0) &= \int_0^{\frac{\pi}{2}} f(2y)\,\frac{\sin(2p+1)y}{\sin y}\,dy\\ &+ \int_0^{\frac{\pi}{2}} f(2\pi-2y)\,\frac{\sin(2p+1)y}{\sin y}\,dy\end{aligned}\right\} \qquad (10)$$

3° Si enfin $x = 2\pi$, nous décomposerons encore $\varphi(2\pi)$ en $\int_0^{\pi} + \int_{\pi}^{2\pi}$; remplaçant dans la première α par $2\pi - 2y$, dans la deuxième, α par $2y$, nous obtiendrons $\varphi(2\pi)$ sous la même forme que $\varphi(0)$, de sorte qu'en résumé, quel que soit x, $\varphi(x)$ se présente toujours sous la forme d'une somme de deux intégrales telles que

$$I = \int_0^a \psi(y) \frac{\sin(2p+1)y}{\sin y} dy,$$

la limite supérieure a étant inférieure ou au plus égale à π.

170. Il reste à voir si I a une limite lorsque p croît à l'infini. Nous considérons d'abord le cas particulier, où $\psi(y) = 1$ et $a = \pi$. L'intégrale à calculer

$$J = \int_0^\pi \frac{\sin(2p+1)y}{\sin y} dy$$

ou, en revenant à la forme (8),

$$J = \int_0^{2\pi} \frac{\sin \frac{2p+1}{2} \alpha}{2 \sin \alpha} d\alpha$$

s'obtient immédiatement grâce à l'identité (7). On trouve

$$J = \frac{\pi}{2}. \tag{11}$$

Supposons maintenant que la fonction $\psi(y)$ soit continue et ne croisse jamais dans l'intervalle de zéro à a; on peut alors la supposer positive en l'augmentant au besoin d'une constante C suffisamment grande, ce qui revient, d'après ce qui précède (form. 11), à augmenter l'intégrale de $C.\frac{\pi}{2}$. Appelons r le plus grand multiple de $\frac{\pi}{2p+1}$ inférieur à a que nous supposerons lui-même inférieur à $\frac{\pi}{2}$. Nous mettrons I sous la forme

$$I = \int_0^{\frac{\pi}{2p+1}} + \int_{\frac{\pi}{2p+1}}^{\frac{2\pi}{2p+1}} + \dots + \int_{\frac{m\pi}{2p+1}}^{\frac{(m+1)\pi}{2p+1}} + \dots + \int_{\frac{r\pi}{2p+1}}^{a}$$

et nous raisonnerons absolument comme au n° 70.

Chacune de ces intégrales est inférieure en valeur absolue à la précédente, et de signe contraire : en effet, posons

$$y = \frac{\pi}{2p+1} + y'.$$

Nous obtenons l'identité

$$\int_{\frac{m\pi}{2p+1}}^{\frac{(m+1)\pi}{2p+1}} \psi(y) \frac{\sin (2p+1)y}{\sin y} dy$$

$$= - \int_{\frac{(m-1)\pi}{2p+1}}^{\frac{m\pi}{2p+1}} \psi\left(y' + \frac{\pi}{2p+1}\right) \frac{\sin (2p+1)y'}{\sin\left(y' + \frac{\pi}{2p+1}\right)} dy.$$

Or on a, par suite de nos hypothèses,

$$\psi\left(y' + \frac{\pi}{2p+1}\right) \leqslant \psi(y')$$

$$\sin\left(y' + \frac{\pi}{2p+1}\right) > \sin y' ;$$

donc la seconde intégrale est certainement inférieure à

$$\int_{\frac{(m-1)\pi}{2p+1}}^{\frac{m\pi}{2p+1}} \psi(y') \frac{\sin (2p+1)y'}{\sin y'} dy.$$

Quant à celle qui a pour limite supérieure a, elle est évidemment inférieure à $\int_{\frac{r\pi}{2p+1}}^{\frac{(r+1)\pi}{2p+1}}$. I se présente donc sous la forme d'une série de termes alternativement positifs et négatifs, et décroissants,

$$I = u_0 - u_1 + u_2 + \dots + (-1)^m u_m + \dots + \theta(-1)^r u_r \quad (12)$$

Cela s'applique si $\psi(y) = 1$ et l'on a aussi

$$J = \frac{\pi}{2} = v_0 - v_1 + v_2 + \dots + (-1)^m v_m + \dots, \quad (13)$$

en posant

$$v_m = \int_{\frac{m\pi}{2p+1}}^{\frac{(m+1)\pi}{2p+1}} \frac{\sin(2p+1)y}{\sin y}\, dy.$$

Si l'on désigne par M_k le maximum de $\psi(y)$ et par m_k le minimum lorsque y est compris entre $\frac{k\pi}{2p+1}$ et $\frac{(k+1)\pi}{2p+1}$, on aura

$$m_k v_k < u_k < M_k v_k,$$

et par suite, comme pour $m = \infty$, $\lim v_m = 0$, on aura aussi $\lim u_m = 0$. I a donc une limite finie et déterminée. En remplaçant alternativement dans (12) les termes par leur maximum et par leur minimum, on a

$$\left.\begin{array}{l} I < M_0 v_0 - m_1 v_1 + M_2 v_2 - m_3 v_3 + \dots \\ I > m_0 v_0 - M_1 v_1 + m_2 v_2 - M_3 v_3 + \dots \end{array}\right\} \quad (14)$$

Mais, comme $\psi(y)$ ne croît jamais, on a

$$M_0 \geqslant m_0 \geqslant M_1 \geqslant m_1 \dots \geqslant M_k \geqslant m_k \dots$$

Le second membre de la deuxième inégalité (14) est donc supérieur à

$$m_0(v_0 - v_1) + m_2(v_2 - v_3) + \dots + m_{2k}(v_{2k} - v_{2k+1})$$

et, à plus forte raison à

$$m_{2k}(v_0 - v_1 + v_2 - v_3 + \dots); \tag{15}$$

le second membre de la première inégalité (14) est inférieur à

$$M_0 v_0 - m_2(v_1 - v_2) - m_4(v_3 - v_4)\dots$$

et, *a fortiori*, à

$$M_0 v_0 - m_{2k}(v_1 - v_2 + \dots).$$

ou à

$$(M_0 - m_{2k})v_0 + m_{2k}(v_0 - v_1 + v_2 - v_3 + \dots) \tag{16}$$

Lorsque le nombre des termes croît à l'infini, le multiplicateur de m_{2k} dans les expressions (15) et (16) tend vers $\frac{\pi}{2}$ (form. 12). Or, l'on peut s'arranger de manière que m_{2k} tende vers M_0, lorsque $2k$ croît à l'infini ; il suffit de supposer que $2k$ croît comme $\sqrt{2p+1}$, alors $\lim \frac{2k\pi}{2p+1} = 0$, et dans l'intégrale $\int_{\frac{2k\pi}{2p+1}}^{\frac{(2k+1)\pi}{2p+1}}$ les deux limites tendent vers zéro ; les valeurs de $\psi(y)$ dans cette intervalle tendent donc toutes vers $\psi(0)$, comme celle de l'intervalle 0 à $\frac{\pi}{2p+1}$. Seulement comme $\psi(y)$ pourrait être discontinue pour $y = 0$, nous distinguerons la limite du côté de $y > 0$ de celle du côté de $y < 0$ par les deux notations $\psi(+0)$ et $\psi(-0)$. Finalement, les deux expressions (15) et (16) tendent vers

$$\frac{\pi}{2}\psi(+0)$$

et comme elles comprennent I, on a, pour p infini,

$$\lim I = \frac{\pi}{2}\psi(+0). \tag{17}$$

171. Nous avons dû, dans le courant de la démonstration, introduire certaines restrictions que nous allons lever.

D'abord, si la fonction $\psi(y)$ n'allait jamais en décroissant entre o et h, la fonction $-\psi(y)$ n'irait jamais en croissant et on pourrait lui appliquer la démonstration précédente, qui convient par suite à $\psi(y)$.

Nous allons nous affranchir maintenir de cette condition de variation dans un sens déterminé. Pour cela, une remarque préliminaire sera utile. Soit $b < a \leqslant \frac{\pi}{2}$; on a :

$$\lim \int_b^a \psi(y) \frac{\sin (2p+1)}{\sin y} dy = 0 \tag{18}$$

pour $p = \infty$; car l'intégrale est la différence de deux intégrales

$$\int_0^a \quad \text{et} \quad \int_0^b$$

qui tendent l'une et l'autre vers $\frac{\pi}{2}\psi(+0)$. Cela posé, si $\psi(y)$ a un nombre fini de maxima et de minima entre 0 et a, il suffira de partager l'intervalle total en intervalles dans chacun desquels $\psi(y)$ ait un sens de variation déterminé ; dans tous ces intervalles l'intégrale sera nulle (form. 18), sauf dans celui qui a pour limite inférieure zéro où la limite sera encore

$$\frac{\pi}{2}\psi(+0).$$

Il ne reste plus qu'à dépasser la limite supérieure $\frac{\pi}{2}$. Soit donc $a > \frac{\pi}{2}$; nous écrirons :

$$I = \int_0^{\frac{\pi}{2}} + \int_{\frac{\pi}{2}}^a.$$

Dans cette dernière intégrale, remplaçons y par $\pi - z$; elle devient

$$\int_{\pi - a}^{\frac{\pi}{2}} \psi(\pi - z) \frac{\sin (2p + 1)z}{\sin z} dz,$$

et d'après la formule (18), elle a pour valeur zéro, tant que a n'est pas égal à π. Dans ce dernier cas, et dans ce cas seulement, elle a pour limite $\psi(\pi - 0)$; en résumé, si $a < \pi$, on a

$$\lim \int_0^a \psi(y) \frac{\sin (2p + 1)y}{\sin y} dy = \frac{\pi}{2} \psi(+ 0), \qquad (19)$$

et, si $a = \pi$,

$$\lim \int_0^{\pi} \psi(y) \frac{\sin (2p + 1)y}{\sin y} dy = \frac{\pi}{2} \left[\psi(+ 0) + \psi(\pi - 0)\right]. \qquad (20)$$

172. Appliquons les résultats des deux numéros précédents à la fonction $\varphi(x)$ fournie par la série de Fourier (form. 8). Si x est différent des limites o ou 2π, le § 1° du numéro 169, nous montre qu'on aura

$$\varphi(x) = \frac{\pi}{2} \left[f(x - 0) + f(x + 0)\right]. \qquad (21)$$

Si $x = 0$ ou 2π, le § 2° du même numéro nous donne (form. 10)

$$\varphi(0) = \frac{\pi}{2} \left[f(+ 0) + f(2\pi - 0)\right]. \qquad (22)$$

et le même résultat pour $\varphi(2\pi)$.

Si enfin l'on se rappelle que nous avons désigné la série de Fourier (n° 167) par $\frac{1}{\pi} \varphi(x)$, on voit que le développement de $f(x)$ aura pour expression

$$\frac{1}{2} \left[f(x - 0) + f(x + 0)\right] \quad \text{si} \quad 0 < x < \pi.$$

et

$$\frac{1}{2}\left[f(+0)+f(2\pi-0)\right] \quad \text{si} \quad x=0 \quad \text{ou} \quad 2\pi.$$

Donc, si pour la valeur considérée de x, $f(x)$ est continue, c'est-à-dire si $f(x-0)=f(x+0)$, la fonction sera représentée par la série de Fourier, bien entendu sous les réserves formulées dans l'énoncé du n° 167 : il en sera de même aux limites, si, de plus, $f(0)=f(2\pi)$.

173. Il y a bien d'autres cas où la série de Fourier peut représenter une fonction donnée. Ainsi $\psi(y)$ pourrait devenir infini pour $y=y_0$, à condition de conserver un signe constant de chaque côté de y_0 et dans le voisinage de y_0, et aussi à condition que

$$\int_0^{y_0} \psi(y)dy,$$

fût bien déterminée. Mais nous n'entrerons pas dans l'examen de tous les cas qui peuvent se présenter; nous ne rechercherons pas non plus si la série de Fourier est toujours uniformément convergente, comme il a fallu le supposer pour déterminer les coefficients. Nous nous bornerons à énoncer qu'il en est bien ainsi dans tous les intervalles où ne se trouve pas de point de discontinuité.

174. Pour donner un exemple de fonction discontinue représentée par une série de Fourier, imaginons un triangle isocèle OCA et un point M se mouvant sur la ligne brisée formée par les côtés égaux OC et CA. La fonction que nous voulons envisager est la distance du point M à la base OA. Nous supposerons que la base ait pour longueur 2π et nous appellerons h la hauteur du triangle ; les axes de coordonnées seront la base, Ox, et la perpendiculaire, Oy, à l'extrémité O de cette base. Le côté OC a pour équation

$$y=\frac{h}{\pi}x,$$

et le côté CA.

$$y = \frac{h}{\pi}(2\pi - x).$$

Donc la série de Fourier.

$$\begin{aligned} a_0 + a_1 \cos x + \dots + a_m \cos mx + \dots \\ + b_1 \sin x + \dots + b_m \sin mx + \dots \end{aligned}$$

devra avoir pour valeur $\frac{h}{\pi} x$ entre 0 et π, et $\frac{h}{\pi}(2\pi - x)$ entre π et 2π.

Or les formules (2) donnent

$$\begin{aligned} 2\pi a_0 &= \int_0^{2\pi} f(x)dx = \int_0^{\pi} f(x)dx + \int_{\pi}^{2\pi} f(x)dx \\ &= \int_0^{\pi} \frac{h}{\pi} x dx + \int_{\pi}^{2\pi} \frac{h}{\pi}(2\pi - x)dx \\ &= \frac{\pi h}{2} + 2\pi h - \frac{h}{\pi}\frac{3\pi^2}{2} = \pi h; \end{aligned}$$

On aurait encore pu remarquer que, si l'on pose

$$2\pi - x = y,$$

on a

$$\int_{\pi}^{2\pi} f(x)dx = \int_0^{\pi} f(2\pi - y)dy.$$

En appliquant cette formule à la seconde intégrale qui figure dans a_0, on trouve

$$\int_{\pi}^{2\pi} \frac{h}{\pi}(2\pi - x)dx = \int_0^{\pi} \frac{h}{\pi} y dy = \int_0^{\pi} \frac{h}{\pi} x dx,$$

$$2\pi a_0 = 2\int_0^{\pi} \frac{h}{\pi} x dx = \pi h,$$

$$a_0 = \frac{h}{2}.$$

De même

$$\pi a_m = \int_0^{\pi} \frac{hx}{\pi} \cos mxdx - \int_{\pi}^{2\pi} \frac{h}{\pi} (2\pi - x) \cos mxdx$$

$$= 2 \int_0^{\pi} \frac{h}{\pi} x \cos mxdx = \frac{2h}{\pi} \frac{(-1)^m - 1}{m^2};$$

$$\pi b_m = 0.$$

Donc la fonction discontinue que nous avons définie a pour expression

$$\frac{h}{2} - \frac{4h}{\pi}\left(\cos x + \frac{\cos 3x}{3^2} + \frac{\cos 5x}{5^2} + \ldots\right). \tag{23}$$

175. M. Hürwitz (C. R. 18 février 1901) a fait un heureux emploi de la série de Fourier pour démontrer ce théorème bien connu : « *Entre toutes les figures planes isopérimètres, le cercle a l'aire maximum.* » Nous donnons ici cette démonstration très simple qui suppose seulement la possibilité de développer les coordonnées d'un point en séries trigonométriques, hypothèse de même ordre que celle, faite si souvent implicitement, qui consiste à supposer les fonctions développables en séries de Taylor.

Soit C la courbe donnée, s son arc compté à partir d'une origine arbitraire ; l'unité de longueur est choisie de manière que la longueur de la courbe soit 2π. Les coordonnées x et y d'un point de la courbe sont des fonctions continues de s ; ce sont des fonctions qui admettent la période 2π et que nous supposerons développables en séries trigonométriques

$$x = \sum_0^{\infty} (a_n \cos ns + a'_n \sin ns),$$

$$y = \sum_0^{\infty} (b_n \cos ns + b'_n \sin ns).$$

Si l'on appelle F l'aire de la courbe C, on aura

$$F = \int_0^{2\pi} x \frac{dy}{ds} ds.$$

En remplaçant x et dy par leurs valeurs et intégrant, on voit que les termes qui proviennent de deux valeurs différentes de n disparaissent dans l'intégration et qu'il reste seulement

$$F = \pi \sum_1^{\infty} n(a_n b'_n - a'_n b_n). \tag{24}$$

De même, en intégrant de o à 2π les deux membres de l'identité

$$1 = \left(\frac{dx}{ds}\right)^2 + \left(\frac{dy}{ds}\right)^2,$$

on trouve

$$2\pi = \pi \sum_1^{\infty} (a_n^2 + a_n'^2 + b_n^2 + b_n'^2). \tag{25}$$

En retranchant membre à membre les égalités (24) et (25), on obtient l'identité

$$2(\pi - F) = \pi \sum_1^{\infty} \left\{ \begin{array}{l} (n^2 - n)(a_n^2 + a_n'^2 + b_n^2 + b_n'^2) \\ + n\left[(a_n - b'_n)^2 + (a'_n + b_n)^2\right] \end{array} \right\},$$

d'où résulte le théorème. En effet, le deuxième membre étant essentiellement positif, l'aire F est inférieure ou au plus égale à l'aire π du cercle dont le périmètre est 2π.

Si $F = \pi$, il faut que, pour $n > 1$, l'on ait

$$a_n = a'_n = b_n = b'_n = -0;$$

pour $n = 1$, on a

$$a_1 = b'_1 \qquad a'_1 = -b_1,$$

et la courbe a pour équations

$$x = a_0 + a_1 \cos ns - b_1 \sin ns,$$
$$y = b_0 + b_1 \cos ns + a_1 \sin ns,$$

d'où l'on déduit

$$(x - a_0)^2 + (y - b_0)^2 = a_1^2 + b_1^2 :$$

c'est bien l'équation d'un cercle.

Séries de polynômes

176. Nous avons dit qu'il existe bien d'autres manières de représenter une fonction. Sans vouloir insister longuement sur ce sujet, nous montrerons que les *polynômes de Legendre* se prêtent fort bien à la représentation d'une fonction quelconque. Ce sont les propriétés IX, établies au n° 131, que nous utiliserons ici, savoir

$$\int_{-1}^{+1} X_m X_n dx = 0 \quad \text{et} \quad \int_{-1}^{+1} X_n^2 dx = \frac{2}{2n+1}. \tag{26}$$

Posons

$$f(x) = A_0 X_0 + A_1 X_1 + \ldots + A_p X_p + \ldots \tag{27}$$

Multipliant les deux membres de cette égalité par $X_0 dx$ et intégrant de -1 à $+1$, nous trouvons, à cause des identités (26),

$$A_0 = \frac{1}{2} \int_{-1}^{+1} f(x) dx. \tag{28}$$

De même, en multipliant par $X_p dx$ les deux membres de (27), et intégrant entre les mêmes limites, nous trouvons

$$A_p = \frac{2p+1}{2} \int_{-1}^{+1} X_p f(x) dx. \tag{29}$$

177. L'étude de la série (27) nous entraînerait beaucoup trop loin ; nous nous bornerons donc à énoncer les résultats suivants dont la plupart sont dûs à M. Darboux (Approximation des fonctions de grands nombres. *Ann. Ec. norm.* 1878). Pour n très grand, on peut, si x est réel et compris entre -1 et $+1$, prendre comme valeur approchée de X_n l'expression connue de Laplace

$$X_n = \sqrt{\frac{2}{\pi n \sin\varphi}} \cos\left[\left(n+\frac{1}{2}\right)\varphi - \frac{\pi}{4}\right],$$

l'erreur étant de l'ordre de $\frac{1}{n\sqrt{n}}$; si x est imaginaire ou plus grand que 1, on pose

$$\xi = x + \sqrt{x^2 - 1},$$

le signe du radical étant choisi de manière que le module de ξ soit supérieur à 1 : l'on trouve alors comme valeur approchée de X_n

$$X_n = \frac{1}{\sqrt{\pi n}} \frac{\xi^n}{\sqrt{1-\xi^{-2}}}\left(1+\frac{p}{n}\right)$$

p demeurant une quantité finie lorsque, ξ restant fixe, n croît indéfiniment.

Une fonction ne peut être développable en série de polynômes de Legendre que si les intégrales (29) ont un sens et que si, au cas où la fonction deviendrait infinie pour $x = \pm 1$, elle est infinie d'ordre inférieur à $\frac{3}{4}$.

178. M. Darboux a étendu son étude aux polynômes de Jacobi définis par l'égalité.

$$\begin{aligned} J_n &= F(\alpha+n, -n, \gamma, x) \\ &= \frac{x^{1-\gamma}(1-x)^{\gamma-\alpha}}{\gamma(\gamma+1)\dots(\gamma+n-1)} \frac{d^n}{dx^n} x^{n+\gamma-1}(1-x)^{\alpha+n+\gamma} \end{aligned}$$

dans laquelle F désigne le symbole connu de la série hypergéométrique, et même à des polynômes P_0, P_1, ... P_n quelconques de degrés 0, 1, ... n pour lesquels il existe une fonction $f(x)$ telle que

$$\int_b^a f(x)\, P_m P_n dx = 0,$$

toutes les fois que m est différent de n. Nous ne suivrons pas l'éminent géomètre dans cette étude; il nous suffit d'avoir laissé entrevoir au lecteur que les modes de représentation des fonctions sont en nombre infini et qu'il peut parfois y avoir intérêt à ne pas rester exclusivement dans le domaine de la série de Taylor. On pourra lire aussi avec profit un Mémoire de M. Appell « Sur une classe de polynômes » (*Annales de l'Ecole normale* 1880). D'ailleurs ce problème a été récemment l'objet d'importants travaux. M. Painlevé (*Comptes-Rendus de l'Académie des Sciences* 1898 et 1899) et M. Mittag-Leffler (*Acta Mathematica*, tome 24) ont étudié la représentation des fonctions analytiques par des séries de polynômes; enfin M. Emile Borel (*Leçons sur les séries divergentes*, 1901) a repris le même problème et considéré des séries de polynômes représentant des fonctions *non analytiques*.

CHAPITRE VI

INTÉGRALES DOUBLES

179. De même que l'évaluation des aires a conduit à la notion d'intégrale, de même la mesure des volumes a donné naissance à un nouvel être mathématique qui a reçu le nom d'*intégrale double*. Proposons-nous d'évaluer le volume V limité par une portion S de surface arrêtée à un contour C, par le cylindre qui projette C sur un plan donné que nous

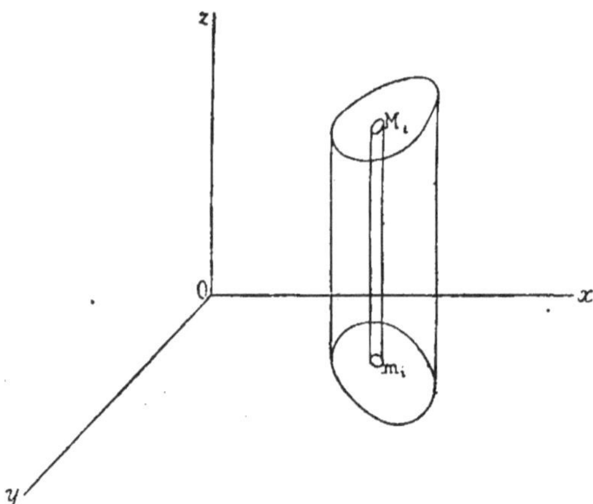

Fig. 15

prendrons comme plan des xy et enfin par le plan des xy. Soit Γ la projection de C, A l'aire de Γ ; nous supposerons que S se projette tout entière à l'intérieur de Γ et que les perpendiculaires au plan des xy menées par les points de l'aire A ne rencontrent S qu'en un point. L'axe des z est supposé perpendiculaire au plan des xy.

Pour évaluer le volume V, nous prendrons dans A un petit élément σ_i de surface ; cet élément peut être considéré comme la base d'un cylindre parallèle à oz et limité à S. Le volume V sera la somme des volumes troncocylindriques qui ont pour bases tous les éléments σ_i de l'aire A. Evaluons un de ces volumes : soit M_i un point de la surface S projeté en un point de σ_i, et soit ζ_i sa distance au plan des xy ; ce volume aura sensiblement pour expression

$$\sigma_i \times \zeta_i.$$

Si maintenant on appelle z_i et Z_i la plus petite et la plus grande des valeurs de ζ_i pour l'élément σ_i, on aura

$$\sigma_i z_i < \sigma_i \zeta_i < \sigma_i Z_i,$$

et l'on pourra affirmer que l'erreur commise en prenant pour expression du volume élémentaire considéré $\sigma_i \zeta_i$ est inférieur à

$$\sigma_i(Z_i - z_i).$$

Le volume V aura pour expression approchée

$$\Sigma \sigma_i \zeta_i$$

avec une erreur inférieure à

$$\Sigma \sigma_i (Z_i - z_i)$$

ou, en appelant η la plus grande des différences $Z_i - z_i$, à

$$\Sigma \sigma_i \eta = \eta \Sigma \sigma_i = A.\eta.$$

Si l'on suppose que l'aire A soit décomposée en éléments σ_i de plus en plus petits, la somme $\Sigma \sigma_i \zeta_i$ aura pour limite le volume V considéré, l'erreur $A\eta$ tendant vers zéro. On aura ainsi

$$V = \lim \Sigma \sigma_i \zeta_i. \qquad (1)$$

180. Débarrassées de toute représentation géométrique, les considérations précédentes reviennent à ceci : soit σ un élément d'une aire plane A, ζ l'ordonnée (parallèle à oz) d'un point de σ, la somme

$$S\sigma\zeta, \qquad (2)$$

étendue à tous les éléments de l'aire A, a, sous certaines conditions évidentes de continuité, une limite que nous appellerons une *intégrale double.* Nous venons de parler de conditions de continuité ; il est évident, en effet, que si, pour un nombre infini d'éléments σ_i, l'*oscillation*, $Z_i - z_i$, que nous avons rencontrée dans le numéro précédent, ne tendait pas vers zéro avec σ_i, ou si, en quelques points, cette différence était infinie, il ne serait plus possible d'affirmer que l'expression $A\eta$ tend vers zéro ni que la somme (2) a une limite. Nous exclurons de notre analyse ces cas de discontinuité et nous supposerons que les fonctions considérées par nous sont *intégrables.* S'il nous arrive d'admettre des fonctions discontinues, une étude spéciale sera nécessaire.

181. Supposons la projection m_i du point M_i définie par ses coordonnées rectangulaires x_i, y_i ; ζ_i sera une fonction continue de ces coordonnées, $f(x_i, y_i)$, et l'on pourra prendre pour élément de surface σ un rectangle dont les côtés seront parallèles aux axes de coordonnée. Si l'on appelle x_k, y_k les coordonnées du sommet m_k de ce rectangle opposé à m_i, l'aire σ aura pour expression.

$$(x_k - x_i)(y_k - y_i)$$

et l'intégrale sera la limite de l'expression

$$\Sigma f(_i, y_i)(x_k - x_i)(y_k - y_i);$$

nous la désignerons par la notation

$$I = Sf(x, y)dxdy. \qquad (3)$$

Mais il ne faut pas que l'emploi prématuré de la notation différentielle introduise de confusion : les deux différentielles

dx et dy sont jusqu'à présent inséparables et ne figurent que par leur produit.

182. Si, au lieu de coordonnées cartésiennes, nous avions pris, pour déterminer la position du point m_i, des coordonnées polaires, ρ_i, ω_i, l'ordonnée ζ_i aurait été une fonction $\varphi(\rho_i, \omega_i)$ des nouvelles coordonnées, l'élément de surface aurait eu pour expression

$$\rho_i(\rho_k - \rho_i)(\omega_k - \omega_i)$$

et l'intégrale aurait eu pour valeur

$$\lim \Sigma\varphi(\rho_i, \omega_i)\rho_i(\rho_k - \rho_i)(\omega_k - \omega_i) = \mathrm{S}\varphi(\rho, \omega)\rho d\rho d\omega \qquad (4)$$

Ici, comme dans le n° précédent, il faut donner aux deux coordonnées une succession de valeurs telles que l'aire A soit entièrement couverte par les éléments de surface σ. A la vérité, sur les contours de A, il arrivera que les rectangles m_im_k définis au n° 180 puissent sortir de A, ou laisser des portions

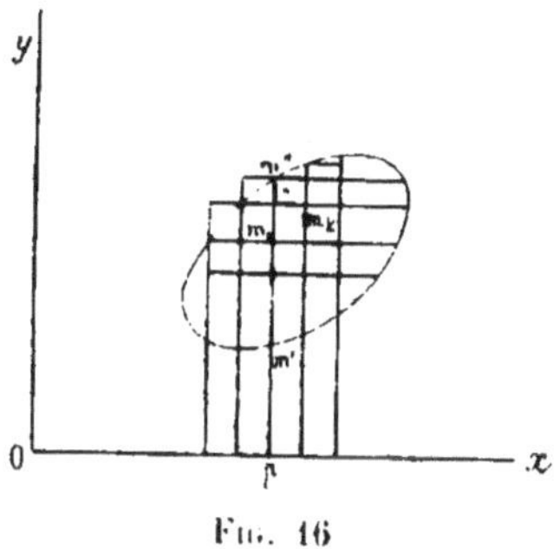

Fig. 16

infiniment petites de A en dehors de la somme effectuée ; mais, à la limite, ces éléments négligés ou surabondants disparaîtront si l'on n'a pas affaire aux fonctions ou aux contours exceptionnels que nous avons exclus de notre analyse.

183. *L'évaluation d'une intégrale double se ramène à celle de deux intégrales ordinaires.* — Nous nous servirons encore de la représentation géométrique pour présenter la démonstration de ce théorème. Supposons, par exemple, qu'il s'agisse d'évaluer l'intégrale (3)

$$Sf(x,y)dxdy :$$

d'après la définition, nous devons considérer le rectangle $m_i m_k$ et faire correspondre à ce rectangle l'élément d'intégrale

$$f(x_i,y_i)\,(x_k - x_i)\,(y_k - y_i),$$

puis faire la somme de tous ces éléments pour tous les rectangles qui remplissent l'aire A. Supposons d'abord x_i et x_k constants et faisons varier y_i depuis $y' = pm'$ jusqu'à $y'' = pm''$; la somme de tous les éléments d'intégrale double ainsi obtenus aura pour limite, par définition,

$$(x_k - x_i)\int_{y'}^{y''} f(x_i,y)dy \quad \text{ou} \quad dx_i\int_{y'}^{y''} f(x_i,y)dy.$$

Si maintenant on fait varier x_i de sa valeur minimum a à sa valeur minimum b, et qu'on effectue la sommation, on aura

$$Sf(x,y)dxdy = \int_a^b dx \int_{y'}^{y''} f(x,y)dy. \tag{5}$$

Il est clair qu'en appelant c et d les valeurs minimum et maximum de y, et x', x'' les deux valeurs limites de x qui correspondent à une valeur de y, on trouverait aussi aisément

$$Sf(x,y)dxdy = \int_c^d dy \int_{x'}^{x''} f(x,y)dx. \tag{6}$$

On aurait de même

$$\left.\begin{aligned} S\varphi(\rho,\omega)\rho d\rho d\omega &= \int_r^R d\rho \int_{\omega'}^{\omega''} \varphi(\rho,\omega)\rho d\omega \\ &= \int_{\Omega_1}^{\Omega_2} d\omega \int_{\rho'}^{\rho''} \varphi(\rho,\omega)\rho d\rho. \end{aligned}\right\} \quad (7)$$

184. La démonstration qui précède suppose essentiellement que l'aire fermée A est convexe. Mais le cas contraire ne peut présenter aucune difficulté; par exemple si le contour de l'aire A

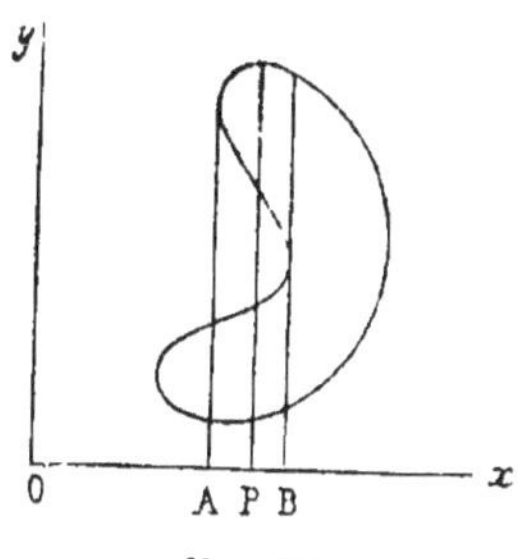

Fig. 17

offre la disposition suivante, à toute valeur OP de l'abscisse comprise entre OA et OB, correspondront quatre valeurs y', y'', y''', y'''' de l'ordonnée ($y' < y'' < y''' < y''''$), et dans la formule (5) il faudra remplacer l'intégrale

$$\int_{y'}^{y''} f(x,y)dy,$$

par la somme

$$\int_{y'}^{y''} f(x,y)dy + \int_{y'''}^{y''''} f(x,y)dy,$$

tant que x sera compris entre OA et OB.

185. Soit par exemple à évaluer le volume du tétraèdre

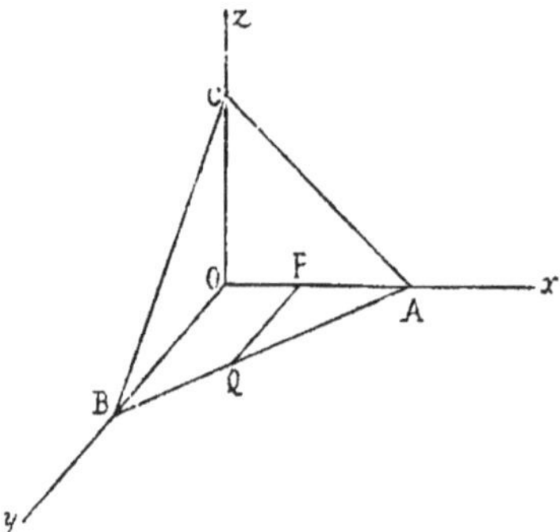

FIG. 18

compris entre les trois plans de coordonnées et le plan ABC dont l'équation est

$$\frac{x}{a}+\frac{y}{b}+\frac{z}{c}=1.$$

De cette dernière équation, on tire

$$z=c\left(1-\frac{x}{a}-\frac{y}{b}\right),$$

et le volume cherché a pour expression

$$V=Sc\left(1-\frac{x}{a}-\frac{y}{b}\right)dxdy.$$

Pour une valeur donnée de x, y varie de zéro à $y'=PQ$; quant à x, il faudra le faire varier de 0 à a. En appliquant la formule (5), on aura donc

$$V=\int_0^a dx\int_0^{y'} c\left(1-\frac{x}{a}-\frac{y}{b}\right)dy;$$

or, x étant considéré comme constante dans la seconde intégrale, on a

$$\int_0^{y'} c\left(1 - \frac{x}{a} - \frac{y}{b}\right)dy = c\left(1 - \frac{x}{a}\right)y' - \frac{c}{b}\frac{y'^2}{2};$$

d'autre part, à cause de l'équation de AB,

$$y' = b\left(1 - \frac{x}{a}\right).$$

Le volume V se ramène donc à l'intégrale simple

$$V = \int_0^a \frac{bc}{2}\left(1 - \frac{x}{a}\right)^2 dx = \frac{1}{6}abc.$$

186. Comme deuxième exemple, cherchons à évaluer le volume qui reste lorsqu'on enlève du volume d'une sphère la portion comprise à l'intérieur de deux cylindres de révolution à axes parallèles, tangents entre eux le long d'un diamètre de la sphère et tangents à la sphère.

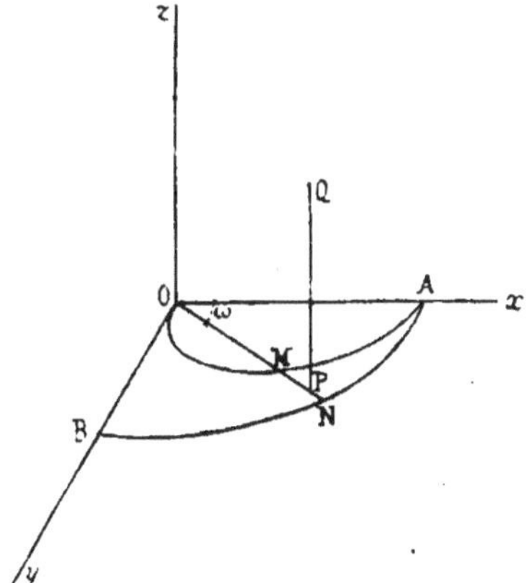

FIG. 19

Nous prendrons, comme axe des z, le diamètre de la sphère suivant lequel se touchent les deux cylindres, comme origine des coordonnées le centre de la sphère ; un des cylindres aura pour base dans le plan des xy une circonférence passant par O et tangente en A à la section de la sphère par le même plan xoy et il est évident qu'il suffit d'évaluer la portion du volume demandé comprise dans le trièdre $oxyz$; en multipliant par 8 ce volume partiel, on aura le volume cherché. En désignant par ρ et ω des coor-données polaires dans le plan des xy, ox étant l'axe polaire, les coordonnées d'un point Q de la sphère seront z, ρ et ω et l'on aura

$$z^2 = R^2 - \rho^2,$$

R désignant le rayon de la sphère.

Le volume à évaluer sera donné par l'intégrale double (formule 7)

$$V = \int_0^{\frac{\pi}{2}} d\omega \int_{\rho'}^{R} \sqrt{R^2 - \rho^2}\rho d\rho.$$

On voit en effet que, pour une valeur donnée de ω, ρ varie de $OM = \rho'$ à $ON = R$. Or

$$\int_{\rho'}^{R} \sqrt{R^2 - \rho^2}\, \rho d\rho = \frac{1}{3}(R^2 - \rho'^2)^{\frac{3}{2}},$$

d'autre part

$$\rho' = R \cos \omega$$

On a donc

$$V = \frac{R^3}{3}\int_0^{\frac{\pi}{2}} \sin^3\omega d\omega = \frac{2}{9} R^3,$$

et pour le volume total

$$\frac{16}{9} R^3.$$

Il est remarquable que ce volume soit indépendant du nombre π.

Théorèmes sur l'ordre des intégrations

187. Il résulte des formules (5) et (6), comme aussi des formules (7) que, si l'on a à effectuer deux intégrations successives, *on peut intervertir l'ordre des intégrations :*

$$\int_a^b dx \int_{y'}^{y''} f(x, y)dy = \int_c^d dy \int_{x'}^{x''} f(x, y)dx \quad (8)$$

Les deux membres sont égaux parce qu'ils représentent tous les deux l'intégrale double

$$\mathrm{S}f(x, y)dxdy$$

tendue à l'aire A.

Le cas que nous rencontrerons le plus fréquemment est celui où les limites y' et y'' sont indépendantes de x, les limites x' et x'' étant aussi indépendantes de y, la formule (8) se simplifie alors et devient

$$\int_a^b dx \int_c^d f(x, y)dy = \int_c^d dy \int_a^b f(x, y)dx; \quad (9)$$

cette formule est souvent employée sous le nom de *formule d'intégration sous le signe* $\int$. Pour comprendre cette dénomination, écrivons α au lieu de x et soit, pour un instant,

$$\mathrm{I} = \int_c^d f(\alpha, y)dy.$$

Le premier membre devient $\int_a^b \mathrm{I}d\alpha$; le second membre exprime qu'on pourra d'abord intégrer par rapport à α la fonction $f(\alpha, y)$ qui figure sous le signe $\int$ dont la valeur est I.

Il faut remarquer que, dans la démonstration de la formule (8), nous avons essentiellement supposé la fonction $f(x,y)$ continue et même positive ; mais cette dernière restriction est évidemment inutile et tous les éléments pourraient être négatifs.

188. Jusqu'à présent le contour qui limite l'aire A a été supposé fermé ; nous allons voir ce qui arrive lorsqu'un point ou une portion du contour est rejeté à l'infini. Pour préciser, dans la formule (9), supposons d'abord que b croisse à l'infini. Si l'intégrale

$$\int_a^\infty f(x, y)dx$$

a un sens, c'est que, quel que soit y,

$$\int_b^\infty f(x, y)dx$$

tend vers zéro pour $b = \infty$, et que, dans les mêmes conditions $\int_a^b$ a une limite bien déterminée, cette limite étant une fonction continue d'y.

Or la formule (9) a lieu pour toutes les valeurs finies de b, quel que grand que soit b ; le second membre, qui est l'intégrale d'une fonction continue d'y, est bien déterminé, même pour $b = \infty$; il en est donc de même pour le premier qui est constamment égal au second, et l'on a

$$\int_a^{\infty} dx \int_c^d f(x, y)dy = \int_c^d dy \int_a^{\infty} f(x, y)dx. \quad (10)$$

On verrait de même que

$$\int_a^{\infty} dx \int_c^{\infty} f(x, y)dy = \int_c^{\infty} dy \int_a^{\infty} f(x, y)dx. \quad (11)$$

189. Les formules qui ont été établies dans les deux numéros précédents sont parmi les plus utiles de l'analyse. Il en résulte une nouvelle méthode pour le calcul des intégrales définies. De plus les conditions de continuité dans lesquelles elles ont été établies étant impératives, si l'on constate, dans certains cas, qu'une des égalités (8) à (11) est remplacée par une inégalité, on pourra affirmer que cette inégalité tient à ce que la fonction à intégrer est devenue infinie dans le champ de l'intégration.

190. C'est ainsi que Gauss a démontré le théorème fondamental de l'algèbre : *Toute équation algébrique à coefficients réels ou imaginaires a au moins une racine réelle ou imaginaire.*

Soit l'équation

$$F(x) \equiv A_0x^m + A_1x^{m-1} + \ldots + A_px^{m-p} + \ldots + A_m = 0 \quad (12)$$

Désignons par ρ_p et α_p le module et l'argument du coefficient A_p et soit

$$x = \rho(\cos \omega + i \sin \omega).$$

L'équation (12) pourra s'écrire

$$F(x) \equiv \sum_0^m \rho_p\rho^{m-p} \left\{ \cos\left[\alpha_p + (m-p)\omega\right] + i \sin\left[\alpha_p + (m-p)\omega\right] \right\} = 0,$$

ou encore

$$P + Qi = 0,$$

si l'on pose

$$P = \rho_0\rho^m \cos(\alpha_0 + m\omega) + \dots + \rho_p\rho^{m-p} \cos\left[\alpha_p + (m-p)\omega\right],$$
$$Q = \rho_0\rho^m \sin(\alpha_0 + m\omega) + \dots + \rho_p\rho^{m-p} \sin\left[\alpha_p + (m-p)\omega\right].$$

D'après les propriétés connues des imaginaires, l'équation (12) ne pourra être vérifiée que si l'on a en même temps

$$P = 0, \qquad Q = 0,$$

ou, ce qui revient au même puisque maintenant toutes les quantités sont réelles, si

$$P^2 + Q^2 = 0.$$

Or la quantité $P^2 + Q^2$ figure en dénominateur à des puissances différentes et figure seule dans les dérivées successives de la quantité

$$V = \text{arc tang}\,\frac{P}{Q},$$

les numérateurs étant holomorphes.

Si l'on peut démontrer que l'une de ces dérivées devient infinie, le théorème sera démontré. Pour cela nous ferons usage de la remarque qui termine le n° 186 et nous montrerons que les deux intégrales

$$\int d\rho \int \frac{\partial^2 V}{\partial\rho\,\partial\omega}\,d\omega \quad \text{et} \quad \int d\omega \int \frac{\partial^2 V}{\partial\rho\,\partial\omega}\,d\rho,$$

prises dans un champ d'intégration convenable n'ont pas la même valeur. Les limites des intégrales seront, pour ρ, 0 et une valeur suffisamment grande R, pour ω, 0 et 2π.

Calculons d'abord

$$\int_0^R d\rho \int_0^{2\pi} \frac{\partial^2 V}{\partial\rho\partial\omega}\, d\omega = \int_0^R \left[\frac{\partial V}{\partial\rho}\right]_0^{2\pi} d\rho.$$

On a

$$\frac{\partial V}{\partial\rho} = \frac{Q\dfrac{\partial P}{\partial\rho} - P\dfrac{\partial Q}{\partial\rho}}{P^2 + Q^2};$$

les lignes trigonométriques qui figurent dans P, Q, $\frac{\partial P}{\partial\rho}$ et $\frac{\partial Q}{\partial\rho}$ prenant la même valeur pour $\omega = 0$ et pour $\omega = 2\pi$; il en résulte

$$\left[\frac{\partial V}{\partial\rho}\right]_0^{2\pi} = 0,$$

quel que soit ρ, et par suite

$$\int_0^R d\rho \left[\frac{\partial V}{\partial\rho}\right]_0^{2\pi} = 0.$$

Calculons maintenant

$$\int_0^{2\pi} d\omega \int_0^R \frac{\partial^2 V}{\partial\rho\partial\omega}\, d\rho = \int_0^{2\pi} d\omega \left[\frac{\partial V}{\partial\omega}\right]_0^R.$$

On a

$$\frac{\partial V}{\partial\omega} = \frac{Q\dfrac{\partial P}{\partial\omega} - P\dfrac{\partial Q}{\partial\omega}}{P^2 + Q^2} = \frac{-m\rho_0^2\rho^{2m} + \dots}{\rho_0^2\rho^{2m} + \dots};$$

les termes non écrits dans la dernière fraction sont, en ρ, de degré inférieur à $2m$. On sait que, pour ρ infini, la fraction a pour limite $-m$; on peut donc trouver une valeur R de ρ assez grande pour que la fraction diffère de sa limite d'une quantité moindre que tout nombre ε fixé d'avance. Nous choisirons cette valeur pour limite supérieure de notre intégration par rapport à ρ : comme on a évidemment, pour $\rho = 0$,

$$\frac{\partial P}{\partial \omega} = 0, \qquad \frac{\partial Q}{\partial \omega} = 0, \qquad P^2 + Q^2 = \rho_m^2,$$

on a, toujours pour $\rho = 0$,

$$\frac{\partial V}{\partial \omega} = 0,$$

et

$$\left[\frac{\partial V}{\partial \omega}\right]_0^R = -m + \eta_1.$$

η_1 étant une fonction de ω certainement inférieure à ε en valeur absolue. Par suite

$$\int_0^{2\pi} d\omega \left[\frac{\partial V}{\partial \omega}\right]_0^R = -2\pi m + \int_0^{2\pi} \eta_1 d\omega.$$

Mais il résulte du premier théorème de la moyenne que l'on a évidemment

$$\int_0^{2\pi} \eta_1 d\omega < 2\pi\varepsilon;$$

ε pouvant être pris aussi petit que l'on veut, l'intégrale $\int_0^{2\pi} d\omega \left[\frac{\partial V}{\partial \omega}\right]_0^R$ diffère peu de $-2\pi m$; elle n'est pas nulle et, par conséquent, n'est pas égale à $\int_0^R d\rho \int_0^{2\pi} \frac{\partial^2 V}{\partial \rho \partial \omega} d\omega$, ce qui démontre le théorème. Il en résulte en effet que, pour une ou plusieurs valeurs, d'ailleurs inconnues, de ρ et de ω, $P^2 + Q^2$ et par suite $F(x)$ est nulle.

191. L'emploi des intégrales doubles va encore nous fournir la démonstration la plus simple de l'importante formule (44) du chapitre IV que nous avons établie assez péniblement au n° 159.

L'intégrale Eulérienne de deuxième espèce devient, si l'on pose $x = y^2$,

$$\Gamma(p) = \int_0^\infty x^{p-1}e^{-x}dx = 2\int_0^\infty y^{2p-1}e^{-y^2}dy.$$

Multiplions les deux membres par $2x^{2q-1}e^{-x^2}dx$, et intégrons entre zéro et l'infini ; il vient

$$\Gamma(p)\,\Gamma(q) = 4\int_0^\infty x^{2q-1}e^{-x^2}dx \int_0^\infty y^{2p-1}e^{-y^2}dy,$$

ce que nous pouvons écrire

$$\Gamma(p)\,\Gamma(q) = 4\mathrm{S}x^{2q-1}y^{2p-1}e^{-(x^2+y^2)}\,dxdy,$$

le champ de l'intégration étant toute la portion du plan des xy comprise dans l'angle xoy. Introduisons maintenant des coordonnées polaires par les formules

$$x = \rho\cos\omega, \qquad y = \rho\sin\omega,$$
$$dxdy = \rho d\rho d\omega\,;$$

la formule précédente deviendra

$$\Gamma(p)\,\Gamma(q) = 4\mathrm{S}\rho^{p+q-1}\sin^{2q-1}\omega\cos^{2p-1}\omega e^{-\rho^2}d\rho d\omega$$

Pour couvrir tout le champ de l'intégration, il faudra faire varier ρ de 0 à ∞ et ω de 0 à $\frac{\pi}{2}$; on pourra donc écrire

$$\Gamma(p)\,\Gamma(q) = 4\int_0^{\frac{\pi}{2}} \sin^{2q-1}\omega\cos^{2p-1}\omega d\omega \int_0^\infty \rho^{p+q-1}e^{-\rho^2}d\rho.$$

La dernière intégrale a, d'après ce qui précède, pour valeur $\frac{1}{2}\Gamma(p+q)$; on a donc enfin

$$2\int_0^{\frac{\pi}{2}} \sin^{2q-1}\omega \cos^{2p-1}\omega d\omega = \frac{\Gamma(p)\,\Gamma(q)}{\Gamma(p+q)} \qquad (13)$$

Le premier membre représente (n° 155, form. 41 *bis*) $B(p,q)$. On retrouve ainsi l'égalité

$$B(p,q) = \frac{\Gamma(p)\,\Gamma(q)}{\Gamma(p+q)}.$$

192. A la vérité, la démonstration précédente laisse à désirer, au point de vue de la rigueur, parce que nous avons raisonné comme si le champ de l'intégration était fini. Mais, en remarquant que les quantités sur lesquelles porte l'intégration, $x^{2q-1}e^{-x^2}$, $y^{2p-1}e^{-y^2}$, $\rho^{p+q-1}\sin^{2q-1}\omega\cos^{2p-1}\omega e^{-\rho^2}$, tendent toutes très rapidement vers zéro pour x,y ou ρ infinies, le lecteur admettra, sans que nous insistions autrement, que dans l'exemple actuel, il n'y a pas eu inconvénient à étendre à l'infini les limites du champ d'intégration. Il en sera de même dans plusieurs des exemples suivants ; nous reviendrons d'ailleurs sur ce sujet, (n° 199).

Nous allons encore faire quelques applications ; nous obtiendrons ainsi soit de nouvelles intégrales, soit des résultats déjà obtenus par d'autres méthodes.

193. Soit $I = \int_0^\infty e^{-x^2}dx$. Multiplions les deux membres de cette égalité par $e^{-y^2}dy$ et intégrons de 0 à ∞ ; nous obtenons

$$I\int_0^\infty e^{-y^2}dy = I^2 = \int_0^\infty e^{-y^2}dy\int_0^\infty e^{-x^2}dx$$
$$= Se^{-x^2-y^2}dxdy,$$

ou, en opérant comme au n° 191,

$$I^2 = \int_0^{\frac{\pi}{2}} d\omega \int_0^{\infty} e^{-\rho^2}\rho d\rho.$$

Les intégrations peuvent maintenant être effectuées et l'on trouve

$$I^2 = \int_0^{\frac{\pi}{2}} \frac{1}{2} d\omega = \frac{\pi}{4},$$

$$I = \frac{\sqrt{\pi}}{2},$$

ce qui est le résultat connu.

194. Considérons l'égalité

$$\int_0^{\infty} e^{-ax} \sin bx dx = \frac{b}{a^2 + b^2},$$

qui s'obtient en intégrant deux fois le premier membre par parties, sous la condition $a > 0$. En intégrant les deux membres de cette égalité par rapport à a entre les limites α et β et effectuant pour le premier membre l'intégration sous le signe $\int$, on trouve

$$\int_0^{\infty} \frac{e^{-\alpha x} - e^{-\beta x}}{x} \sin bx dx = \operatorname{arctg} \frac{\beta}{b} - \operatorname{arctg} \frac{\alpha}{b};$$

faisons croître β à l'infini et tendre α vers zéro. Nous obtenons la formule connue (n° 70)

$$\int_0^{\infty} \frac{\sin bx}{x} dx = \frac{\pi}{2},$$

à condition que b soit positif ; sans quoi arctg $\frac{\beta}{b}$ tendrait vers $-\frac{\pi}{2}$,

195. Soit encore à évaluer l'intégrale

$$\mathrm{I} = \int_0^{\infty} \frac{e^{-\alpha x} - e^{-\beta x}}{x}\, dx, \tag{14}$$

α et β étant deux nombres positifs. Nous nous appuierons sur ce que l'on a évidemment

$$\frac{1}{x} = \int_0^{\infty} e^{-xy} dy, \tag{15}$$

ce qui permet d'écrire ainsi l'égalité (14)

$$\mathrm{I} = \int_0^{\infty} \left[(e^{-\alpha x} - e^{-\beta x}) \int_0^{\infty} e^{-xy} dy \right] dx.$$

Le facteur $e^{-\alpha x} - e^{-\beta x}$, indépendant de la variable y, peut être introduit sous le second signe $\int$: intervertissant alors l'ordre des intégrations, nous trouvons successivement

$$\begin{aligned} \mathrm{I} &= \int_0^{\infty} dy \int_0^{\infty} \left[e^{-(\alpha+y)x} - e^{-(\beta+y)x} \right] dx \\ &= \int_0^{\infty} \left(\frac{1}{\beta+y} - \frac{1}{\alpha+y} \right) dy \\ &= \log \frac{\beta}{\alpha}. \end{aligned}$$

196. Nous établirons enfin deux intégrales célèbres, rencontrées par Fresnel dans l'étude de la diffraction.

$$I = \int_0^\infty \cos x^2 dx,$$

$$J = \int_0^\infty \sin x^2 dx.$$

Posons $x^2 = y$; elles deviennent

$$I = \frac{1}{2}\int_0^\infty \cos y \frac{dy}{\sqrt{y}}, \qquad J = \frac{1}{2}\int_0^\infty \sin y \frac{dy}{\sqrt{y}}.$$

Mais on a (n° 75)

$$\frac{1}{\sqrt{y}} = \frac{2}{\sqrt{\pi}}\int_0^\infty e^{-a^2 y} da. \qquad (16)$$

On en déduit

$$I = \frac{1}{\sqrt{\pi}}\int_0^\infty dy \int_0^\infty e^{-a^2 y} \cos y da,$$

ou, en intervertissant l'ordre des intégrations,

$$I = \frac{1}{\sqrt{\pi}}\int_0^\infty da \int_0^\infty e^{-a^2 y} \cos y dy.$$

La dernière intégration peut maintenant s'effectuer; il suffit d'intégrer deux fois par parties pour obtenir la valeur

$$\int_0^\infty e^{-a^2 y} \cos y dy = \frac{a^2}{1 + a^4}.$$

La méthode de décomposition d'une fraction rationnelle en fractions simples montre que

$$\frac{a^2}{1+a^4} = \frac{-\frac{a}{2\sqrt{2}}}{a^2 + a\sqrt{2} + 1} + \frac{\frac{a}{2\sqrt{2}}}{a^2 - a\sqrt{2} + 1}.$$

On peut de nouveau intégrer par rapport à a et l'on trouve

$$\mathrm{I} = \int_0^{\infty} \cos x^2 dx = \frac{\sqrt{\pi}}{2\sqrt{2}}. \tag{17}$$

On trouverait de même

$$\mathrm{J} = \int_0^{\infty} \sin x^2 dx = \frac{\sqrt{\pi}}{2\sqrt{2}}. \tag{18}$$

Le lecteur remarquera les formules (15) et (16) qui permettent de remplacer $\frac{1}{x}$ ou $\frac{1}{\sqrt{x}}$ par des intégrales définies ; c'est un des procédés de transformation les plus féconds.

Nous ajouterons que, si la formule (16) n'avait pas été expressément établie en supposant réelles ; les quantités qui y figurent et s'il avait été permis d'y faire $y = i = \sqrt{-1}$, cette formule aurait donné immédiatement les intégrales cherchées. En effet, on obtiendrait ainsi

$$\int_0^{\infty} e^{-a^2 i} da = \frac{\sqrt{\pi}}{2} \cdot \frac{1}{\sqrt{i}} = \frac{\sqrt{\pi}}{2} \frac{1-i}{\sqrt{2}};$$

comme $e^{-a^2 i} = \cos a^2 - i \sin a^2$, il suffit de séparer, dans la formule précédente, les parties réelles des parties imaginaires pour retrouver les formules (17) et (18).

Du changement de variables dans les intégrales doubles

197. Nous avons déjà vu que, dans la transformation des coordonnées cartésiennes en coordonnées polaires, l'intégrale

$$Sf(x, y)dxdy. \qquad (19)$$

se transforme en

$$Sf(\rho \cos \omega, \rho \sin \omega)\rho d\rho d\omega.$$

Les considérations géométriques qui nous ont servi à établir cette transformation peuvent être employées quelles que soient les coordonnées, car il suffit d'évaluer dans ces nouvelles coordonnées l'élément de surface.

Soient

$$\left.\begin{array}{l} x = \varphi(u, v) \\ y = \psi(u, v) \end{array}\right\} \qquad (20)$$

les formules qui relient les coordonnées cartésiennes, supposées rectangulaires, aux nouvelles coordonnées (u, v). Appelons x, y les coordonnées d'un point M du plan situé à l'intersection des courbes $u = c^{te}$, $v = c^{te}$; $x + dx$, $y + dy$ les coordonnées d'un point M' infiniment voisin sur la courbe $u = c^{te}$; $x + \delta x$, $y + \delta y$ celles du point M″ de la courbe $v = c^{te}$ infiniment voisin de M. On sait que l'aire du parallélograme infiniment petit qui a pour sommets M, M' et M″ a pour expression le module du déterminant

$$\begin{vmatrix} x & y & 1 \\ x + dx & y + dy & 1 \\ x + \delta x & y + \delta y & 1 \end{vmatrix},$$

c'est-à-dire

$$| dx\delta y - \delta x dy | .$$

Sur la courbe $u = c^{te}$, on a

$$dx = \frac{\partial \varphi}{\partial v} dv, \quad dy = \frac{\partial \psi}{\partial v} dv;$$

sur la courbe $v = c^{te}$,

$$\delta x = \frac{\partial \varphi}{\partial u} du, \quad \delta y = \frac{\partial \psi}{\partial u} du.$$

Si donc on désigne par | J | le module du jacobien des variables x et y par rapport à u et v,

$$J = \begin{vmatrix} \frac{\partial \varphi}{\partial u} & \frac{\partial \varphi}{\partial v} \\ \frac{\partial \psi}{\partial u} & \frac{\partial \psi}{\partial v} \end{vmatrix},$$

l'aire du parallélogramme infiniment petit aura pour expression | J | $du\, dv$, et l'intégrale double (19) se transformera dans la suivante

$$Sf[\varphi(u,v), \psi(u,v)] \mid J \mid du dv. \tag{21}$$

198. Nous allons établir la même transformation sans invoquer des considérations géométriques ; la méthode pourra être ainsi étendue, au cas d'un nombre quelconque de variables. Nous supposerons essentiellement qu'à un système de valeurs de x, y correspond un seul système de valeurs de u, v et réciproquement; de plus le jacobien J, défini au n° précédent, ne s'annule pas dans le champ de l'intégration.

L'intégrale (19) peut s'écrire,

$$\int dy \int f(x,y)dx \tag{22}$$

en n'écrivant pas les limites, pour plus de simplicité. Dans la première intégration à effectuer y est supposé constant ; la seule variable est x. Remplaçons-la par la variable u, ce qui est un changement de variables ordinaires (n° 29) ; l'intégrale (22) devient

$$\int dy \int f[\varphi(u,v), y] \frac{dx}{du} du,$$

la substitution étant définie par les formules (20) dans lesquelles il faut supposer y constante, ce qui permet de considérer v comme une fonction de u définie par la deuxième équation (20). La première équation (20) donne

$$\frac{dx}{du} = \frac{\partial \varphi}{\partial u} + \frac{\partial \varphi}{\partial v} v'_u,$$

et la deuxième

$$0 = \frac{\partial \psi}{\partial u} + \frac{\partial \psi}{\partial v} v'_u;$$

on en tire

$$\frac{dx}{du} = \frac{\mathrm{J}}{\frac{\partial \psi}{\partial v}}.$$

Notre intégrale peut ainsi s'écrire

$$\int dy \int f[\varphi(u,v), y] \frac{\mathrm{J}}{\frac{\partial \psi}{\partial v}} du$$

ou

$$\int du \int f[\varphi(u,v), y] \frac{\mathrm{J}}{\frac{\partial \psi}{\partial v}} dy.$$

Dans cette dernière intégration, il faut commencer par supposer u constant ; on peut alors remplacer y par v à l'aide de la seule formule

$$y = \psi(u,v).$$

C'est de nouveau un simple échange de deux variables ; dy doit être remplacée par $\frac{\partial \psi}{\partial v} dv$ et l'intégrale devient

$$\int du \int f[\varphi(u,v), \psi(u,v)] \mathrm{J} dv$$
$$= \mathrm{S} f[\varphi(u,v), \psi(u,v)] \mathrm{J} du dv,$$

ce qui est bien la forme (21), avec cette différence cependant que nous obtenons J au lieu de | J | . La raison de cette différence est que, dans le n° précédent, *du* et *dv* étaient essentiellement positifs ; ici l'égalité

$$dy = \frac{\partial \psi}{\partial v} dv,$$

par exemple, peut faire correspondre à un accroissement positif de la variable y un accroissement négatif pour v. La règle à suivre est facile à établir : supposons en effet que $f(x,y) \equiv 1$. L'identité obtenue se réduit à

$$\mathrm{S} dx\, dy = \mathrm{SJ} du\, dv$$

Le premier membre étant essentiellement positif, il doit en être de même du second ; le produit J*du dv* doit donc toujours être pris avec le signe *plus*.

La démonstration précédente pourrait laisser un doute dans l'esprit du lecteur à cause du facteur $\frac{\partial \psi}{\partial v}$ qui y a été introduit et qui pourrait s'annuler en quelques points ; mais il est clair que le changement de variables pourrait être dirigé de manière à remplacer x par v, ce qui introduirait la dérivée $\frac{\partial \varphi}{\partial v}$. Le jacobien étant supposé différent de zéro, l'une ou l'autre de ces dérivées sera, pour un point donné, différente de zéro, et la démonstration pourra toujours être faite.

Des discontinuités et des champs infinis

199. La fonction à intégrer peut devenir infinie en un point (par exemple $\frac{1}{x^2 + y^2}$ à l'origine) ou en tous les points d'une ligne (par exemple $\frac{1}{x - y}$ le long de la droite $x = y$). Le champ de l'intégration peut lui-même être infini, comme nous en avons rencontré des exemples. Tout ce qui précède n'a alors de sens que si les diverses intégrales que nous avons rencontrées ont des limites bien déterminées et indépendantes de la manière dont le champ devient infini ou du chemin suivi par le point (x, y) en convergeant vers le point de discontinuité. Or il n'y a aucune raison pour qu'il en soit ainsi en général. Pour préciser ce point au moins par un exemple, considérons l'intégrale, envisagée par Cayley,

$$\mathrm{S} \sin (x^2 + y^2)\sigma \tag{23}$$

étendue au champ infini compris dans l'angle xoy : si l'on exprime l'aire σ par des coordonnées rectilignes, on pourra écrire l'intégrale (23)

$$\int_0^\infty dx \int_0^\infty \sin (x^2 + y^2) dy \,\cdot$$

$$\int_0^\infty \sin x^2 dx \int_0^\infty \cos y^2 dy + \int_0^\infty \cos x^2 dx \int_0^\infty \sin y^2 dy.$$

Les différents intégrales qui figurent dans cette somme ont été calculées (formules 17 et 18) ; la somme a pour valeur $\frac{\pi}{4}$. Employons maintenant des coordonnées polaires ; l'intégrale (23) peut s'écrire

$$\mathrm{S} \sin \rho^2 . \rho d\rho d\omega = \int_0^{\frac{\pi}{2}} d\omega \int_0^\infty \sin \rho^2 . \rho d\rho$$

$$= \frac{\pi}{4} (1 - \cos \infty) ;$$

cette expression est entièrement indéterminée. La différence des résultats obtenus tient à ce que, dans la somme

$$\mathrm{S} \sin (x^2 + y^2),$$

figurent une infinité d'éléments qui, pour x, y ou ρ infinies, prennent des signes quelconques et se groupent d'une manière absolument arbitraire.

Il est impossible de formuler aucune règle générale. Mais voici deux résultats particuliers, analogues à ceux établis pour les intégrales simples, et qui nous seront utiles dans la suite.

200. *Si, à l'extérieur d'un cercle de rayon R, le module de $f(x, y)$ demeure inférieur à $A\rho^{-\alpha}$, A étant un nombre fixe et α étant supérieur à 2, l'intégrale*

$$I = Sf(x, y)\sigma,$$

a un sens bien déterminé.

La partie I_0 de I qui correspond aux parties intérieures à tout cercle de rayon fini, est finie et déterminée par hypothèse. A l'extérieur, écrivons le reste de l'intégrale

$$I_1 = \int_{\omega_0}^{\omega_1} d\omega \int_{\rho_0}^{\rho_1} f(x, y)\rho d\rho;$$

En vertu des hypothèses faites, on aura, pour toute région extérieure au cercle de rayon R,

$$I_1 < \int_{\omega_0}^{\omega_1} d\omega \int_{\rho_0}^{\rho_1} \frac{A}{\rho^\alpha} \rho d\rho,$$

ou

$$I_1 < \frac{1}{2-\alpha} A \int_{\omega_0}^{\omega_1} d\omega \left(\frac{1}{\rho_1^{\alpha-2}} - \frac{1}{\rho_0^{\alpha-2}} \right).$$

Or on peut prendre ρ_0 et ρ_1 assez grands pour que les deux fractions précédentes soient inférieures à tout nombre ε fixé d'avance ; on aura donc, *a fortiori*

$$I_1 < \frac{1}{2-\alpha} A\varepsilon(\omega_1 - \omega_0).$$

La quantité I_1 tendant vers zéro, I_0 a une limite bien déterminée, ce qui démontre le théorème.

201. *Si une fonction $f(x, y)$ est infinie au point M, mais si pour tout point à l'intérieur d'un cercle ayant pour centre le point M et pour rayon R, on a*

$$\text{mod.}\, f(x, y) < \frac{A}{\rho^\alpha}, \qquad \begin{cases} A \text{ constante} \\ \alpha < 2 \\ \rho \text{ distance au point M,} \end{cases}$$

l'intégrale sera encore bien déterminée.

Il suffit évidemment de considérer la partie de la somme S qui correspond à l'intérieur du cercle ; cette partie peut s'écrire

$$\int_0^{2\pi} d\omega \int_0^R f(x, y)\rho d\rho.$$

Elle est inférieure en valeur absolue à la quantité

$$\int_0^{2\pi} d\omega \int_0^R \frac{A}{\rho^\alpha}\rho d\rho = \frac{2\pi A}{2-\alpha} R^{2-\alpha}.$$

qui est finie. L'intégrale I est donc finie.

202. Supposons enfin qu'il y ait une ligne de discontinuité L et que l'on puisse tracer deux lignes parallèles L_1 et L_2 comprenant L et telles que pour tout point du plan compris entre les deux lignes on ait

$$\text{mod.}\, f(x, y) < \frac{A}{u^\alpha},$$

u étant la distance du point (x, y) à la ligne L, A une constante et α un nombre inférieur à *un*. Je dis que l'intégrale double (19) aura encore une valeur finie pour tout champ fini traversé ou bordé par la ligne L.

En effet, prenons comme coordonnées la longueur $OP = v$ de la ligne L comptée à partir d'un point O de cette ligne et la

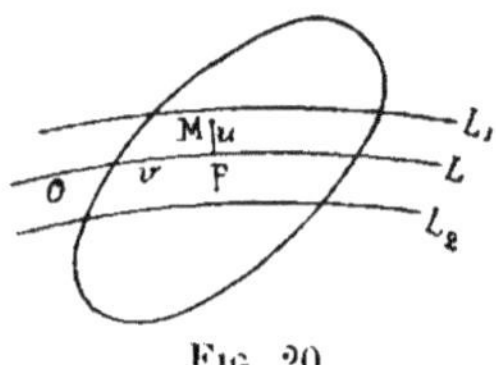

FIG. 20

distance $PM = u$ du point $M(x, y)$ à la ligne L. L'intégrale double à effectuer est

$$\mathrm{S}f(x, y) \mid J \mid dudv,$$

et, pour toute la portion du champ comprise entre L_1 et L_2, la partie correspondante de l'intégrale sera inférieure à

$$\int\int \frac{A}{u^\alpha} \mid J \mid dudv. \tag{24}$$

Calculons $\mid J \mid$; la courbe L a pour équation

$$\left. \begin{aligned} x &= \varphi(v), \\ y &= \psi(v). \end{aligned} \right\} \tag{25}$$

Nous supposons qu'elle ne présente aucune singularité dans le champ de l'intégration. La normale en un point aura pour équation (tome I, n° 288)

$$\frac{X - x}{\psi'(v)} = \frac{Y - y}{-\varphi'(v)} = \frac{u}{\sqrt{\varphi'^2(v) + \psi'^2(v)}}, \tag{26}$$

le troisième rapport étant écrit en remarquant que, en vertu de la définition de u, on a

$$u = \sqrt{(X - x)^2 + (Y - y)^2}.$$

Les formules de transformation sont donc.

$$X = \varphi + \frac{u\psi'}{\sqrt{\varphi'^2 + \psi'^2}},$$
$$Y = \psi - \frac{u\psi'}{\sqrt{\varphi'^2 + \psi'^2}};$$

nous n'avons pas écrit la variable v, dont dépendent exclusivement φ, ψ, φ', ψ', pour simplifier l'écriture. Le jacobien J a pour expression

$$\frac{\varphi'^2 + \psi'^2 - u(\psi'\varphi'' - \varphi'\psi'')}{\sqrt{\varphi'^2 + \psi'^2}}.$$

et l'intégrale double (24) devient

$$A\int_{v_1}^{v_2} \frac{dv}{\sqrt{\varphi'^2 + \psi'^2}} \int_{u_1}^{u_2} \frac{\left[\varphi'^2 + \psi'^2 - u(\varphi'\psi'' - \varphi'\psi'')\right] du}{u^\alpha}.$$

En effectuant la dernière intégration, on trouve

$$\frac{\varphi'^2 + \psi'^2}{1 - \alpha}(u_2^{1-\alpha} - u_1^{1-\alpha}) - \frac{\psi'\varphi'' - \varphi'\psi''}{2 - \alpha}(u_2^{2-\alpha} - u_1^{1-\alpha})$$

et cette expression demeure finie, quelque petits que soient u_1 et u_2 parce que $\alpha < 1$; appelons-la V. Il reste à calculer

$$A\int_{v_1}^{v_2} \frac{V dv}{\sqrt{\varphi'^2 + \psi'^2}}$$

quantité évidemment finie ; car φ' et ψ' ne peuvent s'annuler en même temps. La proposition est donc établie.

203. Si la fonction à intégrer contient un paramètre arbitraire, on pourra encore, comme pour les intégrales simples, et sous les mêmes conditions de continuité, intégrer et différentier sous le signe S, c'est-à-dire qu'on aura

$$\frac{d}{d\alpha}\,\mathrm{S}f(x,y,\alpha)\sigma = \mathrm{S}\,\frac{d}{d\alpha}\,f(x,y,\alpha)\sigma$$

$$\int d\alpha \mathrm{S}f(x,y,\alpha)\sigma = \mathrm{S}\int d\alpha f(x,y,\alpha)\sigma.$$

Intégrales de surface

204. On est souvent conduit en physique à considérer une autre espèce d'intégrales doubles dont nous devons dire quelques mots et qu'on peut considérer comme une généralisation des intégrales curvilignes. Auparavant quelques définitions seront nécessaires. Considérons de nouveau, comme au n° **178**, une portion de surface (S) limitée par un contour C et telle que toute parallèle à oz ne rencontre (S) qu'en un point; soit encore Γ la projection de C,

$$z = f(x,y),$$

l'équation de la surface (S).

Nous supposerons que la surface considérée ait deux côtés, c'est-à-dire que, si, pour un instant, on la suppose matérialisée, deux insectes placés pieds contre pieds au même point mais de part et d'autre de la surface ne pourront se rejoindre sans passer par les bords, quelque chemin qu'ils suivent (*).

(*) Il existe des surfaces qui n'ont qu'une face, par exemple celle qui est représentée ci-dessous et qu'on peut réaliser facilement avec une

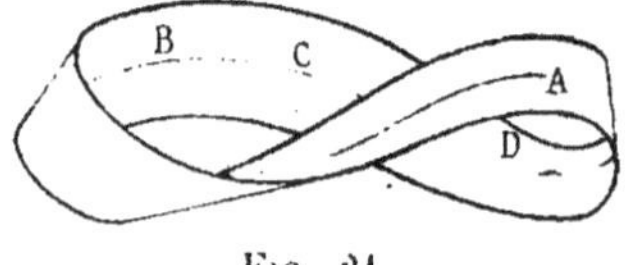

Fig. 21

bande de papier : il suffit de replier la bande de manière qu'en rappro-

La demi-normale issue d'un point M de (S), une fois fixée, le côté vers lequel on la mène, ne pourra jamais venir coïncider avec la demi-normale opposée, quelque chemin que parcoure le point M. Menons-la d'abord du côté où elle fait avec les z positifs un angle aigu, et soit γ cet angle. En vertu de nos hypothèses, pour tous les points de (S), cet angle demeurera aigu, et l'on aura partout, en désignant par $d\sigma$ un élément de la surface (S)

$$dx\,dy = d\sigma \cos\gamma \tag{27}$$

en grandeur et en signe. On aura donc aussi

$$S\varphi(x,y,z)\,dx\,dy = S\varphi(x,y,z)d\sigma\cos\gamma, \tag{28}$$

z ayant sa valeur tirée de l'équation de la surface (S).

A l'intégrale précédente, on peut attacher une intégrale égale et de signe contraire ; c'est celle pour laquelle en chaque point de (S) on considérerait, au lieu de la demi-normale envisagée, celle qui lui est directement opposée. L'angle γ_1 de cette demi-normale avec oz serait obtus, et cos γ_1 serait négatif.

205. Considérons maintenant une surface fermée convexe, de la forme d'un ellipsoïde par exemple. La courbe de contact du cylindre circonscrit parallèle à oz partage la surface en deux parties (S_1) et (S_2). Sur l'une, (S_1), la demi-normale *extérieure* fait avec oz un angle aigu ; sur (S_2) l'angle de oz avec la demi-normale extérieure est obtus. L'intégrale double

$$S_{(s)}\varphi(x,y,z)d\sigma\cos\gamma$$

chant les bords extrêmes, la face externe d'un bord coïncide avec la face interne de l'autre. Le lecteur verra facilement qu'en partant du point visible A et se tenant par exemple à égale distance des deux bords, le chemin viendra, après avoir disparu quelque temps, reparaître en B, C puis D pour finalement revenir en A, mais du côté invisible : on a donc passé de la partie visible en A à la partie invisible sans avoir jamais changé de côté.

étendue à toute la surface (S) se compose donc de deux parties : l'une, que nous désignerons par la notation

$$S_{(s_1)}\varphi(x,y,z)d\sigma \cos\gamma,$$

pour laquelle l'élément $d\sigma \cos\gamma$ est toujours positif, l'autre

$$S_{(s_2)}\varphi(x,y,z)d\sigma \cos\gamma.$$

qui correspond aux éléments négatifs. En d'autres termes, en revenant à l'expression cartésienne des différentielles (supposées essentiellement positives), on aura

$$S_{(s)}\varphi(x,y,z)d\sigma \cos\gamma = S_{(s_1)}\varphi(x,y,z)dx\,dy - S_{(s_2)}\varphi(x,y,z)dx\,dy. \quad (29)$$

Le premier membre de cette égalité, que nous appellerons l'intégrale double *prise du côté extérieur de la surface*, représente donc d'une manière concise une différence de deux intégrales doubles. Nous admettrons encore qu'on peut représenter la même quantité par la notation

$$S_{(s)}\varphi(x,y,z)dx\,dy; \quad (30)$$

mais cette fois les différentielles dx, dy pourront être négatives. Avec la même extension nous emploierons encore la notation

$$\int\int \varphi(x,y,z)dx\,dy. \quad (31)$$

206. Supposons par exemple que $\varphi(x,y,z)$ se réduit à z. La formule (29) devient

$$S_{(s)}z d\sigma \cos\gamma = S_{(s_1)}z dx\,dy - S_{(s_2)}z dx\,dy. \quad (32)$$

Mais $S_{(s_1)}$ représente le volume compris entre la surface (S_1), le plan des xy et le cylindre circonscrit à (S) parallèlement à oz; le deuxième terme du second membre, dans l'égalité (32), représente un volume analogue limité à (S_2). La différence de ces deux volumes n'est autre chose que le volume intérieur à la surface (S) ; l'on a donc par une expression unique et très simple

$$V = \text{volume de (S)} = \mathrm{S} z d\sigma \cos \gamma.$$

Ainsi considérons un hémisphère ayant son centre à l'origine et pour rayon R. Nous déterminerons un point de la surface par l'angle γ, et par l'angle ψ que fait le plan qui contient le point et l'axe oz avec le plan zox. On a alors

$$z = R \cos \gamma \qquad d\sigma = R d\gamma R \sin \gamma . d\psi$$

d'où

$$V = R^3 \int_0^{2\pi} d\psi \int_0^{\frac{\pi}{2}} \sin \gamma \cos^2 \gamma d\gamma$$

$$= \frac{\pi R^3}{2} \int_0^{\frac{\pi}{2}} (\sin 3\gamma + \sin \gamma) d\gamma = \frac{2}{3} \pi R^3.$$

207. On pourrait de même considérer des intégrales de surface

$$\int\int \psi(x,y,z) dz dx, \qquad \int\int \chi(x,y,z) dy dz,$$

étendues à toute la surface qui a pour équation

$$z = f(x,y),$$

ou mieux

$$F(x,y,z) = 0.$$

Enfin l'on rencontre souvent dans la physique mathématique des expressions telles que

$$\int\int [\varphi(x,y,z) dx dy + \psi(x,y,z) dz dx + \chi(x,y,z) dy dz] \quad (33)$$

où figurent trois intégrales de surfaces, et qui sont elles-mêmes des intégrales de surface.

En désignant par α, β, γ les angles que fait la demi-normale extérieure avec les axes de coordonnées, on peut encore écrire une pareille intégrale

$$\int\int (\chi \cos \alpha + \psi \cos \beta + \varphi \cos \gamma) d\sigma.$$

M. Emile Picard a étudié ces nouvelles intégrales et notamment a donné la condition

$$\frac{\partial \varphi}{\partial z} + \frac{\partial \psi}{\partial y} + \frac{\partial \chi}{\partial x} = 0. \tag{34}$$

pour qu'elles ne dépendent que du contour C.

On démontre alors que φ, ψ, χ peuvent être mises sous la forme

$$\varphi = \frac{\partial \alpha}{\partial y} - \frac{\partial \beta}{\partial u}, \quad \psi = \frac{\partial \gamma}{\partial u} - \frac{\partial \alpha}{\partial z}, \quad \chi = \frac{\partial \beta}{\partial z} - \frac{\partial \gamma}{\partial y}.$$

Nous n'entrerons pas dans le détail des démonstrations. Nous n'aurons d'ailleurs à considérer que des intégrales remplissant ces conditions, car ce sont celles que l'on rencontre le plus fréquemment en physique mathématique.

Transformations d'intégrales de surface en intégrales curvilignes

208. Démontrons d'abord une formule d'un usage fréquent, et qui n'est qu'un cas particulier de la formule de Green sur laquelle nous reviendrons plus loin.

Soient P et Q deux fonctions d'x et d'y continues et uniformes dans une aire plane ; soit

$$I = \int\int \left(\frac{\partial P}{\partial y} - \frac{\partial Q}{\partial x}\right) dx dy$$

une intégrale double étendue à cette aire, et soit C la courbe fermée qui entoure cette aire. On a, en supposant $y_1 < y_2$.

$$\int_{y_1}^{y_2} \frac{\partial P}{\partial y}\, dy = P(x,y_2) - P(x,y_1)$$

De même

$$\int_{x_1}^{x_2} \frac{\partial Q}{\partial x}\, dx = Q(x_2,y) - Q(x_1,y)$$

avec $x_1 < x_2$.

Donc

$$I = \int_a^b \left[P(x,y_2) - P(x,y_1)\right] dx - \int_c^d \left[Q(x_2,y) - Q(x_1,y)\right] dy.$$

Mais, si l'on tourne dans le sens trigonométrique sur le contour C, on a pour valeur des intégrales curvilignes suivantes :

$$\int_C P dx = \int_a^b \left[P(x,y_1) - P(x,y_2)\right] dx$$

$$\int_C Q dy = \int_c^d \left[Q(x_2,y) - Q(x_1,y)\right] dy.$$

La valeur de I est donc donnée par la formule

$$\iint \left(\frac{\partial P}{\partial y} - \frac{\partial Q}{\partial x}\right) dx dy = -\int_C (P dx + Q dy) \quad (35)$$

Telle est la formule que nous voulions établir et qui transforme une intégrale double en une intégrale curviligne. En réalité, elle suppose que le contour C n'est rencontré par des parallèles aux axes qu'en deux points ; mais il est facile de montrer qu'elle subsiste dans tous les cas.

Soit, par exemple la courbe, ci-contre ; il suffit de la découper par des droites ou courbes telles que AB, BC, DE pour que

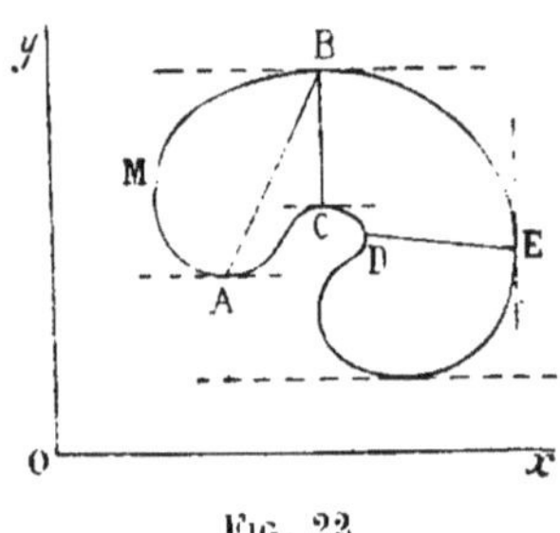

Fig. 22

dans chaque aire partielle la condition précédente soit réalisée.

L'intégrale double sera la somme d'intégrales étendues à chacune des aires et, d'après la formule (35), aura pour valeur

$$-\int_{ABMA} - \int_{ACBA} - \ldots\ldots = -\int_{AB} - \int_{BMA} - \int_{ACB} - \int_{BA} - \ldots\ldots$$

La première et la quatrième se détruisent : il ne reste finalement que

$$-\int_{C} (\mathrm{P}dx + \mathrm{Q}dy).$$

Nous pouvons remarquer en passant que la formule (35) permet de retrouver un résultat établi n° 100. Pour que l'intégrale curviligne

$$\int_{C} (\mathrm{P}dy + \mathrm{Q}dy)$$

soit nulle sur tout contour C, il faut et il suffit que le premier membre de l'équation (35) soit nul en tout point pris à l'intérieur du contour, c'est-à-dire que l'on ait

$$\frac{\partial P}{\partial y} = \frac{\partial Q}{dx}.$$

209. La formule s'étend aisément a une portion de surface courbe quelconque limitée par un contour curviligne C. Désignons en effet par l'indication du chemin entre

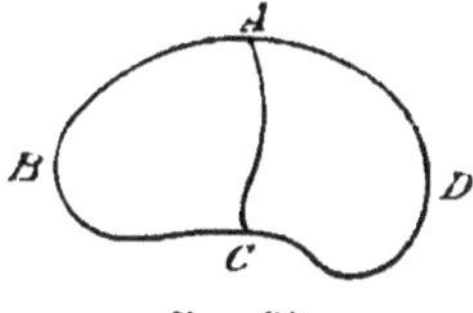

FIG. 23

parenthèses l'intégrale curviligne $\int (Pdu + Qdv)$ prise le long de ce chemin ; on a, en parcourant toujours les aires dans le même sens,

$$(ABCD) = (ABCA) + (ACDA).$$

car

$$(ABCA) = (ABC) + (CA)$$
$$(ACDA) = (AC) + (CDA),$$

et

$$(AC) + (CA) = 0.$$

On pourra ainsi découper l'aire par autant de courbes intermédiaires que l'on voudra. Supposons maintenant que le réseau (u,v) découpe sur la surface un quadrillage analogue à celui des coordonnées rectilignes dans le plan, et que ce quadrillage soit assez serré pour que chaque quadrilatère puisse être assimilé à un quadrilatère plan. On aura pour chaque quadrilatère, dont nous désignerons le contour par γ,

$$\int\int \left(\frac{\partial P}{\partial v} - \frac{\partial Q}{\partial u}\right) du dv = -\int_{\gamma} (Pdu + Qdv)$$

l'intégrale double étant étendue à l'aire du petit quadrilatère. En faisant la somme de toutes les égalités pareilles pour tout le réseau, le premier membre représentera évidemment l'intégrale double étendue à toute l'aire donnée ; le second membre, en vertu de la remarque préliminaire que nous venons de faire, sera l'intégrale curviligne prise le long de la courbe qui limite cette aire. On aura donc bien

$$\int\int\left(\frac{\partial P}{\partial v}-\frac{\partial Q}{\partial u}\right)du\,dv=-\int_{C}(P du\ Q dv) \qquad (35\ bis)$$

Formule de Stokes

210. On désigne sous le nom du géomètre anglais une formule qui avait été auparavant utilisée par Ampère au moins dans un cas particulier. Elle concerne les intégrales dont il a été question au n° 206 et qui sont prises sur une surface donnée,

$$\int\int\left[\left(\frac{\partial\beta}{\partial z}-\frac{\partial\gamma}{\partial y}\right)dy\,dz+\left(\frac{\partial\gamma}{\partial x}-\frac{\partial\alpha}{\partial z}\right)dz\,dx+\left(\frac{\partial\alpha}{\partial y}-\frac{\partial\beta}{\partial x}\right)dx\,dy\right]. \qquad (36)$$

Le théorème de Stokes consiste en ce que *cette intégrale peut être exprimée au moyen de l'intégrale curviligne*

$$\int_{C}(\alpha dx+\beta dy+\gamma dz), \qquad (37)$$

prise le long du contour C.

En vue des applications, il est indispensable de fixer le sens dans lequel est parcouru ce contour. On appelle *sens direct*, en cinématique, le sens de gauche à droite, c'est-à-dire celui des aiguilles d'une montre ; nous adopterons ici cette dénomination. Nous supposerons en outre que le trièdre $oxyz$ est direct c'est-à-dire qu'un observateur placé suivant oz, les pieds en o et la tête en z, voit dans le sens direct le mouvement qui amènerait ox sur oy par une rotation de 90°.

Ainsi que nous l'avons dit, l'intégrale (36) n'a de signification précise que si l'on fixe le côté de la surface sur laquelle elle est prise. Menons la demi normale de ce côté en un point M ; pour tout observateur placé suivant cette normale, les pieds en M, le sens direct sera bien défini le long de tout petit contour enveloppant le point M : si ce contour emprunte une partie du contour C, un sens aura été fixé sur C; c'est le sens dans lequel il faut parcourir C pour évaluer l'intégrale (37).

Cela posé, supposons dans la formule de Riemann (n° 207) que Q soit nul ; elle s'écrit

$$\int\int \frac{\partial P}{\partial y}\,dx\,dy = -\int_{C_1} P\,dx,$$

en désignant par C_1 un contour tracé dans le plan de xy et qui peut être la projection de la courbe C.

Si, ce que nous supposerons d'abord, le côté choisi sur (S) est celui pour lequel l'angle de la demi-normale avec $0z$ est aigu, le sens sur C_1 est le même que sur C et l'on peut écrire

$$\int\int \frac{\partial P}{\partial y}\,dx\,dy = -\int_{C} P\,dx. \tag{38}$$

Supposons maintenant que P soit une fonction des trois variables x, y, z, z étant elle-même reliée à x et y par l'équation donnée de la surface (S). On aura alors, en désignant par $\left(\frac{\partial P}{\partial y}\right)$ une dérivée totale,

$$\left(\frac{\partial P}{\partial y}\right) = \frac{\partial P}{\partial y} + \frac{\partial P}{\partial z}\frac{\partial z}{\partial y}.$$

D'autre part, on a, en appelant α, β, γ, les angles de la normale à (S) avec les axes

$$\frac{\cos\alpha}{\frac{\partial z}{\partial x}} = \frac{\cos\beta}{\frac{\partial z}{\partial y}} = \frac{\cos\gamma}{-1},$$

d'où

$$\frac{\partial z}{\partial y} = -\frac{\cos\beta}{\cos\gamma}.$$

La formule (27) donne

$$dxdy = d\sigma\cos\gamma,$$

et l'on a finalement, en reportant ces valeurs dans l'égalité (38)

$$S\left(\cos\gamma\frac{\partial P}{\partial y} - \cos\beta\frac{\partial P}{\partial z}\right)d\sigma = -\int_C P dx.$$

On aurait de même, en désignant par P et Q deux autres fonctions,

$$S\left(\cos\alpha\frac{\partial Q}{\partial z} - \cos\gamma\frac{\partial Q}{\partial x}\right)d\sigma = -\int_C Q dy,$$

$$S\left(\cos\beta\frac{\partial R}{\partial x} - \cos\alpha\frac{\partial R}{\partial y}\right)d\sigma = -\int_C R dz.$$

Additionnons membre à membre ces trois égalités : nous trouvons enfin

$$\left.\begin{aligned} S\left[\left(\frac{\partial Q}{\partial z} - \frac{\partial R}{\partial y}\right)\cos\alpha + \left(\frac{\partial R}{\partial x} - \frac{\partial P}{\partial z}\right)\cos\beta + \left(\frac{\partial P}{\partial y} - \frac{\partial Q}{\partial x}\right)\cos\gamma\right]d\sigma \\ = -\int_C (P dx + Q dy + R dz). \end{aligned}\right\} \quad (39)$$

C'est, sous une autre forme, la relation annoncée. Nous avons dû, dans le courant de la démonstration, supposer que le côté de (S) sur lequel on intégrait était déterminé d'une certaine manière ($\cos\gamma$ positif); on peut lever cette restriction. En effet, si l'on intègre sur le côté opposé, les cosinus changent de signe; mais, en même temps, le contour C est parcouru en sens contraire et le signe de l'intégrale curviligne est aussi changé. Il y a donc encore égalité entre les deux membres.

211. Comme application, cherchons les conditions pour que l'intégrale

$$\int_C (Pdx + Qdy + Rdz)$$

soit nulle le long de tout contour C fermé. Il résulte de la formule (39) qu'il sera nécessaire et suffisant que l'on ait

$$\frac{\partial Q}{\partial z} - \frac{\partial R}{\partial y} = 0, \quad \frac{\partial R}{\partial x} - \frac{\partial P}{\partial z} = 0, \quad \frac{\partial P}{\partial y} - \frac{\partial Q}{\partial x} = 0;$$

ce sont les conditions qui expriment que

$$Pdx + Qdy + Rdz$$

est une différentielle exacte.

Sous les mêmes conditions, l'intégrale

$$\int_{abc}^{xyz} (Pdx + Qdy + Rdz)$$

pourra être considérée comme une fonction $F(x,y,z)$ de sa limite supérieure, et l'on aura

$$P = \frac{\partial F}{\partial x}, \quad Q = \frac{\partial F}{\partial y}, \quad R = \frac{\partial F}{\partial z}.$$

CHAPITRE VII

APPLICATIONS GÉOMÉTRIQUES
MÉTHODES D'APPROXIMATION

212. Avant de continuer la théorie, faisons quelques applications des règles établies dans les six premiers chapitres. Les lecteurs trouveront à la suite du chapitre VIII un grand nombre de résultats, qu'ils pourront s'exercer à vérifier ; nous voulons seulement donner ici quelques exemples de calcul. Ces exemples s'appliqueront successivement aux rectifications d'arcs, de courbes planes ou gauches, aux quadratures d'aires planes ou courbes, et aux cubatures (mesures de volume).

Rectifications

213. Nous avons déjà donné dans le tome Ier (no 286) la rectification de la cycloïde. On peut aussi trouver la longueur de l'arc d'*épicycloïde*.

Soit en effet l'épicycloïde engendrée par le roulement d'une circonférence de rayon a sur une circonférence de rayon r. Si l'on appelle φ l'angle dont a tourné la roulette, on trouve aisément pour équation de l'épicycloïde, en posant $n = \frac{a}{r}$,

$$\left\{\begin{aligned} \frac{x}{a} &= \frac{n+1}{n}\cos n\varphi - \cos(n+1)\varphi \\ \frac{y}{a} &= \frac{n+1}{n}\sin n\varphi - \sin(n+1)\varphi. \end{aligned}\right.$$

Il en résulte

$$\frac{1}{a^2}\, ds^2 = (n+1)^2(1-\cos\varphi) = 4(n+1)^2 \sin^2\frac{\varphi}{2}$$

$$\frac{1}{a}\, ds = 2(n+1)\sin\frac{\varphi}{2}$$

$$\frac{s}{a} = C - 4(n+1)\cos\frac{\varphi}{2}.$$

Si l'on compte les arcs à partir d'un point de rebroussement ($\varphi = 0$), on trouve $\frac{s}{a} = 4(n+1)\left(1 - \cos\frac{\varphi}{2}\right)$.

Pour l'*hypocycloïde*, il suffit de changer a en $-a$.

214. *Rectification de la parabole.* — Nous compterons l'arc s de la parabole à partir du sommet, et nous exprimerons les deux coordonnées d'un point M de la courbe en fonction de l'angle α que fait avec ox la tangente au point M. Comme l'on a, dans la parabole,

$$\frac{dy}{dx} = \operatorname{tang}\alpha = \frac{p}{y},$$

on trouve immédiatement

$$y = p \cot\alpha, \qquad x = \frac{p}{2}\cot^2\alpha.$$

On en déduit

$$s = \int \sqrt{\left(\frac{dx}{d\alpha}\right)^2 + \left(\frac{dy}{d\alpha}\right)^2}\, d\alpha = \pm p \int_{\frac{\pi}{2}}^{\alpha} \frac{d\alpha}{\sin^3\alpha}.$$

Différentions $\frac{1}{\sin^2\alpha}$; nous obtenons

$$-\frac{2\cos\alpha\, d\alpha}{\sin^3\alpha} = d.\frac{1}{\sin^2\alpha},$$

ce qui peut s'écrire, en multipliant les deux membres par $\cos\alpha$

$$-\frac{2}{\sin^3\alpha}\, d\alpha + \frac{2}{\sin\alpha}\, d\alpha = \cos\alpha\, d\,\frac{1}{\sin^2\alpha} = d\,\frac{\cos\alpha}{\sin^2\alpha} - \frac{1}{\sin^2\alpha}\, d\cos\alpha$$

ou enfin

$$-\frac{2}{\sin^3\alpha}\,d\alpha = d\,\frac{\cos\alpha}{\sin^2\alpha} - \frac{d\alpha}{\sin\alpha}.$$

En intégrant, on trouve l'arc de parabole

$$s = \frac{p}{2}\left[\frac{\cos\alpha}{\sin^2\alpha} - \log\operatorname{tang}\frac{\alpha}{2}\right],$$

sans constante d'intégration parce que, pour $\alpha = \frac{\pi}{2}$, on a bien $x = y = s = 0$. Le signe de s a été choisi de manière que l'arc croisse lorsque α décroît.

On peut remarquer que le premier terme, $\frac{p}{2}\frac{\cos\alpha}{\sin^2\alpha}$, représente la longueur de la portion de tangente comprise entre le point M et oy.

215. *Spirale logarithmique.* — Cette courbe a pour équation

$$\rho = ae^{m\omega}.$$

Son arc a pour longueur (Tome Ier no 392)

$$s = \int \sqrt{d\rho^2 + \rho^2 d\omega^2} = \int d\omega\,\sqrt{\rho^2 + \rho'^2}$$

$$= a\int e^{m\omega}\sqrt{1 + m^2}\,d\omega$$

ou enfin

$$s = \frac{\sqrt{1 + m^2}}{m}\,\rho + \mathrm{C}.$$

216. *Lemniscate.* — La rectification de la lemniscate dépend des fonctions elliptiques. Mais la longueur totale peut

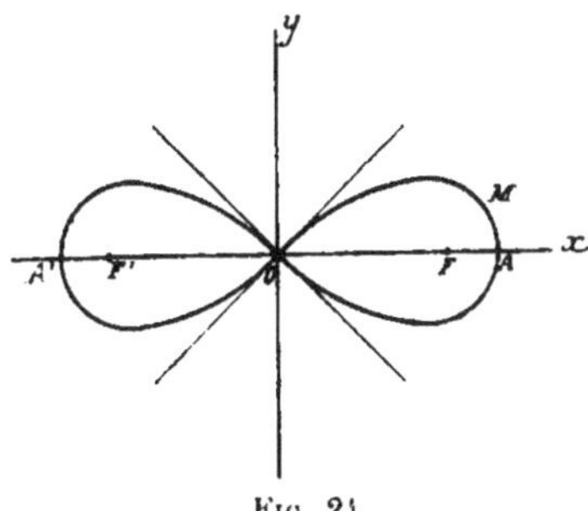

Fig. 24

s'exprimer au moyen des fonctions Eulériennes. Rappelons que la lemniscate, lieu des points M tels que

$$MF.MF' = OF^2 = a^2,$$

a pour équation en coordonnées polaires

$$\rho^2 = 2a^2 \cos 2\omega.$$

Elle a la forme ci-dessus ; ses tangentes à l'origine sont les bissectrices des angles des axes. L'arc AMO, qui est le quart de la longueur totale, a donc pour longueur

$$s = \int_0^{\frac{\pi}{4}} \sqrt{\rho^2 + \rho'^2}\, d\omega = a\sqrt{2} \int_0^{\frac{\pi}{4}} \frac{d\omega}{\sqrt{\cos 2\omega}}.$$

Posons

$$\varphi = 2\omega.$$

L'intégrale précédente devient

$$s = \frac{a\sqrt{2}}{2} \int_0^{\frac{\pi}{2}} \cos^{-\frac{1}{2}} \varphi d\varphi$$

et l'on reconnaît (nº 153) l'intégrale Eulérienne de première espèce $B\left(\frac{1}{2}, \frac{1}{4}\right)$ divisée par 2. La longueur totale de la lemniscate sera donc

$$s = a\sqrt{2}\,B\left(\frac{1}{2}, \frac{1}{4}\right) = a\sqrt{2}\,\frac{\Gamma\left(\frac{1}{2}\right)\Gamma\left(\frac{1}{4}\right)}{\Gamma\left(\frac{3}{4}\right)}.$$

Mais l'on a (nº 160)

$$\Gamma\left(\frac{1}{2}\right) = \sqrt{\pi}$$

$$\Gamma\left(\frac{1}{4}\right)\Gamma\left(\frac{3}{4}\right) = \frac{\pi}{\sin\frac{\pi}{4}} = \pi\sqrt{2}.$$

L'expression précédente devient ainsi

$$s = a\,\frac{\Gamma^2\left(\frac{1}{4}\right)}{\pi}$$

217. *Hélice.* — Les équations de l'hélice sont (I nº 422)

$$x = a\cos\varphi, \qquad y = a\sin\varphi, \qquad z = ma\varphi;$$

on a

$$ds^2 = dx^2 + dy^2 + dz^2 = a^2(1 + m^2)d\varphi^2;$$

on en déduit immédiatement

$$s = a\sqrt{1 + m^2}\,\varphi.$$

218. *Loxodromie.* — On appelle ainsi une courbe tracée sur la sphère et qui coupe tous les méridiens sous le même angle. Soit a le rayon de la sphère, φ la longitude, θ la colatitude d'un point. A l'aide de ces coordonnées polaires, on trouve pour équation de la courbe,

$$\sin\theta\,(e^{n\varphi} + e^{-n\varphi}) = 2 \qquad (1)$$

On en déduit, à cause de $e^{n\varphi} \times e^{-n\varphi} = 1$,

$$e^{n\varphi} - e^{-n\varphi} = \pm 2 \frac{\cos \theta}{\sin \theta}. \qquad (2)$$

Cela posé, l'arc infiniment petit MM' s'obtient ainsi

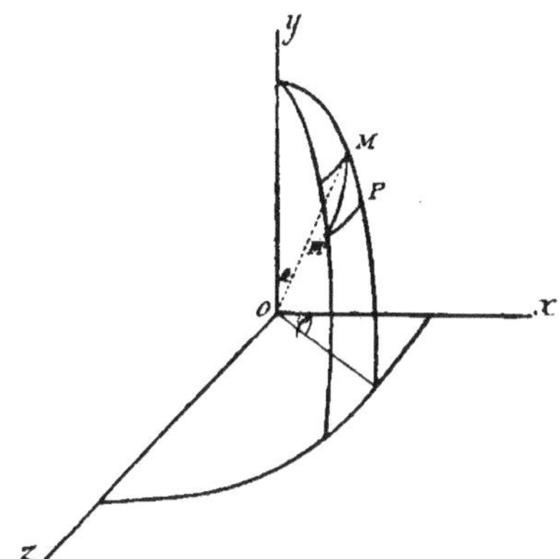

Fig. 25

$$MM'^2 = MP^2 + PM'^2 = a^2 d\theta^2 + a^2 \sin^2\theta d\varphi^2$$

$$ds = a \sqrt{d\theta^2 + \sin^2\theta d\varphi^2} \qquad (3)$$

$$s = a \int \sqrt{d\theta^2 + \sin^2\theta d\varphi^2}$$

Or, en différentiant l'équation (1), on trouve

$$\cos \theta d\theta (e^{n\varphi} + e^{-n\varphi}) + \sin \theta (e^{n\varphi} - e^{-n\varphi}) n d\varphi = 0 ;$$

d'où, en remplaçant les exponentielles par leurs valeurs tirées des équations (1) et (2)

$$d\theta = \pm n \sin \theta \, d\varphi.$$

On a donc

$$s = a \int \frac{\sqrt{1 + n^2}}{n} d\theta = a \frac{\sqrt{1 + n^2}}{n} (\theta - \theta_0)$$

L'arc décrit est proportionnel au changement de latitude.

Dans le cas où la loxodromie se confond avec un parallèle, la formule précédente devient illusoire ; on a alors $n = 0$, $\theta = \theta_0$. La solution directe est évidente.

Quadratures d'aires planes

219. Nous considérerons d'abord les aires planes. Nous avons démontré dès le premier chapitre de cet ouvrage (I. n° 3) que l'aire d'une portion de courbe limitée à deux ordonnées ($x = \alpha$ et $x = \beta$) et à l axe des x a pour expression

$$\int_\alpha^\beta y dx,$$

y étant l'ordonnée d'un point courant de la courbe. Cette règle suffit dans la plupart des cas.

Supposons par exemple qu'il s'agisse de la parabole

$$y^2 = 2px \qquad y = \sqrt{2p} . x^{\frac{1}{2}}.$$

L'aire d'un segment parabolique compris entre le sommet O et une perpendiculaire MM' à l'axe est le double de l'aire OMP, elle a pour valeur

$$2 \int_0^a y dx = 2 \sqrt{2p} \int_0^a x^{\frac{1}{2}} dx = \frac{4}{3} (2pa)^{\frac{3}{2}}$$

ou encore, en appelant b l'ordonnée correspondante à l'abcisse a, $\frac{4}{3} ab$.

On voit que cette aire est les deux tiers du rectangle construit sur MM' et sur OP. Ce théorème avait déjà été énoncé par Archimède.

Le même théorème subsiste d'ailleurs si les axes sont obliques. Prenons dans ce cas pour axes de coordonnées, faisant entre eux l'angle θ, la tangente oy au milieu de l'arc qui limite le segment parabolique et le diamètre ox qui passe

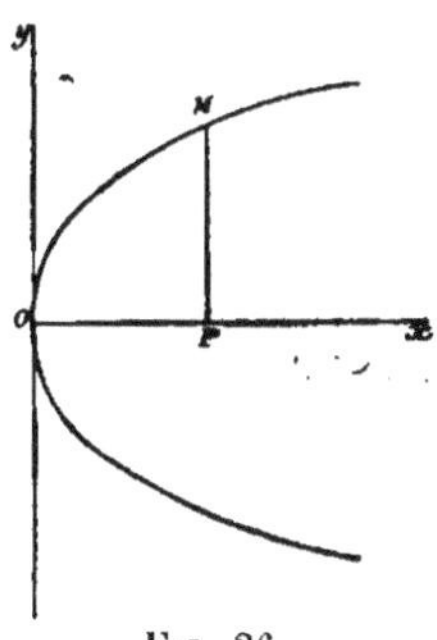

FIG. 26

par ce point. L'équation de la parabole sera

$$y^2 = 2p'x \qquad y = \sqrt{2p'}\, x^{\frac{1}{2}};$$

un élément d'aire (compris entre deux ordonnées, l'axe des x et la parabole), sera un parallélogramme et aura pour expression $ydx\sin\theta$. Le segment parabolique aura pour valeur

$$\int_0^{a'} ydx \sin\theta = \frac{4}{3} a'b' \sin\theta;$$

il est encore les deux tiers du parallélogramme construit sur la corde du segment et sur la portion du diamètre comprise entre O et la corde. On peut aussi dire que l'aire du segment parabolique est les deux tiers de l'aire du triangle formé par la corde du segment et par les tangentes menées aux extrémités de la corde.

220. *Ellipse.* On peut de même évaluer l'aire du segment elliptique. Soit l'ellipse

$$\frac{x^2}{a^2} + \frac{y^2}{b^2} = 1.$$

On a ici à calculer

$$\int_0^x y dx = \frac{b}{a} \int_0^x \sqrt{a^2 - x^2}\, dx.$$

On trouve ainsi pour le segment, qui est le double de cette intégrale

$$ab \text{ arc sin } \frac{x}{a} - \frac{b}{a} x \sqrt{a^2 - x^2}.$$

On aura l'aire de la demi-ellipse en faisant $x = a$, ce qui donne pour l'ellipse totale

$$\pi ab.$$

221. Ainsi qu'on peut le pressentir par l'exemple précédent, puisqu'on sait calculer l'aire d'un segment elliptique tandis que l'on n'a pu rectifier l'arc d'ellipse sans inventer de nouvelles fonctions, le problème des quadratures est plus simple que celui des mesures de longueurs d'arcs. Cette différence provient de ce que l'expression de l'aire élémentaire est rationnelle, au lieu que celle de l'élément d'arc contient un radical carré. C'est ainsi que l'on sait quarrer toutes les courbes unicursales (dont l'ellipse et la parabole font partie).

Nous en donnerons un dernier exemple.

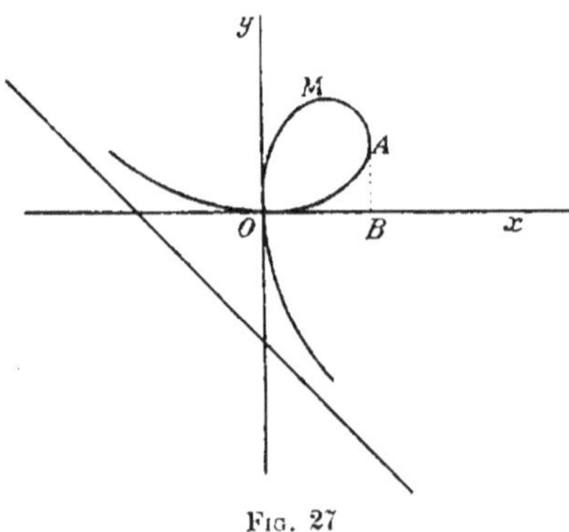

Fig. 27

Soit à évaluer l'aire de la boucle du *folium de Descartes*, qui a pour équation

$$x^3 + y^3 - 3axy = 0.$$

En posant $y = tx$, on a les deux coordonnées en fonction d'un même paramètre.

$$x = \frac{3at}{1+t^3}, \quad y = \frac{3at^2}{1+t^3}.$$

La boucle s'obtient en faisant varier t de 0 à ∞ ; son aire aura donc pour valeur

$$A = \int y dx = \pm 9a^2 \int_0^\infty \frac{(1-2t^3)t^2 dt}{(1+t^3)^3},$$

ce qui peut s'écrire

$$A = \pm 9a^2 \left[\int_0^\infty \frac{3t^2 dt}{(1+t^3)^3} - \int_0^\infty \frac{2t^2 dt}{(1+t^3)^2} \right]$$

$$= \pm 9a^2 \left\{ \left[-\frac{1}{2} \frac{1}{(1+t^3)^2} \right]_0^\infty - \left[-\frac{2}{3} \frac{1}{1+t^3} \right]_0^\infty \right\}.$$

$$= \pm 9a^2 \left(\frac{1}{2} - \frac{2}{3} \right).$$

Il faut prendre le signe —, ce qui donne

$$A = \frac{3a^2}{2}.$$

222. Il est essentiel de souligner l'incident qui vient de se

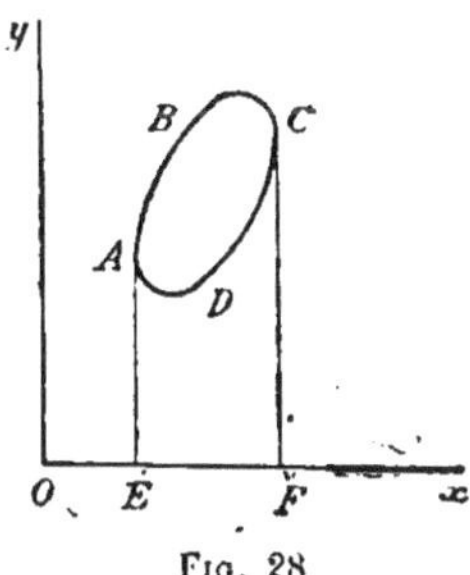

Fig. 28

passer dans l'exemple précédent où le changement de variables était insuffisamment justifié et expliqué. Nous avions en effet, jusqu'à présent, admis que les aires étaient limitées à deux ordonnées et à l'axe ox. Pour évaluer une aire quelconque fermée, il faut la considérer comme différence de deux aires du type précédent, savoir : l'aire ABCFE et l'aire ADCFE

$$\mathrm{A} = \text{aire ABCD} = \text{aire ABCFE} - \text{aire ADCFE}$$

Si donc y_2 et y_1 sont les ordonnées correspondantes à une même valeur de x ($y_2 > y_1$) et si a, b sont les abscisses extrêmes, on aura

$$\mathrm{A} = \int_a^b y_2 dx - \int_a^b y_1 dx.$$

Revenant à l'exemple précédent, on voit que sur le premier arc OMA, il faut faire varier t de ∞ à une certaine valeur t_1; sur le second arc, t varie de zéro à t_1. On a donc

$$\mathrm{A} = \int_\infty^{t_1} y_2 dx - \int_0^{t_1} y_1 dx$$

ou

$$\mathrm{A} = \int_\infty^0 y dx = -\int_0^\infty y dx.$$

Pour simplifier la démonstration, nous avons supposé que la courbe n'était coupée qu'en deux points par les parallèles à oy; s'il en était autrement, on pourrait toujours, comme au n° 183, par des parallèles à oy, découper l'aire à mesurer en parties, dans chacune desquelles la condition précédente serait réalisée.

223. On voit d'ailleurs, par l'exemple précédent, combien les changements de variables peuvent être avantageux ; nous avons pu, grâce à l'emploi de la variable t, remplacer une différence de deux intégrales par une intégrale unique.

Pour effectuer le changement de variables sans embarras, on peut considérer que l'aire à évaluer est une intégrale de surface

$$\int\int dxdy$$

étendue à toute l'aire considérée; si l'on désigne alors par u et v les nouvelles coordonnées et par $|J|$ le module du déterminant de x, y par rapport à u et v, la nouvelle expression de l'aire sera

$$\int\int |J|\, dudv.$$

221. Considérons par exemple les coordonnées polaires dont l'usage est si fréquent. Les formules de transformation

$$x = \rho \cos \omega, \quad y = \rho \sin \omega$$

donnent immédiatement

$$|J| = |\rho|,$$

ce qui confirme le résultat obtenu n° 181.

Comme première application, évaluons l'aire totale de la courbe

$$\rho^4 = \sin^3\omega \cos \omega.$$

Cette courbe a deux boucles, une dans le premier quadrant et une dans le troisième, ces deux boucles ont même aire. L'aire totale aura donc pour expression

$$A = 2\int_0^{\rho}\int_0^{\frac{\pi}{2}} \rho d\omega d\rho = \int_0^{\frac{\pi}{2}} \rho^2 d\omega = \int_0^{\frac{\pi}{2}} \sin^{\frac{3}{2}}\omega \cos^{\frac{1}{2}}\omega d\omega$$

$$= \frac{1}{2}\,B\left(\frac{5}{4}, \frac{3}{4}\right) = \frac{1}{2}\frac{\Gamma\left(\frac{5}{4}\right)\Gamma\left(\frac{3}{4}\right)}{\Gamma(2)}$$

Or (n° 147)

$$\Gamma\left(\frac{5}{4}\right)=\frac{1}{4}\Gamma\left(\frac{1}{4}\right), \quad \Gamma(2)=1,$$

donc

$$A=\frac{1}{8}\Gamma\left(\frac{1}{4}\right)\Gamma\left(\frac{3}{4}\right)=\frac{1}{8}\frac{\pi}{\sin\frac{\pi}{4}}=0,5553 \text{ environ.}$$

Quadrature des surfaces courbes

225. Pour évaluer les aires courbes, nous devons d'abord chercher l'expression de l'élément de cette aire. Supposons les trois coordonnées d'un point quelconque de la surface évaluées en fonction des deux paramètres u et v. L'élément $d\sigma$, correspondant au point où la normale fait avec oz l'angle γ, a pour projection sur xoy, l'élément d'aire plane $dxdy$:

$$d\sigma=\frac{dxdy}{\cos\gamma}.$$

Nous supposerons d'abord γ aigu sur toute la surface à mesurer.

La valeur de $\cos\gamma$ a été donnée au n° 474 du tome Ier ; en conservant les mêmes notations, on a

$$\cos\gamma=\frac{|C|}{\sqrt{A^2+B^2+C^2}}$$

D'autre part on a vu (n° 196) que

$$dxdy=|J|\,dudv,$$

et

$$|J|=|C|=\left|\frac{\partial x}{\partial u}\frac{\partial y}{\partial v}-\frac{\partial x}{\partial v}\frac{\partial y}{\partial u}\right|.$$

L'élément d'aire a donc pour expression

$$d\sigma = \sqrt{A^2 + B^2 + C^2}\, dudv$$

et l'aire totale

$$\sigma = \int\int \sqrt{A^2 + B^2 + C^2}\, dudv. \qquad (4)$$

on lèvera, ici comme dans les cas analogues déjà considérés, les difficultés de signes en découpant au besoin en plusieurs parties l'aire à évaluer. Nous allons donner quelques exemples.

226. *Fenêtres de Viviani.* — Le problème consiste à évaluer l'aire de la surface sphérique qui subsiste lorsqu'on a enlevé d'un hémisphère les deux fenêtres que découpent deux cylindres tangents entre eux et tangents à la base de l'hémisphère aux extrémités d'un même diamètre (voir la *fig.* n° 185).

Nous pourrions appliquer la formule (4), mais nous arriverons plus rapidement au résultat en employant les coordonnées du n° 185, et en reprenant le calcul directement. L'élément d'aire plane a pour expression en coordonnées polaires

$$\rho d\rho d\omega,$$

l'angle γ est l'angle du rayon de la sphère avec l'axe oz;

$$\cos\gamma = \frac{z}{R}.$$

On a donc à évaluer

$$R \int\int \frac{\rho d\rho d\omega}{z}$$

ou (n° 185), en évaluant d'abord le quart de l'aire totale,

$$R\int_0^{\frac{\pi}{2}} d\omega \int_{\rho'}^{R} \frac{\rho d\rho}{\sqrt{R^2-\rho^2}} = R\int_0^{\frac{\pi}{2}} d\omega \left[-\sqrt{R^2-\rho^2}\right]_{\rho'}^{R}$$

$$= R\int_0^{\frac{\pi}{2}} \sqrt{R^2-\rho'^2}\, d\omega = R^2 \int_0^{\frac{\pi}{2}} \sin \omega d\omega = R^2.$$

L'aire totale est égale à $4R^2$; elle est donc exactement quarrable.

227. *Aire de l'ellipsoïde.* — Soit l'ellipsoïde

$$\frac{x^2}{a^2} + \frac{y^2}{b^2} + \frac{z^2}{c^2} = 1 \qquad (5)$$

Nous exprimerons les coordonnées d'un point de l'ellipsoïde par les formules

$$x = a \sin \theta \cos \varphi, \qquad y = b \sin \theta \sin \varphi, \qquad z = c \cos \theta$$

et nous appliquerons la formule (4)

$$\frac{\partial x}{\partial \theta} = a \cos \theta \cos \varphi \qquad \frac{\partial y}{\partial \theta} = b \cos \theta \sin \varphi \qquad \frac{\partial z}{\partial \theta} = -c \sin \theta$$

$$\frac{\partial x}{\partial \varphi} = -a \sin \theta \sin \varphi \qquad \frac{\partial y}{\partial \varphi} = b \sin \theta \cos \varphi \qquad \frac{\partial z}{\partial \varphi} = 0$$

$$A = bc \sin^2\theta \cos \varphi$$
$$B = ca \sin^2\theta \sin \varphi$$
$$C = ab \sin \theta \cos \theta$$

on aura donc pour le huitième de l'aire totale

$$\sigma = \int_0^{\frac{\pi}{2}}\int_0^{\frac{\pi}{2}} \sqrt{b^2c^2\sin^2\theta\cos^2\varphi + a^2c^2\sin^2\theta\sin^2\varphi + a^2b^2\cos^2\theta}\,\sin\theta d\theta d\varphi$$

En remplaçant $\sin^2\theta$ par $1 - \cos^2\theta$ sous le radical, on aura à intégrer une expression de la forme

$$\sqrt{\lambda + \mu \cos^2\theta}\, \sin \theta d\theta d\varphi.$$

L'intégration par rapport à θ s'effectue immédiatement. Mais l'intégrale simple à laquelle on est conduit est une intégrale elliptique ; nous ne pousserons donc pas le calcul plus loin pour le moment.

228. Nous avons vu (tome Ier n° 477) que l'élément d'arc d'une courbe de la surface a pour expression

$$ds^2 = Edu^2 + 2Fdudv + Gdv^2.$$

Il résulte des valeurs (10) données au même endroit pour E, F, G et de l'identité bien connue

$$(p^2 + q^2 + r^2)(p'^2 + q'^2 + r'^2) - (pp' + qq' + rr')^2$$
$$= (pq' - qp')^2 + (qr' - rq')^2 + (rp' - pr')^2,$$

que

$$A^2 + B^2 + C^2 = EG - F^2.$$

Par conséquent, si la surface est donnée par son ds^2, on aura pour l'expression de l'aire

$$\sigma = \int\int \sqrt{EG - F^2}\, dudv \qquad (6)$$

Cette formule peut s'établir très simplement par des considérations géométriques.

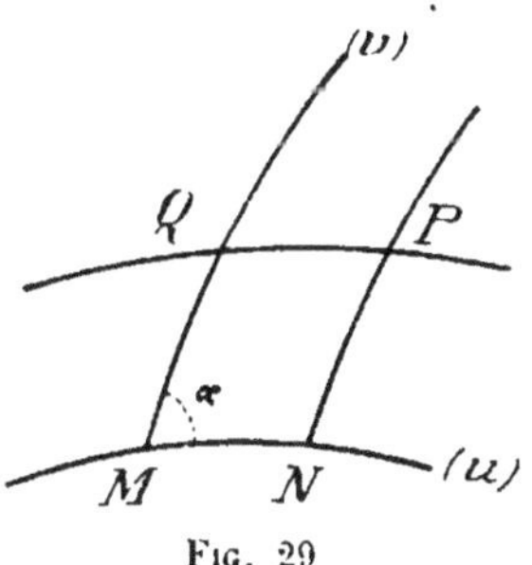

Fig. 29

En effet, traçons sur la surface les courbes $u =$ constante et $v =$ constante ainsi que deux courbes infiniment voisines de celles-là. Elles déterminent sur la surface un quadrilatère que l'on peut assimiler à un parallélogramme (*). L'aire de ce parrallélogamme a pour expression (voir toujours I n° 477).

$$\mathrm{MN.MQ} \sin \alpha = \sqrt{\mathrm{G}}dv\sqrt{\mathrm{E}}du\sqrt{1 - \frac{\mathrm{F}^2}{\mathrm{EG}}} = \sqrt{\mathrm{EG} - \mathrm{F}^2}dudv,$$

ce que nous voulions établir.

229. Considérons par exemple la surface de vis à filet carré et toutes les surfaces, telles que la caténoïde, applicables, sur cette surface. Nous avons trouvé pour le ds^2 (I. n° 527)

$$ds^2 = du^2 + (a^2 + u^2)dv^2.$$

Ici

$$\mathrm{E} = 1, \quad \mathrm{F} = 0, \quad \mathrm{G} = a^2 + u^2.$$

Une portion de la surface aura donc pour aire

$$\sigma = \int\int \sqrt{a^2 + u^2}dudv$$

et l'on voit que la double intégration peut être entièrement effectuée.

Pour les surfaces de révolution quelconques (n° 532), on

(*) Soient x, y, z les coordonnées du point M. Celles de Q seront $x + \frac{\partial x}{\partial u}du, \quad y + \frac{\partial y}{\partial u}du, \quad z + \frac{\partial z}{\partial u}du$. On obtiendra celles de N et de P en remplaçant dans les coordonnées des deux points précédents x, y, z par $x + \frac{\partial x}{\partial v}dv, \ldots$ Soient x_1, y_1, z_1, celles de N. La projection de MQ sur ox est $\frac{\partial x}{\partial u}du$, celles de NP $\frac{\partial x_1}{\partial u}du = \frac{\partial x}{\partial u}du + \frac{\partial^2 x}{\partial u \partial v}dudv$. Ces projections sont égales aux infiniment petits du second ordre près. Il en est de même sur les trois axes. Donc MQ et NP sont parallèles ; de même MN et QP.

est toujours ramené à une intégrale simple; car l'aire a pour expression

$$\sigma = \int\int \sqrt{\varphi(u)}\,du\,dv = \int (v_1 - v_0)\sqrt{\varphi(u)}\,du,$$

v_1 et v_0 étant les valeurs extrêmes de v pour une valeur donnée à u.

Ainsi, supposons que la méridienne soit la cycloïde

$$\begin{cases} x = a(u - \sin u) \\ y = a(1 - \cos u) \end{cases}$$

et que la surface de révolution soit engendrée par cette cycloïde tournant autour de sa base (ox). Les coordonnées d'un point quelconque seront

$$\begin{aligned} X &= x = a(u - \sin u) \\ Y &= y \cos v = a(1 - \cos u)\cos v \\ Z &= y \sin v = a(1 - \cos u)\sin v, \end{aligned}$$

on en déduit immédiatement

$$ds^2 = dX^2 + dY^2 + dZ^2 = 2a^2(1 - \cos u)du^2 + a^2(1 - \cos u)^2 dv^2$$

$$E = 2a^2(1 - \cos u) = 4a^2 \sin^2 \frac{u}{2},$$

$$F = 0,$$

$$G = a^2(1 - \cos u)^2 = 4a^2 \sin^4 \frac{u}{2};$$

$$\sigma = 4a^2 \int\int \sin^3 \frac{u}{2}\,du\,dv.$$

Pour intégrer cette expression, on remarque que

$$4 \sin^3 \frac{u}{2} = 3 \sin \frac{u}{2} - \sin \frac{3u}{2};$$

nous évaluerons la surface engendrée par une boucle complète de la cycloïde : u variera alors de 0 à π et v de 0 à 2π, et l'on aura

$$\sigma = a^2 \int_0^{2\pi} dv \int_0^{\pi} \left(3 \sin \frac{u}{2} - \sin 3 \frac{u}{2}\right) du,$$

$$\sigma = \frac{64}{3} a^3.$$

230. Nous avons dit (I n° 531) qu'on appelle *courbure totale* d'une surface en un point le produit des inverses des rayons de courbure principaux. Voici par quelles considérations Gauss a justifié l'introduction de cet élément important.

On sait qu'on appelle courbure d'une courbe plane le rapport de l'angle de contingence à l'arc infiniment petit. Décrivons une sphère avec l'unité pour rayon, et par le centre O de cette sphère menons les parallèles Om, Om' aux normales MN, M'N' de la courbe donnée. L'arc de grand cercle mm', infiniment petit si M et M' sont infiniment voisins, mesure l'angle des deux tangentes et l'on a pour expression de la courbure

$$k = \frac{\text{arc } mm'}{\text{arc MM}'}. \qquad (7)$$

Etendons ces considérations aux surfaces. Soit dS un élément de surface limité par une courbe (c), M un point de cet élément, MN une demi-normale à la surface menée par le point. La parallèle à MN menée par le centre de la sphère de rayon *un* et dans le même sens perce la sphère en un point m qui est la représentation sphérique de M. A l'élément dS de la surface, correspond ainsi un élément dS_1 de la sphère et à la courbe (c) une courbe sphérique (c_1). On peut appeler courbure de la surface au point M la limite du rapport $\frac{dS_1}{dS}$ lorsque ces deux aires tendent vers zéro. Cherchons quelle est cette limite. D'après la formule (6), nous avons sur la surface (S)

$$dS = \sqrt{EG - F^2}\, du\, dv$$

et sur la sphère

$$dS_1 = \sqrt{E'G' - F'^2}\,du'dv'.$$

Les coordonnées du point m peuvent évidemment être considérées comme dépendant de u et de v, c'est-à-dire que l'on peut supposer $u' = u$, $v' = v$. Il en résulte

$$\frac{dS_1}{dS} = \frac{\sqrt{E'G' - F'^2}}{\sqrt{EG - F^2}}. \tag{8}$$

Supposons que le réseau (u,v) sur la surface (S) soit celui des lignes de courbure ; c'est un réseau orthogonal, et l'on a

$$F = 0.$$

De plus les courbes (u), (v) sur la sphère ont à chaque instant leurs tangentes parallèles à celles des courbes (u), (v) de (S) (I. n° 507) ; on a donc aussi $F' = 0$, et le trièdre mobile attaché au point M sur la surface, trièdre formé par la normale et les tangentes principales, est, à chaque instant, homothéthique au trièdre mobile qui suit m sur la sphère. Il en résulte que, dans les formules (59) du n° 522 (tome 1er), les valeurs de α, β, γ, p, q, r, p_1, q_1, r_1 sont les mêmes pour la sphère et pour la surface. Or sur la surface, on a (n° 531)

$$\frac{1}{RR'} = \left(\frac{\partial r}{\partial v} - \frac{\partial r_1}{\partial u}\right)\frac{1}{\sqrt{EG}};$$

sur la sphère de rayon un, on aura de même

$$1 = \left(\frac{\partial r}{\partial v} - \frac{\partial r_1}{\partial u}\right)\frac{1}{\sqrt{E'G'}}.$$

D'où, en divisant membre à membre,

$$\frac{1}{RR'} = \frac{\sqrt{E'G'}}{\sqrt{EG}};$$

comparons à la formule (8) dans laquelle il a fallu faire $F = F' = 0$. Nous trouvons

$$\frac{dS_1}{dS} = \frac{1}{RR'} \qquad (9)$$

Ainsi ce que nous avons appelé la courbure de la surface au point M est précisément la courbure totale, et la formule (9) est une généralisation de la formule (7) relative aux courbes planes.

La formule précédente permet de mettre l'élément d'une surface quelconque et par conséquent l'expression d'une aire courbe quelconque sous une forme élégante et souvent utile. On a en effet

$$dS = RR'dS_1;$$

si le point de la sphère est déterminé par ses coordonnées polaires θ et φ,

$$dS_1 = \sin \theta d\theta d\varphi.$$

On a donc pour l'expression de l'aire

$$S = \int\int RR' \sin \theta d\varphi d\theta. \qquad (10)$$

L'angle θ est l'angle de la normale avec oz, φ mesure l'angle dièdre du plan mené par cette normale parallèlement à oz avec le plan zox. Nous sommes ainsi dégagés de toute considération relative à la sphère.

231. Nous appellerons *courbure totale d'une portion finie* (S) *de surface* l'aire de la portion de sphère (S_1) qui comprend les représentations sphériques de tous les points de (S); d'après la formule (9), cette courbure totale aura donc pour expression

$$\int\int \frac{dS}{RR'}.$$

Supposons que le contour de l'aire (S) soit formé de lignes géodésiques et, pour fixer les idées, considérons un triangle géodésique ABC. Sur tout le contour, on aura (I. 525)

$$d\omega + r du + r_1 dv = 0$$

et par suite

$$\int_C (d\omega + r du + r_1 dv) = 0$$

ou

$$\int_C d\omega = - \int_C (r du + r_1 dv).$$

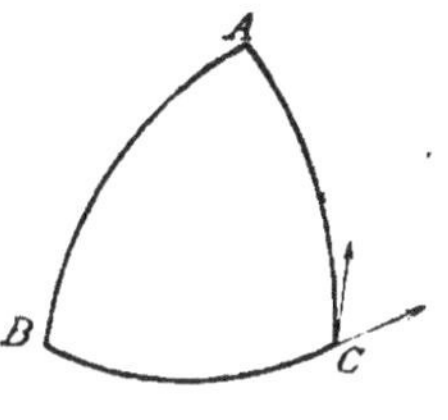

Fig. 30

Le second membre peut s'écrire, en appliquant la formule 35 *bis* du chapitre précédent,

$$\int\int \left(\frac{\partial r}{\partial v} - \frac{dr_1}{\partial u}\right) du dv$$

ou, en appliquant la formule (65) du n° 531, tome 1er

$$\int\int \frac{\sqrt{EG}}{RR'} du dv.$$

Or l'élément (dS) surface est égal à $\sqrt{E du} . \sqrt{G dv}$.

On a donc, pour la courbure totale,

$$\int\int \frac{dS}{RR'} = \int d\omega.$$

Le second membre peut encore être modifié. En effet ω désigne l'angle de la ligne géodésique avec la tangente à la courbe $v =$ constante ; il varierait donc de 2π, si le contour n'avait pas de points saillants et l'on aurait

$$\int d\omega = 2\pi.$$

Mais, à chaque angle du triangle, il y a une variation brusque ; en réalité il faut décomposer l'intégrale en trois

$$\int_{AB} d\omega + \int_{BC} d\omega + \int_{CA} d\omega$$

et à cette somme ajouter, pour avoir 2π, la variation brusque relative à chaque angle, c'est-à-dire

$$\pi - A + \pi - B + \pi - C.$$

Il en résulte

$$\int d\omega = A + B + C - \pi.$$

Donc *la courbure totale du triangle a pour valeur l'excès de la somme des angles du triangle sur deux droits.* Ce théorème est dû à Gauss.

Dans le cas particulier où la surface donnée est une sphère

de rayon a ($R = R' = a$), le triangle géodésique et la courbure totale qui en est la représentation sphérique deviennent des triangles sphériques et l'on retrouve la formule bien connue

$$\frac{S}{a^2} = A + B + C - \pi.$$

Nous voyons que ce théorème s'étend sans modification aux surfaces à courbure constante positive à condition de prendre pour côtés du triangle des lignes géodésiques. Mais on voit de plus que sur les surfaces à courbure constante négative ($R = R' = -a$), la somme des angles du triangle est toujours inférieure à deux droits.

232. Soit r le rayon vecteur mené d'un point quelconque O au point M de (S) ; $(\widehat{Nr})$ l'angle de la normale en M avec ce rayon vecteur, $d\sigma$ un élément d'aire au point M. Gauss a démontré le théorème suivant.

L'intégrale double

$$S\,\frac{d\sigma\cos(\widehat{Nr})}{r^2}, \tag{11}$$

étendue à toute surface fermée, est nulle ou égale à 4π *suivant que* O *est extérieur ou intérieur à la surface fermée.*

En effet, considérons le cône qui a pour sommet le point O et pour base un élément de surface infiniment petit décrit autour de M ; ce cône intercepte sur la sphère de rayon 1 qui a pour centre le point O un élément de surface dS_1 tel que

$$dS_1 = \frac{d\sigma\cos(\widehat{Nr})}{r^2}.$$

L'intégrale considérée (11) a donc pour valeur la surface de la sphère, c'est-à-dire 4π, si le point O est intérieur à la surface. S'il est extérieur, le cône découpera sur la surface deux éléments $d\sigma$ du même côté du sommet O ; comme il faut considérer, soit partout la normale extérieure, soit partout la normale intérieure, les deux valeurs de dS_1 qui en résulteront seront égales et de signes contraires, ce qui démontre le théorème dans le cas du point extérieur.

Remarquons que, si la surface était rencontrée plusieurs fois par le cône, le théorème subsisterait ; car les parties qui pourraient être ajoutées dans l'intégrale (11) par cette complication de forme disparaitraient dans la somme, comme étant deux à deux égales et de signes contraires.

233. Parmi les surfaces courbes, celles qui sont de révolution ont une importance spéciale. Leur quadrature peut être effectuée dans un grand nombre de cas. Nous en avons déjà donné un exemple, celui de la surface qui a pour méridienne la cycloïde ; mais nous nous étions appuyés sur la forme du ds^2. Il convient de reprendre le problème sans invoquer cette considération.

Soit d'abord en coordonnées rectangulaires l'équation de la méridienne

$$x = \varphi(z).$$

Supposons que l'axe de la surface de révolution soit l'axe oz. Un élément ($MN = ds$) d'arc de la méridienne, correspon-

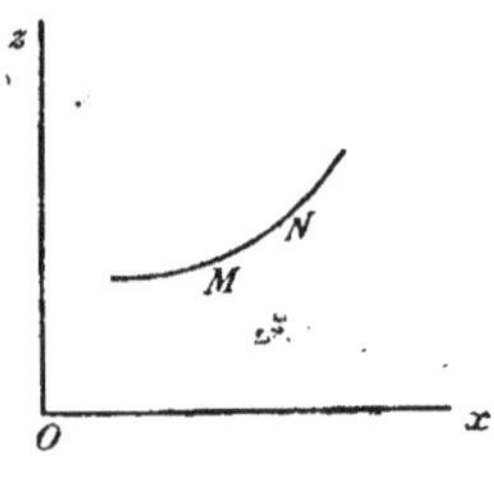

Fig. 31

dant au point $M(x,z)$, engendrera un tronc de cône de révolutio n dont l'aire aura pour expression

$$2\pi\left(x + \frac{dx}{2}\right)ds$$

ou, en négligeant les infiniment petits du second ordre,

$$2\pi x ds.$$

L'aire de la surface sera donc

$$S = 2\pi \int_{z_1}^{z_2} x ds \tag{12}$$

ou encore

$$S = 2\pi \int_{z_1}^{z_2} \varphi(z) \sqrt{1 + \left(\frac{dx}{dz}\right)^2}\, dz. \tag{13}$$

234. *Aire de la zône.* Soit, par exemple, une sphère ; on aura

$$x = \sqrt{a^2 - z^2}$$

$$\frac{dx}{dz} = \frac{-z}{\sqrt{a^2 - z^2}}$$

$$S = 2\pi \int_{z_1}^{z_2} a dz = 2\pi a(z_2 - z_1).$$

235. *Aire de l'ellipsoïde de révolution.* Soit l'ellipsoïde

$$\frac{x^2 + y^2}{a^2} + \frac{z^2}{c^2} = 1.$$

La méridienne a pour équation

$$x = \frac{a}{c} \sqrt{c^2 - z^2},$$

d'où

$$\frac{dx}{dz} = -\frac{a}{c} \frac{z}{\sqrt{c^2 - z^2}},$$

$$S = 2\pi \frac{a}{c^2} \int_{z}^{z_2} \sqrt{c^4 + (a^2 - c^2)z^2 dz}.$$

1° *Ellipsoïde allongé* ($c > a$). Le radical se ramène à la forme $\sqrt{\alpha^2 - z^2}$ et l'on trouve pour l'intégrale indéfinie

$$S = \frac{\pi a c^2}{\sqrt{c^2 - a^2}} \arcsin \frac{z}{c^2}\sqrt{c^2 - a^2} + \pi a z \sqrt{1 - \frac{z^2(c^2 - a^2)}{c^4}},$$

formule qui se simplifie un peu si l'on introduit l'excentricité e :

$$e^2 = 1 - \frac{a^2}{c^2},$$

$$S = \frac{\pi a c}{e} \arcsin \frac{ze}{c} + \pi a z \sqrt{1 - \frac{e^2 z^2}{c^2}}.$$

L'aire totale de l'ellipsoïde allongé sera donc :

$$S = \frac{2\pi a c}{e} \arcsin e + 2\pi a c \sqrt{1 - e^2}.$$

2° *Ellipsoïde aplati* ($c < a$). Le radical se ramène à la forme $\sqrt{\alpha^2 + z^2}$ et l'on trouve

$$S = \frac{\pi a c^2}{\sqrt{a^2 - c^2}} \log \left(z + \sqrt{z^2 + \frac{c^4}{a^2 - c^2}}\right) \frac{\sqrt{a^2 - c^2}}{c^2}$$
$$+ \frac{\pi a \sqrt{a^2 - c^2}}{c^2} z \sqrt{z^2 + \frac{c^4}{a^2 - c^2}}.$$

En faisant $z = 0$, puis $z = c$, on aura la moitié de l'aire totale. Cette aire totale a donc pour expression

$$S = \frac{2\pi a c^2}{\sqrt{a^2 - c^2}} \log \frac{a + \sqrt{a^2 - c^2}}{c} + 2\pi a^2,$$

ou en introduisant encore l'excentricité $e^2 = 1 - \frac{c^2}{a^2}$

$$S = \pi a^2 (1 - e^2) \log \frac{1 + e}{1 - e} + 2\pi a^2.$$

236. L'équation de la méridienne peut être donnée en coordonnées polaires. Supposons l'axe de la surface de révolution perpendiculaire à l'axe polaire et passant par le pôle

$$x = \rho \cos \omega$$
$$ds = \sqrt{d\rho^2 + \rho^2 d\omega^2} = \sqrt{\rho^2 + \rho'^2}\, d\omega.$$

La formule (12) devient

$$S = 2\pi \int_{\omega_1}^{\omega_2} \rho \cos \omega \sqrt{\rho^2 + \rho'^2}\, d\omega. \qquad (14)$$

Si l'axe oz de la surface coïncide avec l'axe polaire, il faut, dans la formule (12), supposer $x = \rho \sin \omega$, ce qui donne

$$S = 2\pi \int_{\omega_1}^{\omega_2} \rho \sin \omega \sqrt{\rho^2 + \rho'^2}\, d\omega. \qquad (15)$$

Considérons, par exemple, l'équation

$$\rho = 2a \cos^2 \frac{\omega}{2}$$

qui représente une cardioïde (lieu des projections d'un point d'une circonférence sur ses tangentes) :

$$\rho' = -2a \sin \frac{\omega}{2} \cos \frac{\omega}{2}.$$

L'aire totale de la surface engendrée aura pour expression

$$S = 16\pi a^2 \int_0^{\pi} \cos^4 \frac{\omega}{2} \sin \frac{\omega}{2}\, d\omega = \frac{32}{5} \pi a^2.$$

Cubatures

237. Nous avons déjà expliqué, n°s 184 et 185, comment l'évaluation des volumes est, la plupart du temps, une application des intégrales doubles et nous avons donné deux exemples. Si le volume n'est pas limité partiellement par le plan xy et par un cylindre parallèle à oz, on a vu (n° 205) comment on peut le ramener à un pareil volume; tout solide peut toujours être considéré comme somme ou différence d'un certain nombre de solides dont le volume s'exprime par l'intégrale

$$\mathrm{S} z d\sigma,$$

$d\sigma$ étant un élément d'aire dans le plan des xy.

On pourra encore opérer de la manière suivante : On découpera le solide à cuber par des plans parallèles au plan des xy, équidistants et assez rapprochés les uns des autres pour pouvoir assimiler le volume compris entre deux plans consécutifs à un cylindre aux infiniment petits du second ordre près.

Soit dz la distance de deux plans consécutifs, σ l'aire de la section plane faite à la distance z de xoy; cette aire sera une fonction de z et l'on sera ramené à l'intégrale simple

$$\int \sigma dz. \tag{16}$$

Nous verrons dans le chapitre suivant comment il conviendrait d'opérer si les coordonnées étaient curvilignes dans l'espace.

238. Soit, par exemple, à cuber l'ellipsoïde.

$$\frac{x^2}{a^2} + \frac{y^2}{b^2} + \frac{z^2}{c^2} = 1.$$

Nous calculerons le volume de la moitié située au-dessus de xoy ; à la hauteur z, la section a pour équation

$$\frac{x^2}{a^2}+\frac{y^2}{b^2}=1-\frac{z^2}{c^2};$$

ses axes sont

$$a\sqrt{1-\frac{z^2}{c^2}},\quad b\sqrt{1-\frac{z^2}{c^2}};$$

son aire

$$\pi ab\left(1-\frac{z^2}{c^2}\right).$$

Le volume cherché a donc pour expression

$$V=\int_0^c \pi ab\left(1-\frac{z^2}{c^2}\right)dz=\frac{2}{3}\pi abc$$

et l'ellipsoïde total a pour mesure $\frac{4}{3}\pi abc$. Dans le cas de la sphère ($a=b=c$), le volume est $\frac{4}{3}\pi a^3$.

L'exemple que nous venons de traiter a fourni, pour l'aire de la section z, une expression du second degré en z. C'est une particularité qui se rencontre dans toutes les surfaces réglées dont l'ellipsoïde peut être considéré comme un cas particulier (à génératrices imaginaires). Voici la démonstration de ce théorème.

239. Soient

$$\left\{\begin{array}{l} x=az+\alpha \\ y=bz+\beta \end{array}\right. \qquad (17)$$

les équations d'une droite ; cette droite engendrera une surface si a, α, b, β sont fonctions d'un seul paramètre t. Les équations (17) représenteront aussi la courbe section de la surface par le plan $z =$ constante, si l'on suppose qu'on y donne à z cette valeur constante.

L'aire de cette courbe a pour expression

$$\int y dx = \int (bz + \beta)(a'z + \alpha')dt,$$

les lettres accentuées désignant des dérivées. L'intégrale précédente s'écrit

$$z^2 \int a'b dt + z \int (a'\beta + b\alpha')dt + \int \beta\alpha' dt,$$

ou

$$Az^2 + Bz + C.$$

Ainsi, *dans toute surface réglée, l'aire d'une section plane est une fonction du second degré de la distance du plan de cette section à un plan fixe donné.*

Parmi les volumes compris dans cet article, on peut faire entrer ceux qui sont renfermés entre deux plans parallèles réunis par des faces trapèzes ou des triangles.

210. *Règle des trois niveaux.* Soit une surface quelconque telle que sa section par un plan, parallèle à un plan fixe, ait une aire fonction du second degré de la distance au plan fixe. Nous allons évaluer le volume V compris entre deux plans parallèles au plan donné ; soient B, B' les aires des bases situées dans ces plans, B'' l'aire d'une section équidistante des deux premières, h la hauteur du solide (distance des plans des bases). La *règle des trois niveaux*, due à Képler, s'exprime par la formule

$$V = \frac{h}{6}(B + B' + 4B''). \tag{18}$$

Par hypothèse, l'aire d'une section faite à la distance z est de la forme

$$az^2 + bz + c$$

et le volume V s'exprimera par l'intégrale

$$V = \int_0^h (az^2 + bz + c)dz,$$

à condition de compter les z à partir d'une des bases, celle qui a pour aire B, par exemple. On a donc

$$V = \frac{ah^3}{3} + \frac{bh^2}{2} + ch = h\left(\frac{ah^2}{3} + \frac{bh}{2} + c\right),$$

ou

$$V = \frac{h}{6}(2ah^2 + 3bh + 6c). \tag{19}$$

Or, en faisant $z = 0$, puis $z = \frac{h}{2}$ et $z = h$, on trouve pour les aires

$$\begin{aligned} B &= c \\ B'' &= \frac{ah^2}{4} + \frac{bh}{2} + c \\ B' &= ah^2 + bh + c. \end{aligned}$$

Le second membre de l'égalité (18) a donc pour valeur

$$\frac{h}{6}(2ah^2 + 3bh + 6c),$$

ce qui est bien l'expression (19).

Cette règle donne la plupart des solides élémentaires. Ainsi, dans le prisme ou dans le cylindre, $B = B' = B''$; la formule devient donc $V = Bh$. Dans la pyramide ou dans le cône $B = 0$, $B'' = \frac{B'}{4}$; donc $V = \frac{hB'}{3}$, etc. (Voir le *Traité de géo-*

métrie de Rouché et Comberousse (nos 656 et 657). Mais on voit d'après les nos précédents que la même règle donne les volumes de beaucoup d'autres solides, tels que ceux du second degré, et ceux limités latéralement par des surfaces réglées.

Pour reprendre l'ellipsoïde cubé au n° 237, on pourra faire

$$B = 0, \quad B' = 0, \quad B'' = \pi ab, \quad h = 2c,$$

ce qui donne bien pour le volume total

$$V = \frac{4}{3}\pi abc.$$

241. Considérons encore le volume compris entre le plan des naissances et les deux voûtes en arc de cloître semi circulaires d'un berceau coudé cylindrique. Dans le plan des naissances, le volume sera limité par un carré ABCD ; les deux cylindres égaux se coupent suivant deux ellipses projetés sur la figure suivant BD et AC.

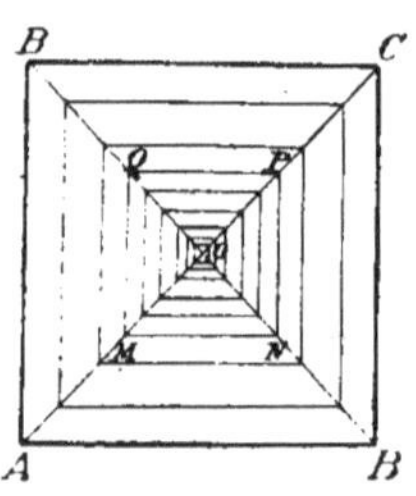

Fig. 32

Une section faite à la distance z du plan des naissances sera un carré MNPQ ayant pour aire $\overline{MN}^2$; nous allons évaluer MN. Soit o le centre des deux ellipses.

$$MN = ON\sqrt{2}.$$

Or, l'ellipse projetée suivant BD a pour demi axes la montée R et $OD = R\sqrt{2}$, l'équation de l'ellipse dans son plan est

$$\frac{\overline{ON}^2}{\overline{OD}^2} + \frac{z^2}{R^2} = 1.$$

d'où

$$ON^2 = \left(1 - \frac{z^2}{R^2}\right)2R^2 = 2(R^2 - z^2)$$
$$MN^2 = 4(R^2 - z^2).$$

La section B″ faite à mi-hauteur $\left(z = \frac{R}{2}\right)$ a pour aire

$$MN^2 = 3R^2.$$

La section B faite dans le plan des puissances ($z = 0$) est

$$B = 4R^2;$$

enfin, pour $z = R$, on a

$$B' = 0.$$

La règle des trois niveaux donne donc

$$V = \frac{R}{6}(4R^2 + 12R^2) = \frac{8R^3}{3}.$$

Méthodes d'approximation

212. Les exemples que nous avons choisis jusqu'à présent ont pu être conduits jusqu'au bout et ont abouti, soit à des formules calculables numériquement, soit à des fonctions dont on possède des tables numériques. Il n'en est pas toujours ainsi et l'on obtient souvent une intégrale définie dont l'intégrale indéfinie n'existe pas et dont les tables n'ont pas été calculées. Dans ce cas, on est obligé d'employer des méthodes d'approximation que nous allons faire connaître.

213. Un premier procédé est celui du développement en série. C'est ainsi qu'au n° 93 nous avons indiqué la possibilité de calculer la valeur de l'intégrale elliptique de première espèce

$$\int_0^{\frac{\pi}{2}} \frac{d\varphi}{\sqrt{1 - k^2 \sin^2\varphi}},$$

pour de petites valeurs du module k. Insistons un peu sur ce point et, pour donner une application géométrique, voyons par exemple comment on pourra mesurer l'arc d'une ellipse de faible excentricité e.

Soit

$$b^2x^2 + a^2y^2 = a^2b^2$$

l'équation de l'ellipse,

$$c^2 = a^2 - b^2, \qquad e^2 = \frac{c^2}{a^2}.$$

La longueur d'un arc d'ellipse aura pour valeur

$$s = \frac{1}{a}\int\sqrt{\frac{a^4 - c^2x^2}{a^2 - x^2}}\,dx = \int\sqrt{\frac{a^2 - e^2x^2}{a^2 - x^2}}\,dx.$$

Posons

$$x = a\sin\varphi,$$

la formule devient

$$s = a\int\sqrt{1 - e^2\sin^2\varphi}\,d\varphi,$$

ou, en développant le radical en série par la formule

$$(1 - e^2\sin^2\varphi)^{\frac{1}{2}} = 1 - \frac{1}{2}e^2\sin^2\varphi - \frac{1}{8}e^4\sin^4\varphi - \frac{1}{16}e^6\sin^6\varphi - \ldots,$$

$$\frac{s}{a} = \varphi - \frac{1}{2}e^2\int\sin^2\varphi d\varphi - \frac{1}{8}e^4\int\sin^4\varphi d\varphi - \frac{1}{16}e^6\int\sin^6\varphi d\varphi - \ldots$$

Pour avoir la longueur du quart d'ellipse, il faudra intégrer de zéro à $\frac{\pi}{2}$; or (n° 78)

$$\int_0^{\frac{\pi}{2}}\sin^{2p}\varphi d\varphi = \frac{1.3.5\ldots(2p-1)}{2.4.6\ldots 2p}\,\frac{\pi}{2}.$$

On aura donc, en multipliant par 4 pour avoir l'ellipse entière

$$\frac{s}{2a\pi} = 1 - \frac{1}{4}e^2 - \frac{1}{8}\frac{1.3}{2.4}e^4 - \frac{1}{16}\frac{1.3.5}{2.4.6}e^6 - \dots \qquad (20)$$

241. Cette formule, dans laquelle on devra prendre plus ou moins de termes suivant la grandeur de e, peut être remplacée par une autre plus simple lorsqu'on peut négliger les puissances de e supérieures à la sixième.

Remarquons en effet que l'on a

$$b = a(1 - e^2)^{\frac{1}{2}} = a\left(1 - \frac{1}{2}e^2 - \frac{1}{8}e^4 - \frac{1}{16}e^6 - \right),$$

d'où

$$\frac{3(a+b)}{2} = 3a\left(1 - \frac{1}{4}e^2 - \frac{1}{16}e^4 - \frac{1}{32}e^6 - \dots\right)$$

$$\sqrt{ab} = a(1 - e^2)^{\frac{1}{4}} = a\left(1 - \frac{1}{4}e^2 - \frac{3}{32}e^4 - \frac{7}{8.16}e^6 - \dots\right)$$

$$\frac{3(a+b)}{2} - \sqrt{ab} = 2a\left(1 - \frac{1}{4}e^2 - \frac{3}{64}e^4 - \frac{5}{256}e^6 - \dots\right).$$

En comparant cette dernière égalité à (20), on trouve immédiatement

$$s = \pi\left[\frac{3}{2}(a+b) - \sqrt{ab}\right] \qquad (21)$$

aux termee en e^8 *près.*

On trouverait de même, par un développement en série, l'arc d'hyperbole.

Tout ce qui précède n'est d'ailleurs qu'une application du théorème établi n° 239, tome 1er.

243. Les méthodes qu'il nous reste à faire connaître sont toutes fondées sur la considération des aires. On a vu que, si

$$y = f(x)$$

est l'équation d'une courbe,

$$A = \int_a^b y dx \tag{22}$$

représente l'aire comprise entre cette courbe, l'arc des x et deux parallèles à oy ($x = a$ et $x = b$). Il s'agit d'évaluer cette aire aussi exactement que possible.

246. *Méthode des trapèzes.* Partageons l'intervalle $b - a$ de ox en n parties égales, et par les points de division menons des ordonnées $y_0 = AC$, $y_1 = A_1A'_1 \ldots y_i = A_iA'_i \ldots y_n = BD$. En menant les cordes CA'_1, $A'_1A'_2 \ldots$, on aura un polygone qui

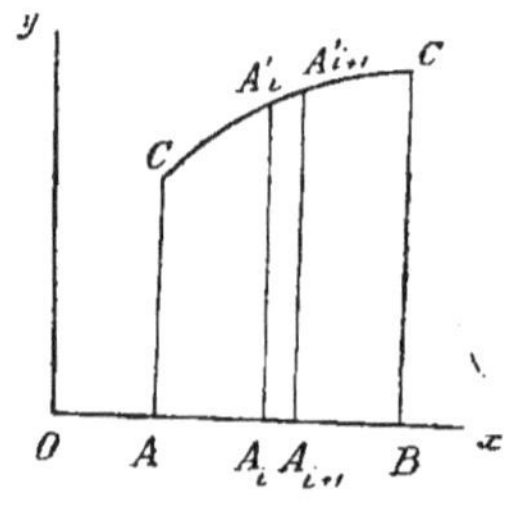

Fig. 33

différera peu de la courbe si le nombre des ordonnées est suffisamment grand. La méthode consiste à prendre comme valeur approchée de l'aire A la somme S des aires des trapèzes

$$S = \frac{b-a}{2n}(y_0 + 2y_1 + 2y_2 + \ldots + 2y_{n-1} + y_n)$$

247. *Méthode de Cotes.* C'est une méthode d'interpolation. Formons le polynôme $\varphi(x)$ de degré n qui prenne, pour $x = a + k\frac{b-a}{n}$, la valeur y_k, k variant de o à n. On prendra comme valeur approchée de A

$$I = \int_a^b \varphi(x)dx.$$

Pour laisser le moins de calculs à faire dans chaque exemple et pour préparer, autant que possible, des tables qui servent dans tous les cas, il est commode de ramener les limites à être fixes, par exemple à avoir pour valeurs 0 et 1. A cet effet posons

$$x = a + (b - a)t$$

L'intégrale précédente devient

$$I = (b - a)\int_0^1 \varphi[a + (b - a)t]\,dt,$$

$$I = (b - a)\int_0^1 \psi(t)dt, \qquad (23)$$

Les valeurs à donner à t seront $0, \frac{1}{n}, \frac{2}{n} \ldots \frac{n-1}{n}$, 1. Or le polynôme qui prend les valeurs y_k pour $t = \frac{k}{n}$ a été formé au nº 34. Si l'on pose

$$F(t) = t\left(t - \frac{1}{n}\right)\left(t - \frac{2}{n}\right)\ldots\left(t - \frac{n-1}{n}\right)(t - 1),$$

on trouve

$$\psi(t) = \sum_{k=0}^{k=n} \frac{F(t)}{t - \frac{k}{n}} \frac{y_k}{F'\left(\frac{k}{n}\right)},$$

et l'on voit que

$$I = (b - a)\sum_0^n y_k \int_0^1 \frac{1}{F'\left(\frac{k}{n}\right)} \frac{F(t)}{t - \frac{k}{n}}\,dt. \qquad (24)$$

Dans cette formule, l'intégrale est indépendante de $\psi(t)$ et peut être calculée d'avance ; soit A_k sa valeur. On aura finalement

$$I = (b - a)(A_0 y_0 + A_1 y_1 + \dots + A_n y_n) \tag{25}$$

Remarquons immédiatement qu'on trouverait un résultat analogue si les ordonnées, au lieu d'être équidistantes, se succédaient suivant toute autre loi. Le seule changement à faire consisterait à poser

$$F(t) = (t - a_1)(t - a_2) \dots (t - a_{n+1}).$$

Le calcul des coefficients peut se simplifier par les remarques suivantes : supposons que $\psi(t)$ soit une constante $c(y_0 = y_1 = \dots = y_n = c)$. La formule (23) donne

$$I = (b - a)c,$$

la formule (25)

$$I = (b - a)c(A_0 + A_1 + \dots + A_n);$$

donc

$$A_0 + A_1 + \dots + A_n = 1.$$

Supposons maintenant que la courbe $y = \psi(t)$ soit remplacée par sa symétrique par rapport à l'ordonnée médiane $t = \frac{1}{2}$. L'aire restera la même, seulement les ordonnées seront remplacées par leurs symétriques, y_0 par y_n, y_1 par y_{n-1} et ainsi de suite. En égalant les deux valeurs de I fournies par la formule (25), on trouve

$$A_0 y_0 + A_1 y_1 + \dots + A_n y_n = A_0 y_n + A_1 y_{n-1} + \dots + A_n y_0,$$

et, comme cette égalité doit avoir lieu quelle que soit $\psi(t)$, c'est-à-dire quelles que soient $y_1, y_2 \dots y_n$, il faut que

$$A_0 = A_n, \quad A_1 = A_{n-1}, \dots;$$

les coefficients équidistants des extrêmes sont égaux.

Voici quelques valeurs :

pour $n = 1$ $A_0 = A_1 = \frac{1}{2}$,

pour $n = 2$ $A_0 = A_2 = \frac{1}{6}$, $A_1 = \frac{2}{3}$,

pour $n = 3$ $A_0 = A_3 = \frac{1}{8}$, $A_1 = A_2 = \frac{3}{8}$,

pour $n = 4$ $A_0 = A_4 = \frac{7}{90}$, $A_1 = A_3 = \frac{16}{45}$, $A_2 = \frac{2}{15}$,

pour $n = 5$ $A_0 = A_5 = \frac{19}{288}$, $A_1 = A_4 = \frac{25}{96}$, $A_2 = A_3 = \frac{25}{144}$.

248. Le cas de $n = 2$ est à signaler spécialement ; on a en effet dans ce cas

$$I = \frac{b - a}{6}(y_0 + 4y_1 + y_2),$$

et, comme cette formule donne la valeur exacte si $\varphi(x)$ est un polynôme de deuxième degré, on retrouve, comme cela devait être, la formule que nous avons signalée (n° 239) sous le nom de *règle des trois niveaux*.

Simpson, en appliquant cette formule à chaque groupe de trois ordonnées successives, a donné une autre formule d'approximation sur laquelle nous n'insisterons pas (Voir Traité de géométrie de Rouché et de Comberousse, 7ᵉ édition p. 357).

249. Il ne faudrait pas croire d'ailleurs qu'il y faille toujours préférer la méthode de Cotes à celle des trapèzes. Soit par exemple

$$A = \int_0^{2\pi} (2 + \cos x)dx = 4\pi$$

Employons les trois ordonnées correspondant aux valeurs $x = 0$, $x = \pi$, $x = 2\pi$, savoir $y_0 = 3$, $y_1 = 1$, $y_2 = 3$. La méthode des trapèze donnera

$$S = \frac{2\pi}{4}(3 + 2 + 3) = 4\pi,$$

valeur exacte.

La méthode de Cotes appliquée avec le même nombre d'ordonnées (règle des trois niveaux) donne

$$I = \frac{2\pi}{6}(3 + 4 + 3) = \frac{10}{3}\pi,$$

valeur qui diffère de la valeur exacte de $\frac{2\pi}{3}$. Il faudra donc procéder avec quelque prudence et, par exemple, essayer de se rendre compte d'avance de la marche de la fonction y entre a et b ; si la courbe représentative serpente autour de la ligne polygonale fournie par des trapèzes, il n'y aura pas grande raison de préférer celle de Cotes pour laquelle les coefficients A_k sont plus compliqués.

Si la fonction y est développable en série de Maclaurin, il sera possible d'avoir une valeur approchée de l'erreur commise dans la méthode de Cotes. En effet soit

$$y = y_0 + xy'_0 + \frac{x^2}{1.2}y''_0 + \ldots$$

$$A = \int_0^1 ydx = \int_0^1 y_0dx + \int_0^1 xy'_0dx + \frac{y''_0}{1.2}\int_0^1 x^2dx + \ldots$$

Comme la méthode de Cotes donne la valeur exacte dans le cas de $n+1$ ordonnées, si y un est polynôme de degré n, les intégrales qui figurent dans la formule précédente seront données exactement par la formule (25) et l'écart entre A et sa valeur approchée ne commencera à se produire qu'à partir de l'intégrale $\frac{y^n_0}{n!}\int_0^1 x^ndx$ exclusivement. Il y aura ainsi une série d'erreurs commises sur $y^{n+1}_0 \frac{1}{(n+1)!}\int_0^1 x^{n+1}dx$, et sur les termes suivants, erreurs qui pourront être calculées d'avance si l'on fait abstraction des facteurs $y_0^{(n+1)}$, $y_0^{(n+2)}$.

250. Quoi qu'il en soit de ces considérations, voici quelques exemples que le lecteur pourra calculer et qui lui donneront une idée comparative des deux méthodes.

L'intégrale

$$\int_0^1 \frac{dx}{1+x} = \log 2$$

a pour valeur 0,69314718056. La méthode des trapèzes avec onze ordonnées donne pour valeur approchée 0,69377 ; celle de Cotes avec onze ordonnées 0,69314733.

L'intégrale

$$\int_0^1 \frac{\log(1+x)}{1+x^2}\, dx = \frac{\pi}{8} \log 2$$

a pour valeur 0,2721982. La méthode des trapèzes avec onze ordonnées donne 0,2712837 ; celle de Cotes avec 6 ordonnées 0,2722091.

Enfin, si l'on pose

$$y = 2x^6 - 30x^5 + 175x^4 - 300x^3 + 720x^2 - 60x + 100,$$

l'intégrale $\int_1^4 ydx$ a pour valeur 3105,9 ; la méthode des trapèzes, avec quatre ordonnées donne 3100,5 et la méthode de Cotes avec le même nombre d'ordonnées 3102. La même fonction y intégrée de *zéro* à 4 a pour valeur 3321,1 ; en employant cinq ordonnées la méthode des trapèzes fournit l'approximation 3354 et celle de Cotes 3333,3.

En résumé, dans le calcul de *log* 2, avec onze ordonnées, la méthode des trapèzes ne donne que trois chiffres exacts, celle de Cotes en donne six. Dans le deuxième exemple, la méthode des trapèzes, avec *onze* ordonnées ne donne que deux chiffres exacts, celle de Cotes, avec *six* ordonnées, en donne sensiblement cinq. Par contre, dans les deux derniers exemples, avec les mêmes nombres d'ordonnées, les deux méthodes donnent le même nombre de chiffres exacts avec un léger avantage pour celle de Cotes.

Rappelons enfin l'exemple du n° précédent où la méthode des trapèzes donnait une valeur exacte tandis que celle de Cotes, avec le même nombre d'ordonnées, n'arrivait qu'à une erreur relative de $\frac{1}{6}$.

251. *Méthode de Gauss.* — On doit à Gauss une méthode d'interpolation excessivement originale où se retrouve la marque de ce puissant génie. L'idée simple qui sert de base à la méthode est qu'il est inutile de s'astreindre à une interpolation par intervalles égaux, et qu'il est préférable de choisir les abscisses, de manière que la parabole interpolatrice suive, d'aussi près que possible, la courbe $y = f(x)$ dont on a à effectuer la quadrature (n° 244). Or il est possible de choisir les n abscisses de manière que, *quelle que soit la courbe* $y = f(x)$, elle ait, avec la parabole interpolatrice, (au moins avec une approximation que nous indiquerons) $2n - 1$ points communs entre 0 et 1 ; *il suffit,* pour cela *de prendre pour abscisses les racines du polynôme* X_n *de Legendre,* c'est-à-dire les racines de l'équation (*)

$$\frac{d^n}{dx^n}\left[x(x-1)\right]^n = 0. \tag{26}$$

Nous allons le démontrer.

A cet effet, supposons $f(x)$ développée en série de Maclaurin

$$f(x) = a_0 + a_1x + a_2x^2 + \ldots + a_nx^n + \ldots + a_{2n-1}x^{2n-1} + \ldots \tag{27}$$

Posons

$$F(x) = (x - \alpha_1)(x - \alpha_2) \ldots (x - \alpha_n),$$

(*) Au n° 131, le polynôme X_n s'est présenté, à un facteur indépendant de x pris, sous la forme de la dérivée $n^{\text{ième}}$ de $(x^2 - 1)^n$. On passe de cette forme, à celle que nous adoptons ici par la substitution $x = 2y - 1$.

et

$$y_i = f(x_i).$$

Soit enfin

$$\psi(x) = \frac{(x-\alpha_2)(x-\alpha_3)\dots(x-\alpha_n)}{(\alpha_1-\alpha_2)(\alpha_1-\alpha_3)\dots(\alpha_1-\alpha_n)} y_1 + \dots$$

le polynôme interpolateur de Lagrange. L'erreur commise en remplaçant (fx) par $\psi(x)$ est

$$\varepsilon = \int_0^1 [f(x) - \psi(x)]dx\,;$$

si $f(x)$ était un polynôme de degré $n-1$, il serait identique à $\psi(x)$, et cette erreur serait nulle. Gauss détermine $F(x)$ de manière que l'on ait encore

$$\varepsilon = 0,$$

si $f(x)$ est un polynôme de degré $2n-1$. Dans ce cas, si l'on divise $f(x)$ par $F(x)$ et si l'on appelle $Q(x)$ et $R(x)$ le quotient et le reste, on aura

$$f(x) = F(x)Q(x) + R(x)$$
$$y_i = f(\alpha_i) = R(\alpha_i)\,;$$

comme $R(x)$ est de degré $n-1$,

$$R(x) = \psi(x),$$

et l'erreur se réduit à

$$\varepsilon = \int_0^1 Q(x)F(x)dx.$$

Soit

$$Q(x) = \lambda_0 + \lambda_1 x + \dots + \lambda_i x^i + \dots + \lambda_{n-1}x^{n-1}\,;$$

on aura

$$\varepsilon = \sum_i \lambda_i \int_0^1 x^i F(x) dx,$$

et cette erreur sera nulle, quel que soit λ_i, c'est-à-dire quel que soit $f(x)$, si l'on a, pour $i = 0, 1, 2 \ldots n - 1$,

$$\int_0^1 x^i F(x) dx = 0. \tag{28}$$

Les n conditions ainsi obtenues déterminent le polynôme $F(x)$ à un facteur près ; posons, par exemple,

$$F(x) = x^n + p_1 x^{n-1} + p_2 x^{n-2} + \ldots p_n.$$

Les conditions (28) s'écriront

$$\frac{1}{n+i+1} + \frac{p_1}{n+i} + \ldots + \frac{p_n}{i+1} = 0 \qquad (i = 0, 1 \ldots n-1).$$

En éliminant les coefficients $p_1, p_2 \ldots$, on trouve

$$F(x) = M \begin{vmatrix} \frac{1}{n+1} & \frac{1}{n} \cdots\cdots & \frac{1}{1} \\ \frac{1}{n+2} & \frac{1}{n+1} \cdots\cdots & \frac{1}{2} \\ \cdots & \cdots & \cdots \\ \frac{1}{2n} & \frac{1}{2n-1} \cdots & \frac{1}{n} \\ x^n & x^{n-1} \cdots\cdots & 1 \end{vmatrix}$$

M étant un coefficient numérique. Ce polynôme représente, à un facteur constant près, la dérivée $n^{\text{ième}}$ de $x^n(x-1)^n$. Mais, au lieu de le prouver directement, nous allons montrer que cette dérivée satisfait bien aux conditions (28). Posons

$$u = x^i, \qquad v = x^n(x-1)^n.$$

La formule d'intégration par parties (n° 26) s'écrit, en y remplaçant n par k,

$$\left.\begin{aligned}\int uv^{(k)}dx &= uv^{(k-1)} - u'v^{(k-2)} + u''v^{(k-3)} + \dots \\ &+ (-1)^p u^{(p)}v^{(k-p-1)} + (-1)^{p+1}\int u^{(p+1)}v^{(k-p-1)}dx\end{aligned}\right\} \quad (29)$$

Or, si k est inférieur ou égal à n, les dérivées de v, v', v'' ... $v^{(k-1)}$ s'annulent pour $x = 0$ et pour $x = 1$; si donc, dans la formule (29), on fait $p = i$, comme on aura aussi $u^{(p+1)} \equiv 0$, on aura

$$\int_0^1 uv^{(k)}dx = 0,$$

et cette égalité subsistera pour $k = n$, $i = 0, 1, 2 \dots n - 1$, ce qui démontre le théorème, puisqu'on a

$$v^{(n)} = \frac{d^n}{dx^n}\left[x^n(x-1)^n\right].$$

L'équation $v^{(n)} = 0$, a, en vertu du théorème de Rolle, ses n racines réelles, distinctes et comprises entre zéro et *un*. Ainsi la règle de Gauss donne, au moyen de n ordonnées, la valeur exacte de l'intégrale considérée dans tous les cas où la fonction $f(x)$ est un polynôme de degré au plus égal à $2n - 1$. Supposons enfin que $f(x)$ soit égale à la série (27) et soit $f_1(x)$ le polynôme formé par ses $2n$ premiers termes. Nous aurons

$$f(x) = f_1(x) + R,$$

et, si la série est suffisamment convergente, on pourra, sans erreur importante, négliger R et remplacer $f(x)$ par $f_1(x)$. On aura alors

$$f(x_i) = f_1(x_i) + \varepsilon_i,$$

ε_i étant très petit. La méthode de Gauss donnerait exactement

$$\int_0^1 f_1(x)dx$$

si l'on avait $\varepsilon_i = 0$, pour $i = 0, 1, 2 \ldots 2n - 1$. On voit donc qu'on évalue à peu près exactement l'aire limitée par la courbe

$$y = f_1(x)$$

qui a $2n - 1$ points très voisins de la courbe

$$y = f(x).$$

Les abscisses étant fixées, la formule (25) subsiste ainsi que nous l'avons fait observer en l'écrivant (n° 245). Voici quelques valeurs pour les abscisses et les coefficients correspondants :

$$n = 1 \quad \alpha_1 = \frac{1}{2} \qquad A_0 = 1$$

$$n = 2 \begin{cases} \alpha_1 = \dfrac{3 - \sqrt{3}}{6} = 0{,}21132487 \\ \alpha_2 = \dfrac{3 + \sqrt{3}}{6} = 0{,}78867513 \end{cases} \qquad A_0 = A_1 = \frac{1}{2}$$

$$n = 3 \begin{cases} \alpha_1 = \dfrac{5 - \sqrt{15}}{10} = 0{,}11270165 \\ \alpha_2 = \dfrac{1}{2} \\ \alpha_3 = \dfrac{5 + \sqrt{15}}{10} = 0{,}88729835 \end{cases} \qquad A_0 = A_2 = \frac{5}{18} \qquad A_1 = \frac{4}{9}$$

$$n = 4 \begin{cases} \alpha_1 = 0{,}06943184 \\ \alpha_2 = 0{,}33000948 \\ \alpha_3 = 0{,}66999052 \\ \alpha_4 = 0{,}93056816 \end{cases} \qquad A_0 = A_3 = 0{,}1739274 \qquad A_1 = A_2 = 0{,}3260726$$

$$n = 5 \begin{cases} \alpha_1 = 0{,}04691008 \\ \alpha_2 = 0{,}23076534 \\ \alpha_3 = 0{,}5 \\ \alpha_4 = 0{,}76923466 \\ \alpha_5 = 0{,}95308992 \end{cases} \qquad A_0 = A_4 = 0{,}1184634 \qquad A_1 = A_3 = 0{,}2393143 \qquad A_2 = 0{,}2844444$$

252. Voici deux applications. Avec cinq ordonnées, l'on trouve :

$$\text{Valeur approchée de } \int_0^1 \frac{dx}{1+x} = 0{,}69314718,$$

$$\text{Valeur approchée de } \int_0^1 \frac{\log(1+x)}{1+x^2}\,dx = 0{,}27219801,$$

les calculs étant faits avec des tables de logarithmes à huit décimales.

La première de ces deux valeurs coïncide avec la valeur exacte pour les huit premiers chiffres; la deuxième en diffère à partir du septième.

253. *Autres méthodes.* D'autres procédés ont été employés pour évaluer des aires avec une certaine approximation M. L. Lévy (*) a donné une méthode qui fait intervenir la considération de la facilité du calcul. La valeur de la fonction se calcule en effet sans peine, dans la plupart des cas, pour les valeurs $x = 0$ et $x = 1$. M. L. Lévy s'est proposé d'introduire toujours ces valeurs, les autres étant obtenues d'après le principe de Gauss, c'est-à-dire de manière à assurer le maximum de coïncidences avec le minimum d'ordonnées. Nous nous bornerons à énoncer le résultat : il faut, pour obtenir $2n - 1$ coïncidences avec les abscisses $x = 0$, $x = 1$, employer les racines de l'équation :

$$\begin{vmatrix} \frac{1}{2.3} & \frac{1}{3.4} & \cdots\cdots & \frac{1}{(n+1)(n+2)} \\ \frac{1}{3.4} & \frac{1}{4.5} & \cdots\cdots & \frac{1}{(n+2)(n+3)} \\ \vdots & & & \\ \frac{1}{n(n+1)} & \frac{1}{(n+1)(n+2)} & \cdots & \frac{1}{(2n-1)2n} \\ 1 & x & \cdots\cdots & x^{n-1} \end{vmatrix} = 0.$$

(*) Lucien Lévy. — *Bulletin des Sociétés savantes*, 1880.

Cette équation peut encore s'écrire :

$$\frac{d^{n+1}}{dx^{n+1}} x^n(1-x)^n = 0.$$

Si on lui adjoint les ordonnées fixes $x = 0$, $x = 1$, les $n+1$ ordonnées à employer sont les racines de l'équation

$$\frac{d^{n-1}}{dx^{n-1}} x^n(1-x)^n = 0.$$

Voici quelques résultats. Si N désigne le nombre des ordonnées, on trouve pour $N = 3$ la règle des trois niveaux;

$$\text{pour } N = 4 \left\{ \begin{array}{ll} \alpha_1 = 0 & \\ \alpha_2 = \dfrac{5-\sqrt{5}}{10} & A_0 = A_3 = \dfrac{1}{12} \\ \alpha_2 = \dfrac{5+\sqrt{5}}{10} & A_1 = A_2 = \dfrac{5}{12} \\ \alpha_3 = 1\,; & \end{array} \right.$$

$$\text{pour } N = 5 \left\{ \begin{array}{ll} \alpha_1 = 0 & \\ \alpha_2 = \dfrac{7-\sqrt{21}}{14} & A_0 = A_4 = \dfrac{1}{20} \\ \alpha_3 = \dfrac{1}{2} & A_1 = A_3 = \dfrac{49}{180} \\ \alpha_4 = \dfrac{7+\sqrt{21}}{14} & A_2 = \dfrac{16}{45} \\ \alpha_5 = 1. & \end{array} \right.$$

En se servant de ces dernières abscisses, dont deux seulement sont irrationnelles, on trouve, pour la valeur approchée de log 2,

$$\text{Valeur approchée de } \int_0^1 \frac{dx}{1+x} = 0{,}693148,$$

exacte jusqu'au sixième chiffre.

Nous n'insisterons pas davantage sur ce sujet; le lecteur qu'il intéresse lira avec fruit un important Mémoire de M. Radau (*Journal de l'Ecole Polytechnique*, 1880), et la Thèse de M. Pujet (1868).

CHAPITRE VIII

INTÉGRALES TRIPLES, INTÉGRALES MULTIPLES : APPLICATION AUX VOLUMES, CENTRES DE GRAVITÉ, MOMENTS D'INERTIE

Intégrales multiples

254. C'est encore d'une notion géométrique que nous ferons découler la définition des intégrales *triples*, Soit ω un élément de volume en un point M dont nous désignerons les les coordonnées par u,v,w ; supposons qu'à chaque point M soit attaché un coefficient, $f(u,v,w)$, fonction des coordonnées de M (la masse, par exemple, dans un corps hétérogène).

La somme

$$S\omega f(u,v,w) \qquad (1)$$

étendue à tous les points d'un volume déterminé aura, en général, une limite bien définie lorsque l'élément ω tend vers zéro. Ce sera une intégrale triple, dont la valeur sera indépendante du système de coordonnées choisi.

Par exemple, si le point est rapporté à un trièdre trirectangle et si ses coordonnées sont x,y,z, on pourra prendre pour élément de volume un parallélépipède élémentaire

$$\omega = dx.dy,dz,$$

et l'intégrale s'écrira

$$Sf(x,y,z)dxdydz. \qquad (2)$$

ou encore

$$\int\int\int f(x,y,z)dxdydz. \qquad (3)$$

Si le point M est défini par ses coordonnées polaires (distance au pôle ρ, longitude φ, colatitude θ), on pourra prendre comme volume élémentaire le solide, assimilable à un parallélépipède rectangle, qui est compris entre deux sphères concentriques de rayons ρ et $\rho + d\rho$, deux plans (méridiens) passant par un diamètre de la sphère, et deux cônes de

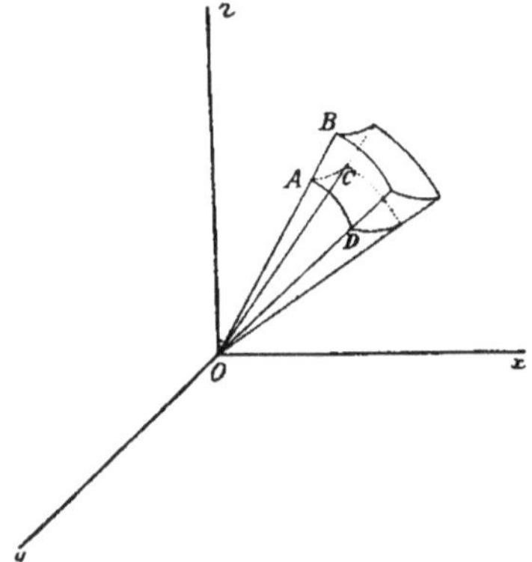

Fig. 34

révolution d'angles θ et $\theta + d\theta$, ayant pour axe commun le diamètre précédent et pour sommet le centre des sphères. On aura alors

$$\omega = \text{AB.AC.AD}$$

ou

$$\omega = d\rho.\rho \sin \theta d\varphi.\rho d\theta,$$

et pour l'intégrale triple

$$\mathrm{S}\varphi(\rho,\theta,\varphi)\rho^2 \sin \theta d\rho d\theta d\varphi \qquad (4)$$

ce qu'on peut écrire aussi

$$\int\int\int \varphi(\rho,\theta,\varphi)\rho^2 \sin\theta d\rho d\theta d\varphi. \qquad (5)$$

Ces intégrales donnent en particulier les volumes si les fonctions $f(x,y,z)$, $f(u,v,w)$ ou $\varphi(\rho,\theta,\varphi)$ se réduisent à l'unité.

255. Nous pouvons maintenant généraliser la notion d'intégrale et l'étendre à un nombre quelconque de variables $x_1, x_2, \ldots x_n$. Supposons encore que ces variables soient astreintes à vérifier certaines inégalités

$$a_1 < x_1 < b_1, \quad a_2 < x_2 < b_2 \ldots,$$

les nombres $a_1, b_1, a_2, b_2 \ldots$ dépendant ou non des variables qui précèdent celle qu'ils encadrent. Nous dirons que ces inégalités définissent un *domaine*. Afin d'abréger, nous emploierons encore le mot *point* du domaine pour désigner un système de valeurs simultanées des variables $x_1, x_2 \ldots x_n$. Le produit

$$dx_1 . dx_2 \ldots dx_n,$$

où le signe d indique encore une différentielle, constituera un *élément* du domaine.

Cela posé, si $f(x_1, x_2 \ldots x_n)$ désigne une fonction continue des variables $x_1, x_2 \ldots$, la somme

$$Sf(x_1, x_2 \ldots x_n)(x'_1 - x_1)(x'_2 - x_2)\ldots(x'_n - x_n), \qquad (6)$$

étendue à tous les points du domaine, tend, lorsque toutes les différences $x'_1 - x_1$, $x'_2 - x_2 \ldots$ tendent vers zéro, vers une limite déterminée que nous représenterons soit par la notation

$$Sf(x_1, x_2, \ldots x_n) dx_1 . dx_2 \ldots dx_n, \qquad (7)$$

soit par la notation

$$\int\int\int \ldots\ldots \int f(x_1, x_2 \ldots x_n) dx_1 . dx_2 \ldots dx_n, \qquad (8)$$

soit encore par la suivante

$$\int_n f(x_1, x_2 \dots x_n) dx_1.dx_2 \dots dx_n. \tag{9}$$

Si la fonction $f(x_1, x_2 \dots)$ n'est pas continue, la somme (6) pourra avoir, ou non, une limite déterminée ; ce sera une question à étudier dans chaque cas. Nous en verrons un exemple dans le chapitre suivant.

256. *Ces intégrales peuvent être,* comme les intégrales doubles, *évaluées à l'aide d'un certain nombre d'intégrations simples.* Supposons que toutes les variables, sauf x_1, demeurent constantes, on aura, en faisant la somme des éléments correspondants,

$$S_1 f(x_1, x_2 \dots) dx_1.dx_2 \dots = dx_2.dx_3 \dots dx_n \int_{a_1}^{b_1} f dx_1;$$

faisons maintenant varier x_2, et faisons la somme. Il viendra

$$S_2 f dx_1 dx_2 \dots dx_n = dx_3 \dots dx_n \int_{a_2}^{b_2} dx_2 \int_{a_1}^{b_1} f dx_1.$$

Finalement, on aura

$$\left. \begin{aligned} & S f dx_1.dx_2 \dots dx_n = \\ & = \int_{a_n}^{b_n} dx_n \int_{a_{n-1}}^{b_{n-1}} dx_{n-1} \dots \int_{a_2}^{b_2} dx_2 \int_{a_1}^{b_1} f dx_1. \end{aligned} \right\} \tag{10}$$

Nous ne nous étendrons pas sur la démonstration, ni sur la possibilité d'intervertir l'ordre des intégrations. Nous aurons d'ailleurs à revenir sur ce sujet dans le cas de trois variables.

Changement de variables dans les intégrales multiples

257. Soit à remplacer les variales $x_1, x_2 \ldots x_n$ par de nouvelles variables $u_1, u_2 \ldots u_n$, reliées aux anciennes par les relations

$$\left.\begin{array}{l} x_1 = \varphi_1(u_1, u_2 \ldots u_n) \\ x_2 = \varphi_2(u_1, u_2 \ldots u_n) \\ \cdot\ \cdot\ \cdot\ \cdot\ \cdot\ \cdot\ \cdot\ \cdot\ \cdot \\ x_n = \varphi_n(u_1, u_2 \ldots u_n), \end{array}\right\} \qquad (11)$$

qui, par hypothèse, font correspondre un seul point $u_1, u_2 \ldots$ à un seul point $x_1, x_2 \ldots$

Désignons par J le Jacobien des anciennes variables par rapport aux nouvelles,

$$J = \begin{vmatrix} \frac{\partial\varphi_1}{\partial u_1} & \frac{\partial\varphi_1}{\partial u_2} & \cdots\cdots & \frac{\partial\varphi_1}{\partial u_n} \\ \frac{\partial\varphi_2}{\partial u_1} & \frac{\partial\varphi_2}{\partial u_2} & \cdots\cdots & \frac{\partial\varphi_2}{\partial u_n} \\ \cdot & \cdot & \cdot\ \cdot\ \cdot & \cdot \\ \frac{\partial\varphi_n}{\partial u_1} & \frac{\partial\varphi_n}{\partial u_2} & \cdots\cdots & \frac{\partial\varphi_n}{\partial u_n} \end{vmatrix}; \qquad (12)$$

soit enfin J_1 le déterminant obtenu en supprimant dans J la dernière ligne et la dernière colonne.

Nous avons vu (nos 196 et 197) que, dans le cas de deux variables, l'élément $dxdy$ doit être, après la transformation, remplacé par $|\,J\,|\, dudv$. Le résultat est identique dans le cas de n variables; puisqu'il est établi pour deux variables, il suffit de prouver qu'en l'admettant pour $n - 1$ variables il est encore exact pour n. L'hypothèse est donc que, dans la substitution de $u_1, u_2 \ldots u_{n-1}$ à $x_1, x_2 \ldots x_{n-1}$, on remplace, sous le signe d'intégration, l'élément du domaine $dx_1.dx_2 \ldots dx_{n-1}$ par $|\,J\,|\, du_1 du_2 du_{n-1}$. L'intégrale

$$Sf(x_1, x_2 \ldots dx_n)dx_1.dx_2 \ldots dx_n$$

peut s'écrire

$$\int_{(n-1)} dx_1 dx_2 \ldots dx_{n-1} \int f(x_1, x_2 \ldots x_n) dx_n,$$

en n'écrivant pas les limites, pour abréger.

Dans la première intégration $x_1, x_2 \ldots x_{n-1}$ restent constantes. Remplaçons x_n par u_n, et par conséquent dx_n par $\frac{\partial x_n}{\partial u_n} du_n$; $\frac{\partial x_n}{\partial u_n}$ se tirera des équations (11) dans lesquelles il faut supposer $x_1, x_2 \ldots x_{n-1}$ constantes. En prenant les dérivées par rapport à u_n, on trouve

$$0 = \frac{\partial \varphi_1}{\partial u_1} \frac{\partial u_1}{\partial u_n} + \frac{\partial \varphi_1}{\partial u_2} \frac{\partial u_2}{\partial u_n} + \ldots + \frac{\partial \varphi_1}{\partial u_n}$$

$$\cdots\cdots\cdots\cdots\cdots\cdots$$

$$0 = \frac{\partial \varphi_{n-1}}{\partial u_1} \frac{\partial u_1}{\partial u_n} + \frac{\partial \varphi_{n-1}}{\partial u_2} \frac{\partial u_2}{\partial u_n} + \ldots + \frac{\partial \varphi_{n-1}}{\partial u_n}$$

$$\frac{\partial x_n}{\partial u_n} = \frac{\partial \varphi_n}{\partial u_1} \frac{\partial u_1}{\partial u_n} + \frac{\partial \varphi_n}{\partial u} \frac{\partial u_2}{\partial u_n} + \ldots + \frac{\partial \varphi_n}{\partial u_n};$$

on en tire, par élimination de $\frac{\partial u_1}{\partial u_n} \ldots \frac{\partial u_{n-1}}{\partial u_n}$,

$$\frac{\partial x_n}{\partial u_n} = \frac{J}{J_1}.$$

L'intégrale multiple devient ainsi

$$\int_{(n-1)} dx_1 \ldots dx_{n-1} \int f(\varphi_1, \varphi_2 \ldots \varphi_n) \frac{J}{J_1} du_n.$$

Il faut maintenant laisser u_n constante et faire varier les autres variables ; mais ces autres variables peuvent être remplacées par $u_1, u_2 \ldots u_{n-1}$, et, par hypothèse, on sait faire cette substitution : il faut remplacer

$$dx_1 dx_2 \ldots dx_{n-1}$$

par

$$J_1 du_1 du_2 \ldots du_{n-1}$$

L'intégrale multiple sera ainsi devenue

$$\int du_n \int_{(n-1)} f(\varphi_1, \varphi_2 \dots \varphi_n) \frac{J}{J_1} \cdot J_1 du_1 du_2 \dots du_{n-1}$$

ou

$$S f(\varphi_1, \varphi_2 \dots \varphi_n) J du_1 du_2 \dots du_{n-1},$$

ce qui démontre le théorème.

En particulier, dans le passage des coordonnées cartésiennes aux coordonnées polaires par les formules

$$x = \rho \sin \theta \cos \varphi, \quad y = \rho \sin \theta \sin \varphi, \quad z = \rho \cos \theta,$$

on aura

$$\frac{\partial x}{\partial \rho} = \sin \theta \cos \varphi, \quad \frac{\partial x}{\partial \theta} = \rho \cos \theta \cos \varphi, \quad \frac{\partial x}{\partial \varphi} = -\rho \sin \theta \sin \varphi$$

$$\frac{\partial y}{\partial \rho} = \sin \theta \sin \varphi, \quad \frac{\partial y}{\partial \theta} = \rho \cos \theta \sin \varphi, \quad \frac{\partial y}{\partial \varphi} = \sin \theta \cos \varphi$$

$$\frac{\partial z}{\partial \rho} = \cos \theta, \quad \frac{\partial z}{\partial \theta} = -\rho \sin \theta, \quad \frac{\partial z}{\partial \varphi} = 0,$$

et par suite

$$J = \rho^2 \sin \theta;$$

c'est la confirmation du résultat trouvé par des considérations géométriques au n° 231.

Pour que la démonstration qui vient d'être donnée convienne, J_1 ne doit pas s'annuler ; mais en suivant un autre ordre pour la substitution des nouvelles variables aux anciennes, on introduirait d'autres mineurs que J_1, et si $J \neq 0$, il y aura toujours un au moins de ces mineurs non nul. La seule hypothèse à faire est donc $J \neq 0$.

Intégrale de Dirichlet

258. Le problème à résoudre consiste dans l'évaluation de l'intégrale

$$I = \int\int\int x^{p-1}y^{q-1}z^{r-1}f\left[\left(\frac{x}{a}\right)^{\alpha} + \left(\frac{y}{b}\right)^{\beta} + \left(\frac{z}{c}\right)^{\gamma}\right]dxdydz \quad (13)$$

pour toutes les valeurs positives de x,y,z satisfaisant à l'inégalité

$$\left(\frac{x}{a}\right)^{\alpha} + \left(\frac{y}{b}\right)^{\beta} + \left(\frac{z}{c}\right)^{\gamma} \leqslant 1 \quad (14)$$

Nous ferons un premier changement de variables

$$\left(\frac{x}{a}\right)^{\alpha} = x_1, \qquad \left(\frac{y}{b}\right)^{\beta} = y_1, \qquad \left(\frac{z}{c}\right)^{\gamma} = z_1.$$

On trouve facilement

$$I = M\int\int\int x_1^{p_1-1}y_1^{q_1-1}z_1^{r_1-1}f(x_1+y_1+z_1)dx_1dy_1dz_1 \quad (15)$$

en posant

$$p_1 = \frac{p}{\alpha}, \quad q_1 = \frac{q}{\beta}, \quad r_1 = \frac{r}{\gamma}, \quad M = \frac{a^p b^q c^r}{\alpha\beta\gamma};$$

de plus, la condition (14) devient

$$x_1 + y_1 + z_1 \leqslant 1 \quad (16)$$

et les variables x_1, y_1, z_1 sont toujours positives.

Faisons maintenant un nouveau changement de variables

$$\begin{aligned} x_1 + y_1 + z_1 &= \xi \\ y_1 + z_1 &= \xi\eta \\ z_1 &= \xi\eta\zeta, \end{aligned}$$

d'où l'on tire

$$\begin{aligned} z_1 &= \xi\eta\zeta \\ y_1 &= \xi\eta(1-\zeta) \\ x_1 &= \xi(1-\eta). \end{aligned}$$

Le Jacobien de $x_1\, y_1\, z_1$ par rapport à ξ, η, ζ a pour valeur $\xi^2\eta$; la quantité sur laquelle porte l'intégrale (15) devient, en supprimant momentanément les indices,

$$\xi^{p+q+r-1}\,\eta^{q+r-1}(1-\eta)^{p-1}\,\zeta^{r-1}(1-\zeta)^{q-1}f(\xi)d\xi d\eta d\zeta,$$

et la condition (16)

$$0 < \xi < 1.$$

Comme x_1 et y_1 doivent être positives, il en résulte aussi

$$\begin{aligned} 0 < \eta < 1. \\ 0 < \xi < 1. \end{aligned}$$

Les variables sont donc séparées et l'on pourra écrire $\frac{I}{M}$ sous la forme

$$\int_0^1 \xi^{p+q+r-1} f(\xi)d\xi \int_0^1 \eta^{q+r-1}(1-\eta)^{p-1}dx \int_0^1 \zeta^{r-1}(1-\zeta)^{q-1}d\zeta.$$

Les deux dernières intégrales peuvent être effectuées ; elles ont respectivement pour valeurs, en restituant les indices,

$$\begin{aligned} B(p_1, q_1 + r_1) &= \frac{\Gamma(p_1)\Gamma(q_1 + r_1)}{\Gamma(p_1 + q_1 + r_1)} \\ B(q_1, r_1) &= \frac{\Gamma(q_1)\Gamma(r_1)}{\Gamma(q_1 + r_1)}. \end{aligned}$$

On est donc ramené à l'intégrale simple

$$I = \frac{a^p b^q c^r}{\alpha\beta\gamma} \frac{\Gamma(p_1)\Gamma(q_1)\Gamma(r_1)}{\Gamma(p_1 + q_1 + r_1)} \int_0^1 \xi^{p_1 + q_1 + r_1 - 1} f(\xi) d\xi \qquad (17)$$

Un cas est particulièrement intéressant ; c'est celui où $f(\xi) = 1$. On a alors

$$I = \frac{a^p b^q c^r}{\alpha\beta\gamma} \frac{\Gamma\left(\frac{p}{\alpha}\right)\Gamma\left(\frac{q}{\beta}\right)\Gamma\left(\frac{r}{\gamma}\right)}{\left(\frac{p}{\alpha} + \frac{q}{\beta} + \frac{r}{\gamma}\right)\Gamma\left(\frac{p}{\alpha} + \frac{q}{\beta} + \frac{r}{\gamma}\right)} \qquad (18)$$

259. Calculons, par exemple, le volume de l'ellipsoïde qui a pour équation

$$\frac{x^2}{a^2} + \frac{y^2}{b^2} + \frac{z^2}{c^2} = 1 \qquad (19)$$

En se bornant aux valeurs positives des variables, on aura le huitième de ce volume. Il faut faire

$$\alpha = \beta = \gamma = 2$$
$$p = q = r = 1,$$

et appliquer la formule (18). On aura ainsi

$$\frac{1}{8} V = \int\int\int dx dy dz = \frac{abc}{8} \frac{\left[\Gamma\left(\frac{1}{2}\right)\right]^3}{\frac{3}{2}\Gamma\left(\frac{3}{2}\right)}.$$

Or

$$\Gamma\left(\frac{3}{2}\right) = \frac{1}{2}\Gamma\left(\frac{1}{2}\right)$$
$$\Gamma \frac{1}{2} = \sqrt{\pi};$$

donc

$$V = \frac{4}{3}\pi abc.$$

260. Les résultats précédents s'étendent à un nombre quelconque de variables positives x_1, x_2 ... x_n. Nous pouvons supposer effectuée la première transformation du n° 256, et écrire immédiatement comme condition limitative

$$x_1 + x_2 + \dots + x_n \leqslant 1. \qquad (20)$$

Il s'agit de démontrer qu'en appelant I l'intégrale multiple

$$S x_1^{p_1-1} x_2^{p_2-1} \dots x_n^{p_n-1} dx_1 dx_2 \dots dx_n,$$

étendue au champ limité par la condition (20), on a

$$I = \frac{\Gamma(p_1)\Gamma(p_2)\dots\Gamma(p_n)}{\Gamma(p_1+p_2+\dots+p_n+1)} \qquad (21)$$

Intégrons d'abord par rapport à x_n; nous devrons écrire

$$I = \int_0^1 x_1^{p_1-1} dx_1 \int_0^{1-x_1} x_2^{p_2-1} dx_2 \dots \int_0^{1-x_1-x_2\dots-x_{n-1}} x_n^{p_n-1} dx_n$$

$$= \int_0^1 x_1^{p_1-1} dx_1 \int_0^{1-x_1-x_2\dots-x_{n-2}} x_{n-1}^{p_{n-1}-1} \frac{(1-x_1-x_2\dots-x_{n-1})^{p_n}}{p_n} dx_{n-1}.$$

Posons

$$x_{n-1} = (1 - x_1 - x_2 \dots - x_{n-2})v;$$

comme $x_1, x_2 \dots x_{n-2}$ restent constantes dans la dernière intégration, la dernière intégrale s'écrira

$$\frac{(1-x_1-x_2\dots-x_{n-2})^{p_n+p_{n-1}}}{p_n} \int_0^1 v^{p_{n-1}-1}(1-v)^{p_n} dv$$

$$= \frac{(1-x_1-x_2\dots-x_{n-2})^{p_n+p_{n-1}}}{p_n} \frac{\Gamma(p_{n-1})\Gamma(p_n+1)}{\Gamma(p_{n-1}+p_n+1)}$$

$$= (1-x_1-x_2\dots-x_{n-2})^{p_n+p_{n-1}} \frac{\Gamma(p_{n-1})\Gamma(p_n)}{\Gamma(p_{n-1}+p_n+1)}$$

Nous trouvons ainsi

$$\mathrm{I} = \int_0^1 x_1^{p_1 - 1} dx_1 \ldots \int_0^{1 - x_1 - \ldots - x_{n-3}} x_{n-2}^{p_{n-2} - 1} (1 - x_1 - \ldots$$
$$- x_{n-2})^{p_n + p_{n-1}} dx_{n-2} \frac{\Gamma(p_{n-1})\Gamma(p_n)}{\Gamma(p_{n-1} + p_n + 1)};$$

cette forme est tout à fait analogue à celle que nous venons de réduire. Nous écrirons, sans plus de calculs,

$$\mathrm{I} = \frac{\Gamma(p_{n-1})\Gamma(p_n)}{\Gamma(p_{n-1} + p_n + 1)} \cdot \frac{\Gamma(p_{n-2})\Gamma(p_n + p_{n-1} + 1)}{\Gamma(p_{n-2} + p_{n-1} + p_n + 1)} \ldots$$
$$\frac{\Gamma(p_1)\,\Gamma(p_2 + \ldots + p_n + 1)}{\Gamma(p_1 + p_2 + \ldots + p_n + 1)},$$

ce qui, après réductions évidentes, est bien la formule (21).

Centres de gravité et Moments d'inertie

261. Soit P un plan ; $m_1, m_2 \ldots m_k$ un système de k points matériels dont les masses seront désignées par les mêmes lettres $m_1, m_2 \ldots$, et dont les distances respectives au plan P sont $d_1, d_2 \ldots$. Soit enfin M la masse totale du système, G son centre de gravité, D la distance de ce point au plan P. On sait que

$$\mathrm{M} = m_1 + m_2 + \ldots + m_k = \sum m$$

$$\mathrm{D} = \frac{m_1 d_1 + m_2 d_2 + \ldots + m_k d_k}{m_1 + m_2 + \ldots + m_k} = \frac{\sum md}{\sum m} \qquad (22)$$

Si l'on fait coïncider le plan P successivement avec chacun des trois plans coordonnés, les distances d_i deviendront les coordonnées x_i, y_i, z_i des masses m_i, et D prendra les trois valeurs x, y, z qui déterminent la position du centre de gravité.

S'il s'agit d'un volume, la masse m_i est un élément de volume au point m_i multiplié par la densité ρ_i ; cette densité est une fonction des coordonnées du point m_i. Les sommes qui figurent dans la formule (22) deviennent des intégrales triples, et, en prenant pour plan P le plan yoz par exemple, on a

$$X = \frac{\int\int\int \rho x dx dy dz}{\int\int\int \rho dx dy dz}. \tag{23}$$

Si le volume est homogène, ρ est une constante qui disparaît dans la formule (23) et l'on a simplement

$$X = \frac{\int\int\int x dx dy dz}{V}, \tag{24}$$

V désignant le volume du corps.

Les mêmes considérations s'appliquent aux surfaces et aux lignes, avec cette seule différence que les intégrales sont doubles ou simples au lieu d'être triples. On aura, par exemple, dans le cas d'une surface homogène, pour l'abscisse du centre de gravité

$$X = \frac{\int\int x d\sigma}{S},$$

en désignant par S l'aire totale et par $d\sigma$ l'aire d'un élément superficiel.

262. *Exemples.* 1° Soit à déterminer le centre de gravité d'un hémisphère plein homogène. Nous supposons que le centre de la sphère est à l'origine et que le plan des xy limite l'hémisphère. Le centre de gravité se trouve évidemment sur Oz. Sa distance à l'origine sera donnée par la formule (24).

$$Z = \frac{\int\int\int z dx dy dz}{\frac{2}{3}\pi R^3}.$$

Nous intégrerons pour toutes les valeurs *positives* de x, y, z satisfaisant à l'inégalité

$$x^2 + y^2 + z^2 \leqslant R^2$$

et nous multiplierons le résultat par 4. C'est une application de la formule de Dirichlet (18). Il faut faire

$$\begin{aligned} a = b = c &= R \\ \alpha = \beta = \gamma &= 2 \\ p = q &= 1 \\ r &= 2 \end{aligned}$$

On trouve ainsi

$$I = \frac{R^4}{8} \frac{\left[\Gamma\left(\frac{1}{2}\right)\right]^2}{2\Gamma(2)} = \frac{\pi R^4}{16}$$

$$Z = \frac{3R}{8}.$$

2° Cherchons maintenant le centre de gravité d'un arc de cycloïde complet (tome 1er, n° 286). La courbe est plane et il suffit de deux coordonnées ; de plus, à cause de la symétrie, le centre de gravité se trouve sur l'ordonnée du point le plus haut et il suffit de trouver à quelle distance de Ox, ce qu'on obtient par la formule

$$Y = \frac{\int y ds}{8a} = \frac{\int_0^{2\pi} a(1 - \cos t) 2a \sin \frac{t}{2} \, dt}{8a}$$

$$Y = \frac{4a}{3}.$$

263. On appelle *moment d'inertie* d'un point matériel par rapport à un axe le produit $m.\, r^2$ de la masse du point par le carré de sa distance à l'axe ; le *moment d'inertie*, I, d'un système de points matériels est la somme des produits analogues

$$I = \sum mr^2.$$

Si le corps est homogène et continu (nous supposerons alors sa densité égale à un), on a une intégrale triple à calculer

$$I = \int\int\int r^2 dV,$$

dV étant un élément de volume.

264. Donnons deux exemples.

1° *Moment d'inertie d'une poutre droite à section rectangulaire par rapport à son axe longitudinal.* Nous prendrons pour axe de la poutre l'axe des z; la section droite sera un rectangle ayant son centre à l'origine et ses côtés parallèles à Ox et à Oy. Nous appellerons c la longueur de la poutre, $2a$ et $2b$ les dimensions de sa section. Il faut calculer

$$I = \int_0^c \int_{-a}^{+a} \int_{-b}^{+b} (x^2 + y^2) dx dy dz.$$

L'intégration par rapport à z s'effectue immédiatement et l'on a

$$\begin{aligned} I &= c \int_{-a}^{+a} dx \int_{-b}^{+b} dy (x^2 + y^2), \\ &= 2cb \int_{-a}^{+a} x^2 dx + 2ac \int_{-b}^{b} y^2 dy, \\ &= \frac{4abc}{3}(a^2 + b^2) \end{aligned}$$

2° *Moment d'inertie de la sphère par rapport à un de ses diamètres* (Oz).

Il s'agit de calculer

$$I_z = \int\int\int (x^2+y^2) dy dy yz$$

pour toutes les valeurs de x,y,z telles que

$$x^2 + y^2 + z^2 \leqslant R^2$$

Mais on a évidemment, en considérant les deux autres axes,

$$I_x = I_y = I_z = \frac{I_x + I_y + I_z}{3}$$
$$= \frac{2}{3}\int\int\int (x^2 + y^2 + z^2) dx dy dz.$$

C'est encore une application de la formule de Dirichlet (17). Nous calculerons le huitième de I, pour nous borner aux valeurs positives des variables. Ici l'on a

$$\begin{gathered} a = b = c = R \\ \alpha = \beta = \gamma = 2 \\ p = q = r = 1 \\ f(x^2 + y^2 + z^2) = x^2 + y^2 + z^2 = R^2\xi, \end{gathered}$$

d'où

$$\frac{1}{8} I_z = \frac{2}{3}\frac{R^3}{8}\frac{\left(\Gamma\frac{1}{2}\right)^3}{\left(\Gamma\frac{3}{2}\right)}\int_0^1 R^2\xi^{\frac{1}{2}+1} d\xi,$$

$$I_z = \frac{2}{3} R^5 \frac{\pi}{\frac{1}{2}}\frac{2}{5} = \frac{8\pi R^5}{15}.$$

RÉSUMÉ DES PRINCIPALES FORMULES

265. Dans les Tableaux qui suivent, nous avons réuni les résultats obtenus dans les huit premiers chapitres de ce volume. Nous y avons ajouté un grand nombre de formules qui s'obtiennent par des procédés analogues. Pour faciliter le travail des calculateurs, nous n'avons pas hésité à écrire des résultats qui auraient pu être déduits d'une seule formule ; c'est ainsi que les six premières formules du tableau sont contenues dans la deuxième d'entre elles (*), à condition de supposer que m puisse prendre toutes les valeurs entières ou fractionnaires, positives ou négatives, et même la valeur zéro. Il est à peine utile de faire observer que, si $\varphi(x)$ est une intégrale de $f(x)$, $\varphi(u)$ sera une intégrale de $\frac{du}{dx} f(u)$. Par exemple, on a

$$\int x^m dx = \frac{x^{m+1}}{m+1} + c \text{ (**)}$$

$$\int \sin^m x \cos x dx = \frac{\sin^{m+1} x}{m+1} + c;$$

pour vérifier cette dernière égalité, il suffit de poser

$$\sin x = u$$

et l'on retombe ainsi sur la première égalité.

Intégration directe

$$\int dx = x + c$$

(*) Pour obtenir la troisième, il faut écrire le second nombre $\frac{x^{m+1} - a^{m+1}}{m+1}$, prendre la dérivée des deux termes par rapport à m, puis faire $m = 1$.

(**) La lettre c désigne une constante arbitraire, ici et dans tous les tableaux suivants.

$$\int x^m dx = \frac{x^{m+1}}{m+1} + c$$

$$\int \frac{dx}{x} = \log x + c \ (^*)$$

$$\int \frac{dx}{x^m} = -\frac{1}{m-1} \frac{1}{x^{m-1}} + c$$

$$\int \frac{dx}{\sqrt{x}} = 2\sqrt{x} + c$$

$$\int \frac{dx}{\sqrt[m]{x}} = \frac{m}{m-1} \sqrt[m]{x^{m-1}} + c$$

$$\int \sin x dx = -\cos x + c$$

$$\int \cos x dx = \sin x + c$$

$$\int \operatorname{tang} x dx = -\log \cos x + c$$

$$\int \cot x dx = \log \sin x + c$$

$$\int \text{séc}\, x dx = -\log \operatorname{tang}\left(\frac{\pi}{4} - \frac{x}{2}\right) + c$$

$$\int \text{coséc}\, x dx = \log \operatorname{tang} \frac{x}{2} + c$$

(*) Dans cette formule, comme dans tout cet ouvrage, le signe *log* désigne un logarithme népérien.

$$\int \text{arc sin } x dx = x \text{ arc sin } x + \sqrt{1 - x^2} + c$$

$$\int \text{arc cos } x dx = x \text{ arc cos } x - \sqrt{1 - x^2} + c$$

$$\int \text{arc tang } x dx = x \text{ arc tang } x - \frac{1}{2} \log (1 + x^2) + c$$

$$\int \text{arc cot } x dx = x \text{ arc cot } x + \frac{1}{2} \log (1 + x^2) + c$$

$$\int \frac{dx}{\sqrt{a^2 - x^2}} = \text{arc sin } \frac{x}{a} + c$$

$$\int \frac{dx}{a^2 + x^2} = \frac{1}{a} \text{ arc tang } \frac{x}{a} + c$$

$$\int \frac{dx}{\cos^2 x} = \text{tang } x + c$$

$$\int \frac{dx}{\sin^2 x} = - \cot x + c$$

$$\int \log x dx = x(\log x - 1) + c$$

$$\int e^x dx = e^x + c$$

$$\int a^x dx = \frac{a^x}{\log a} + c$$

Diverses Méthodes d'intégration

266. Nous supprimons, dans ce qui suit, la constante c pour simplifier l'écriture.

$$\int \frac{dx}{ax^2 + bx + c} = \frac{1}{\sqrt{b^2 - 4ac}} \log \frac{2\,ax + b - \sqrt{b^2 - 4\,ac}}{2\,ax + b + \sqrt{b^2 - 4\,ac}},$$
$$\text{si } b^2 - 4\,ac > 0.$$

$$\int \frac{dx}{ax^2 + bx + c} = -\frac{1}{ax + b}, \text{ si } b^2 - 4\,ac = 0.$$

$$\int \frac{dx}{ax^2 + bx + c} = \frac{2}{\sqrt{4\,ac - b^2}} \text{ arc tang } \frac{2\,ax + b}{\sqrt{4\,ac - b^2}},$$
$$\text{si } 4\,ac - b^2 > 0.$$

$$\int \frac{dx}{\sin x} = \log \text{tang} \frac{x}{2}$$

$$\int \frac{dx}{\cos x} = \log \cot \left(\frac{\pi}{4} - \frac{x}{2}\right)$$

$$\int x^m \log x\, dx = \frac{x^{m+1}}{m+1} \log x - \frac{x^{m-1}}{(m+1)^2} \text{ (*)}$$

(*) Voici par exemple un cas particulier qui se rencontre dans le problème de la déformation d'une plaque circulaire encastrée sur le pourtour et chargée au centre. La méridienne a pour équation

$$y = -\int \frac{Q}{2}\, x \log \frac{r}{x}\, dx$$

d'où

$$y = -\frac{Qx^2}{4} \log r + \frac{Qx^2}{4} \log x - \frac{Qx^2}{8} + c$$

$$\int \frac{x^2dx}{(x\sin x+\cos x)^2} = \frac{\sin x - x\cos x}{x\sin x + \cos x}$$

$$\int \frac{x^2dx}{(\sin x - x\cos x)^2} = -\frac{x\sin x + \cos x}{\sin x - x\cos x},$$

$$\int \frac{adx}{[a + (ax+b)\operatorname{tang} x]^2} = \frac{\operatorname{tang} x}{a + (ax+b)\operatorname{tang} x}$$

$$\int \frac{dx}{1+\operatorname{tang} x} = \frac{1}{2}\left[x + \log(\sin x + \cos x)\right]$$

$$\int \mathrm{P}e^{-x}dx = -[\mathrm{P} + \mathrm{P}' + \mathrm{P}'' + .. + \mathrm{P}^{(n)}]e^{-x}, \ (n \text{ degré de P})$$

$$\int \frac{dx}{e^x + e^{-x}} = \text{arc tang } e^x$$

$$\int uv^{(n)}dx = uv^{(n-1)} - u'v^{(n-2)} + u''v^{(n-3)} + \ldots$$

$$+ (-1)^p u^{(p)}v^{(n-p-1)} + (-1)^{p+1}\int u^{(p+1)}v^{(n-p-1)}dx$$

$$\int \frac{dx}{(1+x^2)^2} = \frac{x}{2(1+x^2)} + \frac{1}{2}\text{ arc tang } x$$

$$\int \frac{1+\sqrt[3]{1+x}}{1-\sqrt{1+x}}\,dx = \frac{6}{5}y^5 + 2y^3 + 3y^2 - 4\log(y-1)$$

$$+ \log\sqrt{1 + \frac{(2y+1)^2}{3}} + \frac{8-\sqrt{3}}{2\sqrt{3}}\text{ arc tang }\frac{2y+1}{\sqrt{3}}$$

avec $y = \sqrt[6]{1+x}$

$$\int \frac{x+y}{x-y}\,dx =$$

$$-4a\left[\log\sqrt{\frac{x-y}{x}}\sqrt[4]{\frac{x^2+y^2}{x^2}} - \frac{xy}{2(x^2+y^2)}\right],$$

si $y^2(x+a) = x^2(a-x)$.

$$\int \frac{dx}{\sqrt{(x-a)(x-b)}} = \log\frac{\sqrt{(x-a)(x-b)}+x-a}{\sqrt{(x-a)(x-b)}+a-x}$$

$$\int \frac{dx}{\sqrt{x^2-a^2}} = \log\left(x+\sqrt{x^2-a^2}\right),$$

$$\int \frac{dx}{\sqrt{x^2+a^2}} = \log\left(x+\sqrt{x^2+a^2}\right),$$

$$\int \frac{dx}{\sqrt{a^2-x^2}} = \text{arc sin}\,\frac{x}{a}$$

$$\int \sqrt{\frac{a-x}{a+x}}\,dx = \sqrt{a^2-x^2} - a.\ \text{arc cos}\,\frac{x}{a},$$

$$\left.\begin{array}{c}\displaystyle\int \frac{dx}{\sqrt{mx^2+2nx+p}} = \frac{1}{\sqrt{m}}\int\frac{dt}{\sqrt{t^2+a^2}},\\ \text{avec } x+\dfrac{n}{m}=t \quad \text{et} \quad a^2 = \pm\dfrac{mp-n^2}{m^2}\end{array}\right\}$$

$$\left.\begin{array}{c}\displaystyle\int \frac{dx}{\sqrt{-mx^2+2nx+p}} = \frac{1}{\sqrt{m}}\int\frac{dt}{\sqrt{a^2-t^2}}\\ \text{avec } x-\dfrac{n}{m}=t \quad \text{et} \quad a^2 = \dfrac{mp+n^2}{m^2}\end{array}\right\}$$

$$\left.\begin{array}{c}\displaystyle\int \frac{dz}{(z-\alpha)\sqrt{mz^2+2nz+p}} = -\int\frac{dx}{\sqrt{px^2+2nx+m}}\\ \text{si } z-\alpha=\dfrac{1}{x}\end{array}\right\}$$

$$\int \frac{dx}{\sqrt{1+x^2}-\sqrt{1-x^2}} = -\frac{1}{2x}\left(\sqrt{1+x^2}+\sqrt{1-x^2}\right)$$

$$+\frac{1}{2}\log\left(x+\sqrt{1+x^2}\right)-\frac{1}{2}\operatorname{arc\,sin} x$$

$$\int \frac{dx}{\sqrt{(a^2+x^2)^3}} = \frac{x}{a^2\sqrt{a^2+x^3}}$$

$$\int \sqrt{x^2+a^2}\,dx = \frac{1}{2}a^2\log\frac{x+\sqrt{x^2+a^2}}{a}+\frac{1}{2}x\sqrt{x^2+a^2}$$

$$\int \sqrt{a^2-x^2}\,dx = \frac{1}{2}a^2\operatorname{arc\,sin}\frac{x}{a}+\frac{1}{2}x\sqrt{a^2-x^2}$$

$$\int \frac{dx}{a\sin x+b\cos x} =$$

$$\frac{1}{\sqrt{a^2+b^2}}\log\frac{-a\cos x+b\sin x+\sqrt{a^2+b^2}}{a\sin x+b\cos x}\ (*)$$

(*) Nous avons donné dans le texte (page 75) la formule

$$\int \frac{dx}{a\sin x+b\cos x} = \frac{1}{2\sqrt{a^2+b^2}}\log\frac{\left(\cos x-\frac{a}{\sqrt{a^2+b^2}}\right)\left(\sin x+\frac{b}{\sqrt{a^2+b^2}}\right)}{\left(\cos x+\frac{a}{\sqrt{a^2+b^2}}\right)\left(\sin x+\frac{b}{\sqrt{a^2+b^2}}\right)};$$

on passe de la forme du texte à la forme actuelle en ajoutant à la première $\frac{1}{2\sqrt{a^2+b^2}}\log(-1)$. C'est d'ailleurs par inadvertance que l'intégrale du texte a été donnée sous forme imaginaire ; il faut y changer le signe d'un facteur dans la fraction, ce qui revient à l'addition du terme $\frac{1}{2\sqrt{a^2+b^2}}\log(-1)$, et ce n'est qu'avec cette addition qu'on trouve la seconde forme donnée dans le texte

$$\frac{1}{\sqrt{a^2+b^2}}\log\operatorname{tang}\frac{x+\varphi}{2}$$

$$\int \frac{dx}{a + b \cos x} = \frac{2}{\sqrt{a^2 + b^2}} \text{ arc tang } \left(\sqrt{\frac{a - b}{a + b}} \, tg \, \frac{x}{2} \right) \text{ si } a > b$$

$$\int \frac{dx}{a + b \cos x} = \frac{1}{\sqrt{b^2 - a^2}} \log \frac{b + a \cos x + \sqrt{b^2 - a^2} \sin x}{a + b \cos x} \quad \left\{ \text{si } b > a \right\}$$

$$\int x^n \cos x dx = \sin x \left[x^n - n(n - 1) x^{n-2} + \ldots \right]$$
$$+ \cos x \left[n x^{n-1} - n(n - 1)(n - 2) x^{n-3} + \ldots \right]$$

$$\int (\text{arc} \sin x)^n dx = x \left[(\text{arc} \sin x)^n - n(n - 1)(\text{arc} \sin x)^{n-2} + \ldots \right]$$
$$+ \sqrt{1 - x^2} \left[n(\text{arc} \sin x)^{n-1} - n(n - 1)(n - 2)(\text{arc} \sin x)^{n-3} + \ldots \right]$$

$$\int e^{ax} \cos bx dx = e^{ax} \frac{a \cos bx + b \sin bx}{a^2 + b^2}$$

$$\int e^{ax} \sin bx dx = e^{ax} \frac{a \sin bx - b \cos bx}{a^2 + b^2}$$

$$2^{2p-1} \int \cos^{2p} x dx = \frac{\sin 2 p x}{2 p} + \frac{2 p}{1} \frac{\sin (2 p - 2) x}{2 p - 2}$$
$$+ \frac{2 p (2 p - 1)}{1 \, . \, 2} \frac{\sin (2 p - 4) x}{2 p - 4} + \ldots + \frac{2 p (2 p - 1) \ldots (p + 1)}{1 \, . \, 2 \, . \, 3 \ldots p} \frac{x}{2}$$

$$2^{2p} \int \cos^{2p+1} x dx = \frac{\sin (2 p + 1) x}{2 p - 1} + \frac{2 p + 1}{1} \frac{\sin (2 p - 1) x}{2 p - 1} + \ldots$$
$$+ \frac{(2 p + 1)(2 p)(2 p - 1) \ldots (p + 2)}{1 \, . \, 2 \, . \, 3 \ldots (p + 2)} \sin x.$$

$$\int \sin (\log x) dx = \frac{x}{2} \left(\sin \log x - \cos \log x \right)$$

Intégrales définies

267. $$\int_0^\infty e^{-x^2}dx = \frac{1}{2}\sqrt{\pi}.$$

$$\int_0^\infty e^{-\alpha y^2}dy = \frac{1}{2\sqrt{\alpha}}\sqrt{\pi}.$$

$$\int_0^\pi \log(1 - 2\alpha\cos x + \alpha^2)\,dx = \begin{cases} 0 \text{ si } |\alpha| < 1 \\ \pi\log\alpha^2 \text{ si } |\alpha| > 1 \end{cases}.$$

$$\int_0^\infty \frac{\sin x}{x}\,dx = \frac{\pi}{2}.$$

$$\int_0^\infty \frac{\operatorname{tang} x}{x}\,dx = \frac{\pi}{2}.$$

$$\int_0^\infty \frac{\sin^2 x}{x^2}\,dx = \frac{\pi}{2}.$$

$$\int_a^b \frac{dx}{x\log x} = \log\log b - \log\log a.$$

$$\int_0^{\frac{\pi}{2}} \log\sin x dx = -\frac{\pi}{2}\log 2$$

$$\int_0^\pi x\log\sin x dx = -\frac{\pi^2}{2}\log 2$$

$$\int_0^{\frac{\pi}{2}} \sin^{2p} x dx = \frac{(2p-1)(2p-3)\dots 3.1}{2p(2p-2)\dots 4.2}\frac{\pi}{2}$$

$$\int_0^{\frac{\pi}{2}} \sin^{2p+1} x dx = \frac{2p(2p-2)\dots 2}{(2p+1)(2p-1)\dots 3}$$

$$\frac{\pi}{2} = \frac{2}{1} \cdot \frac{2}{3} \cdot \frac{4}{3} \cdot \frac{4}{5} \dots \text{(Wallis)}$$

$$\int_0^{\infty} e^{-\alpha x^2} dx = \alpha^{-\frac{1}{2}} \frac{\sqrt{\pi}}{2}$$

$$\int_0^{\infty} x^{2m} e^{-\alpha x^2} dx = \frac{1}{2}\,\frac{3}{2} \cdots \frac{2m-1}{2}\, \alpha^{-\frac{2m+1}{2}} \frac{\sqrt{\pi}}{2}$$

$$\int_0^{\infty} e^{-x^2} \cos 2bx dx = \frac{1}{2} e^{-b^2} \sqrt{\pi}$$

$$\int_0^1 \frac{\log x}{1-x} dx = -\frac{\pi^2}{6}$$

$$\int_0^1 \frac{\log x}{1+x} dx = -\frac{\pi^2}{12}$$

$$\int_0^1 \frac{\log x}{1-x^2} dx = -\frac{\pi^2}{8}$$

$$\int_{-\infty}^{\infty} \frac{\cos x dx}{a^2+x^2} = \frac{\pi}{a} e^{-a}$$

$$\int_{-\infty}^{+\infty} \frac{\sin x dx}{a^2+x^2} = o$$

$$\int_0^{\infty} \frac{x^{p-1}}{1+x} dx = \frac{\pi}{\sin p\pi} \qquad (0\, p < 1)$$

$$\int_0^{\infty} \frac{dx}{(1+x)\sqrt{x}} = \pi$$

$$\int_0^\infty x^{n-1}e^{-ax^p}dx = \frac{a^{-\frac{n}{p}}}{p}\Gamma\left(\frac{n}{p}\right)$$

$$\int_0^\infty x^{2m-1}e^{-ax^2}dx = \frac{1}{2}a^{-m}m!$$

$$X_n = \frac{1}{2^n \cdot n!} \times \frac{d}{dx^n}(x^2-1)^n = \frac{1}{\pi}\int_0^\pi \left(x + \sqrt{x^2-1}\cos\varphi\right)^n d\varphi$$

$$X_n = \frac{\varepsilon}{\pi}\int_0^\pi \frac{d\varphi}{\left(x+\sqrt{x^2-1}\cos\varphi\right)^{n+1}}$$

$$\varepsilon = +1 \text{ si } x > 0, = -1 \text{ si } x < 0$$

$$\int_{-1}^1 \frac{dx}{(a-x)\sqrt{1-x^2}} = \frac{\pi}{\sqrt{a^2-1}}$$

(a réel non compris entre $+1$ et -1 ou imaginaire)

$$\int_0^1 \frac{dx}{(x^2-a^2)\sqrt{1-x^2}} = \frac{\pi}{a\sqrt{1-a^2}}$$

$$\int_{-\infty}^{+\infty} e^{-ax^2}\cos 2bx\,dx = \sqrt{\pi}e^{-\frac{b^2}{a}}$$

$$\int_{-\infty}^{+\infty} e^{-ax^2}\sin 2bx\,dx = 0$$

$$\int_0^\infty \cos x^2dx = \sqrt{\frac{\pi}{8}}$$

$$\int_0^\infty \sin x^2dx = \sqrt{\frac{\pi}{8}}$$

$$\int_0^{2\pi} \frac{dx}{a+\cos x} = \frac{2\pi}{\sqrt{a^2-1}} \qquad (a > 1)$$

$$\int_{-\infty}^{+\infty} \frac{x \sin mx}{x^2 + a^2} dx = \pi e^{-ma} \qquad (m > 0,\ a > 0)$$

$$\int_0^{\infty} \frac{e^{-x} - e^{-\omega x}}{x} dx = \log \omega$$

$$\int_0^{\infty} \frac{a^{-x} - a^{-\omega x}}{x} dx = \log \omega$$

$$\int_0^{\infty} \frac{x}{m^2 + x^2} \cdot \frac{\sin 2ax}{1 - 2r \cos ax + r^2} dx = \frac{\pi}{2(e^{2am} - r)}$$

$$\int_0^1 \frac{(\log x)^{2n-1}}{1 - x} dx = -\frac{2^{2n-2}}{n} B_n \pi^{2n} \text{ (} B_n \text{ nombre de Bernouilli)}$$

$$\int_0^1 \frac{(\log x)^{2n-1}}{1 + x} dx = -\frac{2^{2n-1} - 1}{2n} B_n \pi^{2n}$$

$$\int_0^{\infty} \frac{\sin mx}{e^{2\pi x} - 1} dx = \frac{1}{2}\left(\frac{1}{e^m - 1} - \frac{1}{m} + 2\right)$$

$$\int_0^{\infty} \frac{\sin mx}{e^{2\pi x} + 1} dx = \frac{1}{2m} - \frac{\pi}{e^{m\pi} - e^{-m\pi}}$$

$$\int_0^{\infty} \frac{\sin ax}{\sin bx} \frac{dx}{1 + x^2} = \frac{\pi}{2} \frac{e^a - e^{-a}}{e^b - e^{-b}} \quad (a < b)$$

$$\int_0^{\infty} \frac{\cos ax}{\sin bx} \frac{x dx}{1 + x^2} = \frac{\pi}{2} \frac{e^a + e^{-a}}{e^b - e^{-b}} \quad (a < b)$$

$$\int_0^{\infty} \frac{\sin ax}{\cos bx} \frac{dx}{x(1 + x^2)} = \frac{\pi}{2} \frac{e^a - e^{-a}}{e^b + e^{-b}} \quad (a < b)$$

$$\int_0^{\infty} \frac{\cos ax}{\cos bx} \frac{dx}{1 + x^2} = \frac{\pi}{2} \frac{e^a + e^{-a}}{e^b + e^{-b}} \quad (a < b)$$

Si $a > b$, soit $a = 2\,k\,b + c$, k entier, $|\,c\,| < |\,b\,|$

$$\int_0^\infty \frac{\sin ax}{\sin bx}\,\frac{dx}{1+x^2} = \frac{\pi}{2}\,\frac{e^c + e^{-c} - 2\,e^{-a}}{e^b - e^{-b}}, \quad \text{si } c = b.$$

$$\int_0^\infty \frac{\sin ax}{\sin bx}\,\frac{dx}{1+x^2} = \frac{\pi\,e^{-a}}{e^b - e^{-b}}$$

$$\int_0^\infty \left(e^{-\frac{a^2}{x^2}} - e^{-\frac{b^2}{x^2}}\right) dx = (b-a)\sqrt{\pi}$$

$$\int_0^1 \frac{x^{a-1} + x^{-a}}{1+x}\,dx = \frac{\pi}{\sin a\pi}$$

$$\int_0^1 \frac{x^{a-1} - x^{-a}}{1+x}\,dx = \pi \cot a\pi$$

$$\int_0^1 \frac{x^a + x^{-a}}{1 + 2x\cos\theta + x^2}\,dx = \frac{\pi}{\sin a\pi}\,\frac{\sin a\theta}{\sin\theta} \qquad (a<1)$$

$$\int_0^\infty \left[z^{a-p} - \frac{z^a}{(1+z)^p}\right] dz = \frac{a}{a+1-p}\,\frac{\Gamma(a)\,\Gamma(p-a)}{\Gamma(p)}$$

$$\int_0^1 \frac{dx}{x\log x}\,\frac{x^{r-p} - 2x^r + x^{r+p}}{1-x^{2r}} = \log\cos\frac{p\pi}{2r}$$

$$\int_0^1 \frac{dx}{x\log x}\,\frac{x^p - 2\,x^r + x^{2r-p}}{1-x^{2r}} = \log\sin\frac{p\pi}{2r}$$

$$\int_0^1 \frac{x^{r-1}}{(1+ax)(1-x)^r}\,dx = \frac{\pi}{\sin\pi r}\,(1+a)^{-r}$$

$$\int_0^{\frac{\pi}{2}} (\log \operatorname{tang} \theta)^{2k}\, d\theta = \left(\frac{\pi}{2}\right)^{2k+1} S_k$$

(S_k étant le coefficient de $\frac{x^{2k}}{(2k)!}$ dans le développement de

$$\text{séc}\, x = 1 + S_1 \frac{x^2}{2!} + \ldots).$$

$$\int_0^{\frac{\pi}{2}} (\log \operatorname{tang} \theta)^{2k-1}\, d\theta = 0$$

$$\int_0^{\frac{\pi}{2}} (\log \operatorname{tang} \theta)^{2k} \frac{d\theta}{\cos 2\theta} = 0$$

$$\int_0^{\frac{\pi}{2}} (\log \operatorname{tang} \theta)^{2k-1} \frac{d\theta}{\cos 2\theta} = \frac{\pi^{2k}(2^{2k}-1)}{2k} B_k$$

$$\int_0^{\frac{\pi}{2}} \cos 4k\theta \log \operatorname{tg} \theta\, d\theta = 0$$

$$\int_0^{\frac{\pi}{2}} \cos 2\,(2k-1)\,\theta \log \operatorname{tang} \theta d\theta = -\frac{\pi}{2\,(2k-1)}$$

$$\int_0^{\frac{\pi}{2}} \cos^k \theta \cos k\theta \log \operatorname{tang} \theta d\theta = -\frac{\pi}{2^{k+1}} \sum_1^k \frac{2^n}{n}$$

$$\int_0^1 x^m \log^n x dx = \frac{(-1)^n n\,!}{(m+1)^{n+1}}.$$

$$\int_0^1 x^x dx = 1 - \frac{1}{2^2} + \frac{1}{3^3} - \frac{1}{4^4} + \ldots = 0{,}783 \text{ à } 0{,}001 \text{ près.}$$

$$\int_0^{\infty} x^n e^{-x} dx = n\,!$$

$$\int_0^\infty x^n e^{-x} \cos x dx = \frac{n!}{2^{\frac{n+1}{2}}} \cos \frac{n+1}{4} \pi.$$

$$\int_0^\infty x^n e^{-x} \sin x dx = \frac{n!}{2^{\frac{n+1}{2}}} \sin \frac{n+1}{4} \pi.$$

$$\int_0^1 \frac{dx}{\sqrt[6]{(1-x^6)^5}} = \frac{49}{24} \frac{\left(\Gamma \frac{1}{6}\right)^2}{\Gamma \frac{1}{3}} = 1,927622\ldots$$

$$\int_{-\infty}^{+\infty} \frac{x^{2m}}{1+x^{2n}} dx = \frac{\pi}{n} \frac{1}{\sin \frac{2m+1}{2n} \pi} \quad 0 < m < n,\ m \text{ et } n \text{ entiers.}$$

$$\int_0^\infty \frac{e^{x\sqrt{-1}}}{\sqrt{x}} dx = \sqrt{\frac{\pi}{2}} (1 + \sqrt{-1}).$$

$$\int_0^\infty \cos y^2 dy = \int_0^\infty \sin y^2 dy = \frac{1}{2} \sqrt{\frac{\pi}{2}}.$$

$$\int_0^\pi e^{m \cos \omega} \cos (m \sin \omega)\, d\omega = \pi.$$

$$\int_0^{2\pi} e^{m \cos \omega} \sin (m \sin \omega)\, d\omega = 0.$$

$$\int_0^1 \frac{x^{\alpha-1} - x^{-\alpha}}{(1+x) \log x} = \log \operatorname{tang} \frac{\pi}{2} \alpha.$$

$$\int_0^1 \frac{\cos (m \log x) - \cos (n \log x)}{\log x} dx = \frac{1}{2} \log \frac{1+m^2}{1+n^2}.$$

$$\int_0^1 \frac{\sin (m \log x) - \sin (n \log x)}{\log x} dx = \operatorname{arc} \operatorname{tg} m - \operatorname{arc} \operatorname{tg} n.$$

$$\int_0^\pi \frac{\log (1 + k \cos x)}{\cos x} dx = \pi \operatorname{arc} \sin k \quad (k < 1).$$

$$\int_0^{\pi} \frac{x \sin x}{1 + \cos^2 x}\, dx = \frac{\pi^2}{4}.$$

$$\int_0^{\pi} \frac{\cos mx}{1 - 2\alpha \cos x + \alpha^2}\, dx = \frac{\pi \alpha^m}{1 - \alpha^2}.$$

$$\int_0^{\pi} \frac{x \sin x\, dx}{1 - 2\alpha \cos x + \alpha^2} = \frac{\pi}{\alpha} \log (1 + \alpha).$$

$$\int_0^{\frac{\pi}{2}} \frac{\operatorname{tang}^n x}{a \cos^2 x + b \sin^2 x}\, dx = \frac{\pi}{2 \cos \frac{n\pi}{2}} \frac{1}{\sqrt{a^{1-n} b^{1-n}}} \quad (0 < n < 1).$$

$$\int_0^{\pi} \frac{\sin x \operatorname{tang} \frac{x}{2}}{1 - 2\alpha \cos x + \alpha^2}\, dx = \frac{\pi}{1 + \alpha}.$$

$$\int_0^{\infty} \frac{\log (1 - 2\alpha \cos mx + \alpha^2)}{1 + x^2}\, dx = \pi \log (1 - \alpha e^{-m}) \quad (\alpha < 1).$$

$$\int_0^{\infty} \frac{dx}{(1 + x^2)(1 + 2\alpha \cos mx + \alpha^2)} = \frac{\pi}{2(1 - \alpha^2)} \frac{1 - \alpha e^{-m}}{1 + \alpha e^{-m}}.$$

$$\int_0^{\infty} \frac{x \sin mx\, dx}{(1 + x^2)(1 + 2\alpha \cos mx + \alpha^2)} = \frac{\pi}{2(\alpha + e^m)}.$$

$$\int_0^{\infty} \frac{e^{\pi x} + e^{-\pi x}}{e^{\pi x} - e^{-\pi x}} \sin mx\, dx = \frac{1}{2} \frac{e^{\frac{m}{2}} + e^{-\frac{m}{2}}}{e^{\frac{m}{2}} - e^{-\frac{m}{2}}}.$$

$$\int_0^{\infty} \frac{x^{2n-1} dx}{e^{\pi x} - e^{-\pi x}} = \frac{2^{2n} - 1}{4n} B_n.$$

$$\int_0^{\infty} \frac{e^{ax} + e^{-ax}}{e^{\pi x} - e^{-\pi x}} \sin mx dx = \frac{1}{2} \frac{e^m - e^{-m}}{e^m + 2 \cos a + e^{-m}}.$$

$$\int_0^{\infty} \frac{e^{\alpha x} - e^{-\alpha x}}{e^{\pi x} - e^{-\pi x}} \cos mx dx = \frac{\sin \alpha}{e^m + 2 \cos \alpha + e^{-m}}.$$

$$\int_0^\infty e^{-kx} \sin^{2p} x dx = \frac{(2p)!}{k(k^2+4)(k^2+16)\dots(k^2+4p^2)}.$$

$$\int_0^\infty e^{-kx} \sin^{2p+1} x dx = \frac{(2p+1)!}{(k^2+1)(k^2+9)\dots[k^2+(2p+1)^2]}.$$

$$\int_0^\infty \frac{\log(1+a^2x^2)}{b^2+x^2} dx = \frac{1}{b} \pi \log(1+ab)$$

$$\int_0^\infty e^{-x^2-\frac{a^2}{x^2}} dx = \frac{1}{2}\sqrt{\pi}\, e^{-2a}$$

$$\int_0^\infty \log \frac{e^x+1}{e^x-1} dx = \frac{\pi^2}{4}$$

$$\int_0^1 \frac{1-x^2}{1+x^4} \frac{dx}{\log x} = \log \operatorname{tang} \frac{\pi}{8}$$

$$\int_0^1 \frac{x^{k-1}-x^{n-k-1}}{1+x^n} \frac{dx}{\log x} = \log \operatorname{tang} \frac{k\pi}{2n}$$

$$\int_0^\infty \left(\frac{\operatorname{arc\,tang} y}{y}\right)^2 dy = \pi \log 2$$

$$\int_0^\infty \frac{x^{a-1}\log x}{x-1} dx = \frac{\pi^2}{\sin^2 a\pi}$$

$$\int_0^{\frac{1}{2}} \frac{\log(1-x)}{x} dx = \frac{1}{2}(\log 2)^2 - \frac{\pi^2}{12}$$

$$\int_0^\infty \frac{\varphi(ax)-\varphi(bx)}{x} dx = \varphi(0) \log \frac{b}{a}$$

à condition que $\int_{\frac{h}{a}}^{\frac{h}{b}} \frac{\varphi(bx)}{x} dx$ tende vers zéro pour $h = \infty$.

$$\int_0^\infty \frac{\cos bx}{x^n} dx = \frac{b^{n-1}}{\Gamma(n)} \frac{\pi}{2\cos\frac{n\pi}{2}} \qquad (0 < n < 1)$$

$$\int_0^\infty \frac{\sin bx}{x^n} dx = \frac{b^{n-1}}{\Gamma(n)} \frac{\pi}{2\sin\frac{n\pi}{2}} \qquad (0 < n < 2)$$

Dans ces deux formules $\Gamma(n)$ désigne la fonction Eulérienne

$$\Gamma(n) = \int_0^\infty x^{n-1}e^{-x}dx = \lim_{p=\infty} \frac{p!\,p^{n-1}}{n(n+1)\dots(n+p-1)}.$$

$$-\int_0^\infty e^{-x}\log x dx = \lim_{n=\infty}\left(1+\frac{1}{2}+\dots+\frac{1}{n}-\log n\right)$$

$$= 0{,}5772156649\dots.$$

$$\int_0^1 \log \Gamma(x)dx = \log\sqrt{2\pi}$$

$$\int_a^{a+1} \log \Gamma x dx = a\log(a-1) + \log\sqrt{2\pi}$$

$$\int_0^1 x^{p-1}(1-x)^{q-1}dx = \frac{\Gamma(p)\Gamma(q)}{\Gamma(p+q)}$$

Soit

$$x_1^2 + x_2^2 + \dots + x_n^n < 1$$

on a

$$\int\int\int\dots\int \frac{dx_1dx_2\dots dx_n}{\sqrt{1-x_1^2-a_2^2-\dots-x_n^2}} = \frac{\pi^{\frac{n+1}{2}}}{2^n\Gamma\frac{n+1}{2}}$$

Rectification d'arcs de courbe

268. Cycloïde (Tome Ier no 286) : $s = 8\,a \sin^2 \frac{t}{4}$

ou $s = \sqrt{8\,ax} + C$;

Longueur d'une branche complète : $P = 8a$

Epicycloïde (II no 212) : $s = 4\,a \left(\frac{a}{r} + 1\right)\left(1 - \cos \frac{\varphi}{2}\right)$;

Longueur d'une branche : $l = \frac{8\,a(a + r)}{r}$

Hypocycloïde (II no 212) : $s = 4a\left(1 - \frac{a}{r}\right)\left(1 - \cos \frac{\varphi}{2}\right)$

Parabole ($y^2 = 4\,ax$) : $s = a\left(\frac{\cos \alpha}{\sin^2 \frac{\alpha}{2}} - \log \operatorname{tang} \frac{\alpha}{2}\right)$,

(avec $\operatorname{tang} \alpha = y'_x$)

ou

$$s = \sqrt{ax + x^2} + a \log\left(\sqrt{x} + \sqrt{a + x}\right) + C$$

Spirale logarithmique : ($\rho = ae^{m\omega}$) $s = \frac{\sqrt{1 + m^2}}{m}\,\rho + C.$

Lemniscate $\rho^2 = 2a^2 \cos 2\omega$ (P longueur totale) :

$$P = 2\,a\,\frac{\Gamma^2\left(\frac{1}{4}\right)}{\sqrt{\pi}}$$

Hélice : ($x = a \cos \varphi$, $y = a \sin \varphi$, $z = ma\varphi$)

$$s = a.\sqrt{1 + m^2}.\varphi.$$

Loxodromie : $\left(\sin \theta(e^{n\varphi} + e^{-n\varphi}) = 2\right)$

$$s = a.\frac{\sqrt{1 + n^2}}{n}(\theta - \theta_0).$$

Chainette : $y = \frac{a}{2}\left(e^{\frac{x}{a}} + e^{-\frac{x}{a}}\right)$, $s = \frac{a}{2}\left(e^{\frac{x}{a}} - e^{-\frac{x}{a}}\right)$.

Tractrice : $x + \sqrt{a^2 - y^2} = a \log \frac{a + \sqrt{a^2 - y^2}}{y}$,

ou

$$\frac{dy}{dx}\sqrt{a^2 - y^2} + y = 0 \qquad s = a \log \frac{y}{a}.$$

Spirale d'Archimède ($\rho = a\omega$) :

$$s = \frac{a\omega}{2}\sqrt{1 + \omega^2} + \frac{a}{2}\log\left(\omega + \sqrt{1 + \omega^2}\right) + C$$

Cardioïde [$\rho = a(1 + \cos\omega)$] : $\qquad s = 4\,a \sin\frac{\omega}{2} + C.$

Courbe à m boucles ($\rho^m = 2^{m-1}a^m \cos m\omega$) : $\mathrm{P} = \frac{\Gamma^2\left(\frac{1}{m}\right)}{\Gamma\left(\frac{1}{m}\right)}$

Hypocycloïde à quatre rebroussements ou astéroïde $\left(x^{\frac{2}{3}} + y^{\frac{2}{3}} = a^{\frac{2}{3}}\right)$ $\qquad s = \frac{3a^{\frac{1}{3}}x^{\frac{2}{3}}}{2} + C$

$$\mathrm{P} = 6a$$

Cissoïde $\left(y^2 = \frac{x^3}{2a - x}\right)$:

$$s = 2a\sqrt{\frac{8a - 3x}{2a - x}} + a\sqrt{3}\log\frac{\sqrt{8a - 3x} - \sqrt{6a - 3x}}{\sqrt{8a - 3x} + \sqrt{6a - 3x}} + C.$$

Serret, dans le XXXVe Cahier du Journal de l'Ecole Polytechnique, a fait connaître toutes les courbes dont l'arc s'exprime par un arc de cercle et dont les coordonnées rectilignes sont des fonctions rationnelles de la tangente trigonométrique de cet arc. Nous nous bornerons à énoncer quelques résultats. Soit s l'arc, g une constante ; posons

$$z = \text{tang}\,\frac{s}{g}$$

$$a = \frac{2\sqrt{\zeta}}{1+\zeta} - \frac{1-\zeta}{1+\zeta}\sqrt{-1}$$

$$\alpha = \frac{2\sqrt{\zeta}}{1+\zeta} + \frac{1-\zeta}{1+\zeta}\sqrt{-1},$$

ζ étant une racine de l'équation

$$\frac{d^n\zeta^m(\zeta-1)^{n+1}}{d\zeta^n} = 0$$

Les coordonnées d'un point de la courbe x et y seront les parties réelle et imaginaire de l'expression.

$$x + y\sqrt{-1} = ge^{\varphi\sqrt{-1}} \int \frac{(z-a)^{n+1}\left(z-\sqrt{-1}\right)^m}{(z-\alpha)^{n+1}\left(z+\sqrt{-1}\right)^{m+2}}\,dz.$$

Le cas particulier de $m = 1$ a été traité par Euler ; si l'on pose

$$\rho = \sqrt{x^2+y^2}, \quad R = \sqrt{-\rho^2 + 2g\rho - \frac{g^2}{(n+1)^2}},$$
$$i = \sqrt{-1},$$

on trouve pour la valeur de $x + iy$

$$\frac{n+1}{g\left[\sqrt{n(n+2)}\right]^{n+2}} \; \frac{(\rho - g + Ri)\left[(n+1)\rho - \frac{g}{n+1} - iR\right]^{n+1}}{\rho^n}.$$

Si ω désigne l'argument du point en coordonnées polaires, on a en particulier

pour $n = 1$ $\qquad \rho^3 + 6\rho - 2 = 3\rho^2\sqrt{3}\cos\omega$

pour $n = 2$ $\qquad \rho^4 + 14\rho^2 - 8\rho + 1 = 8\rho^3\cos\omega.$

Aires planes

269. Parabole ($y^2 = 2px$) : Segment $S = \frac{4}{3}(2pa)^{\frac{3}{2}}$.

Ellipse $\frac{x^2}{a^2} + \frac{y^2}{b^2} = 1$, Segment $= ab \arcsin \frac{x}{a} - \frac{b}{a} x\sqrt{a^2 - x^2}$.

Aire totale $= \pi ab$.

Boucle du folium ($x^3 + y^3 - 3axy = 0$). $S = \frac{3a^2}{2}$.

Courbe $x^{2n+1} + y^{2n+1} = (2n+1)\, ax^ny^n$. $S = \left(n + \frac{1}{2}\right)a^2$.

Courbe $\rho^4 = \sin^3\omega \cos\omega$ . . . . . $S = \frac{1}{8} \frac{\pi}{\sin\frac{\pi}{4}} = 0,5553$.

Courbe $x^{2n} + y^{2n} = a^2(xy)^{n-1}$ $\begin{cases} \text{Si } n \text{ est pair,} & S = \frac{\pi a^2}{2n}\,; \\ \text{Si } n \text{ est impair,} & S = \frac{\pi a^2}{n}\,; \end{cases}$

Lemniscate . . . . $S = a^2$.

Segment parabolique limité par une corde perpendiculaire à l'axe (coordonnées d'une extrémité de la corde x, y). . . . . $S = \frac{4}{3}xy$,

Chaînette . . . . $S = as$,

Cycloïde . . . . $S = 3\pi a^2$,

Quadratrice $\left(y = x \cot \frac{x}{a}\right)$ . . . . $S = \pi a^2 \log 2$.

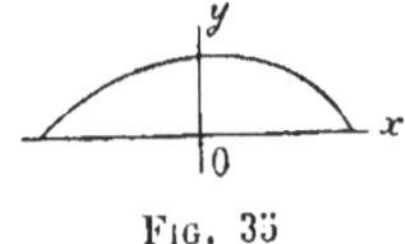

Fig. 35

Ellipse ayant pour équation

$$Ax^2 + 2Bxy + Cy^2 + 2Dx + 2Ey + F = 0.$$

On pose

$$\Delta = -(AE^2 + BD^2 - 2BDE + FB^2 - ACF),$$

et l'on trouve

$$S = \frac{-\pi\Delta}{(AC - B^2)^{\frac{3}{2}}}.$$

Courbe $\rho^n = a^n 2^{n-1} \cos n\omega$

$$S = \frac{a^2\Gamma^2\left(\frac{1}{n}\right)}{2n\Gamma\frac{2}{n}}.$$

Aires courbes (surfaces de révolution)

269. Aire latérale du cylindre $S = 2\pi Rh$
Aire latérale du cône $S = \pi Ra$
Aire latérale du tronc de cône $S = \pi(R + R')a$
Aire de la zone $S = 2\pi Rh$
Aire de la sphère $S = 4\pi R^2$.

Aire du triangle sphérique tracé sur la sphère de rayon R et dont les angles sont exprimés en degrés par les nombres A, B, C

$$S = \pi R^2 \times \frac{A + B + C - 180}{180}.$$

Portion de la surface d'une sphère de rayon R comprise à l'intérieur d'un cylindre elliptique, concentrique et d'axes R et 2R

$$\frac{4}{3}\pi R^2.$$

Aire engendrée par la cycloïde en tournant autour de sa base (la cycloïde étant limitée à deux points de rebroussement consécutifs)

$$S = \frac{64}{3}\pi a^2,$$

Aire engendrée par la cycloïde en tournant autour de la tangente en un point de rebroussement

$$S = 8\pi^2 a^2.$$

Aire engendrée par la cycloïde tournant autour de sa tangente au sommet

$$S = \frac{32}{3}\pi a^2.$$

Aire engendrée par la cycloïde tournant autour de sa normale au sommet

$$S = 8\pi a^2\left(\pi - \frac{4}{3}\right).$$

Ellipsoïde de révolution aplati ($a > b$)

$$S = 2\pi a^2 + \frac{2\pi a b^2}{\sqrt{a^2 - b^2}} \log \frac{a + \sqrt{a^2 - b^2}}{b},$$

soit

$$e^2 = 1 - \frac{b^2}{a^2},$$

on trouve

$$S = 2\pi a^2 + \pi a^2 \frac{(1 - e^2)}{e} \log \frac{1 + e}{1 - e}.$$

Ellipsoïde de révolution allongé

$$S = 2\pi b^2 + \frac{2\pi a^2 b}{\sqrt{b^2 - a^2}} \text{arc cos}\,\frac{b}{a}.$$

soit

$$e^2 = 1 - \frac{a^2}{b^2}. \qquad S = \frac{2\pi a b}{e} \text{arc sin}\, e + 2\pi b^2.$$

Tore (rayon du cercle générateur $= a$) $S = 4\pi^2 ab.$

Surface dont la méridienne est

une astéroïde . . . . $S = \frac{12}{5}\pi a^2.$

une chaînette . . . . $S = \pi ab.$

(en appelant b l'ordonnée du sommet du cône des normales le long du parallèle limite)

une cardioïde tournant autour de son axe $S = \frac{32}{5} \pi a^2$.

Aire d'un hélicoïde : portion comprise entre deux cylindres de rayons r et r_0 et deux plans faisant entre eux l'angle V. L'équation de la courbe plane génératrice est $z = \varphi(x)$. Pour $h = 0$, on a l'aire d'une tranche de surface de révolution

$$S = V \int_{r_0}^{r} \sqrt{(1 + \varphi'^2) r^2 + h^2 dr}.$$

Volumes

270. Prisme et cylindre $V = Bh$,

Pyramide et cône $V = \frac{1}{3} Bh$,

Sphère $V = \frac{4}{3} \pi R^3$,

Segment sphérique $V = \frac{1}{6} \pi h^3 + \frac{1}{2} \pi h (r^2 + r'^2)$,

Ellipsoïde $V = \frac{4}{3} \pi abc$.

Règle des trois niveaux s'appliquant aux volumes limités par des surfaces latérales réglées et des bases planes (B, B') ; B'' désigne l'aire de la section équidistante des deux bases

$$V = \frac{h}{6} (B + B' + 4B'').$$

Tas de cailloux (hauteur h, dimensions d'une base a, b, de l'autre a', b')

$$V = \frac{bh}{6} (2a + a') + \frac{b'h}{6} (2a' + a).$$

Segment d'ellipsoïde compris entre deux plans parallèles au plan zoy; on appelle a', b' les demi-diamètres conjugués parallèles à ces plans, θ leur angle, c' le diamètre conjugué des premiers, α son angle avec le plan zoy

$$V = \pi a'b'c' \sin\theta \sin\alpha \left(x - x_0 - \frac{x^3 - x_0^3}{3a'^2}\right),$$

Tore engendré par un cercle de rayon a

$$V = 2\pi^2 a^2 b.$$

Volume d'un segment de paraboloïde elliptique, compris entre le sommet et un plan perpendiculaire à l'axe $\left(\frac{y^2}{p} + \frac{z^2}{q} = 2x,\ x = h\right)$

$$V = \pi h^2 \sqrt{pq}.$$

Volume compris entre le plan des xy, le cylindre $x^2 + y^2 = r^2$ et le cylindre parabolique $az = 2y^2$

$$V = \frac{\pi r^4}{2a}.$$

Volume compris entre une sphère de rayon R et un cône droit ayant pour base un grand cercle et pour hauteur mR

$$V = \frac{2}{3}\pi R^3 \left[1 - \frac{2m}{(m^2+1)^2}\right].$$

Volumes de révolution : la méridienne est

une astéroïde, $V = \frac{32}{105}\pi a^3$

une chaînette (voir n° 270 pour la notation) $V = \frac{1}{2}\pi a^2 b$

un limaçon de Pascal $V = \frac{4}{3}\pi b(a^2 + b^2)$,

une cardioïde $V = \frac{3}{8}\pi a^3$

une cycloïde (l'axe étant la tangente au sommet $\qquad V = \pi^2 a^3$

une cycloïde (l'axe étant la base de la cycloïde) $\qquad V = 5\pi^2 a^3$.

Volume engendré par le segment parabolique abc tournant autour de ac $\qquad V = \pi \overline{bc}^2 \cdot \frac{\overline{ac}}{2}$

autour de bc $\qquad V = \frac{8}{15} \pi \overline{bc} \cdot \overline{ac}^2$

autour de bl $\qquad V = \frac{1}{6} \pi \overline{ac} \cdot \overline{bc}^2$

autour de al $\qquad V = \frac{4}{5} \pi bc \cdot \overline{ac}^2$

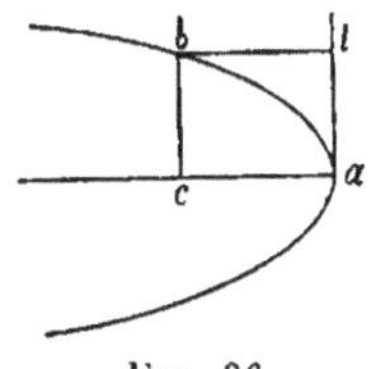

Fig. 36

Volume de la surface $\left(\frac{x}{a}\right)^n + \left(\frac{y}{b}\right)^n + \left(\frac{z}{c}\right)^n = 1$

$$V = \frac{8abc}{3n^2} \frac{\Gamma^3\left(\frac{1}{n}\right)}{\Gamma\left(\frac{3}{n}\right)}.$$

Volume de la surface $x^{\frac{2}{3}} + y^{\frac{2}{3}} + z^{\frac{2}{3}} = a^{\frac{2}{3}}$ $\quad V = \frac{4}{35} \pi a^3$.

Volume engendré par une droite de longueur constante qui s'appuie sur deux droites dont l'angle a pour valeur α

$$V = \frac{4}{3} \pi a^3 \operatorname{tang}^2 \alpha.$$

Volume limité par la surface dont les points sont tels que la somme des inverses de leurs distances aux quatres faces d'un tétraèdre régulier soit nulle. (Equation : $2xyz + a(x^2 + y^2 + z^2 - a^2) = 0$

$$V = \frac{1}{2} \pi^2 a^3.$$

Centres de gravité

271. Chaînette (soit AN la normale à l'extrémité de l'arc, S le sommet, SN l'axe, G le centre de gravité)

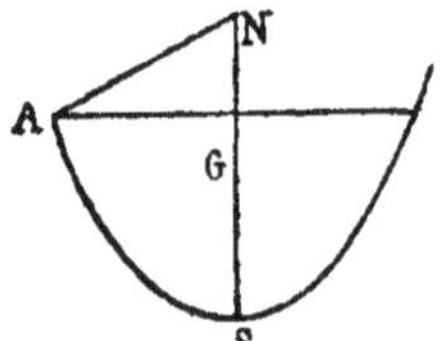

$SG = GN.$

Fig. 37

Cycloïde 

$OG = \frac{4}{3} a.$

Fig. 38

Arc de cercle d'angle 2θ, le rayon du cercle étant a :

distance au centre. . . . . $OG = a \frac{\sin \theta}{\theta}$,

Secteur circulaire . . . . $OG = \frac{2}{3} a \frac{\sin \theta}{\theta}$.

Zône : le centre de gravité est au milieu de la hauteur

Tranche sphérique ayant h pour hauteur et a et b pour rayons des bases. Soit z la distance au centre

$$z = \frac{\frac{a^4 - b^4}{4}}{\frac{1}{6} h^3 + \frac{1}{2} h (a^2 + b^2)}.$$

Hémisphère . . . . $z = \frac{3R}{8}$.

Clotoïde. — Cette courbe a été rencontrée par Fresnel dans l'étude de la diffraction ; elle a pour équations

$$x = \frac{a}{\sqrt{2}} \int_0^{\varphi} \frac{\cos \varphi}{\sqrt{\varphi}} \, d\varphi, \quad y = \frac{a}{\sqrt{2}} \int_0^{\varphi} \frac{\sin \varphi}{\sqrt{\varphi}} \, d\varphi$$

et l'on voit que φ est l'angle de la tangente en un point avec l'axe des x. Son arc a pour valeur $s = a\sqrt{2\varphi}$; le rayon de courbure en un point $\rho = \frac{a^2}{s}$. Les coordonnées du centre de gravité sont

$$\xi = x - \rho \sin \varphi$$
$$n = y - \rho (1 - \cos \varphi)$$

Moments d'inertie (*)

272. Dans les formules qui suivent, le moment d'inertie est désigné par la lettre I. Sauf avis contraire, pour les surfaces de révolution, le moment d'inertie est toujours pris par rapport à l'axe.

Poutre droite à section rectangulaire par rapport à son axe longitudinal

$$I = \frac{4}{3} (a^2 + b^2) \, abc$$

Sphère par rapport à un de ses diamètres

$$I = \frac{8\pi R^5}{15}$$

Tore

$$2\pi b^3 a^2 + \frac{1}{2} \pi^2 a^4 b$$

(*) Un grand nombre des résultats qui figurent dans ce n° sont empruntés à l'ouvrage de M. Jean Résal sur les Ponts Métalliques (Encyclopédie des Travaux Publics, fondée par M. Lechalas).

Moment d'inertie d'un rectangle ayant pour côtés a, b, par rapport à la perpendiculaire au milieu du côté b

$$I = \frac{1}{12} ab^3$$

Même rectangle avec un évidement rectangulaire et concentrique ayant pour côtés c parallèle à a et d parallèle à b

$$I = \frac{1}{12} (ab^3 - cd^3)$$

Losange par rapport à la diagonale a, les longueurs des diagonales étant a et b,

$$I = \frac{1}{48} ab^3$$

Polygone régulier de n côtés et de rayon R

$$I = \frac{n}{2} R^4 \sin \frac{2\pi}{n} \left(\frac{1}{4} \cos^2 \frac{\pi}{n} + \frac{1}{12} \sin^2 \frac{\pi}{n}\right)$$

Double T

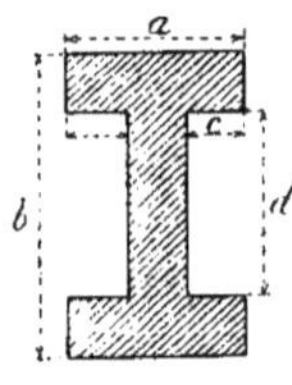

Fig. 39

Moment par rapport à ox $\quad I_x = \frac{1}{12} (ab^3 - cd^3)$

Moment par rapport à oy $\quad I_y = \frac{1}{12} \left[a^3 (b - d) + d(a - c)^3\right]$

Cercle plein, par rapport à un diamètre $\quad I = \frac{1}{4} \pi R^4$

Couronne circulaire $\quad I = \frac{1}{4} \pi (R^4 - R'^4)$

Ellipse pleine, par rapport à son axe $2a$ $\quad I_A = \frac{1}{4} \pi ab^3$

CHAPITRE IX

FORMULE DE GREEN. — POTENTIEL

On rencontre en mécanique, et dans l'étude de l'électricité ou du magnétisme, des fonctions qui jouent un rôle très important. Pour faciliter l'étude de ces fonctions, nous établirons d'abord deux formules fondamentales.

Transformation d'intégrales de volume en intégrales de surface Formule d'Ostrogradsky

273. Nous allons démontrer la formule

$$\left.\begin{aligned}&\int\int\int\left(\frac{\partial P}{\partial x}+\frac{\partial Q}{\partial y}+\frac{\partial R}{\partial z}\right)dx\,dy\,dz\\&=S(P\cos\alpha+Q\cos\beta+R\cos\gamma)d\sigma.\end{aligned}\right\}\qquad(1)$$

Dans cette formule, l'intégrale triple est supposée étendue à un volume V fermé par une surface (S); l'intégrale double s'étend à cette surface, α, β, γ sont les angles que fait respectivement avec ox, oy, oz la demi-normale extérieure à la surface (S). Les fonctions P, Q, R sont des fonctions d'x, y, z continues sur (S) ; elles sont continues ainsi que leurs dérivées dans tout le volume V.

Nous supposerons d'abord que la surface (S) soit convexe. Considérons l'intégrale triple

$$\int\int\int \frac{\partial P}{\partial x}\, dxdydz.$$

Intégrons d'abord par rapport à x, depuis x_1 jusqu'à x_2, x_1 et x_2 étant les abscisses des points où une parallèle à ox rencontre la surface (S) ; nous obtenons pour valeur de l'intégrale

$$\int\int \left[P(x_2, y, z) - P(x_1, y, z)\right] dydz. \qquad (2)$$

Mais, au point x_1, y, z on a (n° 203 form. 27)

$$dydz = - d\sigma \cos \alpha,$$

et au point x_2, y, z

$$dydz = d\sigma \cos \alpha.$$

L'intégrale (2) peut donc s'écrire

$$SP \cos \alpha\, d\sigma,$$

L'intégration s'étendant à toute la surface (S). On démontrerait de même que les deux termes suivants dans l'intégrale triple (1) sont respectivement égaux aux deux derniers termes du second membre.

Si la surface (S) n'est pas convexe, on opèrera comme au n° 207 ; la formule (1) s'applique donc à tous les cas.

Formule de Green

274. Dans la formule (1) d'Ostrogradsky, posons

$$P = U \frac{\partial V}{\partial x}, \; Q = U \frac{\partial V}{\partial y}, \; R = U \frac{\partial V}{\partial z},$$

et introduisons le paramètre différentiel de Lamé (I n° 111)

$$\Delta_2 V = \frac{\partial^2 V}{\partial x^2} + \frac{\partial^2 V}{\partial y^2} + \frac{\partial^2 V}{\partial z^2}.$$

nous obtenons la formule

$$\left.\begin{aligned} &\iiint U\Delta_2 V dxdydz \\ &+ \iiint \left(\frac{\partial U}{\partial x}\frac{\partial V}{\partial x} + \frac{\partial U}{\partial y}\frac{\partial V}{\partial y} + \frac{\partial U}{\partial z}\frac{\partial V}{\partial z}\right) dxdydz \\ &= S\left(\frac{\partial V}{\partial x}\cos\alpha + \frac{\partial V}{\partial y}\cos\beta + \frac{\partial V}{\partial z}\cos\gamma\right) d\sigma \end{aligned}\right\} \quad (3)$$

Une nouvelle notation permet de simplifier l'écriture de cette importante formule. Appelons dérivée de la fonction V au point $M(x, y, z)$ dans la direction MN, la limite du rapport

$$\frac{V(x', y', z') - V(x, y, z)}{MM'},$$

$M'(x', y', z')$ étant un point infiniment voisin de M sur MN, du côté positif. Posons $MM' = dn$: cette dérivée s'écrira $\frac{dV}{dn}$. Or on a évidemment

$$\frac{dV}{dn} = \frac{\partial V}{\partial x}\frac{dx}{dn} + \frac{\partial V}{\partial y}\frac{dy}{dn} + \frac{\partial V}{\partial z}\frac{dz}{dn} = \frac{\partial V}{\partial x}\cos\alpha + \frac{\partial V}{\partial y}\cos\beta + \frac{\partial V}{\partial z}\cos\gamma,$$

la formule (3) s'écrit donc, si MN est la direction de la demi-normale extérieure,

$$\begin{aligned} &\iiint \left(\frac{\partial U}{\partial x}\frac{\partial V}{\partial x} + \frac{\partial U}{\partial y}\frac{\partial V}{\partial y} + \frac{\partial U}{\partial z}\frac{\partial V}{\partial z}\right) dxdydz \\ &+ \iiint U\Delta_2 V dxdydz = SU\frac{dV}{dn} d\sigma \qquad (4) \end{aligned}$$

Telle est la formule qu'on désigne souvent sous le nom de *formule de Green* ; mais on désigne aussi sous ce nom celle qu'on en déduit en échangeant les lettres U et V et en retranchant l'équation obtenue de la précédente

$$S\left(U\frac{dV}{dn} - V\frac{dU}{dn}\right)d\sigma = \int\int\int (U\Delta_2 V - V\Delta_2 U)dxdydz.$$

A vrai dire, la *formule de Green* s'applique de préférence à la normale intérieure ; il faut donc, pour l'obtenir, changer les signes du premier membre et écrire

$$S\left(U\frac{dV}{dn} - V\frac{dU}{dn}\right)d\sigma + \int\int\int (U\Delta_2 V - V\Delta_2 U)\, dxdydz = 0. \quad (5)$$

Elle s'applique à tous les volumes possibles, limités ou non par plusieurs surfaces distinctes. Par exemple, si le volume est compris entre deux sphères concentriques, pour la sphère extérieure la normale sera comptée vers le centre ; pour l'autre sphère, elle sera comptée en sens contraire.

Pour établir la formule de Green, nous avons supposé les fonctions U, V continues, et bien déterminées ainsi que leurs dérivées dans tout le champ de l'intégration. Nous n'examinerons pas comment il faut modifier la formule dans le cas contraire ; mais l'exemple que nous allons traiter suffira à faire comprendre comment on doit opérer si l'on rencontre des discontinuités.

275. Considérons deux fonctions U et V telles que, dans tout le champ de l'intégration, on ait

$$\Delta_2 U = 0 \qquad \text{et} \qquad \Delta_2 V = 0\,;$$

la formule (5) deviendra

$$S\left(U\frac{dV}{dn} - V\frac{dU}{dn}\right)d\sigma = 0 \qquad (6)$$

Soit d'abord $U = 1$, cette égalité se réduit à

$$S \frac{dV}{dn} d\sigma = 0 \tag{7}$$

Soit maintenant

$$U = \frac{1}{\sqrt{(x-a)^2 + (y-b)^2 + (z-c)^2}} = \frac{1}{r}.$$

Si le point a, b, c ne fait pas partie du champ de l'intégration, U ne deviendra pas infinie, on a d'ailleurs identiquement

$$\Delta_2 \frac{1}{r} = 0.$$

Donc, pour toute fonction V telle que $\Delta_2 V = 0$, on aura par la formule (6)

$$SV \frac{d\frac{1}{r}}{dn} d\sigma = 0$$

Si le point A (a, b, c) fait partie du volume, on commencera par l'entourer d'une sphère Σ de rayon très petit dont il soit le centre ; soit Σ' l'ensemble des autres surfaces qui limitent le volume. L'équation (6) s'écrit

$$S_\Sigma \left(\frac{1}{r} \frac{dV}{dn} - V \frac{d\frac{1}{r}}{dn} \right) d\sigma + S_{\Sigma'} \left(\frac{1}{r} \frac{dV}{dn} - V \frac{d\frac{1}{r}}{dn} \right) d\sigma' = 0,$$

et elle s'applique à condition d'exclure du champ de l'intégration le volume intérieur à la sphère Σ et de prendre les dérivées sur la normale extérieure à cette sphère. En changeant le sens de cette dernière normale, on devra écrire

$$S_{\Sigma'} \left(\frac{1}{r} \frac{dV}{dn} - V \frac{d\frac{1}{r}}{dn} \right) d\sigma' = S_\Sigma \left(\frac{1}{r} \frac{dV}{dn} - V \frac{d\frac{1}{r}}{dn} \right) d\sigma$$

Calculons le second membre ; comme r est constant sur la sphère, il se réduit, à cause de (7), à

$$-\,S_{\Sigma}\,V\,\frac{d\frac{1}{r}}{dn}\,d\sigma$$

Mais

$$\frac{d\frac{1}{r}}{dn} = -\frac{1}{r^2}\frac{dr}{dn} = \frac{1}{r^2}\cos(r, n)$$

et, sur la sphère

$$\cos(r, n) = 1\,;$$

l'intégrale précédente s'écrit donc

$$-\frac{1}{r^2}\,S_{\Sigma}\,Vd\sigma.$$

Or, comme on peut prendre le rayon de la sphère aussi petit que l'on veut, V est infiniment voisin de sa valeur V (a, b, c) au point A, et l'intégrale peut s'écrire

$$-\,4\pi V\,(a, b, c).$$

L'on a donc enfin la *formule fondamentale*

$$V\,(a, b, c) = \frac{1}{4\pi}\,S_{\Sigma'}\left(V\,\frac{d\frac{1}{r}}{dn} - \frac{1}{r}\frac{dV}{dn}\right)d\sigma'. \qquad (8)$$

Elle fait connaître la valeur de la fonction V en un point quelconque du volume en fonction de ses valeurs et de celles de $\frac{dV}{dn}$ supposées connues sur les surfaces limites. Bien entendu, il faut que V satisfasse à l'équation

$$\Delta_2\,V = 0$$

276. On peut résoudre le même problème si la fonction V satisfait à l'équation précédente *en dehors* de la surface Σ' ; il faut alors supposer que VR, $R^2 \frac{dV}{dx}$, $R^2 \frac{dV}{dy}$, $R^2 \frac{dV}{dz}$ ont des modules inférieurs à un nombre fixe M lorsque R croît à l'infini.

Le point A est compris entre la surface Σ' et une sphère Σ de rayon R suffisamment grand. En isolant le point A par une sphère de rayon infiniment petit, on voit, comme précédemment, que

$$4\pi V(a, b, c) = S_\Sigma \left(V \frac{d\frac{1}{r}}{dn} - \frac{1}{r}\frac{dV}{dn} \right) d\sigma + S_{\Sigma'} \left(V \frac{d\frac{1}{r}}{dn} - \frac{1}{r}\frac{dV}{dn} \right) d\sigma.$$

La première de ces intégrales est nulle en vertu des hypothèses faites ; car elle peut s'écrire

$$\int_0^\pi \int_0^{2\pi} R^2 \sin\theta \left[V\frac{\cos(r, n)}{r^2} - \frac{1}{r}\left(\frac{dV}{dx}\frac{dx}{dn} + \frac{dV}{dy}\frac{dy}{dn} + \frac{dV}{dz}\frac{dz}{dn}\right)\right] d\theta d\varphi,$$

$\frac{R}{r}$ tend vers l'unité ; V tend vers zéro ainsi que les trois produits $R\frac{dV}{dx}$, $R\frac{dV}{dy}$, $R\frac{dV}{dz}$. Il reste donc

$$V(a, b, c) = \frac{1}{4\pi} S_{\Sigma'} \left(V \frac{d\frac{1}{r}}{dn} - \frac{1}{r}\frac{dV}{dn} \right) d\sigma, \qquad (9)$$

comme dans le premier cas ; seulement ici les dérivées sont prises sur la normale *extérieure*.

On démontrerait d'une manière analogue que, si U est discontinue en un point (a, b, c) et si l'on désigne encore par $V(a, b, c)$ la valeur de V en ce point, la formule (5) de Green doit s'écrire

$$S\left(U\frac{dV}{dn} - V\frac{dU}{dn}\right) d\sigma$$

$$+ \int\int\int (U\Delta_2 V - V\Delta_2 U)\, dx\, dy\, dz + 4\pi V(a,b,c) = 0. \quad (10)$$

Définitions

277. Soit F une force appliquée au point A (a, b, c); soient X, Y, Z les composantes de cette force suivant trois axes de coordonnées rectangulaires. On sait qu'on appelle *travail élémentaire* de la force pour un déplacement da, db, dc du point A l'expression

$$Xda + Ydb + Zdc;$$

mais cette expression n'est pas en général une différentielle exacte et nous avons vu (n° 105) les conditions nécessaires pour qu'elle le soit. Supposons ces conditions réalisées et soit V la fonction dont l'expression précédente est la différentielle

$$dV = Xda + Ydb + Zdc;$$

on aura alors

$$X = \frac{\partial V}{\partial a}, \qquad Y = \frac{\partial V}{\partial b}, \qquad Z = \frac{\partial V}{\partial c}. \tag{11}$$

Si, au lieu d'une force, on a un système de forces appliquées au point A, et si le travail élémentaire est encore une différentielle exacte, les projections de la résultante sur les axes seront encore données par les formules (11).

On dit alors qu'il existe une *fonction des forces* ou encore que les forces ont un *potentiel* (*) V.

Donnons un exemple emprunté à l'attraction Newtonienne ou, ce qui revient au même, à l'électricité.

(*) Quelques auteurs distinguent entre les mots *potentiel* et *fonction potentielle*; nous n'avons pas cru devoir les suivre dans cette voie. Clausius appelle fonction potentielle, la fonction de force lorsqu'au point A se trouve une masse égale à l'unité de la matière agissante.

278. Soient A et M deux points, ayant pour coordonnées respectivement a, b, c et x, y, z ; soit r leur distance

$$r = \sqrt{(x-a)^2 + (y-b)^2 + (z-c)^2}. \qquad (12)$$

Désignons par m et m' deux coefficients attachés aux points A et M (masses) ; la force attractive ou répulsive qui s'exerce entre A et M a pour expression

$$F = \pm f \frac{mm'}{r^2},$$

f étant une constante numérique positive. Pour pouvoir préciser le langage, nous supposerons qu'il s'agisse de l'*attraction Newtonienne* et nous donnerons au point A la masse 1 ($m = 1$) ; l'attraction exercée sur le point A a donc pour expression

$$F = f \frac{m'}{r^2} \qquad (13).$$

elle est dirigée de A vers M.

Ses composantes suivant les trois axes seront

$$\left.\begin{aligned} X &= f\frac{m'}{r^2} \quad \frac{x-a}{r} \\ Y &= f\frac{m'}{r^2} \quad \frac{y-b}{r} \\ Z &= f\frac{m'}{r^2} \quad \frac{z-c}{r} \end{aligned}\right\} \qquad (14)$$

On aura évidemment

$$X da + Y db + Z dc = d.\frac{fm'}{r}$$

et par suite le potentiel sera

$$V = f\frac{m'}{r}.$$

Plus généralement, soit

$$F = \varphi(r)$$

l'expression de la force dirigée vers le point A. Les composantes seront

$$X = -\frac{x-a}{r}\varphi(r), \quad Y = -\frac{y-b}{r}\varphi(r), \quad Z = -\frac{z-c}{r}\varphi(r)$$

et si l'on pose

$$V = \int \varphi(r)dr,$$

on aura encore

$$X = \frac{dV}{da}, \quad Y = \frac{dV}{db}, \quad Z = \frac{dV}{dc}.$$

Si l'on a un système de points agissants sur le point A, il faudra composer toutes les forces telles que (13); leur résultante aura pour projections sur les trois axes

$$R_x = \sum X, \quad R_y = \sum Y, \quad R_z = \sum Z.$$

Le potentiel aura pour expression

$$V = \sum f\frac{m'}{r}$$

ou, plus généralement,

$$V = \sum f\varphi\,(r)\,dr,$$

et l'on aura encore

$$R_x = \frac{\partial V}{\partial a}, \quad R_y = \frac{\partial V}{\partial b}, \quad R_z = \frac{\partial V}{\partial c} \qquad (15)$$

Potentiels-volumes

279. Supposons maintenant que le système attirant soit une masse continue ; on doit la considérer comme composée d'une infinité de masses infiniment petites. Soit $d\omega$ un volume infiniment petit autour du point x, y, z et soit $\rho(x, y, z)$ la masse de l'unité de volume, ou la densité en ce point; nous supposerons cette densité essentiellement finie. Ce volume exercera sur le point A une attraction représentée par l'élément

$$f\,\frac{\rho(x, y, z)\,d\omega}{r^2}$$

ou, plus simplement, en supposant la constante f égale à l'unité, par

$$\frac{\rho(x, y, z)\,d\omega}{r^2} \tag{16}$$

Le *potentiel* est l'intégrale triple

$$V = \int\int\int \frac{\rho(x, y, z)}{r}\,d\omega = S\,\frac{\rho(x, y, z)}{r}\,d\omega, \tag{17}$$

le champ de l'intégration comprenant toute la masse attirante. Nous allons encore montrer que les dérivées de V sont égales aux composantes de l'attraction exercée sur le point A.

280. 1° *Nous supposerons d'abord que le point A ne fait pas partie de la masse attirante.* Dans ce cas, aucun élément de l'intégrale (17) ne devient infini et l'on peut, sans précaution, différentier sous le signe S. On aura donc, en écrivant ρ au lieu de $\rho(x, y, z)$,

$$\frac{\partial V}{\partial a} = S\,\rho\,\frac{d\frac{1}{r}}{da}\,d\omega$$

ou, en effectuant,

$$\frac{\partial V}{\partial a} = S\rho.\,\frac{x-a}{r^3}\,d\omega\,; \tag{18}$$

on aura même deux autres égalités.

Le volume élémentaire (16) exerce sur A une action dont la composante suivant ox a pour expression

$$\rho \frac{x-a}{r^3} d\omega ;$$

on a donc encore, en désignant par X, Y, Z les composantes de l'attraction totale.

$$X = \frac{\partial V}{\partial a}, \quad Y = \frac{\partial V}{\partial b}, \quad Z = \frac{\partial V}{\partial c}.$$

Ce sont les formules (15).

281. 2° *Supposons maintenant que le point A fasse partie de la masse attirante.* Nous allons démontrer que, dans ce cas encore, non seulement le potentiel, mais aussi ses dérivées du premier ordre sont finis et continus.

A cet effet, employons les coordonnées polaires définies par les formules

$$\left.\begin{aligned} x-a &= r\cos\theta\cos\psi \\ y-b &= r\cos\theta\sin\psi \\ z-c &= r\sin\theta ; \end{aligned}\right\} \qquad (19)$$

l'élément de volume a pour expression

$$d\omega = r^2 \sin\theta dr d\theta d\psi,$$

et le potentiel (17) devient

$$V = S\rho r \sin\theta \, dr d\theta d\psi.$$

Il ne renferme plus aucun élément infini, V est donc fini. Considérons maintenant la quantité

$$X = S\rho \frac{x-a}{r^3} d\omega, \qquad (20)$$

qui figure dans le second membre de l'égalité (18); par la même transformation de coordonnées, on lui donne la forme

$$X = S\rho \sin\theta \cos\theta \, dr d\theta d\psi. \qquad (21)$$

Cette quantité est encore finie ; mais il n'est plus permis d'affirmer qu'elle est la dérivée de V, parce qu'on l'a obtenue par une différenciation sous le signe S. Pour établir ce point, nous décomposerons la masse attirante M en deux masses M_1 et M_2, l'une M_1 étant très petite et contenant le point A ; à ces deux masses correspondent deux potentiels V_1, V_2 tels que

$$V = V_1 + V_2.$$

Les attractions correspondantes ont pour composantes, suivant ox, X_1, X_2 et l'on a évidemment

$$X = X_1 + X_2.$$

Considérons dans la masse M_1 un point A', très voisin de A, sur une parallèle a ox et soient V', V'_1, V'_2 les potentiels correspondants relatifs aux masses M, M_1, M_2. Nous aurons

$$\frac{V' - V}{\Delta a} = \frac{V'_1 - V_1}{\Delta a} + \frac{V'_2 - V_2}{\Delta a};$$

on a évidemment, M_2 étant une masse extérieure à A et à A'.

$$X_2 = \lim \frac{V'_2 - V_2}{\Delta a},$$

lorsque Δa tend vers zéro.

D'autre part, si l'on met X_2 sous la forme (21), il est évident que X_2 a pour limite X lorsque le volume de la masse M_1 tend vers zéro. Si donc nous pouvons prouver que $\frac{V'_1 - V_1}{\Delta a}$ tend vers zéro avec Δa, il sera établi que

$$\frac{\partial V}{\partial a} = \lim \frac{V' - V}{\Delta a} = X. \tag{22}$$

Cherchons une limite supérieure de $\frac{V'_1 - V_1}{\Delta a}$; on a

$$\frac{V'_1 - V_1}{\Delta a} = S\, \frac{\rho}{\Delta a} \left(\frac{1}{r'} - \frac{1}{r}\right) d\omega = S\, \frac{\rho}{\Delta a} \frac{r - r'}{rr'}\, d\omega.$$

Soit P un point quelconque de la masse M_1 ; dans le triangle PAA′, on aura

$$AA' = \Delta a > | r' - r | .$$

Donc

$$\frac{V'_1 - V_1}{\Delta a} < S \frac{\rho}{rr'} d\omega < S\rho\left(\frac{1}{r^2} + \frac{1}{r'^2}\right) d\omega ;$$

dans le dernier membre, l'intégrale se décompose en deux

$$S\rho \frac{d\omega}{r^2}, \quad \text{et} \quad S\rho \frac{d\omega}{r'^2},$$

qui sont finies comme on le voit en prenant des coordonnées polaires dont le centre est A pour la première, A′ pour la seconde. Ces deux intégrales étant finies tendent vers zéro lorsque le volume de la masse M_1 tend vers zéro, ce qui établit la formule (22).

282. Il résulte immédiatement des deux numéros précédents que la force a pour expression

$$F = \sqrt{\left(\frac{\partial V}{\partial a}\right)^2 + \left(\frac{\partial V}{\partial b}\right)^2 + \left(\frac{\partial V}{\partial c}\right)^2},$$

c'est-à-dire qu'elle est égale au premier paramètre différentiel de Lamé $\Delta_1 V$.

283. *Le potentiel* V, étant fini et déterminé, ainsi que ses dérivées premières, dans tout l'espace, *est une fonction continue des coordonnées du point* A.

284. *Le potentiel et ses dérivées premières tendent vers zéro lorsque le point* A *s'éloigne à l'infini.*

Posons

$$R^2 = a^2 + b^2 + c^2.$$

Le potentiel peut s'écrire

$$V = \frac{1}{R} S \rho \frac{R}{r} d\omega ;$$

lorsque R devient infini, le rapport $\frac{R}{r}$ tend vers l'unité. Le produit $R \times V$ tend donc vers une limite finie, qui est la masse attirante M, et *le potentiel* V *tend vers zéro comme* $\frac{M}{R}$, *ou, plus simplement, comme* $\frac{1}{R}$.

De même, on aura

$$R^2 \frac{\partial V}{\partial a} = S \rho \frac{R^2}{r^2} \frac{x-a}{r} d\omega ;$$

$\frac{R^2}{r^2}$ tend vers l'unité, $\frac{a-x}{r}$ tend vers le cosinus de l'angle α que fait avec ox la direction dans laquelle A s'est éloigné à l'infini. On a donc

$$\lim R^2 \frac{\partial V}{\partial a} = -M \cos \alpha.$$

Les dérivées premières du potentiel tendent vers zéro comme $\frac{1}{R^2}$.

283. Passons aux dérivées secondes. Il n'y a encore aucune difficulté si *le point* A *ne fait pas partie de la masse attirante.* On peut encore dériver sous le signe S et écrire (18).

$$\left.\begin{aligned}
\frac{\partial^2 V}{\partial a^2} &= S \rho d\omega \left[3 \frac{(x-a)^2}{r^5} - \frac{1}{r^3} \right] \\
\frac{\partial^2 V}{\partial b^2} &= S \rho d\omega \left[3 \frac{(y-b)^2}{r^5} - \frac{1}{r^3} \right] \\
\frac{\partial^2 V}{\partial c^2} &= S \rho d\omega \left[3 \frac{(z-c)^2}{r^5} - \frac{1}{r^3} \right]
\end{aligned}\right\} \quad (23)$$

Si l'on ajoute ces trois égalités membre à membre, on obtient la célèbre *Equation de Laplace :*

$$\Delta_2 V = \frac{\partial^2 V}{\partial a^2} + \frac{\partial^2 V}{\partial b^2} + \frac{\partial^2 V}{\partial c^2} = 0. \quad (24)$$

286. Si le point A fait partie de la masse attirante, les dérivées secondes sont indéterminées en ce point parce qu'elles ont un élément infini et rien de ce qui a été établi au paragraphe précédent ne subsiste.

Nous mettrons alors la dérivée première sous une autre forme. On a, dans tous les cas,

$$\frac{\partial V}{\partial a} = \int\int\int \rho \frac{\partial \frac{1}{r}}{\partial a} d\omega,$$

et

$$\frac{\partial \frac{1}{r}}{\partial a} = - \frac{\partial \frac{1}{r}}{\partial x};$$

d'où

$$\frac{\partial V}{\partial a} = - \int\int\int \rho \frac{\partial \frac{1}{r}}{dx} dxdydz.$$

D'autre part on a vu (n° 273) que toute intégrale triple peut être remplacée par une intégrale de surface

$$\int\int\int \frac{\partial U}{\partial x} dxdydz = \int\int U d\sigma \cos (N, x).$$

Posons $U = \rho \times \frac{1}{r}$; la formule précédente devient

$$\int\int\int \left(\frac{1}{r}\frac{\partial \rho}{\partial x} + \rho \frac{\partial \frac{1}{r}}{dx}\right) dxdydz = \int\int \frac{1}{r} \rho d\sigma \cos (N, x),$$

et, par suite, on a

$$\frac{\partial V}{\partial a} = \int\int\int \frac{1}{r}\frac{\partial \rho}{dx} dxdydz - \int\int \frac{1}{r} \rho d\sigma \cos (N, x). \quad (25)$$

Cette formule a l'avantage de présenter $\frac{\partial V}{\partial a}$ comme une somme de deux fonctions dont l'une est un potentiel-volume ; l'autre ne contient plus d'élément infini, comme on s'en assure facilement. Prenons alors de nouveau les dérivées par rapport à a :

$$\frac{\partial^2 V}{\partial a^2} = \int\int\int \frac{\partial \rho}{\partial x} \frac{\partial \frac{1}{r}}{\partial a} dxdydz - \int\int \rho \frac{x-a}{r^3} d\sigma \cos(\mathrm{N}, x) ;$$

mais la deuxième intégrale contient un élément infini, parce que, si A est sur la surface, on a, en assimilant la surface à un élément plan dans le voisinage du point,

$$d\sigma = rdrd\theta.$$

La seconde intégrale est donc indéterminée ; mais formons $\Delta_2 V$

$$\Delta_2 V = \frac{\partial^2 V}{\partial a^2} + \frac{\partial^2 V}{\partial b^2} + \frac{\partial^2 V}{\partial c^2}$$

$$= \int\int\int \frac{1}{r^2} \left[\frac{\partial \rho}{\partial x} \frac{x-a}{r} + \frac{\partial \rho}{\partial y} \frac{y-b}{r} + \frac{\partial \rho}{\partial z} \frac{z-c}{r} \right] dxdydz$$

$$- \int\int \rho \frac{d\sigma}{r^2} \left[\frac{x-a}{r} \cos(\mathrm{N},x) + \frac{y-b}{r} \cos(\mathrm{N},y) + \frac{z-c}{r} \cos(\mathrm{N},z) \right].$$

Or

$$\frac{\partial \rho}{\partial x} \frac{x-a}{r} + \frac{\partial \rho}{\partial y} \frac{y-b}{r} + \frac{\partial \rho}{\partial z} \frac{z-c}{r} = \frac{\partial \rho}{\partial r}$$

$$\frac{x-a}{r} \cos(\mathrm{N}, x) + \frac{y-b}{r} \cos(\mathrm{N}, y) + \frac{z-c}{r} \cos(\mathrm{N}, z) = \cos(\mathrm{N}, r) ;$$

donc

$$\Delta_2 V = \int\int\int \frac{1}{r^2} \frac{\partial \rho}{\partial r} d\omega - \int\int \rho \frac{d\sigma}{r^2} \cos(\mathrm{N}, r),$$

Soit dS l'élément d'une sphère de rayon *un* ayant le point A pour centre. On aura dans tout le volume

$$d\omega = r^2 dS dr,$$

et sur toute surface limite

$$d\sigma \cos(N, r) = r^2 dS.$$

La valeur de $\Delta_2 V$ devient ainsi

$$\Delta_2 V = \int\int\int \frac{\partial\rho}{\partial r} dS dr - \int\int \rho dS;$$

elle est dégagée de tout élément pouvant devenir infini.

Appelons ρ_0 la densité au point 0 ; la première intégrale triple s'effectue en partie et l'on a

$$\int\int\int \frac{\partial\rho}{\partial r} dS dr = \int\int (\rho - \rho_0) dS,$$

d'où enfin

$$\Delta_2 V = \int\int (\rho - \rho_0) dS - \int\int \rho dS = -\rho_0 \int\int dS,$$

$$\Delta_2 V = -4\pi\rho_0. \qquad (26)$$

Cette équation remarquable est connue sous le nom d'*équation de Poisson ;* elle contient l'équation de Laplace comme cas particulier, puisque, dans le cas où le point A ne fait pas partie de la masse attirante, la densité ρ_0 y est nulle.

287. On peut, de cette équation, déduire une autre formule célèbre, dûe à Gauss. En effet écrivons l'équation précédente

$$\int\int\int \Delta_2 V \, dx\, dy\, dz = -4\pi \int\int\int \rho_0 \, dx\, dy\, dz,$$

l'intégration étant étendue de nouveau au volume de tout ou partie, M, de la masse agissante. L'intégrale du second membre a pour valeur cette masse M. Quant au premier membre, il s'écrit, à cause de la formule d'Ostrogradsky (n° 273),

$$\int\int\left[\frac{\partial V}{\partial x}\cos(N, x)+\frac{\partial V}{\partial y}\cos(N, y)+\frac{\partial V}{\partial z}\cos(N, z)\right]d\sigma$$

l'intégration s'effectuant sur la surface qui limite M.

Soit F la force qui s'exercerait sur une molécule de masse unité placée au point x, y, z de la surface, F_N sa composante normale, X, Y, Z ses composantes suivant les axes. On a

$$X=\frac{\partial V}{\partial x},\ Y=\frac{\partial V}{\partial y},\ Z=\frac{\partial V}{\partial z}$$

$$F_N = X\cos(N, x)+Y\cos(N, y)+Z\cos(N, z).$$

L'intégrale précédente s'écrit donc

$$\int\int F_N\, d\sigma.$$

Il en résulte l'*équation de Gauss*

$$\int\int F_N\, d\sigma = 4\pi M.$$

Si l'on changeait le sens positif sur la normale, il faudrait écrire

$$\int\int F_N\, d\sigma = -4\pi M. \tag{27}$$

Cette équation se traduit par l'énoncé suivant. Considérons une surface fermée quelconque et multiplions chaque élément de la surface par la composante normale de l'attraction qui s'exercerait sur une molécule de masse égale à l'unité placée sur l'élément ; la somme de ces produits est égale au produit par 4π de la masse attirante renfermée à l'intérieur de la surface.

Surfaces de niveau

288. On appelle *surface de niveau* le lieu des points A pour lesquels le potentiel conserve une valeur constante

$$V = V(a, b, c) = \text{constante}$$

La force d'attraction appliquée en un point A d'une surface de niveau est normale à la surface.

En effet la force a pour composantes X, Y, Z et les cosinus directeurs de la normale sont proportionnels à

$$\frac{\partial V}{\partial a}, \frac{\partial V}{\partial b}, \frac{\partial V}{\partial c},$$

c'est-à-dire à X, Y, Z.

On a de plus $F = \pm \frac{dV}{dn}$, cette dernière dérivée ayant la signification du n° 275. Supposons maintenant le point A mobile dans l'espace ; le travail élémentaire de la force appliquée à ce point, a pour expression, comme nous l'avons dit, $Xda + Ydb + Zdc = -dV$ et le travail total quand on passe de la surface de niveau V_A à la surface V_B s'exprime par la différence

$$T = V_B - V_A$$

Supposons le point mobile venant de l'infini ; alors

$$V_A = 0, \qquad T = V_B$$

On voit donc que le *potentiel en un point est égal au travail de l'attraction totale qui se serait exercée sur le point pour l'amener de l'infini à la position qu'il occupe actuellement dans l'espace.* Cette propriété est souvent prise pour définition.

Les trajectoires orthogonales des surfaces de niveau, c'est-à-dire les *lignes de flux* ont pour équations

$$\frac{dx}{X} = \frac{dy}{Y} = \frac{dz}{Z}.$$

Principe de Dirichlet

289. En résumé, le potentiel jouit des propriétés suivantes. C'est une fonction des coordonnées du point a, b, c, qui s'annule à l'infini ainsi que ses dérivées premières, qui est continue ainsi que ses dérivées premières dans tout l'espace et dont enfin les dérivées secondes vérifient l'équation de Poisson

$$\Delta_2 V = -4\pi\rho.$$

Ces propriétés sont caractéristiques; nous les appellerons *conditions de Dirichlet.* Il peut même se faire qu'on ignore si en certains points isolés, ou sur certaines lignes isolées ou sur certaines surfaces, l'équation de Poisson est vérifiée. La fonction n'en sera pas moins parfaitement définie. Il suffit, pour le voir, de vérifier que la différence u de deux fonctions V et V', remplissant les conditions ci-dessus énoncées, est nulle dans tout l'espace.

On aura alors

$$\Delta_2 u = 0;$$

de plus u est nulle à l'infini et sur les surfaces limites; elle est finie et continue dans tout l'espace. Multiplions les deux membres de l'égalité précédente par $u d\omega$ et intégrons dans tout l'espace occupé par la matière active. Il vient

$$\int\int\int u \,\Delta_2 u d\omega = 0\,;$$

ce qui peut s'écire, à cause de la formule (4) dans laquelle on fera $V = U$,

$$\int\int\int\left[\left(\frac{\partial u}{\partial a}\right)^2 + \left(\frac{\partial u}{\partial b}\right)^2 + \left(\frac{\partial u}{\partial c}\right)^2\right] d\omega + \int\int u \,\frac{\partial u}{\partial n} d\sigma = 0, \quad (28)$$

l'intégrale double s'étendant à toutes les surfaces limites.

Mais u est nulle sur toutes ces surfaces, donc l'intégrale double est nulle, et il en est de même de l'intégrale triple dans tout l'espace, à cause de (28) ; on a donc identiquement

$$\frac{\partial u}{\partial a} = 0 \; \frac{\partial u}{\partial b} = 0 \; \frac{\partial u}{\partial c} = 0\,;$$

u a donc une valeur constante, et, comme elle est nulle sur les surfaces limites, elle est nulle dans tout l'espace.

Cette démonstration suppose les surfaces limites à distance finie, parce que les hypothèses faites n'entrainent pas l'annulation de $u \frac{\partial u}{\partial n} d\sigma$ à l'infini ; nous examinerons bientôt comment il faut la compléter si le champ de l'intégration est infini. Mais auparavant nous établirons deux corollaires.

290. *Premier corollaire.* Soit u une fonction finie et continue ainsi que ses dérivées dans tout un espace limité, ayant une valeur constante C sur les surfaces limites, et enfin vérifiant l'équation

$$\Delta_2 u = 0$$

Cette fonction sera constante dans tout l'espace considéré. En effet la fonction $u - C$ satisfait à toutes les conditions du théorème précédent. Elle est donc nulle identiquement.

Ce corollaire s'étendra de lui-même au cas d'un champ infini, dans les mêmes conditions que le théorème.

201. *Deuxième corollaire.* Une fonction u, finie et continue ainsi que ses dérivées dans un espace limité, et telle que

$$\Delta_2 u = 0,$$

ne peut prendre dans cet espace que des valeurs comprises entre la plus grande M et la plus petite m des valeurs qu'elle prend sur les surfaces limites. En effet, supposons qu'elle puisse atteindre en un point O de cet espace une valeur u_0 supérieure à M

$$u_0 > M.$$

Sur tout rayon mené de O à la surface limite il sera, à cause de la continuité, possible de trouver un point P en lequel la fonction u prenne une valeur u_p assignée d'avance entre u_0 et M. Le lieu de ces points P sera une surface fermée ; la fonction u, constante sur cette surface, satisfera à toutes les conditions du premier corollaire. Elle sera donc constante dans tout l'intérieur de la surface, et, en particulier, en o où devra avoir la valeur u_p, ce qui est contradictoire avec la supposition qu'elle a la valeur u_0.

202. Revenons au théorème pour examiner le cas d'un champ infini. Il s'agit de démontrer qu'il ne peut exister deux solutions distinctes satisfaisant aux *conditions de Dirichlet.*

En effet, s'il existait deux solutions distinctes s'annulant à l'infini, il serait possible d'assigner une sphère de rayon très grand sur laquelle leur différence u aurait des valeurs inférieures à un nombre ε fixé arbitrairement. Cette sphère renferme les autres surfaces limites sur lesquelles la différence est nulle ; d'après le corollaire précédent, la fonction u ne peut prendre entre la sphère et les surfaces limites que des valeurs comprises entre ε et *zéro*. Comme ε peut être pris aussi petit que l'on veut, u est identiquement nulle.

203. Le problème ou *principe de Dirichlet* consiste en ceci. On vient de voir qu'il ne peut y avoir deux solutions.

Mais en existe-t-il toujours une ? C'est la question que nous allons traiter en faisant observer que nous n'avons pas eu besoin de faire intervenir les propriétés du potentiel qui consistent en ce qu'il tend vers zéro *comme* $\frac{1}{R}$, et ses dérivées *comme* $\frac{1}{R^2}$.

Remarquons d'abord qu'il suffit de démontrer le théorème pour l'équation de Laplace. En effet soit

$$\Delta_2 V = -4k\rho$$

l'équation de Poisson ; elle admet une infinité de solutions, nous le démontrerons en étudiant les équations aux dérivées partielles. Soit V_0 l'une de ces solutions, on posera

$$V = V_0 + W$$

et W satisfera à l'équation

$$\Delta_2 W = 0.$$

Il s'agit donc de trouver une fonction satisfaisant à l'équation

$$\Delta_2 V = 0$$

dans un champ donné (d'un seul tenant ou non), et qui prenne des valeurs données sur les surfaces limites qui limitent ce champ.

Il existe évidemment une infinité de fonctions qui prennent sur des surfaces données des valeurs données. Soit W celle de ces fonctions qui rend minimum l'intégrale triple

$$\int\int\int \left[\left(\frac{\partial V}{\partial x}\right)^2 + \left(\frac{\partial V}{\partial y}\right)^2 + \left(\frac{\partial V}{\partial z}\right)^2 \right] d\omega.$$

nous allons montrer que W est la solution cherchée. En effet soit U une fonction qui s'annule sur les surfaces données ; la fonction

$$V = W + h\,U$$

prendra sur ces surfaces les valeurs données, quelle que soit h. L'intégrale triple, ci-dessus considérée, s'écrit pour cette fonction V

$$\int\int\int\left[\left(\frac{\partial W}{\partial x}\right)^2+\left(\frac{\partial W}{\partial y}\right)^2+\left(\frac{\partial W}{\partial z}\right)^2\right]d\omega$$

$$+2h\int\int\int\left[\frac{\partial U}{\partial x}\frac{\partial W}{\partial x}+\frac{\partial U}{\partial y}\frac{\partial W}{\partial y}+\frac{\partial U}{\partial z}\frac{\partial W}{\partial z}\right]d\omega$$

$$+h^2\int\int\int\left[\left(\frac{\partial U}{\partial x}\right)^2+\left(\frac{\partial U}{\partial y}\right)^2+\left(\frac{\partial U}{\partial z}\right)^2\right]d\omega$$

et elle pourra être rendue inférieure à son premier terme pour des valeurs suffisamment petites de h qui rendront le second terme négatif, si ce second terme existe. Pour que le premier soit un minimum, il est nécessaire que le second disparaisse, ce qui entraîne la condition

$$\int\int\int\left(\frac{\partial U}{\partial x}\frac{\partial W}{\partial x}+\frac{\partial U}{\partial y}\frac{\partial W}{\partial y}+\frac{\partial U}{\partial z}\frac{\partial W}{\partial z}\right)d\omega = 0$$

A cause de la formule de Green, on peut écrire cette condition

$$\int\int\int U\,\Delta_2 W\,d\omega - \int\int U\frac{\partial W}{\partial n}\,d\sigma = 0.$$

Mais U est nulle, par hypothèse, sur les surfaces auxquelles s'étend la seconde intégration. On a donc dans tout le volume

$$\int\int\int U\,\Delta_2 W\,d\omega = 0\,;$$

or cela n'est possible, puisque U est arbitraire, que si

$$\Delta_2 W = 0,$$

ce qui démontre le théorème.

294. Le problème de l'attraction, a donc toujours une solution. Mais s'il est prouvé qu'elle existe, sa détermination pratique est loin d'être effectuée. Nous ne pouvons pas exposer les importants travaux auxquels ce problème a donné naissance. Nous nous bornerons à faire connaître les résultats les plus simples.

Attraction des sphères, des ellipsoïdes

295. Nous examinerons d'abord l'attraction d'une couche sphérique sur un point A (a, b, c). La couche sphérique peut n'être pas homogène ; nous supposerons seulement que la densité ρ en un point ne dépend que de la distance de ce point au centre de la sphère. Soit r cette distance : on peut supposer l'origine des coordonnées au centre de la sphère, c'est-à-dire écrire

$$r^2 = a^2 + b^2 + c^2$$
$$rdr = ada + bdb + cdc.$$

Le potentiel V sera évidemment une fonction de la seule distance r et l'on aura identiquement

$$\frac{\partial V}{\partial a} = \frac{dV}{dr}\frac{a}{r}, \qquad \frac{\partial^2 V}{\partial a^2} = \frac{d^2V}{dr^2}\frac{a^2}{r^2} + \frac{r^2 - a^2}{r^3}\frac{dV}{dr}$$
$$\Delta_2 V = \frac{d^2V}{dr^2} + \frac{2}{r}\frac{dV}{dr}.$$

Calculons encore la masse M de la couche sphérique ; si R_0 et R_1 sont les rayons des sphères qui limitent la couche, on aura évidemment, en désignant par λ le rayon d'une sphère intermédiaire

$$M = 4\pi \int_{R_0}^{R_1} \rho\lambda^2 d\lambda,$$

et si la couche est homogène

$$M = \frac{4}{3}\pi\rho(R_1^3 - R_0^3).$$

Cela posé nous aurons à considérer deux cas.

296. 1° *Le point* A *ne fait pas partie de la couche sphérique.* On a alors en ce point

$$\Delta_2 V = 0,$$

c'est-à-dire

$$\frac{d^2V}{dr^2} + \frac{2}{r}\frac{dV}{dr} = 0,$$

ou encore

$$\frac{d}{dr}\left(r^2\frac{dV}{dr}\right) = 0,$$

$$V = \frac{c}{r} + c',$$

c et c' étant deux constantes arbitraires.

Si le point A est à l'intérieur de la couche sphérique, il pourra être à l'origine, et comme le potentiel est fini, il faudra qu'on ait

$$c = 0, \qquad V = c'.$$

Pour calculer la constante c', revenons à la définition

$$V = \iiint \frac{\rho}{r} d\omega = 4\pi \int_{R_0}^{R_1} \rho \frac{\lambda^2}{r} d\lambda.$$

Comme il est constant, on peut supposer le point A à l'origine, c'est-à-dire poser $r = \lambda$. On a alors

$$V = 4\pi \int_{R_0}^{R_1} \rho\lambda d\lambda.$$

et dans le cas d'une couche homogène

$$V = c' = 4\pi\rho \int_{R_0}^{R_1} \lambda d\lambda = 2\pi\rho\,(R_1^2 - R_0^2). \qquad (29)$$

Le potentiel étant constant, les composantes de l'attraction et l'attraction sont nulles. Donc *une masse creuse formée de couches sphériques homogènes n'exerce aucune action sur un point situé dans la cavité.* Le théorème subsiste si le point est sur la surface intérieure de la cavité.

Si le point A est à l'extérieur de la masse, on sait que le produit $V \times r$ tend vers la masse M attirante lorsque le point s'éloigne à l'infini. On aura donc

$$c' = 0, \qquad c = M,$$

$$V = \frac{M}{r} = 4\pi \frac{1}{r} \int_{R_0}^{R} \rho\,(\lambda^2 d\lambda),$$

et pour une couche homogène

$$V = \frac{4}{3}\pi \frac{\rho}{r}(R_1^3 - R_0^3). \qquad (30)$$

Donc *une masse creuse formée de couches sphériques concentriques et homogènes exerce sur un point placé hors de sa surface extérieure la même attraction que si toute cette masse était concentrée au centre.* Le point peut être sur la surface extérieure de la masse.

297. 2° *Le point A fait partie de la masse attirante.* Soient R_0 et R, les rayons des sphères qui limitent cette masse

$$R_0 < r < R.$$

Il résulte de ce qui précède que le potentiel se composera de deux parties, celui V_1 de la couche comprise entre les sphères de rayon r et R, et celui V_2 de la couche limitée aux rayons R_0 et r : la dernière couche seule exerce une attraction sur le point. On aura

$$V = V_1 + V_2.$$

En supposant la densité constante dans toute la masse, on a

$$V = 2\pi\rho\,(R^2 - r^2) + \frac{4}{3}\,\pi\,\frac{\rho}{r}\,(r^3 - R_0^3),$$

ou en simplifiant,

$$V = 2\pi\rho R^2 - \frac{2}{3}\,\pi\rho r^2 - \frac{4}{3}\,\pi\rho\,\frac{R_0^3}{r}. \tag{31}$$

On en déduit pour la force attractive

$$F = -\frac{dV}{dr} = \frac{4}{3}\,\pi\rho r - \frac{4}{3}\,\pi\rho\,\frac{R_0^3}{r}.$$

S'il s'agit d'une sphère pleine, $R_0 = 0$ et l'attraction a pour expression

$$F = \frac{4}{3}\,\pi\rho r.$$

Elle est proportionnelle à la distance du point au centre de la sphère.

298. Il n'est pas sans intérêt de vérifier sur cet exemple simple les propriétés fondamentales du potentiel. V est ici une fonction de r seulement qui prend, lorsque r varie de zéro à l'infini, les trois formes suivantes (29) (30) et (31). :

$$\text{pour} \quad 0 < r < R_0 \qquad V = 2\pi\rho\,(R_1^2 - R_0^2),$$

$$\text{pour} \quad R_0 < r < R_1 \qquad V = 2\pi\rho\left(R_1^2 - \frac{r^2}{3} - \frac{2R_0^3}{3r}\right),$$

$$\text{pour} \quad R_1 < r < \infty \qquad V = \frac{4}{3}\pi\rho(R_1^3 - R_0^3)\frac{1}{r}.$$

Cette fonction est continue comme on le vérifie aisément en faisant $r = R_0$ ou R_1, aux point où la fonction change de forme. Ses premières dérivées, qui représentent l'attraction exercée sur le point A, sont également continues. Mais on trouve pour les trois formes de $\frac{d^2V}{dr^2}$ successivement

$$\text{pour} \quad 0 < r < R_0 \qquad \frac{d^2V}{dr^2} = 0,$$

$$\text{pour} \quad R_0 < r < R_1 \qquad \frac{d^2V}{dr^2} = -\frac{4}{3}\pi\rho - \frac{8}{3}\pi\rho\frac{R_0^3}{r^3},$$

$$\text{pour} \quad R_1 < r < \infty \qquad \frac{d^2V}{dr^2} = -\frac{8}{3}\pi\rho\,(R_1^3 - R_0^3)\frac{1}{r^3}.$$

Les deux dernières expressions ne sont pas identiques pour $r = R_1$: la dérivée seconde est donc discontinue. Si l'on calcule Δ_2V, dans le cas du point A faisant partie de la masse, on aura (n° 297)

$$\Delta_2V = \frac{d^2V}{dr^2} + \frac{2}{r}\frac{dV}{dr} = -4\pi\rho.$$

Le potentiel, que nous avons trouvé par un procédé indirect, vérifie donc bien l'équation de Poisson.

299. Nous nous bornerons à énoncer les résultats relatifs à l'*ellipsoïde.* Soit

$$\frac{x^2}{a^2} + \frac{y^2}{b^2} + \frac{z^2}{c^2} = 1$$

l'équation de l'ellipsoïde ; α, β, γ les coordonnées du point attiré.

Si le point A est extérieur, Maclaurin a démontré que l'on peut remplacer l'ellipsoïde, supposé homogène, par un autre homofocal au premier et dont la surface passe par le point A : les actions exercées par ces deux masses sont proportionnelles aux densités et aux produits des axes des ellipsoïdes, elles sont dirigées dans le même sens.

Si le point A est intérieur, la composante suivant ox a pour expression

$$X = -\frac{4\pi bc}{a^2}\alpha\int_0^1 \frac{t^2dt}{\sqrt{\left[1-\left(1-\frac{b^2}{a^2}\right)t^2\right]\left[1-\left(1-\frac{c^2}{a^2}\right)t^2\right]}};$$

les deux autres s'en déduisent par des changements de lettres. Elles dépendent des fonctions elliptiques ; elles sont proportionnelles aux coordonnées du point attiré. L'intégrale à calculer est la même quelle que soit la position du point.

Potentiels-surfaces

300. On a souvent à considérer en électricité des couches électriques qui sont superficielles. Il leur correspond des potentiels qui ne sont pas tout à fait analogue aux précédents.

Soit un élément de surface dS autour du point M de la surface S, et soit k un coefficient attaché à ce point (densité électrique) ; le coefficient k est une fonction des coordonnées x, y, z du point M. L'attraction exercée par l'élément de surface dS sur une masse-unité placée en A (a, b, c) a pour expression

$$-\frac{kd\text{S}}{r^2}$$

en posant

$$r^2 = (x-a)^2 + (y-b)^2 + (z-c)^2,$$

et le potentiel de toutes les actions analogues est la fonction

$$\text{V} = \int\int \frac{kd\text{S}}{r}$$

l'intégrale étant étendue à toute la surface S. Il est facile de vérifier que, si le point A ne fait pas partie de la surface S, ce potentiel jouit des mêmes propriétés que les potentiels-volumes et en particulier que l'on a

$$\Delta^2 V = 0$$

301. Il en est tout autrement si le point A est sur la surface.

Je dis d'abord que, même dans ce cas, le potentiel reste fini. En effet il se compose de deux parties, celle V_1 qui provient des points de la surface non voisins de A et l'autre V_2 qu'on peut considérer comme provenant des points de la surface renfermés à l'intérieur d'un cylindre de révolution dont la trace sur le plan tangent en A sera une petite circonférence de rayon R concentrique au point A. Appelons r_1 la projection du rayon vecteur $r = AM$ sur le plan tangent, ω l'angle de r et de r_1, dS_1 la projection de l'élément dS et ε l'angle du plan de l'élément dS_1 avec le plan de projection : on aura

$$r_1 = r \cos \omega$$
$$dS_1 = dS \cos \varepsilon$$

et

$$V_2 = \int\int \frac{k \cos \omega \, dS}{r_1 \cos \varepsilon}$$

Si le point A est un point ordinaire de la surface, les angles ω et ε seront petits, et la quantité

$$\frac{k \cos \omega}{\cos \varepsilon}$$

sera inférieure à un nombre M fini. On aura donc

$$V_2 < M \int\int \frac{dS_1}{r_1};$$

mais, en introduisant des coordonnées polaires

$$dS_1 = r_1\, dr_1\, d\theta.$$

On a par suite

$$V_2 < M \int_0^R \int_0^{2\pi} dr_1\, d\theta$$

ou

$$V_2 < 2\pi RM$$

Le potentiel V_2 est donc fini, et même peut être pris aussi petit qu'on voudra puisque le rayon R du cylindre de révolution est arbitraire. Le potentiel V est donc fini et continu pour tous les points de l'espace, y compris ceux de la surface.

302. Examinons maintenant les dérivées premières, et pour simplifier, supposons d'abord la surface agissante plane. Soit oz un axe perpendiculaire au plan, et ox, oy deux axes dans le plan; nous allons étudier comment se comporte la dérivée par rapport à z lorsque le point A parcourt oz.

Le point M agissant étant dans le plan xoy a pour coordonnées polaires $\rho \cos \theta$, $\rho \sin \theta$ et o; on a alors

$$r^2 = \rho^2 + c^2$$

$$V = \int \int \frac{k\rho\, d\rho\, d\theta}{\sqrt{\rho^2 + c^2}}$$

Si la différentiation sous le signe $\int\int$ était permise, on aurait

$$\frac{dV}{dc} = - \int \int \frac{kc\rho\, d\rho\, d\theta}{(\rho^2 + c^2)^{\frac{3}{2}}}$$

Posons

$$Z = \int\int \frac{kc\rho\, d\rho\, d\theta}{(\rho^2 + c^2)^{\frac{3}{2}}}$$

$$= c \int_0^{\varepsilon} \frac{\rho d\rho}{(\rho^2 + c^2)^{\frac{3}{2}}} \int_0^{2\pi} k d\theta$$

en limitant l'intégration à un cercle de rayon très petit ε, parce que, en dehors de ce cercle, Z est évidemment continue. L'intégrale $\frac{1}{2\pi}\int_0^{2\pi} k d\theta$ a pour valeur la densité moyenne K dans le cercle de rayon ρ :

$$Z = 2c\,\pi \int_0^{\varepsilon} K \frac{\rho d\rho}{(\rho^2 + c^2)^{\frac{3}{2}}}.$$

cette expression peut encore s'écrire, en vertu du théorème de la moyenne,

$$Z = 2\pi c\, K_0 \int_0^{\varepsilon} \frac{\rho d\rho}{(\rho^2 + c^2)^{\frac{3}{2}}}$$

ou

$$Z = 2\pi\, c\, K_0 \left[(c^2)^{-\frac{1}{2}} - (\varepsilon^2 + c^2)^{-\frac{1}{2}}\right]$$

Si c est positif, on a $(c^2)^{-\frac{1}{2}} = \frac{1}{c}$; si c est négatif, $(c^2)^{-\frac{1}{2}} = -\frac{1}{c}$. En distinguant ces deux cas par un signe mis comme indice à la lettre Z, on aura

$$Z_+ = 2\pi\, K_0 \left[1 - \frac{c}{\sqrt{\varepsilon^2 + c^2}}\right]$$

$$Z_- = 2\pi\, K_0 \left[-1 - \frac{c}{\sqrt{\varepsilon^2 + c^2}}\right]$$

Si c tend vers zéro, l'une de ces valeurs tend vers $2\pi K_0$ et l'autre vers $-2\pi K_0$. La fonction Z éprouve donc une brusque discontinuité lorsque le point A traverse le plan des xy; mais l'on a en tout cas

$$Z_+ - Z_- = 4\pi k_0, \tag{32}$$

en désignant par k_0 la limite de K_0 lorsque ε tend vers zéro, c'est-à-dire la densité en M.

Mais, pour tout l'espace où il n'y a pas de discontinuité, on a

$$Z = -\frac{dV}{dc},$$

on a donc à la limite, lorsque c tend vers zéro,

$$\left(\frac{dV}{dc}\right)_+ - \left(\frac{dV}{dc}\right)_- = -4\pi k_0 \tag{33}$$

303. Il est presque évident que ce théorème subsiste lorsque le plan est remplacé par une surface qui lui est tangente en O. On s'en assurerait facilement en considérant la fonction

$$Z = \int\int \frac{k(c-z)\,\rho d\rho d\theta}{\left[\rho^2 + (c-z)^2\right]^{\frac{3}{2}}}$$

dont la partie principale est, pour z et ρ infiniment petits,

$$Z_1 = \int\int \frac{kc\rho d\rho d\theta}{[\rho^2 + c]^{\frac{3}{2}}},$$

c'est-à-dire l'intégrale qui vient d'être étudiée. On a donc

$$Z_+ - Z_- = Z_{1+} - Z_{1-} = 4\pi k_0,$$

ou encore, par une notation qui s'explique d'elle-même,

$$\left(\frac{dV}{dn}\right)_+ - \left(\frac{dV}{dn}\right)_- = -4\pi k_0. \tag{34}$$

Le point A est supposé traverser la surface suivant la normale.

On vérifierait sans peine que les dérivées $\frac{dV}{dx}$, $\frac{dV}{dy}$ sont continues.

301. Si le point A traverse la surface obliquement suivant une direction OL qui fait avec les axes des angles α, β, γ, quelle sera la variation de la dérivée $\frac{dV}{dl}$ relative à cette direction ? On a

$$\frac{dV}{dl} = \frac{dV}{dx}\cos\alpha + \frac{dV}{dy}\cos\beta + \frac{dV}{dz}\cos\gamma\,;$$

donc

$$\begin{aligned}\left(\frac{dV}{dl}\right)_+ - \left(\frac{dV}{dl}\right)_- = &\left[\left(\frac{dV}{dx}\right)_+ - \left(\frac{dV}{dx}\right)_-\right]\cos\alpha\\ &+\left[\left(\frac{dV}{dy}\right)_+ - \left(\frac{dV}{dy}\right)_-\right]\cos\beta\\ &+\left[\left(\frac{dV}{dz}\right)_+ - \left(\frac{dV}{dz}\right)_-\right]\cos\gamma.\end{aligned}$$

Les deux premiers crochets sont nuls en vertu de la continuité des dérivées qui y sont continues ; le dernier a pour valeur $-4\pi k_0$, comme on l'a vu au numéro précédent. On a donc

$$\left(\frac{dV}{dl}\right)_+ - \left(\frac{dV}{dl}\right)_- = 4\pi k_0\cos\gamma. \tag{34}$$

En résumé, le potentiel-surface est une fonction finie et continue dans tout l'espace ; sauf sur la surface agissante où l'on a

$$\left(\frac{dV}{dn}\right)_+ - \left(\frac{dV}{dn}\right)_- = -4\pi k_0.$$

Enfin l'on vérifierait aisément, comme pour les potentiels-volumes, que les produits Vr et $r^2\frac{dV}{dr}$ sont finis lorsque r devient infini.

Potentiels-lignes

305. Il nous reste à examiner l'effet produit par de la matière active répandue le long d'une courbe, d'un fil électrique infiniment mince par exemple.

Nous appellerons e la densité linéaire au point M (x, y, z) ; c'est une fonction connue en chaque point de la courbe. Soit ds l'élément d'arc. Le potentiel-ligne est l'expression

$$V = \int_{s_1}^{s_2} \frac{eds}{r}.$$

C'est encore une fonction continue des coordonnées du point A, ainsi que ses dérivées, dans tout l'espace excepté peut-être le long de la courbe, ce que nous examinerons dans un instant. On a de plus dans tout l'espace, excepté sur la courbe,

$$\Delta_2 V = 0.$$

Examinons ce que devient cette fonction lorsque le point A est sur la courbe ; la seule partie du potentiel qui puisse devenir indéterminée est celle due aux éléments de la courbe voisine du point A. Nous considérerons seulement le cas d'une droite limitée au voisinage de A. Soit ox cette droite ; supposons le point A sur oy et soit r_1 son ordonnée. On a alors

$$r^2 = r_1^2 + x^2,$$

$$V = \int_{-\varepsilon}^{+\varepsilon} \frac{edx}{\sqrt{r_1^2 + x^2}},$$

ε étant petit. Le théorème de la moyenne permet de faire sortir e du signe $\int$, en mettant en dehors une valeur e_1 comprise entre le maximum et le minimum de e :

$$V = e_1 \int_{-\varepsilon}^{+\varepsilon} \frac{dx}{\sqrt{r_1^2 + x^2}} = e_1 \left[\log\left(x + \sqrt{r_1^2 + x^2}\right)\right]_{-\varepsilon}^{+\varepsilon}$$

ou

$$\begin{aligned} V &= e_1 \log \frac{\varepsilon + \sqrt{r_1^2 + \varepsilon^2}}{-\varepsilon + \sqrt{r_1^2 + \varepsilon^2}} \\ &= e_1 \log \frac{\left(\varepsilon + \sqrt{r_1^2 + \varepsilon^2}\right)^2}{r_1^2} \\ &= 2e_1 \left[\log\left(\varepsilon + \sqrt{r_1^2 + \varepsilon^2}\right) - \log r_1\right] \end{aligned}$$

Lorsque r_1 tend vers zéro, le premier logarithme reste fini, parce que ε ne peut être nul tant qu'il y a de la matière active ; V devient donc infini comme $-2e_1 \log r_1$. La dérivée devient infinie comme $-\frac{2e_1}{r_1}$, c'est-à-dire que le produit $r_1 \frac{dV}{dr_1}$ tend vers $-2e_0$, en désignant par e_0 la densité au point 0.

On verrait, par des procédés analogues à ceux déjà employés, que ce théorème subsiste si la droite est remplacée par une courbe qui lui est tangente en 0, et aussi que V tend vers zéro le point A s'éloigne à l'infini.

Nous ne nous étendrons pas davantage sur ces potentiels, moins usités que les potentiels-volumes et nous terminerons le chapitre par quelques considérations sur des fonctions qui se rencontrent dans un grand nombre de problèmes de physique ou de mécanique et qui sont intimement liées à ce qui précède.

Fonctions de Laplace

306. Les potentiels sont, comme nous l'avons vu, des solutions de l'équation

$$\Delta_2 u = \frac{\partial^2 u}{\partial x^2} + \frac{\partial^2 u}{\partial y^2} + \frac{\partial^2 u}{\partial z^2} = 0 \qquad (35),$$

exception faite de certaines régions de l'espace où l'on a $\Delta_2 V = -4\pi\rho$. Ce ne sont pas d'ailleurs les seules solutions. Mais leur existence suffit pour montrer tout l'intérêt qui s'attache à l'étude de cette équation. On appelle *fonctions de Laplace* les solutions de cette équation qui sont des polynômes homogènes, ou plutôt les fonctions de θ et φ qui en résultent après la transformation des coordonnées rectilignes en coordonnaires par les formules

$$\left.\begin{aligned} x &= r \sin\theta \cos\varphi \\ y &= r \sin\theta \cos\varphi \\ z &= r \cos\theta \end{aligned}\right\} \qquad (36)$$

Nous avons vu (I n° 111) que cette substitution transforme l'équation (35) dans la suivante

$$\frac{\partial^2 u}{\partial r^2} + \frac{1}{r^2}\frac{\partial^2 u}{\partial\theta^2} + \frac{1}{r^2\sin^2\theta}\frac{\partial^2 u}{\partial\varphi^2} + \frac{2}{r}\frac{\partial u}{\partial r} + \frac{\cot\theta}{r^2}\frac{\partial u}{\partial\theta} = 0 \qquad (37)$$

La fonction Y_n de Laplace, ou *fonction sphérique d'ordre n*, sera une expression homogène de degré n en $\sin\theta\cos\varphi$, $\sin\theta \sin\varphi$ et $\cos\theta$, telle que

$$u = r^n Y_n \qquad (38)$$

soit une solution de l'équation (37). Elle contient $2n+1$ coefficients arbitraires ; en effet un polynôme homogène u de degré n contient $\frac{(n+1)(n+2)}{2}$ coefficients. Mais $\Delta_2 u$ est de degré $n-2$ et doit s'annuler identiquement, ce qui donne $\frac{(n-1)n}{2}$ conditions ; il reste donc $\frac{(n+1)(n+2)}{2} - \frac{(n-1)n}{2}$, ou $2n+1$ coefficients arbitraires.

307. Les polynômes Y_n vérifient une équation différentielle facile à former ; il suffit de porter dans l'équation (37) la valeur (38) de u. On trouve ainsi

$$n(n+1)Y_n + \cot\theta\frac{\partial Y_n}{\partial\theta} + \frac{\partial^2 Y_n}{\partial\theta^2} + \frac{1}{\sin^2\theta}\frac{\partial^2 Y_n}{\partial\varphi^2} = 0 \qquad (39)$$

308. *Théorème. — Soient Y_n et $Y_{n'}$ deux fonctions sphériques. On aura, sur la sphère de rayon* un,

$$\int\int Y_n Y_{n'} \, d\sigma = 0, \tag{40}$$

en désignant par $d\sigma$ l'élément de la surface sphérique.

En effet la fonction Y_n vérifie l'équation (39), qui peut s'écrire

$$n(n+1)\,Y_n + \frac{1}{\sin\theta}\frac{d}{d\theta}\left(\sin\theta\,\frac{\partial Y_n}{\partial\theta}\right) + \frac{1}{\sin^2\theta}\,\frac{\partial^2 Y_n}{\partial\varphi^2} = 0\,;$$

de même on a

$$n'(n'+1)\,Y_{n'} + \frac{1}{\sin\theta}\frac{d}{d\theta}\left(\sin\theta\,\frac{\partial Y_{n'}}{\partial\theta}\right) + \frac{1}{\sin^2\theta}\,\frac{\partial^2 Y_{n'}}{\partial\varphi^2} = 0.$$

Multiplions la première équation par $Y_{n'}$, la deuxième par Y_n; puis retranchons membre à membre. Il vient

$$\begin{aligned}&\left[n(n+1) - n'(n'+1)\right] Y_n Y_{n'} \\ &+ \frac{1}{\sin\theta}\frac{d}{d\theta}\cdot\sin\theta\left[Y_{n'}\frac{\partial Y_n}{\partial\theta} - Y_n\frac{\partial Y_{n'}}{\partial\theta}\right] \\ &+ \frac{1}{\sin^2\theta}\frac{d}{d\varphi}\left[Y_{n'}\frac{\partial Y_n}{\partial\varphi} - Y_n\frac{\partial Y_{n'}}{\partial\varphi}\right] = 0\end{aligned}$$

Multiplions les deux membres de cette équation par $d\sigma$, c'est-à-dire par $\sin\theta\, d\varphi\, d\theta$, et intégrons sur toute la surface de la sphère ; pour cela, faisons varier θ de 0 à π et φ de 0 à 2π ou inversement θ de 0 à 2π et φ de 0 à π. Le deuxième terme de l'équation par exemple s'écrira

$$\int_0^{\pi} d\varphi \int_0^{2\pi} d\theta\,\frac{d}{d\theta}\left[Y_{n'}\frac{\partial Y_n}{\partial\theta} - Y_n\frac{\partial Y_{n'}}{\partial\theta}\right]\sin\theta$$

ou

$$\int_0^{\pi} d\varphi\left[\sin\theta\left(Y_{n'}\frac{\partial Y_n}{\partial\theta} - Y_n\frac{\partial Y_{n'}}{\partial\theta}\right)\right]_0^{2\pi}.$$

Ce dernier crochet est un polynôme en sin θ et cos θ; il prend donc la même valeur pour θ = 0 et pour θ = π. L'intégrale est donc identiquement nulle. On verrait facilement qu'il en est de même du dernier terme de l'équation que nous intégrons sur la sphère ; il reste donc seulement

$$\int_0^{\pi}\int_0^{2\pi} Y_n Y_{n'} \sin\theta \, d\theta \, d\varphi = 0$$

ce qui est bien l'équation (40).

La démonstration suppose essentiellement $n \gtrless n'$.

309. Les polynômes X_n de Legendre (Chapitre IV) ou plutôt les polynômes P_n qu'on en déduit en y remplaçant x par cos ω sont des fonctions de Laplace.

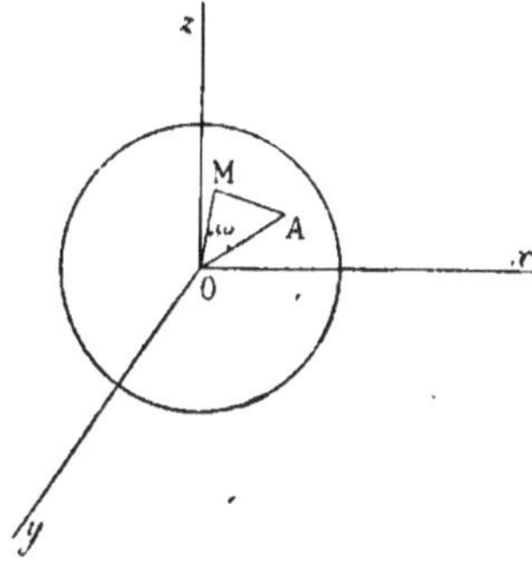

Fig. 40

Considérons en effet un point A de coordonnées 1, θ, φ sur la sphère de rayon un et point M (ρ′, θ′, φ′) quelconque intérieur : on a

$$AM = r = (1 + \rho'^2 - 2\rho' \cos\omega)^{\frac{1}{2}} ;$$

l'angle ω des rayons vecteurs OA et OM est donné par la formule de trigonométrie sphérique.

$$\cos\omega = \cos\theta \cos\theta' + \sin\theta \sin\theta' \cos(\varphi - \varphi') \qquad (41)$$

on sait que la fonction $V = \frac{1}{r}$ satisfait à l'équation (35); c'est une fonction de θ et φ à cause de (41). D'autre part, si on la développe en série suivant les puissances ascendantes de ρ', il résulte de la définition même des polynômes de Legendre que le coefficient de ρ'^n sera le polynôme P_n, et comme l'équation $\Delta_2 V = 0$ doit être vérifiée quel que soit ρ', P_n est une solution de cette équation, c'est donc une fonction sphérique.

310. Le potentiel d'une couche sphérique quelconque de rayon R peut être développé en série ordonnée suivant les fonctions Y_n. On a en effet

$$V = \int\int \frac{kR^2\, d\sigma}{r}$$

$d\sigma$ étant l'élément de la sphère de rayon un; si ρ est le rayon vecteur du point attiré A, on a

$$r = \sqrt{R^2 - 2R\rho\cos\omega + \rho^2}.$$

Suivant que R est inférieur ou supérieur à ρ, on écrira

$$r = \rho\sqrt{1 - \frac{2R}{\rho}\cos\omega + \frac{R^2}{\rho^2}}$$

ou

$$r = R\sqrt{1 - 2\frac{\rho}{R}\cos\omega + \frac{\rho^2}{R^2}}$$

l'on développera $\frac{1}{r}$ en série suivant les puissances ascendantes de $\frac{R}{\rho}$ ou de $\frac{\rho}{R}$. On mettra ainsi le potentiel sous une des deux formes :

pour l'extérieur $\quad V_e = \Sigma A_n \left(\frac{R}{\rho}\right)^{n+1},$

pour l'intérieur $\quad V_i = \Sigma B_n \left(\frac{\rho}{R}\right)^n.$

L'équation $\Delta_2 V = 0$ ayant lieu quelque soit ρ, A_n et B_n sont encore des fonctions Y_n, et le problème résolu.

311. On déduit de là le développement d'une fonction quelconque de θ et de φ sous la forme d'une série de fonctions de Laplace

$$F(\theta, \varphi) = Y_0 + Y_1 + Y_2 + \dots + Y_n + \dots$$

Il suffit pour cela de concevoir que, sur la sphère de rayon *un*, on a répandu une couche active de densité $F(\theta, \varphi)$ au point θ, φ.

Nous avons vu (n° 305) qu'on a pour cette densité la formule

$$k = -\frac{1}{2\pi}\left[\left(\frac{dV}{dn}\right)_+ - \left(\frac{dV}{dn}\right)_-\right]$$

or

$$V = S\,\frac{kR^2 d\sigma}{r},$$

l'intégrale étant prise sur la sphère de rayon R. Nous venons d'apprendre à développer V en série de fonctions sphériques ; d'autre part

$$\left(\frac{dV}{dn}\right)_+ = \left(\frac{dV}{dR}\right)_+$$

et

$$\left(\frac{dV}{dn}\right)_- = \left(\frac{dV}{dR}\right)_-$$

On a donc tous les éléments de la solution sur laquelle nous ne nous étendrons pas davantage.

Théorème général

312. On rencontre en mécanique et dans les applications de la physique des actions, d'une autre nature que les attractions newtoniennes, dont nous devons en dire quelques mots.

Soit en M (x, y, z) un élément agissant, *masse vectorielle*, assimilable à un vecteur MF dont nous désignerons la grandeur par la lettre F et les angles avec les axes de coordonnées par les lettres α, β, γ. L'action *laplacienne* exercée sur un point A (a, b, c) sera un vecteur Φ, perpendiculaire au plan

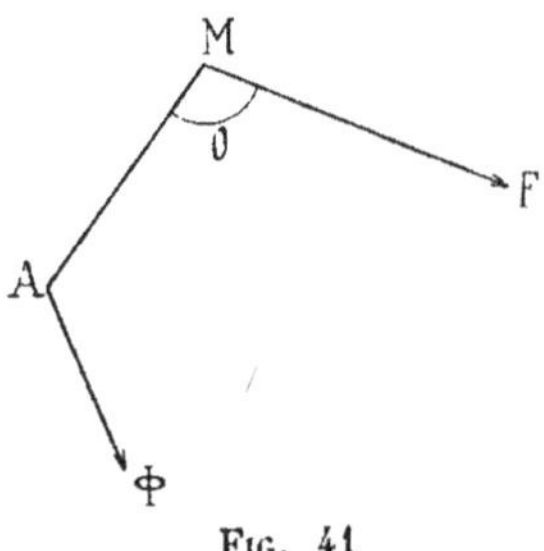

Fig. 41

AMF dans un sens tel qu'un observateur ayant les pieds en M et la tête en F le voie dirigé de droite à gauche : enfin la grandeur du vecteur sera

$$\Phi = F \frac{\sin \theta}{r^2}$$

en désignant par θ l'angle AMF, et par r la distance AM. Les actions laplaciennes se combinent entre elles et avec les attractions newtoniennes suivant la règle du parallélogramme des forces.

313. Cela posé, Vaschy (Traité d'électricité, chap. III) a démontré le très intéressant théorème que voici : *tout vecteur f dont la grandeur et la direction sont déterminées, dans une région limitée U, en fonction des coordonnées de son origine suivant une loi quelconque, peut être considéré comme la résultante géométrique d'attractions laplaciennes et newtoniennes dues à un système de masses données.*

La démonstration repose sur la formule d'Ostrogradsky que

nons avons établie (nº 274) et que nous reproduisons, avec un changement de notation facile à saisir

$$\left.\begin{array}{l}\displaystyle\int\int\int\left[\frac{d}{dx}(\varphi u)+\frac{d}{dy}(\varphi v)+\frac{d}{dz}(\varphi w)\right]d\omega \\ \displaystyle\quad+\int\int(l\varphi u+m\varphi v+n\varphi w)\,d\sigma=0\,;\end{array}\right\}\quad(42)$$

l, m, n désignent les cosinus des angles α, β, γ que fait avec les axes la normale à la surface S. Cette surface S se compose de la ou des surfaces qui limitent la région U à laquelle s'étend l'intégrale triple ; elle peut même comprendre des surfaces de discontinuité intérieures à cette région et dont il faut alors considérer les deux faces successivement.

Le vecteur donné f a pour projections sur les axes des fonctions données X, Y, Z des coordonnées. Prenons pour fonctions u, v, w dans la formule précédente les trois dérivés de $\frac{1}{r}$ où

$$r^2=(x-a)^2+(y-b)+(z-c)^2\,;$$

et soit $\varphi = \mathrm{X}$. Nous aurons

$$\left.\begin{array}{l}\displaystyle\int\int\int\left[\frac{d}{dx}\left(\mathrm{X}\frac{\partial\frac{1}{r}}{\partial x}\right)+\frac{d}{dy}\left(\mathrm{X}\frac{\partial\frac{1}{r}}{\partial y}\right)+\frac{d}{dz}\left(\mathrm{X}\frac{\partial\frac{1}{r}}{\partial z}\right)\right]d\omega \\ \displaystyle\quad+\int\int\mathrm{X}\left[l\frac{\partial\frac{1}{r}}{\partial x}+m\frac{\partial\frac{1}{r}}{\partial y}+n\frac{\partial\frac{1}{r}}{\partial z}\right]d\sigma=0\end{array}\right\}\quad(43)$$

De même si l'on pose, dans la formule (42)

$$\varphi=y,\ v=\frac{\partial\frac{1}{r}}{\partial x},\ u=-\frac{\partial\frac{1}{r}}{\partial y},\ w=0,$$

on aura

$$\int\int\int\left[\frac{d}{dy}\left(Y\frac{\partial\frac{1}{r}}{\partial x}\right)-\frac{d}{dx}\left(Y\frac{\partial\frac{1}{r}}{\partial y}\right)\right]d\omega$$
$$+\int\int Y\left(m\frac{\partial\frac{1}{r}}{\partial x}-l\frac{\partial\frac{1}{r}}{\partial y}\right)d\sigma=0,$$

et, d'une manière analogue,

$$\int\int\int\left[\frac{d}{dz}\left(Z\frac{\partial\frac{1}{r}}{\partial x}\right)-\frac{d}{dx}\left(Z\frac{\partial\frac{1}{r}}{\partial z}\right)\right]d\omega$$
$$+\int\int Z\left(n\frac{\partial\frac{1}{r}}{\partial x}-l\frac{\partial\frac{1}{r}}{\partial z}\right)d\sigma=0.$$

Additionnons les trois dernières identités membre à membre; comme l'on a

$$\Delta_2\frac{1}{r}=0,$$

il vient

$$\left.\begin{aligned}&\int\int\int\left[\frac{\partial\frac{1}{r}}{\partial x}\left(\frac{\partial X}{\partial x}+\frac{\partial Y}{\partial y}+\frac{\partial Z}{\partial z}\right)+\frac{\partial\frac{1}{r}}{\partial y}\left(\frac{\partial X}{\partial y}-\frac{\partial Y}{\partial x}\right)\right.\\&\left.+\frac{\partial\frac{1}{r}}{\partial z}\left(\frac{\partial X}{\partial z}-\frac{\partial Z}{\partial x}\right)\right]d\omega+\int\int\left[\frac{\partial\frac{1}{r}}{\partial x}(lX+mY+nZ)\right.\\&\left.+\frac{\partial\frac{1}{r}}{\partial y}(mX-lY)+\frac{\partial\frac{1}{r}}{\partial z}(nX-lZ)\right]d\sigma=0.\end{aligned}\right\}\quad(44)$$

Isolons du volume total U une petite sphère ayant le point

A (a, b, c) pour centre : la portion de l'intégrale triple relative à cette sphère tend vers zéro avec le volume de la sphère si les fonctions X, Y, Z et leurs dérivées sont continues (ce que nous supposons). Calculons l'intégrale $\int_\Sigma$ de surface sur la sphère : on aura en tous les points de cette surface

$$l = \frac{x-a}{r}, \; m = \frac{y-b}{r}, \; n = \frac{z-c}{r}$$

et par suite

$$\int_\Sigma = -\int\int \frac{(x-a)^2 + (y-b)^2 + (z-c)^2}{r^2} \, X \, \frac{d\sigma}{r^2}$$

$$= -\int\int X \, \frac{d\sigma}{r^2} = -4\pi X m$$

en désignant par X_m la valeur moyenne de X sur la surface de la sphère. Revenons maintenant à l'équation (44) dans laquelle chacune des intégrales doit être considérée comme composée de deux parties, celle relative à la sphère et le reste. Si le volume de la sphère tend vers zéro, les intégrales reprennent leur signification première : seulement le terme $-4\pi X_m$ subsiste et tend vers $-4\pi X$. On a donc finalement

$$X = \frac{1}{4\pi}\left\{\begin{aligned} &\int\int\int\left[\frac{\partial\frac{1}{r}}{\partial x}\left(\frac{\partial X}{\partial x} + \frac{\partial Y}{\partial y} + \frac{\partial Z}{\partial z}\right) + \frac{\partial\frac{1}{r}}{\partial y}\left(\frac{\partial X}{\partial y} - \frac{\partial Y}{\partial x}\right)\right. \\ &\left. + \frac{\partial\frac{1}{r}}{\partial z}\left(\frac{\partial X}{\partial z} - \frac{\partial Z}{\partial x}\right)\right] d\omega + \int\int\left[\frac{\partial\frac{1}{r}}{\partial x}(lX + mY + nZ)\right. \\ &\left. + \frac{\partial\frac{1}{r}}{\partial y}(mX - lY) + \frac{\partial\frac{1}{r}}{\partial z}(nX - lZ)\right] d\sigma. \end{aligned}\right\} \quad (45)$$

Imaginons maintenant huit fonctions définies par les égalités suivantes

$$\left.\begin{array}{c} 4\pi\rho = \dfrac{\partial X}{\partial x} + \dfrac{\partial Y}{\partial y} + \dfrac{\partial Z}{\partial z} \\ 4\pi\lambda = lX + mY + nZ \\ 4\pi\,\mu_x = \dfrac{\partial Y}{\partial z} - \dfrac{\partial Z}{\partial y}, \quad 4\pi\,\mu_y = \dfrac{\partial Z}{\partial x} - \dfrac{\partial X}{\partial z}, \quad 4\pi\,\mu_z = \dfrac{\partial X}{\partial y} - \dfrac{\partial Y}{\partial x} \\ 4\pi\tau_x = nY - mZ, \quad 4\pi\tau_y = lZ - nX, \quad 4\pi\tau_z = mX - lY\,; \end{array}\right\} \quad (46)$$

l'égalité (45) devient

$$\left.\begin{array}{l} X = \displaystyle\int\!\!\int\!\!\int \rho\,\frac{\partial\frac{1}{r}}{\partial x}\,d\omega + \int\!\!\int \lambda\,\frac{\partial\frac{1}{r}}{\partial x}\,d\sigma \\ + \displaystyle\int\!\!\int\!\!\int\left(\mu_z\,\frac{\partial\frac{1}{r}}{\partial y} - \mu_y\,\frac{\partial\frac{1}{r}}{\partial z}\right)d\omega + \int\!\!\int\left(\tau_z\,\frac{\partial\frac{1}{r}}{\partial y} - \tau_y\,\frac{\partial\frac{1}{r}}{\partial z}\right)d\omega \end{array}\right\} \quad (47)$$

La première ligne représente la composante suivant ox de l'attraction newtonienne totale qu'exercerait sur le point A de la matière répandue dans le volume U et sur les surfaces limites, cette matière ayant pour densité en tout point M (x, y, z) du volume la valeur ρ et sur les surfaces la valeur λ. Interprétons la seconde ligne de l'égalité (47) : à cet effet concevons au point M un vecteur F dont les projections sur les axes soient μ_x, μ_y, μ_z, si le point appartient à la région U, et τ_x, τ_y, τ_z si le point est sur une des surfaces qui limitent la région. Si ce vecteur exerce sur le point A une action laplacienne, elle sera représentée par un vecteur Φ qui a été défini au n° 313. On vérifie aisément que ce vecteur étant perpendiculaire au plan AMF, a pour projections sur les axes trois quantités dont nous n'écrirons que la première

$$\Phi_x = \frac{\mu_z\,(b - y) - \mu_y\,(c - z)}{r^3} = \mu_z\,\frac{\partial\frac{1}{r}}{\partial y} - \mu_y\,\frac{\partial\frac{1}{r}}{\partial z}\,;$$

il en résulte que les termes de la seconde ligne de l'égalité (47) représentent l'attraction laplacienne exercée par des masses fictives dont la *densité vectorielle* est définie par les six dernières égalités (46).

314. Deux cas particuliers sont à distinguer.

1° Si les actions f qui s'exercent en chaque point de la région U ont un potentiel, l'expression

$$Xdx + Ydy + Zdz$$

sera une différentielle exacte et l'on aura identiquement

$$\frac{\partial X}{\partial y} - \frac{\partial Y}{\partial x} = 0, \qquad \frac{\partial Y}{\partial z} - \frac{\partial Z}{\partial y} = 0, \qquad \frac{\partial Z}{\partial x} - \frac{\partial X}{\partial z} = 0;$$

les actions laplaciennes (46) n'existeront pas dans l'étendue de la région U (Electrostatique).

2° On a dans toute cette région

$$\frac{\partial X}{\partial x} + \frac{\partial Y}{\partial y} + \frac{\partial Z}{\partial z} = 0;$$

les actions fictives se réduisent à des actions laplaciennes (Electromagnétisme).

CHAPITRE X

FONCTIONS ELLIPTIQUES

Notions préliminaires

315. Les fonctions trigonométriques sont susceptibles de plusieurs définitions. Il est d'usage de les introduire dans l'enseignement en en donnant une représentation géométrique; on étend cette définition en considérant les développements en série

$$\sin x = x - \frac{x^3}{1.2.3} + \ldots$$

$$\cos x = 1 - \frac{x^2}{2} + \ldots,$$

ou encore en les rattachant aux fonctions exponentielles par les formules d'Euler. De l'un ou l'autre de ces deux points de vue, on déduit aisément les formules d'addition et de soustraction ainsi que toutes les formules de la trigonométrie élémentaire. On peut aussi (n° 114 et suivants) considérer le sinus comme la fonction inverse de l'*arc sinus*, cette dernière fonction étant définie par une intégrale

$$y = \int \frac{dx}{\sqrt{1 - x^2}};$$

il revient au même de dire que la fonction y est définie par l'équation différentielle

$$\frac{dy}{dx} = \frac{1}{\sqrt{1 - x^2}}.$$

On a vu que cette fonction y est mal déterminée : outre la nécessité de fixer une constante, par exemple de dire quelle valeur prend y pour $x = 0$, à chaque valeur de x correspondent une infinité de valeurs de y, et l'on ne peut définir celle que l'on considère sans introduire des coupures (n° 109) dans le plan de la variable imaginaire x.

Il est essentiel d'insister sur ce fait que, si la fonction *arc sin* x est mal déterminée, son inverse *sin* x est uniforme. Nous avons vu (n° 125) que l'inversion des fonctions elliptiques procure le même avantage ; mais nous reviendrons sur ce point fondamental.

316. Montrons auparavant que la définition du sinus par l'inversion d'une intégrale conduit facilement à la formule d'addition. Posons

$$u = \int_0^x \frac{dx}{\sqrt{1 - x^2}} \qquad \text{ou} \qquad x = \sin u$$

$$v = \int_0^y \frac{dy}{\sqrt{1 - y^2}} \qquad \text{ou} \qquad y = \sin v ;$$

l'équation différentielle

$$\frac{dx}{\sqrt{1 - x^2}} + \frac{dy}{\sqrt{1 - y^2}} = 0, \tag{1}$$

s'intègre à vue ; on n'a en effet qu'à prendre

$$u + v = c, \tag{2}$$

c étant une constante arbitraire. On peut encore procéder autrement : l'équation (1) s'écrit

$$\sqrt{1-y^2}\,dx + \sqrt{1+x^2}\,dy = 0$$

ou

$$d\left(x\sqrt{1-y^2}\right) + d\left(y\sqrt{1-x^2}\right) + xy\left(\frac{dy}{\sqrt{1-y^2}} + \frac{dx}{\sqrt{1-x^2}}\right) = 0\,;$$

le coefficient d'xy est nul et cette équation se réduit à la suivante

$$d\left(x\sqrt{1-y^2}\right) + d\left(y\sqrt{1-x^2}\right) = 0,$$

dont l'intégration est encore immédiate et donne la solution

$$x\sqrt{1-y^2} + y\sqrt{1-x^2} = c', \qquad (3)$$

c' désignant une nouvelle constante arbitraire. Si l'on considère c et c' comme des fonctions d'x et d'y représentées par les équations (2) et (3), leur déterminant fonctionnel (n° 97)

$$\begin{vmatrix} \dfrac{\partial c}{\partial x} & \dfrac{\partial c}{\partial y} \\ \dfrac{\partial c'}{\partial x} & \dfrac{\partial c'}{\partial y} \end{vmatrix}$$

est nul, comme on le vérifie sans peine. Il en résulte que

$$c' = f(c). \qquad (4)$$

Or si l'on fait $y = 0$, v est nul ; c se réduit à u et c' à x.

L'égalité précédente devient

$$x = f(u),$$

et comme, d'autre part,

$$x = \sin u,$$

le signe fonctionnel f n'est autre qu'un sinus. Donc, en revenant à l'équation (4) et remplaçant les lettres par les quantités qu'elles figurent, on trouve

$$\sin u \sqrt{1 - \sin^2 v} + \sin v \sqrt{1 - \sin^2 u} = \sin (u + v). \qquad (5)$$

C'est la formule d'addition des sinus. Si l'on pose

$$\left.\begin{aligned} \cos v &= \sqrt{1 - \sin^2 v} \\ \cos u &= \sqrt{1 - \sin^2 u}, \end{aligned}\right\} \qquad (6)$$

on retrouve la formule connue.

317. Les formules (6) ne définissent pas sans ambiguïté les cosinus correspondants ; il faut encore convenir que, pour $v = 0$, on a $\cos v = 1$. Une fois cette convention faite, le cosinus est une fonction uniforme, malgré sa définition par un radical. Des incidents analogues se rencontrent dans la théorie des fonctions elliptiques.

318. Pour achever le résumé des propositions relatives aux fonctions trigonométriques, propositions qui éclairent les théories à venir, nous rappellerons qu'on pourrait encore définir le cosinus par l'égalité

$$\cos x = \sin \left(\frac{\pi}{2} + x\right). \qquad (7)$$

Les fonctions *séc x* et *coséc x* sont les inverses des deux précédentes ; la tangente et la cotangente en sont les quotients.

Il est de la plus haute importance de remarquer que la tangente d'un arc est une fonction périodique, dont la période est π tandis que les fonctions dont elle est le quotient ont pour période 2π. En d'autres termes, lorsque l'arc augmente de π, la tangente reprend sa valeur initiale et, si l'arc continue à croître, la tangente repasse dans le même ordre par les mêmes valeurs, tandis que le sinus et le cosinus ne repassent par la même succession de valeurs qu'après que l'arc s'est augmenté de 2π. On pressent alors comment il sera possible, en admettant des périodes imaginaires, de constituer des fonctions doublement périodiques par des combinaisons de fonctions simplement périodiques.

319. Il est d'ailleurs aisé de montrer qu'une fonction uniforme ne peut pas avoir deux périodes réelles distinctes, les multiples d'une même période étant exclus, bien entendu. En effet, admettons d'abord l'existence de deux périodes commensurables entre elles, ω et ω', et soit δ leur plus grand commun diviseur. On sait qu'il est alors possible de trouver deux nombres entiers a et b tels que

$$a\omega - b\omega' = \delta.$$

Mais, si ω est une période de la fonction, $a\omega$ en est évidemment une, de même $b\omega'$, donc aussi δ ; et l'on voit que ω et ω' sont seulement des multiples d'une même période, c'est-à-dire ne peuvent pas être considérées comme effectivement distinctes.

Admettons maintenant l'existence de deux périodes incommensurables ω et ω' ; on démontre en arithmétique qu'on peut toujours trouver des nombres m et n tels que l'on ait

$$| m\omega - n\omega' | < \varepsilon,$$

quel que petit que soit ε. Mais $m\omega - n\omega'$ est une période. La fonction uniforme admettrait une période aussi petite que l'on voudrait ; ce serait une constante.

320. Nous ferons une dernière remarque. Nous avons jusqu'à présent parlé de fonctions ayant pour période 2π

$$f(x + 2\pi) = f(x).$$

Mais il est aisé d'en déduire des fonctions ayant une période donnée quelconque ω ; il suffit en effet de poser

$$x = 2\pi \frac{y}{\omega}.$$

La fonction

$$\varphi(y) = f\left(2\pi \frac{y}{\omega}\right),$$

est périodique et admet pour période ω ; on a en effet

$$\varphi(y+\omega) = f\left(2\pi \frac{y+\omega}{\omega}\right) = f\left(2\pi \frac{y}{\omega} + 2\pi\right) = f\left(2\pi \frac{y}{\omega}\right) = \varphi(y).$$

Première définition des fonctions elliptiques (*)
Parallélogramme des périodes

321. On appelle *fonction elliptique* toute fonction méromorphe qui possède deux périodes. Aux méthodes que nous venons de résumer relativement aux fonctions trigonométriques correspondent trois méthodes pour étudier les fonctions elliptiques. La méthode géométrique, récente et artificielle (**) est peu employée ; nous la passerons sous silence ; mais avant de parler des deux autres, nous devons donner quelques détails complémentaires sur les périodes. On vient de voir que les périodes ne pouvaient être réelles toutes les deux ; le même raisonnement montre que leur rapport ne peut être ni commensurable (sans quoi il existerait une période dont elles seraient simplement des multiples), ni incommensurable (sans quoi la fonction se réduirait à une constante). Leur rapport est donc forcément imaginaire.

Cela posé, soient les deux périodes

$$2\omega_1 = a + bi$$
$$2\omega_2 = c + di\,;$$

si l'on représente ces deux quantités imaginaires par leur affixes A et B, on voit que tous les points qui sont les affixes

(*) A une première lecture, on peut passer les n°s 322 à 330.

(**) Voir par exemple le beau Traité d'Halphen sur les fonctions elliptiques.

des quantités $2m\omega_1 + 2n\omega_2$ sont les sommets d'un réseau de parallélogrammes qui ont des côtés égaux aux modules OA

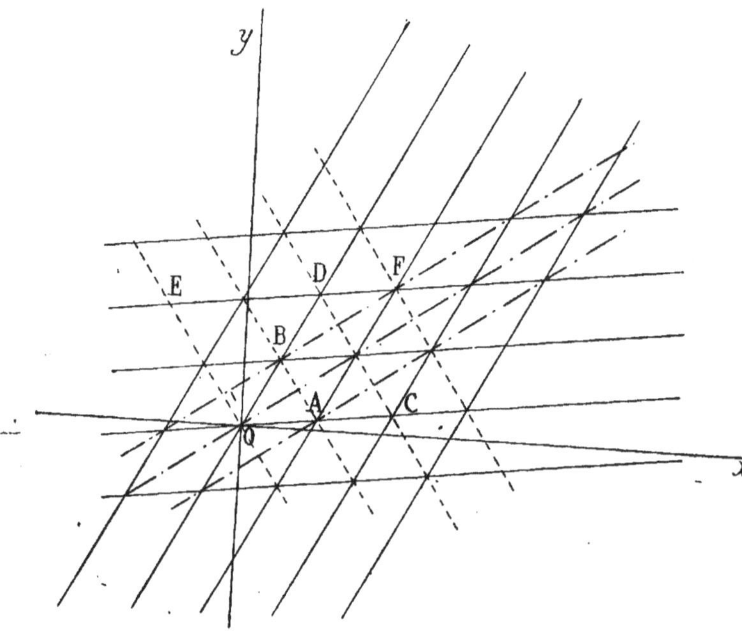

Fig. 42

de $2\omega_1$ et OB de $2\omega_2$. Un quelconque de ces parallélogrammes se nomme *parallélogramme des périodes*. Il suffit de connaître la valeur de la fonction en tous les points de l'aire d'un parallélogramme pour avoir les valeurs de la fonction dans tout le plan, puisqu'elle reprend les mêmes valeurs aux points homologues.

Du réseau donné, qui est figuré en traits pleins, on peut en déduire une infinité d'autres, en joignant un quelconque des sommets, par exemple l'origine, à un autre sommet. Les lignes tracées sur la figure en traits pointillés et en traits mixtes donnent deux nouvelles directions qui, combinées soit entre elles, soit avec les directions primitives, donneront naissance à de nouveaux réseaux.

On appelle *parallélogramme élémentaire* un parallélogramme qui ne renferme à son intérieur ou sur ses côtés aucun point-période. Par exemple A F D O, O C D E ne sont pas élémentaires. Les *périodes primitives* sont celles qui sont représentées par les côtés d'un parallélogramme élémentaire. On conçoit l'importance fondamentale de ces périodes ; nous n'insisterons pas cependant sur ce sujet qui intéresse surtout les théoriciens.

Jacobi a démontré qu'une fonction uniforme ne peut admettre plus de deux périodes irréductibles entre elles ; le théorème est presque évident : en considérant un réseau de périodes primitives, on voit qu'il ne peut y avoir, en dehors de ses sommets, aucun point-période.

322. Théorème. *Une fonction elliptique qui ne devient pas infinie est une constante.*

En effet, la fonction étant limitée est développable dans tout le plan en série de Taylor. On aura donc, quelque soit t,

$$f(a+t) = f(a) + tf'(a) + \frac{t^2}{1.2} f''(a) + \ldots + \frac{t^n}{n!} f^{(n)}(a) + \ldots$$

Mais l'on sait (n° 119) que

$$f^{(n)}(a) = \frac{n!}{2\pi i} \int_c \frac{f(z)}{(z-a)^{n+1}} dz ;$$

l'intégrale étant prise le long d'un cercle de rayon R et dont le centre est au point a, posons

$$z = a + \mathrm{R}(\cos\varphi + i \sin\varphi) = a + \mathrm{R}e^{i\varphi},$$

d'où

$$dz = \mathrm{R}ie^{i\varphi}d\varphi.$$

Nous aurons

$$f^{(n)}(a) = \frac{n!}{2\pi\mathrm{R}^n} \int_0^{2\pi} f(a + \mathrm{R}e^{i\varphi})e^{-ni\varphi}d\varphi ;$$

le module de la fonction étant inférieur à un nombre M, l'intégrale a un module inférieur à $2\pi M$, et l'on a

$$| f^{(n)}(a) | < \frac{n!}{R^n} M.$$

On peut prendre R assez grand pour que le second membre soit inférieur à tout nombre fixé ε. Donc toutes les dérivées $f^{(n)}(a)$ sont nulles et l'on a

$$f(a + t) = f(a),$$

ce qui démontre la proposition énoncée.

Il résulte de ce théorème deux corollaires : 1° *Si deux fonctions elliptiques ont dans un parallélogramme de périodes, les mêmes zéros et les mêmes pôles, leur rapport est une constante ;*

2° *Si deux fonctions elliptiques ont, dans un parallélogramme de périodes, les mêmes pôles et les mêmes parties infinies dans leur développement au voisinage de chaque pôle, leur différence est une constante.*

On appelle fonctions elliptiques *d'ordre n* celles qui ont n pôles distincts ou confondus dans un parallélogramme élémentaire.

323. *La somme des résidus d'une fonction elliptique par rapport aux pôles situés dans un parallélogramme est nulle.*

Nous avons en effet vu (n° 127) que cette somme multipliée par $2\pi i$ a pour valeur l'intégrale.

$$\int f(z)dz$$

prise le long du contour donné. Ici le contour est un parallélogramme le long de deux côtés opposés duquel la fonction reprend la même valeur ; par exemple on a en deux points correspondants de A B et de C D

$$f(z + 2\omega_2) = f(z)$$

Mais, sur A B, z varie de z_0 à $z_0 + 2\omega_1$ et l'on peut poser

$$z = z_0 + 2\omega_1 t,$$

tandis que sur C D il faut poser

$$z = z_0 + 2\omega_1 + 2\omega_2 - 2\omega_1 t,$$

t variant dans les deux cas de zéro à *un*. En M et M', dz prend

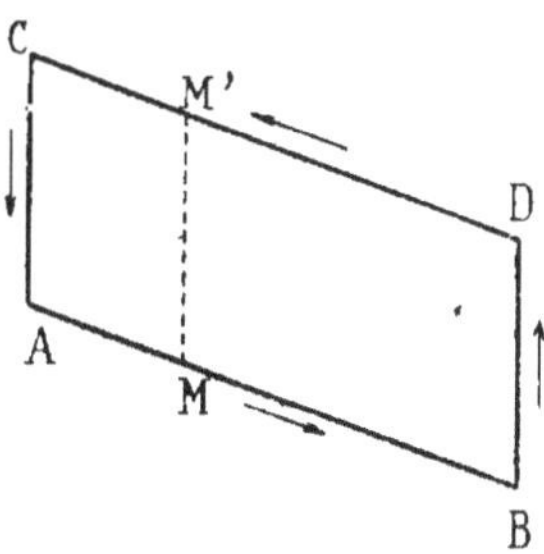

Fig. 43

des valeurs égales et de signes contraires. Donc les portions de l'intégrale se détruisent deux à deux.

321. *Une fonction elliptique a autant de zéros que de pôles dans un parallélogramme de périodes.*

L'excès de la somme des zéros sur celle des pôles est égal à une période.

Le premier énoncé n'est qu'une application de la formule (21) du n° 128, puisque la fonction et sa dérivée reprennent la même valeur en deux points M et M' correspondants de deux côtés opposés.

Pour établir le second énoncé, il suffit de remarquer que l'excès à calculer a pour valeur [n° 128 formule (20)]

$$\frac{1}{2\pi i}\int_C z\,\frac{f'(z)}{f(z)}\,dz\,;$$

aux points M et M′ correspondants on a respectivement les deux différentielles

$$z\frac{f'(z)}{f(z)}\,dz \qquad \text{et} \qquad -(z+2\omega_2)\frac{f'(z)}{f(z)}\,dz$$

dont la somme est

$$-2\omega_2\frac{f'(z)}{f(z)}\,dz.$$

Il faut intégrer le long du côté A B (ou C D) ce qui donne

$$-2\omega_2\big[\log f(z)\big]_{A}^{B},$$

et diviser par $2\pi i$. Mais $f(z)$ reprenant la même valeur en A et B, les deux valeurs du logarithme diffèrent seulement d'un multiple de $2\pi i$, soit $2m_2\pi i$; le résultat de l'intégration suivant A B et D C est donc $2m_2\omega_2$. De même suivant B D et C A, on trouve $2m_1\omega_1$; en tout on a

$$2m_1\omega_1 + 2m_2\omega_2,$$

c'est-à-dire une période.

Les fonctions doublement périodiques définies comme inverses des intégrales elliptiques

325. C'est à Abel et à Jacobi que revient l'honneur d'avoir établi la véritable base de ces fonctions en effectuant l'inversion des intégrales elliptiques, jusque là seules considérées. Voici le principe de cette méthode. Soit, sous la forme canonique de Legendre (n° 49), l'intégrale elliptique (k réel et inférieur à l'unité).

$$u_1 = \int_0^x \frac{dx}{\sqrt{(1-x^2)(1-k^2x^2)}}\,; \tag{8}$$

on peut encore écrire

$$\frac{du_1}{dx} = \frac{1}{\sqrt{(1-x^2)(1-k^2x^2)}} \tag{9}$$

à condition de convenir que, pour $x = 0$, on a $u_1 = 0$. Les équations (8) ou (9) établissent entre x et u_1 une relation de fonction à variable. Nous désignerons cette relation par la notation

$$x = sn\, u_1 \text{ (*)} \tag{10}$$

ou par

$$u_1 = \arg sn\, x \tag{11}$$

Nous avons vu (n° 121) que x est une fonction méromorphe de l'argument u_1 et (n° 126) qu'elle admet deux périodes distinctes ; on peut, par exemple, prendre pour lacets deux circuits

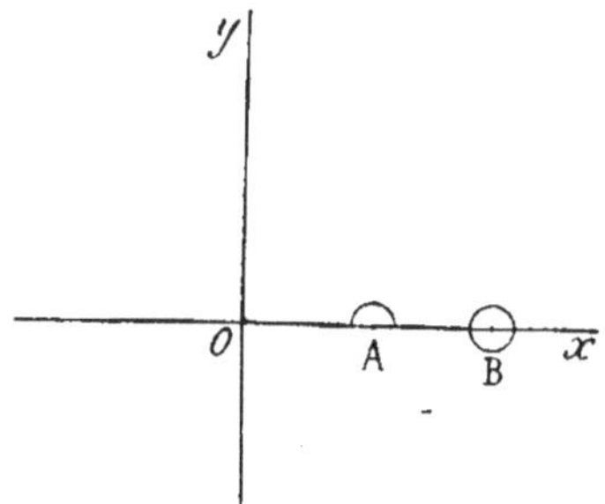

Fig. 44

enveloppant l'un le point A d'abcisse *un*, l'autre le point B d'abcisse $\frac{1}{k}$, puisque ces deux points sont critiques pour l'intégrale (8).

(*) Jacobi employait la notation *sin am u*, *cos am u* et *Δ am u*, qu'on énonçait sinus amplitude, cosinus amplitude, delta amplitude. Guderman l'a remplacée par celle que nous donnons dans le texte (*sn*, *cn*, *dn*) et qui est aujourd'hui généralement adoptée.

Seulement pour former le lacet (0ABA0), il faudra contourner le point A en suivant un demi-cercle de rayon infiniment petit afin d'éviter ce point. Soit alors

$$K = \int_0^1 \frac{dx}{\sqrt{(1-x^2)(1-k^2x^2)}} \tag{12}$$

$$iK' = \int_1^{\frac{1}{k}} \frac{dx}{\sqrt{(1-x^2)(1-k^2x^2)}}. \tag{13}$$

On revient en O avec la valeur initiale en suivant un chemin qui part de l'origine pour aller contourner le point A, revient en O, tourne autour de A' et revient en O, ce qui donne la période 4K ; on peut aussi commencer par tourner autour de A', puis autour de B en évitant le point A ; on aura ainsi la période 4K + 2 iK', ou plus simplement, en retranchant la période 4K, 2 iK'. Les périodes de snu sont donc 4K et 2 iK', c'est-à-dire qu'on a

$$\left.\begin{array}{l} sn\,(u_1 + 4K) = sn\,u_1 \\ sn\,(u_1 + 2\,iK') = sn\,u_1 \end{array}\right\} \tag{14}$$

Si l'on pose

$$\left.\begin{array}{l} cn\,u_1 = \sqrt{1 - sn^2\,u_1} \\ dn\,u_1 = \sqrt{1 - k^2 sn^2\,u_1} \end{array}\right\} \tag{15}$$

avec la convention que $cn\,u_1 = dn\,u_1 = 1$ pour $u_1 = 0$, on obtient deux nouvelles fonctions elliptiques uniformes dont les périodes sont respectivement,

pour $cn\,u_1$. . . . . 4K et 2K + 2 i K'
pour $dn\,u_1$. . . . . 2K et 4 i K'.

Nous ne nous attarderons pas à établir ces propriétés qui résultent d'ailleurs facilement du n° suivant.

Les formules (15) peuvent s'écrire

$$\left.\begin{array}{l} sn^2\,u_1 + cn^2\,u_1 = 1 \\ k^2\,sn^2\,u_1 + dn^2\,u_1 = 1 \end{array}\right\} \tag{16}$$

et l'équation (9)

$$\frac{d\,sn\,u_1}{du_1} = cn\,u_1\,dn\,u_1. \tag{17}$$

En dérivant les équations (16), et utilisant l'équation (17), on trouve aisément

$$\frac{dcn\,u_1}{du_1} = -\,sn\,u_1\,cn\,u_1 = -\,cn\,u_1\sqrt{1 - cn^2\,u_1}$$
$$\frac{d.dn\,u_1}{du_1} = -\,k^2\,sn\,u_1\,cn\,u_1 = -\sqrt{(1 - dn^2\,u_1)(k^2 - 1 + dn^2 u_1)}$$

La première de ces équations pourrait servir de définition à cnu_1, la deuxième à dnu_1, en y ajoutant les conditions initiales, et l'on retrouverait ainsi la double périodicité déjà énoncée des fonctions *cn* et *dn*.

En procédant comme au nº 317, on déduit de l'équation (9) la formule d'addition

$$sn\,(u+v) = \frac{sn\,u\;cn\,v\;dn\,v + sn\,v\;cn\,u\;dn\,u}{1 - k^2\,sn^2\,u\;sn^2\,v} \tag{18}$$

Nous reviendrons sur ce sujet dans la théorie des Equations différentielles ; bornons nous à faire observer que la formule fondamentale (18) permettra d'obtenir les formules de soustraction, de multiplication, et par suite de division, en faisant $v = -u, u, 2u$ etc. La marche est celle de la trigonométrie.

326. Les fonctions de Jacobi dont nous venons d'esquisser la théorie ont été découvertes les premières. Weierstrass a proposé de leur substituer une autre fonction que nous allons maintenant définir ; sans entrer dans les raisons qui militent en faveur de son adoption, nous nous bornerons à constater que la plupart des auteurs Français contemporains lui donnent la première place (Halphen, Jordan, Tannery et Molk, Appell et Lacour, Lucien Lévy). Soit

$$u = \int_x^{\infty} \frac{dx}{\sqrt{4x^3 - g_2 x - g_3}} \tag{19}$$

La fonction x inverse de u définie par cette égalité est désignée par la notation

$$x = pu \tag{20}$$

g_2 et g_3 sont dits les *invariants* de la fonction pu et l'on a, par définition, $u = 0$ pour $x = \infty$, c'est-à-dire $p(0) = \infty$.

Soient $2\omega_1$ et $2\omega_2$ les deux périodes de la fonction pu (nº 126); on aura

$$\left.\begin{array}{l} p(u + 2\omega_1) = pu \\ p(u + 2\omega_2) = pu \end{array}\right\} \tag{21}$$

Par suite tous les sommets du parallélogramme des périodes, y compris l'origine, sont des pôles de pu : on peut ajouter (nº 121) que ce sont des pôles doubles. Nous verrons plus loin que ce sont les seuls.

Il existe une relation simple entre cette fonction et la fonction sn. Pour le voir, dans l'équation (8) posons (λ et t étant positifs)

$$x^2 = \frac{\lambda}{t},$$

d'où

$$dx = -\frac{\sqrt{\lambda}\, dt}{2t\sqrt{t}}.$$

Cette équation devient

$$\frac{u_1}{\sqrt{\lambda}} = \int_t^{\infty} \frac{dt}{2\sqrt{t(t-\lambda)(t-k^2\lambda)}}.$$

Posons alors

$$t = z + h,$$

et déterminons h de manière que les trois racines du polynôme en z aient une somme nulle, ce qui donne

$$h = \frac{k^2+1}{3}\lambda. \tag{21}$$

Les trois racines du nouveau polynôme seront

$$\left.\begin{aligned} e_1 &= \frac{2-k^2}{3}\lambda \\ e_2 &= -\frac{k^2+1}{3}\lambda \\ e_3 &= \frac{2k^2-1}{3}\lambda \end{aligned}\right\} \qquad (22)$$

et l'on aura

$$u = \frac{u_1}{\sqrt{\lambda}} = \int_z^{\infty} \frac{dz}{\sqrt{4(z-e_1)(z-e_2)(z-e_3)}}. \qquad (23)$$

ce qui est la formule (19)

Si k^2 est réel et inférieur à un, comme on l'a supposé, on voit que les racines e_1, e_2, e_3 sont réelles et satisfont aux inégalités

$$e_1 > e_3 > e_2 \qquad (24)$$

$$e_1 - e_2 = \lambda \qquad \frac{e_3 - e_2}{e_1 - e_2} = k^2 \qquad (25)$$

La fonction z de u définie par l'équation (23) est une fonction $p(u)$ et, puisque

$$x^2 = \frac{\lambda}{t} = \frac{\lambda}{z+h} = \frac{\lambda}{z + \frac{k^2+1}{3}\lambda},$$

il en résulte

$$sn^2 u\sqrt{\lambda} = \frac{\lambda}{pu + \frac{k^2+1}{3}\lambda} \qquad (26)$$

ou

$$pu = -\frac{k^2+1}{3}\lambda + \frac{\lambda}{sn^2 u\sqrt{\lambda}},$$

ou encore

$$pu = e_2 + \frac{e_1 - e_2}{sn^2 u\sqrt{\lambda}}. \qquad (27)$$

Nous avons dit que k^2 était le *module* ; λ s'appelle le *multiplicateur* des fonctions elliptiques.

Les relations entre les périodes sont

$$\omega_1 = \frac{K}{\sqrt{\lambda}}, \quad \omega_2 = \frac{iK'}{\sqrt{\lambda}}. \tag{28}$$

Les hypothèses sur la réalité des racines restant les mêmes, on voit que ω_1 est réelle et ω_2 purement imaginaire. Lorsqu'il en sera ainsi, nous désignerons toujours par e_1 la plus grande racine et par e_2 la plus petite.

327. Les périodes de pu peuvent s'exprimer au moyen d'intégrales définies. A cet effet figurons les trois lacets qui, partant de l'origine, entourent les points M_1, M_2, M_3 dont nous

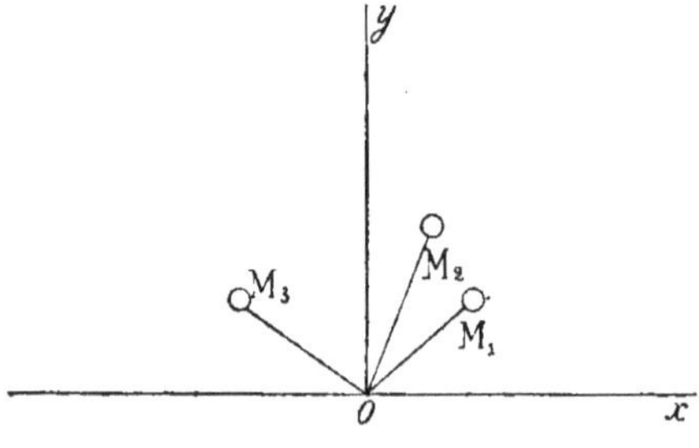

Fig. 45

supposerons les affixes e_1, e_2, e_3 imaginaires pour la commodité du dessin. Si l'on pose

$$Z = 4z^3 - g_2 z - g_3$$

$$A_1 = \int_0^{e_1} \frac{dz}{\sqrt{Z}}$$

$$A_2 = \int_0^{e_2} \frac{dz}{\sqrt{Z}}$$

$$A_3 = \int_0^{e_3} \frac{dz}{\sqrt{Z}},$$

les intégrales étant prises suivant les droites OM_1, OM_2, OM_3. Les périodes seront, par exemple, (n° 126) :

$$\left.\begin{aligned} 2\omega_1 &= 2A_3 - 2A_2 = \int_{e_2}^{e_3} \frac{dz}{\sqrt{Z}} \\ 2\omega_2 &= 2A_1 - 2A_3 = \int_{e_3}^{e_1} \frac{dz}{\sqrt{Z}} \end{aligned}\right\} \qquad (29)$$

Si e_1, e_2, e_3 sont réelles et satisfont aux inégalités (24), on aura pour $2\omega_1$ une valeur réelle et pour $2\omega_2$ une valeur purement imaginaire. Mais la valeur que nous venons de trouver pour $2\omega_1$ semble distincte de celle fournie par la formule (28) ; cette dernière en effet, si l'on effectue dans K (formule 12) les substitutions indiquées au n° précédent, s'écrit

$$\omega_1 = \int_{e_1}^{\infty} \frac{dz}{\sqrt{4(z-e_1)(z-e_2)(z-e_3)}} \qquad (30)$$

ou, ce qui revient au même,

$$p\omega_1 = e_1 \qquad (30 \text{ bis})$$

Il importe de montrer que ces deux valeurs sont égales. Nous poserons, pour cela, dans la dernière formule

$$z - e_2 = \frac{(e_1 - e_2)(e_3 - e_2)}{t - e_2}; \qquad (31)$$

elle devient

$$\omega_1 = \int_{e_3}^{e_2} \frac{dt}{\sqrt{4(t-e_1)(t-e_2)(t-e_3)}},$$

ce qu'il fallait démontrer.

La substitution (31) transforme identiquement l'intégrale

$$\int \frac{dz}{2\sqrt{(z-e_1)(z-e_2)(z-e_3)}}$$

dans la suivante

$$\pm \int \frac{dt}{2\sqrt{(t-e_1)(t-e_2)(t-e_3)}}.$$

Si l'on désigne par u et v ces deux intégrales prises d'une valeur arbitraire de la variable indépendante jusqu'à l'infini, on aura

$$u - v = \text{constante} = \alpha$$
$$u = v + \alpha,$$

et aussi

$$t = pv,$$
$$z = pu.$$

La formule (31) peut donc s'écrire

$$[p(v+\alpha) - e_2](pv - e_2) = (e_1 - e_2)(e_3 - e_2).$$

On établirait d'une manière tout à fait analogue la formule

$$[p(v+\beta) - e_1](pv - e_1) = (e_2 - e_1)(e_3 - e_1).$$

Déterminons cette dernière constante β. Pour cela, faisons $v = \omega_1$; il en résulte

$$p(\omega_1 + \beta) - e_1 = \infty$$
$$p(\omega_1 + \beta) = \infty .$$

Donc

$$\beta = \omega_1 + \text{une période}$$

et l'on a l'identité remarquable

$$[p(v+\omega_1)-e_1][pv-e_1]=(e_2-e_1)(e_3-e_1) \qquad (32).$$

328. La méthode du n° 317 permet aussi d'établir la formule d'addition des pu_1. On verra, dans le chapitre suivant n° 396 que, si l'on pose

$$\begin{aligned} X &= 4x^3 - g_2x - g_3 \\ Y &= 4y^3 - g^2y - g_3, \end{aligned}$$

l'équation

$$\frac{dx}{\sqrt{X}}+\frac{dy}{\sqrt{Y}}=0 \qquad (33)$$

admet comme intégrale

$$\left(\frac{\sqrt{X}-\sqrt{Y}}{x-y}\right)^2 = C + 4(x+y). \qquad (34)$$

D'autre part posons

$$u=\int_x^\infty \frac{dx}{\sqrt{X}}, \quad v=\int_y^\infty \frac{dy}{\sqrt{Y}}; \qquad (35)$$

l'équation (33) admet une autre intégrale

$$u+v=C'.$$

Il en résulte, d'après un raisonnement déjà fait, une relation entre C et C'

$$\left(\frac{\sqrt{X}-\sqrt{Y}}{x-y}\right)^2 - 4(x+y) = f(u+v). \qquad (36).$$

Or on tire des formules (35)

$$x=pu, \quad y=pv,$$
$$\sqrt{X}=-\frac{dx}{du}=-p'u, \quad \sqrt{Y}=-p'v;$$

l'équation (36) peut donc s'écrire

$$\left(\frac{p'u - p'v}{pu - pv}\right)^2 - 4(pu + pv) = f(u + v) \qquad (37)$$

Faisons maintenant $v = \omega_1$; nous aurons (form. 30 bis)

$$pv = e_1$$

et par suite, puisque

$$p'^2 v = 4p^3 v - g_2 pv - g_3 = 4(pv - e_1)(pv - e_2)(pv - e_3),$$

$$p'v = 0.$$

L'égalité (37) devient alors

$$\frac{p'^2 u}{(pu - e_1)^2} - 4(pu + e_1) = f(u + \omega_1)$$

ou, en remplaçant $p'^2 u$ par $4(pu - e_1)(pu - e_2)(pu - e_3)$

$$\frac{(pu - e_2)(pu - e_3)}{pu - e_1} - (pu + e_1) = \frac{1}{4} f(u + \omega_1),$$

ou

$$\frac{-(e_2 + e_3) pu + e_2 e_3 + e_1^2}{pu - e_1} = \frac{1}{4} f(u + \omega_1). \qquad (38)$$

Or

$$e_2 + e_3 = - e_1 ;$$

le numérateur peut donc s'écrire

$$e_1(pu - e_1) + (e_2 - e_1)(e_2 - e_1),$$

et la fraction

$$e_1 + \frac{(e_2 - e_1)(e_3 - e_1)}{pu - e_1}.$$

La formule (32) donne la valeur de cette expression et l'équation (38) devient

$$p(u + \omega_1) = \frac{1}{4} f(u + \omega_1).$$

Le signe fonctionnel f se confond donc avec le signe $4p$ et l'égalité (37) peut s'écrire

$$p(u+v) + pu + pv = \frac{1}{4}\left(\frac{p'u - p'v}{pu - pv}\right)^2. \qquad (39)$$

329. Il résulte du rapprochement des nos 49, 50 et 327 que l'on peut toujours, sous la réserve qu'il faudra résoudre une équation du troisième degré, effectuer l'inversion d'une intégrale elliptique quelconque de première espèce au moyen de la fonction pu, et même au moyen de la fonction pu pour laquelle les racines e_1, e_2, e_3 sont réelles. Dans ce cas le *discriminant* $\Delta = g_2^3 - 27g_3^2$ de l'équation

$$4z^3 - g_2z - g_3 = 0,$$

est positif. Mais l'on rencontre souvent des fonctions pu à discriminant négatif; les propriétés de ces deux sortes de fonctions ne sont pas identiques; il sera donc important de distinguer avec soin les deux cas.

Les séries θ

330. L'étude des fonctions trigonométriques suggère une dernière méthode pour définir les fonctions elliptiques; nous voulons parler du développement en séries. Nous avons vu que la série du sinus

$$x - \frac{x^3}{1.2.3} + \frac{x^5}{1.2.3.4.5} - \cdots$$

admet la période 2π, et que l'on peut constituer des séries possédant une période arbitraire l en remplaçant dans la série précédente x par $\frac{2\pi y}{l}$. Une fonction rationnelle quelconque du sinus et du cosinus, l'exponentielle e^{ix} qui est égale à $\cos x + i \sin x$, une série composée de termes qui sont eux-mêmes fonctions du sinus, du cosinus ou de l'exponentielle, admettront encore la période 2π, ou une période l donnée si l'on effectue la substitution indiquée.

La série qui a été adoptée est la suivante

$$\theta u = 2 \sum_{0}^{\infty} (-1)^n q^{(n+\frac{1}{2})^2} \sin(2n+1) \frac{\pi u}{2\omega_1}; \qquad (40)$$

elle peut aussi s'écrire

$$\theta u = i \sum_{-\infty}^{+\infty} (-1)^n q^{(n+\frac{1}{2})^2} e^{(n+\frac{1}{2})\frac{\pi i u}{\omega_1}}, \qquad (40 \text{ bis})$$

puisque l'on a

$$\sin(2n+1)\frac{\pi u}{2\omega_1} = \frac{e^{(n+\frac{1}{2})\frac{\pi i u}{\omega_1}} - e^{(-n-\frac{1}{2})\frac{\pi i u}{\omega_1}}}{2i}$$
$$= \frac{e^{(n+\frac{1}{2})\frac{\pi i u}{\omega_1}} + (-1)\, e^{[-(n+1)+\frac{1}{2}]\frac{\pi i u}{\omega_1}}}{2i}.$$

331. La série (40) sera convergente, et même absolument convergente, si le module du rapport d'un terme au précédent a une limite inférieure à l'unité ; ce rapport a pour valeur

$$-q^{(n+1+\frac{1}{2})^2-(n+\frac{1}{2})^2} e^{(n+1+\frac{1}{2})\frac{\pi i u}{\omega_1} - (n+\frac{1}{2})\frac{\pi i u}{\omega_1}},$$

ou

$$-q^{2(n+1)} e^{\frac{\pi i u}{\omega_1}}.$$

Pour que la limite soit inférieure à l'unité, quel que soit u, il est nécessaire que le module de q soit inférieur à l'unité. Si l'on pose

$$q = e^{\frac{\pi i \omega_2}{\omega_1}}, \qquad (41)$$

et

$$\frac{\omega_2}{\omega_1} = r + si,$$

le module de q sera $e^{-\pi s}$; la condition cherchée sera donc

$$s > 0,$$

et nous la supposerons remplie à l'avenir.

332. En même temps que la série θu, nous considérerons, par analogie avec la trigonométrie, les trois séries

$$\left.\begin{aligned} \theta_1 u &= \theta(u + \omega_1) \\ \theta_2 u &= -iq^{\frac{1}{4}}\, e^{\frac{\pi i u}{2\omega_1}}\, \theta(u + \omega_2) \\ \theta_3 u &= iq^{\frac{1}{4}}\, e^{-\frac{\pi i u}{2\omega_1}}\, \theta(u + \omega_3) \end{aligned}\right\} \qquad (42)$$

en posant, pour la symétrie de l'écriture,

$$\omega_1 + \omega_2 + \omega_3 = 0 \qquad (43)$$

Un calcul facile montre que l'on a

$$\left.\begin{aligned} \theta_1 u &= 2\sum_0^{\infty} q^{\left(n+\frac{1}{2}\right)^2} \cos\left(n + \frac{1}{2}\right)\frac{\pi u}{\omega_1} = \sum_{-\infty}^{+\infty} q^{\left(n+\frac{1}{2}\right)^2}\, e^{\left(n+\frac{1}{2}\right)\frac{\pi i u}{\omega_1}} \\ \theta_2 u &= 1 + 2\sum_1^{\infty} (-1)^n q^{n^2} \cos\frac{\pi u}{\omega_1} = \sum_{-\infty}^{+\infty} (-1)^n q^{n^2}\, e^{n\frac{\pi i u}{\omega_1}} \\ \theta_3 u &= 1 + 2\sum_1^{\infty} q^{n^2} \cos n\frac{\pi u}{\omega_1} = \sum_{-\infty}^{+\infty} q^{n^2}\, e^{n\frac{\pi i u}{\omega_1}} \end{aligned}\right\} \qquad (44)$$

Il n'entre pas dans le plan de cet ouvrage d'établir toutes les propriétés de ces fonctions θ ; nous renverrons le lecteur au Précis de la théorie des fonctions elliptiques (*) de M. Lucien Lévy. Nous nous bornerons à donner les théorèmes qui nous seront utiles et qui suffiront pour faire comprendre l'esprit et la portée de la méthode.

(*) Avec tables numériques et applications, 236 pages, chez Gauthier Villars.

333. La série θu, étant une série de sinus (form. 40), est impaire, c'est-à-dire que l'on a

$$\theta(-u) = -\theta u$$

Les trois autres séries (form. 44) sont paires ; elles ne changent ni de signe ni de valeur lorsque la variable change de signe sans changer de valeur.

334. Les quatre fonctions admettent la période $4\omega_1$, en vertu de leur mode de formation. Mais, et c'est déjà là un incident à noter, les deux dernières (form. 44) admettent même la période $2\omega_1$.

335. Voyons l'effet produit par l'addition de $2\omega_2$ à l'argument u, et considérons par exemple la série θ (form. 40). Le terme général se trouve multiplié par

$$e^{\left(n+\frac{1}{2}\right)\pi i \frac{\omega_2}{\omega_1}} = q^{n+\frac{1}{2}}.$$

Le facteur constant devient donc

$$(-1)^n\, q^{\left(n+\frac{1}{2}\right)^2 + n + \frac{1}{2}} = (-1)^n q^{-1}\, q^{\left(n+\frac{3}{2}\right)^2},$$

et le nouveau terme général peut s'écrire

$$-(-1)^{n+1} q^{-1} e^{-\frac{\pi i u}{\omega_1}} q^{\left(n+\frac{3}{2}\right)^2} e^{\left(n+\frac{3}{2}\right)\frac{\pi i u}{\omega_1}};$$

on a donc

$$\theta(u + 2\omega_2) = -q^{-1} e^{-\frac{\pi i u}{\omega_1}} \theta u. \tag{45}$$

On verrait de même que

$$\left.\begin{aligned} \theta_1(u + 2\omega_2) &= q^{-1} e^{-\frac{\pi i u}{\omega_1}} \theta_1 u \\ \theta_2(u + 2\omega_2) &= -q^{-1} e^{-\frac{\pi i u}{\omega_1}} \theta_2 u \\ \theta_3(u + 2\omega_2) &= q^{-1} e^{-\frac{\pi i u}{\omega_1}} \theta_3 u \end{aligned}\right\} \tag{46}$$

336. Il résulte des formules précédentes que les quotients deux à deux de ces fonctions auront deux périodes $4\omega_1$ et $4\omega_2$. Les fonctions de Jacobi (323) sont données par les formules (*)

$$\left.\begin{aligned} sn\, u\sqrt{\lambda} &= A\,\frac{\theta u}{\theta_2 u} \\ cn\, u\sqrt{\lambda} &= B\,\frac{\theta_1 u}{\theta_2 u} \\ dn\, u\sqrt{\lambda} &= C\,\frac{\theta_3 u}{\theta_2 u} \end{aligned}\right\} ; \qquad (47)$$

les constantes A, B, C sont choisies de manière que, pour u infiniment petit, les seconds membres aient respectivement pour valeurs principales $u\sqrt{\lambda}$, 1 et 1.

Le premier quotient a évidemment pour périodes $4\omega_1$ et $2\omega_2$
le deuxième . . . . $4\omega_1$ et $4\omega_2$
et le troisième . . . . $2\omega_1$ et $4\omega_2$

En fait, les périodes indiquées ici pour cnu ne sont pas primitives et il conviendrait de remplacer la deuxième par $2\omega_1 + 2\omega_2$. Mais nous n'insisterons pas sur ces détails. Il nous suffit d'avoir montré avec quelle facilité les fonctions θ permettent, par de simples divisions, de former des fonctions doublement périodiques.

337. Ces séries θ sont extrêmement convergentes, et par suite éminemment propres au calcul. On peut même s'arranger (**) de manière à avoir toujours pour le module de q une valeur inférieure à $\frac{1}{9}$. Il en résulte qu'en pratique, dans la plupart des cas, on pourra se borner au premier ou aux deux premiers termes de la série.

338. Les séries θ sont holomorphes dans tout le plan. Les

(*) Lucien Lévy. *Précis*, etc. page 42.
(**) Lucien Lévy. *Précis*, etc. page 165.

valeurs qui annulent la première fonction θ sont zéro et les sommets des parallélogrammes des périodes

$$2m_1\,\omega_1 + 2\,m_2\,\omega_2.$$

Que ces valeurs annulent θ, cela résulte immédiatement, pour les points $2m_1\,\omega_1$, de la définition (formule 40) et, pour les points $2m_2\,\omega_2$, des formules (46) ; mais nous allons montrer que ce sont les seules. En effet, comme la fonction demeure finie dans tout le plan, le nombre des zéros compris à l'intérieur d'un parallélogramme de périodes, dont le contour est c, est donné par la formule 21 du n° 128

$$m = \frac{1}{2\pi i}\int_c \mathrm{D}\log \theta u\,du.$$

Mais on a

$$\theta\,(u + 2\omega_1) = -\,\theta u\,;$$

d'où

$$\frac{\theta'(u + 2\,\omega_1)}{\theta\,(u + 2\,\omega_1)} = \frac{\theta' u}{\theta u}$$

et l'intégrale prise le long des deux côtés du parallélogramme qui correspondent à la période $2\omega_1$ est nulle. Sur les deux autres côtés, comme l'on a

$$\theta\,(u + 2\,\omega_2) = -\,q^{-1}\,e^{-\frac{\pi i u}{\omega_1}}\,\theta u,$$

on aura

$$\mathrm{D}\log \theta\,(u + 2\omega_2) = -\,\frac{\pi i}{\omega_1} + \mathrm{D}\log \theta u,$$

la somme des intégrales correspondantes prises de u_0 à $u_0 + 2\omega_1$ sera $2\pi i$ et l'on aura par conséquent

$$m = 1,$$

c'est-à-dire qu'il n'y a qu'un zéro dans chaque parallélogramme de périodes.

Les fonctions de Weierstrass

339. La fonction σ. Les séries θ sont périodiques et de plus dépendent d'une seconde constante telle que l'addition de cette constante revienne à la multiplication de la fonction par un facteur de forme exponentielle :

$$f(u + 2\omega_2) = Ae^{au}f(u).$$

Les fonctions σ (*sigma*) de Weierstrass, qui leur sont proportionnelles à un facteur près, ont perdu la périodicité ; mais les deux constantes $2\omega_1$ et $2\omega_2$, *qu'on appelle encore les périodes*, y jouent un rôle symétrique. En outre, elles ont acquis de nouvelles propriétés qui les rendent éminemment maniables.

340. Posons

$$\sigma u = Ae^{\frac{\eta_1}{2\omega_1}u^2}\,\theta u \qquad (48)$$

$$\sigma_\alpha u = Be^{\frac{\eta_1}{2\omega_1}u^2}\,\theta_\alpha u \qquad (\alpha = 1, 2, 3) \qquad (49)$$

Ces fonctions sont évidemment, comme les fonctions θ, holomorphes dans tout le plan.

La première condition que nous imposerons aux nouvelles fonctions sera d'avoir, pour u infiniment petit, la valeur principale la plus simple, savoir, puisque zéro est racine simple de θu et par suite de σu, pour σu la valeur u et pour $\sigma_\alpha u$ la valeur 1. Or, en développant par la formule de Maclaurin, on a

$$\theta u = \theta(0) + u\theta'(0) + \frac{u^2}{2}\theta''(0) + \frac{u^3}{6}\theta'''(0) + \dots \qquad (50)$$

La valeur principale de σu est donc

$$Au\theta'(0),$$

et il suffit de poser

$$A = \frac{1}{\theta'(o)}. \tag{51}$$

On aura ainsi les quatre fonctions

$$\left.\begin{aligned} \sigma u &= e^{\frac{\eta_1}{2\omega_1}u^2}\frac{\theta(u)}{\theta'(o)} \\ \sigma_\alpha u &= e^{\frac{\eta_1}{2\omega_1}u^2}\frac{\theta_\alpha(u)}{\theta_\alpha(o)}. \quad (\alpha = 1, 2, 3) \end{aligned}\right\} \tag{52}$$

La fonction σu est impaire, les trois autres sont paires. Pour achever leur détermination, nous choisirons η_1 de manière que, dans le développement de σu suivant les puissances ascendantes de u, le terme en u^3 manque. Or on a

$$\begin{aligned} \sigma u &= A\left[1 + \frac{\eta_1}{2\omega_1}u^2 + \ldots\right]\left[u\theta'(o) + \frac{u^3}{1.2.3.}\theta'''(o) + \ldots.\right] \\ &= A\left[u\theta'(o) + \left(\frac{\eta_1}{2\omega_1}\theta'(o) + \frac{\theta'''(o)}{6}\right)u^3 + ..\right] \end{aligned}$$

la valeur de η_1 est donc

$$\eta_1 = -\frac{\omega_1\theta'''(o)}{3\theta'(o)}. \tag{53}$$

341. Voyons maintenant quel sera l'effet de l'addition d'une période sur ces fonctions, et, pour nous borner, ne considérons que la fonction σu. On aura

$$\sigma(u + 2\omega_1) = Ae^{\frac{\eta_1}{2\omega_1}(u+2\omega_1)^2}\theta(u + 2\omega_1);$$

donc

$$\sigma(u + 2\omega_1) = -e^{2\eta_1(u+\omega_1)}\sigma u. \tag{54}$$

De même

$$\begin{aligned} \sigma(u + 2\omega_2) &= Ae^{\frac{\eta_1}{2\omega_1}(u+2\omega_2)^2}\theta(u + 2\omega_2) \\ &= -Ae^{\frac{\eta_1}{2\omega_1}(u+2\omega_2)^2}e^{-\frac{\pi i\omega_2}{\omega_1}}e^{\frac{\pi iu}{\omega_1}}\theta(u), \end{aligned}$$

d'où

$$\sigma(u+2\omega_2) = -e^{\frac{2\eta_1\omega_2-\pi i}{\omega_1}(u+\omega_2)}\sigma u.$$

Nous poserons, pour conserver la symétrie des formules,

$$\frac{2\eta_1\omega_2-\pi i}{\omega_1} = 2\eta_2$$

d'où

$$\eta_1\omega_2 - \eta_2\omega_1 = \frac{\pi i}{2}; \tag{55}$$

et la formule précédente deviendra

$$\sigma(u+2\omega_2) = -e^{2\eta_2(u+\omega_2)}\sigma u, \tag{56}$$

tout à fait analogue à la formule (54).

Introduisons maintenant la période $2\omega_3$ et la quantité η_3 définies par les identités

$$\omega_1+\omega_2+\omega_3 = 0 \tag{57}$$
$$\eta_1+\eta_2+\eta_3 = 0; \tag{58}$$

et remarquons d'abord que l'élimination de η_2 et ω_2 entre ces deux identités et l'identité (55) conduit à la suivante

$$\eta_3\omega_1 - \eta_1\omega_3 = \frac{\pi i}{2}. \tag{59}$$

En remplaçant dans la formule (56) u par $v+2\omega_1$, puis v par $u+2\omega_3$, on voit sans peine que

$$\sigma(u+2\omega_3) = -e^{2\eta_3(u+\omega_3)}\sigma u, \tag{60}$$

formule tout à fait analogue à celles qui portent les n°s 54 et (56).

312. La fonction ζu. — Nous poserons, par définition,

$$\zeta u = \mathrm{D}\log\sigma u = \frac{\sigma' u}{\sigma u} \tag{61}$$

Puisque l'on a, dans le voisinage de l'origine,

$$\sigma u = u + A_5 u^5 + A_7 u^7 + \ldots$$
$$\sigma' u = 1 + 5 A_5 u^4 + \ldots,$$

on aura

$$\zeta u = (1 + 5 A_5 u^4 + \ldots) \frac{(1 + A_5 u^5 + A_7 u^7 + \ldots)^{-1}}{u}$$
$$= \frac{1}{u}(1 + 5 A_5 u^4 + \ldots)(1 - A_5 u^5 + \ldots),$$

ou enfin

$$\zeta u = \frac{1}{u} + B u^3 + C u^5 + \ldots \qquad (62)$$

313. La fonction ζu est une fonction impaire ; il résulte de la définition (formule 61) qu'elle admet pour pôles l'origine et les points périodes et que ces pôles sont simples. Il n'y en a pas d'autres : en effet les formules (6) du n° 118 montrent que les dérivées d'une fonction méromorphe n'ont pas d'autres pôles que ceux de cette fonction, puisque les seconds membres de ces formules sont évidemment finis. La fonction $\sigma' u$ est donc holomorphe dans tout le plan et ζu n'a comme pôles que les zéros de σu.

314. En prenant la dérivée logarithmique des deux membres des formules (54), (65) et (60), on voit que

$$\zeta(u + 2\omega_i) = \zeta u + 2\eta_i \quad (i = 1,2,3) ; \qquad (63)$$

c'est là une propriété bien curieuse de la fonction ζu de s'accroître d'une quantité constante en même temps que la variable augmente d'une période.

315. La fonction pu. — Si l'on prend les dérivés des deux membres de l'égalité (63), on voit que $\zeta' u$ est une fonction elliptique. C'est, au signe près, la fonction pu, dont la définition exacte est

$$pu = -\zeta' u = -D^2 \log \sigma u \qquad (64)$$

Nous aurons à établir l'identité de cette fonction avec celle précédemment définie sous le même nom. Montrons auparavant les conséquences immédiates de la définition nouvelle. On aura d'abord

$$(pu + 2\omega_i) = pu \qquad (i = 1, 2, 3); \tag{65}$$

puis, à cause de l'égalité (62),

$$pu = \frac{1}{u^2} - (3Bu^2 + 5cu^4 + ..)$$

ou, en changeant de notation,

$$pu = \frac{1}{u^2} + c_1u^2 + c_2u^4 + \ldots \tag{66}$$

pu est une fonction paire, et admet comme pôles doubles l'origine et tous les points-périodes. Elle n'a pas d'autres pôles puisqu'en vertu des formules (6) du n° 118 la dérivée d'une fonction méromorphe n'a pas d'autres pôles que ceux de cette fonction. La fonction pu est donc elliptique d'ordre deux.

316. On peut remarquer que la fonction pu est plus que définie par les propriétés que nous venons d'établir. Si une fonction elliptique $f(u)$ d'ordre deux, aux périodes $2\omega_1$ et $2\omega_2$, qui admet l'origine pour pôle double, peut se mettre, dans le voisinage de l'origine, sous la forme

$$f(u) = \frac{1}{u^2} + u\varphi(u),$$

dans laquelle $\varphi(u)$ désigne une fonction holomorphe, elle se confond nécessairement avec pu. En effet la différence $pu - f(u)$ est une fonction doublement périodique qui ne devient pas infinie dans le parallélogramme des périodes; c'est donc une constante (n° 322). De plus cette différence, et par suite la constante, est nulle pour $u = 0$. Donc $f(u) = pu$.

317. Montrons l'identité de la fonction actuellement définie avec celle que nous avons rencontrée au n° 326. A cet effet nous allons d'abord établir qu'elle satisfait à une équation différentielle de la forme

$$\left(\frac{dz}{du}\right)^2 = 4z^3 - g_2 z - g_3. \qquad (67)$$

De l'égalité (66), on déduit

$$p'u = -\frac{2}{u^3} + 2c_1 u + 4c_2 u^3 + \dots ; \qquad (68)$$

d'où

$$p'^2 u = \frac{4}{u^6} + \frac{4}{u^3}(2c_1 u + 4c_2 u^3 + ..) + (2c_1 u + ..)^2.$$

Alors la fonction

$$p'^2 u - 4p^3 u + 20c_1 pu$$

est une fonction elliptique qui n'a aucun pôle ; elle se réduit donc à une constante et l'on peut poser

$$p'^2 u - 4p^3 u + 20c_1 pu = -g_3.$$

Les deux fonctions que nous avons désignées par la notation pu seront donc des solutions de la même équation différentielle si l'on pose

$$g_2 = 20c_1, \quad g_3 = 28c_2.$$

On verra dans le chapitre suivant que cela suffit pour les identifier à une constante près, c'est-à-dire que l'on a déjà, en les distingant pour un instant par un indice,

$$pu = p_1(u + c).$$

Pour assurer l'identité complète, il suffit d'astreindre les deux fonctions à prendre la même valeur pour une valeur donnée à la variable, par exemple pour $u = 0$.

348. Il résulte de cette parfaite identité que les propriétés établies aux nos 326 et suivants s'appliquent complètement à la fonction actuelle. En particulier on a la formule d'addition

$$p(u+v)+pu+pv=\frac{1}{4}\left(\frac{p'u-p'v}{pu-pv}\right)^2, \qquad (69)$$

et

$$p'\omega_\alpha=0, \qquad (\alpha=1,2,3).$$

A cause de l'importance de ces formules, nous en donnerons une deuxième démonstration fondée sur la nouvelle définition.

349. Commençons par la seconde. De l'égalité

$$p(u+2\omega_\alpha)=pu,$$

on tire

$$p'(u+2\omega_\alpha)=p'u,$$

et, en faisant $u=-\omega_\alpha$,

$$p'\omega_\alpha=p'(-\omega_\alpha).$$

Mais la dérivée d'une fonction paire est impaire, on a donc

$$p'(-\omega_\alpha)=-p'\omega_\alpha,$$

et en additionnant les deux dernières égalités membre à membre

$$p'\omega_\alpha=-p'\omega_\alpha,$$

ou

$$p'\omega_\alpha=0. \qquad (70)$$

Comme on a

$$p'^2u=4p^3u-gp_2u-g_3,$$

ou, en décomposant le second membre en facteurs du premier degré,

$$p'^2u=4(pu-e_1)(pu-e_2)(pu-e_3), \qquad (71)$$

on aura

$$p'^2\omega_\alpha = 0 = 4(p\omega_\alpha - e_1)(p\omega - e_2)(p\omega_\alpha - e_3);$$

$p\omega_1, p\omega_2, p\omega_3$ sont donc égales chacune à une des racines e_1, e_2, e_3 de l'équation

$$4z^3 - g_2 z - g_3 = 0.$$

350. Etablissons maintenant la formule d'addition. Les deux fonctions de u

$$pu - pv,$$

et

$$\frac{\sigma(u+v)\,\sigma(u-v)}{\sigma^2 u},$$

sont elliptiques aux périodes $2\omega_1$, $2\omega_2$ (il est facile de le vérifier pour la seconde en recourant aux formules 54 et 56) ; elles ont dans le parallélogramme des périodes le même pôle double, $u = 0$, et les mêmes zéros $u = v$ et $u = -v$. Elles ne peuvent donc (nº 323) différer que par un facteur constant. Or, pour u infiniment petit, la première fonction a pour valeur principale $\frac{1}{u^2}$ et la seconde $\frac{-\sigma^2 v}{u^2}$; le facteur constant par lequel il faut diviser la deuxième est donc $-\sigma^2 v$ et l'on a

$$pu - pv = -\frac{\sigma(u+v)\,\sigma(u-v)}{\sigma^2 u\,\sigma^2 v}. \qquad (72)$$

Prenons la dérivée logarithmique des deux membres de cette formule ; nous obtenons l'égalité

$$\frac{p'u}{pu - pv} = \zeta(u+v) + \zeta(u-v) - 2\zeta u, \qquad (73)$$

et en échangeant les lettres u et v

$$-\frac{p'v}{pu - pv} = \zeta(u+v) - \zeta(u-v) - 2\zeta v. \qquad (74)$$

En ajoutant (73) et (74) on obtient la formule d'addition des fonctions ζ

$$\zeta(u+v)-\zeta u-\zeta v=\frac{1}{2}\frac{p'u-p'v}{pu-pv}, \qquad (75)$$

et il suffit de prendre la dérivée des deux membres pour avoir une formule d'addition des fonctions p :

$$p(u+v)-pu=-\frac{1}{2}\frac{d}{du}\left(\frac{p'u-p'v}{pu-pv}\right). \qquad (76)$$

Ce n'est pas la formule que nous avions en vue ; mais on obtiendrait aisément cette dernière (form. 39) en développant les calculs indiqués par la formule (76) et en remplaçant

$$\begin{array}{lll} p'^2u & \text{par} & 4p^3u-g_2pu-g_3 \\ p''u & \text{par} & 6p^2u-g_2. \end{array}$$

Nous laisserons au lecteur le soin d'achever ce calcul qui n'offre aucune difficulté

351. Nous avons observé que les fonctions $\sqrt{1-\sin^2 z}$, $\sqrt{1+\tang^2 z}$ étaient uniformes, tandis que les fonctions $\sqrt{1-z}$, $\sqrt{1-z^2}$, etc., étaient multiformes. Il existe un théorème analogue pour la fonction pu. *La fonction $\sqrt{pu-e_\alpha}$ est uniforme.*

Cela résulte d'abord, au moins pour $\alpha=2$, de la formule (27). Nous allons donner une démonstration qui ne suppose aucune hypothèse sur la nature des racines e_α.

Dans l'égalité (72), faisons $v=\omega_\alpha$, d'où $pv=e_\alpha$ (*). Cette égalité devient

$$pu-e_\alpha=-\frac{\sigma(u+\omega_\alpha)\,\sigma(u-\omega_\alpha)}{\sigma^2u\sigma^2\omega_\alpha}.$$

Mais nous avons vu (n° 341) que

$$\sigma(u+\omega_\alpha)=\sigma(u-\omega_\alpha+2\omega_\alpha)=-e^{2\eta_\alpha(u-\omega_\alpha+\omega_\alpha)}\sigma(u-\omega_\alpha). \qquad (77)$$

(*) Nous désignons par e_α la valeur de $p\omega_\alpha$ pour la symétrie des notations ; mais les racines peuvent évidemment (n° 349) être numérotées arbitrairement.

On a donc

$$pu - e_\alpha = \frac{e^{2\eta_\alpha u}\,\sigma^2(u-\omega_\alpha)}{\sigma^2 u\,\sigma^2\omega_\alpha} \tag{78}$$

et

$$\sqrt{pu - e_\alpha} = \frac{e^{\eta_\alpha u}\,\sigma(u-\omega_\alpha)}{\sigma u\,\sigma\omega_\alpha} \tag{78 bis}$$

Le second membre est uniforme, et, une fois fixé le signe à prendre devant le radical, ce radical est parfaitement déterminé. On voit que, pour u infiniment petit, la valeur principale du second membre est $-\frac{1}{u}$; il doit donc en être de même du premier, ce qui fixe son signe.

Dans la formule (78), remplaçons u par $u + \omega_\alpha$; elle devient

$$p(u+\omega_\alpha) - e_\alpha = \frac{e^{2\eta_\alpha(u+\omega_\alpha)}\,\sigma^2 u}{\sigma^2(u+\omega_\alpha)\,\sigma^2\omega_\alpha}.$$

En faisant le produit de cette égalité par l'égalité (78) membre à membre, et tenant compte de l'identité (77), on voit que le produit

$$(pu - e_\alpha)\left[p(u+\omega_\alpha) - e_\alpha\right]$$

est indépendant de u. On eût pu d'ailleurs le prévoir en remarquant que les zéros du premier facteur sont pôles du second et réciproquement, et avec le même degré de multiplicité ; par exemple ω_α est zéro double du premier facteur puisqu'il l'annule, ainsi que sa dérivée. Pour trouver la valeur de cette constante, qui résulterait au reste du calcul précédent, donnons à u la valeur ω_β, et soit e_β la racine correspondante ($e_\beta = p\omega_\beta$) ; il vient

$$(pu - e_\alpha)\left[(pu + \omega_\alpha) - e_\alpha\right] = (e_\beta - e_\alpha)(e_\gamma - e_\alpha), \tag{79}$$

en désignant par e_γ la troisième racine de l'équation $4z^3 - g_3$ $z - g_2 = 0$, c'est-à-dire la valeur de $p(\omega_\beta + \omega_\alpha)$, ou, ce qui revient au même, de $p(-\omega_\gamma) = p\omega_\gamma$.

La formule (79) généralise la formule (31).

Posons pour un instant

$$f_\alpha = \sqrt{pu - e_\alpha}\,;$$

nous aurons

$$f'_\alpha = \frac{p'u}{2\sqrt{pu - e_\alpha}} = \pm \frac{\sqrt{(pu - e_\alpha)(pu - e_\beta)(pu - e_\gamma)}}{\sqrt{pu - e_\alpha}}$$

ou

$$f'_\alpha = \pm f_\beta\, f_\gamma.$$

Mais f_α ayant, quand u est infiniment petit, $\frac{1}{u}$ pour valeur principale, f'_α a pour valeur principale $-\frac{1}{u^2}$ et il faut prendre le signe $-$. Donc

$$f'_\alpha = - f_\beta\, f_\gamma \tag{80}$$

352. Remarque sur la réalité des fonctions de Weierstrass. Si ω_1 et $i\omega_2$ sont réelles, il résulte des égalités (40) et (41) que la constante q est réelle et que la fonction θu est réelles pour toutes les valeurs réelles de u. Les égalités (50) et (54) donnent alors pour σu des valeurs réelles, et par suite pu est aussi réelle. La formule (78), dans laquelle il faut faire $\alpha = 1$, montre alors que pu est toujours supérieure à $p\omega_1$ qui est son minimum. On peut parfaitement suivre la marche de la fonction pu lorsque u varie de $-\infty$ à $+\infty$. Pour $u = 0$, pu part de l'infini ; $p'u$ commence par être négative et, comme elle ne peut s'annuler qne si u est une demi-période, pu décroît jusqu'à ce que $u = \omega_1$. Puis $p'u$ change de signe en s'annulant, pu croit de nouveau jusqu'à $+\infty$ qui correspond à $u = 2\omega_1$; ensuite la fonction repasse périodiquement par les mêmes valeurs. On a aussi

$$p(\omega_1 - u) = p(\omega_1 + u)\,;$$

car

$$p(\omega_1 - u) = p(u - \omega_1)$$

et les deux arguments $u - \omega_1$ et $u + \omega_1$ diffèrent entre eux d'une période.

Dans la démonstration qui précède, nous avons dit que $p'u$ avait pour zéros (nº 351) les demi-périodes et *n'en avait pas d'autres*. Cela résulte de ce que $p'u$ n'a pas d'autres pôles que pu et que ces pôles, doubles dans pu, sont triples dans $p'u$, puisque, par exemple à l'origine,

$$p'u = -\frac{2}{u_3} + \dots.$$

Or, dans un parallélogramme de périodes, le nombre des zéros d'une fonction elliptique est égal (nº 326) à celui de ses pôles.

Dégénérescences

353. Dans deux cas particuliers extrêmes, les fonctions elliptiques dégénèrent dans des fonctions connues.

1º Si le module k tend vers zéro, on voit immédiatement (formule 8) que la fonction $sn\, u_1$ tend vers $sin\, u_1$, $cn\, u_1$ vers $cos\, u_1$ et $dn\, u_1$ vers l'unité. Deux racines e_2 et e_3 tendent à devenir égales ; enfin pu tend vers

$$e_2 + \frac{e_1 - e_2}{sin^2 u\sqrt{\gamma}}.$$

2º Si k tend vers l'unité, $sn\, u_1$ tend vers la fraction

$$\frac{e^{u_1} - e^{-u_1}}{e^{u_1} + e^{-u_1}}.$$

qu'on désigne souvent sous le nom de *tangente hyperbolique de* u_1 (*) ; $cn\, u_1$ et $dn\, u_1$ tendent vers l'inverse du cosinus hyperbolique. Deux racines e_1 et e_3 tendent encore à devenir égales.

(*) On appelle *sinus hyperbolique* l'expression

$$\sinh y = \frac{e^y - e^{-y}}{2},$$

Applications

351. Les applications des fonctions elliptiques sont extrêmement nombreuses. La rectification de l'ellipse, celle des cubiques circulaires sans point double, l'aire de l'ellipsoide, le mouvement du pendule simple, celui du pendule sphérique, le mouvement d'un corps fixé par un point, le mouvement d'un projectile dans un milieu où la résistance est proportionnelle au cube de la vitesse, la forme d'une tige élastique déformée dans certaines conditions, l'intégration de certaines équations différentielles, etc, etc. dépendent des fonctions elliptiques. L'étude complète des cubiques planes, la démons-

cosinus hyperbolique l'expression

$$\cosh y = \frac{e^y + e^{-y}}{2}.$$

Le lecteur vérifiera sans peine les relations suivantes, dont la première exprime que les deux nouvelles fonctions sont les deux coordonnées d'un point d'une hyperbole,

$$\cosh^2 y - \sinh^2 y = 1$$
$$\sinh (x + y) = \sinh x \cosh y + \sinh y \cosh x$$
$$\cosh (x + y) = \cosh x \cosh y + \sinh x \sinh y$$
$$\sinh (-y) = -\sinh y$$
$$\cosh (-y) = \cosh y$$
$$\int \frac{dx}{\sqrt{1 + x^2}} = \sinh x$$
$$\int \frac{dx}{1 - x^2} = \text{sect tang hyp. } x \text{ etc.}$$

Il existe des tables de ces fonctions. D'ailleurs ce ne sont pas à proprement des fonctions nouvelles ; car on a

$$\cosh x = \cos ix$$
$$\sinh x = i \sin ix.$$

Ces deux dernières formules permettent de déduire toute la trigonométrie relative aux fonctions hyperboliques de celle des fonctions circulaires.

tration de certains théorèmes de géométrie tels, par exemple, que ceux relatifs aux polygones de Poncelet, s'effectuent de la manière la plus simple à l'aide de ces fonctions. Nous nous bornerons à deux exemples.

355. *Rectification de l'ellipse.* — Soit l'ellipse

$$\frac{x^2}{a^2} + \frac{y^2}{b^2} = 1,$$

et soit $2c$ la distance focale ; on pose

$$x = a \sin \varphi, \qquad y = b \cos \varphi, \qquad k = \frac{c}{a},$$

et l'on en déduit

$$ds^2 = a^2(1 - k^2 \sin^2\varphi)\, d\varphi^2$$

ou

$$s = a \int_0^{\varphi} \sqrt{1 - k^2 \sin^2 \varphi}\, d\varphi.$$

L'intégrale du second membre est précisément celle que Legendre a choisie comme type des intégrales de deuxième espèce, et qui a donné son nom à toute cette théorie. Pour l'exprimer au moyen des fonctions elliptiques, posons

$$\frac{x}{a} = \sin \varphi = \frac{a}{\sqrt{pu - e_2}},$$

la fonction pu étant définie par les trois racines

$$e_1 = \frac{a^2 + b^2}{3}, \qquad e_3 = \frac{a^2 - 2b^2}{3}, \qquad e_2 = -\frac{a^2 + c^2}{3}.$$

Un calcul simple montre que l'intégrale précédente se transforme en

$$s = a^2 \int_0^u \frac{pu - e_3}{pu - e_2}\, du = a^2 \int_0^u \left(1 + \frac{e_2 - e_3}{pu - e_2}\right) du.$$

La formule (79) permet d'écrire

$$s = a^2 \int_0^u \left[1 + \frac{p(u+\omega_2) - e_2}{e_2 - e_1}\right] du,$$

ou enfin

$$s = \frac{a^2}{e_1 - e_2}\left[e_1 u + \zeta(u+\omega_2) - \zeta\omega_2\right] = e_1 u + \zeta(u+\omega_2) - \zeta\omega_2.$$

La formule d'addition des fonctions ζ (n° 350) permet encore d'écrire

$$s = e_1 u + \zeta u + \frac{1}{2}\frac{p'u}{pu - e_2};$$

u est un argument compris entre zéro et ω_1.

356. *Mouvement d'un solide autour d'un point fixe dans le cas particulier où les forces ont une résultante passant par ce point.*

Soient x, y, z les coordonnées d'un point du solide par rapport à trois axes rectangulaires entraînés avec le solide et passant par le point fixe ; soient ω la vitesse angulaire autour de l'axe instantané de rotation, p, q, r ses composantes. Nous supposerons encore que les axes de coordonnées coïncident avec les axes principaux de l'ellipsoïde d'inertie et nous appellerons A, B, C les moments d'inertie du solide par rapport à ces axes. Dans ces conditions, on démontre en mécanique que les équations du mouvement du solide seront

$$\left.\begin{aligned} A\frac{dp}{dt} + (C - B)qr = 0 \\ B\frac{dq}{dt} + (A - C)rp = 0 \\ C\frac{dr}{dt} + (B - A)pq = 0 \end{aligned}\right\} \quad (81)$$

Nous poserons

$$p = aX, \qquad q = bY, \qquad r = cZ,$$

a, b, c étant de nouvelles constantes. Les équations (81) prendront la forme

$$\left.\begin{aligned}\frac{dX}{dt} &= -YZ\\ \frac{dY}{dt} &= -ZX\\ \frac{dZ}{dt} &= -XY,\end{aligned}\right\} \qquad (82)$$

à condition de déterminer a, b, c par les équations

$$\left.\begin{aligned}Aa + (C - B)bc &= 0\\ Bb + (A - C)ca &= 0\\ Cc + (B - A)ab &= 0\end{aligned}\right\} \qquad (83)$$

qui les déterminent aux signes près de deux d'entres elles.

Mais les équations (82) ont précisément la forme (80) et l'on est amené à poser

$$\begin{aligned}X &= \sqrt{pt - e_1}\\ Y &= \sqrt{pt - e_2}\\ Z &= \sqrt{pt - e_3},\end{aligned}$$

ou encore, en introduisant une arbitraire λ de plus,

$$\left.\begin{aligned}X &= \sqrt{p(t + \lambda) - e_1} = \frac{p}{a}\\ Y &= \sqrt{p(t + \lambda) - e_2} = \frac{q}{b}\\ Z &= \sqrt{p(t + \lambda) - e_3} = \frac{r}{c}\end{aligned}\right\} \qquad (84)$$

Les constantes seront déterminées par les valeurs initiales supposées données de p, q, r, savoir p_0, q_0, r_0 ; on a de plus

$$e_1 + e_2 + e_3 = 0$$

Alors faisons $t = 0$; nous aurons

$$\begin{aligned}p_0^2 &= a^2(p\lambda - e_1)\\ q_0^2 &= b^2(p\lambda - e_2)\\ r_0^2 &= c^2(p\lambda - e_3).\end{aligned}$$

Ces quatre dernières équations déterminent e_1, e_2, e_3, c'est-à-dire la fonction pu, et en outre la valeur particulière $p\lambda$, d'où l'on déduira λ. A vrai dire λ n'est déterminée qu'au signe près puisque

$$p(-\lambda) = p(\lambda).$$

Mais de l'égalité

$$p = a\sqrt{p(t+\lambda) - e_1} = a\mathrm{X}$$

et des égalités (82) on tire

$$a\frac{d\mathrm{X}}{dt} = \frac{dp}{dt} = a\frac{p'(t+\lambda)}{2\sqrt{p(t+\lambda) - e_1}} = -a\mathrm{YZ}$$

ou

$$p'\lambda = -\frac{2p_0q_0r_0}{abc};$$

le signe du produit abc étant connu sans ambiguité, cette égalité fixe le signe de λ. En se reportant aux formules (84) et en y faisant $t = 0$, on aura les signes de a et de b sans ambiguïté. Toutes les constantes sont connues et le mouvement de l'ellipsoïde d'inertie autour de l'axe instantané de rotation est déterminé.

357. Il reste à étudier le déplacement des axes d'inertie par rapport à un système d'axes fixes OXYZ ayant la même origine. Si l'on désigne par θ l'angle $\mathrm{Z}Oz$, par OM l'intersection des deux plans xOy et XOY, par φ l'angle xOM, par ψ l'angle XOM, on voit en Mécanique que ces angles (angles d'Euler) sont donnés par les formules

$$\left.\begin{aligned} \mathrm{K}\sin\theta\sin\varphi &= \mathrm{A}p \\ \mathrm{K}\sin\theta\cos\varphi &= \mathrm{B}q \\ \mathrm{K}\cos\theta &= \mathrm{C}r \end{aligned}\right\} \qquad (85)$$

$$\sin\theta\frac{d\psi}{dt} = p\sin\varphi + q\cos\varphi. \qquad (86)$$

En additionnant membre à membre les équations (85) préalablement élevées au carré, on trouve

$$\mathrm{K}^2 = p^2\mathrm{A}^2 + q^2\mathrm{B}^2 + r^2\mathrm{C}^2; \qquad (87)$$

mais en multipliant les équations (81) respectivement par Ap, Bq, Cr et additionnant, on trouve

$$A^2p\frac{dp}{dt}+B^2q\frac{dq}{dt}+C^2r\frac{dr}{dt}=0$$

ou

$$K\frac{dK}{dt}=0;$$

K est donc une constante.

D'autre part en multipliant les équations (81) respectivement par p, q, r et ajoutant on voit que

$$Ap^2+Bq^2+Cr^2=H, \tag{88}$$

H étant une autre constante.

Les équations (85) feront connaître θ et φ en fonction du temps ; multiplions l'équation (86) par $K^2 \sin\theta$ et remplaçons $K\sin\theta\sin\varphi$, $K\sin\theta\cos\varphi$ et enfin $K^2\sin^2\theta$, c'est-à-dire $K^2-K^2\cos^2\theta$, par leurs valeurs tirées des équations (85). Nous obtenons, pour déterminer ψ, l'équation

$$(K^2-C^2r^2)\frac{d\psi}{dt}=K(H-Cr^2): \tag{89}$$

si l'on pose encore

$$t+\lambda=u,$$

d'où

$$\frac{d\psi}{dt}=\frac{d\psi}{du},$$

la troisième équation (84) donne

$$r^2=c^2(pu-e_3),$$

et par suite l'équation (89) devient

$$\frac{d\psi}{du}=K\frac{H-Cc^2(pu-e_3)}{K^2-C^2c^2(pu-e_3)},$$

c'est-à-dire qu'on a la forme

$$\frac{d\psi}{du}=L+\frac{pu-M}{pu-N}=L+\frac{L(N-M)}{pu-N},$$

L, M et N étant des constantes faciles à calculer d'après ce qui précède. Or il existe des tables de fonctions elliptiques qui permettront de calculer un argument v tel que

$$N = pv,$$

et l'on pourra encore écrire

$$\frac{d\psi}{du} = L + \frac{L(N - M)}{pu - pv}$$

ou enfin

$$\psi = Lu + L(N - M) \int \frac{du}{pu - pv} \qquad (90)$$

Pour effectuer cette dernière intégration, deux cas peuvent se présenter.

1° v peut être une demi-période $\omega_\alpha : pv = e_\alpha$. La formule (79) donne alors

$$\frac{1}{pu - e_\alpha} = \frac{1}{(e_\beta - e_\alpha)(e_\gamma - e_\alpha)} \left[p(u + \omega_\alpha) - e_\alpha\right]$$

et par suite

$$\int \frac{du}{pu - e_\alpha} = \frac{1}{(e_\beta - e_\alpha)(e_\gamma - e_\alpha)} \left[- \zeta(u + \omega_\alpha) - e_\alpha u + \text{constante}\right]. \quad (91)$$

2° Ce cas exceptionnel étant écarté, on pourra employer la formule (74) qui donne

$$\int \frac{du}{pu - pv} =$$

$$- \frac{1}{p'v}\left[\int \zeta(u + v)du - \int \zeta(u - v)du - 2\, u\zeta v + c^{te}\right]$$

$$= - \frac{1}{p'v}\left[\log \frac{\sigma(u + v)}{\sigma(u - v)} - 2\, u\zeta v + c^{te}\right]. \qquad (92)$$

Finalement, en désignant par R, S, T de nouvelles constantes, ψ se présentera sous la forme

$$\psi = \mathrm{R}u + \mathrm{S} \log \frac{\sigma(u+v)}{\sigma(u-v)} + \mathrm{T}.$$

358. Remarquons que, d'après (55), l'addition d'une période 2ω à u augmente de $2\eta(u+v+\omega)$ le logarithme de $\sigma(u+v)$ et de $2\eta(u-v+\omega)$ le logarithme de $\sigma(u-v)$. Donc ψ se trouve accrue de la constante

$$2\mathrm{R}\omega + 4\eta v \mathrm{S} = 2\mathrm{G};$$

la différence

$$\psi - \frac{2\mathrm{G}t}{2\omega}$$

est donc périodique. Ce résultat est susceptible d'une interprétation géométrique, si l'on y ajoute ce fait que les angles φ et θ sont aussi fonctions périodiques du temps.

Si l'on rapporte le mouvement du corps solide à deux axes Ox_1, Oy_1 qui tournent autour de Oz avec la vitesse constante $\frac{2\mathrm{G}}{2\omega}$, le mouvement relatif par rapport à ces axes sera périodique.

359. Nous n'étudierons pas plus longuement ces mouvements qu'on a appelés « mouvements à la Poinsot ». Nous renverrons pour cela aux Traités de Mécanique (*). Nous nous bornerons à énoncer quelques théorèmes qui ne sont que des interprétations géométriques d'égalités établies dans les n^os^ précédents.

Le mouvement du corps s'effectue comme si l'ellipsoïde d'inertie, dont le centre est fixe, restait tangent à un plan fixe : l'axe instantané de rotation est le rayon mené de l'origine au point de contact, et la vitesse instantanée de rotation est proportionnelle à la longueur de ce rayon.

(*) Voir par exemple le Cours de M. Sarrau à l'Ecole Polytechnique.

Le lieu des droites attachées au solide qui sont successivement axes de rotation est un cône du second degré ; l'intersection de ce cône avec l'ellipsoïde d'inertie a été appelée par Poinsot *polhodie*, c'est-à-dire chemin des pôles.

L'axe instantané de rotation coïncide à chaque instant avec une droite fixe de l'espace, et le lieu de ces dernières droites est un deuxième cône. Le mouvement peut encore être représenté par le roulement du premier cône sur le second.

Enfin Poinsot a désigné sous le nom d'*herpolhodie* le lieu géométrique, sur le plan fixe, des points de contact de l'ellipsoïde d'inertie avec ce plan. L'étude de cette dernière courbe dépend encore des fonctions elliptiques. Voici comment : soit

$$Ax^2 + By^2 + Cz^2 = 1$$

l'équation de l'ellipsoïde d'inertie,

$$A^2x^2 + B^2y^2 + C^2z^2 = H \text{ (*)},$$

l'équation d'un ellipsoïde qui, par son intersection avec le premier détermine la polhodie. Si, aux deux équations précédentes, on adjoint la suivante

$$x^2 + y^2 + z^2 = \rho^2,$$

on pourra calculer les coordonnées x, y, z d'un point M de la polhodie en fonction de sa distance ρ au centre O de l'ellipsoïde d'inertie. On trouve ainsi

$$x^2 = \frac{B + C - H - BC\rho^2}{(A - B)(C - A)}$$

et deux autres formules, analogues pour y et z, par permutation circulaire ; il est facile d'en déduire la valeur de

$$ds^2 = dx^2 + dy^2 + dz^2.$$

(*) H est le carré de l'inverse de la distance δ du centre fixe de l'ellipsoïde d'inertie au plan tangent fixe.

Désignons la, pour abréger, par la notation

$$ds^2 = f(\rho^2)d\rho^2.$$

Cela posé, nous rapporterons l'herpolhodie à des coordonnées polaires, r, φ, ayant pour pôle la projection O′ du centre O sur le plan fixe. Au moment où le point M de la polhodie est point de contact de l'ellipsoïde avec le plan, il coïncide avec le point M′ de l'herpolhodie et l'on a

$$\rho^2 = r^2 + \delta^2,$$

en posant $OO' = \delta$.

De plus, comme il y a roulement, les éléments d'arc des deux courbes coïncident, c'est-à-dire qu'en appelant ds_1 le second, on a

$$ds_1{}^2 = ds^2 = f(\rho^2)\, d\rho^2$$

D'autre part, on a

$$ds_1{}^2 = r^2\, d\varphi^2 + dr^2$$

Donc l'équation différentielle de l'herpolhodie sera

$$r^2\, d\varphi^2 = f(r^2 + \delta^2)\, \frac{r^2\, dr^2}{r^2 + \delta^2} - dr^2,$$

Posons $r^2 = v$; on en déduit

$$d\varphi = \frac{v\delta \mp \Gamma}{v\sqrt{(v + \delta^2 - \alpha^2)(\beta^2 - \delta^2 - v)(v + \delta^2 - \gamma^3)}}\, dv,$$

α^2, β^2 γ^2 et Γ étant des constantes dont le lecteur trouvera sans peine la signification.

Soit alors

$$v = h - w\,;$$

si l'on détermine la constante h par la condition que la somme des trois racines e_1, e_2, e_3 du nouveau polynôme sous le radical soit nulle, on pourra poser

$$w = pu,$$

u étant une nouvelle variable ; on aura ainsi

$$d\varphi = -\frac{2(h - pu \mp \Gamma)}{(h - pu)\sqrt{4(pu - e_1)(pu - e_2)(pu - e_3)}} p'u du$$

ou, en changeant le nom des constantes,

$$d\varphi = \frac{2(pu - M)}{h - pu} du = -2du + \frac{2h - M}{h - pu} du.$$

On est ramené à une intégration que nous avons déjà appris à effectuer.

Intégration. Décomposition en éléments simples

360. Nous avons vu (n° 48) que les intégrales elliptiques se ramènent toutes, en dernière analyse, aux intégrales

$$I_1 = \int \frac{dx}{\sqrt{X}}$$

$$I_2 = \int \frac{x\,dx}{\sqrt{X}}$$

$$I_3 = \int \frac{dx}{(x - a)\sqrt{X}}$$

dans lesquelles on a posé

$$X = 4x^3 - g_2 x - g_3.$$

La connaissance des fonctions elliptiques permet d'achever l'intégration. Soit

$$x = pu, \quad \text{d'où } \sqrt{X} = p'u.$$

La première devient

$$I_1 = \int du = u + C;$$

la deuxième

$$I_2 = \int p u du = -\zeta u + C;$$

enfin la troisième s'écrit

$$I_3 = \int \frac{du}{pu - pa};$$

si l'on introduit l'argument constant v tel que

$$pv = a,$$

on obtient l'expression

$$I_3 = \int \frac{du}{pu - pv}$$

qui a été intégrée au n° 357 et qui dépend en général, ainsi qu'on l'a vu, des fonctions σ.

361. Plus généralement, on sait intégrer toute fonction rationnelle de pu. En effet traitant d'abord pu comme une variable, on peut décomposer la fonction rationnelle en une somme de fractions du type

$$\frac{A}{(pu - pv)^{\alpha}}$$

et en un polynôme

$$A_0(pu)^n + A_1(pu)^{n-1} + \ldots$$

Si $\alpha = 1$, nous venons de voir qu'on sait intégrer la fraction $\frac{1}{pu - pv}$; on aura, par exemple, si v n'est pas une demi-période,

$$\int \frac{du}{pu - pv} = -\frac{1}{p'v} \log \frac{\sigma(u+v)}{\sigma(u-v)} + 2\frac{u\zeta v}{p'v}.$$

En différentiant les deux membres de cette égalité par rapport à v une fois, deux fois, etc., on obtiendra l'intégration voulue.

Reste à intégrer les monômes tels que $(pu)^k$, et que nous écrirons, pour simplifier, p^k. A cet effet remarquons d'abord que l'identité

$$p'^2 = 4p^3 - pg_2 - g_3$$

différentiée donne

$$4p^2 = \frac{2}{3}p'' + \frac{1}{3}g_2. \tag{94}$$

Différentions deux fois cette égalité, et du résultat éliminons p'^2 et pp'' à l'aide des identités précédentes. Nous trouverons

$$p^3 = \frac{3}{20}g_2p + \frac{1}{10}g_3 + \frac{1}{120}p'''' \tag{95}$$

$$p'^2 = -\frac{2}{5}g_2p - \frac{3}{5}g_2 + \frac{1}{30}p'''' \tag{96}$$

En différentiant de nouveau deux fois la formule (95), on obtiendra p^4 en fonction linéaire de p et de ses dérivées, puis p^5, et ainsi de suite.

362. Une dernière question se pose. Est-il possible d'exprimer toutes les fonctions elliptiques à l'aide de celles que nous avons fait connaître? Le génie d'Hermite a fourni la réponse, en donnant le moyen de décomposer toute fonction périodique en *éléments simples*. Voici comment.

Soit $f(u)$ une fonction elliptique, aux périodes $2\omega_1$ et $2\omega_2$, ayant dans un parallélogramme de périodes les pôles $a, b, c, \ldots$. et telle de plus que dans le voisinage de chaque pôle le développement de la partie infinie soit connu. On aura, par exemple, aux environs du pôle a,

$$f(u) = \frac{A}{(u-a)^\alpha} + \frac{A_1}{(u-a)^{\alpha-1}} + \ldots + \frac{A_{\alpha-1}}{u-a} + \text{partie entière},$$

aux environs du pôle b,

$$f(u) = \frac{B}{(u-b)^\beta} + \frac{B_1}{(u-b)^{\beta-1}} + \ldots + \frac{B_{\beta-1}}{u-b} + \text{partie entière},$$

etc.

Considérons la fonction

$$\begin{aligned}\varphi(u) = (-1)^{\alpha-1} \frac{A}{(\alpha-1)!} \zeta^{(\alpha-1)}(u-a) \\ + (-1)^{\alpha-2} \frac{A_1}{(\alpha-2)!} \zeta^{(\alpha-2)}(u-a) + \ldots + A_{\alpha-1} \zeta(u-a) \\ + (-1)^{\beta-1} \frac{B}{(\beta-1)!} \zeta^{(\beta-1)}(u-b) \\ + (-1)^{\beta-2} \frac{B_1}{(\beta-2)!} \zeta^{(\beta-2)}(u-b) + \ldots + B_{\beta-1} \zeta(u-b) + \ldots\ldots\end{aligned}$$

Elle est elliptique : en effet comme les dérivées $\zeta', \zeta'' \ldots \zeta^{(\alpha)}$ de ζ sont, au signe près, égales à p et à ses dérivées, c'est-à-dire sont doublement périodiques, comme de plus on a, en désignant par 2ω une période,

$$\zeta(u-k+2\omega) = \zeta(u-k) + 2\eta,$$

on aura

$$\varphi(u+2\omega) - \varphi(u) = 2\eta(A_{\alpha-1} + B_{\beta-1} + \ldots),$$

c'est-à-dire (n° 323)

$$\varphi(u+2\omega) - \varphi(u) = 0.$$

En outre, dans le voisinage du pôle a, on a

$$\zeta(u-a) = \frac{1}{u-a} + \text{partie entière}$$

$$\zeta'(u-a) = -\frac{1}{(u-a)^2} + \dots$$

. . . .

$$\zeta^{(\alpha-1)}(u-a) = (-1)^{\alpha-1}\frac{(\alpha-1)!}{(u-a)^{\alpha}},$$

et par suite

$$\varphi(u) = \frac{A}{(u-a)^{\alpha}} + \frac{A_1}{(u-a)^{\alpha-1}} + \dots + \frac{A_{\alpha-1}}{u-a} + \text{partie entière};$$

dans le voisinage du pôle b,

$$\varphi(u) = \frac{B}{(u-b)^{\beta}} + \frac{B_1}{(u-b)^{\beta-1}} + \dots + \frac{B_{\beta-1}}{u-b} + \text{partie entière},$$

et ainsi de suite. Il en résulte que la fonction elliptique

$$f(u) - \varphi(u)$$

n'a aucun pôle dans le parallélogramme des périodes, et par suite se réduit à une constante, et que l'on peut toujours mettre $f(u)$ sous la forme

$$\left.\begin{aligned}
f(u) = (-1)^{\alpha-1}\frac{A}{(\alpha-1)!}\zeta^{(\alpha-1)}(u-a)\\
+ (-1)^{\alpha-2}\frac{A_1}{(\alpha-2)!}\zeta^{(\alpha-2)}(u-a) + \dots + A_{\alpha-1}\zeta(u-a)\\
+ (-1)^{\beta-1}\frac{B}{(\beta-1)!}\zeta^{(\beta-1)}(u-b)\\
+ (-1)^{\beta-2}\frac{B_1}{(\beta-2)!}\zeta^{(\beta-2)}(u-b) + \dots + B_{\beta-1}\zeta(u-b)\\
+ \dots\dots\\
+ \text{constante.}
\end{aligned}\right\} \quad (97)$$

Telle est la formule d'Hermite.

363. Considérons, par exemple, la fonction elliptique

$$f(u) = \frac{1}{4}\left(\frac{p'u - p'v}{pu - pv}\right)^2;$$

elle admet comme pôles doubles les pôles $u = 0$, et $u = -v$ (*). On aura donc, d'après la formule d'Hermite,

$$f(u) = -A\zeta'u + A_1\zeta u - B\zeta'(u+v) + B_1\zeta(u+v) + C.$$

Pour déterminer ces cinq constantes, il faut avoir le développement de $f(u)$ dans le voisinage de chacun de ses pôles. Autour de $u = -v$, on aura

$$pu = p(-v+u+v) = p(-v) + (u+v)(p'(-v) + \frac{(u+v)^2}{2}p''(-v) + \ldots$$

$$\frac{1}{pu - pv} = \frac{1}{(u+v)\left[-p'v + \frac{u+v}{2}p''v + \ldots\right]}$$

$$= \frac{-1}{(u+v)p'v}\left[1 - \frac{u+v}{2}p''v + \ldots\right]^{-1}$$

$$f(u) = \frac{1}{(u+v)^2} + \text{partie entière.}$$

Donc $B_1 = 0$, $B = 1$.

Comme la somme des résidus est nulle, $A_1 = 0$: on a d'ailleurs, aux environs de $u = 0$,

$$pu - pv = \frac{1}{u^2} - pv + c_1u^2 + \ldots$$

$$p'u - p'v = -\frac{2}{u^3} - p'v + 2\,c_1u + \ldots$$

$$\left(\frac{p'u - p'v}{pu - pv}\right)^2 = \frac{1}{u^2}(-2 - u^3p'v + \ldots)^2(1 - u^2pv + \ldots)^{-2}$$

$$= \frac{1}{u^2}(4 + 8\,u^2pv + \ldots)$$

$$f(u) = \frac{1}{u^2} + 2pv + \text{termes ayant } u \text{ en facteur.}$$

(*) Le point $u = v$ n'est pas un pôle ; car la vraie valeur de la fraction, pour $u = v$,

$$\frac{p''(v)}{p'(v)}$$

n'est pas infinie.

On aura donc, au voisinage du point zéro,

$$\frac{1}{u^2} + 2pv + .. = \frac{A}{u^2} - \zeta'(v) + C + ...$$

On en tire

$$A = 1 \qquad C = pv,$$

et finalement, en remplaçant $f(u)$ et les constantes par leurs valeurs,

$$\frac{1}{4}\left(\frac{p'u - p'v}{pu - pv}\right)^2 = pu + pv + p(u+v).$$

C'est la formule d'addition de la fonction p déjà établie par deux autres méthodes.

361. Il existe d'autres modes de décomposition des fonctions elliptiques. Par exemple, si l'on connaît dans un parallélogramme les zéros a_1, a_2, a_3 .... a_n et les pôles b_1, b_2 ... b_n, distincts ou non, de la fonction $f(u)$, on pourra la mettre sous la forme

$$A \frac{\sigma(u - a_1)\,\sigma(u - a_2) \,....\, \sigma(u - a_n)}{\sigma(u - b_1)\,\sigma(u - b_2) \,....\, \sigma(u - b_n)},$$

A étant une constante; c'est ainsi que nous avons établi la formule (72).

On peut enfin exprimer la fonction $f(u)$ au moyen de pu et de ses dérivées. La méthode est la même; elle consiste toujours à constituer une fonction elliptique ayant les mêmes pôles et les mêmes zéros que la fonction proposée et, par conséquent, ne pouvant en différer que par un facteur constant. Ainsi, si $f(u)$ est paire, on pourra poser

$$f(u) = A \frac{(pu - pa_1)(pu - pa_2) \,...\, (pu - pa_n)}{(pu - pb_1)(pu - pb_2) \,....\, (pu - pb_n)}, \qquad (98)$$

les zéros étant $\pm a_1$, $\pm a_2$ ... $\pm a_n$, et les pôles $\pm b_1$ $\pm b_2$ .... $\pm b_n$. Les zéros peuvent d'ailleurs être distincts ou confondus; il en est de même pour les pôles. Mais les uns et les autres doivent essentiellement être des points-périodes.

Supposons que l'on ait, par exemple, $a_1 = a_2 = . = a_n =$ période ; on posera

$$f(u) = A \frac{(pu - pa_{n+1}) \dots (pu - pa_n)}{(pu)^k (pu - pb_1)(pu - pb_2) \dots (pu - pb_n)}.$$

Si la fonction est impaire, son quotient par $p'u$ sera pair et pourra être exprimé comme précédemment. Si la fonction n'est ni paire, ni impaire, on la considérera comme la somme de deux fonctions, l'une $\frac{f(u) + f(-u)}{2}$ qui est paire, et l'autre $\frac{f(u) - f(-u)}{2}$ qui est impaire ; et, par conséquent, on pourra la mettre sous la forme

$$f(u) = \Phi(pu) + p'u\Phi_1(pu),$$

les fonctions $\Phi(pu)$ et $\Phi_1(pu)$ étant des expressions rationnelles du type (98).

CHAPITRE XI

ÉQUATIONS DIFFÉRENTIELLES DU PREMIER ORDRE A DEUX VARIABLES

Définitions — Intégrale générale

365. On nomme *Équation différentielle à deux variables* toute relation entre ces variables x et y et une ou plusieurs dérivées de y par rapport à x. L'ordre le plus élevé de ces dérivées est, par définition, l'*ordre de l'équation différentielle.*

L'équation du premier ordre a donc pour type général

$$\psi\left(x, y, \frac{dy}{dx}\right) = 0. \qquad (1)$$

On peut toutefois, théoriquement, la supposer résolue par rapport à $\frac{dy}{dx}$, c'est-à-dire ramenée à la forme

$$\frac{dy}{dx} = f(x, y); \qquad (2)$$

nous admettrons d'ailleurs que le second membre $f(x,y)$ est continu tant que x et y restent l'un et l'autre compris entre certaines limites.

Cela posé, soient x_0 et y_0 des valeurs prises à volonté entre les limites prescrites : *il existe une fonction* $F(x,x_0,y_0)$ *et une* *seule, se réduisant à y_0 pour $x = x_0$ et, en outre, telle que l'équation* (2) *soit satisfaite lorsqu'on pose*

$$y = F(x, x_0, y_0). \tag{3}$$

C'est Cauchy qui a, le premier, démontré rigoureusement cette proposition fondamentale. Après lui, plusieurs géomètres (Briot et Bouquet, Picard) ont donné, du même théorème, des démonstrations qui, quoique moins compliquées, n'offrent pas encore un degré de simplicité suffisant pour être reproduites dans notre ouvrage.

L'équation (3) est dite l'*intégrale générale* de l'équation différentielle proposée (1) ou (2) (*).

366. Supposons que, par un procédé quelconque, on ait obtenu entre les variables x et y et une constante arbitraire C, une relation

$$\varphi(x, y, C) = 0 \tag{4}$$

telle que les expressions qu'on en tire pour y et $\frac{dy}{dx}$ vérifient l'équation (2). *Cette équation* (4) *coïncidera avec l'intégrale générale* (3) ; car, si l'on détermine C par la condition $\varphi(x_0, y_0, C) = 0$, la valeur de y tirée de (4) se réduira à y_0 pour $x = x_0$.

367. En différentiant l'équation (4) par rapport à x, on obtient

$$\frac{\partial\varphi(x, y, C)}{\partial x} + \frac{\partial\varphi(x, y, C)}{\partial y}\frac{dy}{dx} = 0,$$

d'où

$$\frac{dy}{dx} = -\frac{\dfrac{\partial\varphi}{\partial x}}{\dfrac{\partial\varphi}{\partial y}}. \tag{5}$$

(*) Sans entrer dans des détails difficiles, on peut *se rendre compte*, par un simple aperçu, de l'existence de l'intégrale. En effet, on conçoit que, les valeurs initiales x_0, y_0 des variables étant fixées, l'équation (2) fera correspondre à tout accroissement dx un accroissement dy bien déterminé, au moins tant que, en cheminant ainsi par accroissements successifs, on n'aura pas atteint certains *points singuliers* pour lesquels $\frac{dy}{dx}$ est infini ou indéterminé.

En général, cette expression de $\frac{dy}{dx}$ contient la constante C; elle ne saurait donc coïncider avec l'expression (2) qui, provenant immédiatement de l'équation différentielle proposée (1), ne renferme pas C. Mais il y aura évidemment identité entre (5) et (2) si on remplace, dans (5), C par l'expression

$$C = \theta(x, y) \tag{6}$$

qu'on déduit de (4), ou, en d'autres termes, si l'on élimine C entre (4) et (5).

Ainsi, l'*équation différentielle résulte de l'élimination de* C *entre l'intégrale générale et sa dérivée par rapport à* x.

Intégrales particulières et solutions singulières

368. On nomme *intégrales particulières* celles qu'on obtient en attribuant des valeurs déterminées quelconques à la constante arbitraire C qui figure dans l'intégrale générale.

369. L'équation différentielle (2) admet-elle d'autres solutions que la fonction y définie par la relation (4)?

Pour répondre à cette question, rappelons que l'équation différentielle (2) résulte (n° 367) de l'élimination de C entre (4) et (5). Cette équation différentielle peut donc être remplacée par les deux équations simultanées

$$\varphi(x, y, C) = 0 \tag{4}$$

$$\frac{dy}{dx} = -\frac{\frac{\partial\varphi}{\partial x}}{\frac{\partial\varphi}{\partial y}} \tag{5}$$

où y et C sont deux fonctions inconnues de x.

Si l'on différentie, dans cette hypothèse, l'équation (4) par rapport à x, on a la relation

$$\frac{\partial\varphi}{\partial x} + \frac{\partial\varphi}{\partial y}\frac{dy}{dx} + \frac{\partial\varphi}{\partial C}\frac{dC}{dx} = 0$$

ou

$$\frac{dy}{dx} = -\frac{\frac{\partial\varphi}{\partial x}}{\frac{\partial\varphi}{\partial y}} - \frac{\frac{\partial\varphi}{\partial C}}{\frac{\partial\varphi}{\partial y}}\frac{dC}{dx}$$

qui, à cause de (5), devient

$$\frac{dC}{dx} \cdot \frac{\frac{\partial \varphi}{dC}}{\frac{\partial \varphi}{\partial y}} = 0 \qquad (6)$$

Le système formé par (4) et (5) équivaut au système formé par (4) et (6) ; et, tout se réduit à trouver deux fonctions y et C de x propres à vérifier ce dernier système.

Or, l'équation (6) se décompose dans les deux suivantes

$$\frac{dC}{dx} = 0 \qquad (7)$$

$$\frac{\partial \varphi}{\partial C} : \frac{\partial \varphi}{\partial y} = 0. \qquad (8)$$

L'équation (7) donne C = constante, ce qui reproduit l'intégrale générale. Les autres solutions ne peuvent donc être fournies que par l'équation (8) qui, jointe à (4), détermine y et C. On obtiendra la fonction y en éliminant C entre (4) et (8); cette fonction qui ne renferme pas de constante arbitraire reçoit le nom de *solution singulière*, à moins cependant qu'elle ne soit une intégrale particulière, c'est-à-dire à moins qu'on puisse la déduire de l'intégrale générale en particularisant la constante.

370. Quelle que soit la forme sous laquelle on prenne l'intégrale générale, l'application des règles précédentes doit nécessairement conduire aux mêmes solutions.

Lorsque l'équation (4) est résolue par rapport à y, la relation (8) se réduit à $\frac{\partial \varphi}{\partial C} = 0$ puisqu'on a alors $\frac{\partial \varphi}{\partial y} = 1$.

Plus généralement, *l'élimination de* C *entre les équations*

$$\varphi(x, y, C) = 0, \quad \text{et} \quad \frac{\partial \varphi}{\partial C} = 0 \qquad (9)$$

donnera toutes les solutions singulières, si la dérivée partielle $\frac{\partial \varphi}{\partial y}$ *reste finie* lorsque les quantités dont elle dépend conservent des valeurs finies; c'est ce qui a lieu quand $\varphi(x, y, C)$ est une fonction bien déterminée et continue de x, y, et C.

371. Supposons que x et y soient les coordonnées rectilignes d'un point quelconque d'un plan. Désignons par A la ligne représentée par la solution singulière et par B, B', B" ... les lignes représentées par l'intégrale générale dans laquelle on fait varier C d'une manière continue. D'après une règle connue, l'enveloppe des lignes B, B', B",... s'obtient en éliminant C entre l'intégrale générale et sa dérivée par rapport à C; mais c'est précisément le calcul qui fournit l'équation de la ligne A. Donc, la *ligne représentée par la solution singulière est l'enveloppe des lignes représentées par l'intégrale générale.*

372. Voici des exemples de la détermination des solutions singulières :

1° En éliminant C entre les relations

$$y = C(x - C)^2, \quad \frac{dy}{dx} = 2C(x - C)$$

on obtient

$$\left(\frac{dy}{dx}\right)^3 + 4xy\frac{dy}{dx} + 8y^2 = 0 \qquad (10)$$

Cette équation différentielle admet donc comme intégrale générale

$$y = C(x - C)^2 \qquad (11)$$

C étant une constante arbitraire.

La seconde des équations (9) est ici

$$(x - C)(x - 3C) = 0$$

En éliminant C, d'abord entre la relation (11) et $x = C$, puis entre (11) et $x = 3C$, on obtient respectivement les équations

$$y = 0 \qquad (12)$$

$$y = \frac{4}{27}x^3. \qquad (13)$$

La première (12) est une intégrale particulière qu'on déduit de l'intégrale générale en attribuant à la constante C la valeur zéro.

La seconde (13) est une solution singulière, car il est impossible d'attribuer à C une valeur *constante* propre à rendre identiques les seconds membres de (11) et de (13).

2° En éliminant C entre les relations

$$(x - C)^2 + y^2 = R^2, \qquad x - C + y\frac{dy}{dx} = 0$$

on obtient

$$y^2\left(\frac{dy}{dx}\right)^2 + y^2 = R^2$$

Cette équation différentielle admet donc comme intégrale générale

$$(x - C)^2 + y^2 = R^2, \tag{14}$$

C étant une constante arbitraire et R un nombre donné.

La seconde des équations (9) est ici

$$x - C = 0 \tag{15}$$

et en éliminant C entre (14) et (15), on obtient la solution singulière

$$y^2 = R^2 \tag{16}$$

L'intégrale générale (14) représente un cercle de rayon donné R et ayant pour centre un point arbitraire sur l'axe du x ; la solution singulière (16) représente le système de deux droites parallèles à $0x$, situées de part et d'autre de cet axe, à une distance égale à R. Or, ce système de deux droites est évidemment l'enveloppe des cercles définis ci-dessus.

373. Nous allons maintenant abandonner les généralités sur les intégrales des équations différentielles du premier ordre à deux variables et nous occuper de la recherche de ces intégrales.

Les types des équations différentielles de ce genre que l'on sait *intégrer* sont fort peu nombreux. Nous allons les considérer successivement.

Lorsqu'on dit qu'une équation est *intégrable*, on entend en général par là qu'elle est réductible aux *quadratures*; c'est ainsi que nous l'entendrons, au moins provisoirement. Nous verrons plus loin l'extension qu'a prise de nos jours le sens du mot *intégrable.*

Équations aux variables séparées
Équations homogènes

374. « La séparation des variables », dit Lagrange, « est « regardée avec raison comme un des meilleurs moyens que « les Géomètres aient imaginés pour intégrer les équations « différentielles du premier ordre. En effet, il est clair que « lorsqu'on a séparé les variables dans une équation, on peut « alors regarder chacun de ses membres comme une différen- « tielle particulière qui ne contient qu'une variable ; de sorte « qu'il n'y a plus qu'à prendre séparément l'intégrale de l'un « et de l'autre membre, en y ajoutant une constante arbitraire. »

Ainsi, soit le type

$$XY_1dx + X_1Ydy = 0, \tag{17}$$

où X et X_1 sont des fonctions de x seul et Y et Y_1 des fonctions de y seul. En divisant par X_1 Y_1 on obtient l'équation

$$\frac{X}{X_1}dx + \frac{Y}{Y_1}dy = 0$$

où les variables sont séparées ; on aura donc

$$\int \frac{X}{X_1}dx + \int \frac{Y}{Y_1}dy = \text{constante} \tag{18}$$

pour l'intégrale générale de l'équation (17).

375. On intègre les *équations différentielles homogènes*, c'est-à-dire les équations de la forme

$$\psi\left(\frac{y}{x}\right)dx + \psi_1\left(\frac{y}{x}\right)dy = 0, \qquad (19)$$

en posant

$$y = ux, \qquad (20)$$

ce qui conduit à une équation différentielle entre u et x dans laquelle les variables se séparent. On a, en effet,

$$dy = udx + xdu$$

et l'équation (19) devient

$$\frac{dx}{x} - \frac{\varphi'(u)}{\varphi(u)}du = 0, \qquad (21)$$

$\varphi(u)$ étant déterminé par la relation

$$\frac{\psi_1(u)}{\psi(u) + u\psi_1(u)} = -\frac{\varphi'(u)}{\varphi(u)}. \qquad (22)$$

En intégrant l'équation (21) dans laquelle les variables sont séparées, on obtient, C étant une constante arbitraire,

$$\log x - \log \varphi(u) = \log C$$

et par suite

$$x = C\varphi(u)$$

Donc enfin, l'équation différentielle (19) a pour intégrale générale

$$x = C\varphi\left(\frac{y}{x}\right); \qquad (23)$$

et l'on voit que cette intégrale représente une famille de courbes homothétiques entre elles par rapport à l'origine.

Inversement, *toute famille de courbes homothétiques, par rapport à l'origine, satisfait à une équation différentielle homogène du premier ordre.* En effet, les tangentes à ces courbes homothétiques, aux points situés sur un même rayon vecteur, sont parallèles. Donc, pour les courbes en question, le coefficient angulaire $\frac{dy}{dx}$ ne dépend que de $\frac{y}{x}$ et par suite l'équation différentielle à laquelle elles satisfont est de la forme

$$\frac{dy}{dx} = f\left(\frac{y}{x}\right)$$

376. Un changement de variable permet de ramener aux types précédents, et par suite, d'intégrer l'équation

$$\frac{dy}{dx} = \varphi\left(\frac{ax + by + c}{a'x + b'y + c'}\right). \tag{24}$$

Si le déterminant $\Delta = ab' - ba'$ est différent de zéro, on posera

$$ax + by + c = v, \qquad a'x + b'y + c' = u, \tag{25}$$

d'où

$$adx + bdy = dv \qquad a'dx + b'dy = du,$$

et, par suite,

$$dx = \frac{1}{\Delta}(b'dv - bdu), \qquad dy = \frac{1}{\Delta}(adu - a'dv). \tag{26}$$

En vertu des relations (25) et (26), l'équation (24) devient la suivante

$$\left[a + b\varphi\left(\frac{v}{u}\right)\right] du - \left[a' + b'\varphi\left(\frac{v}{u}\right)\right] dv = 0,$$

qui rentre dans le type (19) des équations homogènes et que l'on sait par suite intégrer.

Si Δ est nul et si l'un au moins des éléments de ce déterminant, a par exemple, est différent de zéro, on posera

$$ax + by + c = v, \tag{27}$$

d'où résulte, puisque a n'est pas nul,

$$dx = \frac{1}{a}(dv - bdy). \tag{28}$$

D'ailleurs, en remplaçant b' par sa valeur

$$b' = \frac{a'}{a} b,$$

tirée de $\Delta = 0$, on a

$$a'x + b'y + c' = \frac{a'}{a}(v - c) + c'. \qquad (29)$$

Dès lors, en vertu des relations (27), (28), (29), l'équation différentielle (24) devient

$$dy = \psi(v) \frac{1}{a}(dv - bdy), \qquad (30)$$

où l'on désigne par $\psi(v)$ l'expression

$$\varphi\left(\frac{av}{a'(v-c) + ac'}\right),$$

et dans laquelle les variables se séparent sans difficulté comme dans toutes les équations différentielles où l'une des variables ne figure que par sa différentielle.

Enfin, si tous les éléments a, a', b, b' du déterminant Δ sont nuls, le second membre de l'équation différentielle proposée (24) devient une constante donnée k, et l'on a immédiatement

$$y = kx + c$$

où c est une constante arbitraire.

Équation linéaire
Équations de Bernoulli et de Jacobi

377. Une équation différentielle du premier ordre est dite *linéaire* lorsqu'elle est du premier degré par rapport à y et à $\frac{dy}{dx}$; elle est donc de la forme

$$\frac{dy}{dx} + Py = Q, \qquad (31)$$

où P et Q sont des fonctions de la variable indépendante x.

Pour intégrer cette équation, on pose

$$y = uv, \tag{32}$$

u et v étant deux fonctions auxiliaires de x ; puis, on spécifie l'une de ces fonctions, v par exemple, de manière à simplifier l'équation différentielle.

Eu égard à la valeur (32), l'équation (31) devient

$$u\frac{dv}{dx} + v\frac{du}{dx} + \mathrm{P}uv = \mathrm{Q},$$

ou

$$u\left(\frac{dv}{dx} + \mathrm{P}v\right) + v\frac{du}{dx} = \mathrm{Q}. \tag{33}$$

Si l'on détermine alors v par la condition d'annuler la parenthèse, c'est-à-dire de satisfaire à la relation

$$\frac{dv}{dx} + \mathrm{P}v = 0, \tag{34}$$

l'équation (33) deviendra

$$v\frac{du}{dx} = \mathrm{Q}. \tag{35}$$

Or, dans (34), les variables se séparent immédiatement : on a, en effet,

$$\frac{dv}{v} + \mathrm{P}dx = 0,$$

d'où, en intégrant,

$$\log v = -\int \mathrm{P}dx,$$

et, par suite

$$v = e^{-\int \mathrm{P}dx}. \tag{36}$$

On n'ajoute pas de constante parce qu'il suffit pour notre objet de connaître une valeur particulière de v satisfaisant à la relation (34).

Pour cette valeur de v, l'équation (35) donne

$$du = \frac{1}{v} Q dx,$$

d'où

$$u = \int \frac{1}{v} Q dx + c, \tag{37}$$

c étant une constante arbitraire.

On a donc enfin, pour l'intégrale générale de l'équation proposée (31),

$$y = v \left(\int \frac{Q dx}{v} + c \right), \tag{38}$$

où v désigne l'expression (36).

On voit d'ailleurs que l'intégration dépend de deux quadratures.

378. Exemples :

1° Soit à intégrer l'équation

$$\frac{dy}{dx} - \frac{2y}{x+1} = (x+1)^3.$$

On a

$$P = -\frac{2}{x+1}, \qquad Q = (x+1)^3,$$

$$\int P dx = -2 \log (x+1), \qquad v = (x+1)^2,$$

$$u = \int (x+1)\, dx = \frac{1}{2} (x+1)^2 + c,$$

et enfin

$$y = (x + 1)^2 \left[\frac{1}{2}(x + 1)^2 + c\right].$$

2° Soit encore

$$\frac{dy}{dx} + y + x = 0.$$

On a

$$P = 1 \qquad Q = -x$$

$$\int P dx = x \qquad v = e^{-x}$$

$$u = -\int e^x . x dx = (1 - x) e^x + c$$

$$y = 1 - x + ce^{-x}$$

3° Soit enfin

$$(1 + x^2) \frac{dy}{dx} - xy = a.$$

On a

$$P = -\frac{x}{1 + x^2}, \qquad Q = \frac{a}{1 + x^2},$$

$$-\int P dx = \int \frac{x dx}{1 + x^2} = \log \sqrt{1 + x^2},$$

$$v = \sqrt{1 + x^2}, \qquad u = \int \frac{a dx}{(1 + x^2)^{\frac{3}{2}}} + c = \frac{ax}{\sqrt{1 + x^2}} + c,$$

et, par suite

$$y = ax + c\sqrt{1 + x^2}.$$

379. On nomme *Equation de Bernouilli*, l'équation

$$\frac{dy}{dx} + Py = Qy^n, \qquad (39)$$

dans laquelle P et Q désignent des fonctions de x et n une constante.

Pour l'intégrer, on divise d'abord par y^n, ce qui donne

$$y^{-n}\frac{dy}{dx} + \mathrm{P}y^{1-n} = \mathrm{Q}\,;$$

puis, l'on pose

$$\frac{y^{1-n}}{1-n} = z$$

d'où

$$y^{-n}\,dy = dz$$

L'équation différentielle proposée se trouve ramenée ainsi à la suivante

$$\frac{dz}{dx} + (1-n)\,\mathrm{P}z = \mathrm{Q}$$

que l'on sait intégrer puisqu'elle est *linéaire* (nº 377).

380. On peut rattacher au type 39 les équations différentielles de la forme

$$\mathrm{P}_1\,dx + \mathrm{P}_2\,dy + \mathrm{Q}\,(xdy - ydx) = 0 \qquad (40)$$

où P_1 et P_2 sont des fonctions homogènes de degré p et où Q est une fonction homogène de degré q.

Comme on a

$$\mathrm{P}_1 = x^p\varphi\left(\frac{y}{x}\right),\quad \mathrm{P}_2 = x^p\psi\left(\frac{y}{x}\right),\quad \mathrm{Q} = x^q\theta\left(\frac{y}{x}\right),$$

si l'on pose

$$\frac{y}{x} = v$$

d'où

$$dy = xdv + vdx,\qquad xdy - ydx = x^2dv,$$

l'équation proposée devient

$$x^p \varphi(v)\, dx + x^p \psi(v)\, (x dv + v dx) + x^{q+2}\, \theta(v)\, dv = 0.$$

On peut d'ailleurs l'écrire de la manière suivante

$$\frac{dx}{dv} + \frac{\psi(v)}{\varphi(v) + v\psi(v)}\, x = - \frac{\theta(v)}{\varphi(v) + v\psi(v)}\, x^{q-p+2},$$

et, sous cette forme, on reconnait une équation de Bernouilli (39).

381. Citons encore l'équation

$$\left.\begin{array}{l}(a + a'x + a''y)\,(xdy - ydx) \\ -\,(b + b''x + b''y)\, dy + (c + c'x + c''y)\, dy = 0\end{array}\right\} \qquad (41)$$

étudiée par Jacobi et dans laquelle $a, a', a'', b, b', b'', c, c', c''$ sont des constantes données.

La substitution

$$x = X + \alpha, \qquad y = Y + \beta$$

où X et Y sont de nouvelles variables et α et β des constantes indéterminées, permet de faire rentrer cette *équation de Jacobi* dans le type (40), à condition de déterminer α et β de manière à satisfaire aux relations

$$\frac{a + a'\alpha + a''\beta}{1} = \frac{b + b'\alpha + b''\beta}{\alpha} = \frac{c + c'\alpha + c''\beta}{\beta}. \qquad (42)$$

Nous laissons au lecteur le soin d'effectuer ce calcul, qui, quoique un peu long, ne présente pas de difficulté. Nous ferons seulement observer que pour la résolution du système (42), il est commode d'introduire une troisième inconnue λ, valeur commune des rapports (42). Alors, en éliminant α et β entre les trois équations qu'on obtient en égalant à λ chacun des rapports (42), on tombe, pour déterminer λ, sur l'équation du troisième degré

$$\begin{vmatrix} a-\lambda & a' & a'' \\ b & b'-\lambda & b'' \\ c & c' & c''-\lambda \end{vmatrix} = 0$$

ou, en développant ce déterminant,

$$\lambda^3 - (a + b' + c'')\lambda^2 - \lambda(ab' - ba' + ac'' - ca'' + b'c'' - c'b'')$$
$$[a(b'c'' - c'b'') + b(c'a'' - a'c'') + c(c'a'' - a'c'')] = 0;$$

λ étant connu, on aura α et β à l'aide de deux des trois équations dont nous venons de parler.

Équation de Riccati

382. On nomme *équation de Riccati* l'équation dont le type général est

$$\frac{dy}{dx} = \varphi(x) + \psi(x)\,y + \theta(x)\,y^2, \qquad (43)$$

quoique le savant italien n'en ait traité qu'un cas particulier. Elle possède d'intéressantes propriétés qui ont été l'objet des recherches de plusieurs géomètres et notamment de M. Darboux dans ses *Leçons sur la théorie générale des surfaces*.

Cette équation (43) ne change pas de forme quand on fait subir à y une transformation linéaire, c'est-à-dire lorsqu'on substitue à y la variable z définie par la relation

$$z = \frac{Py + Q}{Ry + S}$$

où P, Q, R, S sont des fonctions de x telles que PS — RQ soit différent de zéro.

En effet, si l'on remplace dans (43) y par sa valeur

$$y = \frac{Q - Sz}{Rz - P}$$

tirée de la relation précédente, on tombe sur l'équation

$$\frac{dz}{dx} = \frac{\varphi_1(x) + \psi_1(x)\,z + \theta_1(x)\,z^2}{PS - RQ}$$

qui est encore une équation de Riccati.

383. L'équation de Riccati se ramène à une équation linéaire, dès qu'on en connaît une solution particulière y_0.

En effet, si l'on pose alors

$$y = y_0 + \frac{1}{u}, \tag{44}$$

d'où

$$\frac{dy}{dx} = -\frac{1}{u^2}\frac{du}{dx} + \frac{dy_0}{dx},$$

l'équation (43) devient

$$\begin{aligned} &u^2 \left[\frac{dy_0}{dx} - \varphi(x) - y_0 \psi(x) - y_0^2 \theta(x)\right] \\ &= \frac{du}{dx} + u\left[\psi(x) + 2y_0 \theta(x)\right] + \theta(x) \end{aligned}$$

Le premier membre est nul puisque y_0 est une solution et la transformée de (43) se réduit à

$$\frac{du}{dx} + u\left[\psi(x) + 2y_0 \theta(x)\right] + \theta(x) = 0. \tag{45}$$

C'est une équation différentielle linéaire et du premier ordre dont l'intégration (n° 377) dépend de deux quadratures.

384. Si l'on connaît une seconde intégrale particulière $y = y_1$ de l'équation (43) et si l'on désigne par u_1 la valeur correspondante de u, cette valeur u_1 sera une solution particulière de l'équation (44). On aura donc

$$\frac{du_1}{dx} + u_1\left[\psi(x) + 2y_0 \theta(x)\right] + \theta(x) = 0$$

et, par suite, en retranchant cette relation de (44),

$$\frac{d(u - u_1)}{dx} + (u - u_1)\left[\psi(x) + 2y_0 \theta(x)\right] = 0.$$

On en déduit en intégrant

$$u - u_1 = C\, e^{-z}, \quad z = \int [\psi(x) + 2y_0\, \theta(x)]\, dx;$$

mais la formule de substitution (44) donne

$$u = \frac{1}{y - y_0} \qquad u_1 = \frac{1}{y_1 - y_0};$$

et, par suite, l'équation de Riccati a pour intégrale générale

$$\frac{y - y_1}{y - y_0} = C\,(y_0 - y_1)\, e^{-z} \tag{46}$$

où C est une constante arbitraire, et où z désigne l'expression

$$z = \int \left[\psi(x) + 2y_0\, \theta(x)\right] dx. \tag{47}$$

On voit que, dans ce cas, l'intégration n'exige qu'une seule quadrature.

383. Enfin, supposons qu'on connaisse trois solutions particulières y_0, y_1, y_2. On a alors, comme dans le cas précédent,

$$\frac{y - y_2}{y - y_0} = C'(y_0 - y_2)e^{-z};$$

et, en divisant membre à membre cette relation et la relation (46), on obtient, pour l'intégrale générale de l'équation de Riccate, l'expression

$$\frac{y - y_2}{y - y_1} : \frac{y_2 - y_0}{y_1 - y_0} = \text{constante}$$

qui ne contient aucune quadrature.

386. Abandonnons maintenant le type général (43) et considérons l'équation différentielle

$$\frac{du}{dx} + bu^2 = cx^n, \tag{48}$$

traitée par Riccati et où b et c sont des constantes données.

En posant

$$u = \frac{y}{x},$$

on obtient, au lieu de (48), l'équation

$$x\frac{dy}{dx} - y + by^2 = cx^{n+2}$$

à laquelle nous substituerons l'équation un peu plus générale

$$x\frac{dy}{dx} - ay + by^2 = cx^n \tag{49}$$

a désignant une nouvelle constante.

Nous allons étudier particulièrement ce type, qu'on déduit de (43) en y faisant

$$\varphi(x) = cx^{n-1}, \ \psi(x) = \frac{a}{x}, \ \theta(x) = -\frac{b}{x},$$

387. Supposons d'abord $n = 2a$.

L'équation (49) s'intègre alors, car la substitution $y = zx^n$ permet de séparer les variables.

388. Supposons maintenant n différent de $2a$, et faisons la substitution

$$y = \lambda + \frac{x^n}{y_1}$$

où y_1 est la nouvelle variable et λ une constante à déterminer. L'équation (49) devient

$$(\lambda^2 b - \lambda a) + (n - a + 2b\lambda)\frac{x^n}{y_1} + b\frac{x^{2n}}{y_1^2} - \frac{x^{n+1}}{y_1^2}\frac{dy_1}{dx} = cx^n,$$

et l'on est conduit, pour annuler la première parenthèse, à prendre $\lambda = \frac{a}{b}$ ou $\lambda = 0$. Il y a donc deux cas à distinguer :

1° Soit $\lambda = \frac{a}{b}$. L'équation précédente se réduit à

$$x\frac{dy_1}{dx} - (a+n)y_1 + cy_1^2 = bx^n. \tag{50}$$

Elle a la même forme que (49) dont elle diffère seulement par l'échange de b et c et par le changement de a en $a+n$; cette transformation peut d'ailleurs être effectuée par la substitution

$$y = \frac{a}{b} + \frac{x^n}{y_1}. \tag{51}$$

De même, la substitution

$$y_1 = \frac{a+n}{c} + \frac{x^n}{y_2}$$

ramènera l'équation (50) à la forme

$$x\frac{dy_2}{dx} - (a+2n)y_2 + by_2^2 = cx^n$$

qui ne diffère de (50) que par l'échange de b et de c et par le changement de $a+n$ en $a+2n$.

En continuant de la sorte, on parviendra, par i transformations successives du même genre, à l'équation

$$x\frac{dy_i}{dx} - (a+in)y_i + cy_i^2 = bx^n$$

si le nombre entier i est impair, et à l'équation

$$x\frac{dy_i}{dx} - (a+in)y_i + by_i^2 = cx^n$$

si i est pair.

Or, d'après le nº 387, ces équations sont intégrables si l'on a

$$n = 2(a + in)$$

c'est-à-dire si

$$\frac{n - 2a}{2n} = i$$

est un nombre entier positif.

2º Soit $\lambda = 0$. La formule de substitution devient

$$y = \frac{x^n}{y_1},$$

et l'équation (49) se réduit à

$$x\frac{dy_1}{dx} - (n - a)y_1 + cy_1^2 = bx^n, \tag{52}$$

à laquelle on pourra appliquer la méthode précédente de manière à parvenir, par i substitutions successives, à une équation intégrable quand

$$\frac{n + 2a}{2n} = i$$

est un nombre entier positif.

En réunissant les résultats des deux cas, on arrive à la conclusion suivante : l'*équation*

$$x\frac{dy}{dx} - ay + by^2 = cx^n$$

est intégrable toutes les fois que

$$\frac{n \pm 2a}{2n}$$

est un nombre entier positif.

Nous reviendrons sur l'équation de Riccati après l'étude des équations linéaires d'ordre quelconque.

Cas où l'on ne peut résoudre l'équation différentielle par rapport à $\frac{dy}{dx}$

389. Les seules équations différentielles du premier ordre que nous ayons étudiées jusqu'ici étaient résolues (ou résolubles) par rapport à la dérivée $\frac{dy}{dx}$. Quand cette circonstance n'a pas lieu, il y a bien peu de chance pour que l'équation différentielle proposée $\left(\psi\, x,\, y,\, \frac{dy}{dx}\right) = 0$ puisse être intégrée. Les cas où l'intégration est possible sont alors en nombre très restreint et il importe de les signaler sans omission.

390. Le premier type de ce genre est

$$F\left(\frac{dy}{dx}\right) = 0, \qquad (53)$$

les variables x et y ne figurant pas alors dans l'équation.

Soit α l'une quelconque des racines de l'équation $F(z) = 0$; on satisfera à l'équation (53) en posant

$$\frac{dy}{dx} = \alpha$$

d'où, par intégration,

$$y = \alpha x + C,$$

C désignant une constante arbitraire. On tire de là

$$\alpha = \frac{y - C}{x}$$

et l'on a, par suite,

$$F\left(\frac{y - C}{x}\right) = 0$$

pour l'intégrale cherchée.

Exemple : soit

$$\left(\frac{dy}{dx}\right)^2 = a^2; \tag{54}$$

l'intégrale sera

$$\left(\frac{y - C}{x}\right)^2 = a^2 \quad \text{ou} \quad y = \pm ax + C$$

Ici, comme l'équation (54) est résoluble par rapport à $\frac{dy}{dx}$, on aurait pu procéder autrement. L'équation (54) se décompose en deux

$$\frac{dy}{dx} = ax, \qquad \frac{dy}{dx} = -ax,$$

d'où, en intégrant,

$$y - ax - C = 0, \quad \text{et} \quad y + ax - C' = 0$$

C et C′ étant des constantes arbitraires. Ces deux solutions de l'équation différentielle proposée (54) sont renfermées dans l'équation unique

$$(y - ax + C)(y + ax + C') = 0$$

Mais, comme les deux facteurs de ce produit doivent être égalés séparément à zéro, on peut représenter les deux constantes par une même lettre en sorte que l'intégrale sera

$$(y - ax + c)(y + a + c) = 0,$$

ou

$$\left(\frac{y - c}{x}\right)^2 = a^2.$$

391. Nous allons considérer maintenant les équations différentielles qui ne contiennent, outre la dérivée $\frac{dy}{dx} = p$, qu'une seule des deux variables x et y.

1° Soit le type

$$F\left(x, \frac{dy}{dx}\right) = 0. \tag{55}$$

Si l'on sait exprimer x et $\frac{dy}{dx}$ en fonction d'une variable auxiliaire u, par deux équations

$$x = \varphi(u), \qquad \frac{dy}{dx} = \psi(u), \tag{56}$$

formant un système équivalent à l'équation proposée (55), on aura

$$dy = \psi(u)\, dx = \psi(u) \,.\, d\varphi(u),$$

et par suite

$$y = \int \psi(u)\, d\varphi(u) + c, \tag{57}$$

ou encore, si l'on veut,

$$y = \psi(u)\,\varphi(u) - \int \varphi(u)\, d\psi(u) + c, \tag{58}$$

c désignant une constante arbitraire. L'élimination de u entre (57) ou (58) et $x = \varphi(u)$ donnera l'intégrale générale.

Nous signalerons deux cas principaux où x et $\frac{dy}{dx}$ s'expriment en fonction d'une variable auxiliaire u. Dans le premier, l'équation (55), dans laquelle x et $\frac{dy}{dx}$ sont considérées comme les coordonnées cartésiennes d'un point, représente une courbe unicursale ; nous dirons, pour abréger, que *la relation* (55) *est du genre zéro*. On sait alors (tome Ier, n° 385) que x et $\frac{dy}{dx}$ s'expriment en fonctions *rationnelles* d'une même variable. La formule (57) ne conduit par suite qu'à l'intégration d'une fonction rationnelle.

Dans le deuxième cas, l'équation (55) est du *genre un*. On a vu que, dans ce cas, x et $\frac{dy}{dx}$ s'expriment rationnellement par des fonctions elliptiques d'un même paramètre. L'intégration (57) peut donc encore être effectuée jusqu'au bout.

Dans le cas où l'équation (55) peut être résolue par rapport à x, c'est-à-dire est de la forme

$$x = f\left(\frac{dy}{dx}\right), \tag{59}$$

le système (56) devient, en prenant p pour variable auxiliaire

$$x = f(p), \qquad \frac{dy}{dx} = p,$$

et l'on obtiendra l'intégrale cherchée en éliminant p entre $x = f(p)$ et

$$y = pf(p) - \int f(p)\, dp + c.$$

2° Soit le type

$$\mathrm{F}\left(y, \frac{dy}{dx}\right) = 0. \tag{60}$$

Si l'on sait exprimer y et $\frac{dy}{dx}$ en fonction d'une variable auxiliaire u, par deux équations

$$y = \varphi(u) \qquad \frac{dy}{dx} = \psi(u) \tag{61}$$

formant un système équivalent à l'équation proposée (60), on aura

$$dx = \frac{dy}{\psi(u)} = \frac{\varphi'(u)}{\psi(u)}\, du,$$

d'où

$$x = \int \frac{\varphi'(u)}{\psi(u)} du + C;$$

Puis, l'élimination de u entre cette équation et $y = \varphi(u)$ donnera l'intégrale générale.

Nous devons encore, comme ci-dessus, signaler les deux cas remarquables où la relation (60) serait du genre zéro ou du genre un. Dans le premier cas l'intégration s'effectue à l'aide des seules fonctions élémentaires, dans le deuxième cas à l'aide des fonctions elliptiques.

Dans le cas où l'équation (60) peut être résolue par rapport à y, c'est-à-dire est de la forme

$$y = f\left(\frac{dy}{dx}\right), \tag{62}$$

le système (61) devient, en prenant p pour variable auxiliaire,

$$y = f(p) \qquad \frac{dy}{dx} = p.$$

L'intégrale générale résultera de l'élimination de p entre $y = f(p)$ et

$$x = \int \frac{f'(p)}{p} dp + C.$$

Les deux types (55) et (60) étudiés dans le numéro précédent peuvent être ramenés l'un à l'autre en prenant la fonction pour variable indépendante et inversement. Il eût donc suffi de se borner à traiter l'un des deux cas.

Cette remarque ne s'applique pas seulement au numéro 391. En général, suivant que l'on prend x ou y pour variable indépendante, l'équation différentielle change de forme et se prête avec plus ou moins de facilité à l'intégration. Par exemple, l'équation

$$[x\varphi(y) + f(y)]\frac{dy}{dx} = \psi(y),$$

devient, lorsqu'on considère x comme la fonction et y comme la variable indépendante,

$$\frac{dx}{dy} - x\frac{\varphi(y)}{\psi(y)} = \frac{f(y)}{\psi(y)},$$

et sous cette forme on voit qu'elle s'intègre aisément puisqu'elle est linéaire (nº 377).

Procédé par différentiation. Équations de Lagrange et de Clairaut

392. Il existe des équations différentielles du premier ordre que l'on parvient à intégrer à l'aide d'une différentiation préalable.

Telle est l'*équation de Lagrange*

$$y = x\varphi(p) + \psi(p) \tag{63}$$

où

$$p = \frac{dy}{dx}.$$

En différentiant (63), on obtient

$$pdx = \varphi(p)\,dx + [x\varphi'(p) + \psi'(p)]\,dp = 0,$$

ou

$$\frac{dx}{dp} + \frac{\varphi'(p)}{\varphi(p) - p}x + \frac{\psi'(p)}{\varphi(p) - p} = 0. \tag{64}$$

Cette équation est linéaire quand on y considère x comme la fonction et p comme la variable indépendante. On pourra donc l'intégrer (n° 377), ce qui donnera une relation entre x et p, et, en éliminant p entre cette relation et l'équation (63), on aura l'intégrale de cette équation (63).

393. L'équation

$$y = f(x, p), \tag{65}$$

plus générale que celle de Lagrange, ne peut que rarement s'intégrer en suivant la marche précédente.

En effet, en dérivant par rapport à x, on a

$$p = \frac{\partial f}{\partial x} + \frac{\partial f}{\partial p}\frac{dp}{dx};$$

mais cette équation différentielle du premier ordre en x et p n'est plus en général linéaire et on ne saura l'intégrer que dans des cas fort rares.

Toutefois, si on sait l'intégrer par un procédé quelconque, on aura une relation

$$\theta(x, p, c) = 0,$$

où c désigne une constante arbitraire, et il suffira d'éliminer p entre cette relation et l'équation proposée (65) pour avoir l'intégrale de cette équation (65).

394. Le *procédé par différentiation* peut être présenté d'une manière un peu différente :

Soit l'équation différentielle

$$F(x, y, p) = 0, \tag{66}$$

où p désigne $\frac{dy}{dx}$.

En dérivant l'équation (66) par rapport à x, on a

$$\frac{\partial F}{\partial x} + \frac{\partial F}{\partial y}\frac{dy}{dx} + \frac{\partial F}{\partial p}\frac{dp}{dx} = 0. \tag{67}$$

Supposons que cette équation dérivée (67) soit de la forme

$$P \cdot \frac{dQ}{dx} = 0,$$

P et Q étant des fonctions de x, y, et p ; ou bien, qu'on puisse la mettre sous cette forme en combinant convenablement les relations (66) et (67). On aura l'intégrale générale de la proposée en éliminant p entre cette équation différentielle et la relation $Q =$ constante ; puis l'élimination de p entre (67) et $P = 0$ donnera la solution singulière.

Ce procédé permet d'intégrer immédiatement l'*équation de Clairaut*

$$y = px + \psi(p). \tag{68}$$

On a ici

$$Q = p \quad \text{et} \quad P = x + \psi'(p). \tag{69}$$

Par suite, l'intégrale générale est

$$y = Cx + \psi(C) \tag{70}$$

C étant la constante arbitraire, et la solution singulière résultera de l'élimination de p entre (68) et $x + \psi'(p) = 0$.

L'équation de Clairaut n'est d'ailleurs qu'un cas particulier, mais très usuel, de l'équation de Lagrange.

Équation d'Euler

395. Soit l'équation différentielle

$$\frac{dx}{\sqrt{X}} + \frac{dy}{\sqrt{Y}} = 0, \tag{71}$$

dans laquelle X et Y désignent les polynomes du quatrième degré

$$\left.\begin{aligned} X &= \alpha + \beta x + \gamma x^2 + \delta x^3 + \varepsilon x^4 \\ Y &= \alpha + \beta y + \gamma y^2 + \delta y^3 + \varepsilon y^4 \end{aligned}\right\} \tag{72}$$

Euler a montré le premier, en 1761, dans les *Nouveaux commentaires de Pétersbourg*, que l'équation (71) avait une intégrale algébrique exprimée par une équation de la forme

$$L+M(x+y)+N(x^2+y^2)+Pxy+Qxy(x+y)+Rx^2y^2=0. \quad (73)$$

Six ans plus tard, dans les *Mémoires de l'Académie de Turin,* Lagrange disait à propos de cette découverte : « Cette « intégration est d'autant plus remarquable qu'elle n'est due « qu'à une espèce de hasard heureux. J'ai donc cru faire un « travail avantageux au progrès de l'analyse que de chercher « une méthode directe pour intégrer l'équation (71).

Voici la méthode de Lagrange :

Posons

$$\frac{dx}{\sqrt{X}}=dt, \qquad \text{et par suite,} \qquad \frac{dy}{\sqrt{Y}}=-dt. \quad (74)$$

t étant une variable indépendante dont x et y seront des fonctions.

En élevant au carré, on a

$$\left(\frac{dx}{dt}\right)^2=X, \qquad \left(\frac{dy}{dt}\right)^2=Y$$

d'où l'on déduit, en différentiant par rapport à t,

$$2\frac{dx}{dt}\frac{d^2x}{dt^2}=\frac{dX}{dx}\frac{dx}{dt}$$

$$2\frac{dy}{dt}\frac{d^2y}{dt^2}=\frac{dY}{dy}\frac{dy}{dt}$$

ou, suppression faite des facteurs communs $\frac{dx}{dt}$, $\frac{dy}{dt}$,

$$\left.\begin{aligned}2\frac{d^2x}{dt^2}&=\frac{dX}{dx}=\beta+2\gamma x+3\delta x^2+4\varepsilon x^3\\2\frac{d^2y}{dt^2}&=\frac{dY}{dy}=\beta+2\gamma y+3\delta y^2+4\varepsilon y^3\end{aligned}\right\}. \quad (76)$$

Si donc on pose

$$u=x+y \qquad v=x-y, \quad (77)$$

on aura

$$\left.\begin{aligned} &\frac{d^2u}{dt^2} = \frac{d^2x}{dt^2} + \frac{d^2y}{dt^2} \\ &= \beta + \gamma u + \frac{3}{4}\delta(u^2+v^2) + \frac{1}{2}\varepsilon u(u^2+3v^2) \end{aligned}\right\} \quad (78)$$

et

$$\left.\begin{aligned} &\frac{du}{dt}\cdot\frac{dv}{dt} = \left(\frac{dx}{dt}+\frac{dy}{dt}\right)\left(\frac{dx}{dt}-\frac{dy}{dt}\right) = \left(\frac{dx}{dt}\right)^2 - \left(\frac{dy}{dt}\right)^2 \\ &= X - Y = \beta v + \gamma uv + \frac{1}{4}\delta v(3u^2+v^2) + \frac{1}{4}\varepsilon uv(u^2+v^2) \end{aligned}\right\} \quad (79)$$

On déduit de là, en retranchant la relation (79) de l'équation (78) préalablement multipliée par v

$$v\frac{d^2u}{dt^2} - \frac{du}{dt}\frac{dv}{dt} = \frac{1}{2}\delta v^3 + \varepsilon u v^3$$

d'où, en multipliant par $\frac{2}{v^3}\frac{du}{dt}$,

$$\frac{2}{v^3}\left[v\frac{du}{dt}\frac{d^2u}{dt^2} - \left(\frac{du}{dt}\right)^2\frac{dv}{dt}\right] = (\delta + 2\varepsilon u)\frac{du}{dt}$$

Mais les deux membres de cette équation sont respectivement les dérivées par rapport à t de $\frac{1}{v^2}\left(\frac{du}{dt}\right)^2$ et de $\delta u + \varepsilon u^2$. On a donc, en désignant par C une constante arbitraire,

$$\frac{1}{v^2}\left(\frac{du}{dt}\right)^2 = C + \delta u + \varepsilon u^2,$$

et enfin, en substituant à u, v, $\frac{du}{dt}$ leurs valeurs en x et y,

$$\left[\frac{\sqrt{X}-\sqrt{Y}}{x-y}\right]^2 = C + \delta(x+y) + \varepsilon(x+y)^2; \quad (80)$$

c'est l'intégrale de l'équation (71).

Cette intégrale n'est pas rationnelle, toutefois il est aisé de la rendre telle.

Le calcul est un peu long, mais il ne présente aucune difficulté. La marche consiste à effectuer le premier membre, à isoler le seul radical $\sqrt{XY}$ qui reste alors, puis à élever au carré. On trouve ainsi, pour l'intégrale rendue rationnelle, l'équation (73) dans laquelle les coefficients **L, M, N, P, Q, R** ont pour valeurs

$$\left.\begin{aligned}
L &= -C\alpha + \frac{1}{4}\beta^2\\
M &= -\frac{1}{2}C\beta - \alpha\delta + \frac{1}{2}\beta\gamma\\
N &= \frac{1}{4}C^2 - \frac{1}{2}C\gamma - \alpha\varepsilon + \frac{1}{4}\gamma^2\\
P &= -\frac{1}{2}C^2 - 2\alpha\varepsilon - \frac{1}{2}\beta\delta + \frac{1}{2}\gamma^2\\
Q &= -\frac{1}{2}C\delta - \beta\varepsilon + \frac{1}{2}\gamma\delta\\
R &= -C\varepsilon + \frac{1}{4}\delta^2
\end{aligned}\right\} \qquad (81)$$

Il importe de remarquer que si, dans l'équation proposée (71), on remplaçait le signe + par le signe —, tout ce que nous avons dit subsisterait, et l'intégrale serait la relation (80) où l'on changerait le signe du radical $\sqrt{Y}$. Quant à l'intégrale rendue rationnelle (73), elle ne changerait pas.

396. Nous devons signaler spécialement deux cas particuliers usuels :

1° Soient

$$\left.\begin{aligned}
X &= -g_3 - g_2 x + 4x^3\\
Y &= -g_3 - g_2 y + 4y^3
\end{aligned}\right\}, \qquad (82)$$

l'intégrale de (71) sera

$$\left(\frac{\sqrt{X} - \sqrt{Y}}{x - y}\right)^2 = C + 4(x + y) \qquad (83)$$

2° Soient

$$\left.\begin{aligned}
X &= (1 - x^2)(1 - k^2 x^2)\\
Y &= (1 - y^2)(1 - k^2 y^2)
\end{aligned}\right\}, \qquad (84)$$

k^2 étant une quantité positive et moindre que 1 ; l'intégrale de (71) deviendra

$$\left(\frac{\sqrt{X}-\sqrt{Y}}{x-y}\right)^2 = C + k^2(x+y)^2 \tag{85}$$

307. L'intégrale précédente (85) peut se mettre sous une autre forme que nous allons établir directement.

L'équation différentielle (71), où X et Y ont les valeurs (84), peut s'écrire

$$\int \frac{\sqrt{Y}\,dx}{1-k^2x^2y^2} + \int \frac{\sqrt{X}\,dy}{1-k^2x^2y^2} = C', \tag{86}$$

C′ étant une constante arbitraire.

En intégrant par parties la première intégrale, on a

$$\int \frac{\sqrt{Y}\,dx}{1-k^2x^2y^2} = \frac{x\sqrt{Y}}{1-k^2x^2y^2} - \int \frac{P\,dy}{\sqrt{Y}} - \int Q\sqrt{Y}\,dx$$

P et Q étant symétriques par rapport à x et y.

D'ailleurs la seconde intégrale de l'équation (86) doit se déduire de la première en échangeant les variables x et y ; on a donc

$$\int \frac{\sqrt{X}\,dy}{1-k^2x^2y^2} = \frac{y\sqrt{X}}{1-k^2x^2y^2} - \int \frac{P\,dx}{\sqrt{X}} - \int Q\sqrt{X}\,dy.$$

En ajoutant les deux relations précédentes, on obtient l'équation

$$\frac{x\sqrt{Y}+y\sqrt{X}}{1-k^2x^2y^2} - \int (P + Q\sqrt{XY})\left(\frac{dx}{\sqrt{X}} + \frac{dy}{\sqrt{Y}}\right) = C'$$

qui, en vertu de l'équation différentielle proposée, se réduit à

$$\frac{x\sqrt{Y}+y\sqrt{X}}{1-k^2x^2y^2} = C'. \tag{87}$$

C'est la forme de l'intégrale que nous voulions faire connaître.

La constante C' est la valeur que prend y pour $x = 0$.

Posons actuellement

$$\int_0^x \frac{dx}{\sqrt{(1 - x^2)(1 - k^2 x^2)}} = u,$$

d'où

$$x = sn\, u, \ \sqrt{1 - x^2} = cn\, u, \ \sqrt{1 - k^2 x^2} = dn\, u,$$

et de même

$$\int_0^y \frac{dy}{(1 - y^2)(1 - k^2 y^2)} = v,$$

d'où

$$y = sn\, v, \ \sqrt{1 - y^2} = cn\, v, \ \sqrt{1 - k^2 y^2} = dn\, v.$$

Nous aurons, en vertu de l'équation différentielle proposée,

$$du + dv = 0$$

d'où

$$u + v = \gamma$$

γ étant une constante. Mais, pour $u = o$, on a $x = o$, $v = \gamma$, $y = sn\gamma$; la constante C' de l'intégrale (87) est donc $sn\gamma$, et cette équation (87) devient

$$sn\gamma \text{ ou } sn\,(u + v) = \frac{sn\, u.\ cn\, v\ dn\, v + sn\, v.\ cn\, u\ dn\, u}{1 - k^2\, (sn\, u)^2\, (sn\, v)^2} \qquad (88)$$

C'est la formule fondamentale de la théorie des fonctions elliptiques de Jacobi.

On obtient d'ailleurs facilement, à l'aide des relations précédentes, les deux autres formules d'addition

$$cn\,(u+v) = \frac{cn\,u\; cn\,v - sn\,u\; sn\,v\; dn\,u\; dn\,v}{1 - k^2\,(sn\,u)^2\,(sn\,v)^2} \qquad (89)$$

$$dn\,(u+v) = \frac{dn\,u\; dn\,v - k^2\, sn\,u\; sn\,v\; cn\,u\; cn\,v}{1 - k^2\,(sn\,u)^2\,(sn\,v)^2} \qquad (90)$$

308. Si, dans les valeurs (84) de X et de Y, on pose

$$x = \sin\varphi, \qquad y = \sin\omega$$

l'équation différentielle

$$\frac{dx}{\sqrt{X}} + \frac{dy}{\sqrt{Y}} = 0$$

deviendra

$$\frac{d\varphi}{\sqrt{1 - k^2\sin^2\varphi}} + \frac{d\omega}{\sqrt{1 - k^2\sin^2\omega}} = 0. \qquad (91)$$

On peut l'intégrer en la ramenant à la forme de l'équation de Clairaut.

A cet effet, on commence par rendre l'équation rationnelle ce qui donne

$$d\varphi^2 - d\omega^2 = k^2\,(\sin^2\omega\, d\varphi^2 - \sin^2\varphi\, d\omega^2).$$

Puis, on fait le changement de variables

$$\xi = \cos\omega\cos\varphi \qquad \eta = \sin\omega\sin\varphi, \qquad (92)$$

à l'aide duquel on peut exprimer

$$d\xi^2 - d\eta^2, \text{ et } (\xi d\eta - \eta d\xi)^2 - d\eta^2$$

en fonction de ω et de φ ; on constate ainsi que le rapport de ces deux expressions est égal à k^2. De là résulte l'équation

$$d\xi^2 - d\eta^2 = k^2\left[(\xi d\eta - \eta d\xi)^2 - d\eta^2\right],$$

ou, en posant $1 - k^2 = k'^2$, et désignant $\frac{d\eta}{d\xi}$ par p,

$$\eta = p\xi - \frac{1}{k}\sqrt{1 - k'^2 p^2}$$

C'est, comme nous l'avions annoncé, une équation de Clairaut. On sait (nº 394) que son intégrale générale s'obtient en remplaçant p par une constante. En désignant cette constante par

$$\frac{1}{\sqrt{1 - k^2 \sin^2\mu}}$$

et remplaçant ξ et η par leurs valeurs (92), on obtient pour l'intégrale générale de l'équation (91) la relation

$$\cos\mu = \cos\omega \cos\varphi - \sin\omega \sin\varphi \sqrt{1 - k^2 \sin^2\mu} \qquad (93)$$

où μ est la constante arbitraire.

Il serait facile de déduire de là les formules (88), (89), (90) relatives à l'addition des fonctions elliptiques *sn*, *cn*, *dn*.

Théorie du facteur intégrant

399. Soient M et N deux fonctions des variables indépendantes x et y

Pour que l'expression

$$Mdx + Ndy \qquad (94)$$

soit une différentielle exacte, il faut et il suffit (nº 103) que l'on ait

$$\frac{\partial M}{\partial y} = \frac{\partial N}{\partial x}; \qquad (95)$$

et, si cette condition est satisfaite, la fonction u, dont l'expression (94) est la différentielle totale, est donnée par la formule

$$u = \int_{y_0}^{x} \mathrm{M}dx + \int_{y_0}^{y} \mathrm{N}_0 dy + \mathrm{C}$$

dans laquelle C est la constante arbitraire, x_0, y_0 les valeurs initiales de x et y, et enfin N_0 la valeur que prend N quand on y remplace x par x_0.

Ordinairement, la condition (94) n'est pas remplie, et l'on est alors conduit à chercher, avec Euler, s'il existe un facteur v, fonction de x et de y, propre à rendre $v(\mathrm{M}dx + \mathrm{N}dy)$ différentielle exacte. Telle est la question dont nous allons nous occuper.

100. *Théorème.* — 1° *Il existe toujours un facteur v, fonction d'x et d'y, propre à rendre différentielle exacte le premier membre de toute équation du premier ordre* $\mathrm{M}dx + \mathrm{N}dy = 0$.

2° *Il en existe même une infinité, et tous sont de la forme* $v\varphi(u)$, *u étant la fonction dont* $v(\mathrm{M}dx + \mathrm{N}dy)$ *est la différentielle exacte.*

En effet :

1° Imaginons que l'intégrale générale de l'équation différentielle

$$\mathrm{M}dx + \mathrm{N}dy = 0 \qquad (94)$$

soit résolue par rapport à la constante c, c'est-à-dire soit mise sous la forme

$$u = c \qquad (96)$$

u étant une fonction d'x et d'y où n'entre plus c. Cette résolution est toujours possible *théoriquement*. Alors c se *trouve éliminé* par la différentiation de (96) et la relation

$$\frac{\partial u}{\partial x} dx + \frac{\partial u}{\partial x} dy = 0 \qquad \text{ou} \qquad \frac{dy}{dx} = -\frac{\frac{\partial u}{\partial x}}{\frac{\partial u}{\partial y}}$$

est *identique* avec l'équation différentielle proposée $\frac{dy}{dx} = -\frac{\mathrm{M}}{\mathrm{N}}$.

On a donc *identiquement*

$$\frac{\frac{\partial u}{\partial x}}{M} = \frac{\frac{\partial u}{\partial y}}{N}.$$

Soit v *la fonction d'x et d'y qui exprime la valeur commune de ces rapports* ; on aura

$$\frac{\partial u}{\partial x} = Mv, \quad \frac{\partial u}{\partial y} = Nv \quad \text{d'où} \quad v\,(Mdx + Ndy) = \frac{\partial u}{\partial x}\,dx + \frac{\partial u}{\partial y}\,dy,$$
$$= du$$

ce qui démontre la première partie du théorème.

2° Si v est un facteur tel que $v\,(Mdx + Ndy) = du$, on aura, $\varphi\,(u)$ désignant une fonction quelconque de u,

$$v\varphi\,(u)\,(Mdx + Ndy) = \varphi\,(u)\,du = d.\int \varphi\,(u)\,du$$

donc $v\varphi\,(u)$ est encore un facteur d'intégrabilité, ce qui montre qu'il *en existe une infinité.*

Il reste à prouver qu'il n'en existe pas d'une autre forme. Or, soit V un facteur quelconque d'intégrabilité autre que v, on aura

$$v\,(Mdx + Ndy) = du, \qquad V\,(Mdx + Ndy) = dU$$

d'où

$$dU = \frac{V}{v}\,du \tag{97}$$

Cette équation montre que, si l'on fait *varier* x et y de telle sorte que u reste constant, c'est-à-dire qu'on ait $du = 0$, on aura en même temps $dU = 0$ et par suite U restera constant. Il résulte de là que U *est une fonction de* u ; car, soit

$$u = f\,(x, y), \qquad U = \psi\,(x, y):$$

en portant dans la seconde y tiré de la première, on aura

$$U = F\,(u, x).$$

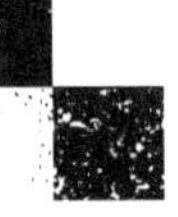

Or, si x restait aussi *explicitement* dans l'expression de U, en faisant varier x et y de façon que u reste constant, U ne resterait pas constant. Donc x n'entre pas explicitement dans F, et l'on a $U = F(u)$. Par suite, en vertu de (97), on a

$$\frac{V}{v} = \frac{dU}{du} = F'(u) \qquad \text{d'où} \qquad V = vF'(u) \qquad \text{ou} \qquad V = v\varphi(u)$$

401. *Corollaires.*

1° *Si l'on sait trouver d'une manière quelconque un facteur v d'intégrabilité, on obtiendra l'intégrale générale de l'équation différentielle $v(Mdx + Ndy) = 0$ par le procédé du n° 399.* De plus, *en égalant à zéro l'inverse $\frac{1}{v}$ du facteur, on aura l'intégrale singulière.*

En effet, l'équation

$$v(Mdx + Ndy) = du$$

mise sous la forme

$$Mdx + Ndy = \frac{1}{v} . du,$$

montre que, pour que l'équation différentielle soit satisfaite, c'est-à-dire pour qu'on ait $Mdx + Ndy = 0$, il faut et il suffit qu'on ait

soit $du = 0$ d'où $u = c$ ce qui donne l'intégrale générale,
soit $\frac{1}{v} = 0$, ce qui donne donc l'intégrale singulière.

Ce dernier résultat peut d'ailleurs être déduit de la théorie des solutions singulières (n° 369). En effet, $u - C = 0$ étant ici l'intégrale générale, toutes les solutions singulières seront données par l'équation

$$\frac{1}{\frac{dx}{dy}} = 0$$

à laquelle se réduit alors l'équation (8). Mais $\frac{du}{dy}$ n'est autre que le facteur v qui rend l'équation $dy - f(x, y)$ différentielle exacte (n° 400). Donc l'équation $\frac{1}{v} = 0$ contient toutes les solutions singulières.

2° *Si l'on a trouvé par un moyen quelconque deux facteurs v et V d'intégrabilité, on aura immédiatement l'intégrale générale en égalant leur rapport à une constante.*

Car, on a vu que, si $u = c$ est l'intégrale générale, on a

$$\frac{V}{v} = \varphi(u); \quad \text{et de} \quad \varphi(u) = c, \quad \text{on tire} \quad u = C.$$

102. *La détermination du facteur v dépend de l'intégration d'une équation aux dérivées partielles.*

En effet, on doit avoir

$$\frac{\partial . vM}{dy} = \frac{\partial . vN}{dx}$$

d'où, en développant

$$N \frac{\partial v}{\partial x} - M \frac{\partial v}{\partial y} - v \left(\frac{\partial M}{\partial y} - \frac{\partial N}{\partial x} \right) = 0, \tag{98}$$

ce qui est bien une équation entre une fonction v inconnue des *deux* variables x et y, et les dérivées partielles $\frac{\partial v}{\partial x}$, $\frac{\partial v}{\partial y}$, de cette fonction.

On verra (dans l'étude des *équations aux dérivées partielles*) que son *intégration générale dépend précisément de l'intégration de l'équation proposée.* Il y aurait donc là un cercle vicieux. Mais il *faut observer* qu'il n'est pas besoin de trouver la solution générale de cette équation ; toute *solution particulière* de l'équation (98) est un facteur d'intégrabilité de la proposée. Malgré cette remarque, la théorie du facteur v n'a guère qu'une *importance théorique.*

Nous allons maintenant chercher la condition que doit remplir une équation du premier ordre pour admettre un facteur d'intégrabilité de forme spéciale.

103. Cherchons la *condition pour que l'équation du premier ordre*

$$dy - f(x, y)\, dx = 0$$

admette un facteur d'intégrabilité qui ne dépende que de x seul.

Ici on a $N = 1$, $M = -f(x, y)$, $\frac{\partial v}{\partial y} = 0$; l'équation (98) se réduit donc à

$$\frac{\partial v}{\partial x} + v\frac{\partial f(x, y)}{\partial y} = 0 \qquad \text{d'où} \qquad \frac{1}{v}\frac{\partial v}{\partial x} = -\frac{\partial f(x, y)}{\partial y}$$

et comme le premier membre est fonction d'x seul, il faut qu'il en soit de même du second, c'est-à-dire qu'on ait, en désignant par P une fonction d'x,

$$-\frac{\partial f(x, y)}{\partial y} = \mathrm{P} \qquad \text{d'où} \qquad -f(x, y) = \int \mathrm{P}dy = \mathrm{P}y - \mathrm{Q}$$

Q étant aussi une fonction d'x seul. L'équation proposée devient donc

$$\frac{dy}{dx} + \mathrm{P}y = \mathrm{Q}. \tag{99}$$

Quant au facteur, on a

$$\frac{1}{v}\frac{dv}{dx} = \mathrm{P} \qquad \text{d'où} \qquad \log v = \int \mathrm{P}dx,$$

et enfin

$$v = e^{\int \mathrm{P}dx}.$$

Ainsi, *pour qu'une équation du premier ordre admette un facteur d'intégrabilité fonction d'x seul, il faut que cette équation soit linéaire; et cela suffit*, car il est aisé de constater que

$$e^{\int \mathrm{P}dx}\,[dy + (\mathrm{P}y - \mathrm{Q})\,dx]$$

est une différentielle exacte ; on peut, en effet, l'écrire

$$e^{\int \mathrm{P}dx}\,dy + y\mathrm{P}\,e^{\int \mathrm{P}dx}\,dx - e^{\int \mathrm{P}dx}\,\mathrm{Q}dx$$
$$\text{ou} \quad d\left[ye^{\int \mathrm{P}dx}\right] - e^{\int \mathrm{P}dx}\,\mathrm{Q}dx$$

et enfin

$$d\left[ye^{\int \mathrm{P}dx} - \int e^{\int \mathrm{P}dx}\,\mathrm{Q}dx\right]$$

De là résulte un nouveau moyen d'intégrer l'équation linéaire du premier ordre ; en effet, l'équation étant mise sous la forme

$$d\left[ye^{\int P dx} - \int e^{\int P dx} Q dx\right] = 0,$$

on a immédiatement

$$ye^{\int P dx} - \int e^{\int P dx} Q dx = C,$$

d'où résulte la formule connue (n° 377)

$$y = e^{-\int P dx}\left[C + \int Q e^{\int P dx} dx\right]$$

401. Cherchons *quel est le facteur d'intégrabilité pour les équations* $Mdx + Ndy = 0$ *homogènes.*

Si l'on pose $\frac{y}{x} = t$, l'équation proposée

$$\psi\left(\frac{y}{x}\right) dx + \psi_1\left(\frac{x}{y}\right) dy = 0$$

devient

$$[\psi(t) + t\psi_1(t)]\, dx + x\psi_1(t)\, dt = 0,$$

et, l'on voit que, pour séparer les variables, il faut *diviser* par

$$x[\psi(t) + t\psi_1(t)] \quad \text{ou} \quad x\psi(t) + y\psi_1(t), \quad \text{ou} \quad Mx + Ny.$$

Le facteur est donc

$$\frac{1}{Mx + Ny}$$

On peut d'ailleurs *vérifier que si* M *et* N *sont des fonctions homogènes de même degré m, l'expression*

$$\frac{Mdx + Ndy}{Mx + Ny}$$

est une différentielle exacte.

En effet, la condition

$$\frac{\partial\left(\frac{M}{Mx+Ny}\right)}{\partial y}=\frac{\partial\left(\frac{N}{Mx+Ny}\right)}{\partial x}$$

développée, se réduit à

$$N\left(x\frac{\partial M}{\partial x}+y\frac{\partial M}{\partial y}\right)=M\left(x\frac{\partial N}{\partial x}+y\frac{\partial N}{\partial y}\right),$$

ce qui a lieu, puisque, en vertu du théorème des fonctions homogènes, la première parenthèse est égale à mM, et la deuxième à mN.

405. Voici encore un exemple très intéressant de la recherche du facteur intégrant.

Soit l'équation

$$(aydx+bxdy)+x^m y^n(a'ydx+b'xdy)=0 \qquad (100)$$

Le facteur $\frac{1}{xy}$ rend intégrable la première partie qui devient la différentielle de log $(x^a y^b)$. Les facteurs intégrants de la première parenthèse sont donc compris dans la formule

$$\frac{1}{xy}\varphi(x^a y^b)$$

De même, le facteur $\frac{1}{x^{m+1}y^{n+1}}$ rend intégrable la partie $x^m y^n(a'ydx+b'xdy)$ qui devient la différentielle de log $(x^{a'}y^{b'})$; les facteurs intégrants de cette seconde partie sont donc compris dans la formule

$$\frac{1}{x^{m+1}y^{n+1}}\psi(x^{a'}y^{b'})$$

S'il existe un facteur intégrant commun aux deux parties, ce sera un facteur intégrant de leur somme, c'est-à-dire du premier membre de l'équation proposée (100). Or, prenons respectivement

$$(x^a y^b)^\lambda, \qquad (x^{a'}y^{b'})^\mu$$

au lieu de φ et de ψ ; les deux facteurs intégrants

$$\frac{1}{xy}(x^a y^b)^\lambda \quad \text{et} \quad \frac{1}{x^{m+1} y^{n+1}}(x^{a'} y^{b'})^\mu.$$

seront identiques à condition de choisir λ et μ tels qu'on ait les relations

$$a\lambda = a'\mu - m, \qquad b\lambda = b'\mu - n.$$

Nous aurons donc de la sorte un facteur intégrant du premier membre de l'équation (100).

Les deux dernières relations, en λ et μ, sont incompatibles si le déterminant $ab' - ba'$ est nul ; mais alors l'équation proposée devient une équation à variables séparées et, par suite, s'intègre immédiatement.

406. La considération du facteur intégrant intervient utilement dans la théorie des cartes géographiques.

Nous avons dit (tome 1er, n° 540) qu'il était toujours possible de représenter une surface donnée sur un plan en conservant les angles.

Pour démontrer cette proposition fondamentale, il s'agit de faire voir qu'il est toujours possible de résoudre l'équation (tome I, n° 537)

$$E du^2 + 2 F du dv + G dv^2 = \lambda^2 (dX^2 + dY^2)$$

dans laquelle E, F, G sont des fonctions connues de u et de v, tandis que λ, X, Y sont des fonctions inconnues des mêmes variables.

L'équation précédente peut s'écrire

$$\frac{1}{\lambda^2}\left[\frac{E du + F dv + i dv\sqrt{EG - F^2}}{\sqrt{E}}\right]\left[\frac{E du + F dv - i dv\sqrt{EG - F^2}}{\sqrt{E}}\right]$$
$$= [dX + i dY]\,[dX - i dY]$$

Désignons par $m + ni$ un facteur intégrant de la première parenthèse, m et n étant réels. Nous aurons

$$(m + ni)\left(\frac{\mathrm{E}du + \mathrm{F}dv + idv\sqrt{\mathrm{EG} - \mathrm{F}^2}}{\sqrt{\mathrm{E}}}\right) = d\mathrm{X} + id\mathrm{Y},$$

$$(m - ni)\left(\frac{\mathrm{E}du + \mathrm{F}dv - idv\sqrt{\mathrm{EG} - \mathrm{F}^2}}{\sqrt{\mathrm{E}}}\right) = d\mathrm{X} - id\mathrm{Y},$$

et enfin, en multipliant les deux relations précédentes membre à membre

$$d\mathrm{X}^2 + d\mathrm{Y}^2 = (m^2 + n^2)(\mathrm{E}du^2 + 2\,\mathrm{F}dudv + \mathrm{G}dv^2).$$

Les fonctions X et Y sont donc trouvées ainsi que la fonction

$$\lambda = \frac{1}{\sqrt{m^2 + n^2}}$$

La possibilité de la réduction considérée est ainsi établie.

407. Nous terminerons ce chapitre par quelques applications géométriques; nous supposerons d'ailleurs que les axes de coordonnées sont rectangulaires et que dans les nos 408 à 418, les courbes considérées sont planes.

Problèmes relatifs aux tangentes et aux normales

408. *Trouver une courbe telle, que la distance de l'origine à ses tangentes ait une valeur constante a.*

L'équation différentielle de la courbe cherchée est évidemment

$$\frac{y - x\dfrac{dy}{dx}}{\sqrt{1\ \left(\dfrac{dy}{dx}\right)^2}} = a$$

En la résolvant par rapport à y, on a

$$y = x\frac{dy}{dx} + a\sqrt{1\ \left(\frac{dy}{dx}\right)^2};$$

c'est une équation de Clairaut (nº 394).

L'intégrale générale est

$$y = Cx + a\sqrt{1 + C^2};$$

C étant une constante arbitraire ; elle représente une infinité de droites, et la solution singulière

$$x^2 + y^2 = a$$

représente une circonférence à laquelle toutes ces droites sont tangentes.

409. *Trouver une courbe telle que le produit des distances de deux points fixes* F *et* F′ *à la tangente ait une valeur donnée* b^2.

Prenons pour axe des x la droite FF′ et pour axe des y la perpendiculaire à FF′ menée par son milieu O ; désignons en outre OF par c, et $\frac{dy}{dx}$ par p, nous aurons pour équation différentielle de la courbe

$$\frac{y - px + pc}{\sqrt{1 + p^2}} \cdot \frac{y - px - pc}{\sqrt{1 + p^2}} = b^2$$

d'où l'on tire, en posant $b^2 + c^2 = a^2$,

$$y = px + \sqrt{a^2 p^2 + b^2}$$

c'est encore une équation de Clairaut.

L'intégrale générale est donc

$$y = mx + \sqrt{a^2 m^2 + b^2}$$

m étant une constante arbitraire ; elle représente une infinité de droites, et la solution singulière représente une ellipse

$$\frac{x^2}{a^2} + \frac{y^2}{b^2} = 1$$

à laquelle toutes ces droites sont tangentes.

410. On est aussi amené à une équation de Clairaut par la question suivante : *trouver une courbe telle que la portion de tangente comprise dans l'angle* XOY *ait une longueur donnée* a. En désignant toujours par p le coefficient angulaire $\frac{dy}{dx}$, on a, pour l'équation différentielle de la courbe,

$$\left(\frac{y-px}{p}\right)^2 + (y-px)^2 = a^2,$$

d'où l'on déduit

$$y = px + \frac{ap}{\sqrt{1+p^2}}.$$

L'intégrale générale

$$y = Cx + \frac{aC}{\sqrt{1+C^2}}$$

représente une infinité de droites, et la solution singulière représente une courbe

$$x^{\frac{2}{3}} + y^{\frac{2}{3}} = a^{\frac{2}{3}}$$

à laquelle toutes ces droites sont tangentes. Cette courbe (voir les *Traités de Géométrie Analytique*) est une épicycloïde décrite par un point d'une circonférence roulant dans un cercle de rayon quadruple.

411. *Trouver une courbe telle que l'ordonnée à l'origine de la tangente soit égale à* $Kx^m y^n$.

On a immédiatement

$$y - x\frac{dy}{dx} = Kx^m y^n$$

ou

$$\frac{dy}{dx} - \frac{y}{x} + Kx^{m-1} y^n = 0.$$

C'est une équation de Bernouilli (n° 379).

En posant $y^{1-n} = z$, on ramène cette équation à la forme linéaire

$$\frac{dz}{dx} - \frac{1-n}{x} z + K(1-n) x^{m-1} = 0,$$

d'où, en intégrant (n° 377),

$$z = x^{1-n} \left[C - K(1-n) \int x^{m+n-2}\, dx \right].$$

Il y a deux cas à distinguer suivant que $m + n - 1$ est nul où différent de zéro.

Lorsque $m + n - 1$ est nul, l'intégrale qui figure dans le crochet est $\log x$, et l'intégrale générale de l'équation proposée est

$$y^{1-n} = x^{1-n} [C - K(1-n) \log x].$$

C désignant une constante arbitraire.

Si $m + n - 1$ est différent de zéro, l'intégrale entre crochets a pour valeur

$$\frac{x^{m+n-1}}{m+n-1},$$

et, par suite, l'intégrale générale de l'équation proposée est

$$y^{1-n} = Cx^{1-n} - K \frac{1-n}{m+n-1} x^m$$

Signalons deux cas particuliers intéressants : Pour $m = 0$ et $n = 2$, on a des hyperboles ; et, pour $m = 0$ et $n = -1$ on a des ellipses ou des hyperboles.

412. *Trouver une courbe pour laquelle la longueur de la normale est une fonction donnée de la distance de l'origine au point où la normale rencontre l'axe ox.*

L'équation différentielle est

$$y\sqrt{1+\left(\frac{dy}{dx}\right)^2}=f\left(x+y\frac{dy}{dx}\right) \tag{101}$$

Elle s'intègre par différentiation (n° 393).

En effet, en différentiant on a, après quelques réductions,

$$\left[\frac{\frac{dy}{dx}}{\sqrt{1+\left(\frac{dy}{dx}\right)^2}}-f'\left(x+y\frac{dy}{dx}\right)\right]\cdot\frac{d}{dx}\left(x+y\frac{dy}{dx}\right)=0.$$

De là deux solutions

$$\frac{d}{dx}\left(x+y\frac{dy}{dx}\right)=0 \tag{102}$$

$$\frac{\frac{dy}{dx}}{\sqrt{1+\left(\frac{dy}{dx}\right)^2}}-f'\left(x+y\frac{dy}{dx}\right)=0. \tag{103}$$

La première donne

$$x+y\frac{dy}{dx}=a, \tag{104}$$

a désignant une constante arbitraire, et on obtient l'intégrale générale de l'équation proposée (101), en éliminant $\frac{dy}{dx}$ entre (101) et (104); on trouve de la sorte

$$(x-a)^2+y^2=f(a)^2$$

qui représente une suite de cercles ayant leurs centres sur l'axe ox.

La solution singulière résultera de l'élimination de a entre l'équation précédente et sa dérivée par rapport à a ; par exemple, pour $f(x)=\sqrt{2mx}$, on aura $y^2=2mx+m^2$ qui représente une parabole.

Problème des trajectoires

413. En géométrie pure, on nomme *trajectoire* la courbe (L) qui coupe sous un angle constant V toutes les lignes (C), (C′), (C″), ... que représente l'équation

$$F(x, y, a) = 0 \qquad (105)$$

lorsqu'on fait varier le paramètre a d'une manière continue.

La recherche de la courbe (L) a beaucoup occupé les géomètres et notamment les Bernoulli, dès l'origine du Calcul Intégral.

Soit M (x, y) le point où la trajectoire (L) coupe l'une quelconque (C) des lignes (C), (C′), (C″), ... Désignons tg V par K et appelons respectivement λ et γ les coefficients angulaires au point M des tangentes à (L) et à (C). Nous aurons

$$K = \frac{\lambda - \gamma}{1 + \lambda\gamma} \qquad (106)$$

Mais λ est la valeur de $\frac{dy}{dx}$ pour la courbe (L) tandis que γ est la valeur de cette dérivée pour la courbe (C) c'est-à-dire est égal à

$$-\left(\frac{\partial F}{\partial x} : \frac{\partial F}{\partial y}\right).$$

La relation (106) devient donc

$$K = \frac{\frac{dy}{dx} + \left(\frac{\partial F}{\partial x} : \frac{\partial F}{\partial y}\right)}{1 - \frac{dy}{dx}\left(\frac{\partial F}{\partial x} : \frac{\partial F}{\partial y}\right)}, \qquad (107)$$

ou

$$\left(\frac{\partial F}{\partial y} + K\frac{\partial F}{\partial x}\right)\frac{dy}{dx} + \left(\frac{\partial F}{\partial x} - K\frac{\partial F}{\partial y}\right) = 0; \qquad (108)$$

et l'on aura l'équation différentielle de la trajectoire en éliminant le paramètre a entre (105) et (107) ou (108).

414. La solution se simplifie lorsque l'angle V est droit; la trajectoire est alors dite *orthogonale*, et son équation différentielle s'obtient en éliminant le paramètre a entre la relation (105) et l'équation

$$\frac{\partial F}{\partial x}\frac{dy}{dx} - \frac{\partial F}{\partial y} = 0. \qquad (109)$$

415. Comme application, cherchons la *trajectoire des lignes représentées par l'équation*

$$y^n = ax^p.$$

En suivant la marche indiquée au n° 113, on obtient pour l'équation différentielle de la trajectoire une équation homogène qu'on traitera par le procédé du n° 375.

Ce calcul et le résultat auquel il amène n'offrent aucun intérêt, sauf dans le cas où $n = p = 1$. Il s'agit alors de trouver la trajectoire du système des droites $y = ax$ passant par l'origine.

L'équation (108) est ici

$$K\left(1 + a\frac{dy}{dx}\right) + \frac{dy}{dx} - a = 0,$$

et, en éliminant a entre les deux dernières équations, on a

$$K(xdx + ydy) = (xdy - ydx).$$

Cette équation différentielle, s'intègre immédiatement; car on reconnait, après avoir divisé les deux membres par $x^2 + y^2$, que les parenthèses sont respectivement les différentielles de

$$\log\sqrt{x^2 + y^2} \qquad \text{et de} \qquad \text{arc tang}\,\frac{y}{x}.$$

L'intégrale est donc

$$K\log\sqrt{x^2 + y^2} = \text{arc tang}\,\frac{y}{x} + C,$$

C étant une constante arbitraire.

En passant aux coordonnées polaires, on a

$$K\log r = \omega + C$$

ou

$$r = e^{\frac{\omega + C}{K}} = C' e^{\frac{\omega}{K}},$$

C' étant une nouvelle constante. Les trajectoires sont donc des spirales logarithmiques ayant l'origine pour point asymptotique.

416. Si on voulait les trajectoires orthogonales des lignes

$$y^n = ax^p,$$

les équations (109) seraient

$$y^n = ax^p, \qquad apx^{p-1}\,dy + ny^{n-1}\,dy = 0,$$

d'où résulterait, par l'élimination de a, l'équation différentielle

$$nxdx + pydy = 0$$

dont l'intégrale générale

$$nx^2 + py^2 = C$$

représente des ellipses ou des hyperboles semblables et concentriques suivant que n et p sont de même signe ou de signes contraires.

417. Comme second exemple, *cherchons les trajectoires orthogonales des tangentes à une courbe*, c'est-à-dire (n° 349, tome I) les *développantes* de cette courbe

Soit

$$y = mx + f(m) \tag{110}$$

l'équation générale des tangentes à la courbe considérée; m est le coefficient angulaire et $f(m)$ est une fonction qui dépend de la nature de la courbe.

Pour obtenir l'équation différentielle des trajectoires orthogonales de la série de droites que représente l'équation (110) lorsqu'on fait varier le paramètre m, il faut éliminer ce paramètre entre la relation (110) et l'équation (109) qui est ici

$$m\frac{dy}{dx}+1=0.$$

Mais il est plus commode, pour ce qui suit, de prendre pour paramètre variable l'inverse K de m changé de signe, c'est-à-dire de poser

$$K=-\frac{1}{m}.$$

L'équation générale des tangentes (110) prend alors la forme

$$x=-Ky+\varphi(K). \tag{111}$$

et l'équation (109) devient

$$\frac{dy}{dx}=K;$$

K s'élimine immédiatement entre les deux dernières équations, et l'on a pour l'équation différentielle des trajectoires

$$x-y\frac{dy}{dx}+\varphi\left(\frac{dy}{dx}\right)=0 \tag{112}$$

C'est une équation de Lagrange. On sait (n° 392) comment on l'intègre en la ramenant à la forme linéaire. Nous ne développerons pas ce calcul qui n'est ni difficile ni élégant, et nous nous bornerons à donner le résultat de cette intégration.

En posant

$$\frac{\varphi(p)}{p}=\psi(p) \quad \text{et} \quad \int\frac{\psi'(p)}{\sqrt{1+p^2}}dp=\theta(p)$$

On obtient les coordonnées

$$x=\frac{p}{\sqrt{1+p^2}}\theta(p)+C$$

$$y=\psi(p)-\frac{1}{\sqrt{1+p^2}}\left[\theta(p)+C\right]$$

d'un point quelconque de la trajectoire exprimées en fonction d'un paramètre p.

418. Considérons en particulier le cas de la *développante de cercle*

L'équation de la tangente au cercle

$$x^2 + y^2 = R^2$$

en fonction du coefficient angulaire est

$$y = mx + R\sqrt{1 + m^2},$$

et il faudra éliminer le paramètre m entre cette équation et la relation (109) qui se réduit ici à

$$m\frac{dy}{dx} + 1 = 0.$$

L'équation différentielle de la développante est donc

$$(xdx + ydy)^2 + R^2(dx^2 + dy^2) = 0$$

ou, en passant aux coordonnées polaires ρ et ω,

$$\rho^2 . d\rho^2 + R^2\left[d\rho^2 + \rho^2 d\omega^2\right] = 0;$$

on tire de là

$$d\omega = \frac{\sqrt{\rho^2 - R^2}}{R\rho}\, d\rho$$

et, en intégrant,

$$\omega + C = -\frac{1}{R}\sqrt{\rho^2 - R^2} + \arcsin\frac{R}{\rho}$$

Lignes de courbure

419. Les projections, sur le plan des xy, des lignes de courbure d'une surface ont pour équation différentielle (tome 1, n° 488)

$$\left.\begin{array}{l}\left[(1 + q^2)s - pqt\right]\left(\dfrac{dy}{dx}\right)^2 + \left[(1 + q^2)r - (1 + p^2)t\right]\dfrac{dy}{dx} \\ \qquad\qquad + \left[pqr - (1 + p^2)s\right] = 0\end{array}\right\} \quad (113)$$

où p, q, r, s, t désignent respectivement, suivant l'usage, les dérivées partielles

$$\frac{\partial z}{\partial x}, \quad \frac{\partial z}{\partial y}, \quad \frac{\partial^2 z}{\partial x^2}, \quad \frac{\partial^2 z}{\partial x \partial y}, \quad \frac{\partial^2 z}{\partial y^2},$$

qui sont des fonctions données de x et de y.

On ne sait intégrer cette équation que dans des cas particuliers. Nous ne considérerons ici que les lignes de courbure du paraboloïde elliptique et de l'ellipsoïde; nous avons d'ailleurs obtenu par une autre voie (tome I, n° 495) celles de l'ellipsoïde.

120. Soit

$$z = \frac{x^2}{2a} + \frac{y^2}{2b} \qquad a > b > 0 \tag{114}$$

l'équation du paraboloïde elliptique. On a

$$p = \frac{x}{a}, \quad q = \frac{y}{b}, \quad r = \frac{1}{a}, \quad s = 0, \quad t = \frac{1}{b},$$

et l'équation (113) devient

$$Axy\left(\frac{dy}{dx}\right)^2 + (x^2 - Ay^2 + B)\frac{dy}{dx} - xy = 0 \tag{115}$$

en posant

$$\frac{a}{b} = A \quad \text{et} \quad a(a-b) = B. \tag{116}$$

En faisant

$$x^2 = X, \qquad y^2 = Y,$$

puis résolvant par rapport à Y, on donne à l'équation la forme

$$Y = X\frac{dY}{dX} - \frac{B\dfrac{dY}{dX}}{1 + A\dfrac{dY}{dX}}. \tag{117}$$

C'est une équation de Clairaut. On obtient l'intégrale générale (n° 394) en remplaçant $\frac{dY}{dX}$ par une constante arbitraire C, ce qui donne

$$Y = CX - \frac{BC}{1 + AC} \tag{118}$$

ou, en revenant aux anciennes variables,

$$y^2 = Cx^2 - \frac{BC}{1 + AC}, \tag{119}$$

et enfin, en remplaçant A et B par leurs valeurs (116),

$$y^2 = Cx^2 - \frac{ab(a-b)C}{b + aC}. \tag{120}$$

Les projections des lignes de courbure sont donc des ellipses ou des hyperboles suivant que la constante arbitraire C est négative ou positive.

421. Soit maintenant

$$\frac{x^2}{a^2} + \frac{y^2}{b^2} + \frac{z^2}{c^2} = 1 \qquad a > b > c \tag{121}$$

l'équation de l'ellipsoïde. On a

$$p = -\frac{c^2 x}{a^2 z} \qquad q = -\frac{c^2 y}{b^2 z}$$

$$r = -\frac{c^4}{a^2 b^2 z^3}(b^2 - y^2), \quad s = -\frac{c^4}{a^2 b^2 z^3} xy, \quad t = -\frac{c^4}{a^2 b^2 z^3}(a^2 - x^2),$$

et l'équation (113) devient la même équation (115) que pour le paraboloïde ; la seule différence est relative aux valeurs de A et de B qui sont ici

$$A = \frac{a^2(b^2 - c^2)}{b^2(a^2 - c^2)}, \qquad B = \frac{a^2(a^2 - b^2)}{a^2 - c^2}. \tag{122}$$

En portant ces valeurs dans (119) on aura l'équation des projections des lignes de courbure de l'ellipsoïde sur le plan des xy.

On voit aisément que ces projections sont : 1° pour l'un des systèmes, des ellipses

$$\frac{x^2}{u^2} + \frac{y^2}{v^2} = 1$$

u et v désignant les coordonnées d'un point de l'hyperbole

$$u^2 - \frac{a^2}{b^2}\frac{b^2 - c^2}{a^2 - c^2} v^2 = a^2 \frac{a^2 - b^2}{a^2 - c^2};$$

2° pour l'autre système, des hyperboles

$$\frac{x^2}{u^2} - \frac{y^2}{v^2} = 1,$$

u et v désignant les coordonnées d'un point de l'ellipse

$$u^2 + \frac{a^2}{b^2}\frac{b^2 - c^2}{a^2 - c^2} v^2 = a^2 \frac{(a^2 - b^2)}{a^2 - c^2}.$$

Ajoutons encore qu'en projection sur le plan du grand axe et du petit axe les lignes de courbure des deux systèmes sont des ellipses.

Lignes asymptotiques

122. Les projections sur le plan des xy des lignes asymptotiques d'une surface $z = f(x, y)$ ont pour équation différentielle (tome I, n° 509)

$$r dx^2 + 2s\, dx\, dy + t\, dy^2 = 0. \qquad (123)$$

Cette équation ne peut être intégrée que dans des cas particuliers dont nous allons donner des exemples.

123. Considérons d'abord les *Conoïdes*. Leur équation est

$$z = y\, f(x); \qquad (124)$$

on en tire,

$$p = yf'(x) \qquad q = f(x)$$
$$r = yf''(x), \qquad s = f'(x), \qquad t = 0;$$

l'équation différentielle (123) devient alors

$$dx \left[\frac{f''(x)\, dx}{f'(x)} + 2\frac{dy}{y}\right] = 0,$$

c'est le produit de deux facteurs qui s'intègrent immédiatement. Le premier donne

$$x = \text{constante},$$

qui répond aux génératrices rectilignes. Le second donne

$$\log f'(x) + \log y^2 = \log C,$$

d'où

$$y^2 f'(x) = C \tag{125}$$

qui représente les projections sur le plan des xy des lignes asymptotiques du deuxième système.

Dans le cas particulier du paraboloïde hyperbolique, on a $f(x) = x$ et l'équation (125) devient $y = c$; c'est le second système de génératrices rectilignes.

Un autre cas particulier intéressant est celui de *l'hélicoïde à plan directeur* c'est-à-dire de la *surface de la vis à filet carré*. L'équation de cette surface est

$$z = y \operatorname{tang} \frac{x}{a};$$

on a donc ici

$$f(x) = \operatorname{tang} \frac{x}{a},$$

d'où

$$f'(x) = \frac{1}{a \cos^2 \frac{x}{a}} = \frac{x^2 + y^2}{a y^2},$$

et l'équation (125) devient

$$x^2 + y^2 = a\,C.$$

Les lignes asymptotiques du second système se projettent donc sur le plan des $x\,y$ suivant des cercles ayant tous pour centre l'origine.

121. Comme second exemple, nous allons chercher les lignes asymptotiques de la surface du quatrième degré (*)

$$\frac{x^2}{a^2} + \frac{y^2}{b^2} + \frac{z^2}{c^2} = 1 + \frac{x^2 y^2}{a^2 b^2} \tag{126}$$

qui est une variété de l'*Arrière voussure de Marseille.*

Lorsque on attribue aux quantités a^2 et b^2 les valeurs particulières

$$\frac{c^2}{\cos^2 \theta}, \qquad \frac{c^2}{\sin^2 \theta},$$

la surface devient le lieu des points dont la somme des distances à deux droites se coupant sous l'angle 2θ est constante.

Les lignes asymptotiques de la surface (126) s'obtiennent aisément au moyen des fonctions elliptiques.

En calculant r, s, t et portant ces valeurs dans (123), on obtient, pour l'équation différentielle des lignes asymptotiques

$$\frac{(y^2 - b^2)\, dx^2}{b^2 (x^2 - a^2)} - \frac{2xy\, dx\, dy}{a^2 b^2} + \frac{(x^2 - a^2)\, dy^2}{a^2 (y^2 - b^2)} = 0,$$

ce qui peut s'écrire

$$\frac{\dfrac{a dx}{x^2 - a^2} + \dfrac{b dy}{y^2 - b^2}}{\dfrac{a dx}{x^2 - a^2} - \dfrac{b dy}{y^2 - b^2}} = \pm \sqrt{\frac{xy + ab}{xy - ab}}. \tag{127}$$

Posons actuellement

$$\frac{a dx}{x^2 - a^2} + \frac{b dy}{y^2 - b^2} = \sqrt{pu}.\, du$$

$$\frac{a dx}{x^2 - a^2} - \frac{b dx}{y^2 - b^2} = \sqrt{pv}.\, dv,$$

les racines e_1, e_2, e_3, qui définissent pu étant telles que

$$e_1 = - e_2, \qquad e_3 = 0.$$

(*) Eugène Rouché, *Comptes rendus de l'Académie des Sciences*, 5 mars 1877.

Nous aurons, en intégrant,

$$\left.\begin{aligned}\sqrt{\frac{(x-a)(y-b)}{(x+a)(y+b)}} &= \sqrt{pu-e_1}+\sqrt{pu-e_2}\\ \sqrt{\frac{(x-a)(y+b)}{(x+a)(y-b)}} &= \sqrt{pv-e_1}+\sqrt{pv-e_2}\end{aligned}\right\}, \quad (128)$$

et, par suite,

$$pu = e_1\frac{xy+ab}{\sqrt{(x^2-a^2)(y^2-b^2)}}, \qquad pv = e_1\frac{xy-ab}{\sqrt{(x^2-a^2)(y^2-b^2)}}$$

L'équation (127) devient ainsi

$$du \pm dv = 0$$

et les lignes asymptotiques sont

$$u+v = \text{const} \qquad \text{et} \qquad u-v = \text{const}$$

Revenons maintenant aux relations (126). En les multipliant et les divisant tour à tour membre à membre, puis en résolvant par rapport à x et y les équations ainsi obtenues, on trouvera facilement les coordonnées x et y d'un point quelconque de la surface en fonction de u et de v ; l'équation (126) donnera ensuite z.

425. On peut remarquer que les lignes asymptotiques sont algébriques(*). En effet, l'équation $u+v=$ constante peut s'écrire

$$p(u+v) = \frac{1}{4}\left(\frac{p'u-p'v}{pu-pv}\right)^2 - pu - pv = \text{const.} \quad (129)$$

Les équations différentielles qui définissent u et v en fonction de x et de y, jointes aux équations (128), donneront pour pu, pv, $p'u$, $p'v$, des fonctions algébriques de x et de y ; l'équation précédente (129) est donc algébrique en x et y.

(*) Cette remarque est due à M. Lucien Lévy.

CHAPITRE XII

ÉQUATIONS DIFFÉRENTIELLES D'ORDRE QUELCONQUE A DEUX VARIABLES. CAS D'ABAISSEMENT

Intégrale générale

456. Nous avons étudié dans le chapitre précédent l'intégration des équations différentielles du premier ordre à deux variables

$$F\left(x, y, \frac{dy}{dx}\right) = 0.$$

Nous allons maintenant nous occuper de l'intégration des Equations différentielles à deux variables d'ordre quelconque n supérieur au premier

$$F\left(x, y, \frac{dy}{dx}, \frac{d^2y}{dx^2}, \dots \frac{d^ny}{dx^n}\right) = 0. \tag{1}$$

Admettons que la fonction F soit continue lorsque la variable x reste comprise entre certaines limites, et désignons par x_0, y_0, y'_0, ... $y_0^{(n-1)}$ des quantités arbitraires. *Il existe alors une fonction*

$$y = \varphi\,(x, x_0, y_0, y'_0, \dots y_0^{(n-1)}) \tag{2}$$

et une seule, jouissant de la double propriété de satisfaire à l'équation (1) *et de prendre ainsi que ses dérivées les valeurs* y_0, y'_0, y''_0 ... $y_0^{(n-1)}$ *pour* $x = x_0$.

C'est à Cauchy qu'est dûe la première démonstration rigoureuse de ce théorème fondamental. Mais, comme nous l'avons déjà dit (nº 365) à propos des équations différentielles du premier ordre, cette démonstration malgré les simplifications qu'elle a reçues depuis, est encore trop compliquée pour être rapportée ici ; nous renverrons sur ce sujet au *Cours d'Analyse* de M. Jordan ou au *Traité d'Analyse* de M. Picard.

On donne à l'équation (2) le nom d'*intégrale générale* de l'équation différentielle (1).

427. Supposons que, par un procédé quelconque, on ait obtenu une équation

$$\varphi(x, y, C_1, C_2..., C_n) = 0 \tag{3}$$

renfermant n constantes arbitraires C_1, C_2, ... C_n et d'où l'on peut tirer une valeur de y satisfaisant à l'équation différentielle (1) d'ordre n. L'intégrale générale de (1) étant unique, l'équation (3) coïncidera avec cette intégrale générale pourvu qu'on puisse attribuer aux constantes des valeurs telles que y et ses $n - 1$ dérivées prennent des valeurs arbitraires quand on donne à x une valeur choisie à volonté.

Cette dernière condition sera remplie, si du système formé par l'équation (3) et ses $n - 1$ dérivées, on peut tirer pour C_1, C_2, ... C_n des valeurs bien déterminées en fonction de

$$x, y, \frac{dy}{dx}, \dots \frac{d^{n-1}y}{dx^{n-1}};$$

car alors, on pourra faire correspondre, à une valeur quelconque de x, des valeurs arbitrairement choisies pour y et ses $n - 1$ dérivées.

428. Considérons deux exemples simples :

1º Admettons qu'on ait trouvé

$$y = Ce^{ax} + C'e^{a'x} \tag{4}$$

pour une solution d'une équation différentielle du second ordre E ; C et C' sont des constantes arbitraires, et les nombres a et a' sont supposés différents l'un de l'autre.

En différentiant (4) on aura

$$\frac{dy}{dx} = Cae^{ax} + C'a'e^{a'x}; \qquad (5)$$

et, si l'on résout (3) et (5) par rapport à C et à C′, on voit que le dénominateur commun

$$(a - a')e^{(a + a')x}$$

est différent de zéro. Par suite, quelque valeur finie qu'on assigne à x, les équations (4) et (5) donnent pour C et C′ des valeurs finies. L'équation (4) est donc l'intégrale générale de l'équation différentielle E.

Si l'on avait $a' = a$, il n'en serait plus de même. Aussi bien, dans ce cas particulier, l'équation (4) devient

$$y = (C + C')e^{ax}.$$

Il n'y a donc qu'une seule constante arbitraire C + C′.

2° Supposons qu'on ait trouvé

$$y = C\sin(x + a) + C'\sin(x + a') + C''\sin(x + a'') \quad (6)$$

pour une solution d'une équation différentielle du 3ᵉ ordre F. En différentiant deux fois, on aura

$$\frac{dy}{dx} = C\cos(x + a) - C'\cos(x + a') - C''\cos(x + a'') \quad (7)$$

$$\frac{d^2y}{dx^2} = -C\sin(x + a) - C'\sin(x + a') - C''\sin(x + a''); \quad (8)$$

or les équations (6) et (8) donnent

$$\frac{d^2y}{dx^2} = -y;$$

en sorte que, dès qu'on a fixé y, $\frac{d^2y}{dx^2}$ ne peut pas recevoir une valeur arbitraire. Donc, l'équation (6) ne saurait être l'intégrale générale de F.

On voit d'ailleurs que la relation (6) développée se réduit à la forme

$$y = A \sin x + B \cos x;$$

elle ne renferme que deux constantes arbitraires.

Intégrales des divers ordres

429. Puisque l'équation différentielle (1) ne renferme plus les constantes $C_1, C_2, \dots C_n$ de l'intégrale générale (3), c'est qu'on n'a pu déduire (1) de (3) qu'en différentiant n fois $\psi = 0$ et éliminant les n constantes entre la relation $\psi = 0$ et ses n dérivées.

Si l'on veut faire disparaître de (3) seulement i constantes $C_1, C_2, \dots C_i$ il faudra exécuter $n - i$ différentiations. Ainsi, pour fixer les idées, prenons $i = 2$. On différentiera deux fois l'équation $\psi = 0$; puis on éliminera C_1 et C_2 entre les équations

$$\Psi = 0, \frac{d\Psi}{dx} = 0, \frac{d^2\Psi}{dx^2} = 0.$$

Mais on pourra aussi éliminer d'abord C_1 entre $\psi = 0$ et $\frac{d\psi}{dx} = 0$, puis éliminer C_2 entre l'équation ainsi obtenue et sa dérivée.

De quelque manière que l'on procède, *on parviendra toujours à la même équation différentielle* du second ordre. En effet, si par deux marches différentes on arrivait à deux équations distinctes du second ordre, l'élimination de $\frac{d^2y}{dx^2}$ entre ces deux équations conduirait à une équation du premier ordre de la forme

$$f\left(x, y, \frac{dy}{dx}, C_3, C_4, \dots C_n\right) = 0.$$

Alors en joignant à cette équation celle qu'on en déduit par $n - 2$ différentiations, on aurait un système de $n - 1$ équation à $n - 2$ inconnues $C_3, C_4, \dots C_n$. On ne pourrait donc pas attribuer à $y, \frac{dy}{dx}, \dots \frac{d^ny}{dx^n}$ des valeurs arbitraires pour $x = x_0$.

130. Étant donnée une équation différentielle (1) d'ordre n, on nomme *intégrale première* ou *du premier ordre* de cette équation la relation que l'on obtient en faisant disparaître de l'intégrale $n - 1$ des constantes $C_1, C_2, \dots C_n$. D'après cela, on voit qu'il y a n intégrales premières et que chacune d'elles est une équation différentielle d'ordre $n - 1$ renfermant *une* constante arbitraire.

De même, on nomme *intégrale du second ordre* de l'équation (1) la relation que l'on obtient en faisant disparaître de l'intégrale générale $n - 2$ des constantes $C_1, C_2, \dots C_n$. Il y a évidemment $\frac{n(n-1)}{2}$ relations de ce genre, c'est-à-dire autant qu'il existe de combinaisons de n objets 2 à 2. Chacune de ces intégrales du second ordre est une équation différentielle d'ordre $n - 2$ renfermant *deux* constantes arbitraires.

D'une manière générale, on nomme *intégrales d'ordre* i de l'équation (1) la relation que l'on obtient en chassant de l'intégrale générale $n - i$ des constantes $C_1, C_2, \dots C_n$. Il y a évidemment $\frac{n(n-1)\dots(n-i+1)}{1.2,\dots i}$ intégrales d'ordre i c'est-à-dire autant que de combinaisons de n objets i à i. Chacune de ces intégrales d'ordre i est une équation différentielle d'ordre $n - i$ renfermant i constantes arbitraires.

Enfin, il n'y a qu'une intégrale d'ordre n de l'équation (1). C'est l'intégrale générale (3).

131. Les cas d'intégration des équations différentielles d'un ordre supérieur au premier sont fort rares. Sauf la théorie des *équations linéaires*, que nous exposerons dans le chapitre suivant, il n'existe aucune méthode générale, mais seulement des procédés particuliers et quelques transformations propres à abaisser l'ordre des équations différentielles considérées.

Nous allons d'abord faire connaître ces *cas de réductibilité* qui, malgré leur petit nombre, permettent de résoudre beaucoup de problèmes intéressants ; c'est par ces applications que nous terminerons ce chapitre.

Intégration de l'équation $\frac{d^n y}{dx^n} = \varphi(x)$

132. L'intégrale de l'équation

$$\frac{d^n y}{dx^n} = \varphi(x) \tag{9}$$

s'obtient immédiatement par n quadratures successives. En effet, en écrivant, pour simplifier, $\int^{(2)}, \int^{(3)}, \int^{(4)}$ ... au lieu de $\int\int, \int\int\int, \int\int\int\int$ .... on a successivement

$$\frac{d^{n-1}y}{dx^{n-1}} = \int \varphi(x)dx + c_1$$

$$\frac{d^{n-2}y}{dx^{n-2}} = \int^{(2)} \varphi(x)dx^2 + c_1 x + c_2$$

. . . .

et, enfin,

$$y = \int^{(n)} \varphi(x)dx^n + c_1 x^{n-1} + c_2 x^{n-2} + \ldots + c_n \tag{10}$$

133. A l'intégrale multiple qui figure au second membre, on peut substituer une seule intégrale simple.

Considérons, en effet, l'expression

$$Y = \frac{1}{1.2\ldots(n-1)} \int_0^x \varphi(u)(x-u)^{n-1}du \tag{11}$$

et différentions sous le signe $\int$ par rapport au paramètre x (n° 87), nous aurons successivement

$$\frac{dY}{dx} = \frac{1}{1.2\ldots(n-2)} \int_0^x \varphi(u)\,(x-u)^{n-2} du$$

$$\frac{d^2Y}{dx^2} = \frac{1}{1.2\ldots(n-3)} \int_0^x \varphi(u)\,(x-u)^{n-3} du$$

. . . .

$$\frac{d^{n-1}Y}{dx^{n-1}} = \int_0^x \varphi(u)\,du$$

$$\frac{d^nY}{dx^n} = \varphi(x),$$

ce qui prouve que l'expression Y est une solution de l'équation (9). Par suite, si l'on pose dans cette équation

$$y = Y + z,$$

on aura

$$\frac{d^n z}{dx^n} = 0,$$

d'où

$$z = c_1 x^{n-1} + c_2 x^{n-2} + \ldots + c_{n-1} x + c_n,$$

$c_1\ c_2 \ldots\ c_n$ désignant des constantes arbitraires. Donc enfin, l'intégrale générale de l'équation (9) a pour expression

$$y = \frac{1}{1.2\ldots(n-1)} \int_0^x \varphi(u)\,(x-u)^{n-1} du + P_{n-1} \quad (12)$$

P_{n-1} désignant un polynome entier et de degré $n-1$ en x.

Equations où n'entrent ni x ni y, mais seulement deux dérivées consécutives

434. L'équation la plus simple de ce type est

$$F\left(\frac{dy}{dx}, \frac{d^2y}{dx^2}\right) = 0, \tag{13}$$

que l'on peut écrire

$$F\left(p, \frac{dp}{dx}\right) = 0, \tag{14}$$

en posant

$$\frac{dy}{dx} = p. \tag{15}$$

Il y a trois cas à distinguer :

1° On peut résoudre l'équation (14) par rapport à $\frac{dp}{dx}$.

On a alors

$$\frac{dp}{dx} = f(p) \qquad \text{d'où} \qquad dx = \frac{dp}{f(p)}$$

et, par suite,

$$x = \int \frac{dp}{f(p)} + C \tag{16}$$

Si l'on peut tirer de cette équation p en fonction de x, on aura

$$p = \varphi(x) \qquad \text{d'où} \qquad dy = \varphi(x)\,dx$$

et, par suite,

$$y = \int \varphi(x)\,dx + C'.$$

Cette équation est l'intégrale générale puisqu'elle renferme deux constantes arbitraires C et C'.

Si l'on ne peut pas tirer de (16) p en fonction de x, on aura

$$dy = pdx = p\frac{dp}{f(p)}$$

d'où

$$y = \int \frac{pdp}{f(p)} + C' \qquad (17)$$

C' étant une constante arbitraire, et l'on obtiendra l'intégrale générale en éliminant p entre (16) et (17).

2° On ne peut pas résoudre l'équation (14) par rapport à $\frac{dp}{dx}$ mais on peut la résoudre par rapport à p.

On aura

$$p = \varphi\left(\frac{dp}{dx}\right)$$

c'est-à-dire

$$p = \varphi(q)$$

en posant

$$\frac{dp}{dx} = q.$$

En différentiant alors la relation précédente, on aura

$$dp = \varphi'(q)\,dq$$

Mais

$$dx = \frac{dp}{q}, \qquad dy = \frac{pdp}{q}; \qquad (18)$$

par suite,

$$dx = \frac{\varphi'(q)}{q}\,dq, \qquad dy = \frac{\varphi(q)\varphi'(q)}{q}\,dq$$

et, par intégration,

$$x = \int \frac{\varphi'(q)}{q}\,dq + C, \qquad y = \int \frac{\varphi(q)\varphi'(q)}{q}\,dq + C'$$

C et C′ étant deux constantes arbitraires. L'intégrale générale résultera donc de l'élimination de q entre les deux équations qui précèdent.

3° On ne sait résoudre l'équation (14) ni par rapport à p, ni par rapport à q ; mais on sait exprimer p et q en fonction d'une nouvelle variable u, en sorte qu'on a

$$p = \varphi(u) \qquad g = \psi(u).$$

Les relations (18) deviennent alors

$$dx = \frac{\varphi'(u)}{\psi(u)}\,du, \qquad dy = \frac{\varphi(u)\,\varphi'(u)}{\psi(u)},$$

d'où, par intégration,

$$x = \int \frac{\varphi'(u)}{\psi(u)}\,du + \mathrm{C}, \qquad y = \int \frac{\varphi(u)\,\varphi'(u)}{\psi(u)}\,du + \mathrm{C}',$$

C et C′ étant deux constantes arbitraires. L'intégrale générale résultera de l'élimination de u entre les deux équations précédentes.

135. Considérons maintenant l'équation plus générale

$$\frac{d^n y}{dx^n} = \mathrm{F}\left(\frac{d^{n-1}y}{dx^{n-1}}\right), \tag{19}$$

que l'on peut écrire

$$\frac{dp}{dx} = \mathrm{F}(p) \tag{20}$$

en posant

$$\frac{d^{n-1}y}{dx^{n-1}} = p \tag{21}$$

On tirera de (20)

$$dx = \frac{dp}{\mathrm{F}(p)}$$

et par suite

$$x = \int \frac{dp}{F(p)} + C, \tag{22}$$

C étant une constante.

Cela posé :

1° Si l'équation (22) peut être résolue par rapport à p, on aura

$$p = f(x) \quad \text{c'est-à-dire} \quad \frac{d^{n-1}y}{dx^{n-1}} = f(x)\,;$$

on sera donc ramené au type (9).

2° Si l'équation (22) ne peut être résolue par rapport à p, on écrira (21) sous la forme

$$d\,\frac{d^{n-2}y}{dx^{n-2}} = pdx = \frac{pdp}{F(p)}$$

d'où

$$\frac{d^{n-2}y}{dx^{n-2}} = \int \frac{pdp}{F(p)} + C_1$$

C_1 étant une constante arbitraire. En multipliant par $\frac{dp}{F(p)}$ et intégrant, on aura

$$\frac{d^{n-3}y}{dx^{n-3}} = \int \frac{dp}{F(p)} \int \frac{pdp}{F(p)} + C_1 x + C_2.$$

Et, en continuant de la sorte, on obtiendra la valeur de y en fonction d'x par des quadratures.

Voici un *exemple* :

Soit l'équation différentielle

$$a\,\frac{d^3y}{dx^3}\,\frac{d^2y}{dx^2} = \sqrt{1 + \left(\frac{d^2y}{dx^2}\right)^2}\,;$$

quand on pose

$$\frac{d^2y}{dx^2}=p,$$

elle devient

$$ap\frac{dp}{dx}=\sqrt{1+p^2}$$

d'où

$$dx=a\frac{pdp}{\sqrt{1+p^2}}$$

et, en intégrant,

$$x=C+a\sqrt{1+p^2} \qquad (22)$$

On peut résoudre par rapport à p, ce qui donne

$$p \quad \text{ou} \quad \frac{d^2y}{dx^2}=\sqrt{\left(\frac{x-C}{a}\right)^2-1}$$

qui rentre dans le type (9), en sorte que l'on a finalement pour l'intégrale générale de l'équation proposée

$$y=\int dx\int\sqrt{\left(\frac{x-C}{a}\right)^2-1}\,.\,dx+C_1x+C_2\,;$$

C, C_1, C_2 sont des constantes arbitraires.

Au lieu de résoudre (22′) par rapport à p, on aurait pu suivre la seconde marche indiquée ci-dessus ; mais le calcul, sans être difficile, est moins simple.

Equations de la forme $F\left(y,\frac{d^2y}{dx^2}\right)=0$

436. Il y a deux cas à distinguer suivant que cette équation est résoluble par rapport à $\frac{d^2y}{dx^2}$ ou par rapport à y.

1° Soit l'équation

$$\frac{d^2y}{dx^2} = \varphi(y). \tag{23}$$

En multipliant par $2\,dy$ et intégrant on obtient

$$\left(\frac{dy}{dx}\right)^2 = 2\int \varphi(y)\,dy + \mathrm{C}.$$

On tire de là

$$dx = \frac{dy}{\sqrt{\mathrm{C} + 2\int \varphi(y)\,dy}}$$

et enfin, en désignant le radical par R,

$$x + \mathrm{C}' = \int \frac{dy}{\mathrm{R}}\;;$$

c'est l'intégrale générale puisqu'elle renferme deux constantes arbitraires C et C'.

2° Supposons qu'on ne puisse pas résoudre l'équation proposée par rapport à $\frac{d^2y}{dx^2}$, mais que l'on sache résoudre cette équation par rapport à y. On aura alors

$$y = f\left(\frac{d^2y}{dx^2}\right), \tag{24}$$

ou

$$y = f(q) \tag{25}$$

en posant

$$\frac{dy}{dx} = p, \qquad \frac{dp}{dx} = q. \tag{26}$$

Mais la différentiation de (25) d'une part et les relations (26) d'autre part donnent respectivement

$$dy = f'(q)\,dq \quad \text{et} \quad dy = \frac{pdp}{q}.$$

En égalant ces deux expressions de dy, on obtient une équation différentielle dans laquelle les variables sont séparées et qui donne, par intégration,

$$p^2 = \int 2qf'(q)\,dq + C.$$

Mais on a

$$dx = \frac{dy}{p} = \frac{f'(q)\,dq}{p},$$

et, par suite,

$$dx = \frac{f'(q)\,dq}{Q}$$

en posant

$$Q = \sqrt{\int 2qf'(q)\,dq + C}$$

Enfin en intégrant de nouveau on obtient

$$x + C' = \int \frac{f'(q)\,dq}{Q}. \qquad (27)$$

C et C′ sont deux constantes arbitraires et l'intégrale générale résultera de l'élimination de q entre (25) et (27).

Équations où n'entrent ni x, ni y, mais seulement deux dérivées dont les ordres diffèrent de deux unités

137. Il s'agit ici du type

$$\frac{d^n y}{dx^n} = \varphi\left(\frac{d^{n-2}y}{dx^{n-2}}\right) \tag{28}$$

En posant

$$\frac{d^{n-2}y}{dx^{n-2}} = p, \tag{29}$$

ce qui donne

$$\frac{d^2p}{dx^2} = \varphi(p), \tag{30}$$

on rentre dans le cas précédent (n° 436, 1°), et, par suite, on a

$$\frac{dp}{dx} = \sqrt{2\int\varphi(p)\,dp + C_1}.$$

On déduit de là, en désignant le radical par $\theta(p)$,

$$x = \int\frac{dp}{\theta(p)} + C_2. \tag{31}$$

Cela posé,

1° Si l'on peut résoudre (31) par rapport à p, on aura

$$p \quad \text{ou} \quad \frac{d^{n-2}y}{dx^{n-2}} = \psi(x)$$

qui a la forme (9) et dont l'intégration fournira (n° 432) les $n - 2$ autres constantes arbitraires.

2° Si on ne peut résoudre (31) par rapport à p, on procédera comme au n° 435, 2°.

De (29) on déduira

$$d \frac{d^{n-3}y}{dx^{n-3}} = pdx = \frac{pdp}{\theta(p)}$$

et, par suite,

$$\frac{d^{n-3}y}{dx^{n-3}} = \int \frac{pdp}{\theta(p)} + C_2.$$

On obtiendra pareillement

$$\frac{d^{n-4}y}{dx^{n-4}} = \int \frac{pdp}{\theta(p)} \int \frac{dp}{\theta(p)} + C_2 \int \frac{dp}{\theta(p)} + C_3.$$

et ainsi de suite. On parviendra de la sorte à une équation telle que

$$y = F_1(p, c_1 c_2, \dots c_n), \tag{32}$$

et l'élimination de p entre les équations (31) et (32) donnera l'intégrale générale.

438. Il n'est peut-être pas inutile d'observer que l'équation différentielle

$$\frac{d^n y}{dx^n} = \varphi(y) \tag{33}$$

que nous avons intégrée au n° 436 (1°) pour $n = 2$, n'est pas généralement intégrable lorsque n est supérieur à 2.

Deux cas d'abaissement

439. *Lorsqu'une équation différentielle d'ordre n*

$$F\left(x, \frac{d^k y}{dx^k}, \frac{d^{k+1}y}{dx^{k+1}}, \dots \frac{d^n y}{dx^n}\right) = 0 \tag{34}$$

ne contient pas la fonction inconnue y, on peut abaisser son *ordre de k unités*, k désignant l'ordre de la dérivée la moins élevée parmi celles qui figurent dans l'équation proposée.

En effet, si l'on pose

$$\frac{d^k y}{dx^k} = p$$

l'équation (34) devient

$$F\left(x, p, \frac{dp}{dx}, \dots \frac{d^{m-k}p}{dx^{n-k}}\right). \qquad (35)$$

Si l'on sait intégrer cette équation et la résoudre par rapport à x ou à p, on achèvera le calcul comme au cas précédent (n° 437).

440. *Lorsqu'une équation différentielle*

$$F\left(y, \frac{dy}{dx}, \frac{d^2y}{dx^2}, \dots \frac{d^ny}{dx^n}\right) = 0 \qquad (36)$$

ne renferme pas la variable indépendante x, on peut abaisser son ordre d'une unité.

En effet, prenons y pour variable indépendante et

$$\frac{dy}{dx} = p$$

pour la fonction inconnue ; puis, cherchons à exprimer, en fonction de p et de ses dérivées par rapport à y, les dérivées successives qui figurent dans l'équation (36). Nous aurons

$$\frac{d^2y}{dx^2} = \frac{dp}{dx} = \frac{dp}{\left(\frac{dy}{p}\right)} = p\,\frac{dp}{dy}$$

$$\frac{d^3y}{dx^3} = \frac{d}{dx}\,p\left(\frac{dp}{dy}\right) = p\,\frac{d}{dy}\left(p\,\frac{dp}{dy}\right) = p^2\,\frac{d^2p}{dy^2} + p\left(\frac{dp}{dy}\right)^2$$

. . . .

On voit ainsi que, en général, $\frac{d^ny}{dx^n}$ s'exprimera en fonction de p et de ses $n - 1$ dérivées par rapport à y. Donc, si l'on porte ces valeurs dans (36), on aura une équation d'ordre $n - 1$ en p ; et, par suite, l'ordre sera bien abaissé d'une unité.

Si l'on sait intégrer cette nouvelle équation, on aura

$$p = \varphi(y, c_1, c_2, \ldots c_{n-1}) = \psi(y);$$

mais

$$dx = \frac{dy}{p} = \frac{dy}{\psi(y)};$$

on aura donc pour l'équation générale de (3)

$$x = \int \frac{dy}{\psi(y)} + c_n;$$

$c_1, c_2, \ldots c_n$ sont des constantes arbitraires.

Équations homogènes

441. *On peut abaisser d'une unité l'ordre n d'une équation différentielle lorsqu'elle est homogène par rapport à y et à ses dérivées.*

En effet, en vertu de l'hypothèse, l'équation pourra s'écrire

$$y^n \mathrm{F}\left(x, \quad \frac{\frac{dy}{dx}}{y}, \quad \frac{\frac{d^2y}{dx^2}}{y}, \ldots \quad \frac{\frac{d^ny}{dx^2}}{y}\right) = 0 \qquad (37)$$

Mais, en posant

$$y = e^{\int u dx}, \qquad (38)$$

on aura

$$\frac{dy}{dx} = e^{\int u dx} . u$$

$$\frac{d^2y}{dx^2} = e^{\int u dx}\left(\frac{du}{dx} + u^2\right)$$

$$\frac{d^3y}{dx^3} = e^{\int u dx}\left(\frac{d^2u}{dx^2} + 3u\frac{du}{dx} + u^3\right)$$

. . . .

. . . .

Si l'on substitue ces valeurs dans (37), l'exponentielle disparaitra, et l'on tombera sur une équation différentielle d'ordre $n-1$. En supposant qu'on sache intégrer cette équation, u sera connue et y s'obtiendra par une quadrature (38).

112. Considérons enfin une *équation différentielle*

$$F\left(x, y, \frac{dy}{dx}, \frac{d^n y}{dx^n} \ldots\right) = 0 \qquad (39)$$

homogène par rapport à

$$x, y, dx, dy, d^2y \ldots\ldots$$

c'est-à-dire qui ne change pas quand on multiplie par un même facteur chacune de ces quantités.

On posera

$$x = e^\theta, \qquad y = e^\theta z, \qquad (40)$$

θ étant la nouvelle variable indépendante et u la nouvelle fonction. On aura alors

$$\left.\begin{aligned} \frac{dy}{dx} &= \frac{dz}{d\theta} + z \\ \frac{d^2y}{dx^2} &= e^{-\theta}\left(\frac{d^2z}{d\theta^2} + \frac{dz}{d\theta}\right) \\ &\ldots\ldots\ldots \end{aligned}\right\} \qquad (41)$$

En substituant dans (39) les expressions (40) et (41), on parviendra, vu l'homogénéité supposée, à une équation de la forme

$$\varphi\left(z, \frac{dz}{d\theta}, \frac{d^2z}{d\theta^2}, \ldots\right) = 0 \qquad (42)$$

d'où e^θ aura disparu, et qui rentrera dans le type (36). On abaissera donc son ordre d'*une unité* en posant

$$\frac{dz}{d\theta} = p$$

et opérant comme nous l'avons dit au n° 110.

413. Soit, par exemple,

$$x^3 \frac{d^2y}{dx^2} = \left(y - x\frac{dy}{dx}\right)^2 \tag{43}$$

L'équation (42) sera ici

$$\frac{d^2z}{d\theta^2} + \frac{dz}{d\theta} = \left(\frac{dz}{d\theta}\right)^2;$$

et, en posant

$$\frac{dz}{d\theta} = p \tag{44}$$

on aura la relation

$$p\frac{dp}{dz} + p = p^2$$

ou

$$p\left[\frac{dp}{dz} + 1 - p\right] = 0$$

qui se décompose en deux

$$\frac{dp}{dz} + 1 = p \qquad \text{et} \qquad p = 0. \tag{45}$$

La première donne

$$\frac{dp}{p-1} = dz \qquad \text{d'où} \qquad \log(p-1) = z + \log C,$$

et, par suite,

$$p = 1 + Ce^z$$

qui, à cause de (44), devient

$$d\theta = \frac{dz}{1 + Ce^z}$$

et, donne par intégration

$$\theta = -\log(e^{-z} + C) + C'.$$

Revenant enfin aux variables primitives (40) c'est-à-dire remplaçant θ par $\log x$ et z par $\frac{y}{x}$ on obtient pour l'intégrale générale

$$y = x \log \frac{x}{A + Bx},$$

A et B étant deux constantes arbitraires.

Quant à la seconde des équations (45) c'est-à-dire $p = 0$ ou $\frac{dz}{d\theta} = 0$, elle donne $z = C$ ou enfin $y = Cx$; c'est une solution particulière.

Équation de Liouville

144. On donne ce nom à l'équation différentielle

$$\frac{d^2y}{dx^2} + f(x)\frac{dy}{dx} + \varphi(y)\left(\frac{dy}{dx}\right)^2 = 0 \qquad (46)$$

qui ne rentre dans aucun des types précédents mais qui a sa place marquée à côté d'eux.

En divisant par $\frac{dy}{dx}$, on obtient l'équation

$$\frac{\frac{d^2y}{dx^2}}{\frac{dy}{dx}} = -f(x) - \varphi(y)\frac{dy}{dx}$$

qu'on peut encore écrire

$$\frac{d\frac{dy}{dx}}{\frac{dy}{dx}} = -f(x)\,dx - \varphi(y)\,dy,$$

d'où, en intégrant,

$$\frac{dy}{dx} = Ce^{-\int f(x)\,dx} \cdot e^{-\int \varphi(y)\,dy}.$$

On tire de là

$$dy\, e^{\int \varphi(y)\,dy} = C dx\, e^{-\int f(x)\,dx};$$

et, comme les variables sont séparées, on peut intégrer immédiatement, ce qui donne

$$\int e^{\int \varphi(y)\,dy}\,dy = C_1 + C \int e^{-\int f(x)\,dx}\,dx \qquad (47)$$

où C et C_1 sont des constantes arbitraires.

445. Voici un problème qui conduit à une équation de la forme (46).

Soit BM un arc de courbe plane. Désignons par u l'aire ABMP comprise entre l'arc BM, sa projection AP sur $0x$, l'ordonnée fixe AB et l'ordonnée variable $PM = y$. Appelons h la moyenne harmonique entre l'abscisse $0P = x$ et la sous-tangente $TP = t$, c'est-à-dire le segment rectiligne déterminé par la relation

$$\frac{2}{h} = \frac{1}{x} + \frac{1}{t} \qquad \text{d'où} \qquad h = \frac{2xt}{x+t}$$

On demande de *trouver la courbe par la condition que l'aire u soit constamment égale à la moitié du rectangle qui a pour dimensions y et h.*

On a d'abord

$$u = \frac{1}{2} yh = \frac{xyt}{x+t} \qquad (48)$$

Mais, en vertu des relations biens connues

$$t = \frac{ydx}{dy}, \quad y = \frac{du}{dx}, \quad \frac{dy}{dx} = \frac{d^2u}{dx^2}, \qquad (49)$$

on peut mettre l'équation (48) sous la forme

$$u = \frac{x\left(\dfrac{du}{dx}\right)^2}{x\dfrac{d^2u}{dx^2} + \dfrac{du}{dx}}$$

ou,

$$\frac{d^2u}{dx^2} + \frac{1}{x}\frac{du}{dx} - \frac{1}{u}\left(\frac{du}{dx}\right)^2 = 0 \qquad (50)$$

Cette équation rentre dans le type (46) et par conséquent, d'après la formule (47), elle a pour intégrale générale

$$\int e^{-\int\frac{du}{u}} \cdot du = C_1 + C\int e^{-\int\frac{dx}{x}} dx$$

ou bien

$$\log u = C_1 + C\log x$$

c'est-à-dire

$$u = Ax^{\alpha}.$$

On aura enfin la courbe demandée en remplaçant u par cette expression dans la seconde des relations (49). On trouve ainsi les courbes du genre parabolique

$$y = Bx^{\beta},$$

B et β étant des constantes arbitraires.

Problèmes relatifs à la courbure des lignes planes

146. Avant de traiter ces problèmes, nous devons signaler une expression remarquable du rayon de courbure ρ en fonction du rayon vecteur r et de la distance P de l'origine à la tangente.

On obtient cette formule

$$\rho = \frac{rdr}{dP} \qquad (51)$$

en éliminant ds et $d\theta$ entre les relations bien connues

$$\rho = \frac{ds}{d(V+\theta)}, \quad \cos V = \frac{dr}{ds}, \quad \sin V = \frac{rd\theta}{ds},$$

puis en remplaçant $r \sin V$ par P ; θ désigne l'argument et V l'inclinaison de la tangente sur le rayon vecteur.

447. *Trouver la courbe plane dont le rayon de courbure est une fonction donnée de l'abscisse.*

L'équation différentielle du problème est

$$\frac{\left[1+\left(\frac{dy}{dx}\right)^2\right]^{\frac{3}{2}}}{\frac{d^2y}{dx^2}} = f(x). \tag{52}$$

Elle ne contient pas y ; on pourra donc (n° 439) abaisser son ordre d'une unité, c'est-à-dire la ramener au premier ordre.

A cet effet, on pose

$$\frac{dy}{dx} = p, \quad \text{d'où } \frac{d^2y}{dx^2} = \frac{dp}{dx},$$

ce qui permet de mettre l'équation sous la forme

$$\frac{dp}{(1+p^2)^{\frac{3}{2}}} = \frac{dx}{f(x)}.$$

Les variables étant séparées, l'intégration est possible et donne

$$\frac{p}{\sqrt{1+p^2}} = X + C,$$

X désignant l'intégrale $\int \frac{dx}{f(x)}$. On sait d'ailleurs résoudre cette équation par rapport à p ; on trouve ainsi

$$p \quad \text{ou} \quad \frac{dy}{dx} = \frac{X+C}{\sqrt{1-(X+C)^2}}.$$

et par suite

$$y = \int \frac{X+C}{\sqrt{1-(X+C)^2}}\,dx + C'$$

Il y a deux cas intéressants.

Le premier cas est celui où l'on a

$$f(x) = \text{constante} = R\,;$$

Il en résulte d'abord

$$X = \frac{x}{R};$$

puis, en remplaçant la constante C par $-\frac{C_1}{R}$,

$$y = \int \frac{(x - C_1)\,dx}{\sqrt{R^2 - (x - C_1)^2}} + C_2,$$

et enfin

$$(y - C_2)^2 + (x - C_1)^2 = R^2$$

qui représente des cercles de rayon R.

Le second cas est celui où l'on a

$$f(x) = \frac{a^2}{2x}$$

a était une constante donnée.

Il en résulte d'abord

$$X = \left(\frac{x}{a}\right)^2,$$

puis, en remplaçant la constante C par $\frac{C_1}{a^2}$,

$$y = \int \frac{x^2 + C_1}{\sqrt{a^4 - (x^2 + C_1)^2}}\,dx + C_2$$

Cette équation s'intègre au moyen des fonctions elliptiques. Elle est susceptible de diverses interprétations : ainsi, on peut d'abord la considérer comme représentant la *courbe élastique*, c'est-à-dire la courbe formée par une lame de ressort fixée à un bout et portant un poids à l'autre. C'est aussi l'équation de la courbe que décrit le foyer d'une ellipse ou d'une hyperbole dont le grand axe est donné en longueur et qui roule sans glisser sur l'axe des x.

448. *Trouver la courbe plane dont le rayon de courbure est une fonction donnée du rayon vecteur.*

En coordonnées rectilignes l'équation différentielle du problème est

$$\frac{\left[1+\left(\frac{dy}{dx}\right)^2\right]^{\frac{3}{2}}}{\frac{d^2y}{dx^2}} = \varphi\left(\sqrt{x^2+y^2}\right);$$

c'est une équation de second ordre assez compliquée ; et, il est assurément préférable d'employer les coordonnées polaires et de recourir à la formule

$$\rho = \frac{rdr}{dP}$$

du n° 446. On a ainsi pour l'équation différentielle

$$\frac{rdr}{dP} = \varphi(r),$$

et une première intégration donne

$$P = f(r) + C, \tag{53}$$

en posant, pour plus de simplicité,

$$\int \frac{rdr}{\varphi(r)} = f(r). \tag{54}$$

Mais

$$P = r \sin V = \frac{r^2 d\theta}{ds} = \frac{r^2 d\theta}{\sqrt{dr^2 + r^2 d\theta^2}};$$

et, en portant cette valeur de P dans (53), puis résolvant par rapport à $d\theta$, on obtient

$$d\theta = \frac{f(r) + C}{\sqrt{r^2 - [(f(r) + C)]^2}} \frac{dr}{r},$$

d'où, en intégrant et désignant par θ_0 la seconde constante arbitraire,

$$\theta = \theta_0 + \int \frac{f(r) + C}{\sqrt{r^2 - [(f(r) + C)]^2}} \frac{dr}{r} \tag{55}$$

On est de la sorte ramené aux quadratures.

Voici deux exemples :

1° Soit

$$\rho = r;$$

l'équation (55) devient alors, si l'on désigne la constante C par $-a$,

$$\theta = \theta_0 + \int \frac{r - a}{\sqrt{r^2 - (r - a)^2}} \frac{dr}{r}.$$

Mais l'expression sous le signe $\int$ peut s'écrire.

$$\frac{dr}{\sqrt{2ar - a^2}} + \frac{d\frac{a}{r}}{\sqrt{1 - \left(\frac{a}{r} - 1\right)^2}}.$$

On a donc pour l'équation de la courbe cherchée

$$\theta = \theta_0 + \frac{1}{a}\sqrt{2ar - a^2} + \arcsin\left(\frac{a}{r} - 1\right).$$

Cette ligne est une sorte de spirale.

2° Soit

$$\rho = \frac{r^3}{a^2}.$$

On a ici

$$f(r) = a^2 \int \frac{dr}{r^2} = -\frac{a^2}{r},$$

et l'équation (55) devient

$$\theta = \theta_0 + \int \frac{\left(C - \frac{a^2}{r}\right)}{\sqrt{r^2 - \left(C - \frac{a^2}{r}\right)^2}} \cdot \frac{dr}{r}$$

c'est une intégrale elliptique.

Dans le cas où l'on attribue à la constante C la valeur zéro, l'intégrale s'obtient immédiatement et l'équation de la courbe devient

$$\theta = \theta_0 + \frac{1}{2} \arccos \frac{a^2}{r^2}$$

ou bien

$$r^2 = \frac{a^2}{\cos 2(\theta - \theta_0)};$$

Sous cette dernière forme on reconnait une hyperbole équilatère.

149. *Trouver la courbe dont le rayon de courbure est proportionnel à la longueur de la normale* (limitée à l'axe des x).

L'équation différentielle du problème est

$$\frac{\left[1 + \left(\frac{dy}{dx}\right)^2\right]^{\frac{3}{2}}}{\frac{d^2y}{dx^2}} = Ky \left[1 + \left(\frac{dy}{dx}\right)^2\right]^{\frac{1}{2}} \tag{56}$$

où K est un nombre donné, positif ou négatif suivant que la courbe est convexe ou concave vers l'axe des x.

Cette équation différentielle du second ordre ne renferme

pas x. On peut donc la ramener au premier ordre (nº 440). A cet effet, on pose

$$\frac{dy}{dx} = p \qquad \text{d'où} \qquad \frac{d^2y}{dx^2} = p\,\frac{dp}{dy};$$

et, après la substitution de ces valeurs, on tombe sur une équation

$$\frac{pdp}{1+p^2} = \frac{dy}{Ky}$$

qui est du premier ordre.

Les variables étant séparées, on intègre immédiatement ; et, l'on a, en désignant par c une constante arbitraire

$$\log(1+p^2) = \frac{2}{K}\log\frac{y}{c},$$

d'où

$$p = \sqrt{\left(\frac{y}{c}\right)^{\frac{2}{K}} - 1}. \tag{57}$$

On a ensuite

$$dx = \frac{dy}{p} = \left[\left(\frac{y}{c}\right)^{\frac{2}{K}} - 1\right]^{-\frac{1}{2}} dy \tag{58}$$

et, enfin,

$$x = a + \int\left[\left(\frac{y}{c}\right)^{\frac{2}{K}} - 1\right]^{-\frac{1}{2}} dy \tag{59}$$

a étant la seconde constante arbitraire. Nous avons pris le radical (57) avec le signe $+$; le signe $-$ donnerait le même résultat.

Le second membre de la relation (58) est une différentielle binôme ; d'après le nº 36, on peut l'intégrer lorsque K est un nombre entier d'ailleurs pair ou impair. Nous allons traiter les cas qui correspondent à $K = \pm 1$ et à $K = \pm 2$.

1º Soit $K = -1$. L'intégrale (59) devient

$$x = a - \sqrt{c^2 - y^2}$$

ou

$$(x - a)^2 + y^2 = c^2;$$

elle représente un *cercle* de rayon arbitraire et dont le centre est sur l'axe $0x$.

2° Soit $K = 1$. L'intégrale (59) devient

$$x = a + c \int \frac{dy}{\sqrt{y^2 - c^2}} = a + c \log \frac{y + \sqrt{y^2 - c^2}}{c}.$$

On peut lui donner une autre forme. Pour cela, on tire de l'équation précédente

$$\frac{y + \sqrt{y^2 - c^2}}{c} = e^{\frac{x-a}{c}};$$

puis, en renversant,

$$\frac{y - \sqrt{y^2 - c^2}}{c} = e^{-\frac{x-a}{c}};$$

et enfin, en ajoutant membre à membre, on obtient

$$y = \frac{c}{2}\left[e^{\frac{x-a}{c}} + e^{-\frac{x-a}{c}}\right],$$

c'est l'équation d'une *chaînette*. On démontre, en Mécanique, que cette courbe est celle que prend un fil pesant, homogène, et suspendu à ses extrémités. Galilée, qui l'a considérée le premier, l'avait d'abord confondue avec un arc de parabole qui effectivement a une allure analogue.

3° Soit $K = -2$. L'équation (58) devient

$$dx = \sqrt{\frac{y}{c - y}}\, dy,$$

ou, en remplaçant la constante c par $2b$,

$$dx = y\, du, \qquad u = \text{arc cos}\left(1 - \frac{y}{b}\right),$$

on déduit de là

$$\cos u = 1 - \frac{y}{b},$$

d'où

$$y = b\,(1 - \cos u); \tag{60}$$

on a ensuite

$$dx = b\,(1 - \cos u)\,du$$

d'où, en intégrant,

$$x = b\,(u - \sin u) \tag{61}$$

Les équations (60) et (61) définissent (n° 286) une *cycloïde* ayant l'axe des x pour base et b pour rayon du cercle générateur.

4° Soit $K = 2$. La formule (59) devient ici

$$x - a = \sqrt{c} \int \frac{dy}{\sqrt{y - c}} = 2\sqrt{c}\,(y - c),$$

d'où

$$y = c + \frac{(x - a)^2}{4c};$$

c'est l'équation d'une *parabole* dont la directrice est l'axe des x.

Équations où figure l'arc de courbe s

150. Certains problèmes conduisent à une équation dans laquelle figure l'arc s de la courbe en question. Voici la marche à suivre pour passer de cette forme d'équation à la forme ordinaire en coordonnées rectilignes.

On différentiera l'équation donnée ; puis, on remplacera ds par $\sqrt{dx^2 + dy^2}$, et enfin on éliminera s entre l'équation ainsi obtenue et la proposée. On aura de la sorte une équation différentielle entre x et y seulement.

Dans le cas particulier où l'équation donnée peut être résolue par rapport à s, il n'y aura pas d'élimination à faire après la différentiation.

Voici quelques applications :

1° Soit

$$s = x \cos \alpha + y \sin \alpha;$$

la différentiation donne

$$ds = \cos \alpha.\ dx + \sin \alpha.\ dy$$

c'est-à-dire

$$\sqrt{dx^2 + dy^2} = \cos \alpha\ dx + \sin \alpha\ dy,$$

ou encore

$$\sqrt{1 + \left(\frac{dy}{dx}\right)^2} = \cos \alpha + \sin \alpha \frac{dy}{dx}$$

On tire de là

$$\frac{dy}{dx} = \operatorname{tg} \alpha$$

et enfin

$$y = x \operatorname{tg} \alpha + C$$

2° Soit

$$s^2 = ay.$$

On a

$$s = \sqrt{ay},$$

d'où.

$$ds \quad \text{ou} \quad \sqrt{dx^2 + dy^2} = \sqrt{\frac{a}{4y}}\, dy,$$

et enfin

$$dx = \sqrt{\frac{a}{4y} - 1}\, dy;$$

c'est l'équation différentielle de la cycloïde (n° 449, 3°).

3° Considérons encore l'équation

$$s = \varphi(p)$$

où p désigne $\frac{dy}{dx}$.

On a, par différentiation,

$$ds = \sqrt{1+p^2}\,dx = \varphi'(p)\,dp,$$

d'où l'on tire

$$dx = \frac{\varphi'(p)}{\sqrt{1+p^2}}\,dp,$$

et par suite

$$pdx \quad \text{ou} \quad dy = \frac{p\varphi'(p)}{1+p^2}\,dp.$$

On déduit de là

$$x - C = \int \frac{\varphi'(p)}{\sqrt{1+p^2}}\,dp \qquad (62)$$

$$y - C' = \int \frac{p\varphi'(p)}{\sqrt{1+p^2}}\,dp \qquad (63)$$

C et C′ étant deux constantes arbitraires. En éliminant p entre les deux dernières relations, on obtiendra l'équation entre x et y.

Si l'on peut résoudre par rapport à p l'une des deux relations (62) et (63), cette relation suffira et il sera inutile de faire intervenir l'autre. En effet, supposons que l'on sache résoudre (62) par rapport à p, on aura

$$p \quad \text{ou} \quad \frac{dy}{dx} = F(x)$$

d'où l'on déduira

$$y - C_1 = \int F(x)\,dx$$

pour l'équation en x et y de la courbe considérée. De même, si l'on sait résoudre (63) par rapport à p, on aura

$$p \quad \text{ou} \quad \frac{dy}{dx} = f(y)$$

d'où l'on déduira

$$x - C_2 = \int \frac{dy}{f(y)}$$

pour l'équation cherchée.

Comme exemple, prenons

$$s = a \operatorname{arc} \operatorname{tg}(p).$$

Ici l'équation (63) donne

$$y - C' = - \frac{a}{\sqrt{1 + p^2}}$$

On en déduit

$$p = \frac{\sqrt{a^2 - (y - C')^2}}{y - C'},$$

$$dx = \frac{y - C'}{\sqrt{a^2 - (y - C')^2}} dy,$$

et enfin, en intégrant,

$$(x - C)^2 + (y - C')^2 = a^2$$

C'est un cercle de rayon donné a, et de centre arbitraire.

Courbe de poursuite

451. Considérons un mobile décrivant d'un mouvement uniforme une ligne donnée C. On nomme *Courbe de poursuite* la courbe c que décrit d'un mouvement uniforme un second mobile se dirigeant sans cesse vers le premier.

Soient M(X, Y) et $m(x, y)$ des positions contemporaines du premier et du second mobiles et

$$f(X, Y) = 0 \tag{64}$$

l'équation de la ligne C.

En un point quelconque m de c la tangente doit passer par le point correspondant M de C ; cette condition s'exprime par la relation

$$Y - y = \frac{dy}{dx}(X - x) \tag{65}$$

Les deux mouvements étant l'un et l'autre uniformes, on aura, en appelant n le rapport des vitesses,

$$n dS = ds$$

ou, en prenant x pour la variable indépendante,

$$n\sqrt{\left(\frac{dX}{dx}\right)^2 + \left(\frac{dY}{dx}\right)^2} = \sqrt{1 + \left(\frac{dy}{dx}\right)^2}. \tag{66}$$

Les relations (64) et (65) déterminent X et Y en fonction de x, y et $\frac{dy}{dx}$

$$X = \varphi\left(x, y, \frac{dy}{dx}\right), \quad Y = \psi\left(x, y, \frac{dy}{dx}\right).$$

On en déduit, en différentiant,

$$\frac{dX}{dx} = \varphi_1\left(x, y, \frac{dy}{dx}, \frac{d^2y}{dx^2}\right), \quad \frac{dY}{dx} = \psi_1\left(x, y, \frac{dy}{dx}, \frac{d^2y}{dx^2}\right),$$

et la substitution de ces deux dernières valeurs dans (66) conduit, pour déterminer la courbe inconnue c, à une équation différentielle du second ordre qu'on ne sait intégrer que dans des cas particuliers.

152. Le cas particulier le plus intéressant est celui où la ligne C est une ligne droite. La courbe de poursuite correspondante c reçoit alors le nom de *courbe du chien* qui cherche à rejoindre son *maître*.

Le chien part de l'origine O des coordonnées tandis que le maître part au même instant d'un point A ($oA = a$) de l'axe des x et décrit la parallèle menée par A à l'axe des y.

Les équations (64) et (65) sont alors

$$X = a, \qquad Y = y + \frac{dy}{dx}(a - x)$$

on obtient, par différentiation,

$$\frac{dX}{dx} = 0, \qquad \frac{dY}{dx} = (a - x)\frac{d^2y}{dx^2};$$

puis, en portant ces valeurs dans (66), on trouve l'équation différentielle du second ordre

$$\frac{\frac{d^2y}{dx^2}}{\sqrt{1 + \left(\frac{dy}{dx}\right)^2}} = \frac{1}{n(a - x)}. \tag{67}$$

Elle est de celles où y n'entre pas (n° 439). On pourra donc la ramener au premier ordre.

A cet effet, on pose

$$\frac{dy}{dx} = p, \qquad \text{d'où} \qquad \frac{d^2y}{dx^2} = \frac{dp}{dx},$$

ce qui permet de mettre l'équation (67) sous la forme

$$\frac{dp}{\sqrt{1 + p^2}} = \frac{dx}{n(a - x)}.$$

Les variables étant séparées, on a, en intégrant,

$$\log\left(p + \sqrt{1 + p^2}\right) = -\frac{1}{n}\log(a - x) + \log C_1$$

ou

$$p + \sqrt{1 + p^2} = C_1 (a - x)^{-\frac{1}{n}}$$

C_1 étant une constante arbitraire. En résolvant par rapport à p, on a

$$p \quad \text{ou} \quad \frac{dy}{dx} = \frac{1}{2}\left[C_1 (a-x)^{-\frac{1}{n}} - \frac{1}{C_1}(a-x)^{\frac{1}{n}}\right] \qquad (68)$$

puis, en intégrant,

$$y = \frac{1}{2}\left[\frac{C_1 (a-x)^{1-\frac{1}{n}}}{\frac{1}{n} - 1} + \frac{1}{C_1}\frac{(a-x)^{1+\frac{1}{n}}}{1 + \frac{1}{n}}\right] + C_2$$

si n diffère de 1, et

$$y = \frac{(x-a)^2}{4C_1} - \frac{C_1}{2}\log(x-a) + C_2$$

si n est égal à 1.

Lignes géodésiques

153. Nous avons vu au n° 525 du tome I que l'équation différentielle des lignes géodésiques est une équation du second ordre qu'on ne sait intégrer que rarement.

Nous avons en outre donné au n° 533 du même tome l'équation différentielle des *lignes géodésiques des surfaces de révolution*, et nous avons annoncé que cette équation

$$r\frac{d^2v}{du^2} + 2r'\frac{dv}{du} + r^2r'\left(\frac{dv}{du}\right)^3 = 0, \qquad (69)$$

où r' désigne la dérivée de r par rapport à u, avait pour intégrale générale

$$v = \int \frac{a\,du}{r\sqrt{r^2 - a^2}} + b, \qquad (70)$$

a et b désignant deux constantes arbitraires.

C'est ici le lieu de montrer comment on trouve cette intégrale.

On pose

$$\frac{dv}{du} = \frac{1}{\sqrt{y}}, \tag{71}$$

d'où

$$\frac{d^2v}{du^2} = -\frac{\frac{dy}{du}}{2y\sqrt{y}},$$

et, en portant ces valeurs dans (69), on obtient l'équation linéaire du premier ordre

$$\frac{dy}{du} - 4\frac{r'}{r}y = 2rr'$$

que l'on intègre par le procédé connu (n° 377). On a ainsi

$$y = \frac{r^2}{a^2}(r^2 - a^2);$$

puis, la relation (71) donne la formule (70).

454. Comme second exemple, nous allons chercher les *lignes géodésiques de l'hélicoïde à plan directeur*.

Nous partirons de l'équation différentielle

$$\begin{vmatrix} p, & q, & -1 \\ dx & dy & dz \\ d^2x & d^2y & d^2z \end{vmatrix} = 0 \tag{72}$$

qui exprime qu'en tout point de la ligne géodésique le plan osculateur est normal à la surface. On a d'ailleurs, pour l'hélicoïde,

$$x = r\cos\theta, \qquad y = r\sin\theta, \qquad z = a\theta \tag{73}$$

d'où l'on déduit

$$p = -\frac{a \sin \theta}{r}, \qquad q = \frac{a \cos \theta}{r},$$

ainsi que les valeurs des différentielles dx, dy, dz d^2x, d^2y, d^2z calculées (n° 104, tome I) dans l'hypothèse où θ est la variable indépendante.

La substitution de ces expressions dans le déterminant (72) donne, par un calcul un peu long mais facile, l'équation différentielle du second ordre

$$\frac{d^2r}{d\theta^2} - \frac{2r}{r^2 + a^2}\left(\frac{dr}{d\theta}\right)^2 - r = 0, \tag{74}$$

qui ne contient pas θ.

On ramènerait cette équation à une équation linéaire du premier ordre en posant

$$\frac{dr}{d\theta} = \sqrt{y};$$

mais il est plus simple de poser

$$r = a \operatorname{tg} V. \tag{75}$$

L'équation (74) devient alors

$$\frac{d^2V}{d\theta^2} = \sin V \cos V$$

ou

$$d\left(\frac{dV}{d\theta}\right)^2 = d \sin^2 V.$$

On en déduit par deux intégrations successives

$$\theta = \int \frac{dV}{\sqrt{\sin^2 V + C}} + C',$$

C et C′ étant deux constantes arbitraires.

En revenant à l'ancienne variable r d'après la relation (75), on a définitivement

$$\theta = \int \frac{\frac{a}{\sqrt{1+C}}}{\sqrt{(r^2+a^2)\left(r^2+\frac{a^2C}{1-C}\right)}} + C' ;$$

c'est une intégrale elliptique.

La question se prête à une discussion intéressante, pour laquelle nous renvoyons le lecteur au *Mémoire* de M. Catalan *sur les surfaces réglées à plan directeur* (*Journal de l'Ecole Polytechnique* 1843).

CHAPITRE XIII

ÉQUATIONS LINÉAIRES D'ORDRE QUELCONQUE

Définitions

455. On nomme *Equations linéaires d'ordre n* les équations différentielles dans lesquelles la fonction inconnue y et ses dérivées jusqu'à l'ordre n inclusivement n'entrent qu'au premier degré et ne se multiplient pas entre elles.

Leur forme générale est

$$(A) \quad \frac{d^n y}{dx^n} + P_1 \frac{d^{n-1} y}{dx^{n-1}} + \dots + P_{n-1} \frac{dy}{dx} + P_n y = Q,$$

$P_1, P_2, \dots P_n$, Q étant des fonctions données quelconques de la variable indépendante x.

Ces équations jouissent de propriétés remarquables dont l'ensemble constitue un des chapitres les plus intéressants du Calcul intégral. Mais ce n'est pas uniquement au point de vue Analytique que cette théorie offre une grande importance ; elle intervient en outre fréquemment dans l'étude des Lois physiques. Considérons en effet une équation différentielle quelconque

$$\psi\left(x, y, \frac{dy}{dx}, \dots \frac{d^n y}{dx^n}\right) = 0$$

et supposons que cette équation soit l'expression rigoureuse de la Loi d'un phénomène naturel. Il arrive le plus souvent, d'après la nature de ce phénomène, que y et ses dérivées sont astreints à rester très petites. En négligeant alors leurs produits et leurs puissances supérieures, on est conduit à une équation linéaire, et l'on peut prévoir par ce simple aperçu le rôle important des équations de ce genre.

Nous distinguerons deux cas suivant que l'équation linéaire proposée renferme un second membre ou en est dépourvue. Dans la suite de cette étude nous désignerons par (A) l'équation complète et par (B) l'équation

$$\text{(B)} \qquad \frac{d^n y}{dx^n} + P_1 \frac{d^{n-1}y}{dx^{n-1}} + \dots + P_{n-1}\frac{dy}{dx} + P_n y = 0$$

privée de second membre.

Nous emploierons d'ailleurs souvent la notation $y^{(k)}$, au lieu de $\frac{d^k y}{dx^k}$, pour représenter la $k^{\text{ième}}$ dérivée de y par rapport à x.

Enfin, si $y_1, y_2, \dots y_k$ désignent des solutions de l'équation (B), nous dirons que ces solutions sont *distinctes* lorsque le déterminant

$$\Delta_k = \begin{vmatrix} y_1 & y_2 & \dots & y_k \\ y'_1 & y'_2 & \dots & y'_k \\ \dots & \dots & \dots & \dots \\ y_1^{(k-1)} & y_2^{(k-1)} & \dots & y_k^{(k-1)} \end{vmatrix}$$

formé avec ces k fonctions et leurs $k-1$ premières dérivées ne sera pas identiquement nul.

Forme de l'intégrale générale de l'équation (B)

456. Théorème I. — *Si $y_1, y_2, \dots y_k$ sont des solutions de l'équation* (B), *et si* $C_1, C_2, \dots C_k$ *désignent des constantes quelconques, l'expression*

$$y = C_1 y_1 + C_2 y_2 + \dots + C_k y_k \qquad (1)$$

est aussi une intégrale de (B).

La démonstration n'offre aucune difficulté : il suffit de substituer dans (B) l'expression (1) et ses n dérivées successives.

457. Théorème II. — *Si l'on connaît n intégrales particulières distinctes $y_1, y_2, \ldots y_n$ de l'équation* (B) *on aura l'intégrale générale de cette équation par la formule,*

$$y = C_1 y_1 + C_2 y_2 + \ldots + C_n y_n \tag{2}$$

où $C_1, C_2, \ldots C_n$ *sont des constantes arbitraires.*

En effet, d'abord il résulte du n° précédent que l'expression (2) est une solution de (B) ; et, comme elle renferme n constantes arbitraires, il suffit, pour prouver qu'elle est l'intégrale générale de (B), de faire voir qu'on peut déterminer ces constantes $C_1, C_2, \ldots C_n$ de façon à pouvoir attribuer à y et à ses $(n-1)$ premières dérivées $y', y'', \ldots y^{(n-1)}$ des valeurs arbitrairement choisies pour une valeur quelconque de la variable x.

Or, si l'on considère l'équation (2) et celles qu'on en déduit en différentiant $n-1$ fois de suite par rapport à x, on obtient le système d'équations du premier degré

$$\left.\begin{array}{l} y = C_1 y_1 + C_2 y_2 + \ldots + C_n y_n \\ y' = C_1 y'_1 + C_2 y'_2 + \ldots + C_n y'_n \\ \ldots\ldots\ldots\ldots\ldots\ldots\ldots\ldots \\ y^{(n-1)} = C_1 y_1^{(n-1)} + C_2 y_2^{(n-1)}, \ldots + C_n y_n^{(n-1)} \end{array}\right\} \tag{3}$$

d'où l'on pourra tirer pour $C_1, C_2, \ldots C_n$ un système de valeurs unique et bien déterminé puisque le déterminant Δ_n est différent de zéro.

Ce théorème fait connaître la *forme de l'intégrale générale* de l'équation (B). Mais, pour obtenir cette intégrale, il faut connaître n solutions particulières, ce qui est difficile vu l'absence de méthode pour trouver de telles solutions. On y parvient cependant dans le cas suivant qui, très particulier en apparence, se rencontre fréquemment dans les applications.

Intégration des équations linéaires à coefficients constants

458. Remarquons d'abord que si, dans l'équation (A), tous les coefficients, y compris le terme Q, sont constants, il suffira de changer y en $y + \frac{Q}{P_n}$ pour réduire à zéro le second membre. Nous n'avons donc à considérer que l'équation (B) dans laquelle les coefficients sont supposés constants.

Nous nommerons *équation caractéristique* relative à l'équation différentielle (B) l'équation algébrique

$$f(r) \equiv r^n + P_1 r^{n-1} + \dots + P_{n-1} r + P_n = 0, \qquad (4)$$

que l'on déduit de (B) en y remplaçant les dérivées $y^{(n)}$, $y^{(n-1)}, \dots y'$ par les puissances $r^n, r^{n-1}, \dots r$.

459. Théorème III. — *Si l'on désigne par $r_1, r_2, \dots r_n$ les racines supposées distinctes de l'équation caractéristique* (3) *l'intégrale générale de* (B) *sera*

$$y = C_1 e^{r_1 x} + C_2 e^{r_2 x} + \dots + C_n e^{r_n x} \qquad (5)$$

où $C_1, C_2, \dots C_n$ sont des constantes arbitraires. En effet, si l'on pose $y = e^{rx}$ et que l'on substitue dans l'équation (B), on tombe sur l'équation caractéristique (4). Donc $e^{r_1 x}, e^{r_2 x}, \dots e^{r_n x}$ sont n solutions particulières distinctes de l'équation (B) et par suite, en vertu du théorème II, l'expression (5) est l'intégrale générale de (B).

On peut d'ailleurs déterminer les constantes arbitraires $C_1, C_2, \dots C_n$ de façon que, pour une valeur particulière quelconque x_0 de x, la fonction y et ses $n - 1$ dérivées prennent des valeurs données quelconques $u_0, u_1, \dots u_{n-1}$.

A cet effet, on substituera aux inconnues $C_1, C_2, \dots C_n$ les suivantes $\gamma_1, \gamma_2, \dots \gamma_n$ liées aux premières par les relations

$$C_1 = \gamma_1 e^{-r_1 x_0},\ C_2 = \gamma_2 e^{-r_2 x_0},\ \dots\dots C_n = \gamma_n e^{-r_n x_0}.$$

L'expression (5) prendra alors la forme

$$y = \gamma_1 e^{r_1 (x - x_0)} + \gamma_2 e^{r_2 (x - x_0)}, \dots + \gamma_n e^{r_n (x - x_0)}; \qquad (6)$$

et, l'on aura, pour déterminer $\gamma_1, \gamma_2, \dots \gamma_n$, les équations

$$\left.\begin{array}{r}\gamma_1 + \gamma_2 + \dots + \gamma_n = u_0 \\ r_1\gamma_1 + r_2\gamma_2 + \dots + r_n\gamma_n = u_1 \\ r_1^2\gamma_1 + r_2^2\gamma_2 + \dots + r_n^2\gamma_n = u_2 \\ \dots\dots\dots\dots\dots\dots \\ r_1^{n-1}\gamma_1 + r_2^{n-1}\gamma_2 + \dots + r_n^{n-1}\gamma_n = u_{n-1}\end{array}\right\} \quad (7)$$

Or, si l'on désigne par par $\varphi(r)$ le quotient

$$\varphi(r) \equiv \frac{f(r)}{r - r_1} = \lambda_0 + \lambda_1 r + \dots + \lambda_{n-2} r^{n-2} + r^{n-1},$$

on aura

$$\varphi(r_1) = f'(r_1), \quad \varphi(r_2) = 0 \dots\dots \varphi(r_n) = 0$$

et, par suite, en ajoutant les équations (7) respectivement multipliées par $\lambda_0, \lambda_1, \dots\dots \lambda_{n-2}, 1$,

$$\gamma_1 f'(r_1) = \lambda_0 u_0 + \lambda_1 u_1 + \dots + \lambda_{n-2} u_{n-2} + u_{n-1}$$

Cette relation donne pour γ_1 une valeur bien déterminée puisque, la racine r_1 étant simple, le coefficient $f'(r_1)$ est différent de zéro.

On trouverait de même des valeurs bien déterminées pour les autres constantes $\gamma_2 \dots \gamma_n$.

460. Théorème IV. — *Si l'équation caractéristique $f(r) = 0$ a des racines égales, par exemple si $r_1 = r_2 = \dots = r_k$ il faut, dans la formule* (5), *remplacer la partie $C_1 e_1^{r_1 x} + C_2 e_2^{r_2 x} + \dots + C_k e_k^{r_k x}$ par*

$$e^{r_1 x}(C_1' + C' x + \dots\dots + C_k' x^{k-1}).$$

En effet, si dans le premier membre de (B) on remplace y par e^{rx}, on a identiquement

$$\frac{d^n(e^{rx})}{dx^n} + P_1 \frac{d^{n-1}(e^{rx})}{dx^{n-1}} + \dots + P_{n-1}\frac{d(e^{rx})}{dx} + P_n(e^{rx}) = e^{rx} f(r) \quad (8)$$

d'où l'on déduit en différentiant successivement par rapport à r,

$$\left.\begin{aligned}&\frac{d^n(xe^{rx})}{dx^n}+P_1\frac{d^{n-1}(xe^{rx})}{dx^{n-1}}+\dots\\&+P_{n-1}\frac{d(xe^{rx})}{dx}+P_n(xe^{rx})=e^{rx}[xf(r)+f'(r)]\end{aligned}\right\}\quad(9)$$

$$\left.\begin{aligned}&\frac{d^n(x^2e^{rx})}{dx^n}+P_1\frac{d^{n-1}(x^2e^{rx})}{dx^{n-1}}+\dots\\&+P_{n-1}\frac{d(x^2e^{rx})}{dx}+P_n(x^2e^{rx})=e^{rx}[x^2f(r)+2xf'(r)+f''(r)]\end{aligned}\right\}\quad(10)$$

. . . .

Si r_1 est une racine simple, le second membre de (8) s'évanouit pour $r=r_1$; donc aussi le premier membre, et e^{r_1x} est une solution de (B) ; ce qu'on savait déjà.

Si r_1 est une raison double, r_1 annule à la fois $f(r)$ et $f'(r)$, c'est-à-dire les seconds membres de (8) et de (9) ; donc aussi les premiers, et e^{r_1x} et xe^{r_1x} sont deux solutions de (B).

Si r_1 est racine triple, r_1 annule à la fois $f(r)$, $f'(r)$, $f''(r)$, c'est-à-dire les seconds membres de (8), (9), (10), et par conséquent aussi les premiers membres ; donc

$$e^{r_1x},\ xe^{r_1x},\ x^2e^{r_1x}$$

sont des solutions de (B).

En général, si r_1 est une racine multiple d'ordre k, l'équation (B) admet les k solutions particulières relatives à cette racine

$$e^{r_1x},\ xe^{r_1x},\ x^2e^{r_1x},\ \dots\ x^{k-1}e^{r_1x}$$

et par conséquent la solution

$$C_1e^{r_1x}+C'_2xe^{r_1x}+C'_3\ x^2e^{r_1x}+\dots+C'_kx^{k-1}e^{r_1x}$$

ou

$$e^{r_1x}(C'_1+C'_2x+C'_3x^2+\dots C'_kx^{k-1})$$

qui contient k constantes arbitraires. En lui ajoutant la partie

$$C_{k+1}e^{r_{k+1}x}+\dots+C_ne^{r_nx}$$

relative aux autres racines $r_{k+1}, \dots r_n$, on obtient la solution

$$\left.\begin{aligned} y = e^{r_1 x}(C'_1 + C'_2 x + \dots + C'_k x^{k-1}) \\ + C_{k+1} e^{r_{k+1} x} + \dots + C_n e^{r_n x} \end{aligned}\right\} \quad (11)$$

qui, contenant n constantes arbitraires, est l'intégrale générale de (B).

On voit qu'elle se déduit de (4) d'après la règle énoncée.

461. Nous n'avons fait encore aucune hypothèse sur la nature des racines de l'équation caractéristique. Lorsque cette équation (4) a des racines imaginaires, l'expression (5) est encore l'intégrale générale de (B) ; mais elle renferme alors des imaginaires, dont il est toutefois possible de la débarrasser si les coefficients $P_1, P_2, \dots P_n$ sont réels, auquel cas les racines imaginaires sont conjuguées deux à deux.

Désignons par $\alpha \pm \beta\sqrt{-1}$ un couple de racines imaginaires conjuguées.

Si ces racines sont simples, les termes qu'elles introduisent dans la formule (4) seront

$$Ce^{\alpha x}(\cos\beta x + \sqrt{-1}\sin\beta x) + C' e^{\alpha x}(\cos\beta x - \sqrt{-1}\sin\beta x)$$

ou

$$e^{\alpha x}(M\cos\beta x + N\sin\beta x)$$

en posant

$$C + C' = M, \qquad (C - C')\sqrt{-1} = N.$$

On peut encore simplifier cette expression en posant

$$M = \lambda\cos\gamma, \qquad N = -\lambda\sin\gamma$$

ce qui donne

$$\lambda e^{\alpha x}\cos(\beta x + \gamma),$$

λ et γ désignant deux constantes arbitraires.

Si les deux racines imaginaires considérées ont un degré de

multiplicité égal à μ, elles introduiront dans la formule (4) les termes

$$e^{\alpha x}\left[\lambda \cos(\beta x+\gamma)+\lambda_1 x \cos(\beta x+\gamma_1)+\ldots\right.$$
$$\left.+\lambda_{\mu-1} x^{\mu-1} \cos\left(\beta x+\gamma_{\mu-1}\right)\right]$$

où

$\lambda, \lambda_1, \ldots \lambda_{\mu-1}$ et $\gamma, \gamma_1, \ldots \gamma_{\mu-1}$ sont 2μ constantes arbitraires.

162. *Exemple :* soit l'équation

$$\frac{d^5 y}{dx^5}-\frac{d^3 y}{dx^3}-2\frac{d^2 y}{dx^2}+2\frac{dy}{dx}=0.$$

L'équation caractéristique a pour racines $0, 1, 1, -1 \pm\sqrt{-1}$; l'intégrale générale est donc

$$y=C+(C_1+C_2 x) e^x+\lambda e^{-x} \cos(x+\gamma).$$

163. Théorème V. — *Si l'équation* (B) *est de la forme*

$$\left.\begin{aligned}(ax+b)^n \frac{d^n y}{dx^n}+A_1(ax+b)^{n-1}\frac{d^{n-1} y}{dx^{n-1}}+\ldots\ldots \\ +A_{n-1}(ax+b)\frac{dy}{dx}+A_n y=0,\end{aligned}\right\} \quad (12)$$

$A_1, A_2, \ldots A_n$ *étant des constantes, et si l'on désigne par* $r_1, r_2, \ldots r_n$ *les racines supposées distinctes de l'équation algébrique*

$$\psi(r) \equiv r(r-1)\ldots(r-n+1)\, a^n+A_1 r(r-1)\ldots(r-n+2)\, a^{n-1}$$
$$+\ldots\ldots+A_{n-1}(r-1)\, a+A_n=0,$$

l'intégrale générale de (5) *est*

$$y=C_1(ax+b)^{r_1}+C_2(ax+b)^{r_2}+\ldots\ldots+C_n(ax+b)^{r_n}, \quad (13)$$

$C_1, C_2, \ldots C_n$ *étant des constantes arbitraires.*

En effet, on voit immédiatement que pour que, $y=(ax+b)^r$ soit une solution particulière de (5), il suffit que r satisfasse à l'équation algébrique $\psi(r) = 0$. La démonstration s'achève ensuite comme au n° 459.

464. Si l'équation $\psi(r) = 0$ a des racines égales, par exemple si $r_1 = r_2 = \ldots = r_k$, il faut dans la formule (13) remplacer la partie

$$C_1(ax+b)^{r_1} + C_2(ax+b)^{r_2} + \ldots + C_k(ax+b)^{r_k}$$

par

$$(ax+b)^{r_1}\left[C_1' + C_2'\log(ax+b) + \ldots \quad + C_k'\{\log(ax+b)\}^{k-1}\right].$$

En effet, si dans le premier membre de (12) on remplace y par $(ax+b)^r$, on a identiquement

$$(ax+b)^n\frac{d^n(ax+b)}{dx^n} + A_1(ax+b)^{n-1}\frac{d^{n-1}(ax+b)^r}{dx^{n-1}} + \ldots.$$
$$+ A_{n-1}(ax+b)\frac{d(ax+b)^r}{dx} + A_n(ax+b)^r = (ax+b)^r\psi(r);$$

puis, on différentie successivement par rapport à r et la démonstration s'achève comme au n° 460.

465. Dans la pratique, il est plus commode de remarquer qu'en changeant de variable on *peut ramener le type* (2) au type précédent, c'est-à-dire *au cas d'une équation linéaire sans second membre et à coefficients constants.*

Il suffit de poser

$$ax + b = e^t,$$

d'où l'on déduit successivement

$$\frac{dy}{dx} = \frac{dy}{dt}\frac{dt}{dx} = ae^{-t}\frac{dy}{dt},$$
$$\frac{d^2y}{dx^2} = \left(-ae^{-t}\frac{dy}{dt} + ae^{-t}\frac{d^2y}{dt^2}\right)\frac{dt}{dx} = a^2e^{-2t}\left(-\frac{dy}{dt} + \frac{d^2y}{dt^2}\right),$$
$$\frac{d^3y}{dx^3} = -a^2 2e^{-2t}\left(-\frac{dy}{dt} + \frac{d^2y}{dt^2}\right)\frac{dt}{dx} + a^2e^{-2t}\left(-\frac{d^2y}{dt^2} + \frac{d^3y}{dt^3}\right)\frac{dt}{dx}$$
$$= a^3e^{-3t}\left[2\frac{dy}{dt} - 3\frac{d^2y}{dt^2} + \frac{d^3y}{dt^3}\right].$$

D'après cela, si, pour plus de simplicité, on se borne au cas de $n = 3$, l'équation proposée

$$(ax + b)^3 \frac{d^3y}{dx^3} + A_1 (ax + b)^2 \frac{d^2y}{dx^2} + A_2 (ax + b) \frac{dy}{dx} + A_3 y = 0$$

deviendra, par la transformation indiquée,

$$a^3 \left[2\frac{dy}{dt} - 3\frac{d^2y}{dt^2} + \frac{d^3y}{dt^3}\right] + A_1 a^2 \left(-\frac{dy}{dx} + \frac{d^2y}{dt^2}\right) + A_2 a \frac{dy}{dt} + A_3 y = 0$$

ou

$$a^3 \frac{d^3y}{dt^3} + a^2 (A_1 - 3a) \frac{d^2y}{dt^2} + a (A_2 - A_1 a + 2a^2) \frac{dy}{dt} + A_3 y = 0,$$

qui est bien linéaire et à coefficients constants.

466. *Exemple :*

Soit l'équation

$$(x + 1)^2 \frac{d^2y}{dx^2} - 4 (x + 1) \frac{dy}{dx} + 6 y = 0.$$

En posant $x + 1 = e^t$ on a

$$\frac{d^2y}{dt^2} - 5 \frac{dy}{dt} + 6 y = 0.$$

L'équation caractéristique a pour racines 2 et 3 ; l'intégrale est donc

$$y = C_1 e^{2t} + C_2 e^{3t}$$

c'est-à-dire, enfin,

$$y = C_1 (x + 1)^2 + C_2 (x + 1)^3.$$

Intégration d'une équation linéaire à coefficients variables

467. Théorème VI. — *Lorsqu'on connaît n intégrales particulières distinctes $y_1, y_2, \dots y_n$ de l'équation* (B), *on obtient l'intégrale générale de l'équation* (A) *au moyen de n quadratures.*

En effet :

On sait (n° 457) que, lorsque $C_1, C_2, \dots C_n$ sont des constantes arbitraires, la formule

$$y = \sum C_k y_k, \tag{14}$$

dans laquelle k peut prendre les valeurs 1, 2, ... n, donne l'intégrale générale de l'équation (B).

Considérons maintenant $C_1, C_2, \dots C_n$ comme des fonctions inconnues de x et proposons-nous de les déterminer de façon que l'expression (14) satisfasse à l'équation (A). Cette condition ne fournit qu'*une* relation entre $C_1, C_2, \dots C_n$. On peut donc imposer à ces n inconnues $n - 1$ autres relations, qu'il est permis d'ailleurs de prendre arbitrairement. Nous les choisirons de telle sorte que les expressions des $n - 1$ premières dérivées de y offrent, dans le cas où $C_1, C_2, \dots C_n$ sont des variables, la même forme que dans le cas où $C_1, C_2, \dots C_n$ sont des constantes. On emploie à cet effet une méthode connue sous la dénomination de *Méthode de la variation des constantes arbitraires.*

$C_1, C_2, \dots C_n$ étant considérées comme variables, la différentiation de l'expression (14) donne

$$\frac{dy}{dx} = \sum C_k \frac{dy_k}{dx} + \sum y_k \frac{dC_k}{dx}.$$

Si donc on pose

$$\sum y_k \frac{dC_k}{dx} = 0, \tag{15}$$

c'est-à-dire, si l'on égale à zéro l'ensemble des termes qui renferment les dérivées $\frac{dC_1}{dx}, \frac{dC_2}{dx} \dots \frac{dC_n}{dx}$, on aura, pour la dérivée de y, l'expression

$$\frac{dy}{dx} = \sum C_k \frac{dC_k}{dx}, \quad (16$$

dont la forme est la même que dans l'hypothèse où $C_1, C_2, \dots C_n$ sont des constantes.

De même, la différentiation de l'expression (16) donne

$$\frac{d^2y}{dx^2} = \sum C_k \frac{d^2y_k}{dx^2} + \sum \frac{dy_k}{dx} \frac{dC_k}{dx}.$$

si donc on pose

$$\sum \frac{dy_k}{dx} \frac{dC_k}{dx} = 0, \quad (17)$$

on aura, pour la dérivée seconde de y, l'expression

$$\frac{d^2y}{dx^2} = \sum C_k \frac{d^2y_k}{dx^2} \quad (18)$$

dont la forme est la même que dans le cas où $C_1, C_2, \dots C_n$ sont des constantes.

En continuant de la sorte, on obtiendra les $n - 1$ relations cherchées

$$\sum y_k \frac{dC_k}{dx} = 0, \sum \frac{dy_k}{dx} \frac{dC_k}{dx} = 0 \dots \sum \frac{d^{n-2}y_k}{dx^{n-2}} \frac{dC_k}{dx} = 0 \quad (19)$$

et, en même temps

$$y = \sum C_k y_k, \frac{dy}{dx} = \sum C_k \frac{dy_k}{dx}, \dots \frac{d^{n-1}y}{dx^{n-1}} = \sum C_k \frac{d^{n-1}y_k}{dx^{n-1}}. \quad (20)$$

Il reste actuellement à écrire la condition que nous avons énoncée en premier lieu et qui consiste en ce que l'expression (14) doit satisfaire à l'équation (A). Dans ce but, on différentiera la dernière des équations (20), ce qui donne

$$\frac{d^ny}{dx^n} = \sum C_k \frac{d^ny_k}{dx^n} + \sum \frac{d^{n-1}y_k}{dx^{n-1}} \frac{dC_k}{dx}; \quad (21)$$

puis, l'on portera les expressions (20) et l'expression (21) dans l'équation (A), en ayant égard, dans cette substitution, à ce que $y_1, y_2, \ldots y_n$ sont des intégrales de (B). On obtient ainsi la relation

$$\sum \frac{d^{n-1}y_k}{dx^{n-1}} \frac{dC_k}{dx} = 0 \tag{22}$$

qui, avec les relations (19), forme un système de n équations du premier degré à n inconnues

$$\frac{dC_1}{dx}, \quad \frac{dC_2}{dx}, \ldots \quad \frac{dC_n}{dx} \tag{23}$$

Ce système est d'ailleurs compatible, puisque les fonctions $y_1, y_2, \ldots y_n$, étant distinctes par hypothèse, le déterminant

$$\Delta_n \equiv \begin{vmatrix} y_1 & y_2 & \ldots & y_n \\ \frac{dy_1}{dx}, & \frac{dy_2}{dx} & \ldots & \frac{dy_n}{dx} \\ \cdot & \cdot & \cdot & \cdot \\ \frac{d^{n-1}y_1}{dx^{n-1}}, & \frac{d^{n-1}y_2}{dx^{n-1}} & \ldots & \frac{d^{n-1}y_n}{dx^{n-1}} \end{vmatrix}$$

est différent de zéro. Les équations (19) et (22) fourniront donc pour chacune $\frac{dC_k}{dx}$ des inconnues (23) une valeur X_k bien déterminée et fonction de x. On aura donc

$$dC_k = X_k\,dx \qquad \text{d'où} \qquad C_k = \int X_k\,dx + \gamma_k, \tag{24}$$

et par suite

$$y = \sum y_k(\gamma_k + \int X_k\,dx) \tag{25}$$

C'est l'intégrale générale de (A), puisqu'elle renferme n constantes arbitraires $\gamma_1, \gamma_2, \ldots \gamma_n$. On voit qu'on l'obtient au moyen des n quadratures (24).

468. Un *cas particulier* fort important est celui où les coefficients P_1, P_2, ... P_n de l'équation (A) sont constants, le second membre Q étant seul fonction de x.

On connait alors n intégrales particulières de l'équation (B) puisque (B) a dans ce cas ses coefficients constants. Ces n solutions sont

$$y_1 = e^{r_1 x},\ y_2 = e^{r_2 x},\ \ldots.\ y_n = e^{r_n x}$$

r_1, r_2, ... r_n étant les racines de l'équation caractéristique (n° 459).

L'intégrale générale de l'équation (A) s'obtient donc (n° 467) au moyen de n quadratures.

Voici un exemple :

Soit l'équation différentielle

$$\frac{d^2y}{dx^2} - (r_1 + r_2)\frac{dy}{dx} + r_1 r_2 dy = Q \tag{26}$$

où r_1 et r_2 sont des nombres donnés, tandis que Q est une fonction donnée de x.

Les racines de l'équation caractéristique sont ici r_1 et r_2, et l'on a

$$y = C_1 e^{r_1 x} + C_2 e^{r_2 x}.$$

Les équations du premier degré qui déterminent $\frac{dC_1}{dx}$ et $\frac{dC_2}{dx}$ sont donc

$$e^{r_1 x}\frac{dC_1}{dx} + e^{r_2 x}\frac{dC_2}{dx} = 0,$$

$$r_1 e^{r_1 x}\frac{dC_1}{dx} + r_2 e^{r_2 x}\frac{dC_2}{dx} = Q.$$

Elles donnent

$$\frac{dC_1}{dx} = \frac{Qe^{-r_1 x}}{r_1 - r_2}\ ,\quad \frac{dC_2}{dx} = \frac{Qe^{-r_2 x}}{r_2 - r_1},$$

d'où l'on déduit

$$C_1 = \frac{1}{r_1 - r_2}\int Qe^{-r_1x}dx, \quad C_2 = \frac{1}{r_2 - r_1}\int Qe^{-r_2x}dx.$$

L'intégrale générale de l'équation proposée (26) a donc enfin pour expression

$$y = \frac{e^{r_2x}\int Qe^{-r_2x}\,dx - e^{r_1x}\int Qe^{-r_1x}\,dx}{r_2 - r_1} \qquad (27)$$

les deux intégrales indéfinies étant supposées renfermer chacune une constante arbitraire.

Lorsque r_2 est égal à r_1, l'expression (27) se présente sous la forme $\frac{0}{0}$. Pour avoir la vraie valeur de l'intégrale, on appliquera la *règle de l'Hospital* (n° 189, tome 1), en différentiant le numérateur et le dénominateur par rapport à r_2, puis faisant $r_2 = r_1$. On trouve ainsi

$$y = e^{r_1x}\left[x\int Qe^{-r_1x} - \int Qe^{-r_1x}\,xdx\right].$$

469. Théorème VII. — *Lorsqu'on connaît une intégrale particulière γ de l'équation* (A), *on obtient l'intégrale générale de cette équation en ajoutant la solution γ à l'intégrale générale de* (B).

En effet, si l'on fait dans (A) la substitution

$$y = \gamma + z,$$

on obtient la relation

$$\frac{d^n\gamma}{dx^n} + P_1\frac{d^{n-1}\gamma}{dx^{n-1}} + \ldots + P_{n-1}\frac{d\gamma}{dx} + P_n\gamma$$
$$+ \left(\frac{d^nz}{dz^n} + P_1\frac{d^{n-1}z}{dx^{n-1}} + \ldots + P_{n-1}\frac{dz}{dx} + P_nz\right) = Q$$

qui, puisque γ satisfait à l'équation (A), se réduit à

$$\frac{d^n z}{dx^n} + P_1 \frac{d^{n-1} z}{dx^{n-1}} + \dots + P_{n-1} \frac{dz}{dx} + P_n z = 0,$$

laquelle n'est autre que l'équation (B).

470. L'intégrale générale de (A) a donc la forme

$$y = C_1 y_1 + C_2 y_2 + \dots + C_n y_n + Y, \tag{28}$$

γ étant une solution *quelconque* de l'équation (A). Il suit de là que l'*équation linéaire n'admet pas de solution singulière.* En effet, une solution quelconque $y = \gamma$ se déduit de l'intégrale générale (28) en y faisant $C_1 = C_2 = \dots = C_n = 0$.

471. Nous avons considéré au n° 468 le cas où, dans l'équation (A), les coefficients $P_1, P_2, \dots P_n$ sont constants tandis que le second membre Q est une fonction de x ; et, nous avons vu que l'intégration exigeait n quadratures.

Le théorème VII permet d'eviter ces quadratures lorsque le second membre Q revêt l'une des trois formes

$$Q = \sum \alpha x^k \tag{29}$$

$$Q = \sum \alpha e^{kx} \tag{30}$$

$$Q = \sum (\alpha \cos Kx + \beta \sin Kx) ; \tag{31}$$

car, dans chacune de ces hypothèses, on peut trouver immédiatement, pour l'équation (A), une solution particulière ayant la même forme que l'expression de Q et dont on détermine les coefficients (c'est-à-dire les quantités désignées ci-dessus par des lettres grecques) par la *méthodes des coefficients indéterminés.*

Cette intégrale particulière étant obtenue, on l'ajoutera (n° 469) à l'intégrale générale de (B).

Voici des exemples relatifs à chacune des trois formes de Q.

1° Soit l'équation différentielle

$$\frac{d^2 y}{dx^2} - y = \alpha x^3 + \beta x^2 + \gamma x + \delta. \tag{32}$$

Posons

$$Y = Ax^3 + Bx^2 + Cx + D, \tag{33}$$

et substituons cette valeur à la place de y dans l'équation proposée (3). En ordonnant par rapport à x et égalant à zéro les coefficients des diverses puissances de x, nous aurons les relations

$$A + \alpha = 0, \quad B + \beta = 0, \quad 6A - C - \gamma = 0, \quad 2B - D - \delta = 0,$$

d'où l'on tire

$$A = -\alpha, \qquad B = -\beta, \qquad C = -(6\alpha + \gamma), \qquad D = -(2\beta + \delta).$$

L'intégrale particulière demandée est donc

$$Y = -\alpha x^3 - \beta x^2 - (6\alpha + \gamma)x - (2\beta + \delta).$$

2° Soit l'équation différentielle

$$\frac{d^n y}{dx^n} + P_1 \frac{d^{n-1}y}{dx^{n-1}} + \ldots + P_{n-1}\frac{dy}{dx} + P_n y = \alpha e^{kx} \tag{34}$$

où $P_1, P_2, \ldots P_{n-1}, P_n$ sont des constantes.

En posant

$$Y = Ae^{kx} \tag{35}$$

et substituant dans (34), on aura pour déterminer A la relation

$$Ae^{kx}\left[k^n + P_1 k_{n-1} + \ldots + P_{n-1}k + P_n\right] = \alpha e^{kx},$$

c'est-à-dire, en désignant par $f(k) = 0$ l'équation caractéristique,

$$Af(k) = \alpha \quad \text{d'où} \quad A = \frac{\alpha}{f(k)}.$$

La solution particulière demandée est donc

$$Y = \frac{e^{kx}}{f(k)}. \tag{36}$$

La méthode est en défaut lorsque k est une racine de l'équation caractéristique ; il convient alors d'appliquer la méthode générale (n° 468).

3° Soit enfin l'équation différentielle

$$\frac{d^2y}{dx^2} + y = \cos Kx. \tag{37}$$

En posant

$$Y = A \cos Kx \tag{38}$$

et substituant dans (37), on obtient

$$-A \cos Kx\,(K^2 - 1) = \cos Kx, \qquad \text{d'où} \qquad A = \frac{1}{1 - K^2},$$

et la solution particulière demandée est

$$Y = \frac{\cos Kx}{1 - K^2}. \tag{39}$$

La méthode est en défaut lorsque K est égal à 1 ou à -1. Il convient alors d'avoir recours à la méthode générale (n° 468) ; on trouvera ainsi

$$y = C \cos x + C' \sin x + \frac{x \sin x}{2}$$

pour l'intégrale de

$$\frac{d^2y}{dx^2} + y = \cos x$$

Abaissement de l'ordre d'une équation différentielle linéaire

472. Si l'on connait n intégrales particulières distinctes de l'équation (B), on peut (n° 467) intégrer l'équation (A) c'est-à-dire ramener son intégration à la recherche de n quadratures, n étant l'ordre des équations différentielles (A) et (B).

Il n'en est plus ainsi lorsqu'on connaît seulement m intégrales particulières distinctes de (B), m étant inférieur à n. Mais on peut, dans ce cas, profiter de la connaissance de ces m intégrales pour abaisser de m unités l'ordre des équations (B) et (A), sans changer leur forme linéaire ; tel est l'objet du théorème suivant :

173. Théorème VIII. — *Lorsqu'on connaît m intégrales particulières distinctes de* (B) *on obtient l'intégrale générale de* (A), *et à plus forte raison celle de* (B), *en déterminant l'intégrale générale d'une équation linéaire d'ordre n — m et opérant ensuite m quadratures.*

Nous prendrons $n = 5$ et $m = 3$, pour abréger les écritures, sans altérer la généralité du raisonnement.

Soient donc y_1, y_2, y_3 les solutions particulières de (B). Si C_1, C_2, C_3 sont des constantes, l'expression

$$y = C_1 y_1 + C_2 y_2 + C_3 y_3 \tag{40}$$

sera encore une solution de (B) ; mais, si l'on y considère C_1, C_2, C_3, comme des fonctions inconnues de x, le second membre pourra évidemment représenter une fonction quelconque de x et en particulier l'intégrale générale de (A).

La condition imposée à l'expression (40) de satisfaire à l'équation (A) ne fournit qu'*une* relation entre les fonctions C_1, C_2, C_3 ; on peut donc imposer à ces inconnues *deux* autres relations, qu'il est d'ailleurs permis de prendre arbitrairement. Nous les choisirons de telle sorte que les expressions des *deux* premières dérivées de y offrent, dans le cas où C_1, C_2, C_3 sont des variables, la même forme que dans le cas où C_1, C_2, C_3 sont des constantes. A cet effet on opérera comme il suit :

C_1, C_2, C_3 étant considérées comme variables, la différentiation de l'expression (40) donne

$$\frac{dy}{dx} = C_1 \frac{dy_1}{dx} + C_2 \frac{dy_2}{dx} + C_3 \frac{dy_3}{dx} + y_1 \frac{dC_1}{dx} + y_2 \frac{dC_2}{dx} + y_3 \frac{dC_3}{dx};$$

si donc on pose

$$y_1 \frac{dC_1}{dx} + y_2 \frac{dC_2}{dx} + y_3 \frac{dC_3}{dx} = 0, \tag{41}$$

on aura, pour la dérivée de y, l'expression

$$\frac{dy}{dx} = C_1 \frac{dy_1}{dx} + C_2 \frac{dy_2}{dx} + C_3 \frac{dy_3}{dx} \tag{42}$$

dont la forme est la même que dans l'hypothèse où C_1, C_2, C_3 sont des constantes.

De même, la différentiation de (42) donne

$$\frac{d^2y}{dx^2} = C_1 \frac{d^2y_1}{dx^2} + C_2 \frac{d^2y_2}{dx^2} + C_3 \frac{d^2y_3}{dx^2} + \frac{dy_1}{dx}\frac{dC_1}{dx} + \frac{dy_2}{dx}\frac{dC_2}{dx} + \frac{dy_3}{dx}\frac{dC_3}{dx};$$

si donc on pose

$$\frac{dy_1}{dx}\frac{dC_1}{dx} + \frac{dy_2}{dx}\frac{dC_2}{dx} + \frac{dy_3}{dx}\frac{dC_3}{dx} = 0, \tag{43}$$

on aura pour la dérivée seconde de y, l'expression

$$\frac{d^2y}{dx^2} = C_1 \frac{d^2y_1}{dx^2} + C_2 \frac{d^2y_2}{dx^2} + C_3 \frac{d^2y_3}{dx^2} \tag{44}$$

Il reste actuellement à écrire que l'expression (40) doit satisfaire à l'équation (A). Dans ce but, on différentiera *trois* fois de suite l'équation (44) ce qui donne

$$\frac{d^3y}{dx^3} = C_1 \frac{d^3y}{dx^3} + C_2 \frac{d^3y_2}{dx^3} + C_3 \frac{d^3y_3}{dx^3} + u \tag{45}$$

$$\frac{d^4y}{dx^4} = C_1 \frac{d^4y_1}{dx^4} + C_2 \frac{d^4y^2}{dx^4} + C_3 \frac{d^4y_3}{dx^4} + u_1 + \frac{du}{dx} \tag{45'}$$

$$\frac{d^5y}{dx^5} = C_1 \frac{d^5y_1}{dx^5} + C_2 \frac{d^5y_2}{dx^5} + C_3 \frac{d^5y_3}{dx^5} + u_2 + \frac{du_1}{dx} + \frac{d^2u}{dx^2}, \tag{45''}$$

en posant

$$\frac{d^2y_1}{dx^2}\frac{dC_1}{dx} + \frac{d^2y_2}{dx^2}\frac{dC_2}{dx} + \frac{d^2y_3}{dx^2}\frac{dC_3}{dx} = u \tag{46}$$

$$\frac{d^3y_1}{dx^3}\frac{dC_1}{dx} + \frac{d^3y_2}{dx^3}\frac{dC_2}{dx} + \frac{d^3y_3}{dx^3}\frac{dC_3}{dx} = u_1 \tag{46'}$$

$$\frac{d^4y_1}{dx^4}\frac{dC_1}{dx} + \frac{d^4y_2}{dx^4}\frac{dC_2}{dx} + \frac{d^4y_3}{dx^4}\frac{dC_3}{dx} = u_2. \tag{46''}$$

Cela fait, on portera dans (A) les valeurs (40), (42), (44), (45),

(45'), (45'') de $y, \frac{dy}{dx}, \frac{d^2y}{dx^2}, \frac{d^3y}{dx^3}, \frac{d^4y}{dx^4}, \frac{d^5y}{dx^5}$, et l'équation provenant de cette substitution se réduira à

$$\frac{d^2u}{dx^2} + \frac{du_1}{dx} + u_2 + P_1\left(\frac{du}{dx} + u_1\right) + P_2 u = Q. \qquad (A_1)$$

Mais le système formé par les équations (41), (43), (46') est compatible, puisque par hypothèse le déterminant Δ_3 est différent de zéro. Il donne pour les inconnues $\frac{dC_1}{dx}, \frac{dC_2}{dx}, \frac{dC_3}{dx}$ des valeurs bien déterminées et de la forme

$$\frac{dC_1}{dx^2} = X_1 u, \quad \frac{dC_2}{dx} = X_2 u, \quad \frac{dC_3}{dx} X_3 u\,; \qquad (E)$$

X_1, X_2, X_3 désignant des fonctions connues de x.

D'autre part, les équations (46'), (46'') donnent

$$u_1 = Z_1 u \quad , \quad u_2 = Z_2 u$$

Z_1 et Z_1 étant aussi des fonctions connues de x ; et la substitution de ces expressions dans (A_1) fournira pour déterminer u, l'équation linéaire du *second* ordre

$$\frac{d^2u}{dx^2} + (Z_1 + P_1)\frac{du}{dx} + \left(Z_2 + \frac{dZ_1}{dx} + P_1 Z_1 + P_2\right) u = Q \quad (A_2)$$

Donc, en définitive, on déterminera d'abord l'intégrale générale de (A_2), qui contiendra *deux* constantes arbitraires ; puis on aura C_1, C_2, C_3 par les quadratures

$$C_1 = \gamma_1 + \int X_1 u dx,\; C_2 = \gamma_2 + \int X_2 u dx,\; C_3 = \gamma_3 + \int X_3 u dx \quad (E_1)$$

qui introduiront *trois* nouvelles constantes arbitraires $\gamma_1\ \gamma_2\ \gamma_3$.

En portant les valeurs (E_1) dans (40), on aura l'intégrale de l'équation proposée (A), qui renfermera d'ailleurs *cinq* constantes arbitraires.

174. Considérons le cas où $m = 1$ c'est-à-dire où l'on ne connaît qu'une seule intégrale y_1 de l'équation (B).

On posera alors, au lieu de (40),

$$y = C_1 y_1 \tag{40'}$$

C_1 étant une fonction inconnue de x qu'on déterminera par la condition que cette expression (40′) satisfasse à l'équation (A).

A cet effet, on calculera les dérivées successives de y à l'aide de la formule de Leibnitz (tome I, n° 88) relative aux dérivées des divers ordres du produit de deux fonctions de x; puis, on substituera y et ses dérivées dans l'équation (A). On obtient de la sorte

$$Q = V_0 C_1 + V_1 \frac{dC_1}{dx} + \frac{V_2}{1.2} \frac{d^2 C_1}{dx^2} + \dots + \frac{V_n}{1.2 \dots n} \frac{d^n C_1}{dx^n}, \tag{47}$$

les coefficients V_0, V_1, ... V_n ayant pour expression

$$\left.\begin{aligned}
V_0 &= \frac{d^n y_1}{dx^n} + P_1 \frac{d^{n-1} y_1}{dx^{n-1}} + \dots + P_{n-1} \frac{dy_1}{dx} + P_n y_1 \\
V_1 &= n \frac{d^{n-1} y_1}{dx^{n-1}} + (n-1) P_1 \frac{d^{n-2} y_1}{dx^{n-1}} + \dots + P_{n-2} \frac{dy_1}{dx} + P_{n-1} y_1 \\
V_2 &= n(n-1) \frac{d^{n-2} y_1}{dx^{n-1}} + (n-1)(n-2) P_1 \frac{d^{n-3} y}{dx^{n-3}} + \dots \\
&\qquad + 3.2\, P_{n-3} \frac{dy_1}{dx} + 2.1\, P_{n-2} y_1 \\
&\dots\dots\dots\dots\dots\dots \\
V_n &= n(n-1) \dots 3.2.1.\, y_1.
\end{aligned}\right\} \tag{48}$$

Mais V_0 est nul puisque par hypothèse y_1 est une solution de (B), et si l'on pose

$$\frac{dC_1}{dx} = z.$$

l'équation (47) se réduit à

$$\frac{d^{n-1} z}{dx^{n-1}} + V_{n-1} \frac{d^{n-2} z}{dx^{n-2}} + \dots + V_2 \frac{dz}{dx} + V_1 z = Q \tag{49}$$

qui est une équation différentielle linéaire d'ordre $n - 1$. On a donc ainsi abaissé d'une unité l'ordre de l'équation proposée.

L'équation (49) étant intégrée, on aura

$$C_1 = \gamma + \int z dx$$

et par suite l'expression

$$y = y_1 (\gamma + \int z dx)$$

sera l'intégrale générale de (A) puisqu'elle renferme n constantes arbitraires qui sont la constante γ et les $(n - 1)$ constantes contenues dans z.

Le beau théorème VIII ainsi que la démonstration que nous en avons donnée sont dus à Lagrange; la méthode introduite à cette occasion, dans l'Analyse, par l'illustre géomètre a reçu, avons nous dit (n° 467), le nom de *Méthode de la variation des constantes arbitraires*. Nous avons cru devoir y insister (nos 467, 473, 474) à cause de sa fécondité et de son élégance.

Transformations diverses

475. La théorie que nous venons d'exposer fait ressortir l'avantage qu'il y aurait à savoir trouver des solutions particulières de l'équation sans second membre (B). Malheureusement, en dehors des cas traités aux nos 459 et 460 et de la méthode d'intégration par les séries dont il sera question plus loin, on ne connaît, pour les recherches de ce genre, aucun procédé offrant quelque généralité.

Le mieux alors consiste à opérer des transformations telles que l'équation nouvelle laisse apparaître des solutions particulières.

Parmi ces transformations, l'une des plus connues est la suivante

$$y = e^{\int u dx} \tag{50}$$

que nous avons déjà étudiée au n° 441. Elle permet d'*abaisser d'une unité l'ordre de toute équation qui est homogène par rapport à y et à ses dérivées. Elle s'applique donc en particulier aux équations linéaires sans second membre* ; seulement *la nouvelle équation n'est plus linéaire.*

Mais si l'on peut trouver, n'importe comment, une solution de l'équation transformée, on aura par là même une solution particulière de la proposée (B) et le but sera rempli.

Soit, par exemple, l'équation

$$\frac{d^2y}{dx^2} + \frac{1}{x}\frac{dy}{dx} - \frac{y}{x^2} = 0.$$

La transformation indiquée donne

$$\frac{du}{dx} + u^2 + \frac{1}{x}\left(u - \frac{1}{x}\right) = 0\,;$$

elle n'est pas linéaire ; mais on aperçoit immédiatement que $\frac{1}{x}$ est une solution particulière ; par suite, la proposée admet la solution $e^{\int\frac{dx}{x}}$ ou x, ce que l'on pouvait voir directement. D'ailleurs l'équation proposée rentre dans le type (12) que l'on sait intégrer.

176. La même transformation (50) appliquée à l'équation

$$\frac{d^2y}{dx^2} = \mathrm{K}x^ny \tag{51}$$

donne

$$\frac{du}{dx} + u^2 = \mathrm{K}x^n\,;$$

c'est une équation de Riccati (n° 382).

Réciproquement, si l'on applique à l'équation de Riccati

$$\frac{dy}{dx} + by^2 = cx^n,$$

la transformation

$$y = \frac{1}{bu}\frac{du}{dx},$$

due à Euler, on tombe, en posant $bc = K$, sur l'équation (51) qui est commode vu sa forme à la fois binôme et linéaire.

Propriétés de l'équation linéaire du second ordre sans second membre

477. Il résulte du n° 474, où l'on fait $n = 2$ et $Q = 0$, que l'on peut trouver l'intégrale générale de l'équation

$$\frac{d^2y}{dx^2} + P_1\frac{dy}{dx} + P_2 y = 0, \qquad (52)$$

dès qu'on en connait une solution particulière y_1 c'est-à-dire une expression y_1 telle que l'on ait

$$\frac{d^2y_1}{dx^2} + P_1\frac{dy_1}{dx} + P_2 y_1 = 0.$$

A cette méthode générale on peut substituer un procédé dû à Sturm et remarquable par sa simplicité et son élégance. Voici en quoi il consiste :

En éliminant P_2 entre les deux relations précédentes, on obtient

$$y_1\frac{d^2y}{dx^2} - y\frac{d^2y_1}{dx^2} + P_1\left(y_1\frac{dy}{dx} - y\frac{dy_1}{dx}\right) = 0.$$

Puis, si l'on pose

$$y_1\frac{dy}{dx} - y\frac{dy_1}{dx} = u, \quad \text{d'où} \quad y_1\frac{d^2y}{dx^2} - y\frac{d^2y_1}{dx^2} = \frac{du}{dx}\cdot$$

l'équation devient

$$\frac{du}{dx} + P_1 u = 0, \quad \text{d'où} \quad u = Ce^{-\int P_1 dx}$$

c'est-à-dire

$$y_1 \frac{dy}{dx} - y \frac{dy_1}{dx} = Ce^{-\int P_1 dx}, \tag{53}$$

que l'on peut écrire

$$d \frac{y}{y_1} = \frac{Ce^{-\int P_1 dx}}{y_1^2},$$

ce qui donne

$$y = C'y_1 + Cy_1 \int \frac{e^{-\int P_1 dx}}{y_1^2} \tag{54}$$

pour l'intégrale demandée.

478. Un très grand nombre de problèmes relatifs à la Physique mathématique conduisent à des équations différentielles de la forme (52). On ne sait intégrer une telle équation que dans un fort petit nombre de cas particuliers, et lors même qu'on possède l'expression, sous forme finie, de la fonction qui satisfait à l'équation considérée, il est le plus souvent très difficile de reconnaître d'après cette expression la marche et la propriété caractéristique de cette fonction.

Mais on peut arriver à ce but par la seule considération de l'équation différentielle sans qu'on ait besoin de son intégration. Cette recherche a fait l'objet d'un mémoire justement célèbre publié par Sturm dans le journal de Lionville (tome I, 1833). Nous ne saurions ici analyser même succinctement ce travail considérable. Nous nous bornerons à reproduire presque textuellement la partie que le grand géomètre avait cru devoir introduire dans son Cours d'analyse de l'Ecole Polytechnique.

479. Considérons la relation (53).

1° La constante C étant, en général, différente de zéro, nous la supposerons positive ; on aura alors

$$y_1 \frac{dy}{dx} - y \frac{dy_1}{dx} > 0. \tag{55}$$

Donc la *fonction* y *et sa dérivée* $\frac{dy}{dx}$ *ne peuvent être nulles simultanément.*

La même propriété appartient aux fonctions y_1 *et* $\frac{dy_1}{dx}$.

2° *Deux valeurs de* x *qui annulent* y_1 *comprennent une valeur de* x *qui annule* y. En effet, si y_1 s'annule pour $x = a$ et pour $x = b$, on aura dans l'un et l'autre cas, d'après l'inégalité (55),

$$y \frac{dy_1}{dx} < 0.$$

Donc y et $\frac{dy_1}{dx}$ ont des signes contraires. Mais, quand x croit de a à b, $\frac{dy_1}{dx}$ change de signe pour une certaine valeur $x = \alpha$; donc y doit aussi changer de signe avant que x n'atteigne b. Par suite, la fonction y s'évanouit pour une valeur de x comprise entre a et b.

De même, *entre deux valeurs de* x *qui annulent* y *se trouve une valeur de* x *qui annule* y_1.

3° Il résulte de là que, si *l'on fait croitre* x, *les deux fonctions* y *et* y_1 *s'annuleront, l'une après l'autre, alternativement.*

Il est aisé de vérifier ces résultats sur l'équation

$$\frac{d^2y}{dx^2} + y = 0$$

dont l'intégrale générale est

$$y = C \sin x + C' \cos x.$$

Procédé d'intégration par les séries

480. Il existe une méthode d'intégration excessivement puissante, quoiqu'elle doive être pratiquée avec précaution, et dont le principe est des plus simples. Désignons par

$$f(x, y, y', y'' \dots y^{(n)}) = 0 \qquad (56)$$

l'équation différentielle, et cherchons, comme intégrale, une série ordonnée suivant les puissances ascendantes de $x - x_0$; elle aura la forme

$$y - y_0 = a_0 (x - x_0)^r + a_1 (x - x_0)^{r+1} + \dots \qquad (57)$$

r étant un nombre entier ou fractionnaire, positif ou négatif. En fait, on pourrait essayer des séries infinies dans les deux sens, ou des séries dont les exposants contiendraient plusieurs exposants fractionnaires se succédant suivant une loi quelconque ; mais nous excluons volontairement de pareilles séries et nous nous limitons au type (57). On substituera la série (57) dans l'équation (56) et, en exprimant que cette équation est identiquement vérifiée, on aura des identités qui détermineront r, a_0, a_1, a_2, ..., *pourvu que l'équation proposée admette effectivement une intégrale de la forme* (57).

Il est essentiel de remarquer qu'il ne suffira pas d'avoir déterminé les coefficients ; il faudra encore s'assurer que la série obtenue est convergente dans un certain domaine, faute de quoi la solution serait illusoire. Nous donnerons bientôt des exemples des deux espèces ; mais nous ferons d'abord quelques remarques.

481. Si des séries de la forme (57) ne conduisent à aucun résultat, on pourra essayer des expressions telles que

$$\varphi_1 (x)\, S_1 (x) + \varphi_2 (x)\, S_2 (x) + \dots + \varphi_p (x)\, S_p (x),$$

où les $S_i (x)$ sont des séries du type (57), tandis que les fonctions φ_1, φ_2, ... sont des fonctions connues, telles que logarithmes, exponentielles ordinaires, exponentielles à exposants polynômes ou à exposants séries, etc. Nous aurons bientôt l'occasion de faire un pareil essai.

482. Dans le cas où l'équation (56) est linéaire et sans second membre, on a obtenu, depuis une trentaine d'années, d'importants résultats dont nous dirons quelques mots.

Soit

$$\frac{d^m y}{dx^m} + p_1 \frac{d^{m-1} y}{dx^{m-1}} + \ldots + p_i \frac{d^{m-i} y}{dx^{m-i}} + \ldots + p_m y = 0 \quad (58)$$

l'équation donnée ; on suppose que les coefficients p_i sont des fonctions uniformes de la seule variable x dans un certain domaine et qui n'ont pas d'autres points singuliers que des pôles. En un point x_0, qui est ordinaire pour tous les coefficients p, on peut se donner arbitrairement la valeur d'une intégrale et de ses $m - 1$ premières dérivées. L'équation différentielle fait connaître la dérivée $m^{ième}$ et, par différentiation, toutes les dérivées suivantes, et l'on sait que l'intégrale est parfaitement déterminée.

Cela posé, considérons un système de m intégrales indépendantes, déterminées chacune par leurs valeurs initiales pour $x = x_0$ et par celles de leurs $m - 1$ premières dérivées ; une intégrale quelconque sera de la forme

$$y = C_1 y_1 + C_2 y_2 + \ldots + C_m y_m$$

et elle sera évidemment holomorphe dans un certain cercle r décrit autour de x_0 comme centre, puisque les m intégrales $y_1, y_2, \ldots y_m$ le sont. Comme on peut répéter le même raisonnement autour de tout point qui n'est pas singulier pour les p_i, il en résulte que *les intégrales d'une équation linéaire n'ont pas d'autres points singuliers que ceux de leurs coefficients.*

483. Considérons par exemple l'équation dite de la série hypergéométrique ou *équation de Gauss.*

$$x(1-x)\frac{d^2 y}{dx^2} + [\gamma - (\alpha + \beta + 1)x]\frac{dy}{dx} - \alpha\beta y = 0 \quad (59)$$

qui est du type précédent si on divise tous ses coefficients par $x(1 - x)$. Les intégrales ne peuvent avoir comme points singuliers que les points $x = 0$, $x = 1$ et l'infini.

Nous poserons, pour l'intégrer,

$$y = a_0 x^r + a_1 x^{r+1} + a_2 x^{r+2} + \ldots + a_p x^{r+p} \ldots . ;$$

en égalant à zéro le terme du plus faible degré, nous obtenons l'identité

$$r(r-1) + \gamma r = 0$$

ou

$$r(r - 1 + \gamma) = 0,$$

d'où deux valeurs pour r

$$r = 0 \quad , \quad r = 1 - \gamma.$$

Pour obtenir les coefficients, nous annulerons le terme en x^{r+p}, ce qui donne la relation récurrente

$$(r+p+1)(r+p+\gamma)\, a_{p+1} = (r+p+\alpha)(r+p+\beta)\, a_p\, ;$$

on pourra ainsi calculer les coefficients a_p en fonction du premier. Soit $a_0 = 1$; si $r = 0$, on trouve comme première solution une série célèbre connue sous le nom de *série hypergéométrique*,

$$\left.\begin{array}{c} y_0 = \mathrm{F}(\alpha, \beta, \gamma, x) = 1 + \dfrac{\alpha . \beta}{1 . \gamma} x + \ldots \\ + \dfrac{\alpha(\alpha+1)\ldots(\alpha+p-1)\beta(\beta+1)\ldots(\beta+p-1)}{1.2.3\ldots p.\gamma(\gamma+1)\ldots(\gamma+p-1)} x^p + \ldots \end{array}\right\} \quad (60)$$

Cette série, entière, est convergente dans le cercle de rayon *un* comme on le vérifie aisément, et comme on devait le prévoir d'après le n° précédent.

Si $r = 1 - \gamma$, on trouve une seconde solution, en général indépendante de la première, qu'on peut écrire

$$y_1 = x^{1-\gamma}\, \mathrm{F}(\alpha - \gamma + 1, \beta - \gamma + 1, 2 - \gamma, x),$$

le symbole F désignant, comme ci-dessus, une série hypergéométrique convergente dans le cercle de rayon *un* décrit autour de l'origine. L'intégrale générale sera donc

$$y = c_0 y_0 + c_1 y_1. \tag{61}$$

184. La série y_0 et celle qui est en facteur dans y_1 ne sont convergentes que dans un cercle de rayon *un* décrit autour de l'origine. Si la variable sort de ce cercle, le problème n'est pas encore résolu. Posons

$$x = 1 - X;$$

l'équation devient

$$X(1 - X)\frac{d^2y}{dX^2} + [\gamma' - (\alpha + \beta + 1)X]\frac{dy}{dX} - \alpha\beta y = 0,$$

en posant

$$\gamma' = \alpha + \beta + 1 - \gamma.$$

c'est une équation hypergéométrique qui admet pour intégrale générale, d_0 et d_1 désignant des constantes arbitraires

$$d_0 F(\alpha, \beta, \gamma', X) + d_1 X^{1-\gamma'} F(\alpha - \gamma' + 1, \beta - \gamma' + 1, 2 - \gamma', X); \tag{62}$$

l'équation proposée admet donc l'intégrale

$$\begin{gathered} d_0 F(\alpha, \beta, \alpha + \beta + 1 - \gamma, 1 - x) \\ + d_1 (1 - x)^{\gamma - \alpha - \beta} F(\gamma - \beta, \gamma - \alpha, \gamma - \alpha - \beta + 1, 1 - x). \end{gathered}$$

Cette solution n'est valable que dans un cercle de rayon *un* décrit autour de la nouvelle origine, c'est-à-dire autour du point $x = 1$.

185. Pour trouver les solutions convenant aux points du plan situés en dehors des deux cercles précédents, nous ferons dans l'équation (59)

$$x = \frac{1}{x'} \quad , \quad y = x'^{\alpha} z;$$

elle devient

$$x'(1-x')\frac{d^2z}{dx'^2}+[\gamma'-(\alpha+\beta'+1)x']\frac{dz}{dx'}-\alpha\beta'z=0$$

en posant

$$\gamma'=\alpha-\beta+1 \qquad \beta'=\alpha-\gamma+1.$$

On a une nouvelle équation de Gauss qui a pour intégrale générale

$$f_0\,\mathrm{F}(\alpha,\beta',\gamma',x')+f_1\,x'^{\beta-\alpha}\,\mathrm{F}(\alpha-\gamma'+1,\beta'-\gamma'+1,2-\gamma',x')$$

valable si $|x'|<1$. En revenant à la première équation, on voit qu'elle aura pour intégrale dans la région où $|x|$ est plus grand que l'unité

$$\left.\begin{aligned}&f_0 x^{-\alpha}\mathrm{F}\left(\alpha,\alpha-\gamma+1,\alpha-\beta+1,\frac{1}{x}\right)\\&+f_1\,x^{-\beta}\,\mathrm{F}\left(\beta,\beta-\gamma+1,1+\beta-\alpha,\frac{1}{x}\right)\end{aligned}\right\}\qquad(63)$$

f_0 et f_1 étant deux constantes arbitraires.

486. On aurait pu trouver directement l'intégrale précédente en essayant dans (59) un développement ordonné suivant les puissances descendantes de x tel que

$$y=x^{-r}+a_1x^{-r-1}+\ldots.$$

En annulant les termes du plus haut degré, on trouve

$$-r(r+1)+(\alpha+\beta+1)r-\alpha\beta=0$$

ou

$$(r-\alpha)(r-\beta)=0\,;$$

les termes en x^{-r-p} donnent l'identité

$$(r+p-\alpha)(r+p-\beta)\,a_p=(r+p-\gamma)(r+p-1)\,a_{p-1}.$$

On retrouve ainsi, en faisant successivement $r = \alpha$ et $r = \beta$, les deux intégrales particulières

$$x^{-\alpha} F\left(\alpha, \alpha-\gamma+1, \alpha-\beta+1, \frac{1}{x}\right) \text{ et } x^{-\beta} F\left(\beta, \beta-\gamma+1, \beta-\alpha+1, \frac{1}{x}\right).$$

487. On voit que, dans le cercle de rayon *un* qui a pour centre le point $x = 1$, il y a des points extérieurs au cercle de rayon *un* décrit autour de l'origine. Nous avons donc trouvé pour ces points deux formes différentes de l'intégrale générale, (62) et (63). En exprimant que ces deux expressions sont identiques pour deux points différents, on pourra calculer les deux constantes arbitraires f_0 et f_1 en fonction de d_0 et de d_1. On réalisera de la même manière la coïncidence pour leur domaine commun des développements valables dans les deux premiers cercles.

488. L'*intégration* est maintenant achevée. Mais il importe d'insister sur le nouveau sens qu'a pris ce mot au cours de notre recherche. Nous nous étions proposé d'obtenir, sous formes de séries, deux intégrales particulières indépendantes qui, substituées à y dans l'équation (56), y satisfissent identiquement. Or, limité à ces termes, le problème n'a pas été résolu : nos séries ne sont valables chacune que dans un domaine déterminé et, pour faire correspondre à toute valeur de x la valeur la plus générale de y, il n'a pas fallu moins de trois couples de séries, de sorte que ce n'est plus une fonction, mais un ensemble de fonctions qui constitue la solution générale. Désormais c'est dans ce sens qu'il faudra entendre le mot *intégrer*; le problème sera considéré comme résolu lorsqu'on aura fait correspondre à toute valeur réelle ou imaginaire de la variable une fonction (ce sera généralement une série) qui d'ailleurs pourra avoir des formes très diverses suivant les domaines où se déplacera la variable. Il faudra seulement savoir passer de la forme qui convient à un domaine à celle qui convient au domaine contigu ; c'est ce qui s'appelle *prolonger analytiquement* la fonction qui convient au premier domaine, parce que, jusqu'à présent, on n'a étudié, comme solutions que des fonctions analytiques.

489. Un problème particulièrement délicat lorsqu'on aura intégré une équation différentielle, au nouveau sens du mot, sera celui qui consiste à reconnaître si les fonctions intégrantes sont de nouvelles fonctions ou s'obtiennent par des combinaisons de fonctions connues. C'est ainsi que le plus beau titre de gloire d'Abel et de Jacobi est d'avoir découvert la double périodicité des fonctions elliptiques, qui se présentent comme quotients de deux séries simplement périodiques, et d'avoir ainsi définitivement clos les recherches qui avaient pour objet de les exprimer en fonction de quantités déjà étudiées.

Le second résultat dans cet ordre d'idées est dû à M. Painlevé qui a réussi à prouver que les intégrales des équations du second ordre ramenées par lui au type

$$y'' = 6y^2 + x$$

constituent une catégorie nouvelle de fonctions, irréductibles par des opérations algébriques ou de différentiation aux fonctions antérieurement connues. Nous énoncerons sans démonstration le résultat auquel est arrivé ce savant géomètre : si l'on pose

$$\frac{y'^2}{2} - 2y^3 - xy = \frac{u'}{u} = z,$$

la fonction $u(x)$ vérifie l'équation du troisième ordre

$$\frac{z''^2}{2} + 2z'^3 + xz' - z = 0\,;$$

elle est développable en une série de Mac-Laurin qui converge quel que soit x, et les coefficients de cette série se calculent par des dérivations successives ; enfin l'on a

$$y(x) = -\frac{d^2 \log u}{dx^2} = \frac{u'^2 - uu''}{u^2}.$$

490. Revenons à l'équation de Gauss (59). Nous avons

donné deux intégrales particulières que nous avons désignées par les notations

$$y_0 = F(\alpha, \beta, \gamma, x)$$
$$y_1 = x^{1-\gamma} F(\alpha - \gamma + 1, \beta - \gamma + 1, 2 - \gamma, x).$$

Dans le cas où γ est un nombre entier, on n'a plus deux intégrales ; la première devient illusoire si γ est un entier négatif, et la deuxième si γ est un entier positif. Supposons par exemple que γ soit un entier négatif $-n$, l'intégrale y_1 subsiste : pour en trouver une seconde, nous essaierons un développement de la forme

$$\left.\begin{array}{c} a_0 x^r + a_1 x^{r+1} + \ldots + a_p x^{r+p} + \ldots \\ + (b_0 x^r + b_1 x^{r+1} + \ldots + b_p x^{r+p} + \ldots) \log x \end{array}\right\} \quad (64)$$

Le terme du plus faible degré qui contienne $\log x$ en facteur sera celui en $x^{r-1} \log x$; en l'annulant, on trouve

$$\gamma r + (r - 1) r = 0,$$

ce qui donne deux valeurs pour r. Soit $r = 0$. Le terme en x^{r-1} donne alors $b_0 = 0$. En annulant ensuite les termes en x^{r+p} et en $x^{r+p} \log x$, on trouve les deux égalités

$$(p + 1)(p + \gamma) b_{p+1} - (p + \alpha)(p + \beta) b_p = 0 \quad (65)$$

$$\left.\begin{array}{c} (p + 1)(p + \gamma) a_{p+1} - (p + \alpha)(p + \beta) a_p \\ + (2p + 1 + \gamma) b_{p+1} - (2p - \alpha - \beta) b_p = 0 \end{array}\right\} \quad (66)$$

La première égalité montre que les coefficients b_p seront nuls, tant que p n'aura pas atteint la valeur $n = -\gamma$. Si $p = n$, la deuxième égalité se réduit à

$$(n + 1) b_{n+1} = (n - \alpha)(n + \beta) a_n$$

et l'on peut se donner a_n arbitrairement.

Pour les valeurs de p supérieures à n, les égalités (65) et (66) feront connaître les coefficients b_{p+1} et a_{p+1} en fonction des précédents. Tous les coefficients des deux séries seront donc déterminés en fonction de a_0 et de a_n qui restent arbitraires. A partir du rang n, les coefficients de la série multipliée par *log x* suivent la même loi que ceux de la série hypergéométrique, et, par conséquent, cette série est convergente dans le cercle de rayon *un*. L'autre série l'est aussi dans le même cercle ; mais nous n'insisterons pas sur cette propriété qui résulte du théorème de M. Fuchs dont nous allons bientôt donner l'énoncé.

491. Donnons d'abord une définition. Supposons qu'une équation différentielle admette une intégrale de la forme

$$S_0(x) + S_1(x)\log x + S_2(x)\log^2 x + \ldots + S_n(x)\log^n x, \quad (67)$$

dans laquelle $S_0(x)$, $S_1(x)$ .... représentent des séries convergentes ordonnées suivant les puissances ascendantes de la variable et limitées du côté des puissances négatives : l'intégrale sera dite *régulière*.

492. Cela posé, voici le théorème de Fuchs :

Pour que l'équation

$$\frac{d^n y}{dx^n} + A_1 \frac{d^{n-1} y}{dx^{n-1}} + A_2 \frac{d^{n-2} y}{dx^{n-2}} + \ldots + A_n y = 0$$

ait toutes *ses intégrales régulières, il faut et il suffit que les fonctions de* x *représentées par les coefficients* A_1, A_2 .., *n'aient pas de pôles dont le degré de multiplicité soit supérieur à leur indice.*

Supposons la condition remplie : on posera, pour les points voisins de l'origine,

$$y = a_0 x^r + a_1 x^{r+1} + a_2 x^{r+2} + \ldots\ldots .$$

La ou les valeurs de r s'obtiendront en égalant à zéro les termes du plus faible degré ; on obtiendra ainsi une équation qu'on appelle l'équation *déterminante*. Si cette équation a toutes ses racines distinctes et ne différant pas entre elles par des nombres entiers, la solution sera assurée par des séries de Maclaurin ou de Taylor, multipliées par une puissance positive, négative ou nulle de x. Si l'on peut associer m racines de manière que la différence de deux quelconques d'entre elles soit zéro ou un nombre entier, il faudra essayer des développements de la forme (67). Il pourra arriver que, dans le calcul, quelques-uns des termes logarithmiques disparaissent identiquement.

493. Il n'est pas inutile de montrer par un exemple que la méthode d'intégration par les séries peut devenir illusoire lorsque les conditions de Fuchs ne sont pas remplies. Dans l'équation

$$x^2 \frac{d^2y}{dx^2} + A \frac{dy}{dx} + By = 0,$$

substituons

$$y = a_0 + a_1 x + \dots + a_m x^m + \dots .$$

On trouve immédiatement la relation récurrente

$$(m+1) A a_{m+1} + [B + m(m-1)] a_m = 0,$$

qui permet de calculer tous les coefficients a_m en fonction du premier; mais la série obtenue est divergente pour toutes les valeurs de x, car le rapport de deux termes consécutifs,

$$\frac{a_{m+1}}{a_m} x = -\frac{B + m(m-1)}{(m+1)A} x,$$

devient infini pour $m = \infty$; quel que soit x.

494. La série hypergéométrique intervient dans un grand nombre de problèmes. Tout d'abord, on ramène aisément, par un changement de variables, à la forme sous laquelle nous avons étudié son équation différentielle toute équation du type

$$(a + bx + cx^2) \frac{d^2y}{dx^2} + (f + gx) \frac{dy}{dx} + hy = 0.$$

495. Nous terminerons ce chapitre par quelques exemples empruntés pour la plupart aux applications industrielles modernes de la Physique ou de la Mécanique. Le premier exemple se rapporte aux équations linéaires à coefficients constants.

Soient q et $-q$ les quantités d'électricité dont sont chargées les deux armatures d'un condensateur, R la résistance du fil conducteur par lequel on réunit les deux armatures, C la capacité du condensateur (on néglige celle du fil), L la self-induction du circuit.

L'intensité du courant de décharge est donnée par la formule

$$i = \frac{dq}{dt}$$

et l'on a, en vertu de la loi de Ohm,

$$\mathrm{R}i = -\frac{q}{c} - \mathrm{L}\frac{di}{dt},$$

d'où l'équation différentielle linéaire à coefficients constants

$$\mathrm{L}\frac{d^2q}{dt^2} + \mathrm{R}\frac{dq}{dt} + \frac{q}{c} = 0$$

Ici deux cas sont à distinguer.

1° L'équation résolvante

$$\mathrm{L}\,\alpha^2 + \mathrm{R}\,\alpha + \frac{1}{c} = 0$$

a ses racines α_1 et α_2 réelles. L'intégrale générale est alors

$$q = \mathrm{A}_1\,e^{\alpha_1 t} + \mathrm{A}_2\,e^{\alpha_2 t},$$

A_1 et A_2 étant des constantes arbitraires. Comme α_1 et α_2 sont négatives, la quantité d'électricité diminue d'une manière continue avec le temps.

2° Les racines de l'équation résolvante sont imaginaires, soient $-\beta + \gamma i$ et $-\beta + \gamma i$, on aura alors, en désignant par B_1, B_2, deux nouvelles constantes.

$$q = e^{-\beta t}\,(\mathrm{B}_1 \cos \gamma t + \mathrm{B}_2 \sin \gamma t).$$

La décharge se compose d'oscillations périodiques de période

$$T = \frac{2\pi}{\gamma}$$

496. Voici deux exemples où l'équation de Gauss apparaît un peu plus difficilement. Le premier nous a été signalé par M. Jean Résal, le savant constructeur des ponts Mirabeau et Alexandre,

$$\sin^2 \frac{\pi x}{\rho} \frac{d^2y}{dx^2} = -A^2 y;$$

pour l'intégrer, nous poserons

$$m = \frac{A^2\rho^2}{\pi^2} \quad , \quad t = \sin \frac{\pi x}{\rho} \quad , \quad y = z\, t^\alpha$$
$$\alpha(\alpha - 1) + m = 0, \quad \text{et enfin} \quad t^2 = u.$$

Nous serons ainsi ramenés à la forme

$$u(1-u)\frac{d^2z}{du^2} + \left[\alpha + \frac{1}{2} - (\alpha + 1)u\right]\frac{dz}{du} + \frac{m-\alpha}{4} z = 0$$

qui s'intègre par la série hypergéométrique, comme on vient de le voir.

La deuxième équation a été rencontrée par Halphen

$$(x^2-1)^2 \frac{d^2y}{dx^2} + 2x(x-1)\frac{dy}{dx} - \left[\alpha + \frac{m(m+1)}{x^2}\right] y = 0$$

Si l'on pose

$$\beta = \frac{1}{2}\sqrt{\alpha + m^2 + m} \quad ,$$
$$y = \left(\frac{x-1}{x+1}\right)^\beta Y \quad , \quad X = \frac{1}{2}\frac{x-1}{x} \quad ,$$

on retrouve l'équation de Gauss, qui admet l'intégrale particulière

$$F(m+1, -m, 1+2\beta, X).$$

497. Considérons encore une plaque circulaire encastrée sur son pourtour et soumise à l'action d'une force normale passant par son centre.

On démontre dans les traités de *Résistance des matériaux* que la plaque prend la forme d'une surface de révolution dont la méridienne a pour équation

$$x^2 \frac{d^2\varphi}{dx^2} + x \frac{d\varphi}{dx} - \varphi = - Qx,$$

φ étant l'angle de la normale à la surface avec l'axe en un point dont la distance au centre est x.

L'équation précédente, sans le second membre, peut se ramener à l'équation de Gauss (n° 494) ; on peut aussi employer la méthode du n° 463 ; mais il est aussi simple de l'étudier directement.

L'équation déterminante relative à l'équation sans second membre est

$$r^2 - 1 = 0 ;$$

ses deux racines -1 et $+1$ ayant pour différence un nombre entier, il y aura lieu d'introduire un logarithme. On trouve alors aisément que l'intégrale de l'équation avec second membre est

$$\varphi = - \frac{Q}{2} x \log x + Bx + \frac{C}{x}.$$

Pour déterminer les constantes arbitraires, on fera $x = 0$ et $x = r$, ce qui donne

$$C = 0 \quad , \quad B = \frac{Q}{2} \log r.$$

498. Nous donnerons encore quelques exemples d'intégration, non plus par la série hypergéométrique, mais par une série quelconque, pour bien faire ressortir l'intérêt que cette méthode présente pour les ingénieurs.

499. Une banquise de glace circulaire chargée, en son milieu, prend la forme d'une surface de révolution dont la méridienne a pour équation (Hertz, Gesammelte Werke, tome Ier page 228).

$$\frac{d^4y}{dx^4} + \frac{2}{x}\frac{d^3y}{dx^3} - \frac{1}{x^2}\frac{d^2y}{dx^2} + \frac{1}{x^3}\frac{dy}{dx} + \alpha^4 y = 0. \qquad (68)$$

Les conditions de Fuchs sont remplies et l'équation déterminante est ici

$$r^2(r-2)^2 = 0\,;$$

Elle a deux racines nulles, et deux racines égales à 2. Pour intégrer l'équation (68), il faudra alors essayer un développement de la forme

$$\begin{gathered} a_0 + a_1 x + a_2 x^2 + \ldots + (b_0 + b_1 x + \ldots)\log x \\ + (c_2 x^2 + c_3 x^3 + \ldots)\log^2 x + (d_2 x^2 + \ldots)\log^3 x. \end{gathered}$$

En égalant à zéro les termes en

$$x^{p-4}, \quad x^{p-4}\log x, \quad x^{p-4}\log^2 x, \quad x^{p-4}\log^3 x,$$

on aura quatre relations entre a_p, b_p, c_p, d_p et les coefficients précédents, ce qui permettra de calculer tous les coefficients de proche en proche. Nous ne développerons pas ces calculs, nous nous bornerons à indiquer que les coefficients a_0, b_0, a_2 et b_2 demeurent arbitraires. On a donc bien l'intégrale avec quatre constantes arbitraires.

500. Nous indiquerons encore, à titre d'exercice, l'équation suivante qui se rencontre dans un grand nombre de questions de Mécanique

$$\frac{d^2y}{dx^2} + \frac{4}{x}\frac{dy}{dx} + n^2 y = 0.$$

Les conditions de Fuchs sont encore remplies et les intégrales sont régulières. On pourra donc appliquer la méthode d'intégration par les séries; seulement cet exemple a ceci d'intéressant que les séries se laissent sommer et que finalement l'on trouve pour intégrale générale

$$y = \frac{a}{x^3}(\sin nx - nx \cos nx) + \frac{b}{x^3}(\cos nx + nx \sin nx),$$

a et b étant les deux constantes arbitraires.

501. Une équation très voisine de la précédente a été rencontrée par M. Blondlot ; la force électrique z en un point de son excitateur situé à une distance ρ de l'axe de symétrie des plateaux est donnée par l'équation

$$\frac{d^2z}{d\rho^2} + \frac{1}{\rho}\frac{dz}{d\rho} + \frac{4\pi^2}{\lambda^2} z = 0 \qquad (69)$$

où λ est une longueur d'onde.

502. Au lieu de l'intégrer, nous considérerons l'équation

$$\frac{d^2y}{dx^2} + \frac{2n}{x}\frac{dy}{dx} - m^2y = 0 \qquad (70)$$

qui comprend les deux précédents $\left[\text{pour avoir l'équation (69), on fera } m = \frac{2\pi i}{\lambda}\right]$.

L'équation déterminante sera

$$r(r + 2n - 1) = 0,$$

ce qui donne deux solutions

$$r = 0 \qquad \text{et} \qquad r = 1 - 2n;$$

il y a donc une intégrale holomorphe

$$y_1 = a_0 + a_1 x + a_2 x^2 + \dots .$$

En substituant on voit qu'elle ne doit contenir que des

termes de degré pair et que les coefficients seront reliés par la relation

$$a_{2p} = \frac{m^2}{2p(2x + 2p - 1)} a_{2p-2}. \tag{71}$$

Au lieu de refaire le calcul pour $r = 1 - 2n$, nous nous bornerons à faire observer que la substitution

$$y = x^{1-2n} z$$

conduit à l'équation

$$\frac{d^2z}{dx^2} + \frac{2(1-n)}{x}\frac{dz}{dx} - m^2 z = 0,$$

qui ne diffère de l'équation proposée (70) que par le change- de n en $1 - n$; elle admet donc une intégrale holomorphe et en revenant à l'équation (70), on trouve une nouvelle intégrale

$$y_2 = x^{1-2n}(b_0 + b_2 x^2 + \ldots)$$

avec la relation de récurrence

$$b_{2p} = \frac{m^2}{2p(1 - 2n + 2p)} b_{2p-2}.$$

Finalement l'équation proposée admettra l'intégrale générale

$$\begin{aligned} y &= c_1 y_1 + c_2 y_2 \\ &= c_1 \left[1 + \frac{m^2 x^2}{2(2p+1)} + \frac{m^4 x^4}{2.4(2n+1)(2n+3)} + \cdots\right] \\ &+ c_2 x^{1-2n}\left[1 + \frac{m^2 x^2}{2(3-2n)} + \frac{m^4 x^4}{2.4(3-2n)(5-2n)} + \cdots\right]. \end{aligned}$$

503. Si les deux racines de l'équation déterminante sont égales ou ne diffèrent entre elles que par un nombre entier, il faudra introduire un logarithme. Supposons, par exemple, que $1 - 2n$ soit un entier négatif pair $-2m$; y_2 devient illusoire. Pour trouver une deuxième intégrale, on pourra, comme nous l'avons fait jusqu'à présent, procéder par la méthode des coefficients indéterminés. On pourra aussi, connaissant une intégrale, ramener (n° 473) l'intégration à celle d'une équation linéaire et du premier ordre, intégration qu'on sait effectuer. Nous laisserons au lecteur le soin d'exécuter les calculs. Nous préférons indiquer une forme intéressante qu'on peut donner à l'intégrale générale.

504. A vrai dire, les considérations dans lesquelles nous allons entrer se rencontrent dans beaucoup de cas et il y aurait lieu de mettre en lumière la *méthode d'intégration au moyen d'intégrales définies ;* mais nous serions obligés d'entrer dans de longues explications pour lesquelles nous renverrons aux traités spéciaux auxquels nous nous sommes déjà référés et nous nous en tiendrons au cas particulier de l'équation (70).

Nous avons vu que le terme général de l'intégrale particulière y_1 est

$$\frac{m^{2p}}{2.\,4.\,6\ldots 2p.\,(2n+1)(2n+3)\ldots(2n+2p-1)},$$

ce qui peut s'écrire

$$\frac{m^{2p}}{(2p)!}\,\frac{1.\,3.\,5\ldots(2p-1)}{(2p+1)(2n+3)\ldots(2n+2p-1)}. \qquad (72)$$

Mais la formule de réduction (72) devient en y remplaçant m par $2p-1$ et n par $2p$, et en prenant les intégrales entre zéro et π de manière à annuler les termes explicites en sin x et cos x

$$\int_0^\pi \sin^{2n-1}\omega\cos^{2p}\omega\,d\omega = \mathrm{I}_{2n-1,\,2p}$$

$$= \frac{2p-1}{2n+2p-1}\,\mathrm{I}_{2n-1,\,2p-2}$$

$$= \frac{2p-1}{2n+2p-1}\,\frac{2p-3}{2n+2p-3}\,\mathrm{I}_{2n-1,\,2p-4}$$

$$= \ldots\ldots$$

$$= \frac{1.\,3.\,5\ldots 2p-1}{(2n+1)(2n+3)\ldots(2n+p-1)}\,\mathrm{I}_{2n-1,\,0}.$$

Mais cette dernière intégrale est une constante que l'on peut supposer contenue dans la constante arbitraire c_1 ; le terme général (72) pourra donc s'écrire

$$\frac{m^{2p}}{(2p)!}\int_0^\pi \sin^{2n-1}\omega \cos^{2p}\omega\, d\omega,$$

et y_1 deviendra

$$y_1 = c_1 \int_0^\pi \left(1 + \frac{m^2x^2\cos^2\omega}{2!} + \ldots \right.$$
$$\left. + \frac{m^{2p}x^{2p}\cos^{2p}\omega}{(2p)!} + \ldots\right) \sin^{2n-1}\omega\, d\omega$$
$$= c_1 \int_0^\omega \frac{e^{mx\cos\omega} + e^{-mx\cos\omega}}{2} \sin^{2n-1}\omega\, d\omega.$$

On traiterait de même y_2.

505. Si m^2 est négatif $= -k^2$, l'intégrale précédente s'écrit

$$y_1 = c_1 \int_0^\pi \cos(kx\cos\omega) \sin^{2n-1}\omega\, d\omega\,;$$

la valeur de y_2 est

$$y_2 = c_2 x^{1-2n} \int_0^\pi \cos(kx\cos\omega) \sin^{1-2n}\omega\, d\omega.$$

En faisant $m = 2$ et intégrant trois fois par parties, nous retrouverons le résultat du nº 499.

506. L'équation de *Bessel*

$$\frac{d^2y}{dx^2} + \frac{1}{x}\frac{dy}{dx} + \left(1 - \frac{n^2}{x^2}\right)y = 0 \qquad (73)$$

s'intègre aussi par les séries. Elle est très voisine, comme forme, des équations précédentes sans, pour cela, qu'on puisse les ramener les unes aux autres. Faisons en effet le changement de variables

$$y = t^{\alpha} V, \qquad x = \gamma t^{\beta};$$

nous obtiendrons l'équation

$$t^2 \frac{d^2V}{dt^2} + (2\alpha + 1) t \frac{dV}{dt} + (\alpha^2 - \beta^2 n^2 + \beta^2 \gamma^2 t^{2\beta}) V = 0.$$

Pour déduire de cette dernière équation l'équation (70), il faudrait faire soit $\beta = 0$, soit $\gamma = 0$, ce qui est évidemment interdit.

Il faut donc étudier directement l'équation de Bessel. A cet effet nous poserons encore d'abord

$$y = x^r,$$

ce qui donne l'équation déterminante

$$r^2 - n^2 = 0,$$

puis

$$y = x^r (a_0 + a_1 x + a_2 x^2 + \ldots + a_p x^p + \ldots).$$

Les termes de rangs impairs sont nuls, et pour les autres on a la relation récurrente

$$a_{2p+2} = - \frac{a_{2p}}{(r + 2p + 2 + n)(r + 2p + 2 - n)}.$$

On voit alors sans peine, en faisant successivement $r = n$ et $r = -n$, que l'intégrale générale peut se mettre sous la forme

$$a J_n + b J_{-n};$$

dans cette expression a et b sont deux constantes arbitraires et l'on a

$$J_n = \sum_0^\infty \frac{(-1)^p \left(\frac{x}{2}\right)^{n+2p}}{\Gamma(n + p + 1) \Gamma(p + 1)};$$

J_{-n} se déduit de J_n par le changement de n en $-n$.

507. Si n est entier, ces deux intégrales ne sont plus indépendantes et l'on a

$$J_{-n} = (-1)^n J_n.$$

Pour trouver une seconde intégrale, il faut introduire un logarithme et appliquer de nouveau la méthode des coefficients indéterminés. On peut encore (voir Jordan, tome III) chercher la limite pour $\varepsilon = 0$ de

$$\frac{(-1)^n J_{n+\varepsilon} - J_{n-\varepsilon}}{\varepsilon};$$

on trouve ainsi l'intégrale particulière

$$-\sum_0^{n-1} \frac{\Gamma(n-p)}{\Gamma(p+1)} \left(\frac{x}{2}\right)^{-n+2p}$$

$$+\sum_0^{\infty} \frac{(-1)^p \left(\frac{x}{2}\right)^{n+2p}}{\Gamma(n+p+1)\Gamma(p+1)} \left[2\log\frac{x}{2} - \frac{\Gamma'(p+1)}{\Gamma(p+1)} - \frac{\Gamma'(n+p+1)}{\Gamma(n+p+1)}\right].$$

508. Vu l'importance du sujet, nous traiterons encore un dernier exemple que nous devons à l'obligeance de M. Jean Résal.

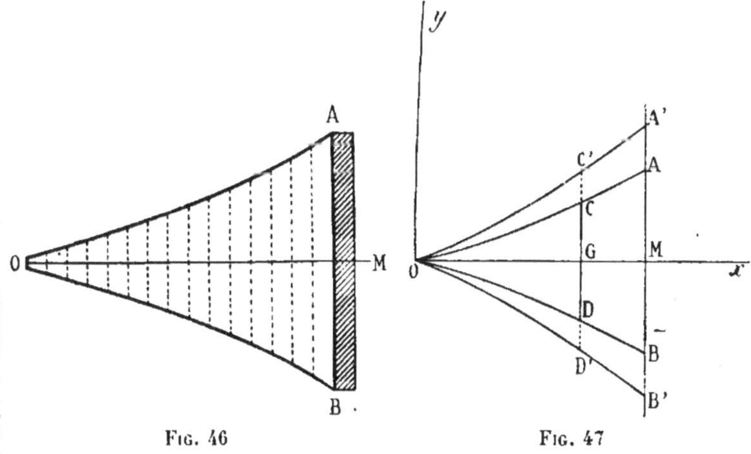

Fig. 46 Fig. 47

Considérons deux poutres métalliques O A' et O B symétriques par rapport à l'horizontale O M, et constituant à elles deux une console encastrée suivant la verticale A B et libre en O.

Les poutres O A et O B sont reliées par des tiges verticales que nous supposerons, pour la mise en équation, infiniment minces et infiniment rapprochées. L'équation de O A est

$$y = \mathrm{A}x^m.$$

On suppose A B invariable ; au contraire, les autres tiges verticales subissent, par l'effet des changements de température, des allongements ou des raccourcissements contrariés par la fixité de A B. Il s'agit d'évaluer l'effort qui résulte pour chaque tige de l'immobilité de A B. M. Résal ramène le problème à ceci : si l'on donne à la distance A B une nouvelle valeur A' B', C D devient C' D', et C C' est le déplacement élastique du point C.

Soit

$$\mathrm{OG} = x \qquad \mathrm{GC} = y \quad , \quad \mathrm{CC'} = z ;$$

le travail d'extension est $\frac{\mathrm{E}z}{y}$. Il en résulte une réaction exercée par la tige verticale sur la poutre O A proportionnelle au travail ; on sait, d'autre part, par la théorie de l'Elasticité, que cette réaction est proportionnelle à $\frac{d^4 z}{dx^4}$. On aura donc enfin, en désignant par k une constante positive, l'équation

$$\frac{d^4 z}{dx^4} = -k\frac{z}{x^m}. \tag{74}$$

C'est cette équation, ou plutôt l'équation plus générale

$$\frac{d^{m+n} z}{dx^{m+n}} = -k\, z x^{-m}, \tag{75}$$

que nous nous proposons d'intégrer ; m et n sont des entiers positifs donnés.

Posons $z = x^r$; l'équation déterminante sera

$$r(r-1) \ldots (r-m-n+1) = 0.$$

Elle admet $m+n$ racines $0, 1, 2 \ldots m+n-1$; comme ces racines diffèrent entre elles par des nombres entiers, il peut être nécessaire, en vertu du théorème de Fuchs, d'introduire des logarithmes. Nous commencerons cependant par chercher s'il n'existe pas d'intégrales holomorphes de la forme

$$z = \sum_0^\infty x^r (a_0 + a_1 x + \ldots + a_p x^p + \ldots). \tag{76}$$

En substituant cette valeur de z dans l'équation (75) et annulant le terme en $x^{p+r-m-n}$, on obtient la relation

$$\left.\begin{array}{l}(p+r)(p+r-1)(p+r-2)\ldots \\ (p+r-m-n+1)\,a_p = -k\,a_{p-n}\end{array}\right\} \tag{77}$$

qui fera connaître les coefficients de n en n. Soit $p=n$; cette solution ne donnera a_n que si r est supérieur à $m-1$. Prenons d'abord $r=m$; la relation (77) devient

$$a_p = -k\frac{a_{p-n}}{(m+p)(m+p-1)\ldots(p-n+1)}; \tag{78}$$

on en déduit

$$a_{\lambda n} = (-1)^\lambda k^\lambda \frac{n!\,(2n)!\ldots[(\lambda-1)n]!}{(m+n)!\,(m+2n)!\ldots(m+\lambda n)!}\,a_0,$$

le coefficient a_0 restant arbitraire. On aura de même pour toutes les valeurs entières de h inférieures à n

$$a_{\lambda n+h} = (-1)^\lambda k^\lambda \frac{h!\,(h+n)!\ldots[h+(\lambda-1)n]!}{(m+n+h)!\,(m+2n+h)!\ldots(m+\lambda n+h)!}\,a_h.$$

La série (76) est donc déterminée en fonction des n coefficients $a_0, a_1, \ldots a_{n-1}$ qui demeurent arbitraires ; on peut encore dire, si l'on veut, qu'on aura n intégrales holomorphes indépendantes

$$\begin{array}{l} z_0 = x^m(1 + A_1 x^n + A_2 x^{2n} + \ldots) \\ z_1 = x^{m+1}(1 + B_1 x^n + B_2 x^{2n} + \ldots) \end{array}$$

et les séries qui figurent dans les seconds membres sont absolument convergentes pour toute valeur de x; elles convergent même très rapidement puisque le rapport d'un terme précédent tend vers zéro d'après la formule (77) pour $p = \infty$.

509. Il reste à trouver m intégrales particulières indépendantes des précédentes. Pour cela, nous supposerons d'abord $m < n$ et nous essaierons des développements contenant un logarithme ; soit par exemple, pour se borner à la racine $r = 0$ de l'équation déterminante

$$z = u + v \log x,$$

en posant

$$\begin{aligned} u &= a_0 + a_1 x + a_2 x^2 + \dots \\ v &= b_p x^n + b_{p+1} x^{p+1} + \dots . \end{aligned}$$

En appliquant la formule de Leibnitz relative à la dérivée d'un produit, nous aurons

$$\left.\begin{aligned} \frac{d^h z}{dx^h} = \frac{d^h u}{dx^h} + \log x \frac{d^h v}{dx^h} + h \frac{1}{x} \frac{d^{h-1} v}{dx^{h-1}} + \dots \\ + \frac{h(h-1)\dots(h-k+1)}{k!} \frac{(-1)^{k-1}(k-1)!}{x^k} \frac{d^{h-k} v}{dx^{h-k}} \\ + \dots . \end{aligned}\right\} (79)$$

Tous les termes qui suivent, dans cette formule, le terme en $log\ x$ seront des séries commençant par un terme du même degré en x, savoir un terme en x^{p-h} ne contenant que b_p comme coefficient b. Faisons $h = m + n$, et remplaçons z et $\frac{d^{m+n} z}{dx^{m+n}}$ par leurs valeurs dans l'équation (75). En égalant à zéro les termes algébriques du plus faible degré, on voit d'abord qu'il faut prendre

$$p = n;$$

de plus le terme du plus faible degré qui multiplie $log\ x$, dans $-kzx^{-m}$, étant $-kb_n x^{n-m}$, pour qu'il puisse être dédruit par un terme provenant de $\frac{d^{m+n}z}{dx^{m+n}}$, terme dont l'exposant sera certainement positif ou nul, il faut

$$m \leqslant n,$$

ce que nous avons supposé. Le premier terme de $\frac{d^{m+n}v}{dx^{m+n}}$ est $(m+n)!\, b_{m+n}$; donc

$$b_{m+n} = 0\,;$$

de même

$$b_{m+n+1} = b_{m+n+2} = \dots b_{2n-1} = 0.$$

A partir de l'indice $2n$, l'annulation des termes en x^{p-m-n} *log* x fournira la relation

$$p(p-1)\dots(p-m-n+1)\, b_p = -k\, b_{p-n},$$

et l'on pourra ainsi calculer chaque coefficient b_p en fonction de celui qui le précède de n rangs. Ensuite en annulant les termes en x^{p-m-n}, on obtiendra la relation

$$p(p-1)\dots(p-m-n+1)\left[a_p + \left(\frac{1}{p} + \frac{1}{p-1} + \dots + \frac{1}{p-m-n+1}\right) b_p\right] = -ka_{p-n}$$

qui donnera les coefficients a en fonction de ceux qui les précèdent de n rangs et des b. Pour toute valeur p_i de p inférieure à $m+n$, le premier membre de cette relation ne contiendra qu'un terme, celui qui correspond au dénominateur $p-p_i$. On aura ainsi $b_n, b_{n+1}, \dots b_{n+m-1}$ en fonction de $a_0, a_1, \dots a_{m-1}$ qui demeurent arbitraires. Les n égalités suivantes, celles qu'on obtient en donnant à p les valeurs $m+n, m+n+1, \dots m+2n-1$, déterminent $a_{m+n}, a_{m+n+1}, \dots a_{m+2n-1}$ en fonction des coefficients $a_m, a_{m+1}, \dots a_{m+n-1}$ qui sont encore arbitraires. On a donc l'intégrale générale avec $m+n$ coefficients arbitraires. On retrouverait les n intégrales holomorphes du n° précédent en donnant à $a_0, a_1, \dots a_{m-1}$ la valeur zéro ; les logarithmes disparaîtraient.

510. Il est essentiel de remarquer, au point de vue du problème posé par M. Résal, que les intégrales qui contiennent des termes logarithmiques sont inutilisables ; car il résulte des conditions du problème que $\frac{z}{x^m}$ ne doit pas être infinie pour $x = 0$.

511. Dans l'étude que nous venons de faire, nous avons supposé $m < n$. S'il en était autrement, ce serait le cas d'essayer des développements tels que

$$u + v \log x + w \log^2 x + \dots$$

$u, v, w, \dots$ étant des séries ordonnées suivant les puissances ascendantes de x, et l'on prendrait $q + 1$ termes logarithmiques, q désignant le quotient de la division de m par n. Mais nous ne nous étendrons pas davantage sur cet exemple, ces considérations n'offrant plus d'intérêt pratique immédiat.

512. *Retour à l'équation de Riccati.* — Nous avons dit (n° 476) que l'équation de Riccati se transforme dans la suivante

$$\frac{d^2z}{dx^2} = bc\, x^m z \tag{80}$$

qui est linéaire et qui satisfait évidemment aux conditions de Fuchs. Elle s'intègre donc par les séries ; mais on peut aller plus loin. Posons encore

$$x^{\frac{m+2}{2}} = t;$$

nous obtenons l'équation

$$\frac{d^2z}{dt^2} + \frac{m}{m+2}\,\frac{1}{t}\,\frac{dz}{dt} + \frac{4ab}{(m+2)^2}\,z = 0$$

qui a été intégrée au n° 502.

513. Il est bon de remarquer que l'intégrale générale de l'équation (80) étant de la forme

$$z = C_1 z_1 + C_2 z_2,$$

il résulte de la formule de transformation du n° 476 que l'équation de Riccati aura une intégrale générale du type

$$y = \frac{C_1 u + C_2 v}{C_1 u_1 + C_2 v_1} = \frac{u + Cv}{u_1 + Cv_1}, \qquad (81)$$

u, v, u_1, v_1 étant connues. La manière dont figure la constante arbitraire C est caractéristique ; en l'éliminant, on retombe en effet sur une équation de Riccati.

514. Dans les exemples que nous avons traités jusqu'à présent, les coefficients ont toujours été des fonctions rationnelles ou trigonométriques de la variable. La méthode exposée et le théorème de Fuchs ont une portée plus étendue, et s'appliquent dans tous les cas où les coefficients sont analytiques. Pour donner au moins un exemple plus compliqué, nous étudierons l'*Equation de Lamé* qui s'intègre aisément par les fonctions elliptiques.

En fait, Lamé (XVIIIme Leçon sur les surfaces isothermes) a intégré l'équation

$$(\rho^4 - p\rho^2 + q)\frac{d^2y}{d\rho^2} + 2\rho(\rho^2 - p)\frac{dy}{d\rho} - (h\rho^2 - gc^2)\,y = 0$$

et il a précisément employé la méthode d'intégration par les séries. Si l'on pose

$$snx = \alpha\rho \quad , \quad p\alpha^2 \frac{1 + k^2}{k^2} \quad , \quad q\alpha^h = \frac{1}{k^2} \quad ,$$

on obtient, en changeant légèrement le nom des constantes, la forme

$$\frac{d^2y}{dx^2} - \left[k^2 m(m+1)sn^2x + h\right]y = 0$$

sous laquelle Hermite a étudié cette équation. Nous introduirons de préférence la fonction pu, en posant

$$pu = e_2 + \frac{\lambda}{sn^2 x}$$

où

$$x = u\sqrt{\lambda}.$$

En utilisant les formules (25) et (79) du chapitre X et faisant encore

$$u + \omega_2 = z,$$

on donne facilement à l'équation de Lamé la forme

$$\frac{d^2y}{dz^2} - [m(m+1)pz + h]\,y = 0, \tag{82}$$

h étant une constante différente de celle désignée précédemment par la même lettre ; m est un entier.

Le coefficient de y a une infinité de pôles doubles compris dans la formule

$$z = 2m_1\omega_1 + 2m_2\omega_2.$$

Les conditions de Fuchs sont remplies ; nous allons chercher le développement des intégrales dans le voisinage de l'origine. Pour avoir l'équation déterminante, faisons d'abord

$$y = z^r,$$

nous avons, en remarquant que $pu = \frac{1}{u^2} + \ldots$, la condition

$$r(r-1) - m(m+1) = 0,$$

d'où

$$r = -m$$

et

$$r = m + 1.$$

Il y a donc une intégrale holomorphe y_1 et une intégrale y_2

qui a à l'origine un pôle d'ordre m, propriété qui sera conservée dans l'intégrale générale

$$y = C_1 y_1 + C_2 y_2.$$

Mais si l'on change z en $z + 2\omega_1$ ou $z + 2\omega_2$ dans toute intégrale $\varphi(z)$, on obtient une nouvelle intégrale, puisque ce changement n'altère pas l'équation : d'autre part, cette intégrale est de la forme $C_1 y_1 + C_2 y_2$. On déduit de là, aisément, mais par des considérations qu'il serait superflu de développer ici, qu'il existe au moins une intégrale $\psi(z)$ jouissant des deux propriétés suivantes :

$$\psi(z + 2\omega_1) = s_1 \psi(z)$$
$$\psi(z + 2\omega_2) = s_2 \psi(z)$$

Hermite a appelé de pareilles fonctions *fonctions elliptiques de deuxième espèce* et a donné le moyen de les former. Si l'on pose

$$\psi(z) = e^{\lambda z} \frac{\sigma(z + \mu)}{\sigma z} f(z),$$

λ et μ étant deux constantes qu'il faudra déterminer par les conditions

$$2\lambda\omega_1 + 2\mu\eta_1 = \log s_1$$
$$2\lambda\omega_2 + 2\mu\eta_2 = \log s_2,$$

$f(z)$ sera une fonction elliptique.

Cherchons l'intégrale $\psi(z)$ de l'équation (82) dans le cas où $m = 1$. On a alors à intégrer l'équation

$$\frac{d^2y}{dz^2} - (2pz + h)\, y = 0. \tag{83}$$

Posons

$$y = e^{\lambda z} \frac{\sigma(z + \mu)}{\sigma z} f(z).$$

Ici l'origine est un pôle d'ordre 1, donc $f(z)$, qui ne pourrait avoir au plus que le pôle $z = -\mu$, est une constante. Or on a

$$e^{\lambda z} = 1 + \lambda z + \frac{\lambda^2 z^2}{1.2} + \dots$$

$$\sigma(z+\mu) = \sigma\mu + z\,\sigma'\mu + \frac{z^2}{2}\sigma''\mu + \dots$$

$$\frac{1}{\sigma z} = \frac{1}{z(1 + A_5 z^4 + \dots)} = \frac{1}{z}(1 - A_5 z^4 + \dots);$$

par conséquent

$$y = \frac{a}{z} + b + cz + dz^2 + \dots$$

$a, b, c, d,$ ayant des valeurs faciles à calculer.

En substituant dans le premier membre de l'équation (83), on aura

$$\frac{2a}{z^3} + 2d + \dots - 2\left(\frac{1}{z^2} + c_1 z^2 + \dots + h\right)\left(\frac{a}{z} + b + cz + dz^2 + \dots\right)$$

Egalons à zéro les termes en $\frac{1}{z^2}$ et $\frac{1}{z}$; il vient

$$b = 0$$
$$ha + c = 0$$

ou en mettant à la place de a, b, c leurs valeurs

$$\lambda\sigma\mu + \sigma'\mu = 0$$
$$h\sigma\mu + \lambda^2\sigma\mu + 2\lambda\sigma'\mu + \sigma''\mu = 0$$

On en tire λ et μ : d'abord l'équation en μ se réduit à

$$p\mu = h$$

et donne pour μ deux valeurs égales et de signes contraires μ_1 et $-\mu_1$. Ensuite on a

$$\lambda = \zeta\mu,$$

d'où enfin l'intégrale générale

$$z = c_1 e^{-z\zeta\mu_1}\frac{\sigma(z+\mu_1)}{\sigma\mu_1} + c_2 e^{z\zeta\mu_1}\frac{\sigma(z-\mu_1)}{\sigma\mu_1}.$$

CHAPITRE XIV

EQUATIONS DIFFÉRENTIELLES SIMULTANÉES

Définitions

515. On entend par *système d'équations différentielles simultanées* le système formé par n relations entre une variable indépendante t, n fonctions x, y, ... v de cette variable et leurs dérivées des divers ordres.

De tels systèmes se rencontrent souvent en Physique mathémathique, en Mécanique, dans la Théorie des vibrations, etc. Par exemple, dans l'étude des mouvements planétaires, on est conduit à des équations où figurent à la fois le temps t, les coordonnées des points mobiles et les dérivées de ces coordonnées par rapport à t. Le problème consiste alors à tirer de ces équations les valeurs des coordonnées en fonction de t, de manière à obtenir, par l'élimination de cette variable, les équations des trajectoires des points mobiles. « La plus belle « question de la *Philosophie Naturelle* se trouve ainsi ramenée « à l'intégration d'un système d'équations différentielles « simultanées » (*).

(*) Cournot. — *Théorie des Fonctions* n° 502.

Réduction d'un système à une équation différentielle unique

516. Considérons d'abord le cas où $n = 2$; le système sera alors formé par les deux équations

$$f_1\left(t,\ x,\ \frac{dx}{dt},\ \dots\ \frac{d^m x}{dt^m};\ y,\ \frac{dy}{dt},\ \dots\ \frac{d^p y}{dt^p}\right) = 0 \qquad (1)$$

$$f_2\left(t,\ x,\ \frac{dx}{dt},\ \dots\ \frac{d^r x}{dt^r};\ y,\ \frac{dy}{dt},\ \dots\ \frac{d^s y}{dt^s}\right) = 0. \qquad (2)$$

En différentiant r fois l'équation (1) et m fois l'équation (2), on obtiendra $m + r + 2$ relations, entre lesquelles on pourra déterminer les $m + r + 1$ quantités x, $\frac{dx}{dt}$, ... $\frac{d^{m+r}x}{dt^{m+r}}$. Le résultat de cette élimination sera une équation différentielle entre la variable t et la fonction y, dont l'ordre sera généralement égal au plus grand des deux nombres $m + p$, $r + s$; il sera moindre, lorsque pour faire l'élimination on n'aura pas employé toutes les $m + r + 2$ équations.

Prenons comme exemple le système

$$\frac{d^2 x}{dt^2} - 2a\frac{dy}{dt} + bx = 0 \qquad (1')$$

$$\frac{d^2 y}{dt^2} + 2a\frac{dx}{dt} + by = 0 \qquad (2')$$

que l'on rencontre dans la théorie du *Pendule de Foucault* et où a, b sont des constantes données.

Désignons par (3) et (4), puis par (5) et (6) les relations qu'on obtient en différentiant deux fois de suite d'abord (1'), puis (2').

En portant dans (5) les valeurs de dt et de $\frac{d^3y}{dt^3}$ tirées respectivement de (1') et de (4) on trouve, pour déterminer x, l'équation différentielle linéaire

$$\frac{d^4 x}{dt^4} + 2(b + 2a^2)\frac{d^2 x}{dt^2} + b^2 x = 0$$

qui est du quatrième ordre sans second membre et à coefficients constants.

x étant obtenue par l'intégration de cette équation, on aura y par l'équation (2') dans laquelle on aura remplacé $\frac{d^2 y}{dt^2}$ tiré de la relation (3).

517. La méthode que nous venons d'indiquer ramène l'intégration du système formé par (1) et (2) à l'intégration d'une seule équation différentielle entre la variable indépendante t et une *seule* fonction inconnue de cette variable.

Ce procédé, *par élimination*, s'applique au cas général d'un système défini comme au n° 515.

On éliminera d'abord x entre les n équations du système, ce qui donnera $n - 1$ équations entre les $n - 1$ inconnues y, z, ... v. Puis, on éliminera y entre les $n - 1$ équations, et ainsi de suite. On parviendra de la sorte à une seule équation différentielle ne renfermant plus, outre la variable indépendante t, qu'une seule inconnue v.

Réduction à la forme Canonique

518. Considérons d'abord une équation différentielle d'ordre quelconque entre la variable indépendante t et une fonction x de cette variable

$$F\left(t, x, \frac{dx}{dt}, \dots \frac{d^m x}{dt^m}\right) \tag{3}$$

Posons

$$\frac{dx}{dt} = x', \quad \frac{d^2 x}{dt^2} = x'', \dots \frac{d^{m-1} x}{dt^{m-1}} = x^{(m-1)};$$

nous obtiendrons de cette manière le système

$$\left.\begin{aligned} &\frac{dx}{dt} = x', \quad \frac{dx'}{dt} = x'' \dots \frac{dx^{m-2}}{dt} = x^{(m-1)} \\ &F\left(t, x, x', x'' \dots x^{(m-1)}, \frac{dx^{m-1}}{dt}\right) \end{aligned}\right\} \tag{4}$$

dans lequel n'interviennent, outre les fonctions x, x', x'', ... $x^{(m-1)}$, que leurs dérivées premières.

Ainsi, on peut substituer à une équation différentielle *d'ordre quelconque* (3) un système (4) d'équations différentielles du *premier ordre*, en introduisant des fonctions inconnues nouvelles.

519. De même, le système formé par les équations (1) et et (2) [dans lesquelles nous supposerons, pour fixer les idées, $m > r$ et $s > \mu$] peut être remplacé par le suivant

$$
\begin{aligned}
&\frac{dx}{dt} = x', \qquad \frac{dx'}{dt} = x'', \qquad \dots \frac{dx^{(m-2)}}{dt} = x^{(m-1)} \\
&\frac{dy}{dt} = y', \qquad \frac{dy'}{dt} = y'', \qquad \dots \frac{dy^{(s-2)}}{dt} = y^{(s-1)} \\
&f_1\left(t, x, x', \dots, \frac{dx^{(m-1)}}{dt}, \dots y, y', \dots y^{(\mu)}\right) = 0 \\
&f_2\left(t, x, x', \dots, x^{(r)}. \dots y, y', \dots \frac{dy^{(s-1)}}{dt}\right) = 0
\end{aligned}
$$

qui est du premier ordre.

Plus généralement, soit un système d'équations simultanées quelconque c'est-à-dire tel qu'on l'a défini au nº 515. En représentant par une lettre chacune des dérivées excepté celles dont l'ordre est le plus élevé, on obtiendra un système d'équations simultanées du *premier ordre* équivalent au système proposé.

520. Cela posé, soit

$$
\left.
\begin{aligned}
&\Phi_1\left(t, x, \frac{dx}{dt}, y, \frac{dy}{dt}, \dots v, \frac{dv}{dt}\right) = 0 \\
&\Phi_2\left(t, x, \frac{dx}{dt}, y, \frac{dy}{dt}, \dots v, \frac{dv}{dt}\right) = 0 \\
&\dots\dots\dots\dots\dots \\
&\Phi_n\left(t, x, \frac{dx}{dt}, y, \frac{dy}{dt}, \dots v, \frac{dv}{dt}\right) = 0
\end{aligned}
\right\} \qquad (5)
$$

un système de n équations différentielles, entre la variable indépendante t, n fonctions x, y, ... v de cette variable et leurs dérivées du premier ordre $\frac{dx}{dt}, \frac{dy}{dt}, \dots \frac{dv}{dt}$.

On peut toujours, au moins théoriquement, supposer le système résolu par rapport aux dérivées ; ce qui donne

$$\left.\begin{array}{l}\frac{dx}{dt} = \varphi_1(t, x, y, \dots v) \\ \frac{dy}{dt} = \varphi_2(t, x, y, \dots v) \\ \cdot\ \cdot\ \cdot\ \cdot\ \cdot\ \cdot\ \cdot\ \cdot\ \cdot \\ \frac{dv}{dt} = \varphi_n(t, x, y, \dots v)\end{array}\right\} \quad (6)$$

ou bien

$$\frac{dt}{T} = \frac{dx}{X} = \frac{dy}{Y} = \dots = \frac{dv}{V}, \quad (6')$$

les dénominateurs étant des fonctions de $t, x, y, \dots v$. On dit que le système a la *forme canonique* lorsqu'il est mis sous la forme (6) ou (6′).

La réduction à la forme canonique n'a pas une grande importance au point de vue pratique ; mais elle est utile, en théorie, pour simplifier les énoncés et les démonstrations.

Système intégral

321. Considérons maintenant le système canonique (6) ; supposons que les fonctions $\varphi_1, \varphi_2, \dots \varphi_n$ soient continues lorsque les variables restent comprises entre certaines limites. Désignons en outre par $t_0, x_0, y_0, \dots v_0$ des quantités arbitraires mais aussi comprises respectivement entre les limites indiquées. *Il existe alors un système unique de fonctions*

$$\left.\begin{array}{l}x = \psi_1(t, t_0, x_0, y_0, \dots v_0) \\ y = \psi_2(t, t_0, x_0, y_0, \dots v_0) \\ \cdot\ \cdot\ \cdot\ \cdot\ \cdot\ \cdot\ \cdot\ \cdot\ \cdot \\ v = \psi_n(t, t_0, x_0, y_0, \dots v_0)\end{array}\right\} \quad (7)$$

jouissant de la double propriété de satisfaire aux équations (6) et de prendre respectivement les valeurs $x_0, y_0, \dots v_0$ *pour* $t = t_0$.

La première démonstration rigoureuse de ce théorème fondamental est due à Cauchy ; nous renverrons pour cette démonstration au *Cours d'analyse* de Jordan.

Le système (7) a reçu le nom de *système intégral* du système (6).

522. Supposons que, par une voie quelconque, on ait trouvé, entre les $n+1$ variables $t, x, y, \dots v$, et n constantes arbitraires $c_1, c_2 \dots c_n$, n relations

$$\left.\begin{array}{l} F_1(t, x, y, \dots v, c_1, c_2 \dots c_n) = 0 \\ F_2(t, x, y, \dots v, c_1, c_2 \dots c_n) = 0 \\ \dots\dots\dots\dots\dots \\ F_n(t, x, y, \dots v, c_1, c_2 \dots c_n) = 0 \end{array}\right\} \quad (8)$$

d'où l'on puisse tirer des valeurs de $x, y, \dots v$ satisfaisant aux équations (6). Comme le système intégral des équations (6) est unique, le système (8) ne diffèrera pas de ce système intégral pourvu qu'on puisse attribuer aux constantes $c_1, c_2 \dots c_n$ des valeurs telles que $x, y, \dots v$ se réduisent respectivement à x_0, $y_0, \dots v_0$ pour $t = t_0$.

Cette dernière condition sera évidemment remplie, si, en résolvant les équations (8) par rapport aux constantes, on obtient des relations

$$\left.\begin{array}{l} c_1 = \theta_1(t, x, y, \dots v) \\ c_2 = \theta_2(t, x, y, \dots v) \\ \dots\dots\dots \\ c_n = \theta_n(t, x, y, \dots v) \end{array}\right\} \quad (9)$$

dont les seconds membres soient des fonctions bien déterminées et distinctes de $t, x, y, \dots v$. Sous cette forme particulière, le système intégral se compose de n équations dont chacune ne renferme qu'une seule constante arbitraire ; et l'on dit, de chacune de ces équations, qu'elle est *une intégrale* du système (6).

Quelques exemples d'intégrabilité du système (6')

523. D'après le numéro précédent, intégrer le système (6') c'est trouver n fonctions de $n+1$ variables $t, x, y, \ldots v$, telles que chacune de ces fonctions reste constante lorsqu'on fait varier $t, x, y, \ldots v$ de façon que leurs différentielles dt, dx $dy, \ldots dv$ soient proportionnelles à des fonctions données $T, X, Y, \ldots V$ des mêmes variables.

Le problème étant ainsi posé, on voit qu'on pourra déterminer chacune des intégrales séparément, ce qui est un avantage ; mais il n'existe aucune méthode générale pour déterminer ces intégrales, et on ne peut donner à cet égard que quelques indications très simples qui vont faire l'objet des quatre numéros suivants.

524. *Si, en prenant deux des rapports (6') et supprimant les facteurs communs, on a une égalité de la forme*

$$\frac{dv}{f(v)} = \frac{du}{\varphi(u)}$$

u et v désignant deux quelconques des variables $t, x, y, \ldots v$, la relation

$$\int \frac{dv}{f(v)} - \int \frac{du}{\varphi(u)} = \alpha \text{ (constante arbitraire)}$$

sera une intégrale du système (6').

Cette intégrale étant connue, on pourra, en la résolvant par rapport à u ou à v, éliminer u ou v dans le système (6') et simplifier ainsi la recherche des autres intégrales du système.

Exemple :

$$\frac{dx}{t} = \frac{dy}{xy} = \frac{dt}{x}.$$

Le premier et le dernier rapports donnent $xdx = tdt$ d'où $x^2 - t^2 = \alpha_1$ qui est une première intégrale. Les deux derniers rapports donnent $\frac{dy}{y} = dt$ d'où $\log y = t + \log \alpha_2$ ou $\alpha_2 = e^t - y$ qui est la seconde intégrale.

Autre exemple :

$$\frac{dx}{u^2 v^2} = \frac{dy}{xyzv} = \frac{dz}{xyzu} = \frac{du}{xzuv} = \frac{dv}{xyuv}.$$

Le troisième et le dernier rapports donnent $\frac{dz}{z} = \frac{dv}{v}$ d'où une première intégrale $v = \alpha z$. De même, le second et le quatrième rapports donnent une seconde intégrale $u = \beta y$. En éliminant u et v, il reste

$$\frac{dx}{\alpha^2\beta^2 z^2} = \frac{dy}{\alpha xyz^2} = \frac{dz}{\beta xy^2 z}$$

ou

$$\frac{dx}{\alpha^2\beta^2 z} = \frac{dy}{\alpha xyz} = \frac{dz}{\beta xy^2};$$

alors le second rapport, comparé successivement aux deux autres, donne

$$\frac{ydy}{\alpha} = \frac{zdz}{\beta} \qquad \frac{xdx}{\alpha\beta^2} = \frac{dy}{y}$$

d'où les deux autres intégrales

$$\frac{y^2}{\alpha} - \frac{z^2}{\beta} = \gamma \quad \textit{et} \quad \frac{1}{\alpha\beta^2}\frac{x^2}{2} = \log(y + \delta) \quad \text{ou} \quad \delta = e^{\frac{x^2}{2\alpha\beta^2}} - y.$$

525. *Si l'un des rapports (6′) a pour dénominateur zéro, la variable, dont le numérateur correspondant est la différentielle, étant égalée à zéro, fournit une intégrale.*

Car, en vertu des équations (6′) cette différentielle doit être nulle.

Exemple :

$$-\frac{dx}{x^2} = \frac{dy}{2z} = \frac{dz}{0}$$

$z = \alpha$ est une première intégrale, d'après notre règle ; dès lors, les deux premiers rapports donnent

$$-\frac{dx}{x^2} = \frac{dy}{2\alpha} \quad \text{d'où la 2}^{\text{e}} \text{ intégrale} \quad \frac{1}{x} - \frac{y}{2\alpha} = \beta.$$

526. Convenons d'appeler *rapport composé* de plusieurs rapports $\frac{p}{q}, \frac{p_1}{q_1}, \frac{p_2}{q_2}$ un rapport tel que $\frac{\lambda p + \lambda_1 p_1 + \lambda_2 p_2}{\lambda q + \lambda_1 q_1 + \lambda_2 q_2}$ où les multiplicateurs λ, λ_1, λ_2, sont des constantes ou des fonctions des variables qui entrent dans p, p_1, p_2, q, q_1, q_2. Cela posé, *si avec tous ou quelques uns des rapports* (1) *on peut former un rapport composé dont le dénominateur soit nul, et dont le numérateur soit la différentielle d'une fonction u de toutes ou de quelques unes des variables t, x_1, ... x_n, $u = \alpha$ sera une intégrale du système.*

Car le rapport $\frac{du}{0}$ sera équivalent à l'un quelconque des rapports (1) et l'on tombera sur la règle précédente.

Exemple :

$$\frac{dx}{cy - bz} = \frac{dy}{az - cx} = \frac{dz}{bx - ay}.$$

Les combinaisons

$$\frac{adx + bdy + cdz}{a(cy - bz) + b(az - cx) + c(bx - ay)}, \quad \frac{xdx + ydy + zdz}{x(cy - bz) + y(az - cx) + z(bx - ay)}$$

se réduisent respectivement à

$$\frac{d(ax + by + cz)}{0} \quad \text{et} \quad \frac{d(x^2 + y^2 + z^2)}{0}$$

de là les deux intégrales

$$ax + by + cz = \alpha \quad , \quad x^2 + y^2 + z^2 = \beta.$$

527. Plus généralement, *si l'on peut former deux rapports composés de la forme* $\frac{du}{A}$, $\frac{dv}{B}$, *u et v étant des fonctions des variables et* A *et* B *des constantes*, on aura, en vertu des équations (6′), $\frac{du}{A} = \frac{dv}{B}$, et *par suite* $\frac{u}{A} - \frac{v}{B}$ *sera une intégrale* du système (6′).

Exemple :

$$\frac{dx}{y+t} = \frac{dy}{t+x} = \frac{dt}{x+y};$$

avec tous les rapports on forme le rapport composé

$$\frac{dx + dy + dt}{2(x+y+t)} \quad \text{ou} \quad \frac{d.\log(x+y+t)}{2};$$

avec les deux premiers rapports, on forme le rapport composé

$$\frac{dx - dt}{-(x-t)} \quad \text{ou} \quad \frac{d.\log(x-t)}{-1};$$

on a donc l'intégrale

$$\frac{\log(x+y+t)}{2} + \frac{\log(x-t)}{1} = \text{const.}, \text{ou}\,(x+y+t)^{\frac{1}{2}}(x-t) = \text{const.}$$

ou enfin

$$(x+y+t)(x-t)^2 = \alpha$$

et l'on obtiendrait de même

$$(x+y+t)(y-t)^2 = \beta$$

Équations simultanées linéaires du premier ordre

528. Considérons d'abord le *cas de deux équations.* Le système à intégrer est alors

$$\left.\begin{aligned} \frac{dx}{dt} + Px + Qy &= V \\ \frac{dy}{dt} + P_1x + Q_1y &= V_1 \end{aligned}\right\} \qquad (10)$$

P, P_1, Q, Q_1, V, V_1 désignant des fonctions données de la variable indépendante t.

On pourrait procéder par élimination comme au n° 516 et ramener l'intégration du système (10) à celle d'une équation linéaire du second ordre ne contenant qu'une fonction inconnue.

Mais il est plus simple et plus élégant d'appliquer la méthode suivante due à Dalembert.

Ajoutons à la première équation la seconde multipliée par une fonction de la variable t. Nous aurons

$$\frac{dx}{dt} + \lambda\frac{dy}{dt} + (P + \lambda P_1)\,x + (Q + \lambda Q_1)\,y = V + \lambda V_1. \quad (11)$$

Posons ensuite

$$x + \lambda y = u$$

u désignant une nouvelle fonction de t. En différentiant, on obtient

$$\frac{dx}{dt} + \lambda\frac{dy}{dt} = \frac{du}{dt} - y\frac{d\lambda}{dt};$$

puis, en substituant dans (11), on a

$$\frac{du}{dt} + (P + \lambda P_1)u - y\left[\frac{d\lambda}{dt} + (P + \lambda P_1)\lambda - Q + \lambda Q_1\right] = V + \lambda V_1; \quad (12)$$

Or, y ne figurant ici qu'à la première puissance, on éliminera cette fonction y, en égalant à zéro son coefficient, ce qui donne les deux équations

$$\frac{d\lambda}{dt} + (P + \lambda P_1)\lambda - (Q + \lambda Q_1) = 0 \qquad (13)$$

$$\frac{du}{dt} + (P + \lambda P_1)u - (V + \lambda V_1) = 0. \qquad (14)$$

L'équation (13) ne renferme que λ et t ; elle est du premier ordre, mais *non linéaire* ; on ne sait donc pas en général l'intégrer. Mais il suffit, pour notre objet, d'avoir deux intégrales particulières λ_1 et λ_2.

En effet, en remplaçant successivement λ par λ_1 et par λ_2 dans l'équation (14) qui est du premier ordre et *linéaire*, on obtiendra, pour u, deux valeurs u_1 et u_2 correspondantes à λ_1, λ_2 et renfermant chacune une constante arbitraire.

Les fonctions cherchées x et y résulteront ensuite de la résolution des équations

$$u_1 = x + \lambda_1 y \quad , \quad u_2 = x + \lambda_2 y. \qquad (15)$$

Ces valeurs contiendront deux constantes arbitraires, puisque u_1 et u_2 en contiennent chacune une.

529. Si les *coefficients* P, P_1, Q, Q_1 *sont constants*, on pourra supposer λ constant dans l'équation (13) qui se réduit alors à l'équation du second degré

$$(P + \lambda P_1)\lambda - (Q + \lambda Q_1) = 0 \qquad (16)$$

dont on prendra les racines pour λ_1 et λ_2.

Toutefois il peut se faire que les racines de (16) soient égales ; dans ce cas on n'aura qu'une valeur de λ. Mais alors, l'équation (13), en y laissant λ variable, prendra la forme

$$\frac{d\lambda}{dt} + P_1(\lambda - \alpha)^2,$$

ou

$$\frac{d\lambda}{(\lambda - \alpha)^2} + P_1\, dt = 0, \tag{17}$$

dans laquelle α désigne la valeur de la racine double. L'équation (17) ayant pour intégrale

$$\lambda = \alpha + \frac{1}{P_1 t + C},$$

il suffira de donner à la constante arbitraire C deux valeurs particulières pour obtenir les deux valeurs de λ qui sont seules nécessaires. Le choix le plus simple consiste à prendre successivement $C = 0$ et $C = \infty$, d'où

$$\lambda_1 = \alpha + \frac{1}{P_1 t} \quad \text{et} \quad \lambda_2 = \alpha. \tag{18}$$

Il n'est peut-être pas inutile de remarquer que le *système* (10) *peut toujours être intégré lorsque les coefficients* P, P_1, Q, Q_1 *sont constants.*

530. Prenons pour exemple le système

$$\frac{dx}{dt} + 3x + y = 0 \qquad \frac{dy}{dt} - x + y = 0.$$

L'équation (16) est ici $(\lambda - 1)^2 = 0$, d'où $\alpha = 1$, et par suite, d'après les relations (18),

$$\lambda_1 = 1 - \frac{1}{t} \qquad \lambda_2 = 1.$$

En portant successivement ces valeurs dans l'équation (14) qui se réduit ici à

$$\frac{du}{u} + (3 - \lambda)\, dt = 0,$$

on obtient, par une intégration facile,

$$u_1 = \frac{1}{t}\, e^{C - 2t} \quad \text{et} \quad u_2 = e^{C' - 2t}$$

d'où, en vertu des relations (15),

$$x + \left(1 - \frac{1}{t}\right) y = \frac{1}{t} e^{C - 2t}$$
$$x + y = e^{C' - 2t}$$

équations d'où l'on tirera immédiatement x et y.

531. Considérons maintenant le *cas de n équations simultanées* ; et, pour simplifier les calculs, sans diminuer la généralité de la méthode, prenons $n = 3$; le système différentiel sera

$$\left.\begin{aligned} \frac{dx}{dt} + Px + Qy + Rz &= V \\ \frac{dy}{dt} + P_1 x + Q_1 y + R_1 z &= V_1 \\ \frac{dz}{dt} + P_2 x + Q_2 y + R_2 z &= V_2 \end{aligned}\right\}. \tag{19}$$

$P, P_1, P_2, Q, Q_1, Q_2, R, R_1, R_2, V, V_1, V_2$, désignant des fonctions données de la variable indépendante t.

Ajoutons à la première équation la seconde multipliée par λ et la troisième par μ, λ et μ désignant des facteurs fonctions de t. Nous aurons

$$\left.\begin{aligned} \frac{dx}{dt} + \lambda \frac{dy}{dt} + \mu \frac{dz}{dt} &+ (P + \lambda P_1 + \mu P_2) x \\ &+ [Q + \lambda Q_1 + \mu Q_2] y \\ &+ [R + \lambda R_1 + \mu R_2] z \\ &= V + \lambda V_1 + \mu V_2 \end{aligned}\right\}. \tag{20}$$

Posons ensuite

$$x + \lambda y + \mu z = u, \tag{21}$$

d'où

$$\frac{dx}{dt} + \lambda \frac{dy}{dt} + \mu \frac{dz}{dt} = \frac{du}{dt} - y \frac{d\lambda}{dt} - z \frac{d\mu}{dt}. \tag{22}$$

Par cette substitution l'équation (20) deviendra

$$\left.\begin{aligned} &\frac{du}{dt} + (P + \lambda P_1 + \mu P_2)u \\ &\quad - y\left[\frac{d\lambda}{dt} + \lambda(P + \lambda P_1 + \mu P_2) - (Q + \lambda Q_1 + \mu Q_2)\right. \\ &\quad - z\left[\frac{d\mu}{dt} + \mu(P + \lambda P_1 + \mu P_2) - (R + \lambda R_1 + \mu R_2)\right. \\ &\quad = V + \lambda V_1 + \mu V_2 \end{aligned}\right\} \quad (23)$$

Or, cette équation ne contient y et z qu'à la première puissance ; on éliminera donc y et z en égalant à zéro leurs coefficients, ce qui donne les trois équations

$$\frac{d\lambda}{dt} + (P + \lambda P_1 + \mu P_2)\lambda - (Q + \lambda Q_1 + \mu Q_2) = 0. \quad (24)$$

$$\frac{d\mu}{dt} + (P + \lambda P_1 + \mu P_2)\mu - (R + \lambda R_1 + \mu R_2) = 0. \quad (25)$$

$$\frac{du}{dt} + (P + \lambda P_1 + \mu P_2)u - (V + \lambda V_1 + \mu V_2) = 0. \quad (26)$$

Les équations (24) et (25) ne contiennent, outre t, que λ et μ ; elles sont du premier ordre, mais non linéaires. On ne sait donc pas en général les intégrer ; mais il suffit, pour atteindre notre but, d'avoir trois intégrales particulières λ_1, λ_2, λ_3 et trois valeurs correspondantes μ_1, μ_2, μ_3. En effet, pour un système de valeurs correspondantes λ_1 et μ_1 l'équation (26), qui est à la fois du premier ordre et linéaire, donnera une intégrale u_1 renfermant une constante arbitraire. On aura de même une intégrale u_2 correspondant au système λ_2 et μ_2, et une intégrale u_3 correspondant au système λ_3 et μ_3. On obtiendra enfin les fonctions inconnues x, y, z, par les relations

$$\left.\begin{aligned} x + \lambda_1 y + \mu_1 z = u_1 \\ x + \lambda_2 y + \mu_2 z = u_2 \\ x + \lambda_3 y + \mu_3 z = u_3 \end{aligned}\right\}. \quad (27)$$

Ces expressions de x, y, z, contiendront trois constantes arbitraires.

532. Examinons maintenant *le cas où les coefficients* P, Q, R, P_1, Q_1, R_1, P_2, Q_2, R_2, *sont constants.*

On satisfait alors aux relations (24) et (25) en prenant pour λ et μ les racines des équations numériques

$$\begin{aligned}\lambda(P+\lambda P_1+\mu P_2)-(Q+\lambda Q_1+\mu Q_2)=0\\ \mu(P+\lambda P_1+\mu P_2)-(R+\lambda R_1+\mu R_2)=0.\end{aligned}$$

On facilitera la résolution de ces équations en introduisant une inconnue auxiliaire S définie par la relation

$$P+P_1\lambda+P_2\mu=S. \tag{28}$$

On a ainsi les trois équations

$$\left.\begin{aligned}P-S+P_1\lambda+P_2\mu=0\\ Q+(Q_1-S)\lambda+Q_2\mu=0\\ R+R_1\lambda+(R_2-S)\mu=0\end{aligned}\right\}. \tag{29}$$

qui, par l'élimination de λ et μ, donnent l'équation en S

$$\begin{vmatrix} P-S & P_1 & P_2\\ Q & Q_1-S & Q_2\\ R & R_1 & R_2-S\end{vmatrix}=0. \tag{30}$$

Soient S_1, S_2, S_3 les trois racines supposées distinctes de cette équation du troisième degré. A chacune de ces racines répondra un système de valeurs de λ et de μ fournies par deux quelconques des relations (29) et que nous désignerons respectivement par (λ_1, μ_1), (λ_2, μ_2), (λ_3, μ_3).

L'équation (26) deviendra

$$\frac{du}{dt}+Su-(V+\lambda V_1+\mu V_2).$$

On y remplacera successivement pour (S, λ, μ) les trois systèmes (S_1, λ_1, μ_1), (S_2, λ_2, μ_2), (S_3, λ_3, μ_3) ; puis, en intégrant, on obtiendra pour u trois valeurs u_1, u_2, u_3 renfermant chacune une constante arbitraire.

Enfin la résolution du système (27) donnera les fonctions cherchées x, y, z en fonction de t et de trois constantes arbitraires.

Nous avons supposé que l'équation en S avait ses trois racines distinctes. L'étude du cas où il y a une racine double ou une racine triple nous entraînerait trop loin ; on procéderait d'ailleurs d'une manière analogue à ce qui a été dit au n° 529. On peut aussi, comme au n° 516, réduire le système à une équation différentielle unique.

Autre méthode

533. Il résulte de la théorie précédente que le seul cas qui se prête véritablement à une intégration effective est celui où les coefficients sont constants.

Dans ce cas, on préfère souvent à la méthode de Dalembert, une marche plus en harmonie avec celle que l'on a suivie dans le chapitre précédent à propos d'une seule équation linéaire à deux variables.

Considérons d'abord les équations

$$\left.\begin{aligned} \frac{dx}{dt} + Px + Qy + Rz &= 0 \\ \frac{dy}{dt} + P_1x + Q_1y + R_1z &= 0 \\ \frac{dz}{dt} + P_2x + Q_2y + R_2z &= 0 \end{aligned}\right\}, \qquad (31)$$

privées de seconds membres et à coefficients constants.

Tout revient évidemment à trouver trois solutions particulières (x_1, y_1, z_1), (x_2, y_2, z_2), (x_3, y_3, z_3) ; car le système

$$\left.\begin{aligned} x &= C_1x_1 + C_2x_2 + C_3x_3 \\ y &= C_1y_1 + C_2y_2 + C_3y_3 \\ z &= C_1z_1 + C_2z_2 + C_3z_3 \end{aligned}\right\}, \qquad (32)$$

satisfaisant au système (31) et renfermant trois constantes arbitraires, serait le système intégral de (31).

Cherchons donc trois solutions particulières.

Posons à cet effet

$$x = e^{-St}, \ y = \lambda e^{-St}, \ z = \mu e^{-St} \qquad (33)$$

où S, λ, μ sont des constantes inconnues ; puis, substituons ces expressions dans (31). Nous obtiendrons les trois relations (29) qui, par l'élimination de λ et de μ, conduisent à l'équation en S qui porte le numéro (30). Soient S_1, S_2, S_3 les racines de cette équation numérique du troisième degré, désignons par $\lambda_1, \lambda_2, \lambda_3$ les valeurs correspondantes de λ et par μ_1, μ_2, μ_3 les valeurs correspondantes de μ ; nous aurons ainsi les trois solutions particulières cherchées

$$\begin{aligned}
&(x_1 = e^{-S_1 t},\ y_1 = \lambda_1 e^{-S_1 t},\ z_1 = \mu_1 e^{-S_1 t})\\
&(x_2 = e^{-S_2 t},\ y_2 = \lambda_2 e^{-S_2 t},\ z_2 = \mu_2 e^{-S_2 t})\\
&(x_3 = e^{-S_3 t},\ y_3 = \lambda_3 e^{-S_3 t},\ z_3 = \mu_3 e^{-S_3 t}).
\end{aligned}$$

Le système intégral du système différentiel (31) est donc

$$\left.\begin{aligned}
x &= C_1 e^{-S_1 t} + C_2 e^{-S_2 t} + C_3 e^{-S_3 t}\\
y &= C_1 \lambda_1 e^{-S_1 t} + C_2 \lambda_2 e^{-S_2 t} + C_3 \lambda_3 e^{-S_3 t}\\
z &= C_1 \mu_1 e^{-S_1 t} + C_2 \mu_2 e^{-S_2 t} + C_3 \mu_3 e^{-S_3 t}
\end{aligned}\right\}. \qquad (34)$$

531. Considérons, en second lieu, le système

$$\left.\begin{aligned}
\frac{dx}{dt} + Px + Qy + Rz &= V\\
\frac{dy}{dt} + Px_1 + Q_2 y + R_1 z &= V_1\\
\frac{dz}{dt} + P_2 x + Q_2 y + R_2 z &= V_2
\end{aligned}\right\} \qquad (35)$$

dans lequel les coefficients sont constants, mais dont les seconds membres V, V_1, V_2 sont des fonctions données de t.

Nous allons appliquer la méthode de la variation des constantes arbitraires.

A cet effet, cherchons s'il est possible de satisfaire au système (35) par les expressions (34), à condition de considérer C_1, C_2, C_3 non plus comme des constantes mais comme des fonctions convenables de t.

Nous aurons dans cette hypothèse, l'équation

$$\frac{dx}{dt} = - S_1 C_1 e^{-S_1 t} - S_2 C_2 e^{-S_2 t} - S_3 C_3 e^{-S_3 t}$$
$$+ e^{-S_1 t} \frac{dC_1}{dt} + e^{-S_2 t} \frac{dC_2}{dt} + e^{-S_3 t} \frac{dC_3}{dt},$$

à laquelle il faudra joindre les expressions analogues de $\frac{dy}{dt}$ et de $\frac{dz}{dt}$. En portant ces deux valeurs, ainsi que la précédente, dans les équations (35), on voit que, en vertu des relations (29), les termes en C_1, C_2, C_3 sont nuls. Il reste alors les équations

$$\left.\begin{aligned} e^{-S_1 t} \frac{dC_1}{dt} + e^{-S_2 t} \frac{dC_2}{dt} + e^{-S_3 t} \frac{dC_3}{dt} &= V \\ \lambda_1 e^{-S_1 t} \frac{dC_1}{dt} + \lambda_2 e^{-S_2 t} \frac{dC_2}{dt} + \lambda_3 e^{-S_3 t} \frac{dC_3}{dt} &= V_1 \\ \mu_1 e^{-S_1 t} \frac{dC_1}{dt} + \mu_2 e^{-S_2 t} \frac{dC_2}{dt} + \mu_3 e^{-S_3 t} \frac{dC_3}{dt} &= V_2 \end{aligned}\right\}.$$

On déduit de là

$$\frac{dC_1}{dt} = T_1 \quad , \quad \frac{dC_2}{dt} = T_2 \quad , \quad \frac{dC_3}{dt} = T_3.$$

T_1, T_2, T_3 étant des fonctions de t ; d'où, par intégration,

$$C_1 = \int T_1\, dt + \gamma_1,\ C_2 = \int T_2\, dt + \gamma_2,\ C_3 = \int T_3\, dt + \gamma_3$$

γ_1, γ_2, γ_3 étant des constantes arbitraires ; il ne restera plus qu'à substituer ces valeurs de C_1, C_2, C_3, dans les formules (34) pour avoir les intégrales du système (35).

Propositions relatives aux intégrales des équations différentielles simultanées du premier ordre

535. Revenons au système des n équations différentielles du premier ordre

$$\frac{dt}{P} = \frac{dx_1}{P_1} = \frac{dx_2}{P_2} = \quad \dots \quad = \frac{dx_n}{P_n} \qquad (36)$$

où P, P_1, P_2, ... P_n sont des fonctions données de $n + 1$ variables t, x_1, ... x_n, et soit

$$f_1 = \alpha_1 \quad f_2 = \alpha_2 \dots \quad f_n = \alpha_n \qquad (37)$$

le système intégral de ce système (nos 520 à 523).

Les fonctions f_1, f_2, ... f_n qui constituent les premiers membres des intégrales (37) jouissent des propriétés suivantes qui nous serons utiles dans le chapitre XV.

1° *u désignant l'une quelconque de ces fonctions, on a identiquement*

$$P\frac{du}{dt} + P_1\frac{du}{dx_1} + P_2\frac{du}{dx_2} + \quad \dots \quad P_n\frac{du}{dx_n} = 0. \quad (38)$$

En effet, puisque $u = \alpha$ est une intégrale du système (36), on a

$$\frac{du}{dt}dt + \frac{du}{dx_1}dx_1 + \dots \quad + \frac{du}{dx_n}dx_n = 0 \qquad (39)$$

pour les valeurs de t, x_1 ... x_n qui satisfont au système (36) ; et comme, en vertu de ces équations (36), dt, dx_1 ... dx_n sont proportionnelles à P, P_1... P_n, *l'équation* (38) *doit avoir lieu pour les valeurs de t, x_1, x_2 ... x_n* qui satisfont au système (36). Mais la relation (38) contient seulement t, x_1 ... x_n et nullement les différentielles dt, dx_1, ... dx_n ; nous avons vu d'ailleurs (n° 521) que pour une valeur quelconque de t on pouvait se donner arbitrairement les valeurs de $x_1, x_2 \ldots x_n$; donc l'équation (39) doit en définitive avoir lieu quelque soient $t, x_1, x_2 \ldots x_n$.

2° Il suit de là que *l'équation* (38) *admet les n solutions distinctes*

$$u = f_1 \quad u = f_2 \ldots \quad u = f_n$$

Par suite, *cette équation* (3) *est satisfaite par toute fonction arbitraire*

$$\pi(f_1, f_2 \ldots f_n)$$

des fonctions $f_1, f_2 \ldots f_n$.

En effet, d'après (1°), pour qu'une fonction de $t, x_1 \ldots x_n$ satisfasse à l'équation (38), il *suffit* que cette fonction égalée à une constante soit une intégrale du système (36) c'est-à-dire que *cette fonction reste constante quand* $t, x_1, x_2 \ldots x_n$ *varient en satisfaisant aux conditions* (36). Or, puisque $f_1, f_2 \ldots f_n$ jouissent de cette propriété c'est-à-dire restent constantes sous les conditions (36), une fonction arbitraire $\pi(f_1, f_2 \ldots f_n)$ de ces fonctions restera aussi constante dans les mêmes conditions et par suite sera encore une solution de (38).

3° On peut du reste *vérifier que, si* $u_1, u_2 \ldots u_p$ *sont des solutions de l'équation* (38), *une fonction arbitraire de ces solutions*

$$u = \pi(u_1\, u_2 \ldots u_p)$$

est encore une solution. En effet, on a

$$\frac{\partial u}{\partial t} = \frac{\partial \pi}{\partial u_1}\frac{\partial u_1}{\partial t} + \ldots \quad + \frac{\partial \pi}{\partial u_p}\frac{\partial u_p}{\partial t}$$

$$\frac{\partial u}{\partial x_1} = \frac{\partial \pi}{\partial u_1}\frac{\partial u_1}{\partial x_1} + \ldots \quad + \frac{\partial \pi}{\partial u_p}\frac{\partial u_p}{\partial x_1}$$

$$\cdots\cdots\cdots\cdots\cdots\cdots$$

$$\frac{\partial u}{\partial x_1} = \frac{\partial \pi}{\partial x_1}\frac{\partial u_1}{\partial x_n} + \ldots \quad + \frac{\partial \pi}{\partial u_p}\frac{\partial u_p}{\partial x_n}$$

et en substituant dans (3)

$$\left.\begin{array}{l} \dfrac{\partial\pi}{\partial u_1}\left(P\dfrac{\partial u_1}{\partial t}+P_1\dfrac{\partial u_1}{\partial x_1}+\ldots\quad+P_n\dfrac{\partial u_1}{\partial x_n}\right) \\ +\ .\ .\ .\ .\ .\ .\ .\ .\ .\ .\ .\ .\ .\ .\ .\ . \\ +\dfrac{\partial\pi}{\partial u_p}\left(P\dfrac{\partial u_p}{\partial t}+P_1\dfrac{\partial u_p}{\partial x_1}+\ldots\quad+P_n\dfrac{\partial u_p}{\partial x_n}\right) \end{array}\right\} = 0$$

or cette relation est identique, puisque, $u_1 \ldots u_p$ étant des solutions de (38), chacune des parenthèses est nulle.

4° Il est facile de déduire de là que l'*équation* (38), bien qu'elle ait une infinité de solutions, *n'admet que n solutions distinctes.*

En effet supposons qu'elle ait plus de n solutions distinctes, et soient

$$u_1=\varphi_1(t_1 x_1 \ldots x_n),\ u_2=\varphi_2(t_1 x_1 \ldots x_n), \ldots\ u_{n+1}=\varphi_{n+1}(t_1 x_1 \ldots x_n)$$

$n+1$ de ces solutions ; puisqu'elles sont distinctes, on pourra les résoudre par rapport à t, x_1, $x_2 \ldots x_n$ et en tirer

$$t=\psi(u_1, \ldots u_{n+1}),\ x_1=\psi_1(u_1 \ldots u_{n+1}), \ldots\ x_n=\psi_n(u_1, \ldots u_{n+1}).$$

Or, soit $\theta(t, x_1 \ldots x_n)$ une fonction tout à fait arbitraire de $t, x_1 \ldots x_n$. En y portant les valeurs qu'on vient de trouver pour $t, x_1 \ldots x_n$, on aurait

$$\theta = x(u_1, u_2 \ldots u_n)$$

mais, $u_1 \ldots u_n$ étant des solutions de (38), θ qui est une fonction de $u_1 \ldots u_n$ serait encore (3°) une solution de (38). Donc l'équation (38) serait satisfaite par une fonction quelconque $\theta(t, x_1 \ldots x_n)$ des variables $t, x_1 \ldots x_n$ ce qui est absurde.

5° En résumé, l'équation (38) admet (2°) les n solutions distinctes

$$u=f_1 \quad u=f_2 \ldots\ldots \quad u=f_n.$$

Elle n'admet d'ailleurs que n solutions distinctes (4°). Donc toute solution de cette équation doit être une fonction de $f_1, f_2 \ldots f_n$; et comme (3°) une fonction arbitraire de $f_1, f_2 \ldots f_n$

satisfait, il s'en suit que la *solution la plus générale de l'équation* (38) *est une fonction arbitraire des fonctions* $f_1, f_2 \dots f_n$, *qui égalées à des constantes forment le système intégral des équations simultanées* (30).

536. *Méthode par approximation de M. Picard.*— M. Picard a donné, pour l'intégration des équations différentielles, une méthode d'approximations successives qui est particulièrement intéressante pour les ingénieurs et doit trouver place ici.

Comme on peut toujours poser

$$\frac{dy}{dx} = y_1, \quad \frac{dy_1}{dx} = y_2, \dots \quad \frac{dy_{m-1}}{dx} = y_m \ .$$

et par conséquent remplacer une équation différentielle d'ordre quelconque par un système d'équations du premier ordre, nous considérerons un pareil système

$$\left\{\begin{array}{l} \dfrac{du}{dx} = f_1(x, u, v, \dots w) \\ \dfrac{dv}{dx} = f_2(x, u, v, \dots w) \\ \dots\dots\dots \\ \dfrac{dw}{du} = f_n(x, u, v, \dots w) \end{array}\right\}$$

dans lequel $f_1, f_2 \dots f_n$ désignent des fonctions continues, réelles, des quantités réelles $x, u, v \dots w$ dans le voisinage de $x_0, u_0, v_0 \dots w_0$. Nous supposerons en outre qu'il existe n quantités positives A, B, ... L telles que, $x, y, u, v \dots w$ et $y', u', v' \dots w'$ étant comprises dans les intervalles de variation des variables, on ait

$$| f_i(x, u', v' \dots w') - f_i(x, u, v, \dots w) |$$
$$< A \, | u' - u | + B \, | v' - v | + \dots + L \, | w' - w | \, .$$

Voici alors en quoi consiste la méthode : on considère le système

$$\frac{du_1}{dx} = f_1(x, u_0, v_0 \dots w_0) \dots . \frac{dw_1}{dx} = f_n(x, u_0, v_0 \dots w_0)$$

et l'on en tire, *par des quadratures*, les fonctions de x, u_1, $v_1 \dots w_1$ qu'on détermine par la condition qu'elles prennent les valeurs $u_0, v_0 \dots w_0$ pour $x = x_0$. On détermine de même $u_2, v_2 \dots w_2$ par les équations

$$\frac{du_2}{dx} = f_2(x, u_1, v_1 \dots w_1) \dots \frac{dw_2}{dx} = f_n(x, u_1, v_1 \dots w_1)$$

et par la condition de prendre les valeurs $u_0, v_0 \dots w_0$ pour $x = x_0$, et ainsi de suite les fonctions $u_m, v_m \dots w_m$ étant reliées aux précédentes par les équations

$$\frac{du_m}{dx} = f_1(x, u_{m-1}, v_{m-1}, \dots w_{m-1})$$

$$\dots\dots\dots\dots\dots$$

$$\frac{dw_m}{dx} = f_1(x, u_{m-1}, v_{m-1}, \dots w_{m-2})$$

et satisfaisant aux conditions

$$u_m = u_0, v_m = v_0, \dots w_m = w_0$$

pour $x = x_0$. MM. Picard et Lindelöff ont démontré que $u_m, v_m \dots w_m$ ont des limites bien définies $u, v, \dots w$ qui satisfont aux équations différentielles pourvu que x ne s'écarte pas trop de la valeur initiale x_0.

Si l'on désigne par a l'écart maximum de x, et par b le plus petit des écarts de $u, v \dots w$ pour lesquels les fonctions f_i restent continues et réelles, si l'on appelle M le module maximum de ces fonctions dans les mêmes intervalles, la solution sera assurée si $| x - x_0 |$ ne dépasse pas la plus petite des quantités a et $\frac{b}{M}$.

CHAPITRE XV

ÉQUATIONS AUX DÉRIVÉES PARTIELLES DU PREMIER ORDRE

Généralités

537. On nomme *équation aux dérivées partielles* toute relation entre plusieurs variables indépendantes $x_1, x_2, \dots x_n$, une fonction z de ces variables et des dérivées de divers ordres de cette fonction par rapport aux variables $x_1, x_2, \dots x_n$. L'*ordre* de cette équation est, par définition, celui de la dérivée de l'ordre le plus élevé qui figure dans cette équation.

Les équations aux dérivées partielles ont été l'objet des travaux des plus grands géomètres parmi lesquels il faut surtout citer Dalembert, Euler, Lagrange, Monge, Arupère, Cauchy et Jacobi. Mais c'est à Cauchy que l'on doit les premières recherches rigoureuses sur l'existence et le degré de généralité de la solution. Nous ne saurions, sans sortir de notre cadre, rapporter ici les théorèmes de Cauchy malgré les simplifications introduites dans leur démonstration par M. Darboux et M. Kowaleski. Nous renverrons sur ce sujet au *Cours d'analyse* de M. Jordan.

D'ailleurs, pour les équations du premier ordre, l'existence et la nature des intégrales résulteront de la marche suivie pour trouver ces intégrales.

537. Avant d'entrer véritablement en matière, il convient de signaler un cas très particulier; c'est celui où les dérivées partielles contenues dans l'équation différentielle ne concernent qu'une seule variable.

On devra alors opérer comme si chacune des autres variables était constante ; mais il faudra remplacer les constantes que l'intégration aura introduites par des fonctions arbitraires des mêmes variables.

Soit, par exemple, l'équation

$$\frac{\partial u}{dx} = 3x^2y.$$

Si l'on intègre en regardant y comme constant, on a

$$u = x^3y + C,$$

d'où, en remplaçant la constante C par une fonction arbitraire de y,

$$u = x^3y + \varphi(y).$$

Intégration des équations linéaires du 1er ordre aux dérivées partielles

538. Il s'agit d'intégrer l'équation

$$P_1 \frac{\partial z}{\partial x_1} + P_2 \frac{\partial z}{\partial x_2} + \dots + P_n \frac{\partial z}{\partial x_n} = P \qquad (1)$$

où P_1, $P_2 \dots P_n$ et P sont des fonctions données des n variables indépendantes x_1, $x_2 \dots x_n$ et de la fonction inconnue z de ces variables.

Or, soit $\varphi(x_1, x_2, \dots x_n, z) = 0$ l'équation qui définit une solution quelconque de (1). En différentiant successivement par rapport à chacune des variables indépendantes $x_1 \dots x_n$, on aura les relations

$$\frac{\partial \varphi}{\partial x_1} + \frac{\partial \varphi}{\partial z}\frac{\partial z}{\partial x_1} = 0,\ \frac{\partial \varphi}{\partial x_2} + \frac{\partial \varphi}{\partial z}\frac{\partial z}{\partial x_2} = 0,\ \dots\ \frac{\partial \varphi}{\partial x_n} + \frac{\partial \varphi}{\partial z}\frac{\partial z}{\partial x_n} = 0 \qquad (2)$$

qui donneront les dérivées partielles de z

$$\frac{\partial z}{\partial x_1} = -\frac{\frac{\partial \varphi}{\partial x_1}}{\frac{\partial \varphi}{\partial z}}, \quad \frac{\partial z}{\partial x_2} = -\frac{\frac{\partial \varphi}{\partial x_2}}{\frac{\partial \varphi}{\partial z}}, \quad \ldots \quad \frac{\partial z}{\partial x_n} = -\frac{\frac{\partial \varphi}{\partial x_n}}{\frac{\partial \varphi}{\partial z}} \qquad (3)$$

attendu que $\frac{\partial \varphi}{\partial z}$ n'est pas nul, sans quoi l'équation considérée $\varphi(x_1, x_2 \ldots x_n, z) = 0$ ne contiendrait pas z, ce qui est absurde. En portant ces valeurs dans (1) et chassant le dénominateur commun $\frac{\partial \varphi}{\partial z}$, on aura

$$P_1 \frac{\partial \varphi}{\partial x_1} + P_2 \frac{\partial \varphi}{\partial x_2} + \ldots + P_n \frac{\partial \varphi}{\partial x_n} + P \frac{\partial \varphi}{\partial z} = 0 ; \qquad (4)$$

donc la fonction φ satisfait à l'équation (4).

Réciproquement, si $\varphi(x_1, x_2 \ldots x_n, z)$ est une fonction des $n+1$ variables $x_1, x_2 \ldots x_n, z$ satisfaisant à l'équation (4), la fonction z de $x_1, x_2 \ldots x_n$ déterminée par

$$\varphi(x_1, x_2, \ldots x_n, z) = 0$$

satisfera à l'équation (1); car, en portant dans (4) les valeurs de $\frac{\partial \varphi}{\partial x_1}, \frac{\partial \varphi}{\partial x_2} \ldots \frac{\partial \varphi}{\partial x_n}$ tirées des relations (3), et supprimant le facteur commun $\frac{\partial \varphi}{\partial z}$ qui n'est pas nul par hypothèse, on tombera sur l'équation (1).

Il résulte de là qu'on obtiendra la solution la plus générale de (1) en égalant à zéro la solution la plus générale de (2). Or, on sait que cette dernière solution est

$$\pi(f_1, f_2 \ldots f_n)$$

π étant une fonction arbitraire et $f_1, f_2 \ldots f_n$ étant les fonctions de $x_1, x_2 \ldots x_n, z$ qui égalées à des constantes constituent le système intégral des équations différentielles ordinaires simultanées du premier ordre

$$\frac{dx_1}{P_1} = \frac{dx_2}{P_2} = \ldots = \frac{dx_n}{P_n} = \frac{dz}{P}. \qquad (5)$$

Donc enfin la solution la plus générale de (1) sera donnée par

$$\pi(f_1, f_2 \dots f_n) = 0, \qquad (6)$$

ou, si l'on veut, par

$$f_1 = \pi(f_2\, f_3 \dots f_n). \qquad (6')$$

Règle pratique. — Pour intégrer l'équation (1), *formez le système simultané* (5); *déterminez son système intégral* $f_1 = \alpha_1, f_2 = \alpha_2 \dots f_n = \alpha_n$, *et écrivez que l'une des fonctions* $f_1, f_2 \dots f_n$ *est une fonction arbitraire des autres.*

539. Lorsqu'il n'y a que deux variables indépendantes (ce qui arrive le plus souvent et notamment dans les applications à la théorie des surfaces), on désigne habituellement ces deux variables par x et y, et par p et q les deux dérivées partielles $\frac{\partial z}{\partial x}, \frac{\partial z}{\partial y}$ et l'on écrit l'équation (1) dans ce cas particulier sous la forme *classique*

$$Pp + Qq = R \qquad (7)$$

P, Q, R étant des fonctions données d'x, y, z, L'intégration de cette équation dépend alors du système

$$\frac{dx}{P} = \frac{dy}{Q} = \frac{dz}{R} \qquad (8)$$

et si $f_1 = \alpha_1$, $f_2 = \alpha_2$ sont les intégrales du système (8), l'intégrale générale de l'équation (7) est $f_1 = \pi(f_2)$, π désignant une fonction arbitraire.

540. *Détermination de la fonction arbitraire.*

La fonction arbitraire devra être déterminée dans chaque problème par des conditions particulières.

Ces conditions reviennent en général à la suivante : *faire en sorte que l'inconnue z se réduise, pour une valeur donnée quelconque ξ de l'une x des variables, à une fonction donnée*

$$\zeta = (x_2, x_3, \dots x_n).$$

On y parvient comme il suit : quand on aura substitué les valeurs

$$x_1 = \xi \quad \text{et} \quad x = \zeta(x_2, x_3, \dots x_n)$$

dans les expressions de $f_1, f_2 \dots f_n$, ces fonctions ne contiendront plus x_1 et z, mais seulement $x_2, x_3 \dots x_n$; elles deviendront

$$\begin{aligned} f_1 &= \psi_1(x_2, \dots x_n) \\ f_2 &= \psi_2(x_2, \dots x_n) \\ &\dots\dots \\ f_n &= \psi_n(x_2, \dots x_n), \end{aligned}$$

et il suffira d'éliminer, entre ces n relations, les $n - 1$ variables $x_2 \dots x_n$, pour obtenir la relation

$$\Phi(f_1, f_2, \dots f_n) = 0$$

qui fait connaître la forme particulière Φ qu'il faut attribuer à la fonction arbitraire Π pour le cas du problème en question.

Application aux familles de surfaces

541. Soit à intégrer l'équation

$$ap + bq = 1 \tag{9}$$

dans laquelle a et b sont des constantes données et p et q les dérivées partielles $\frac{\partial z}{\partial x}, \frac{\partial z}{\partial y}$.

Il faut d'abord (n° 539) intégrer le système

$$\frac{dx}{a} = \frac{dy}{b} = \frac{dz}{1},$$

ce qui donne

$$x - az = C, \quad y - bz = C'.$$

Si donc on désigne par Φ le symbole d'une fonction arbitraire, on aura

$$\Phi(x - az, \quad y - bz) = 0 \tag{10}$$

pour l'intégrale générale de l'équation proposée (9).

On démontre en Géométrie analytique que l'équation (10) représente l'équation générale en termes finis des *surfaces cylindriques* dont les génératrices ont une direction donnée.

1° Supposons que l'on veuille déterminer la fonction arbitraire par la condition que la surface cylindrique passe par une courbe dont on donne les équations

$$\varphi(x, y, z) = 0, \quad \psi(x, y, z) = 0. \tag{11}$$

On posera

$$x - az = u, \quad y - bz = v;$$

ce qui permettra de mettre les équations (11) sous la forme

$$\varphi(u + az, v + bz, z) = 0, \quad \psi(u - az, v - bz, z) = 0$$

d'où résultera, par l'élimination de z, une relation telle que

$$F(u, v) = 0;$$

F sera la forme particulière de Φ qui répond à la question.

2° On peut vouloir déterminer la fonction arbitraire par la condition que le cylindre soit circonscrit à une surface dont l'équation

$$\varphi(x, y, z) = 0 \tag{12}$$

est donnée.

On ramène la question à la précédente (1°) en cherchant la courbe de contact. Or l'équation (12) est déjà une des équations de cette courbe et il suffira de trouver une seconde équation. On l'obtiendra en exprimant que la surface (12) et le cylindre ont le même plan tangent en tout point x, y, z de la courbe considérée. Or, en identifiant les équations de ces deux plans

$$(X - x)\frac{d\varphi}{dx} + (Y - y)\frac{d\varphi}{dy} + (Z - z)\frac{d\varphi}{dz} = 0$$
$$(X - x)\,p + Y - y)\,q - (Z - z) = 0$$

on aura

$$\frac{\partial\varphi}{\partial x} + p\frac{\partial\varphi}{\partial z} = 0, \qquad \frac{\partial\varphi}{\partial y} + q\frac{\partial\varphi}{\partial z} = 0,$$

d'où, en portant dans (9) les valeurs de p et de q tirées de ces deux équations

$$a\frac{\partial\varphi}{\partial x} + b\frac{\partial\varphi}{\partial y} + \frac{\partial\varphi}{\partial z} = 0$$

Cette équation et l'équation (12) déterminent la courbe de contact.

512. Soit à intégrer l'équation

$$z - c = p(x - a) + q\,(y - b) \tag{13}$$

a, b, c étant des constantes données.

Il faut intégrer d'abord le système

$$\frac{dx}{x - a} = \frac{dy}{y - b} = \frac{dz}{z - c},$$

ce qui donne

$$\frac{x - a}{z - c} = C \qquad \frac{y - b}{z - c} = C'$$

et par suite

$$\Phi\left[\frac{x - a}{z - c}, \frac{y - b}{z - c}\right] = 0 \tag{14}$$

Φ désignant une fonction arbitraire.

C'est l'équation générale en termes finis des *surfaces coniques* dont le sommet (a, b, c) est donné.

En suivant une marche analogue à celle indiquée au numéro précédent, on pourra déterminer la fonction arbitraire par la condition que le cône passe par une courbe donnée ou soit circonscrit à une surface donnée.

543. Soit à intégrer l'équation

$$px + qy = 0. \tag{15}$$

Il faut d'abord intégrer le système

$$\frac{dx}{x} = \frac{dy}{y} = \frac{dz}{0},$$

ce qui donne

$$\frac{y}{x} = C, \qquad z = C'$$

et par suite pour l'intégrale cherchée

$$z = \Phi\left(\frac{y}{x}\right) \tag{16}$$

Φ désignant une fonction arbitraire.

L'équation (16) est l'équation générale en termes finis des *conoïdes* ayant l'axe des z pour directrice et le plan xy pour plan directeur.

544. Soit à intégrer l'équation

$$(cy - bz)\,p + (az - cx)\,q = bx - ay. \tag{17}$$

Il faut d'abord intégrer le système

$$\frac{dx}{cy - bz} = \frac{dy}{az - cx} = \frac{dz}{bx - ay}.$$

Or si l'on désigne par dt la valeur commune de ces rapports, on a

$$\left.\begin{aligned} dx &= (cy - bz)\,dt \\ dy &= (az - cx)\,dt \\ dz &= (bx - az)\,dt \end{aligned}\right\} \tag{18}$$

Si l'on ajoute ces trois équations après les avoir multipliées respectivement d'abord par x, y, z, puis par a, b, c on a, en intégrant,

$$x^2 + y^2 + z^2 = C \qquad ax + by + cz = C'$$

et par suite, l'intégrale générale de l'équation proposée (17) sera

$$ax + by + cz = \Phi (x^2 + y^2 + z^2).$$

C'est l'équation générale en termes finis des *surfaces de révolution.*

545. *Trouver la surface dont les normales rencontrent l'axe Oz et qui coupent le plan des zy suivant un cercle ayant pour centre l'origine et pour rayon une longueur donnée* R.

Cherchons d'abord l'équation différentielle des surfaces dont les normales rencontrent Oz ; il suffit d'examiner que la projection

$$\frac{X - x}{p} = \frac{Y - y}{q}$$

de la normale sur le plan $x0y$ passe par l'origine, ce qui donne

$$py - qx = 0. \qquad (19)$$

Pour intégrer cette équation, il faut intégrer préalablement le système différentiel

$$\frac{dx}{y} - \frac{dy}{x} = \frac{dz}{0}.$$

On obtient pour le système intégral

$$u = x^2 + y^2 \qquad \text{et} \qquad v = z, \qquad (20)$$

et, par suite, pour l'intégrale générale de l'équation (19),

$$z = \Phi (x^2 + y^2)$$

Φ désignant une fonction arbitraire.

Il reste à déterminer Φ de façon que la surface en question passe par le cercle donné, c'est-à-dire de telle sorte que pour $x=0$, on ait $z=\sqrt{R^2-y^2}$. A cet effet on porte ces valeurs dans les équations (5), ce qui donne

$$u=y^2, \quad v=\sqrt{R^2-y^2},$$

d'où, en éliminant y,

$$u+v^2=R^2;$$

enfin, en remplaçant u et v par leurs valeurs primitives (20), on obtient

$$x^2+y^2+z^2=R^2.$$

La surface cherchée est donc la sphère qui a l'origine pour centre et R pour rayon.

Equations aux différentielles totales

546. On donne ce nom à toute équation de la forme

$$Pdx+Qdy+Rdz=0 \qquad (21)$$

où P, Q, R sont des fonctions données de x, y, z.

L'étude de cette équation nous permettra de continuer la théorie de l'intégration des équations aux dérivées partielles du premier ordre.

On dit que l'équation est *intégrable* lorsqu'il existe une relation

$$f(x, y, z)=0 \qquad (22)$$

telle qu'en la différentiant, on obtient une équation

$$\frac{\partial f}{\partial x}dx+\frac{\partial f}{\partial y}dy+\frac{\partial f}{\partial z}dz=0$$

qui soit identique avec (21) eu égard à la relation (22).

Nous nous proposons ici d'abord de chercher cette condition d'intégrabilité, puis, lorsque cette condition est satisfaite, de donner le moyen de trouver la relation intégrale.

547. Théorème. — *Pour que l'équation* (21) *soit intégrable, il faut et il suffit qu'on ait*

$$P\left(\frac{\partial Q}{\partial z}-\frac{\partial R}{\partial y}\right)+Q\left(\frac{\partial R}{\partial x}-\frac{\partial P}{\partial z}\right)+R\left(\frac{\partial P}{\partial y}-\frac{\partial Q}{\partial x}\right)=0 \quad (23)$$

En effet, considérons l'expression $Q\,dy + R\,dz$ dans laquelle nous regarderons x comme un paramètre. On sait qu'il existe un facteur μ, tel que l'expression $\mu(Q\,dy + R\,dz)$ soit la différentielle exacte d'une fonction

$$u = \psi(x, y, z) \quad (24)$$

des deux variables y et z et dans laquelle figure, aussi bien que dans μ, le paramètre x.

Cela posé, substituons à la variable y la variable u définie par la relation (24) ; on aura

$$du = \frac{\partial\psi}{\partial x}dx + \frac{\partial\psi}{\partial y}dy + \frac{\partial\psi}{dz}dz$$

ou, comme par hypothèse

$$\mu Q = \frac{\partial\psi}{\partial y} \quad \text{et} \quad \mu R = \frac{\partial\psi}{\partial z},$$

il vient

$$du - \frac{\partial\psi}{\partial x}dx = \mu\,(Qdy + Rdz),$$

en sorte que l'équation (21) devient

$$\mu P dx + du + \frac{\partial\psi}{\partial x}dx = 0$$

ou

$$du - Kdx = 0 \quad (25)$$

en posant

$$K = \mu P - \frac{\partial\psi}{\partial x} \tag{26}$$

expression dans laquelle on suppose que y a été remplacé par sa valeur tirée de (24).

Or, s'il existe une relation intégrale (22) de l'équation (21), en faisant dans cette relation la transformation précédente, c'est-à-dire en y remplaçant y par sa valeur tirée de (24) on aura une relation

$$F(u, x, z) = 0 \tag{27}$$

dont la différentiation donnera une équation

$$\frac{\partial F}{\partial u} du + \frac{\partial F}{\partial x} dx + \frac{\partial F}{\partial z} dz = 0 \tag{28}$$

qui devra coïncider avec (25), eu égard à (27). Or l'équation (25) ne contient pas dz ; donc il doit en être de même de (28) ; par suite $\frac{\partial F}{\partial z}$ est nul, en d'autres termes F ne doit pas contenir z, c'est-à-dire que, par la substitution de y tirée de (24) dans l'intégrale (22), *z doit disparaître de lui-même* en même temps que y ; par suite, en différentiant cette transformée, on aura une équation dans laquelle z ne figurera pas du tout ; et comme cette équation ne doit pas différer de (28), *il faut que* K *soit indépendant de z*. Cela *suffit* d'ailleurs, car si K ne contient pas z, on pourra intégrer la transformée (25) qui est une équation du premier ordre à deux variables u et x, ce qui donnera

$$f_1(u, x) = C$$

par suite en remplaçant u par sa valeur (24), c'est-à-dire faisant la transformation inverse, on aura

$$f_1(\psi, x) = C \qquad \text{ou} \qquad \varphi(x, y, z) = C$$

pour la relation intégrale de (21).

Ainsi la condition nécessaire et suffisante est *que* K *soit indépendant de* z. Il reste à développer cette condition, c'est-à-dire à l'*exprimer en fonctions des données* P, Q, R.

A cet effet, rappelons que K est ce que devient $\mu P - \frac{d\psi}{dx}$ *après* qu'on a remplacé dans cette expression y par sa valeur tirée de (24), ou, ce qui revient au même, sans faire la substitution lorsqu'on y regarde y comme une fonction de x, u et z définie par (24). K est alors fonction de z d'abord directement puis indirectement à cause de y, et pour écrire que K est indépendant de z, il faut écrire que sa dérivée *complète* par rapport à z est nulle, c'est-à-dire qu'on a

$$\frac{\partial K}{\partial z} + \frac{\partial K}{\partial y}\frac{\partial y}{\partial z} = 0,$$

$\frac{\partial y}{\partial z}$ étant déduit de l'équation (24), c'est-à-dire étant fourni par la différentiation de (24) par rapport à y (u et x restant alors constants) ce qui donne

$$0 = \frac{\partial\psi}{\partial y}\frac{\partial y}{\partial z} + \frac{\partial\psi}{\partial z},$$

et par suite, en substituant cette valeur de $\frac{\partial y}{\partial z}$ dans la précédente,

$$\frac{\partial K}{\partial z}\frac{\partial\psi}{\partial y} - \frac{\partial K}{\partial y}\frac{\partial\psi}{\partial z} = 0.$$

En remplaçant K par sa valeur (26), cette condition prend la forme

$$\frac{\partial\left(\mu P - \frac{\partial\psi}{\partial x}\right)}{\partial z}\frac{\partial\psi}{\partial y} - \frac{\partial\left(\mu P - \frac{\partial\psi}{\partial x}\right)}{\partial y}\frac{\partial\psi}{\partial z} = 0$$

ou

$$\left[\frac{\partial(\mu P)}{\partial z} - \frac{\partial\left(\frac{\partial\psi}{\partial z}\right)}{\partial x}\right]\frac{\partial\psi}{\partial y} - \left[\frac{\partial(\mu P)}{\partial y} - \frac{\partial\left(\frac{\partial\psi}{\partial y}\right)}{\partial x}\right]\frac{\partial\psi}{\partial z} = 0;$$

mais on a

$$\frac{\partial\psi}{\partial y} = \mu Q, \qquad \frac{\partial\psi}{\partial z} = \mu R. \tag{29}$$

La condition devient donc

$$\mu Q\left[\frac{\partial(\mu P)}{\partial z} - \frac{\partial(\mu R)}{\partial x}\right] - \mu R\left[\frac{\partial(\mu P)}{\partial y} - \frac{\partial(\mu Q)}{\partial x}\right] = 0,$$

on la rend plus symétrique en lui ajoutant l'expression

$$\mu P\left[\frac{\partial(\mu R)}{\partial y} - \frac{\partial(\mu Q)}{\partial x}\right]$$

qui est nulle en vertu des relations (29). On a ainsi

$$P\left[\frac{\partial(\mu R)}{\partial y} - \frac{\partial(\mu Q)}{\partial x}\right] + Q\left[\frac{\partial(\mu P)}{\partial z} - \frac{\partial(\mu R)}{\partial x}\right] + R\left[\frac{\partial(\mu Q)}{\partial x} - \frac{\partial(\mu P)}{\partial y}\right] = 0.$$

En effectuant les différentiations et réduisant, μ disparaît et il reste pour la condition cherchée la relation énoncée (23).

548. On voit qu'il ne faut pas confondre la condition d'intégrabilité de l'*équation* $Pdx + Qdx + Rdx = 0$, avec la condition d'intégrabilité de l'*expression* $Pdx + Qdx + Rdx$; tandis que la première est *unique*, la seconde est *triple* car elle se compose des trois conditions $\frac{\partial P}{\partial y} = \frac{\partial Q}{\partial x}$, $\frac{\partial P}{\partial z} = \frac{\partial R}{\partial x}$, $\frac{\partial Q}{\partial y} = \frac{\partial R}{\partial z}$. Aussi bien, on devait s'y attendre d'après ce qui était arrivé dans le cas de deux variables : Il y a une condition pour que l'*expression* $Mdx + Ndy$ soit intégrable $\left(\text{c'est } \frac{\partial M}{\partial y} = \frac{\partial N}{\partial x}\right)$, tandis que l'équation $Mdx + Ndy = 0$ admet toujours une intégrale.

549. La démonstration précédente *indique la forme*

$$\varphi(x, y, z) = \text{constante arbitraire}$$

de la relation intégrale de l'équation (21) ; mais elle donne même la *marche à suivre pour la trouver* lorsqu'elle existe. On commencera par chercher la fonction $u = \psi(x, y, z)$ et *par suite* le facteur μ ; puis on fera le changement de variable indiqué, ce qui donnera l'équation différentielle (25) entre u et x ; on déterminera son intégrale $f_1(u, x) = C$, d'où résultera $f_1(\psi, x) = C$ pour l'intégrale cherchée.

Toutefois voici un procédé plus simple pour intégrer l'équation (21) lorsque la condition (23) est remplie :

350. *Problème : Intégrer l'équation* (21) *lorsque la condition* (24) *est remplie.*

$$\varphi(x, y, z) = C$$

étant l'intégrale inconnue, on a

$$\frac{\partial\varphi}{\partial x}dx + \frac{\partial\varphi}{\partial y}dy + \frac{\partial\varphi}{\partial z}dz = 0$$

et par suite, en comparant avec la proposée,

$$\frac{P}{\frac{\partial\varphi}{\partial x}} = \frac{Q}{\frac{\partial\varphi}{\partial y}} = \frac{R}{\frac{\partial\varphi}{\partial z}}$$

et enfin, à cause de la condition (3) qui est remplie par hypothèse,

$$\left(\frac{\partial Q}{\partial z} - \frac{\partial R}{\partial y}\right)\frac{\partial\varphi}{\partial x} + \left(\frac{\partial R}{\partial x} - \frac{\partial P}{\partial z}\right)\frac{\partial\varphi}{\partial y} + \left(\frac{\partial P}{\partial y} - \frac{\partial Q}{\partial x}\right)\frac{\partial\varphi}{\partial z} = 0. \quad (30)$$

C'est une équation linéaire aux dérivées partielles à laquelle doit satisfaire la fonction cherchée φ. C'est même une équation sans second membre et dont les coefficients ne renferment pas φ, en d'autres termes c'est une équation de la forme de celles considérées dans le lemme du n° 24. On sait que la solution générale de cette équation est une fonction arbitraire $\pi(\alpha, \beta)$

$$\alpha = f_1(x, y, z) \qquad \beta = f_2(x, y, z)$$

étant le système intégral des équations simultanées

$$\frac{dx}{\frac{\partial Q}{\partial z}-\frac{\partial R}{\partial y}}=\frac{dy}{\frac{\partial R}{\partial x}-\frac{\partial P}{\partial z}}=\frac{dz}{\frac{\partial P}{\partial y}-\frac{\partial Q}{\partial x}}. \tag{32}$$

La fonction φ doit donc rentrer dans le type $\pi(\alpha, \beta)$ et par suite l'intégrale $\varphi(x, y, z) = c$ de (21) sera

$$F(\alpha, \beta) = C \tag{33}$$

F étant une fonction (non plus arbitraire comme π) mais choisie de façon que l'équation

$$\frac{\partial F}{\partial \alpha} d\alpha + \frac{\partial F}{\partial \beta} d\beta = 0 \tag{34}$$

obtenue en la différentiant, coïncide avec la proposée (21), eu égard à (33). En d'autres termes, si l'on substitue aux variables x et y et à leurs différentielles dx, dy dans la proposée, leurs valeurs tirées des relations (31) et de celles qu'on en déduit en les différentiant, on devra tomber sur l'équation (34); mais 34) ne contient que les seules variables α et β ; donc par l'effet de la transformation indiquée la transformée de (21) ne contiendra plus ni z ni dz ; elle sera de la forme

$$A d\alpha + B d\beta = 0 \tag{35}$$

A et B étant des fonctions de α et de β seulement. En intégrant cette équation (35), on aura donc $F(\alpha, \beta) = C$ et par suite $F(f_1, f_2) = c$ pour l'intégrale cherchée de (21).

De là résulte la *règle pratique* :

Cherchez le système intégral (31) *des équations simultanées* (32) *et transformez l'équation différentielle proposée* (21) *en substituant, à l'aide des relations* (31) *les variables α et β aux variables x et y ; la transformée sera de la forme* (33) (*z disparaîtra de lui-même*) *; intégrez la, et, dans son intégrale* $F(\alpha, \beta) = C$, *remplacez α et β par leurs valeurs* (31) *en x, y, z : vous aurez l'intégrale de la proposée.*

Exemple :

$$z dx + (x + a)^2 dy - (x + a) dz = 0;$$

système (32)

$$\frac{dx}{0} = \frac{dy}{1} = \frac{dz}{x + a}$$

système intégral

$$\alpha = x, \qquad \beta = (\alpha + a)\, y - z$$

d'où

$$x = \alpha, \qquad y = \frac{z + \beta}{a + \alpha}, \qquad dx = d\alpha,$$

$$dy = \frac{(a + \alpha)(dz + d\beta) - (z + \beta)\, d\alpha}{(a + \alpha)^2}.$$

En substituant dans la proposée, on a

$$zd\alpha + (\alpha + a)(dz + d\beta) - (z - \beta)\, d\alpha - (\alpha + a)\, dz = 0$$

qui se réduit à

$$(\alpha + \alpha)\, d\beta - \beta d\alpha = 0$$

ou

$$\frac{d\beta}{\beta} - \frac{d\alpha}{d + a} = 0,$$

et en l'intégrant

$$l\beta - l\,(\alpha + a) = \text{l. const.}$$

ou

$$\frac{\beta}{\alpha + a} = \mathrm{C}$$

d'où résulte pour l'intégrale cherchée

$$\frac{(x + a)\, y - z}{x + a} = \mathrm{C}$$

ou enfin

$$y - \frac{z}{x + a} = \mathrm{C}.$$

Équation non linéaire aux dérivées partielles du premier ordre : cas de deux variables indépendantes

551. L'équation à intégrer a pour type

$$F(x, y, z, p, q) = 0 \qquad (36)$$

où p et q désignent les dérivées partielles $p = \frac{\partial z}{\partial x}$, $q = \frac{\partial z}{\partial y}$.

La méthode à suivre pour intégrer cette équation consiste à en chercher d'abord *une intégrale complète* ; on nomme ainsi, d'après Lagrange, une solution renfermant *deux* constantes arbitraires (c'est-à-dire un nombre de constantes arbitraires égal à celui des variables indépendantes, qui ici sont les *deux* variables x et y). De cette intégrale complète, on déduit ensuite l'*intégrale générale.*

552. *Recherche d'une intégrale complète.*

Pour obtenir une intégrale complète, on cherche d'abord une équation

$$\varphi(x, y, z, p, q) = \alpha \qquad (37)$$

(où α désigne une constante arbitraire), qui soit telle que les valeurs de p et de q déduites du système (36) et (37) et portées dans

$$dz - pdx - qdy = 0 \qquad (38)$$

rendent intégrable *cette équation* (38) *aux différentielles totales.* Nous allons voir qu'il suffit que φ satisfasse à une équation *linéaire* aux dérivées partielles ; on déterminera donc *une* solution de cette équation linéaire, ce qui fournira la relation (37), et puis, après avoir tiré p et q de (36) et (37) et porté dans (38) ces valeurs qui contiendront déjà une constante arbitraire α, il ne restera plus qu'à intégrer l'équation aux différentielles totales (38) ce qui introduira une nouvelle constante arbitraire β ; on aura donc bien ainsi une solution contenant deux constantes arbitraires, c'est-à-dire une intégrale complète.

Entrons dans les détails :

Cherchons d'abord la condition d'intégrabilité de l'équation (38), p et q n'étant plus donnés directement en x, y, z mais déterminés par les équations implicites (36) et (37).

La condition d'intégrabilité

$$P\left(\frac{\partial Q}{\partial z} - \frac{\partial R}{\partial y}\right) + Q\left(\frac{\partial R}{\partial x} - \frac{\partial P}{\partial z}\right) + R\left(\frac{\partial P}{\partial y} - \frac{\partial Q}{\partial x}\right) = 0$$

se réduit ici, (puisque $P = -p$, $Q = -q$, $R = 1$) à

$$p\frac{\partial q}{\partial z} - q\frac{\partial p}{\partial z} - \frac{\partial p}{\partial y} + \frac{\partial q}{\partial x} = 0 \quad \text{ou} \quad \frac{\partial p}{\partial y} + q\frac{\partial p}{\partial z} = \frac{\partial q}{\partial x} + p\frac{\partial q}{\partial z}$$

que nous conviendrons d'écrire

$$\frac{\overline{\partial p}}{\partial y} = \frac{\overline{\partial q}}{\partial x} \tag{39}$$

(Il importe de bien se familiariser avec cette notation qui simplifie l'écriture : en général, ω étant une quantité quelconque, nous désignerons

$$\text{par } \frac{\overline{\partial \omega}}{\partial x} \text{ l'expression } \frac{\partial \omega}{\partial x} + p\frac{\partial \omega}{\partial z},$$
$$\text{et par } \frac{\overline{\partial \omega}}{\partial y} \text{ l'expression } \frac{\partial \omega}{\partial y} + q\frac{\partial \omega}{\partial z}\Big).$$

Pour trouver la condition cherchée, il suffit de tirer par différentiation $\frac{\overline{\partial p}}{\partial y}$ et $\frac{\overline{\partial q}}{\partial x}$ des relations (36) et (37) et de porter dans (39).

Or en différentiant chacune des relations (36) et (37) d'abord par rapport à x, puis par rapport à y, on a les 4 équations

$$\overline{\frac{\partial F}{\partial x}} + \frac{\partial F}{\partial p}\overline{\frac{\partial p}{\partial x}} + \frac{\partial F}{\partial q}\overline{\frac{\partial q}{\partial x}} = 0 \tag{40}$$

$$\overline{\frac{\partial F}{\partial y}} + \frac{\partial F}{\partial p}\overline{\frac{\partial p}{\partial y}} + \frac{\partial F}{\partial q}\overline{\frac{\partial q}{\partial y}} = 0 \tag{41}$$

$$\overline{\frac{\partial \varphi}{\partial x}} + \frac{\partial \varphi}{\partial p}\overline{\frac{\partial p}{\partial x}} + \frac{\partial \varphi}{\partial q}\overline{\frac{\partial q}{\partial x}} = 0 \tag{41}$$

$$\overline{\frac{\partial \varphi}{\partial y}} + \frac{\partial \varphi}{\partial p}\overline{\frac{\partial p}{\partial y}} + \frac{\partial \varphi}{\partial q}\overline{\frac{\partial q}{\partial y}} = 0 \tag{43}$$

où entrent $\overline{\frac{\partial p}{\partial y}}$ et $\overline{\frac{\partial q}{\partial x}}$ mais aussi $\overline{\frac{\partial p}{\partial x}}$ et $\overline{\frac{\partial q}{\partial y}}$ dont nous n'avons que faire; il faut donc éliminer ces *quatre* quantités entre les 5 équations (39), (40), (41), (42), (43). On y parvient élégamment en ajoutant les équations (40), (41), (42), (43) après les avoir multipliées respectivement par $\frac{\partial \varphi}{\partial p}$, $\frac{\partial \varphi}{\partial q}$, $-\frac{\partial F}{\partial p}$, $-\frac{\partial F}{\partial q}$; on obtient ainsi (en ajoutant par colonnes)

$$\overline{\frac{\partial F}{\partial x}}\frac{\partial \varphi}{\partial p} - \overline{\frac{\partial \varphi}{\partial x}}\frac{\partial F}{\partial p} + \overline{\frac{\partial F}{\partial y}}\frac{\partial \varphi}{\partial q} - \overline{\frac{\partial \varphi}{\partial y}}\frac{\partial F}{\partial q} = 0 \tag{44}$$

les autres termes se détruisant à cause de (39).

Telle est la condition cherchée ; la forme abrégée (44) étant développée en faisant retour aux notations ordinaires est

$$\left(\frac{\partial F}{\partial x} + p\frac{\partial F}{\partial z}\right)\frac{\partial \varphi}{\partial p} - \left(\frac{\partial \varphi}{\partial x} + p\frac{\partial \varphi}{\partial z}\right)\frac{\partial F}{\partial p} + \left(\frac{\partial F}{\partial y} + q\frac{\partial F}{\partial z}\right)\frac{\partial \varphi}{\partial p}$$
$$- \left(\frac{\partial \varphi}{\partial y} + q\frac{\partial \varphi}{\partial z}\right)\frac{\partial F}{\partial p} = 0$$

ou, en ordonnant par rapport aux dérivées partielles de φ,

$$\left.\begin{aligned}\frac{\partial F}{\partial p}\frac{\partial \varphi}{\partial x} + \frac{\partial F}{\partial q}\frac{\partial \varphi}{\partial y} + \left(p\frac{\partial F}{\partial p} + q\frac{\partial F}{\partial q}\right)\frac{\partial \varphi}{\partial z} - \left(\frac{\partial F}{\partial x} + p\frac{\partial F}{\partial z}\right)\frac{\partial \varphi}{\partial p} \\ - \left(\frac{\partial F}{\partial y} + q\frac{\partial F}{\partial z}\right)\frac{\partial \varphi}{\partial q} = 0\end{aligned}\right\} \tag{44}$$

Telle est l'équation linéaire aux dérivées partielles à laquelle il *suffit* que φ satisfasse, c'est-à-dire, dont il suffit de connaître *une* solution.

Cela posé, rappelons que pour intégrer cette équation, on considère le système d'équations différentielles ordinaires simultanées

$$\frac{dx}{\frac{\partial F}{\partial p}}=\frac{dy}{\frac{\partial F}{\partial q}}=\frac{dz}{p\frac{\partial F}{\partial p}+q\frac{\partial F}{\partial q}}=\frac{dp}{-\left(\frac{\partial F}{\partial x}+p\frac{\partial F}{\partial z}\right)}=\frac{dq}{-\left(\frac{\partial F}{\partial y}+q\frac{\partial F}{\partial z}\right)} \quad (45)$$

et l'on sait que si $f(x, y, z) = \alpha$ est l'*une quelconque* des intégrales de ce système, la fonction f est une solution de l'équation (44).

On déterminera donc *une* intégrale $f(x, y, z) = \alpha$ du système (45) (celle que l'on trouvera le plus aisément) et en prenant $\varphi = f$, on aura l'équation cherchée (37). En d'autres termes *on adjoindra à l'équation proposée l'une des intégrales du système* (45) *et l'on aura ainsi deux équations d'où l'on tirera* p *et* q, *pour les porter dans* (38). *Il ne restera plus alors qu'à intégrer cette équation aux différentielles totales* pour avoir une solution de (36) de la forme

$$\Phi(x, y, z, \alpha) = \beta$$

β étant une deuxième constante arbitraire ; ce sera *une intégrale complète* de l'équation proposée.

553. *Recherche de l'intégrale générale.*

Désignons par

$$\Psi(x, y, z, \alpha, \beta) = 0 \quad (46)$$

l'intégrale complète qu'on vient de trouver. Puisque c'est une solution de (36), c'est que l'*élimination de* α, p *et* q entre (36), (46) et les deux relations

$$\frac{\partial\psi}{\partial x}+\frac{\partial\psi}{\partial z}p=0, \qquad \frac{\partial\psi}{\partial y}+q\frac{\partial\psi}{\partial z}=0 \quad (47)$$

qui résultent de la différentiation de (46) successivement par rapport à x et à y, *conduit à une identité*; les lettres α et β disparaissent donc d'elles mêmes par le fait de cette élimination de z, p et q.

Par suite la même chose arrivera *quelle que soit la signification de ces lettres* pourvu que les relations (47) conservent la même forme, en sorte que (46) ne cessera pas d'être une solution de (36).

Or si l'on suppose que α et β au lieu de représenter des constantes représentent des fonctions d'x et d'y, les relations obtenues en différentiant (46) successivement par rapport à x et à y seront

$$\frac{\partial\psi}{\partial x}+\frac{\partial\psi}{\partial z}p+\frac{\partial\psi}{\partial\alpha}\frac{\partial\alpha}{\partial x}+\frac{\partial\psi}{\partial\beta}\frac{\partial\beta}{\partial x}=0,\qquad \frac{\partial\psi}{\partial y}+\frac{\partial\psi}{\partial z}q+\frac{\partial\psi}{\partial\alpha}\frac{\partial\alpha}{\partial y}+\frac{\partial\psi}{\partial\beta}\frac{\partial\beta}{\partial y}=0$$

Pour qu'elles se réduisent à (47), il suffit de poser

$$\frac{\partial\psi}{\partial\alpha}\frac{\partial\alpha}{\partial x}+\frac{\partial\psi}{\partial\beta}\frac{\partial\beta}{\partial x}=0,\qquad \frac{\partial\psi}{\partial\alpha}\frac{\partial\alpha}{\partial y}+\frac{\partial\psi}{\partial\beta}\frac{\partial\beta}{\partial y}=0. \tag{48}$$

Telles sont les conditions que doivent remplir les fonctions α et β pour que (46) soit encore une solution, lorsqu'on y considère α et β comme des fonctions d'x et d'y. On en déduit, (en multipliant la 1re par $\frac{\partial\alpha}{\partial y}$, la 2e par $\frac{\partial\alpha}{\partial x}$ et retranchant)

$$\frac{\partial\beta}{\partial x}\frac{\partial\alpha}{\partial x}-\frac{\partial\beta}{\partial y}\frac{\partial\alpha}{\partial z}=0 \qquad \text{ou} \qquad \begin{vmatrix}\frac{\partial\alpha}{\partial x} & \frac{\partial\alpha}{\partial y}\\ \frac{\partial\beta}{\partial x} & \frac{\partial\beta}{\partial y}\end{vmatrix}=0 \tag{49}$$

ce qui d'après la théorie des déterminants fonctionnels exige que β soit une fonction de α; on posera donc

$$\beta=\pi(\alpha) \tag{50}$$

π étant une fonction arbitraire; les relations (48) se réduiront alors à une seule

$$\frac{\partial\psi}{\partial\alpha}\frac{\partial\alpha}{\partial x}+\frac{\partial\psi}{\partial\beta}\pi'(\alpha)\frac{\partial\alpha}{\partial x}=0 \tag{51}$$

ou

$$\frac{\partial\psi}{\partial\alpha}+\frac{\partial\psi}{\partial\beta}\pi'(\alpha)=0 \qquad (51')$$

et l'intégrale résultera de l'élimination de α et β entre (46), (50) et (55). *L'élimination de β peut seule être effectuée* tant que π reste arbitraire, et *pour représenter l'intégrale,* il faut conserver le système des deux équations

$$\left.\begin{aligned}\psi\left[x, y, z, \alpha, \pi(\alpha)\right]=0\\ \frac{\partial\psi}{\partial\alpha}+\frac{\partial\psi}{\partial\pi}\pi'(\alpha)=0\end{aligned}\right\} \qquad (52)$$

cette intégrale renfermant une *fonction arbitraire* a reçu le nom d'*Intégrale générale* de l'équation (36).

On voit qu'on *obtient l'intégrale générale en remplaçant dans une intégrale complète, l'une des deux constantes β par une fonction arbitraire $\pi(\alpha)$ de l'autre α, et adjoignant à cette équation sa dérivée par rapport à α.*

554. Conclusions ; Intégrale singulière.

Nous venons de trouver une solution de (36) renfermant une fonction arbitraire. Mais n'existe-t-il pas d'autres solutions de (34) en dehors de cette intégrale générale ?

[L'intégrale complète dont nous sommes parti n'est pas une solution distincte de l'intégrale générale ; elle y est renfermée ; elle répond, en effet, au cas où l'on considère α comme constant et où l'on prend pour la fonction arbitraire $\pi(\alpha)$ une constante β, car alors $\frac{\partial\alpha}{\partial x}=0$ et l'équation (51) qui a fourni la 2e des relations (52) disparait.]

Pour répondre à cette question nous démontrerons d'abord le *théorème* suivant :

Toute solution de l'équation proposée (36) *peut se déduire d'une intégrale complète quelconque en y remplaçant les deux constantes par des fonctions convenables d'x et d'y.*

Puisqu'il ne s'agit que de la *démonstration d'un théorème,* nous pouvons supposer que l'équation différentielle proposée aussi bien que sa solution soient résolues par rapport à la fonction inconnue z.

Soient donc

$z = F(x, y, p, q)$ l'équation différentielle, (1')
$z = \psi(x, y, \alpha, \beta)$ une intégrale complète, (2')
$z = \theta(x, y)$ une solution quelconque. (3')

Puisque (2') et (3') satisfont à (1'), c'est que les deux relations

$$\psi(x, y, \alpha, \beta) = F\left[x, y, \frac{\partial\psi(x, y, \alpha, \beta)}{\partial x}, \frac{\partial\psi(x, y, \alpha, \beta)}{\partial y}\right] \quad (4')$$

$$\theta(x, y) = F\left[x, y, \frac{\partial\theta(x, y)}{\partial x}, \frac{\partial\theta(x, y)}{\partial y}\right] \quad (5')$$

sont des *identités*. Dans la première les lettres α et β doivent donc disparaître d'elles mêmes; par suite cette équation restera encore une identité si l'on y remplace dans les deux membres α et β par des expressions quelconques en x et y, et en particulier par les valeurs de α et de β qu'on tirerait de

$$\left.\begin{aligned} \frac{\partial\psi(x, y, \alpha, \beta)}{\partial x} &= \frac{\partial\theta(x, y)}{\partial x} \\ \frac{\partial\psi(x, y, \alpha, \beta)}{\partial y} &= \frac{\partial\theta(x, y)}{\partial y} \end{aligned}\right\} \quad (6')$$

mais alors les seconds membres des relations (4') et (5') sont les mêmes, il doit donc en être de même des premières; on a donc identiquement

$$\theta(x, y) = \psi(x, y, \alpha, \beta). \quad (7')$$

Ainsi toute solution $z = \theta(x, y)$ peut se déduire de l'intégrale complète $z = \psi(x, y, \alpha, \beta)$ en y remplaçant les constantes α et β par les expressions en x et y tirées du système (6').

Ce théorème va nous permettre de répondre à la question posée ci-dessus.

En effet, en calculant $\frac{\partial\theta}{\partial x}$, $\frac{\partial\theta}{\partial y}$ d'après (6'), on a

$$\frac{\partial\theta}{\partial x}=\frac{\partial\psi}{\partial x}+\frac{\partial\psi}{\partial\alpha}\frac{\partial\alpha}{\partial x}+\frac{\partial\psi}{\partial\beta}\frac{\partial\beta}{\partial x}$$
$$\frac{\partial\theta}{\partial y}=\frac{\partial\psi}{\partial y}+\frac{\partial\psi}{\partial\alpha}\frac{\partial\alpha}{\partial y}+\frac{\partial\psi}{\partial\beta}\frac{\partial\beta}{\partial y}.$$

En portant dans (6'), on met cette équation (6') sous la forme

$$\frac{\partial\psi}{\partial\alpha}\frac{\partial\alpha}{\partial x}+\frac{\partial\psi}{\partial\beta}\frac{\partial\beta}{\partial x}=0$$
$$\frac{\partial\psi}{\partial\alpha}\frac{\partial\beta}{\partial y}+\frac{\partial\psi}{\partial\beta}\frac{\partial\beta}{\partial y}=0,$$

d'où l'on déduit, en éliminant tour à tour $\frac{\partial\psi}{\partial\beta}$ et $\frac{\partial\psi}{\partial\alpha}$,

$$\frac{\partial\psi}{\partial\alpha}\begin{vmatrix}\frac{\partial\alpha}{\partial x} & \frac{\partial\alpha}{\partial y}\\ \frac{\partial\beta}{\partial x} & \frac{\partial\beta}{\partial y}\end{vmatrix}=0 \qquad \frac{\partial\psi}{\partial\beta}\begin{vmatrix}\frac{\partial\alpha}{\partial x} & \frac{\partial\alpha}{\partial y}\\ \frac{\partial\beta}{\partial x} & \frac{\partial\beta}{\partial y}\end{vmatrix}=0.$$

On conclut de là que l'on doit avoir, soit

$$\begin{vmatrix}\frac{\partial\alpha}{\partial x} & \frac{\partial\alpha}{\partial y}\\ \frac{\partial\beta}{\partial x} & \frac{\partial\beta}{\partial y}\end{vmatrix}=0, \tag{8'}$$

soit

$$\frac{\partial\psi}{\partial\alpha}=0 \quad \text{et} \quad \frac{\partial\psi}{\partial\beta}=0 \tag{9'}$$

La condition (8') donne l'intégrale générale, comme nous l'avons vu.

Quant aux conditions (9'), elles donneront pour α et β deux expressions déterminées en x et y qui, portées dans (2') donneront une solution

$$z=\psi_1(x, y)$$

sans constante ni fonction arbitraire. On donne à cette solution le nom d'*intégrale singulière.*

Ainsi, *en dehors de l'intégrale générale, l'équation proposée* (1') *ou* (1) *n'admet qu'une solution singulière*, que l'on trouve d'ailleurs *en éliminant les constantes* α *et* β *entre l'intégrale complète et les deux équations qu'on obtient en différentiant cette intégrale complète successivement par rapport à* x *et à* y.

555. *Exemples :*

1° Soit à intégrer l'équation

$$p - \varphi(q) = 0. \tag{53}$$

Le système (45) est ici

$$\frac{dx}{1} = \frac{dy}{-\varphi'(q)} = \frac{dz}{p - q\varphi'(q)} = \frac{dp}{0} = \frac{dq}{0}.$$

Une intégrale suffit; nous prendrons $q = \alpha$ d'ou $p = \varphi(\alpha)$, et il reste à intégrer l'équation aux différentielles totales

$$dz - \varphi(\alpha)\, dx - \alpha dy = 0$$

ce qui donne *l'intégrale complète*

$$z = x\varphi(\alpha) + \alpha y + \beta.$$

L'intégrale générale s'ensuit en posant $\beta = \psi(\alpha)$ et adjoignant à l'équation précédente la dérivée par rapport à α, elle est donc constituée par le système

$$z = x\varphi(\alpha) + \alpha y + \psi(\alpha) \tag{54}$$
$$0 = x\varphi'(\alpha) + y + \psi'(\alpha). \tag{55}$$

La surface, dont l'équation en x, y, z, résulterait de l'élimination de α entre (54) et (55) est l'enveloppe du plan mobile représenté par l'équation (54).

2° Soit à intégrer

$$z - \mathrm{K}pq = 0 \tag{56}$$

où K est une constante donnée.

Le système (45) est ici

$$\frac{dx}{Kq} = \frac{dy}{Kp} = \frac{dz}{2\,Kpq} = \frac{dp}{p} = \frac{dq}{q}$$

Une intégrale suffit ; nous prendrons celle

$$q = \frac{x - \alpha}{K}$$

qui résulte de la comparaison de la première et de la dernière fractions. On a alors

$$p = \frac{z}{x - \alpha}$$

et par suite

$$dz = \frac{z dx}{x - \alpha} + \frac{x - \alpha}{K} dy$$

L'intégration de cette équation aux équations différentielles totales donne l'*intégrale complète* (n° 530)

$$Kz = (x - \alpha)(y - \beta) \qquad (57)$$

où α et β sont les deux constantes arbitraires.

On obtient l'*intégrale générale* en posant $\beta = \varphi(\alpha)$ et en adjoignant à l'équation précédente sa dérivée par rapport à α ; cette intégrale générale est donc constituée par le système

$$Kz = (x - \alpha)\left[y - \varphi(\alpha)\right]$$
$$0 = y - \varphi(\alpha) + (x - \alpha)\varphi'(\alpha)$$

L'intégrale complète représente un paraboloïde hyperbolique ayant pour sommet le point $(\alpha, \beta, 0)$, et, quant à l'intégrale générale, elle représente l'enveloppe des paraboloïdes en supposant que leurs sommets décrivent la courbe

$$z = 0, \quad y = \varphi(x).$$

Il y a une *solution singulière* $z = 0$; on l'obtient en éliminant α et β entre la relation (57) et ses dérivées par rapport à α et β.

Remarques

556. Nous n'avons considéré que le cas de deux variables indépendantes ; c'est le cas le plus important au point de vue des applications géométriques.

Dès que le nombre des variables indépendantes surpasse *deux*, la méthode se complique beaucoup. Toutefois, la marche que nous avons suivie (n° 553) pour passer d'une intégrale complète à l'intégrale générale subsiste quelque soit le nombre n des variables indépendantes.

Soit

$$F(q_1, q_2, \ldots\ldots q_n, z, p_1, p_2, \ldots\ldots p_n) = 0 \qquad (58)$$

une équation quelconque aux dérivées partielles du premier ordre ; $q_1, q_2, \ldots q_n$ sont les variables indépendantes z, la fonction et $p_1, p_2, \ldots p_n$ les dérivées

$$p_1 = \frac{\partial z}{\partial q_1}, \quad p_2 = \frac{\partial z}{\partial q_2}, \quad \ldots\ldots p_n = \frac{\partial z}{\partial q_n}$$

Soit, en outre,

$$f(q_1, q_2, \ldots\ldots q_n, z, a_1, a_2, \ldots\ldots a_n) = 0 \qquad (59)$$

une intégrale complète de l'équation (58). On regardera l'une des n constantes $a_1, a_2, \ldots a_n$, la dernière a_n par exemple, comme une fonction des $n - 1$ autres; en d'autres termes, on posera

$$a_n = \varphi(a_1, a_2, \ldots\ldots a_{n-1}).$$

L'intégrale générale de l'équation proposée (58) résultera de l'élimination de $a_1, a_2, \ldots a_{n-1}$ entre l'équation (59) et les dérivées de cette équation par rapport aux paramètres $a_1, a_2, \ldots a_{n-1}$.

557. Dans la théorie de l'intégration des équations aux dérivées partielles du premier ordre et, en particulier, dans la méthode de Jacobi que nous exposerons tout à l'heure, il est souvent avantageux et parfois nécessaire de remplacer le type général

$$F(q_1, \ldots\ldots q_n, z, p_1, \ldots\ldots p_n) = 0 \tag{60}$$

par le suivant

$$\varphi(q_1, \ldots\ldots q_n, p_1, \ldots\ldots p_n) = 0 \tag{61}$$

où ne figure plus explicitement la fonction inconnue z. On y parvient par une transformation très simple mais qui introduit une variable indépendante de plus.

En effet, représentons sous la forme implicite

$$\gamma(q_1, q_2, \ldots\ldots q_n, z) = 0 \tag{62}$$

l'intégrale z de l'équation différentielle (58)

En différentiant (61) successivement par rapport à $q_1, q_2, \ldots q_n$, on a

$$\frac{\partial\gamma}{\partial q_1} + \frac{\partial\gamma}{\partial z} p_1 = 0, \ldots\ldots \frac{\partial\gamma}{\partial q_n} + \frac{\partial\gamma}{\partial z} p_n = 0,$$

d'où l'on tire

$$p_1 = -\frac{\frac{\partial\gamma}{\partial q_1}}{\frac{\partial\gamma}{\partial z}}, \ldots\ldots p_n = -\frac{\frac{\partial\gamma}{\partial q_n}}{\frac{\partial\gamma}{\partial z}}.$$

En portant ces valeurs dans (58) on obtient l'équation

$$F\left(q_1, \ldots\ldots q_n, z, -\frac{\frac{\partial\gamma}{\partial q_1}}{\frac{\partial\gamma}{\partial z}}, \ldots\ldots -\frac{\frac{\partial\gamma}{\partial q_n}}{\frac{\partial\gamma}{\partial z}}\right) = 0$$

qu'on peut écrire

$$\psi\left(q_1, \ldots\ldots q_n, z, \frac{\partial\gamma}{\partial q_1}, \ldots\ldots \frac{\partial\gamma}{\partial q_n}, \frac{\partial\gamma}{\partial z}\right) = 0.$$

Sous cette forme on voit que cette équation (62) qui remplace l'équation différentielle proposée (58), contient les $n+1$ variables indépendantes $q_1, \dots q_n, z$, et les dérivées du premier ordre $\frac{\partial\gamma}{\partial q_1}, \dots \frac{\partial\gamma}{\partial q_n}, \frac{\partial\gamma}{\partial z}$, mais où γ ne figure plus explicitement.

Intégration du système de m équations aux dérivées partielles du premier ordre d'une fonction de n variables indépendantes. (Méthode de Jacobi).

558. *Enoncé du problème :*

Trouver une fonction V de n variables indépendantes $q_1, q_2, \dots q_n$, étant données m équations ($m \leqslant n$) distinctes

$$\left.\begin{array}{l} f_1(q_1, q_2, \dots q_n, p_1, p_2, \dots p_n) = 0 \\ f_2(q_1, q_2, \dots q_n, p_1, p_2, \dots p_n) = 0 \\ \dots\dots\dots\dots\dots\dots \\ f_m(q_1, q_2, \dots q_n, p_1, p_2 \dots p_n) = 0 \end{array}\right\} \qquad (63)$$

entre ces variables et les dérivées partielles

$$p_1 = \frac{\partial V}{\partial q_1}, \qquad p_2 = \frac{\partial V}{\partial q_2}, \dots p_n = \frac{\partial V}{\partial q_n}.$$

La fonction V n'entre pas explicitement dans les équations (63).

Ces équations (63) donnent m des quantités $p_1, p_2, \dots p_n$ en fonction des $(n-m)$ autres et des variables $q_1, q_2, \dots q_n$. Il s'agit donc de trouver, entre $p_1, p_2, \dots p_n, q_1, q_2, \dots q_n$, $(n-m)$ autres relations telles que, si l'on tire de ces équations jointes aux premières les valeurs de $p_1, p_2, \dots p_n$ et que l'on substitue ces valeurs dans l'expression

$$dV = p_1\,dq_1 + p_2\,dq_2 + \dots + p_n\,dq_n,$$

le second membre devienne une différentielle exacte.

L'intégration de cette expression donnera alors la fonction V.

559. Conditions d'intégrabilité. Soient

$$F(q_1, q_2, \dots q_n, p_1, p_2, \dots p_n)$$
$$\Phi(q_1, q_2 \dots q_n, p_1, p_2, \dots p_n)$$

deux fonctions quelconques des quantités $q_1, q_2, \dots q_n, p_1, p_2, \dots p_n$. On nomme *crochets de ces deux fonctions* l'expression

$$\sum_{\alpha=1}^{\alpha=n} \begin{vmatrix} \frac{\partial F}{\partial q_\alpha}, & \frac{\partial \Phi}{\partial q_\alpha} \\ \frac{\partial F}{\partial p_\alpha}, & \frac{\partial \Phi}{\partial p_\alpha} \end{vmatrix}; \qquad (64)$$

et, l'on désigne habituellement cette somme de déterminants par $[F, \Phi]$.

Par exemple, si l'on a

$$F = q_1^2 + q_2^2 + p_1^2 + p_2^2 \quad \text{et} \quad \Phi = ap_1 q_1 + bp_2 q_2,$$

on a

$$[F, \Phi] = \begin{vmatrix} 2q_1, & ap_1 \\ 2p_1, & aq_1 \end{vmatrix} + \begin{vmatrix} 2q_2, & bp_2 \\ 2p_2, & bq_2 \end{vmatrix}$$
$$= 2a(q_1^2 - p_1^2) + 2b(q_2^2 - p_2^2)$$

Il importe de remarquer que si l'une des fonctions, Φ par exemple, se réduisait à une constante, le crochet serait nul. Ainsi, l'on a

$$[F, \text{const}] = 0 \quad \text{et} \quad [F, 0] = 0.$$

560. Ces définitions étant établies, voici un théorème important :

Pour qu'un système de n équations distinctes

$$F_1 = 0, \quad F_2 = 0, \quad \dots F_n = 0 \qquad (65)$$

soit tel que les valeurs de $p_1, p_2, \dots p_n$ qu'on en déduit rende l'expression

$$p_1 dq_1 + p_2 dq_2 + \dots + p_n dq_n$$

une différentielle exacte, il faut et il suffit que les crochets de toutes les combinaisons deux à deux des fonctions $F_1, F_2, \ldots F_n$ *soient nuls, soit identiquement, soit en vertu des équations* (65).

En effet, soient F et Φ deux quelconques des fonctions F_1, $F_2, \ldots F_n$, et, pour abréger les écritures, supposons $n = 3$.

En différentiant les équations

$$\begin{aligned}\mathrm{F}(q_1, q_2, q_3, p_1, p_2, p_3) &= 0\\ \Phi(q_1, q_2, q_3, p_1, p_2, p_3) &= 0\end{aligned}$$

par rapport à q_1, on a

$$\begin{aligned}\frac{\partial \mathrm{F}}{\partial q_1} + \frac{\partial \mathrm{F}}{\partial p_1}\frac{\partial p_1}{\partial q_1} + \frac{\partial \mathrm{F}}{\partial p_2}\frac{\partial p_2}{\partial q_1} + \frac{\partial \mathrm{F}}{\partial p_3}\frac{\partial p_3}{\partial q_1} &= 0\\ \frac{\partial \Phi}{\partial q_1} + \frac{\partial \Phi}{\partial p_1}\frac{\partial p_1}{\partial q_1} + \frac{\partial \Phi}{\partial p_2}\frac{\partial p_2}{\partial q_1} + \frac{\partial \Phi}{\partial p_3}\frac{\partial p_3}{\partial q_1} &= 0\end{aligned}$$

d'où, en multipliant la première par $\frac{\partial \Phi}{\partial p_1}$ et la seconde par $\frac{\partial \mathrm{F}}{\partial p_1}$, et retranchant,

$$\begin{aligned}\frac{\partial \mathrm{F}}{\partial q_1}\frac{\partial \Phi}{\partial p_1} - \frac{\partial \mathrm{F}}{\partial p_1}\frac{\partial \Phi}{\partial q_1} &= \left(\frac{\partial \mathrm{F}}{\partial p_2}\frac{\partial \Phi}{\partial p_1} + \frac{\partial \mathrm{F}}{\partial p_1}\frac{\partial \Phi}{\partial p_2}\right)\frac{\partial p_2}{\partial q_1}\\ &+ \left(\frac{\partial \mathrm{F}}{\partial p_3}\frac{\partial \Phi}{\partial p_1} + \frac{\partial \mathrm{F}}{\partial p_1}\frac{\partial \Phi}{\partial p_3}\right)\frac{\partial p_3}{\partial q_1}\end{aligned}$$

En opérant par rapport à q_2, puis par rapport à q_3 comme nous venons de le faire pour q_1, on aurait

$$\begin{aligned}\frac{\partial \mathrm{F}}{\partial q_2}\frac{\partial \Phi}{\partial p_2} - \frac{\partial \mathrm{F}}{\partial p_2}\frac{\partial \Phi}{\partial q_2} &= \left(\frac{\partial \mathrm{F}}{\partial p_1}\frac{\partial \Phi}{\partial p_2} + \frac{\partial \mathrm{F}}{\partial p_2}\frac{\partial \Phi}{\partial p_1}\right)\frac{\partial p_1}{\partial q_2}\\ &+ \left(\frac{\partial \mathrm{F}}{\partial p_3}\frac{\partial \Phi}{\partial p_2} + \frac{\partial \mathrm{F}}{\partial p_2}\frac{\partial \Phi}{\partial p_3}\right)\frac{\partial p_3}{\partial q_2}\\ \frac{\partial \mathrm{F}}{\partial q_3}\frac{\partial \Phi}{\partial p_3} - \frac{\partial \mathrm{F}}{\partial p_3}\frac{\partial \Phi}{\partial q_3} &= \left(\frac{\partial \mathrm{F}}{\partial p_1}\frac{\partial \Phi}{\partial p_3} + \frac{\partial \mathrm{F}}{\partial p_3}\frac{\partial \Phi}{\partial p_1}\right)\frac{\partial p_1}{\partial q_3}\\ &+ \left(\frac{\partial \mathrm{F}}{\partial p_2}\frac{\partial \Phi}{\partial p_3} + \frac{\partial \mathrm{F}}{\partial p_3}\frac{\partial \Phi}{\partial p_2}\right)\frac{\partial p_2}{\partial q_3}\end{aligned}$$

L'addition des trois équations précédentes donne

$$\begin{aligned}[F, \Phi] = & \frac{\partial F}{\partial p_1}\frac{\partial \Phi}{\partial p_2}\left\{-\frac{\partial p_1}{\partial q_2}+\frac{\partial p_2}{\partial q_1}\right\} \\ & +\frac{\partial F}{\partial p_1}\frac{\partial \Phi}{\partial p_3}\left\{-\frac{\partial p_1}{\partial q_3}+\frac{\partial p_3}{\partial q_1}\right\} \\ & +\frac{\partial F}{\partial p_2}\frac{\partial \Phi}{\partial p_1}\left\{-\frac{\partial p_2}{\partial q_1}+\frac{\partial p_1}{\partial q_2}\right\} \\ & +\frac{\partial F}{\partial p_2}\frac{\partial \Phi}{\partial p_3}\left\{-\frac{\partial p_2}{\partial q_3}+\frac{\partial p_3}{\partial q_2}\right\} \\ & +\frac{\partial F}{\partial p_3}\frac{\partial \Phi}{\partial p_1}\left\{-\frac{\partial p_3}{\partial q_1}+\frac{\partial p_1}{\partial q_3}\right\} \\ & +\frac{\partial F}{\partial p_3}\frac{\partial \Phi}{\partial p_2}\left\{-\frac{\partial p_3}{\partial q_2}+\frac{\partial p_2}{\partial q_3}\right\}\end{aligned}$$

c'est-à-dire

$$[F, \Phi] = \begin{vmatrix} -\frac{\partial p_2}{\partial q_3}+\frac{\partial p_3}{\partial q_2}, & -\frac{\partial p_3}{\partial q_1}+\frac{\partial p_1}{\partial q_3}, & -\frac{\partial p_1}{\partial q_2}+\frac{\partial p_2}{\partial q_1} \\ \frac{\partial F}{\partial p_1} & \frac{\partial F}{\partial p_2} & \frac{\partial F}{\partial p_3} \\ \frac{\partial \Phi}{\partial p_1} & \frac{\partial \Phi}{\partial p_2} & \frac{\partial \Phi}{\partial p_3} \end{vmatrix} \qquad (66)$$

Sous cette forme du crochet, le théorème est évident.

D'abord, la condition est nécessaire; en effet, si p_1, p_2, p_3 ont des valeurs telles que $p_1\,dq_1 + p_2\,dq_2 + p_3\,dq_3$ soit une différentielle exacte, tous les éléments de la première horizontale sont nuls ; donc le crochet est nul.

En second lieu, la condition est suffisante. En effet, si le déterminant précédent et ses deux analogues, sont nuls, on aura trois équations du premier degré et homogènes entre les trois éléments de la première ligne horizontale ; le déterminant

$$\Delta = \begin{vmatrix} \frac{\partial F_1}{\partial p_1} & \frac{\partial F_1}{\partial p_2} & \frac{\partial F_1}{\partial p_3} \\ \frac{\partial F_2}{\partial p_1} & \frac{\partial F_2}{\partial p_2} & \frac{\partial F_2}{\partial p_3} \\ \frac{\partial F_3}{\partial p_1} & \frac{\partial F_3}{\partial p_2} & \frac{\partial F_3}{\partial p_3} \end{vmatrix} \qquad (67)$$

sera le déterminant formé avec les coefficients de ces trois éléments dans les trois équations; il est d'ailleurs différent de zéro, sans quoi d'après un théorème connu des déterminants fonctionnels, les fonctions F_1, F_2, F_3 ne seraient pas distinctes ; donc il faut que les trois éléments considérés qui jouent les rôles des inconnues dans les trois équations homogènes soient nuls.

561. Il importe de voir à quoi se réduit le développement du crochet $[F, \Phi]$ quand F et Φ ont quelques compositions spéciales

1° Supposons qu'on ait

$$F \equiv F(q_1, q_2, \dots q_n, p_{s+1}, p_{s+2}, \dots p_n)$$
$$\Phi \equiv p_i - \varphi(q_1, q_2, \dots q_n, p_{s+1}, p_{s+2}, \dots p_n)$$

i étant inférieur ou égale à s. On voit alors, sur l'expression générale (63) du crochet, que tous les déterminants relatifs à

$$\alpha = 1, 2, \dots i-1, \quad i+1, \quad i+2, \dots s$$

sont nuls ; car, pour toutes ces valeurs de α, la deuxième horizontale a ses éléments nuls ; de plus, pour $\alpha = i$ le déterminant se réduit à

$$\begin{vmatrix} \frac{\partial F}{\partial q_i}, & \frac{\partial \varphi}{\partial q_i} \\ 0 & 1 \end{vmatrix} \quad \text{ou à} \quad \frac{dF}{\partial q_i}.$$

On a donc, pour la valeur réduite du crochet,

$$[F, \Phi] = \frac{\partial F}{\partial q_i} - \sum_{\alpha = s+1}^{\alpha = n} \begin{vmatrix} \frac{\partial F}{\partial q_\alpha} & \frac{\partial \varphi}{\partial q_\alpha} \\ \frac{\partial F}{\partial p_\alpha} & \frac{\partial \varphi}{\partial p_\alpha} \end{vmatrix} \qquad (68)$$

2° Soient i et k deux nombres tels que l'on ait

$$i < k, \qquad k < s$$

et considérons les formes particulières

$$F = p_k - f(q_1, q_2, \dots q_n, p_{s+1}, p_{s+2}, \dots p_n)$$
$$\Phi = p_i - \varphi(q_1, q_2, \dots q_n, p_{s+1}, p_{s+2}, \dots p_n).$$

On aura dans ce cas

$$[\mathrm{F}, \Phi] = -\frac{\partial f}{\partial q_i} + \frac{\partial \varphi}{\partial q_k} + \sum_{\alpha = s+1}^{\alpha = n} \begin{vmatrix} \frac{\partial f}{\partial q_\alpha} & \frac{\partial \varphi}{\partial q_\alpha} \\ \frac{\partial f}{\partial p_\alpha} & \frac{\partial \varphi}{\partial p_\alpha} \end{vmatrix} \qquad (69)$$

562. Propriété des crochets et Théorème de Poisson. *Si f, φ, ψ sont des fonctions des $2n$ variables q_1, q_2, ... q_n, p_1, p_2, ... p_n considérées comme indépendantes, on a identiquement*

$$[f, [\varphi, \psi]] + [\varphi, [\psi, f]] + [\psi, [f, \varphi]] = 0 \qquad (70)$$

En effet, si on développe l'expression (70), on aperçoit immédiatement que chacun de ses termes est le produit de trois facteurs, qui sont une dérivée du second ordre de l'une des fonctions et une dérivée du premier ordre de chacune des deux autres fonctions.

Considérons, par exemple, les termes qui contiennent une dérivée du second ordre de f; tout revient à démontrer que ces termes s'entredétruisent. Or, d'une part ces termes ont l'une des trois formes

$$a \frac{\partial^2 f}{\partial q_\alpha \partial p_\beta} \cdot \frac{\partial \varphi}{\partial q_\alpha} \cdot \frac{\partial \psi}{\partial p_\beta}, \qquad b \frac{\partial^2 f}{\partial q_\alpha \partial q_\beta} \cdot \frac{\partial \varphi}{\partial p_\alpha} \cdot \frac{\partial \psi}{\partial p_\beta}, \qquad c \frac{\partial^2 f}{\partial p_\alpha \partial p_\beta} \cdot \frac{\partial \varphi}{\partial q_\alpha} \cdot \frac{\partial \psi}{\partial q_\beta}$$

α pouvant être égale à β; d'autre part, les termes de cette espèce proviennent tous de

$$[\varphi, [\psi, f]] \quad \text{et de} \quad [\psi, [f, \varphi]]$$

et l'on reconnait avec un peu d'attention que, à chaque terme de cette espèce provenant de la première de ces deux expressions, répond un terme égal et de signe contraire provenant de la seconde.

563. De ce lemme résulte un théorème fondamental dû à Poisson :

Soient φ *et* ψ *deux fonctions de* $q_1, q_2, \ldots q_n, p_1, p_2, \ldots p_n$ *telles qu'on ait* $[\varphi, \psi] = 0$; *soit, en outre, l'équation linéaire aux dérivées partielles du premier ordre*

$$[\varphi, f] = 0 \qquad (71)$$

où f désigne la fonction inconnue. Si f_1 *est une solution de l'équation* (71), *l'expression* $[\psi, f_1]$ *sera une nouvelle solution de cette équation* (71) *;* à condition toutefois que cette expression $[\psi, f_1]$ ne se réduise ni à zéro, ni à une constante ni à une fonction de f_1, car alors on n'aurait pas une solution *nouvelle* de (71).

En effet, d'après le lemme précédent (n° 563), on a l'identité

$$[f_1, [\varphi, \psi]] + [\varphi, [\psi, f_1]] + [\psi, [f_1, \varphi]] = 0]$$

qui dans notre double hypothèse $[\varphi, \psi] = 0$, $[\varphi, f_1] = 0$, se réduit à

$$[\varphi, [\psi, f_1]] = 0$$

laquelle exprime précisément que, dans le cas où $[\psi, f_1]$ n'est ni identiquement nulle ni constante, elle est une solution de (71)(*).

(*) Nous avons suivi la marche classique pour la démonstration du théorème de Poisson. On pourrait y parvenir autrement à l'aide d'un théorème élégant dû à M. Buhl, théorème d'ailleurs équivalent à celui de Poisson, comme l'a montré M. Appel (*comptes rendus*, 1901). Voici l'énoncé du théorème de Buhl.

Etant donné un système d'équations simultanées

$$\frac{dx_1}{X_1} = \frac{dx_2}{X_2} = \ldots = \frac{dx_r}{X_r};$$

si Φ *est une intégrale de ce système, il existe des fonctions* $\lambda_1, \lambda_2, \ldots \lambda_r$ *telles que l'expression*

$$\lambda_1 \frac{\partial\Phi}{\partial x_1} + \lambda_2 \frac{\partial\Phi}{\partial x_2} + \ldots + \lambda_r \frac{\partial\Phi}{\partial x_r}$$

en soit une autre. Ces fonctions λ_i des variables x_i sont données par les r équations aux dérivées partielles

$$X_1 \frac{\partial\lambda_k}{\partial x_1} + \ldots X_r \frac{\partial\lambda_k}{\partial x_r} = \lambda_1 \frac{\partial X_k}{\partial x_1} + \ldots \lambda_r \frac{\partial X_k}{\partial x_r}, \qquad (k = 1, 2, \ldots r)$$

564. Problème auxiliaire :

Étant données s fonctions ($s \leqslant n$) de la forme

$$\left.\begin{array}{l} p_1 - \varphi_1(q_1, q_2, \dots q_n, p_{s+1}, p_{s+2}, \dots p_n) \\ p_2 - \varphi_2(q_1, q_2, \dots q_n, p_{s+1}, p_{s+2}, \dots p_n) \\ \dots\dots\dots\dots\dots\dots \\ p_s - \varphi_s(q_1, q_2, \dots q_n, p_{s+1}, p_{s+2}, \dots p_n) \end{array}\right\} \qquad (A)$$

et telles que leurs crochets deux à deux soient nuls, trouver une fonction $F(q_1, q_2, \dots q_n, p_{s+1}, p_{s+2}, \dots p_n)$ *dont les crochets avec chacune des précédentes soient nuls.*

On a, pour déterminer F, les équations linéaires et du premier ordre aux dérivées partielles (nº 561, 1º)

$$0 = -\frac{\partial F}{\partial q_1} + \sum_{\alpha=s+1}^{\alpha=n} \begin{vmatrix} \frac{\partial F}{\partial q_\alpha} & \frac{\partial \varphi_1}{\partial q_\alpha} \\ \frac{\partial F}{\partial p_\alpha} & \frac{\partial \varphi_1}{\partial p_\alpha} \end{vmatrix} \qquad (1')$$

$$0 = -\frac{\partial F}{\partial q_2} + \sum_{\alpha=s+1}^{\alpha=n} \begin{vmatrix} \frac{\partial F}{\partial q_\alpha} & \frac{\partial \varphi_2}{\partial q_\alpha} \\ \frac{\partial F}{\partial p_\alpha} & \frac{\partial \varphi_2}{\partial p_\alpha} \end{vmatrix} \qquad (2')$$

$$\dots\dots\dots\dots\dots\dots$$

$$0 = -\frac{\partial F}{\partial q_s} + \sum_{\alpha=s+1}^{\alpha=n} \begin{vmatrix} \frac{\partial F}{\partial q_\alpha} & \frac{\partial \varphi_s}{\partial q_\alpha} \\ \frac{\partial F}{\partial p_\alpha} & \frac{\partial \varphi_s}{\partial p_\alpha} \end{vmatrix} \qquad (s')$$

La fonction cherchée F est donc une solution commune aux s équations précédentes, et il s'agit de trouver une solution commune si particulière qu'elle soit, en profitant de la forme spéciale de ces équations.

A cet effet, on cherchera une *solution particulière* de l'une des équations précédentes, par exemple de la première (1′) ; soit ϖ_1 cette solution ; en substituant ϖ_1 à F dans une autre des équations précédentes, la seconde (2′) par exemple, le résultat de cette substitution sera

$$\varpi_2 = -\frac{\partial \varpi_1}{\partial q_2} + \sum_{\alpha=s+1}^{\alpha=n} \begin{vmatrix} \frac{\partial \varpi_1}{\partial q_\alpha} & \frac{\partial \varphi_2}{\partial q_\alpha} \\ \frac{\partial \varpi_1}{\partial p_\alpha} & \frac{\partial \varphi_2}{\partial p_\alpha} \end{vmatrix}, \qquad (72)$$

et, s'il n'est ni constant, ni nul, ni une fonction de ϖ_1 ce sera une nouvelle solution de (1'). En opérant sur ϖ_2 comme on l'a fait sur ϖ_1 ce qui revient à remplacer dans l'égalité précédente ϖ_1 par ϖ_2, on trouvera une nouvelle solution ϖ_3 de (1'), et on continuera de la sorte *jusqu'à ce qu'on trouve un résultat* ϖ_μ qui soit ou *nul* ou *constant* ou *fonction des résultats précédents* $\varpi_1, \varpi_2, \dots \varpi_{\mu-1}$ et des quantités $q_2, q_3, \dots q_s$ qui sont considérées comme des constantes dans l'équation intégrée (1'); l'une de ces trois circonstances ne saurait manquer de se présenter, car à défaut des deux premières la troisième arrivera forcément après un nombre limité d'opérations, puisque le nombre des solutions particulières de l'équation (1') est limité.

Examinons ces trois cas en commençant par le dernier qui comprend les deux autres.

1° Si l'on a $\varpi_\mu = f(\varpi_1, \varpi_2, \dots \varpi_{\mu-1}\ q_2, q_3, \dots q_s)$, c'est qu'alors une fonction *quelconque*

$$\lambda(\varpi_1, \varpi_2, \dots \varpi_{\mu-1}, q_2, q_3, \dots q_s)$$

des mêmes quantités est une solution de l'équation (1'), et on cherchera à déterminer la forme de cette fonction λ de façon à ce qu'elle soit aussi une solution de (2'), c'est-à-dire de telle sorte qu'on ait

$$0 = -\frac{\partial\lambda}{\partial q_2} + \sum_{\alpha=s+1}^{\alpha=n} \begin{vmatrix} \frac{\partial\lambda}{\partial q_\alpha} & \frac{\partial\varphi_2}{\partial q_\alpha} \\ \frac{\partial\lambda}{\partial p_\alpha} & \frac{\partial\varphi_2}{\partial p_\alpha} \end{vmatrix}$$

Cette équation developpée donne

$$\begin{aligned} 0 = &-\left(\frac{\partial\lambda}{\partial q_2} + \frac{\partial\lambda}{\partial\varpi_1}\frac{\partial\varpi}{\partial q_2} + \frac{\partial\lambda}{\partial\varpi_2}\frac{\partial\varpi_2}{\partial q_2} + \dots + \frac{\partial\lambda}{\partial\varpi_{\mu-1}}\frac{\partial\varpi_{\mu-1}}{\partial q_2}\right) \\ &+ \sum_{\alpha=s+1}^{\alpha=n} \frac{\partial\varphi_2}{\partial p_\alpha}\left(\frac{\partial\lambda}{\partial\varpi_1}\frac{\partial\varpi_1}{\partial q_\alpha} + \dots\dots\dots + \frac{\partial\lambda}{\partial\varpi_{\mu-1}}\frac{\partial\varpi_{\mu-1}}{\partial q_\alpha}\right) \\ &- \sum_{\alpha=s+1}^{\alpha=n} \frac{\partial\varphi_2}{\partial q_\alpha}\left(\frac{\partial\lambda}{\partial\varpi_1}\frac{\partial\varpi_1}{\partial p_\alpha} + \dots\dots\dots + \frac{\partial\lambda}{\partial\varpi_{\mu-1}}\frac{\partial\varpi_{\mu-1}}{\partial p_\alpha}\right) \end{aligned}$$

ou

$$0 = -\frac{\partial\lambda}{\partial q_2}$$

$$+\frac{\partial\lambda}{\partial\varpi_1}\left(-\frac{\partial\varpi_1}{\partial q_2}+\sum_{\alpha=s+1}^{\alpha=n}\begin{vmatrix}\frac{\partial\varpi_1}{\partial q_\alpha} & \frac{\partial\varphi_2}{\partial q_\alpha}\\ \frac{\partial\varpi_1}{\partial p_\alpha} & \frac{\partial\varphi_2}{\partial p_\alpha}\end{vmatrix}\right)$$

$$+\frac{\partial\lambda}{\partial\varpi_2}\left(-\frac{\partial\varpi_2}{\partial q_2}+\sum_{\alpha=s+1}^{\alpha=n}\begin{vmatrix}\frac{\partial\varpi_2}{\partial q_\alpha} & \frac{\partial\varphi_2}{\partial q_\alpha}\\ \frac{\partial\varpi_2}{\partial p_\alpha} & \frac{\partial\varphi_2}{\partial p_\alpha}\end{vmatrix}\right)$$

$$\cdots\cdots\cdots\cdots$$

$$+\frac{\partial\lambda}{\partial\varpi_{\mu-1}}\left(-\frac{\partial\varpi_{\mu-1}}{\partial q_2}+\sum_{\alpha=s+1}^{\alpha=n}\begin{vmatrix}\frac{\partial\varpi_{\mu-1}}{\partial q_\alpha} & \frac{\partial\varphi_2}{\partial q_\alpha}\\ \frac{\partial\varpi_{\mu-1}}{\partial p_\alpha} & \frac{\partial\varphi_2}{\partial p_\alpha}\end{vmatrix}\right)$$

ou enfin à cause de la formule (71) et de ses analogues

$$0 = -\frac{\partial\lambda}{\partial q_2}+\varpi_2\frac{\partial\lambda}{\partial\varpi_1}+\varpi_3\frac{\partial\lambda}{\partial\varpi_2}+\ldots+\varpi_\mu\frac{\partial\lambda}{\partial\varpi_{\mu-1}} \qquad (73)$$

Cette équation est linéaire aux dérivées partielles du premier ordre ; λ est la fonction inconnue ; $q_2, \varpi_1, \varpi_2, \ldots \varpi_{\mu-1}$ sont les variables et ϖ_μ est une fonction connue de ces variables.

On déterminera *une* intégrale particulière de cette équation c'est-à-dire *une* intégrale du système correspondant

$$-\frac{dq_2}{1}=\frac{d\varpi_1}{\varpi_2}=\frac{d\varpi_2}{\varpi_3}\ldots=\frac{d\varpi_{\mu-1}}{\varpi_\mu}$$

d'équations différentielles ordinaires simultanées, soit

$$\lambda_1(\varpi_1, \varpi_2, \ldots \varpi_{\mu-1}, q_2);$$

cette solution sera une solution commune aux équations (1') et (2').

2° si l'on a $\varpi_\mu =$ constante, $= c_1$, on pourrait opérer comme ci-dessus, mais on voit immédiatement que l'expression $\varpi_{\mu-1} - c_1 q_2$, est une solution commune à (1′) et à (2′).

Enfin, 3° si l'on a $\varpi_\mu = 0$, on est dans un cas particulier du précédent, celui où c est nul ; donc $\varpi_{\mu-1}$ est alors une solution commune à (1′) et à (2′).

Nous possédons actuellement une solution commune à (1′) et à (2′) ; désignons là par θ_1, il s'agit d'en déduire une solution commune à (1′), (2′) et (3′). A cet effet, nous substituerons θ_1 à la place de F dans l'équation (3′), et le résultat θ_2 de la substitution, s'il n'est nul constant ou fonction de θ, sera une *nouvelle* solution commune à (1′) et à (2′). En substituant de nouveau ce résultat dans (3′) et ainsi de suite, on déterminera une série de fonctions $\theta_1, \theta_2, \ldots \theta_\rho$ qui seront des solutions communes à (1′) et (2′), la dernière fonction θ_ρ étant nulle, constante, ou fonction de $\theta_1, \theta_2, \ldots \theta_{\rho-1}$ et des quantités $q_3, q_4, \ldots q_s$ qui sont considérées comme constantes dans les équations intégrées (1′) et (2′). Si θ_ρ est nul, $\theta_{\rho-1}$ sera une solution commune à (1′) (2′) et (3′). Si θ_ρ est égal à une constante c_2, on aura une solution commune à (1′) (2′) (3′). Enfin si θ_ρ est une fonction de $\theta_1, \theta_2, \ldots \theta_{\rho-1}$ et de $q_3, q_4, \ldots q_s$, on se proproscra de satisfaire à l'équation (3′) par une fonction

$$\zeta(\theta_1, \theta_2, \ldots \theta_{\rho-1}, q_3, q_4, \ldots q_s)$$

et l'on verra qu'il suffit pour cela de prendre *une* intégrale de l'équation linéaire

$$0 = \frac{\partial\zeta}{\partial q_3} + \theta_1 \frac{\partial\zeta}{\partial\theta_2} + \ldots + \theta_\rho \frac{\partial\zeta}{d\theta_{\rho-1}}$$

ou du système simultané correspondant

$$\frac{dq_1}{1} = \frac{d\theta_1}{\theta_2} = \ldots = \frac{\partial\theta_{\rho-1}}{\theta_\rho}.$$

Ayant une solution commune de (1′) (2′) (3′), on opérera de la même manière pour en déduire une solution commune à (1′), (2′), (3′), (4′) ; et ainsi de suite. En continuant de la sorte, on obtiendra finalement une fonction

$$F(q_1, q_2, \ldots q_n, p_{s+1}, p_{s+2}, \ldots p_n)$$

qui sera une solution commune à (1'), (2'), ... (s'), c'est-à-dire qui résoudra le problème proposé.

565. Voici un *exemple :* soit le système

$$p_1 = \frac{q_2 q_3}{p_4}, \qquad p_2 = \frac{q_1 q_3}{p_4}, \qquad p_3 = \frac{p_4 q_4}{q_3}$$

Ici on a $n = 4$ et $s = 3$; il est d'ailleurs aisé de constater, à l'aide de la formule (68) du n° 561, que les crochets de ces fonctions deux à deux sont nuls.

Les équations (1'), (2'), (3') sont

$$-\frac{\partial F}{\partial q_1} + \left(\frac{\partial F}{\partial q_4}\frac{\partial \varphi_1}{\partial p_4} - \frac{\partial F}{\partial p_4}\frac{\partial \varphi_1}{\partial q_4}\right) = 0 \quad \text{avec} \quad \varphi_1 = \frac{q_2 q_3}{p_4}$$

$$-\frac{\partial F}{\partial q_2} + \left(\frac{\partial F}{\partial q_4}\frac{\partial \varphi_2}{\partial p_4} - \frac{\partial F}{\partial p_4}\frac{\partial \varphi_2}{\partial q_4}\right) = 0 \quad \text{avec} \quad \varphi_2 = \frac{q_1 q_3}{p_4}$$

$$-\frac{\partial F}{\partial q_3} + \left(\frac{\partial F}{\partial q_4}\frac{\partial \varphi_3}{\partial p_4} - \frac{\partial F}{\partial p_4}\frac{\partial \varphi_3}{\partial q_4}\right) = 0 \quad \text{avec} \quad \varphi_3 = \frac{p_4 q_4}{q_3}$$

ou, en effectuant,

$$p_4^2 \frac{\partial F}{\partial q_1} + q_2 q_3 \frac{\partial F}{\partial q_4} = 0 \qquad (74)$$

$$p_4^2 \frac{\partial F}{\partial q_2} + q_1 q_3 \frac{\partial F}{\partial q_4} = 0 \qquad (75)$$

$$q_3 \frac{\partial F}{\partial q_3} - q_4 \frac{\partial F}{\partial q_4} + p_4 \frac{\partial F}{\partial p_4} = 0. \qquad (76)$$

Prenons une intégrale de (76) c'est-à-dire une intégrale du système

$$\frac{dq_3}{q_3} = -\frac{dq_4}{q_4} = \frac{dp_4}{p_4} = \frac{dF}{0};$$

soit $\varpi_1 = \frac{p_4}{q_3}$ cette intégrale.

En substituant dans (74) et dans (75), on trouve $0 = 0$. Donc $\frac{p_4}{q_3}$ est une intégrale commune à (74), (75), et (76).

Nous venons d'opérer de la manière la plus simple. On pourrait, pour avoir une application plus complète des principes qui précèdent, procéder comme il suit:

L'équation (74) répond au système différentiel

$$\frac{dq_1}{p_4^2} = \frac{dq_4}{q_2 q_3} = \frac{dF}{0} ;$$

on déduit de là

$$\frac{q_2 q_3}{p_4} q_1 - q_4 = \text{const}, \qquad F = \text{const}$$

d'où

$$F = \text{fonction de } q_4 - \frac{q_1 q_2 q_3}{p_4}.$$

On a donc une intégrale de (74) en prenant

$$\varpi_1 = q_4 - \frac{q_1 q_2 q_3}{p_4} \tag{77}$$

En portant dans l'équation (73) on trouve

$$\varpi_2 = -\frac{\varpi_1}{q_2}$$

qui n'est pas une solution nouvelle.

Une fonction quelconque λ de q_2, q_3, ϖ_1 sera encore une solution de (74); déterminons cette fonction λ, à l'aide de l'équation (73), qui se réduit ici a

$$0 = \frac{\partial \lambda}{\partial q_2} + \varpi_1 \frac{\partial \lambda}{\partial q_1} ;$$

le système correspondant est

$$\frac{dq_2}{1} = \frac{dq_1}{\varpi_1} = \frac{d\lambda}{0}$$

qui donne la solution $\lambda = \varpi_1 . q_2$; on constate aisément que cette solution qui est déjà commune à (74) et à (75) satisfait à (76). Donc enfin

$$q_2 q_4 - \frac{q_1 q_2^2}{p_4} q_3$$

est une intégrale commune aux trois équations proposées.

Problème définitif

566. Nous sommes actuellement en mesure de résoudre le problème posé au n° 558 et qui est le but final de cette étude.

On commencera par résoudre les équations données (62) par rapport à $p_1, p_2, \dots p_m$ c'est-à-dire par mettre le système proposé sous la forme

$$\left.\begin{array}{l} p_1 - \psi_1(q_1, q_2, \dots q_n, p_{m+1}, p_{m+2}, \dots p_n) = 0 \\ p_2 - \psi_2(q_1, q_2, \dots q_n, p_{m+1}, p_{m+2}, \dots p_n) = 0 \\ \cdots\cdots\cdots\cdots\cdots\cdots \\ p_m - \psi_m(q_1, q_2, \dots q_n, p_{m+1}, p_{m+2}, \dots p_n) = 0 \end{array}\right\} \quad (78)$$

D'après ce qui a été dit au n° 560, pour que le système (76) soit intégrable, c'est-à-dire pour que les équations (76) aient une solution commune, il faut et il suffit qu'on puisse leur adjoindre $n - m$ relations entre $q_1, q_2, \dots q_n, p_{m+1}, p_{m+2}, \dots p_n$ telles que les crochets deux à deux des premiers membres de ces n relations soient nuls, soit identiquement, soit en vertu de ces n équations elles mêmes.

Donc en particulier les crochets des premiers membres des équations (76) pris 2 à 2 doivent être nuls soit identiquement, soit en vertu des $n - m$ relations cherchées; car, ces crochets ne contenant aucune des quantités $p_1, p_2, \dots p_m$, il n'y aura pas à faire intervenir les m équations proposées (76) pour voir s'ils s'annulent; ils doivent s'annuler soit identiquement, soit en vertu des $n - m$ relations nouvelles.

Si les crochets relatifs aux équations (76) s'annulent identiquement, le système (76) sera tout *préparé* pour les calculs ultérieurs et nous expliquerons tout à l'heure ce qu'on en fera (n° 567).

Si tous les crochets relatifs aux équations (76) ne sont pas nuls identiquement, ces crochets effectués donnent des expressions composées avec

$$q_1, q_2, \dots q_n, p_{m+1}, p_{m+2}, \dots p_n$$

Alors, si dans l'un de ces crochets les quantités p n'entrent pas, c'est-à-dire s'il n'y figure que les variables q, le problème proposé sera impossible ; car l'annulation de ce crochet entrainerait une relation entre les variables $q_1, q_2, \dots q_n$ qui dès lors ne seraient pas indépendantes comme on l'a supposé.

Mais si l'un de ces crochets contient une ou plusieurs des quantités p, on aura, en égalant cette expression à zéro, une équation

$$F(q_1, q_2, \dots q_n, p_{m+1}, p_{m+2}, \dots, p_n) = 0$$

qui doit être vérifiée en vertu des $n - m$ relations cherchées. On pourra donc prendre cette relation comme l'une des relations cherchées que l'on adjoindra au système (76) après l'avoir résolue par rapport à l'une des quantités $p_{m+1}, p_{m+2}, \dots p_n$, par exemple par rapport à p_{m+1} dont on portera la valeur dans les équations (76).

On aura alors, au lieu du système donné (76), un nouveau système

$$\left.\begin{array}{l} p_1 - \psi_1 (q_1, q_2, \dots q_n, p_{m+2}, p_{m+3}, \dots p_n) = 0 \\ p_2 - \psi_2 (q_1, q_2, \dots q_n, p_{m+2}, p_{m+3}, \dots p_n) = 0 \\ \dots\dots\dots\dots\dots\dots \\ p_m - \psi_m (q_1, q_2, \dots q_n', p_{m+2}, p_{m+3}, \dots p_n) = 0 \\ p_{m+1} - \psi_{m+1} (q_1, q_2, \dots q_n, p_{m+2}, p_{m+3}, \dots p_n) = 0 \end{array}\right\} (79)$$

sur lequel on recommencera à opérer comme on vient de la faire sur le système (76).

Ainsi, on formera tous les crochets deux à deux du système (77) ; leur expression aura l'une des trois formes

$$\begin{array}{l} 0, \\ F(q_1, q_2, \dots q_n), \\ F(q_1, q_2, \dots q_n, p_{m+h+1}, p_{m+h+2}, \dots p_n). \end{array}$$

S'ils sont tous de la première forme, c'est-à-dire égaux à zéro, le système sera préparé. Si l'un deux est de la seconde forme, il y a impossibilité. Enfin, si un crochet est de la troisième forme, on l'égalera à zéro et l'on aura ainsi une équation nouvelle qu'on adjoindra aux précédentes (77) après l'avoir résolue par rapport à p_{m+2} et avoir substitué sa valeur dans (77) ; on obtiendra de la sorte un nouveau système

$$\left.\begin{array}{l} p_1 - \psi_1 (q_1, q_2, \dots q_n, p_{m+3}, \dots p_n) = 0 \\ p_2 - \psi_2 (q_1, q_2, \dots q_n, p_{m+3}, \dots p_n) = 0 \\ \dots\dots\dots\dots\dots\dots \\ p_{m+2} - \psi_{m+2} (q_1, q_2, \dots q_n, p_{m+3}, \dots p_n) = 0 \end{array}\right\} \quad (80)$$

On opérera sur ce système comme sur les précédents et l'on continuera de la sorte (à moins qu'on ne tombe sur un crochet qui soit fonction seulement des quantités q, ce qui dénoterait une impossibilité) jusqu'à ce qu'on trouve un système de n équations. Alors, si les crochets des n équations sont tous nuls, le système sera préparé. Mais, si les crochets ne sont pas tous nuls, il y aura encore impossibilité ; car, en combinant avec les n équations l'un de leurs crochets non nul et éliminant $p_1, p_2, \dots p_n$ on arriverait à une relation entre les quantités $q_1, q_2, \dots q_n$ seules, qui par suite ne seraient pas indépendantes.

Donc, en dernière analyse, si le problème est possible, on parviendra à un système tel que le système (A) du nº 564.

567. — Cela posé si $s = n$, le problème sera résolu ; on portera les valeurs de $p_1, p_2, \dots p_n$ dans l'expression

$$dz = p_1 dq_1 + p_2 dq_2 + \dots + p_n dq_n$$

qui sera une différentielle exacte et dont l'intégration donnera z avec une constante arbitraire *ajoutée* à z.

Si s est $< n$, (il ne saurait être plus grand, par hypothèse) on appliquera au système (A) la solution du problème auxiliaire (nº 564), ce qui fournira une fonction

$$F (q_1, q_2, \dots q_n, p_{s+1}, \dots p_n)$$

dont le crochet avec chacune de celles du système (A) sera nul. On adjoindra donc aux équations du système (A) l'équation nouvelle

$$F (q_1, q_2, \dots q_n, p_{s+1}, \dots p_n) - \alpha_1 = 0$$

où α_1 désigne une constante arbitraire ; après l'avoir résolue par rapport à p_{s+1}, on portera la valeur de p_{s+1} dans les équations (A), et l'on aura un système nouveau

$$\left.\begin{array}{l} p_1 - \omega_1(q_1, q_2, \dots q_n, p_{s+2}, \dots p_n) = 0 \\ p_2 - \omega_2(q_1, q_2, \dots q_n, p_{s+2}, \dots p_n) = 0 \\ \dots \dots \dots \dots \\ p_{s+1} - \omega_{s+1}(q_1, q_2, \dots q_n, p_{s+2}, \dots p_n) = 0 \end{array}\right\} \quad (B)$$

sur lequel on recommencera tout, c'est-à-dire sur lequel on opérera comme sur le système (76).

En continuant ainsi, on arrivera finalement à un système de n équations, d'où l'on tirera les valeurs de $p_1, p_2, \dots p_n$ avec des constantes arbitraires, et qui seront telles qu'en les portant dans

$$dz = p_1 dq_1 + p_2 dq_2 + \dots + p_n dq_n$$

on ait une différentielle exacte. En l'intégrant on aura l'inconnue z à laquelle on ajoutera une constante arbitraire.

568. *Exemple :*

Soit le système

$$\begin{array}{l} p_1 p_3 - q_2 q_4 = 0 \\ p_2 p_4 - q_1 q_3 = 0 ; \end{array}$$

on le met sous la forme

$$p_1 - \frac{q_2 q_4}{p_3} = 0, \qquad p_2 - \frac{q_1 q_3}{p_4} = 0$$

dont le crochet [n° (561)] est

$$0 = -\frac{\partial f}{\partial q_1} + \frac{\partial \varphi}{\partial q_2} + \left(\frac{\partial f}{\partial q_3}\frac{\partial \varphi}{\partial p_3} - \frac{\partial f}{\partial p_3}\frac{\partial \varphi}{\partial q_3}\right) + \left(\frac{\partial f}{\partial q_4}\frac{\partial \varphi}{\partial p_4} - \frac{\partial f}{\partial p_4}\frac{\partial \varphi}{\partial q_4}\right),$$

avec

$$\varphi = \frac{q_2 q_4}{p_3} \qquad f = \frac{q_1 q_3}{p_4} ;$$

ce crochet est donc

$$0 = -\frac{q_3}{p_4} - \frac{q_4}{p_3} + \left(\frac{q_1}{p_4} - \frac{q_2 q_4}{p_3^2} - 0\right) + \left(0 - \frac{q_1 q_2}{p_4^2}\frac{q_2}{p_3}\right)$$

ou

$$0 = \frac{q_4}{p_3} - \frac{q_3}{p_4} - \frac{q_1 q_2 q_4}{p_4 p_3^2} + \frac{q_1 q_2 q_3}{p_3 p_4^2}$$

$$0 = p_3 p_4^2 q_4 - p_3^2 p_4 q_3 - q_1 q_2 q_4 p_4 + q_1 q_2 q_3 p_3$$

$$p_4 q_3 p_3^2 - (p_4^2 q_4 + q_1 q_2 q_3) p_3 + q_1 q_2 q_4 p_4 = 0$$

$$p_3 = \frac{p_4^2 q_4 + q_1 q_2 q_3 \pm \sqrt{(p_4^2 q_4 + q_1 q_2 q_3)^2 - 4 q_1 q_2 q_3 q_4 p_4^2}}{2 p_4 q_3}$$

$$= \frac{p_4^2 q_4 + q_1 q_2 q_3 \pm (p_4^2 q_4 - q_1 q_2 q_3)}{2 p_4 q_3};$$

de là les deux valeurs

$$p_3 = \frac{2 p_4^2 q_4}{2 p_4 q_3} = \frac{q_4 p_4}{q_3}$$

$$p_3 = \frac{2 q_1 q_2 q_3}{2 p_4 q_3} = \frac{q_1 q_2}{p_4}.$$

On a donc les deux systèmes,

$$p_1 - \frac{q_2 q_4}{p_3} = 0, \qquad p_2 - \frac{q_1 q_3}{p_4} = 0, \qquad p_3 - \frac{p_4 q_4}{q_3} = 0$$

et

$$p_1 - \frac{q_2 q_4}{p_3} = 0 \qquad p_2 - \frac{q_1 q_3}{p_4} = 0 \qquad p_3 - \frac{q_1 q_2}{p_4} = 0$$

Prenons le premier système. Il est aisé de constater que les crochets de ses équations deux à deux sont nuls ; le système est donc préparé et il faut lui appliquer le problème auxiliaire (n° 564) c'est précisément l'exemple du n° 565 ; on trouve pour intégrale commune aux trois équations

$$\frac{p_4}{p_3}$$

En égalant cette fonction à une constante arbitraire a, on obtient la relation

$$p_4 = ap_3$$

qui, combinée avec les trois équations du premier système, donne

$$p_4 = aq_3, \quad p_3 = aq_4 \quad p_2 = \frac{q_1}{a}, \quad p_1 = \frac{q_2}{a};$$

on a, par suite,

$$dz = \frac{1}{a}(q_2 dq_1 + q_1 dq_2) + a(q_4 dq_3 + q_3 dq_4),$$

d'où en intégrant

$$z + b = \frac{q_1 q_2}{a} + aq_3 q_4$$

b désignant une constante arbitraire.

Prenons maintenant le second système. On constate aussi que les crochets deux à deux sont nuls ; le système est donc préparé pour l'application du problème auxiliaire (n° 564), et l'on trouve, pour intégrale commune aux trois équations,

$$\frac{p_4}{q_1};$$

on en déduit

$$p_4 = aq_1,$$

et par suite

$$p_3 = \frac{q_2}{a}, \quad p_2 = \frac{q_3}{a}, \quad p_1 = aq_4.$$

On a donc

$$dz = a(q_4 dq_1 + q_1 dq_4) + \frac{1}{a}(q_3 dq_2 + q_2 dq_3),$$

d'où en intégrant

$$z + b = aq_1 q_4 + \frac{1}{a} q_2 q_3,$$

a et b désignant deux constantes arbitraires.

Revenons au premier système. Nous avons trouvé au nº 565 qu'il admet une intégrale commune

$$q_2 q_4 - \frac{q_1 q_2^2 q_3}{p_4^2}$$

En égalant cette expression à une constante c et combinant l'équation ainsi obtenue avec les trois équations du premier système, on obtient les valeurs

$$p_4 = q_2 m, \quad p_3 = q_1 \frac{1}{m}, \quad p_2 = q_4 m, \quad p_1 = q_3 \frac{1}{m}$$

où on a posé

$$m = \frac{\sqrt{q_1 q_3}}{\sqrt{q_2 q_4 - c}}.$$

De là résultent successivement

$$dz = \frac{(q_3 dq_1 + q_1 dq_3)}{m} + m\,(q_4 dq_2 + q_2 dq_4)$$

et

$$z + k = 2\sqrt{q_1 q_3}\,\sqrt{q_2 q_4 - c}$$

k étant une constante arbitraire. On voit que cette intégrale complète du premier système est moins simple que celle déjà obtenue au nº 565.

569. La méthode de Jacobi que nous venons d'exposer pour le cas de m équations simultanées s'applique sans difficulté au cas, beaucoup plus fréquent dans la pratique, où il s'agit d'une seule équation.

Nous laisserons au lecteur le soin de reconstituer le raisonnement relatif à ce cas; mais nous croyons utile de traiter, à l'appui de la méthode, une série d'exemples qui seront plus instructifs que de longs préceptes.

Exemples relatifs au cas d'une seule équation

570. Soit l'équation

$$p_1 p_2 = q_1 q_2.$$

On en déduit, en résolvant par rapport à p_1,

$$p_1 = \frac{q_1 q_2}{p_2}.$$

Puis, on cherchera une intégrale du système simultané

$$\frac{dq_1}{1} = \frac{dq_2}{\frac{q_1 q_2}{p_2^2}} = \frac{dp_2}{\frac{q_1}{p_2}}$$

Or, en considérant les deux derniers rapports, on a

$$\frac{dq_2}{q_2} = \frac{dp_2}{p_2}$$

et par suite, en intégrant,

$$p_2 = a_2 q_2.$$

Cette relation permet de mettre p_1 sous la forme

$$p_1 = \frac{q_1}{a_2},$$

et l'on a, par suite,

$$dz = \frac{q_1}{a_2} dq_1 + a_2 q_2 dq_2$$

d'ou résulte

$$z + a_3 = \frac{q_1^2}{a_2} + a^2 q_2^2$$

qui est une intégrale complète de l'équation différentielle proposée.

571. Soit l'équation

$$p_1 q_1^2 - p_2^2 = 2a_1.$$

On aura d'abord

$$p_1 = \frac{2a_1 + p_2^2}{q_1^2};$$

puis le système simultané

$$\frac{dq}{1} = -\frac{dq_2}{\frac{2p_2}{q_1^2}} = \frac{dp_2}{0}$$

donnera

$$p_2 = a_2,$$

ce qui permettra de mettre p_1 sous la forme

$$p_1 = \frac{2a_1 + a_2}{q_1^2}.$$

On aura donc

$$dz = \frac{2a_1 + a_2^2}{q_1^2}\,dq_1 + a_2\,dq_2$$

et enfin

$$z + a_3 = -(2a_1 + a_2^2)\frac{1}{q_1} + a_2 q_2.$$

572. Soit l'équation

$$p_1 p_2 p_3 = q_1 q_2 q_3.$$

On aura d'abord

$$p_1 = \frac{q_1 q_2 q_3}{p_2 p_3}.$$

Puis, le système simultané

$$\frac{dq_1}{1} = \frac{dq_2}{\frac{q_1 q_2 q_3}{p_2^2 p_3}} = \frac{dq_3}{\frac{q_1 q_2 q_3}{p_2 p_3^2}} = \frac{dp_2}{\frac{q_1 q_3}{p_2 p_3}} = \frac{dp_3}{\frac{q_1 q_2}{p_2 p_3}}$$

donne, par la considération du deuxième et du quatrième rapports,

$$\frac{dp_2}{p_2} = \frac{dq_2}{q_2},$$

d'où

$$p_2 = a_2 q_2,$$

et par suite

$$p_1 = \frac{q_1 q_3}{a_2 p_3}.$$

Cela posé, on considèrera l'autre système simultané

$$\frac{dq_1}{1} = \frac{dq_3}{\frac{q_1 q_3}{a_2 p_3^2}} = \frac{dp_3}{\frac{q_1}{a_2 p_3}},$$

dont les deux derniers rapports donnent

$$\frac{p_3}{q_3} = a_3;$$

on aura donc, en substituant cette valeur de p_3 dans l'expression précédente de p_1,

$$p_1 = \frac{q_1}{a_2 a_3},$$

et, par suite,

$$dz = \frac{q_1}{a_2 a_3} dq_1 + a_2 q_2 dq_2 + a_3 q_3 dq_3.$$

On obtient ainsi, pour la solution complète de l'équation proposée.

$$2z + a_4 = \frac{q_1^2}{a_2 a_3} + a_2 q_2^2 + a_3 q_3^2.$$

573. — Soit l'équation

$$p_1 q_1^2 + p_2 q_1^2 + 2 p_3 q_1 q_3 + 3 p_3 = 0.$$

On aura d'abord

$$p_1 = -\frac{1}{q_1^2}(q_1^2 p_2 + 2 q_1 q_2 p_3 + 3 p_3).$$

Puis le système simultané

$$\frac{dq_1}{1} = \frac{dq_2}{1} = \frac{dq_3}{\frac{2 q_1 q_3 + 3}{q_1^2}} = \frac{dp_2}{0} = -\frac{dp_3}{\frac{2 p_3}{q_1}}$$

donnera

$$p_2 = a_2,$$

et, par suite, p_1 deviendra

$$p_1 = -a_2 - \frac{p_3}{q_1^2}(2 q_1 q_3 + 3).$$

Cela posé, on considérera l'autre système simultané

$$\frac{dq_1}{1} = \frac{dq_3}{\frac{1}{q_1^2}(2 q_1 q_3 + 3)} = -\frac{dp_3}{\frac{2 p_3}{q_1}},$$

dont les deux derniers rapports donnent

$$p_3 q_1^2 = a_3.$$

On a donc

$$p_3 = \frac{a_3}{q^1}, \qquad p_2 = a_2, \qquad p_1 = -a_2 - \frac{a_3}{q_1^4}(2 q_1 q_3 + 3),$$

et, par suite,

$$dz = \left(-a_2 - \frac{2a_3 q_3}{q_1^3} - \frac{3a_3}{q_1^4}\right) dq_1 + a_2\, dq_2 + \frac{a_3}{q_1^2}\, dq_3,$$

ou

$$dz = d(-a_2 q_1) + d\,\frac{a_3}{q_1^3} + d(a_2 q_2) + d\,\frac{a_3 q_3}{q_1^2}.$$

On déduit de là

$$z + a_4 = -a_2 q_1 + \frac{a_3}{q_1^3} + a_2 q_2 + \frac{a_3 q_3}{q_1^2}$$

pour l'intégrale complète de l'équation proposée.

CHAPITRE XVI

ÉQUATIONS AUX DÉRIVÉES PARTIELLES DU SECOND ORDRE

Objet de ce Chapitre

574. Il n'existe pas de méthode générale pour intégrer les équations aux dérivées partielles dont l'ordre est supérieur au premier.

Cependant on est parvenu à traiter avec succès quelques types particuliers que nous allons faire connaître et qui sont susceptibles de nombreuses applications.

Équation de la corde vibrante
Méthode de Dalembert

575. L'équation

$$\frac{\partial^2 z}{\partial \theta^2} = a^2 \frac{\partial^2 z}{\partial x^2}, \tag{1}$$

est célèbre dans l'histoire des Mathématiques ; on la rencontre à propos des cordes vibrantes, des tuyaux sonores et dans la Théorie de la Chaleur. « C'est Dalembert qui, le premier, a « considéré cette équation et en a donné l'intégrale complète « avec deux fonctions arbitraires ; il a fait voir de plus com-

« ment les fonctions arbitraires se déterminent au moyen des « conditions relatives aux points extrêmes de la corde ainsi « qu'à l'état initial, et comment une discussion détaillée des « formules conduit ensuite à reconnaître le caractère pério- « dique et toutes les circonstances du phénomène physique « auquel l'équation répond. Par cette application capitale, « Dalembert a montré toute l'étendue et toute l'importance « du *Calcul aux dérivées partielles* alors à sa naissance et à « peine connu et défini » (*).

Dalembert écrit d'abord l'équation (1) sous la forme

$$\frac{\partial \frac{\partial z}{\partial \theta}}{\partial \theta} = a_2 \frac{\partial \frac{\partial z}{\partial x}}{\partial x},$$

qui exprime la condition pour que l'expression

$$\frac{\partial z}{\partial \theta}\, dx + a^2 \frac{\partial z}{\partial x}\, d\theta,$$

soit la différentielle exacte d'une fonction de x et de y.

Posant alors

$$\frac{\partial z}{\partial \theta}\, dx + a^2 \frac{\partial z}{\partial x}\, d\theta = du,$$

et remarquant que l'on a déjà

$$\frac{\partial z}{\partial \theta}\, d\theta + \frac{\partial z}{\partial x}\, dx = dz,$$

le célèbre géomètre obtient

$$\left(\frac{\partial z}{\partial \theta} + a \frac{\partial z}{\partial x}\right) d(x + a\theta) = d(u + az),$$

d'où il conclut que

$$\frac{\partial z}{\partial \theta} + a \frac{\partial z}{\partial x} \qquad \text{et} \qquad u + az,$$

(*) Liouville, note VII de la 5e édition de l'Ouvrage de Monge intitulé : *Application de l'Analyse à la Géométrie.*

sont des fonctions de $x + a\theta$.

Comme on a pareillement

$$\left(\frac{\partial z}{\partial \theta} - a\frac{\partial z}{\partial x}\right) d\,(x - a\theta) = d\,(u - az),$$

on voit que

$$\frac{\partial z}{\partial \theta} - a\frac{\partial z}{\partial x} \qquad \text{et} \qquad u - az.$$

sont des fonctions de $x - a\theta$.

On a donc à la fois

$$u + az = \varphi_1\,(x + a\theta), \qquad u - az = \psi_1\,(x - a\theta),$$

et, par suite, en retranchant et divisant par $2\,a$,

$$z = \varphi\,(x + a\theta) + \psi\,(x - a\theta). \tag{2}$$

576. Il reste à déterminer les deux fonctions arbitraires φ et ψ.

A cet effet, commençons par indiquer la signification de chacune des lettres qui entrent dans l'équation (1).

A et B étant les extrémités de la corde vibrante, désignons par AX, AY, AZ, trois axes de coordonnées rectangulaires ayant le point A pour origine ; AX est d'ailleurs dirigé suivant AB.

La corde vibrante est supposée se déplacer dans le plan ZAX, et z désigne l'ordonnée, à l'instant θ, du point M de la courbe dont l'abscisse est x.

Cela posé, la fonction cherchée z doit non seulement satisfaire à l'équation (2), mais encore remplir des conditions de deux sortes : 1°.les *conditions initiales*, qui expriment que l'on connaît, à l'origine du temps ($\theta = 0$), pour chaque valeur de x, les valeurs de z et de $\frac{\partial z}{\partial \theta}$, c'est-à-dire la position initiale de la corde et les vitesses initiales de ses divers points. — 2° les *conditions aux limites* qui expriment que z est nul, quel que soit θ, aux points A et B.

577. Considérons d'abord les conditions initiales. Soit

$$z = f(x), \qquad \frac{\partial z}{\partial \theta} = f_1(x), \tag{3}$$

pour $\theta = 0$. En introduisant ces conditions dans l'équation (2) et dans la dérivée

$$\frac{\partial z}{\partial \theta} = a\varphi'(x + a\theta) - a\psi'(x - a\theta)$$

par rapport à θ, on obtient

$$\varphi(x) + \psi(x) = f_1(x), \tag{4}$$

$$\varphi'(x) - \psi'(x) = \frac{1}{a} f(x). \tag{5}$$

Mais, en intégrant cette dernière par rapport à x et posant

$$\frac{1}{a}\int f_1(x)\,dx = \mathrm{F}(x), \tag{6}$$

on a

$$\varphi(x) - \psi(x) = \mathrm{F}(x) + \mathrm{C}. \tag{7}$$

Dès lors, on déduit de (4) et de (7)

$$\varphi(x) = \frac{1}{2}[f(x) + \mathrm{F}(x) + \mathrm{C}] \tag{8}$$

$$\psi(x) = \frac{1}{2}[f(x) - \mathrm{F}(x) - \mathrm{C}]. \tag{8'}$$

Par suite, en remplaçant x par $x + a\theta$ dans (8) et par $x + a\theta$ dans (8'), puis faisant la somme, on aura, d'après (2),

$$z = \frac{1}{2}[f(x + a\theta) + f(x - a\theta) + \mathrm{F}(x + a\theta) - \mathrm{F}(x - a\theta)],$$

où la constante C n'entre plus.

Il importe d'observer que les fonctions $\varphi(x)$ et $\psi(x)$ déterminées par les relations (8) et (8') ne sont connues, comme d'ailleurs $f(x)$ et $F(x)$, que pour des valeurs de x comprises entre o et l. Pour déterminer $\varphi(x)$ et $\psi(x)$ au delà de cet intervalle, nous allons faire intervenir les conditions au limites.

378. Au point A, z doit être nul quelque soit θ ; on doit donc avoir à tout instant

$$\varphi(a\theta) + \psi(-a\theta) = 0$$

c'est-à-dire

$$\varphi(u) + \psi(-u) = 0 \tag{9}$$

en posant $a\theta = u$.

Au point B, on doit avoir à tout instant

$$\varphi(l + u) + \psi(l - u) = 0. \tag{10}$$

D'ailleurs $\varphi(u)$ et $\psi(u)$ sont connues (n° 377) pour toutes les valeurs de u appartenant à l'intervalle (o, l).

Mais $l - u$ se trouve comprise aussi entre o et l ; donc $\psi(l - u)$ est connue dans l'intervalle (o, l) ; et, comme on a, d'après (10),

$$\varphi(l + u) = -\psi(l - u),$$

l'expression $\varphi(l + u)$ est connue pour les mêmes valeurs de u. Donc, si l'on pose $l + u = v$, $\varphi(v)$ sera connue pour les valeurs de v appartenant à l'intervalle $(l, 2l)$; mais, cette fonction $\varphi(v)$, étant déjà connue dans l'intervalle (o, l), le sera entre o et $2l$.

Cela posé, en remplaçant dans (10) u par $l + u$, on a

$$\varphi(2l + u) + \psi(-u) = 0,$$

et comme $\varphi(u) + \psi(-u) = 0$, on aura,

$$\varphi(2l + u) = \varphi(u),$$

On conclut de là que la *fonction* $\varphi(u)$ *est périodique* et que sa période est $2l$. Cette fonction sera donc connue pour toutes les valeurs, positives ou négatives de x, puisqu'elle l'est dans l'intervalle $(o, 2l)$.

Considérons maintenant la fonction ψ. On a

$$\psi(-u) = -\varphi(u),$$

et, par suite,

$$\psi(-2l-u) + \varphi(2l+u) = 0.$$

Mais

$$\varphi(2l+u) = \varphi(u) = -\psi(u);$$

donc

$$\psi(-u) = \psi(-2l-u).$$

Dès lors si l'on pose

$$-2l - u = w,$$

on aura

$$\psi(2l+w) = \psi(w).$$

La fonction ψ est donc périodique et sa période est $2l$.

La discussion précédente montre que, lorsque $a\theta$ augmente d'une quantité égale à $2l$ c'est-à-dire lorsque θ croît d'une quantité égale à $\frac{2l}{a}$, l'ordonnée z et la vitesse $\frac{\partial z}{\partial \theta}$ reprennent les mêmes valeurs. Donc, la corde exécute une suite de vibrations qui sont égales entre elles et isochrones et dont la durée est $\frac{2l}{a}$.

379. Quelques années après la publication du Mémoire de Dalembert, Euler donna, pour intégrer l'équation (1), une méthode fort élégante fondée sur un changement très simple des variables indépendantes.

En posant

$$u = x + a\theta, \qquad v = x - a\theta,$$

on a successivement

$$\frac{\partial z}{\partial x} = \frac{\partial z}{\partial u} + \frac{\partial z}{\partial v}$$

$$\frac{\partial^2 z}{\partial x^2} = \frac{\partial^2 z}{\partial u^2} + 2\,\frac{\partial^2 z}{\partial u \partial v} + \frac{\partial z^2}{\partial v^2}.$$

et de même

$$\frac{\partial^2 z}{\partial \theta^2} = a^2 \left(\frac{\partial^2 z}{\partial u^2} - 2\,\frac{\partial^2 z}{\partial u\,\partial v} + \frac{\partial^2 z}{\partial v^2}\right).$$

La substitution de ces valeurs de $\frac{\partial^2 z}{\partial x^2}$ et de $\frac{\partial^2 z}{\partial \theta^2}$ dans l'équation (1) donne

$$\frac{\partial^2 z}{\partial u\,\partial v} = 0;$$

c'est-à-dire

$$\frac{\partial \frac{\partial z}{\partial v}}{\partial u} = 0,$$

ce qui prouve que $\frac{\partial z}{\partial v}$ ne dépend pas de u mais dépend seulement de v. La fonction z est donc de la forme

$$\varphi(u) + \psi(v)$$

et l'on a finalement

$$z = \varphi(x + a\theta) + \psi(x - a\theta);$$

c'est le résultat déjà trouvé au (n° 575).

Équation de Laplace

580. On nomme ainsi l'équation

$$\frac{\partial^2 z}{\partial x\,\partial y} + \alpha\,\frac{\partial z}{\partial x} + \beta\,\frac{\partial z}{\partial y} + \gamma z = \varepsilon \qquad (11)$$

dans laquelle α, β, γ, ε, sont des fonctions des deux variables indépendantes x et y.

Si l'on pose

$$\frac{\partial z}{\partial y} + \alpha z = z_1 \tag{12}$$

et

$$\gamma - \alpha\beta - \frac{\partial \alpha}{\partial x} = A, \tag{13}$$

l'équation (11) devient

$$\frac{\partial z_1}{\partial x} + \beta z_1 + Az = \varepsilon. \tag{14}$$

Cela posé, considérons le cas où $A = 0$.

L'équation précédente se réduit alors à

$$\frac{\partial z_1}{\partial x} + \beta z_1 = \varepsilon; \tag{14'}$$

et, si l'on y considère y comme constante, c'est une équation différentielle linéaire et du premier ordre entre z_1 et x ; on aura donc en l'intégrant

$$z_1 = e^{-\int \beta dx} \left[\int e^{\beta dx} \varepsilon \, dx + \psi(y) \right] \tag{15}$$

où $\psi(y)$ désigne une fonction arbitraire de y.

On a de même, en intégrant (12) par rapport à y,

$$z = e^{-\int \alpha dy} \left[\int e^{\alpha dy} z_1 \, dy + \varphi(x) \right] \tag{16}$$

où $\varphi(x)$ représente une fonction arbitraire de x.

En substituant dans cette expression (16) l'expression (15) de z_1, on obtiendra pour l'intégrale z l'expression

$$z = e^{-P}\left[\varphi(x) + e^{P-Q}\left\{\psi(y) + \int e^{Q}\varepsilon dx\right\}\right] \qquad (17)$$

où P et Q désignent respectivement $\int \alpha dy$ et $\int \beta dx$ et qui renferme une fonction arbitraire de x et une fonction arbitraire de y.

Supposons maintenant A différent de zéro. L'équation (14) s'écrit

$$z = -\frac{1}{A}\left(\frac{\partial z_1}{\partial x} + \beta z_1 - \varepsilon\right);$$

et, en formant $\frac{\partial z}{\partial y}$, puis portant z et $\frac{\partial z}{\partial y}$ dans (12), on obtient, pour déterminer z_1 l'équation

$$\frac{\partial^2 z_1}{\partial x \partial y} + \alpha_1 \frac{\partial z_1}{\partial x} + \beta_1 \frac{\partial z_1}{\partial y} + \gamma_1 z_1 = \varepsilon_1 \qquad (18)$$

où α_1, β_1, γ_1, ε_1, ont les valeurs suivantes

$$\left.\begin{aligned} \alpha_1 &= \alpha - \frac{1}{A}\frac{\partial A}{\partial y} \\ \beta_1 &= \beta \\ \gamma_1 &= A - \frac{\beta}{A}\frac{\partial A}{\partial y} + \frac{\partial \beta}{\partial y} + \alpha\beta \\ \varepsilon_1 &= \frac{\partial \varepsilon}{\partial y} - \frac{\varepsilon}{A}\frac{\partial A}{\partial y} + \alpha\varepsilon \end{aligned}\right\} \qquad (19)$$

L'équation (18) est de même forme que la proposée (11) ; on la traitera de la même manière.

Des considérations qui précèdent résulte cette proposition :

Suivant que A *est nul ou est différent de zéro, l'équation* (11) *s'intègre ou se ramène à une autre de même type.*

En permutant, dans l'équation (11), x et α avec y et β, puis posant

$$\gamma - \alpha\beta - \frac{\partial\beta}{\partial y} = B,$$

on peut dire encore : *suivant que* B *est nul ou différent de zéro, l'équation* (11) *s'intègre ou se ramène à une autre du même type.*

Depuis Laplace, l'équation (11) a été l'objet de remarquables travaux parmi lesquels il faut citer principalement ceux de Moutard *(Journal de l'Ecole Polytechnique)* et ceux de M. Darboux *(Leçons sur la théorie générale des surfaces)*. Mais l'exposition de ces recherches, importantes surtout au point de vue théorique, nous entrainerait trop loin.

581. Soit l'équation

$$Ar + 2Bs + Ct + Dp + Eq + Fz + G = 0$$

où A, B, C, D, E, F, G sont des fonctions quelconques des deux variables indépendantes x et y. Euler avait prouvé qu'on pouvait, par un changement de variables, lorsque $B^2 - AC$ était différent de zéro, amener l'équation précédente à la forme

$$\frac{\partial^2 z}{\partial u\, \partial v} + \alpha \frac{\partial z}{\partial u} + \beta \frac{\partial z}{\partial v} + \gamma z = \varepsilon.$$

Il suffit, en effet, de prendre, pour nouvelles variables u et v, deux fonctions de x et de y satisfaisant respectivement aux deux relations

$$\frac{\partial u}{\partial x} + m_1 \frac{\partial u}{\partial y} = 0, \qquad \frac{\partial v}{\partial x} + m_2 \frac{\partial v}{\partial y} = 0,$$

dans lesquelles m_1 et m_2 désignent les racines de l'équation

$$Am^2 - 2Bm + C = 0.$$

On voit de la sorte comment Laplace a été conduit à considérer l'équation (11).

Équation de Liouville

382. Dans ses études sur la théorie des surfaces, Liouville a rencontré l'équation remarquable

$$\frac{\partial^2 \log \lambda}{\partial u \, \partial v} \pm \frac{\lambda}{2a^2} = 0$$

dont l'intégrale générale est

$$\lambda = \frac{4a^2 \varphi'(u)\psi'(v) e^{\varphi(u)+\psi(v)}}{\left[1 \pm e^{\varphi(u)+\psi(v)}\right]^2}, \qquad (20)$$

$\varphi'(u)$ et $\psi'(v)$ désignant respectivement les dérivées des deux fonctions arbitraires $\varphi(u)$ et $\psi(v)$.

Ce grand géomètre n'a pas indiqué les considérations qui l'avaient amené à trouver cette intégrale. Comme cette recherche est un peu compliquée (voir Jordan, *Cours d'Analyse*), nous nous bornerons comme Liouville à vérifier le fait.

En prenant les logarithmes dans la relation (20), on obtient

$$\log \lambda = \log(4a^2) + \log \varphi'(u) + \log \psi'(v)$$
$$+ \varphi(u) + \psi(v) - 2\log\left[1 + e^{\varphi(u)+\psi(v)}\right],$$

d'où

$$\frac{d \log \lambda}{\partial u} = \frac{\varphi''(u)}{\varphi'(u)} + \varphi'(u) \mp \frac{2e^{\varphi(u)+\psi(v)}\varphi'(u)}{1 \pm e^{\varphi(u)+\psi(v)}}$$

et

$$\frac{\partial^2 \lambda}{\partial u \, \partial v} = \pm \frac{2e^{2\varphi(u)+2\psi(v)}\varphi'(u)\psi'(v)}{\left[1 \pm e^{\varphi(u)+\psi(v)}\right]^2}$$
$$\mp \frac{2e^{\varphi(u)+\psi(v)}\varphi'(u)\psi'(v)}{1 \mp e^{\varphi(u)+\psi(v)}}.$$

On a donc

$$\frac{\partial^2 \log \lambda}{\partial u \, \partial v} = \mp \frac{2e^{\varphi(u)+\psi(v)}\varphi'(u)\psi'(v)}{1 \pm e^{\varphi(u)+\psi(v)}}$$

et enfin, à cause de (20),

$$\frac{\partial^2 \log \lambda}{\partial u \partial v} \pm \frac{\lambda}{2a^2} = 0 \ (^*)$$

Méthode de Monge

583. Le type général des équations aux dérivées partielles du second ordre à deux variables indépendantes x et y est

$$f(x, y, z, p, q, r, s, t) = 0 \qquad (21)$$

où l'on désigne, suivant l'usage, respectivement par

$$z, p, q, r, s, t$$

la fonction inconnue et ses dérivées partielles

$$\frac{\partial z}{\partial x}, \quad \frac{\partial z}{\partial y}, \quad \frac{\partial^2 z}{\partial x^2}, \quad \frac{\partial^2 z}{\partial x \partial y}, \quad \frac{\partial^2 z}{d y^2}.$$

584. On nomme *intégrale intermédiaire* de l'équation proposée (21) toute équation aux dérivées partielles du premier ordre

$$\varphi(x, y, z, p, q) = 0, \qquad (22)$$

dont la proposée est une conséquence. D'une telle intégrale intermédiaire (22), si elle existe, on déduit ensuite l'intégrale générale de (21) par les méthodes exposées dans le chapitre précédent. Tout revient donc à la recherche des intégrales intermédiaires.

(*) Si l'on pose

$$\log \lambda = z, \quad \varphi(u) = \log\left(-\frac{1}{U}\right), \quad \psi(v) = \log V,$$

l'équation de Liouville prend la forme

$$\frac{\partial^2 z}{\partial u \partial v} = \pm \frac{e^x}{2a^2}$$

et son intégrale s'écrit

$$e^z = \frac{4a^2 U'V'}{(U \pm V)^2}.$$

585. L'équation considérée par Monge est

$$Rr + Ss + Tt = V, \tag{23}$$

où R, S, T, V, désignent des fonctions de x, y, z, p, q.

En substituant dans cette équation les valeurs

$$r = \frac{dp - sdy}{dx}, \qquad t = \frac{dq - sdx}{dy},$$

tirées des relations

$$dp = rdx + sdy, \qquad dq = sdx + tdy, \tag{23'}$$

on obtient

$$Rdpdy + Tdqdx - Vdxdy = s\left[Rdy^2 - Sdxdy + Tdx^2\right]. \tag{24}$$

Posons séparément, avec Monge,

$$Rdy^2 - Sdxdy + Tdx^2 = 0 \tag{25}$$

$$Rdpdy + Tdqdx + Vdxdy = 0. \tag{26}$$

Il est clair que si ces deux équations sont satisfaites identiquement, l'équation (23) sera aussi satisfaite.

En résolvant l'équation (25) par rapport à dy, on en déduira deux autres

$$dy = m'dx, \qquad dy = m''dx,$$

m' et m'' étant les racines de l'équation

$$Rm^2 - Sm + T = 0; \tag{25'}$$

et, si l'on porte successivement chacune des valeurs de dy dans l'équation (26), on aura les deux systèmes

$$\left.\begin{aligned} dy &= m'dx \\ Rm'dp + Tdq - Vm'dx &= 0 \end{aligned}\right\} \tag{27}$$

$$\left.\begin{aligned} dy &= m''dx \\ Rm''dp + Tdq - Vm''dx &= 0 \end{aligned}\right\}, \tag{28}$$

à chacun desquels on doit joindre la relation

$$dz = pdx + qdy. \tag{29}$$

386. Cela posé, nous allons démontrer le théorème suivant : *Si*

$$f_1(x, y, z, p, q) = a, \qquad f_2(x, y, z, p, q) = b \qquad (30)$$

sont deux intégrales satisfaisant au système (27), *l'équation*

$$f_2 = \varphi(f_1) \qquad (31)$$

où φ *désigne une fonction arbitraire, est une intégrale intermédiaire de l'équation proposée* (23).

La différentiation des équations (30) donne

$$\frac{\partial f_1}{\partial x} dx + \frac{\partial f_1}{\partial y} dy + \frac{\partial f_1}{\partial z} dz + \frac{\partial f_1}{\partial p} dp + \frac{\partial f_1}{\partial q} dq = 0$$
$$\frac{\partial f_2}{\partial x} dx + \quad \ldots\ldots\ldots \quad + \frac{\partial f_2}{\partial q} dq = 0.$$

En y remplaçant dy, dq et dz par leurs valeurs tirées des relations (27) et (29), on obtient deux équations qui, devant être vérifiées quels que soient dx et dp, fourniront les relations

$$\left.\begin{aligned} &\frac{\partial f_1}{\partial x} + m' \frac{\partial f_1}{\partial y} + (p + qm') \frac{\partial f_1}{\partial z} + \frac{Vm'}{T} \frac{\partial f_1}{\partial q} = 0 \\ &\frac{\partial f_1}{\partial d} - \frac{Rm'}{T} \frac{\partial f_1}{\partial q} = 0 \end{aligned}\right\} \qquad (32)$$

et les deux analogues en f_2.

Mais la différentiation de l'équation (31) donne

$$\frac{\partial f_2}{\partial x} dx + \frac{\partial f_2}{\partial y} dy + \frac{\partial f_2}{\partial z} dz + \frac{\partial f_2}{\partial p} dp + \frac{\partial f_2}{\partial q} dq$$
$$= \varphi'(f_1) \left[\frac{\partial f_1}{\partial x} dx + \frac{\partial f_1}{\partial y} dy + \frac{\partial f_1}{\partial z} dz + \frac{\partial f_1}{\partial p} dp + \frac{\partial f_1}{\partial q} dq\right].$$

En y remplaçant

$$dz, \quad \frac{\partial f_1}{\partial x}, \quad \frac{\partial f_2}{\partial x}, \quad \frac{\partial f_1}{\partial p}, \quad \frac{\partial f_2}{\partial p},$$

par leurs valeurs tirées des relations (29), (32) et des deux analogues de (32), on est conduit à l'équation

$$Rm'dp + Tdq - Vm'dx = M(dy - m'dx) (33),$$

dans laquelle on désigne par M l'expression

$$M = -\frac{\frac{\partial f_2}{\partial y} + \frac{\partial f_2}{\partial z} q - \left(\frac{\partial f_1}{\partial y} + \frac{\partial f_1}{\partial z} q\right) \varphi''(f_1)}{\frac{1}{T}\left[\frac{\partial f_2}{\partial q} - \frac{\partial f_1}{\partial q} \varphi'(f_1)\right]}. \qquad (34)$$

Si l'on remplace dans l'équation (33) les quantités dp et dq par leurs valeurs tirées des relations (23'); et, si l'on égale à zéro les coefficients de dx et de dy, on obtient le système

$$\begin{aligned} Rm'r + Ts - Vm' + Mm' &= 0 \\ Rm's + Tt - M &= 0; \end{aligned}$$

l'élimination de r et t entre ces deux équations et la proposée (23) fait disparaître M, et il reste

$$s(Rm'^2 - Sm' + T) = 0,$$

qui est une identité, puisque m' est une racine de l'équation (25').

On verrait, par le même raisonnement, que *si*

$$f_3(x, y, z, p, q) = a', \qquad f_4(x, y, z, p, q) = b',$$

sont deux intégrales satisfaisant au système (28), *l'équation*

$$f_4 = \psi(f_3), \qquad (35)$$

où ψ *désigne une fonction arbitraire, est une intégrale intermédiaire de l'équation proposée* (23).

587. La méthode de Monge ne réussit que rarement, puisqu'elle est subordonnée à la possibilité d'intégrer les systèmes (27) et (28) ou au moins l'un d'eux.

Supposons qu'on ait déterminé deux intégrales intermédiaires (31) et (35). Pour obtenir l'intégrale générale, on résoudra ces deux équations par rapport à p et à q, et après avoir porté ces valeurs dans (29) on intégrera cette dernière qui sera une différentielle exacte.

Voici des exemples :

1° Soit l'équation

$$Ar + Bs + Ct = 0 \tag{36}$$

où A, B, C sont des constantes; c'est une généralisation de l'équation des cordes vibrantes.

Les racines de l'équation (25') sont ici des nombres m_1 et m_2.

La première m_1 donne les intégrales

$$y - m_1 x = a_1, \quad Am_1 p + Cq = a_2,$$

et, par suite, l'intégrale intermédiaire

$$Am_1 p + Cq = \varphi_1 (y - m_1 x). \tag{37}$$

On obtient pareillement, au moyen de la seconde racine m_2, une autre intégrale intermédiaire

$$Am_2 p + Cq = \varphi_2 (y - m_2 x). \tag{38}$$

Des intégrales intermédiaires (37) et (38) on déduit

$$p = m_2 \psi (y - m_2 x) - \psi (y - m_1 x)$$
$$q = \varphi (y - m_1 x) - m_1 \varphi (y - m_2 x),$$

en posant

$$\frac{\varphi_1 (y - m_1 x)}{Am_1 (m_2 - m_1)} = \varphi (y - m_1 x)$$
$$\frac{\varphi_2 (y - m_2 x)}{Am_2 (m_2 - m_1)} = \psi (y - m_2 x)$$

La substitution de ces valeurs de p et de q dans l'équation (29) donne

$$dz = (dy - m_1 dx) \varphi (y - m_1 x) - (dy - m_2 dx) \varphi (y - m_2 x).$$

Dès lors, en intégrant et représentant par Φ_1 et Φ_2 les fonctions qui ont respectivement pour dérivées les fonctions arbitraires φ et $-\psi$, on aura, pour l'intégrale générale de la proposée (36)

$$z = \Phi_1 (y - m_1 x) + \Phi_2 (y - m_2 x) \tag{39}$$

2° Soit l'équation

$$pqr - s(1 + p^2) = 0 \tag{40}$$

qui est relative aux surfaces qui ont les lignes de l'une des courbures situées dans des plans parallèles à $z0x$.

On a ici les deux systèmes

$$dy = 0, \qquad pqdp - (1 + p^2)\, dy = 0 \tag{41}$$

$$dy = -\frac{1 + p^2}{pq}\, dx, \qquad dp = 0. \tag{42}$$

Le premier système donne une première intégrale intermédiaire

$$q = \sqrt{1 + p^2}\, \psi'(y). \tag{43}$$

Le second système (42) en donnerait une autre, mais la précédente suffira, si on applique la méthode de Jacobi pour l'intégration des équations différentielles aux dérivées partielles du premier membre. Dans cette méthode, on est conduit à considérer le système d'équations aux différentielles ordinaires

$$\frac{dy}{1} = \frac{dx}{\dfrac{-p\psi'(y)}{\sqrt{1 + p^2}}} = \frac{dp}{0}.$$

On en déduit successivement

$$p = a, \qquad q = \sqrt{1 + a^2}\, \psi'(y),$$

$$dz = adx + \sqrt{1 + a^2}\, \psi'(y)\, dy,$$

et enfin

$$z - \varphi(a) = ax + \sqrt{1 + a^2}\, \psi(y). \tag{44}$$

L'intégrale générale résultera de l'élimination de a entre la relation (44) et la suivante

$$x + \varphi'(a) + \frac{a\psi(y)}{\sqrt{1 + a^2}} = 0. \tag{44'}$$

3° Soit encore l'équation

$$x^2r + 2xys + y^2t = 0 \tag{45}$$

qui est relative aux surfaces réglées dont les directrices sont rectilignes.

Les équations (25) et (26) sont ici

$$xdy - ydx = 0, \qquad xdp + ydy = 0\,;$$

elles ont pour intégrales

$$y = \alpha x, \qquad p + \alpha q = \beta,$$

d'où l'on déduit l'intégrale intermédiaire

$$px + qy = x\varphi\left(\frac{y}{x}\right).$$

C'est une équation linéaire et du premier ordre qui s'intègre sans difficulté. On considère, à cet effet, les équations simultanées

$$\frac{dx}{x} = \frac{dy}{y} = \frac{dz}{x\varphi\left(\frac{y}{x}\right)}$$

ou

$$xdy - ydx = 0, \qquad dz = dx\varphi\left(\frac{y}{x}\right).$$

On en déduit

$$y = \alpha' x, \qquad z - x\varphi(\alpha') = \beta'\,;$$

et, il suffit alors de remplacer β' par $\psi(\alpha')$ et α' par $\frac{y}{x}$ pour obtenir l'intégrale générale de l'équation proposée (45) ; φ et ψ sont deux fonctions arbitraires.

4° Soit l'équation

$$Rr + Ss + Tt = 0$$

R, S, T étant des fonctions de p et q seulement.

La *transformation de Legendre* (tome I, n° 115) donne pour r, s, t des valeurs qui, substituées dans l'équation précédente lui font prendre la forme

$$R\frac{\partial^2 w}{dq^2} - S\frac{\partial^2 w}{\partial p\,dq} + T\frac{\partial^2 w}{dq^2} = 0.$$

Cette équation est plus simple que la proposée ; on lui appliquera aisément la méthode de Monge.

Équation d'Ampère

388. L'illustre Ampère a consacré deux beaux Mémoires (*Journal de l'École Polytechnique, 17e et 18e cahiers*) à l'intégration des équations aux dérivées partielles du second ordre. Il a considéré en particulier l'équation

$$Hr^2 + 2Ks + Lt + M + N(rt - s^2) = 0 \qquad (46)$$

dans laquelle les coefficients H, K, L, M, N sont des fonctions connues de x, y, z, p, q et qui, pour $N = 0$, se réduit à l'équation de Monge (23).

Le travail d'Ampère est difficile à lire à cause de la complication des notations employées. Nous suivrons ici une marche plus simple, indiquée par Boole et qui conduit aux mêmes résultats concernant l'équation (46). Cette méthode n'est d'ailleurs qu'une généralisation de celle qui a été exposée (n° 385) pour l'équation de Monge.

Mais, avant d'entrer véritablement en matière, il est intéressant d'indiquer l'origine de l'équation (46).

Soient u et v deux fonctions données de x, y, z, p, q. Considérons l'équation du premier ordre

$$\varphi(u, v) = 0$$

où φ désigne une fonction arbitraire. En différentiant successivement par rapport à x et à y, on obtient les deux relations

$$\frac{\partial\varphi}{\partial u}\left[\frac{\partial u}{\partial x}+p\frac{\partial u}{\partial z}+r\frac{\partial u}{\partial p}+s\frac{\partial u}{\partial q}\right]+\frac{\partial\varphi}{\partial v}\left[\frac{\partial v}{\partial x}+p\frac{\partial v}{\partial z}+r\frac{\partial v}{\partial p}+s\frac{\partial v}{\partial q}\right]=0$$

$$\frac{\partial\varphi}{\partial u}\left[\frac{\partial u}{\partial y}+q\frac{\partial u}{\partial z}+s\frac{\partial u}{\partial p}+t\frac{\partial u}{\partial q}\right]+\frac{\partial\varphi}{\partial v}\left[\frac{\partial v}{\partial y}+q\frac{\partial v}{\partial z}+s\frac{\partial v}{\partial p}+t\frac{\partial v}{\partial q}\right]=0$$

entre lesquelles il suffit d'éliminer le rapport des dérivées $\frac{\partial\varphi}{\partial u}$, $\frac{\partial\varphi}{\partial v}$ pour tomber sur une équation de la forme (46).

589. Cela posé, considérons l'équation (46) et opérons d'abord comme au n° 585, c'est-à-dire substituons dans (46) les valeurs de r et de t déduites des relations (23'). Nous obtiendrons ainsi une équation de la forme $\lambda - \mu s = 0$ que nous remplacerons, comme au n° 585, par le système

$$\mathrm{H}dy^2 - 2\mathrm{K}dx\,dy + \mathrm{L}dx^2 + \mathrm{N}(dq\,dy + dp\,dx) = 0 \quad (47)$$
$$\mathrm{H}dp\,dy + \mathrm{L}dq\,dy + \mathrm{M}dx\,dy + \mathrm{N}dp\,dq = 0. \quad (48)$$

Actuellement, cherchons à décomposer ce système en d'autres qui soient linéaires. A cet effet, ajoutons à l'équation (48) multipliée par N l'équation (47) multipliée par un facteur indéterminé m. On aura

$$\mathrm{H}m\,dy^2 + (\mathrm{MN} - 2\mathrm{K}m)\,dx\,dy + \mathrm{L}m\,dx^2$$
$$+ \mathrm{N}m\,(dx\,dp + dy\,dq) + \mathrm{LN}\,dx\,dq + \mathrm{NH}\,dp\,dy + \mathrm{N}^2dp\,dq = 0,$$

qui, si l'on détermine m par l'équation

$$m^2 + 2\mathrm{K}m + \mathrm{HL} - \mathrm{MN}, \quad (49)$$

devient

$$(\mathrm{H}dy + mdx + \mathrm{N}dq)(mdy + \mathrm{L}x + \mathrm{N}dp) = 0. \quad (50)$$

L'équation (49) a deux racines, qu'on peut écrire

$$m = -\mathrm{K} \pm \sqrt{\mathrm{G}}, \quad (51)$$

si l'on pose

$$G = K^2 - HL + MN; \tag{52}$$

on aura donc, au lieu de (50), l'équation

$$\left.\begin{array}{l}\left[Hdy - \left(K \mp \sqrt{G}\right) dx + Ndq\right] \\ \left[Ldx - \left(K \mp \sqrt{G}\right) dy + Ndp\right] = 0\end{array}\right\} \tag{53}$$

c'est-à-dire quatre systèmes linéaires auxquels se trouve ramenée l'intégration de l'équation proposée (46). Ces quatre systèmes sont

$$\left.\begin{array}{l}Hdy - \left(K - \sqrt{G}\right) dx + Ndq = 0 \\ Hdy - \left(K + \sqrt{G}\right) dx + Ndq = 0\end{array}\right\} \tag{54}$$

$$\left.\begin{array}{l}Ldx - \left(K - \sqrt{G}\right) dy + Ndp = 0 \\ Ldx - \left(K + \sqrt{G}\right) dy + Ndp = 0\end{array}\right\} \tag{55}$$

$$\left.\begin{array}{l}Hdy - \left(K - \sqrt{G}\right) dx + Ndq = 0 \\ Ldx - \left(K + \sqrt{G}\right) dy + Ndp = 0\end{array}\right\} \tag{56}$$

$$\left.\begin{array}{l}Hdy - \left(K + \sqrt{G}\right) dx + Ndq = 0 \\ Ldx - \left(K - \sqrt{G}\right) dy + Ndp = 0\end{array}\right\} \tag{57}$$

Les systèmes (54) et (55) doivent être rejetés ; ils ne sauraient satisfaire à l'équation proposée (46), car ils conduiraient respectivement aux relations

$$(H + Nt)(rt - s^2) = 0, \qquad (L + Nr)(rt - s^2).$$

Il ne reste donc que les systèmes (56) et (57) à chacun desquels il faut joindre

$$dz = pdx + qdy$$

il est aisé de voir qu'ils satisfont à l'équation proposée, car en éliminant dp, dq, dx, dy entre la relation (23′) et les équations (56) ou (57), on tombe sur (46).

Les équations (56) et (57) sont celles qu'Ampère avait trouvées.

590. *Exemple* :
Soit l'équation

$$rt - s^2 + a^2 = 0$$

que l'on rencontre dans la théorie mécanique de là chaleur.
On a ici

$$H = K = L = 0$$
$$M = a^2, \qquad N = 1, \qquad \sqrt{G} = a,$$

et l'équation (51) donne $m = \pm a$; donc les deux systèmes (56 et 57) deviennent

$$\left.\begin{matrix} dp + ady = 0 \\ dq - adx = 0 \end{matrix}\right\} \qquad \left.\begin{matrix} dp - ady = 0 \\ dq + adx = 0 \end{matrix}\right\}.$$

On déduit de là les deux intégrales intermédiaires

$$q - ax = \varphi(p + ay), \qquad q + ax = \psi(p - ay)$$

qui renferment chacune une fonction arbitraire.
On passera ensuite comme il suit à l'intégrale générale.
Des relations

$$\begin{matrix} p + ay = \alpha & p - ay = \beta \\ q - ax = \varphi(\alpha) & q + ax = \psi(\beta) \end{matrix}$$

on tire

$$x = \frac{\psi(\beta) - \varphi(\alpha)}{2a}, \qquad y = \frac{\alpha - \beta}{2a}$$
$$p = \frac{\alpha + \beta}{2}, \qquad q = \frac{\varphi(\alpha) + \psi(\beta)}{2}$$

grâce à ces valeurs l'équation

$$dz = pdx + qdy$$

devient

$$dz = \frac{\varphi(\alpha) + \psi(\beta) - (\alpha + \beta)\varphi'(\alpha)}{4a} d\alpha$$
$$+ \frac{(\alpha + \beta)\psi'(\beta) - \varphi(\alpha) - \psi(\beta)}{4a} d\beta$$

et l'on aura, en intégrant,

$$z = \frac{[\varphi(\alpha) + \psi(\beta)]}{4a}(\alpha - \beta)$$
$$- \frac{1}{2a}\int \alpha\varphi'(\alpha)\, d\alpha + \frac{1}{2a}\int \beta\psi'(\beta)\, d\beta.$$

On fait disparaître les signes de quadrature en remplaçant $\varphi(\alpha)$ et $\psi(\beta)$ par des dérivées; en sorte que l'intégrale générale sera exprimée par le système

$$x = \frac{\psi'(\beta) - \varphi'(\alpha)}{2a}$$
$$y = \frac{\alpha - \beta}{2a}$$
$$z = \frac{(\alpha + \beta)[\psi'(\beta) - \varphi'(\alpha)] + 2\varphi(\alpha) - 2\psi(\beta)}{4a}$$

L'équation des télégraphistes

591. On rencontre dans la Théorie de la Télégraphie sans fil l'équation

$$A\frac{\partial^2 V}{\partial t^2} + 2B\frac{\partial V}{\partial t} = C\frac{\partial^2 V}{\partial x^2}$$

où A, B, C désignent des constantes et qui a été intégrée par M. Poincaré. On peut l'écrire, en choisissant les unités,

$$\frac{\partial^2 V}{\partial t^2} + 2\frac{\partial V}{\partial t} = \frac{\partial^2 V}{\partial x^2};$$

et, si l'on pose

$$V = Ue^{-t},$$

elle devient

$$\frac{\partial^2 U}{\partial t^2} = \frac{\partial^2 U}{\partial x^2} + U.$$

Les conditions initiales sont les suivantes : pour $t = 0$, U et $\frac{\partial U}{\partial t}$ sont des fonctions données de x ; nous les écrirons, en les mettant immédiatement sous la forme d'intégrales,

$$U_0 = \int_{-\infty}^{+\infty} \theta(q)\, e^{iqx}\, dq$$

$$\left(\frac{\partial U}{\partial t}\right)_0 = \int_{-\infty}^{+\infty} \theta_1(q)\, e^{iqx}\, dq.$$

L'intégrale de l'équation proposée est alors, comme on le vérifie aisement,

$$U = \int_{-\infty}^{+\infty} e^{iqx} \left[\theta(q) \cos t\sqrt{q^2 - 1} + \theta_1(q) \frac{\sin t\sqrt{q^2-1}}{\sqrt{q^2-1}} \right] dq$$

$$= \int_{-\infty}^{+\infty} \alpha e^{i(qx + t\sqrt{q^2-1})} dx + \int_{-\infty}^{+\infty} \beta e^{i(qx - t\sqrt{q^2-1})} dq,$$

α et β ayant pour valeurs

$$\frac{1}{2}\theta(q) \pm \frac{1}{2} \frac{\theta_1(q)}{i\sqrt{q^2-1}}\cdot$$

Nous n'étudierons pas plus à fond cette intégrale ; les ingénieurs que le problème intéresse trouveront cette étude complète dans le *Traité des Oscillations électriques* de M. Poincaré.

Les équations aux dérivées partielles et les approximations successives

592. Ce sujet fort intéressant a été l'objet des belles recherches de M. Emile Picard, qui a bien voulu rédiger pour notre livre la fin de ce chapitre dont nos lecteurs sauront certainement apprécier toute l'importance.

Dans un grand nombre d'applications, tant en géométrie qu'en physique mathématique, il importe d'obtenir les intégrales d'une équation aux dérivées partielles satisfaisant à certaines conditions aux limites. Ces conditions peuvent être de nature très variée, et on ne peut à cet égard donner d'indications entièrement générales. Dans des cas assez étendus toutefois, l'emploi d'une méthode très usitée en mathématiques, celle des approximations successives, est susceptible de conduire heureusement à l'intégration de l'équation, en permettant d'établir l'existence de l'intégrale et de la calculer avec telle approximation que l'on voudra. Nous nous proposons d'en donner ici quelques exemples simples, en énonçant seulement les résultats dont la démonstration nous entraînerait trop loin.

593. Considérons une équation aux dérivées partielles du second ordre de la forme

$$A\frac{\partial^2 u}{\partial x^2} + 2B\frac{\partial^2 u}{\partial x \partial y} + C\frac{\partial^2 u}{\partial y^2} = F\left(u, \frac{\partial u}{\partial x}, \frac{\partial u}{\partial x}, x, y\right); \quad (58)$$

A, B, C dépendent seulement des deux variables indépendantes x et y. On peut, pour intégrer cette équation avec des conditions aux limites déterminées, procéder de la manière suivante par approximations successives. Nous mettons dans le second membre une fonction quelconque u_1 de x et y, et nous formons l'équation

$$\Delta u_2 = F\left(u_1, \frac{\partial u_1}{\partial x}, \frac{\partial u_1}{\partial y}, x, y\right)$$

$\left(\text{en posant, pour abréger, } \Delta u = A\frac{\partial^2 u}{\partial x^2} + 2B\frac{\partial^2 u}{\partial x \partial y} + C\frac{\partial^2 u}{\partial y^2}\right)$. Concevons qu'on intègre cette équation en u_2, en se donnant certaines conditions aux limites qui, nous le supposons, déterminent complètement une intégrale que nous désignerons par u_2. On formera ensuite l'équation

$$\Delta u_3 = \left(u_2, \frac{\partial u_2}{\partial x}, \frac{\partial u_2}{\partial y}, x, y\right)$$

et l'on intègrera cette équation en u_3, en satisfaisant aux mêmes conditions aux limites que plus haut, et nous continuons ainsi indéfiniment. *Si l'intégrale u_n tend vers une limite déterminée u, quand n grandit indéfiniment*, on obtiendra ainsi l'intégrale u de l'équation (1) satisfaisant aux conditions données.

Ces généralités n'ont d'intérêt qu'autant qu'on précise les conditions aux limites, et qu'on se place dans des conditions où l'on puisse établir rigoureusement la convergence de u_n vers une limite u. Nous allons essentiellement supposer que, dans la région du plan où reste le point (x, y), le déterminant $B^2 - AC$ garde un signe invariable. Il est alors aisé de voir que notre équation (1) peut alors être réduite aux deux types suivants

$$\frac{\partial^2 u}{\partial x \partial y} = F\left(u, \frac{\partial u}{\partial x}, \frac{\partial u}{\partial y}, x, y\right) \qquad \text{(A)}$$

$$\frac{\partial^2 u}{\partial x^2} + \frac{\partial^2 u}{\partial y^2} = F\left(u, \frac{\partial u}{\partial x}, \frac{\partial u}{\partial y}, x, y\right) \qquad \text{(B)}$$

pour lesquels les problèmes à poser sont entièrement différents.

594. Arrêtons nous d'abord sur les équations du type (A) et envisageons d'abord le cas le plus simple de l'équation linéaire

$$\frac{\partial^2 z}{\partial x \partial y} = a\frac{\partial z}{\partial x} + b\frac{\partial z}{\partial y} + cz \qquad (59)$$

où a, b, c sont dans une certaine région du plan des fonctions continues de x et y. La méthode des approximations successives donne, au point de vue de l'existence et du calcul des intégrales, la réponse aux principales questions qu'on peut se poser sur cette équation. Ainsi, si on se donne sur un segment OA de l'axe des x et sur un segment OB de l'axe des y, les valeurs d'une intégrale z, celle-ci est complètement définie dans le rectangle construit sur OA et OB. Un second problème consiste à prendre un arc de courbe MP rencontré au plus une fois par toute parallèle à l'axe des x ou à l'axe des y, et à se donner les valeurs de z et $\frac{\partial z}{\partial x}$ sur cet arc de courbe ; une intégrale de l'équation aux dérivées partielles sera complètement définie par ces données dans le rectangle MM'PP', elle y sera continue ainsi que ses dérivées partielles du premier ordre.

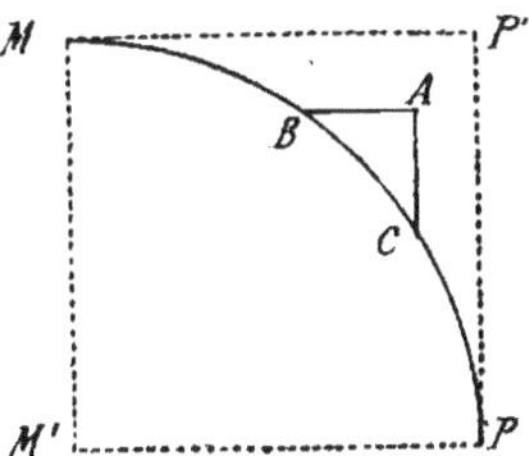

Il est facile de voir que dans les deux problèmes précédents on pourra utiliser les indications générales données au n° 593 On aura ici à former l'intégrale z d'une équation de la forme

$$\frac{\partial^2 z}{\partial x \partial y} = f(x, y) \tag{60}$$

où f est une fonction donnée de x et y, satisfaisant aux conditions de l'un ou l'autre des deux problèmes proposés.

Pour le premier problème les choses seront particulièrement simples. Supposons que pour $y = 0$, on ait $z = \beta(x)$, et que pour $x = 0$, $z = \varphi(y)$; on a, bien entendu, $\varphi(0) = \psi(0)$. L'intégrale cherchée de l'équation (60) sera

$$\int_0^x \int_\theta^y f(x, y)dxdy + \varphi(x) + \psi(y) - \varphi(0).$$

Pour le second problème, supposons, ce qui, au fond, ne diminue pas la généralité, que les valeurs données de z et $\frac{\partial z}{\partial x}$ sur l'arc MP soient nulles; l'intégrale cherchée de l'équation (60) peut se représenter de la manière suivante. Soit A un point de coordonnées x et y. Menons par ce point des parallèles aux axes rencontrant la courbe en C et B ; l'intégrale sera représentée par l'intégrale double

$$\int\int f(\xi, \eta)d\xi d\eta$$

étendue au triangle curviligne ABC.

On pourra donc procéder, dans les deux problèmes indiqués, par approximations successives, et il ne reste plus qu'à démontrer que ces approximations convergent vers la solution cherchée, ce qui demande une analyse assez longue mais ne présentant pas de réelles difficultés.

593. Les problèmes précédents, notamment le second, appellent quelques remarques qui ne sont pas sans intérêt. Il n'est pas inutile d'insister sur la nécessité de l'hypothèse faite que l'arc MP n'est rencontré qu'en *un seul point* par une parallèle aux axes de coordonnées. Considérons, en effet, pour prendre un exemple très simple, un arc MP dont les extrémités soient sur Ox de part et d'autre de l'origine, et supposons que le point S de cet arc où la tangente est parallèle à Ox soit sur l'axe des y.

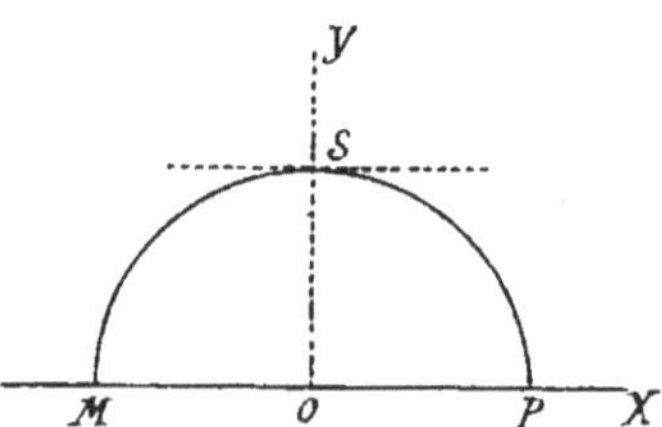

Si l'on se donne sur l'arc MSP une succession continue de

valeurs pour z et $\frac{\partial z}{\partial x}$, ou encore, ce qui revient au même, pour $\frac{\partial z}{\partial x}$ et $\frac{\partial z}{\partial y}$ en se donnant en plus la valeur de z en S, *il n'existera pas en général d'intégrale de l'équation (59), continue ainsi que ses dérivées partielles de premier ordre dans le segment MOPS, et répondant à ces données.* On aura, en effet, une intégrale déterminée dans la partie OSP, une autre intégrale déterminée dans la partie OSM ; ces deux intégrales *ne se raccordent pas* en général le long de OS.

596. Considérons un segment AB de droite parallèle à Ox. On ne peut pas, sur ce segment se donner, pour une intégrale z, la valeur de z et celle de $\frac{\partial z}{\partial y}$, car les valeurs de $\frac{\partial z}{\partial y}$ sur AB sont déterminées, à une constante près, en fonction des valeurs de z ; c'est ce qui résulte de l'équation

$$\frac{\partial\left(\frac{\partial z}{\partial y}\right)}{\partial x} = a\frac{\partial z}{\partial x} + b\frac{\partial z}{\partial y} + cz,$$

qui montre que sur AB les valeurs de $\frac{\partial z}{\partial y}$ sont déterminées par une équation linéaire du premier ordre. Si donc, pour une intégrale, z est donnée le long de AB, et si $\frac{\partial z}{\partial y}$ est donnée au point A, les valeurs de $\frac{\partial z}{\partial y}$ seront connues tout le long de AB. Cette remarque peut être utile pour décider dans certains cas du raccordement de deux intégrales. Ainsi, soient un segment BB′ de l'axe des y comprenant l'origine O, et le segment OA de l'axe des x ; si l'on se donne une intégrale par ses valeurs le long de BB′ et de OA, elle sera déterminée dans le rectangle de base BB′ et de hauteur OA. On a, en effet, deux intégrales définies, l'une dans le rectangle construit sur OA et OB, l'autre dans le rectangle construit sur OA et OB′ ; la remarque précédente montre que ces deux intégrales se raccordent (c'est-à-dire ont mêmes dérivées premières) le long de OA et par suite n'en font qu'une.

597. Les résultats précédents s'étendent, avec quelques modifications seulement, aux équations linéaires

$$\frac{\partial^2 z}{\partial x \partial y} = F\left(z, \frac{\partial z}{\partial x}, \frac{\partial z}{\partial y}, x, y\right).$$

Un cas particulièrement simple est celui où $F(z, u, v, x, y)$ serait déterminée et continue pour toute valeur réelle de z, u et v [le point (x, y) étant dans une certaine région du plan], et où cette fonction aurait des dérivées premières

$$\frac{\partial F}{\partial z}, \frac{\partial F}{\partial u}, \frac{\partial F}{\partial v}$$

restant, en valeur absolue, moindres qu'un nombre fixe ; dans ce cas, la convergence des approximations successives a lieu dans les mêmes conditions que pour les équations linéaires. Soit, par exemple, l'équation

$$\frac{\partial^2 z}{\partial x \partial y} = \sin z$$

intéressante dans la théorie des surfaces à courbure constante. Il existe une intégrale de cette équation prenant des valeurs données sur un segment OA de l'axe des x, et sur un segment OB de l'axe des y ; elle est complètement déterminée dans le rectangle construit sur OA et OB.

598. Occupons nous maintenant des équations du type (B). Les problèmes principaux qui se présentent alors, au point de vue de la détermination des intégrales par des conditions aux limites, sont d'une toute autre nature. Le cas de l'équation

$$\frac{\partial^2 u}{\partial x^2} + \frac{\partial^2 u}{\partial y^2} = 0 \tag{61}$$

a fait l'objet d'un très grand nombre de travaux, et un problème célèbre consiste dans la détermination de l'intégrale de cette équation, *continue à l'intérieur d'une aire et prenant sur le périmètre de cette aire une succession de valeurs données.* Une question analogue peut dans beaucoup de cas se poser pour l'équation (B).

Considérons d'abord le cas de l'équation linéaire :

$$\frac{\partial^2 u}{\partial x^2} + \frac{\partial^2 u}{\partial y^2} = a\frac{\partial u}{\partial x} + b\frac{\partial u}{\partial y} + cu \tag{62}$$

où a, b, c sont des fonctions continues de x et y. On établit d'abord que, si l'on prend un contour fermé C enveloppant une aire suffisamment petite, il ne peut exister qu'une seule intégrale de l'équation, continue à l'intérieur de l'aire limitée par C, et prenant des valeurs données sur le contour.

599. Si maintenant, on veut établir l'existence de cette solution, on pourra recourir à l'emploi des approximations successives. D'après les indications que nous avons données au début, on pourra le faire si on sait résoudre le problème suivant. Soient l'équation

$$\frac{\partial^2 u}{\partial x^2} + \frac{\partial^2 u}{\partial y^2} = f(x, y)$$

où $f(x, y)$ est une fonction donnée de x et y, et un contour fermé C : trouver l'intégrale u de cette équation, continue dans l'aire A limitée par C, et s'annulant sur ce contour. Or, la solution de ce problème est donnée par la formule

$$u(x, y) = -\frac{1}{2\pi}\int\int G(\xi, \eta; x, y)\, f(\xi, \eta)\, d\xi\, d\eta,$$

l'intégrale précédente étant étendue à l'aire A. Dans cette formule $G(\xi, \eta; x, y)$ désigne une fonction classique dans l'étude de l'équation (61), connue sous le nom de *fonction de Green*. Regardée comme fonction de ξ et η, elle satisfait à l'équation

$$\frac{\partial^2 G}{\partial \xi^2} + \frac{\partial^2 G}{\partial \eta^2} = 0,$$

elle s'annule sur le contour C, est continue à l'intérieur de l'aire A sauf au point (x, y) où elle devient infinie comme $\log \frac{1}{r}$, en désignant par r la distance du point variable (ξ, η) au point (x, y).

Ce résultat étant connu, on peut appliquer à l'équation (62) la méthode des approximations successives, et établir que les approximations convergeront vers l'intégrale cherchée (dont l'existence se trouve en même temps établie), si *l'aire* A *est suffisamment petite.*

600. Quelques-uns des résultats précédents peuvent être étendus aux équations non linéaires, quoique on ne puisse le plus souvent être assuré que l'intégrale soit unique. Il est cependant des cas où il en est ainsi ; telle est l'équation

$$\frac{\partial^2 u}{\partial x^2} + \frac{\partial^2 u}{\partial y^2} = F(u, v, w, x, y), \qquad \left[v = \frac{\partial u}{\partial x}, w = \frac{\partial u}{\partial y}\right],$$

si on suppose que, le point (x, y) étant dans la région envisagée du plan, on ait pour toute valeur de u, v, w

$$4\frac{\partial F}{\partial u} > \left(\frac{\partial F}{\partial v}\right)^2 + \left(\frac{\partial F}{\partial w}\right)^2.$$

Une équation particulière donne lieu à une remarque très curieuse ; c'est l'équation

$$\frac{\partial^2 u}{\partial x^2} + \frac{\partial^2 u}{\partial y^2} = F(u, x, y),$$

où F est une fonction positive, croissant avec u. Quand on effectuera les approximations successives, elles seront *divergentes*, si le contour n'est pas suffisamment petit; mais quel que soit ce contour, les u d'indices pairs convergeront uniformément *vers une limite* U, et les u d'indices impairs *vers une limite* V ; les deux limites trouvées U et V satisfont aux deux équations

$$\frac{\partial^2 U}{\partial x^2} + \frac{\partial^2 U}{\partial y^2} = F(V, x, y)$$
$$\frac{\partial^2 V}{\partial x^2} + \frac{\partial^2 V}{\partial y^2} = F(U, x, y)$$

et prennent, l'une et l'autre, la succession des valeurs données sur le contour. On peut montrer qu'il y a dans ce cas, quel que soit le contour, une unique intégrale prenant les valeurs données sur le contour et continue à l'intérieur ; les approximations successives ne la donnent pas, mais donnent deux fonctions U et V que l'on ne s'attendait pas à trouver. Bien entendu, si le contour est suffisamment petit, on a $U = V$.

601. La circonstance curieuse que nous venons de mentionner se rencontre d'ailleurs dans des problèmes plus simples relatifs aux équations différentielles ordinaires. Considérons l'équation différentielle

$$\frac{d^2y}{dx^2} = f(y, x)$$

où f est une fonction positive, croissante avec y. Il existe une intégrale et une seule de cette équation prenant pour $x = a$ et $x = b$ des valeurs données, que nous pouvons supposer être nulles. On peut d'autre part essayer d'obtenir cette intégrale en procédant par approximations successives suivant la méthode générale, indiquée au début ; or, si l'intervalle (a, b) est suffisamment grand, les approximations conduisent à *deux* fonctions u et v s'annulant pour $x = a$ et $x = b$, et satisfaisant aux équations

$$\frac{d^2u}{dx^2} = f(v, x), \qquad \frac{d^2v}{dx^2} = f(u, x) ;$$

on peut de plus établir que l'on a pour toute valeur de x entre a et b

$$u < y < v.$$

L'équation très simple

$$\frac{dy^2}{dx^2} = e^y$$

offre un exemple de la circonstance précédente.

602. Une conséquence intéressante de l'emploi de la méthode des approximations successives est relative à la nature des solutions des équations linéaires du second ordre. Soit l'équation

$$A\frac{\partial^2 u}{\partial x^2} + 2B\frac{\partial^2 u}{\partial x \partial y} + C\frac{\partial^2 u}{\partial y^2} + D\frac{\partial u}{\partial x} + E\frac{\partial u}{\partial y} + Fu + G = 0$$

où les coefficients A, B, C,..., G sont des fonctions *analytiques* de x et y dans une certaine partie du plan (c'est-à-dire susceptibles d'être développées en séries de Taylor autour de chaque point). On peut établir que, dans toute région où

$$B^2 - AC < 0,$$

toute intégrale bien déterminée et continue ainsi que ses dérivées partielles des deux premiers ordres *est aussi une fonction analytique*. Il n'en est pas nécessairement ainsi dans une région du plan où $B^2 - AC$ est positif.

603. Comme nous l'avons vu, les approximations successives ne conduisent pour les équations du type B à la solution cherchée que dans une aire suffisamment petite. Dans les cas où le problème proposé admet des solutions pour une aire quelconque, il faut combiner les approximations successives avec d'autres méthodes pour arriver au résultat. On peut souvent y parvenir au moyen de méthodes d'exhaustion, qui permettent de passer d'une aire à une aire plus grande ; ces méthodes sont encore en réalité des méthodes d'approximations successives, mais nous ne pouvons ici entrer dans aucun détail à ce sujet. Indiquons seulement un cas où elles peuvent être appliquées. Soit l'équation

$$\frac{\partial^2 u}{\partial x^2} + \frac{\partial^2 u}{\partial y^2} + d \,.\, \frac{\partial u}{\partial x} + e \,.\, \frac{\partial u}{\partial y} + fu = 0 \qquad (63)$$

où les coefficients d, e, f sont des fonctions continues de x et y. Si un contour fermé C est contenu dans une région du plan où

$$f < 0,$$

il existe une intégrale et une seule de l'équation précédente, continue dans l'aire limitée par C et prenant des valeurs données sur le contour C. L'existence d'une intégrale s'établit par les procédés auxquels je viens de faire allusion ; quant au fait qu'il n'y a qu'*une* intégrale satisfaisant aux conditions indiquées, on le prouve immédiatement de la manière suivante. Une intégrale de l'équation précédente ne peut en effet avoir un maximum positif à l'intérieur d'une région où elle est continue ainsi que ses dérivées partielles premières et secondes ; car soit (x_0, y_0) un point répondant à un tel maximum, on aura nécessairement *en ce point*

$$u > 0, \frac{\partial u}{\partial x} = 0, \frac{\partial u}{\partial y} = 0, \frac{\partial^2 u}{\partial x^2} \leqslant 0, \frac{\partial^2 u}{\partial y^2} \leqslant 0,$$

et ces inégalités sont incompatibles avec l'équation (63). Pour des raisons analogues, on ne peut avoir de minimum négatif. Ceci posé, si le problème posé avait deux solutions, l'équation (63) aurait une solution, non identiquement nulle, continue à l'intérieur de C et s'annulant sur C ; cette solution devrait avoir dans l'aire soit un maximum positif, soit un minimum négatif.

604. J'indiquerai un dernier exemple, où une intégrale se trouve déterminée par des conditions un peu différentes, mais où les méthodes d'approximations successives permettent encore de trouver la solution. Envisageons l'équation

$$\frac{\partial^2 u}{\partial x^2} + \frac{\partial^2 u}{\partial y^2} = e^u \tag{64}$$

qui se présente dans plusieurs questions d'analyse et de géométrie. Une intégrale de cette équation est complètement déterminée, par la condition d'avoir n points singuliers $O_1, O_2, \ldots, O_n$ à distance finie, et d'avoir aussi comme point singulier le point à l'infini du plan, sous l'hypothèse qu'elle se comportera de la manière suivante aux divers points singuliers. Au point O_i l'intégrale devient infinie comme $\beta_i \log r$, en désignant par β_i une constante supérieure à -2, et par

r_i la distance du point (x, y) au point O_i ; j'entends par là que dans le voisinage de O_i, l'intégrale est de la forme

$$\beta_i \log r_i + v_i$$

v_i étant continue à l'infini, l'intégrale devient infinie comme

$$-\alpha \log r \qquad \left(r = \sqrt{x^2 + y^2}\right)$$

α désignant une constante supérieure à 2. On a de plus l'inégalité

$$\alpha + \beta_1 + \beta_2 + \ldots + \beta_n < 0.$$

Une intégrale de l'équation (64) est complètement déterminée par les conditions précédentes. On a un exemple de conditions aux limites, qui est de nature différente de ceux que nous avons donnés plus haut ; les conditions aux limites sont ici le mode de discontinuité de l'intégrale en certains points singuliers, et cette intégrale est déterminée dans tout le plan.

695. Nous pourrions multiplier beaucoup les exemples, où l'emploi d'approximations successives convenablement dirigées permet d'établir l'existence et d'effectuer la recherche de certaines intégrales, Nous nous sommes borné à des équations à deux variables indépendantes ; le cas de plus de deux variables fournirait d'autres applications. Bien ancien est d'ailleurs, en analyse, l'usage des approximations successives, surtout dans les applications ; mais souvent, pour des raisons diverses, la question de la convergence des approximations n'est pas complètement élucidée. Au contraire, dans les problèmes que nous venons de nous poser, les solutions se présentent avec toute la rigueur qu'exigent les mathématiques pures. On aurait pu prendre encore des exemples ailleurs que dans la théorie des équations différentielles : certaines équations fonctionnelles, notamment, peuvent être étudiées en procédant par approximations successives ; les questions, dont la solution vient d'être esquissée, montrent assez la souplesse de la méthode.

CHAPITRE XVII

CALCUL DES VARIATIONS

Notions préliminaires ; définitions

606. Le *calcul des variations* a été imaginé par Euler et Lagrange pour résoudre des problèmes tels que celui-ci : Trouver une courbe plane qui passe par deux points A et B et dont l'arc compris entre ces deux points engendre une aire minimum en tournant autour d'un axe situé dans son plan. Ainsi, tandis que, dans la recherche ordinaire des maxima ou des minima, on a à rechercher pour quelles valeurs de la ou des variables une fonction connue de ces variables devient maximum, dans le calcul des variations la forme même de la fonction est inconnue. De plus la fonction inconnue figure sous des signes d'intégration.

Afin de simplifier le langage, nous adopterons, pour désigner l'un quelconque des deux mots maximum ou minimum le mot unique *extremum* adopté par le Dr Kneser dans un ouvrage qu'il vient de publier sur le sujet qui va nous occuper. Nous nous bornerons au cas de deux ou de trois variables à cause des facilités que présente, pour l'exposition, le langage géométrique ; l'extension au cas d'un plus grand nombre de variables se fait sans difficulté.

Enfin nous ne rechercherons que des conditions nécessaires à l'existence de l'extremum, ce qui suffit la plupart du temps dans la pratique. C'est ainsi que dans la théorie élémentaire du maximum d'une fonction d'une variable on n'a besoin, la plupart du temps, que d'annuler la dérivée première : on voit ensuite, sans difficulté et sans calculer la dérivée seconde, si la fonction passe par un maximum, par un minimum ou si elle est simplement croissante ou décroissante.

Nous supposerons que les fonctions sur lesquelles nous aurons à raisonner sont ce que Jacobi appelait des fonctions raisonnables, c'est-à-dire qu'elles seront continues, pourvues de dérivées, développables en séries de Taylor, etc.

607. La différentielle d'une fonction d'une variable est la partie principale de la différence entre les valeurs de la fonction pour deux valeurs voisines de la variable.

La *variation* d'une fonction est la fonction qu'il faut lui ajouter pour obtenir une autre fonction, la fonction ajoutée étant par définition arbitrairement petite. Par exemple on pourra assurer cette petitesse par la présence d'un facteur numérique ε. Soit

$$y = f(x) \tag{1}$$

la fonction donnée; si l'on désigne par δx la variation, et par $F(x)$ la nouvelle fonction à obtenir on aura

$$\delta x = F(x) - f(x). \tag{2}$$

Géométriquement on peut dire que les deux courbes qui ont pour équations respectivement

$$y = f(x)$$

et

$$Y = F(x)$$

restent, pour chaque valeur de x, très voisines l'une de l'autre. Il ne faut pas d'ailleurs s'arrêter à cette idée que les points des deux courbes se correspondent nécessairement pour une même valeur de x. Pour éviter la difficulté qui pourrait résulter de cette idée dans certains cas, nous supposerons toujours les deux coordonnées x et y de la courbe (C) exprimées en fonction d'un paramètre λ ; le passage à la courbe voisine (C′) que nous appellerons la *courbe variée* s'effectuera en ajoutant à x et y des fonctions de λ que nous désignerons par la notation δx et δy, et qui peuvent rester indéterminées pour le moment. Ces fonctions δx, δy, par hypothèse très petites, s'appelleront les variations de x et de y.

608. Pour n'y pas revenir, nous conviendrons toujours d'appeler (A) un arc limité de la courbe (C), (A′) l'arc correspondant de la courbe (C′). Voici comment s'établira la correspondance : λ_0 sera la valeur du paramètre qui définit l'origine $M_0(x_0, y_0)$ de l'arc, λ_1 la valeur qui définit l'extrémité $M_1(x_1, y_1)$ de l'arc (A) ; δx_0, δy_0 seront des expressions en λ_0, δx_1, δy_1, en λ_1 ; le point M'_0, origine de l'arc (A′), aura pour coordonnées $x_0 + \delta x_0$, $y_0 + \delta y_0$, l'extrémité M'_1 du même arc aura pour coordonnées $x_1 + \delta x_1$, $y_1 + \delta y_1$, de sorte que, pour l'arc (A′) comme pour l'arc (A), les coordonnées des extrémités seront supposées exprimées en fonction d'une même valeur du paramètre, λ_0 ou λ_1.

Nous supposerons que l'arc (A) ne présente aucun point singulier, c'est-à-dire que les dérivées par rapport à λ, x'_λ, y'_λ ne s'y annulent pas en même temps. Il en sera de même sur (A′) si les variations sont convenablement choisies.

609. Toute fonction $F(x, y)$ des coordonnées x et y subira par la substitution de $x + \delta x$, $y + \delta y$ à x, y une altération

$$F(x + \delta x, y + \delta y) - F(x, y),$$

et il en sera de même de toute fonction plus compliquée contenant non seulement les coordonnées, mais leurs dérivées d'un ordre quelconque par rapport à λ, $F(x, y, x', y', x'', y'' \dots)$. On aura, pour l'accroissement, une expression

$$\left.\begin{aligned}\Delta F = F(x + \delta x, y + \delta y, x' + \delta x', y' + \delta y', x'' + \delta x'' \dots)\\ - F(x, y, x', y', x'' \dots)\end{aligned}\right\} \quad (3)$$

que nous supposerons, ainsi que nous l'avons déjà dit, développable en série de Taylor. Dans ce développement, les termes du premier ordre par rapport aux variations δx, δy, $\delta x'$, $\delta y'$, $\delta x''$... constitueront la *variation première* ou simplement la *variation* δF de F

$$\delta F = F'_x \delta x + F'_y \delta y + F'_{x'} \delta x' + F'_{y'} \delta y' + F'_{x''} \delta x'' + \dots \quad (4)$$

Ainsi, en partant du point M d'une courbe, on peut soit se déplacer sur la courbe ce qui se fera en donnant au paramètre λ un accroissement $d\lambda$, d'où résulteront pour les coordonnées, pour leurs dérivées et pour toute fonction des quantités précédentes des accroissements dont les parties principales seront les différentielles des quantités correspondantes. On peut aussi laisser λ invariable et donner aux coordonnées des accroissements δx, δy fonctions de λ, d'où résulteront les variations qui viennent d'être définies.

610. Pour bien faire ressortir la différence qui existe entre la différentielle et la variation, considérons par exemple l'intégrale

$$J = \int_a^b f(\lambda)\, d\lambda\,; \tag{5}$$

c'est une fonction de a et de b dont la différentielle s'obtiendra en donnant à a et à b des accroissements très petits

$$dJ = f(b)\, db - f(a)\, da. \tag{6}$$

Au contraire, la variation de J s'obtiendra en donnant à $f(\lambda)$ un accroissement arbitraire, mais petit, $\psi(\lambda)$ et l'on aura

$$\delta J = \int_a^b \psi(\lambda)\, d\lambda. \tag{7}$$

Le calcul des Variations a pour objet précis la variation des intégrales définies ; nous commencerons par étudier les intégrales simples dans lesquelles ne figurent sous le signe $\int$ que des fonctions des variables x, y, z ... et de leurs dérivées du premier ordre par rapport à la variable indépendante, qui sera distincte de x, y, z, sauf avis contraire, et que nous désignerons par la lettre λ. Nous nous bornerons à écrire deux lettres x et y, l'extension à un plus grand nombre de lettres ne présentant aucune difficulté. Il nous sera permis alors de parler d'intégrales prises le long de la courbe (C) ; elles seront de la forme

$$J = \int_{\lambda_0}^{\lambda_1} F(x, y, x', y')\, d\lambda. \qquad (8)$$

où x, y sont des fonctions de λ.

Premières formules du calcul des variations

611. La courbe (C) sera définie par les équations

$$\left.\begin{aligned} x &= f(\lambda) \\ y &= \varphi(\lambda) \end{aligned}\right\}. \qquad (9)$$

Le point M′ de la courbe variée sera donné par

$$\left.\begin{aligned} x + \delta x &= f(\lambda) + \psi(\lambda) \\ y + \delta y &= \varphi(\lambda) + \psi_1(\lambda) \end{aligned}\right\} \qquad (10)$$

1° Variation des dérivées.

Les dérivées des coordonnées de M′ seront

$$\frac{d}{d\lambda}(x + \delta x), \qquad \frac{d}{d\lambda}(y + \delta y) ;$$

les variations $\delta x'$, $\delta y'$ des dérivées x', y' par rapport à λ auront donc pour expression

$$\left.\begin{aligned} \delta x' &= \frac{d}{d\lambda}(x + \delta x) - \frac{dx}{d\lambda} = \frac{d\delta x}{d\lambda} \\ \delta y' &= \frac{d\delta y}{d\lambda}, \end{aligned}\right\} \qquad (11)$$

ce qu'on peut écrire

$$\delta \frac{dx}{d\lambda} = \frac{d(\delta x)}{d\lambda}, \qquad \delta \frac{dy}{d\lambda} = \frac{d(\delta y)}{d\lambda}, \qquad (12)$$

ou, plus simplement, puisqu'il n'y a qu'une variable indépendante

$$\delta dx = d\delta x, \qquad \delta dy = d\delta y. \tag{13}$$

D'où ce théorème : *on peut intervertir l'ordre des opérations exprimées par les caractéristiques d et δ.*

Corollaire. On a, quels que soient les entiers m et n

$$d^m \delta^n u = \delta^n d^m u. \tag{14}$$

2° Variation des deux fonctions

$$p = \frac{y'}{x'} = \frac{dy}{dx}, \qquad q = \frac{x'}{y'}.$$

On a

$$\Delta p = \frac{y' + \Delta y'}{x' + \Delta x'} - \frac{y'}{x'} = \frac{x'\Delta y' - y'\Delta x'}{x'(x' + \Delta x')},$$

d'où

$$\delta p = \frac{x'\delta y' - y'\delta x'}{x'^2},$$

ou, à cause de (12),

$$\left.\begin{aligned} \delta p &= \frac{1}{x'}\frac{d\delta y}{d\lambda} - \frac{p}{x'}\frac{d\delta x}{d\lambda}, \\ \delta p &= \frac{dx\, d\delta y - dy\, d\delta x}{dx^2}. \end{aligned}\right\} \tag{15}$$

De même

$$\delta q = \frac{dy\, d\delta x - dx\, d\delta y}{dy^2}. \tag{16}$$

La première de ces deux formules est valable tant que x' n'est pas nulle, la seconde, si y' ne l'est pas.

3° Soit encore $F(x, y, x', y')$ une fonction régulière en tous les points de l'arc (A) ; on aura immédiatement

$$\delta F = F'_x \delta x + F'_y \delta y + F'_{x'} \delta x' + F'_{y'} \delta y'. \tag{17}$$

4° Considérons enfin la variation d'une intégrale définie

$$J_{01} = \int_{\lambda_0}^{\lambda_1} F(x, y, x', y')\, d\lambda. \tag{18}$$

On aura

$$\Delta J_{01} = \int_{\lambda_0}^{\lambda_1} F(x + dx, y + dy, x' + \delta x', y' + \delta y')\, d\lambda$$

$$- \int_{\lambda_0}^{\lambda_1} F(x, y, x', y')\, d\lambda$$

$$= \int_{\lambda_0}^{\lambda_1} \left[F\, x + \delta x, y + \delta y, x' + \delta x', y' + \delta y') - F(x, y, x', y')\right] d\lambda.$$

D'où enfin

$$\delta J_{01} = \int_{\lambda_0}^{\lambda_1} \delta F\, d\lambda, \tag{19}$$

ce qu'on peut écrire,

$$\delta \int F\, d\lambda = \int \delta (F\, d\lambda). \tag{20}$$

On voit donc qu'*on peut intervertir l'ordre des opérations* $\int$ *et* δ.

Formules ne contenant plus les variations des dérivées

612. La formule (19) s'écrit

$$\delta J_{01} = \int_{\lambda_0}^{\lambda_1} (F'_x\, \delta x + F'_y\, \delta y + F'_{x'}\, \delta x' + F'_{y'}\, \delta y')\, d\lambda.$$

Intégrons par parties les termes qui contiennent $\delta x'$, $\delta y'$ après avoir remplacé ces variations par (12) $\frac{d\delta x}{d\lambda}$, $\frac{d\delta y}{d\lambda}$; on aura par exemple

$$\int F'_{x'} \frac{d\delta x}{d\lambda} d\lambda = F'_{x'} \delta x - \int \frac{\partial F'_{x'}}{\partial \lambda} d\lambda \, \delta x. \qquad (22)$$

Si donc on pose

$$P = F'_x - \frac{dF'_{x'}}{d\lambda}, \qquad Q = F'_y - \frac{dF'_{y'}}{d\lambda}, \qquad (22)$$

la formule (19), qui donne la variation δJ_{01} deviendra

$$\delta J_{01} = \Big[F'_{x'} \delta x + F'_{y'} \delta y \Big]_{\lambda_0}^{\lambda_1} + \int_{\lambda_0}^{\lambda_1} (P\delta x + Q\delta y) d\lambda \qquad (23)$$

P et Q contiennent les dérivées secondes, x'', y'' ; nous supposerons ces dérivées continues comme x, y, x', y'.

613. La formule (23) peut être simplifiée dans le cas, très fréquent, où J_{01} est indépendante du choix de la variable d'intégration et ne dépend que de l'arc et de la nature de la fonction intégrée. On doit en effet avoir, dans ce cas, en désignant par μ une autre variable

$$F\left(x, y, \frac{\partial x}{\partial \lambda}, \frac{\partial y}{\partial \lambda}\right) d\lambda = F\left(x, y, \frac{\partial x}{\partial \mu}, \frac{\partial y}{\partial \mu}\right) d\mu,$$

ce qui entraîne, en remarquant que

$$\frac{\partial x}{\partial \mu} = \frac{\partial x}{\partial \lambda}\frac{\partial \lambda}{\partial \mu}, \quad \frac{\partial y}{\partial \mu} = \frac{\partial y}{\partial \lambda}\frac{\partial \lambda}{\partial \mu}, \quad d\mu = \frac{d\mu}{d\lambda} d\lambda,$$

l'identité

$$F\left(x, y, \frac{d\lambda}{d\mu}\frac{\partial x}{\partial \lambda}, \frac{d\lambda}{d\mu}\frac{\partial y}{\partial \lambda}\right) = \frac{d\lambda}{d\mu} F\left(x, y, \frac{\partial x}{\partial \lambda}, \frac{\partial y}{\partial \lambda}\right),$$

ou, en posant

$$k = \frac{d\lambda}{d\mu},$$

$$F(x,y, kx', ky') = kF(x,y, x',y').$$

La fonction à intégrer, qu'on peut appeler dans le cas actuel *fonction d'arc*, est donc homogène du premier degré en x' et y'. Cette fonction, étant homogène, satisfait à l'identité d'Euler

$$F(x,y, x',y') = x'F'_{x'} + y'F'_{y'}.$$

Dérivons les deux membres de cette dernière identité par rapport à λ, on obtient

$$F'_\lambda = x''F'_{x'} + y''F'_{y'} + x'\frac{\partial F'_{x'}}{\partial \lambda} + y'\frac{\partial F'_{y'}}{\partial \lambda};$$

mais l'on a directement

$$F'_\lambda = x'F'_x + y'F'_y + x''F'_{x'} + y''F'_{y'},$$

d'où, en retranchant,

$$x'\left(F'_x - \frac{\partial F'_{x'}}{\partial \lambda}\right) + y'\left(F'_y - \frac{\partial F'_{y'}}{\partial \lambda}\right) = 0,$$

c'est-à-dire

$$Px' + Qy' = 0 \qquad (24)$$

614. Tirons de cette dernière égalité, soit P, soit Q, pour porter dans l'égalité (23) ; nous obtiendrons, pour la variation de l'intégrale, une des deux expressions

$$\delta J_{01} = \Big[F'_{x'}\,\delta x + F'_{y'}\,\delta y\Big]_{\lambda_0}^{\lambda_1} + \int_{\lambda_0}^{\lambda_1} Q d\lambda\,(\delta y - p\delta x) \qquad (25)$$

$$\delta J_{01} = \Big[F'_{x'}\,\delta x + F'_{y'}\,\delta y\Big]_{\lambda_0}^{\lambda_1} + \int_{\lambda_0}^{\lambda_1} P d\lambda\,(\delta x - q\delta y); \qquad (26)$$

rappelons que, dans ces formules, p désigne $\frac{dy}{dx}$ et q la quantité $\frac{dx}{dy}$.

615. Ces formules s'étendent sans difficulté au cas d'un nombre quelconque de variables dépendant d'un paramètre λ. Nous nous bornerons à les transcrire

$$\delta F(x,y,\ldots z,w,\, x',y',\ldots z',w') = \Sigma F'_x\delta x + \Sigma F'_{x'}\delta x',$$

$$\delta \int_{\lambda_0}^{\lambda_1} F d\lambda$$

$$= \Big[F'_{x'}\delta x + \ldots + F'_{w'}\delta w\Big]_{\lambda_0}^{\lambda_1} + \int_{\lambda_0}^{\lambda_1} (P\delta x + \ldots + S\delta w)\, d\lambda \quad (27)$$

où l'on a posé

$$P = F'_x - \frac{\partial F'_{x'}}{\partial \lambda}$$

$$\cdots\cdots$$

$$S = F'_{w'} - \frac{\partial F'_{w'}}{\partial \lambda}.$$

Premières conditions nécessaires à l'existence d'un extremum. Applications.

616. Il s'agit de rendre *extremum*, c'est-à-dire maximum ou minimum, l'intégrale

$$J_{01} = \int_{\lambda_0}^{\lambda_1} F(x,y,\, x',y')\, d\lambda,$$

les variables et les dérivées étant ou non soumises à des conditions, soit dans leur ensemble, soit seulement aux limites. L'accroissement de cette intégrale devra conserver un signe constant lorsqu'on remplacera la courbe C par une courbe quelconque infiniment voisine. Désignons par

$$[u,v,w\ldots]_p$$

une série ordonnée par rapport aux puissances ascendantes

de u, v, w ... et dont les termes d'ordre moindre seront du degré p. Nous pourrons écrire, pour l'accroissement de J_{01}, lorsqu'on remplace le point décrivant, x, y par le point

$$x + \delta x,\ y + \delta y,$$

$$\Delta J_{01} = \delta J_{01} + \int_{\lambda_0}^{\lambda_1} [\delta x, \delta y, \delta x', \delta y']_2\, d\lambda.$$

Considérons encore la courbe décrite par le point $x + \varepsilon\delta x$, $y + \varepsilon\delta y$ où ε désigne une constante aussi petite que nous voudrons ; l'intégrale deviendra $J_{01} + \Delta_\varepsilon J_{01}$, et l'on aura

$$\Delta_\varepsilon J_{01} = \varepsilon\delta J_{01} + [\varepsilon]_2. \tag{28}$$

Dans cette égalité, le premier terme du second membre est prépondérant et lui donne son signe ; comme il change de signe avec ε, il doit être nul si l'accroissement de l'intégrale doit garder un signe constant. On doit donc avoir

$$\delta J_{01} = 0,$$

c'est-à-dire

$$\left[F'_{x'}\delta x + F'_{y'}\delta y\right]_{\lambda_0}^{\lambda_1} + \int_{\lambda_0}^{\lambda_1} (P\delta x + Q\delta y)d\lambda = 0. \tag{29}$$

617. Nous supposerons d'abord que les variations soient absolument arbitraires. Partageons alors l'arc A en parties sur chacune desquelles P ou Q conserve un signe constant ; soit par exemple un arc A_{23}, correspondant aux valeurs λ_2 et λ_3 du paramètre, sur lequel Q reste positif. Nous choisirons les variations de la manière suivante : partout, sur l'arc A, sauf sur la portion A_{23}, δx et δy seront nulles ; de plus sur l'arc A_{23} on aura

$$\delta x = 0 \qquad \delta y = (\lambda - \lambda_2)(\lambda_3 - \lambda), \qquad \lambda_3 > \lambda_2.$$

La variation de l'intégrale δJ_{01}, qui doit être nulle, se réduit à

$$\delta J_{23} = \int_{\lambda_2}^{\lambda_3} Q(\lambda - \lambda_2)(\lambda_3 - \lambda)\, d\lambda.$$

Mais, dans cette dernière intégrale, tous les éléments sont positifs; elle ne peut donc être nulle que si l'on a identiquement

$$Q = 0. \tag{30}$$

Le raisonnement se répétera d'ailleurs pour chaque portion de l'arc correspondant à un extremum, et l'on verra de même qu'on doit avoir

$$P = 0. \tag{31}$$

Nous appellerons *courbes extrémales* celles le long desquelles les conditions (30) et (31) sont vérifiées, c'est-à-dire qui correspondent à un maximum ou à un minimum de l'intégrale J_{01}. Il résulte d'ailleurs de l'identité (24) qu'une des équations (30) ou (31) entraîne l'autre, lorsque x' ou y' ne sont pas nulles.

618. Premier Exemple. — *Trouver le plus court chemin entre deux points.*

L'intégrale qu'il s'agit de rendre minimum est

$$J = \int_{\lambda_0}^{\lambda_1} \sqrt{x'^2 + y'^2}\, d\lambda.$$

L'équation (29) est ici, en tenant compte de (22),

$$\left.\begin{aligned} 0 = &\left[\frac{x'}{\sqrt{x'^2 + y'^2}}\,\delta x + \frac{y'}{\sqrt{x'^2 + y'^2}}\,\delta y\right]_{\lambda_0}^{\lambda_1} \\ &- \int_{\lambda_0}^{\lambda_1} d\lambda \left[\delta x \frac{d}{d\lambda} \cdot \frac{x'}{\sqrt{x'^2 + y'^2}} + \delta y \frac{d}{d\lambda} \frac{y'}{\sqrt{x'^2 + y'^2}}\right]. \end{aligned}\right\} \tag{32}$$

Les extrémités du chemin cherché étant fixes, on a pour λ_0 et pour λ_1

$$\delta x_0 = \delta y_0 = \delta x_1 = \delta y_1 = 0,$$

et les conditions (30) et (31) deviennent

$$\frac{d}{d\lambda} F'_{x'} = \frac{d}{d\lambda} \frac{x'}{\sqrt{x'^2 + y'^2}} = 0 \qquad \frac{d}{d\lambda} \frac{y'}{\sqrt{x'^2 + y'^2}} = 0,$$

d'où

$$\frac{x'}{\sqrt{x'^2 + y'^2}} = c, \qquad \frac{y'}{\sqrt{x'^2 + y'^2}} = c_1,$$

et, en divisant membre à membre,

$$\frac{y'}{x'} = \frac{dy}{dx} = a$$

$$y = ax + b. \tag{33}$$

Ainsi les courbes extrémales sont des lignes droites. Les constantes arbitraires a et b se déterminent en exprimant que la droite passe par les deux points donnés.

619. Nous avons implicitement supposé la ligne inconnue plane. Mais le calcul reste le même si l'on introduit trois coordonnées au lieu de deux.

L'équation (32) est remplacée par la suivante

$$0 = \left[\frac{x'}{\sqrt{x'^2 + y'^2 + z'^2}} \delta x + \frac{y'}{\sqrt{x'^2 + y'^2 + z'^2}} \delta y \right.$$

$$\left. + \frac{z'}{\sqrt{x'^2 + y'^2 + z'^2}} \delta z \right]_{\lambda_0}^{\lambda_1} - \int_{\lambda_0}^{\lambda_1} d\lambda \left[\delta x \frac{d}{d\lambda} \frac{x'}{\sqrt{x'^2 + y'^2 + z'^2}} \right.$$

$$\left. + \delta y \frac{d}{d\lambda} \frac{y'}{\sqrt{x'^2 + y'^2 + z'^2}} + \delta z \frac{d}{d\lambda} \frac{z'}{\sqrt{x'^2 + y'^2 + z'^2}}\right],$$

d'où les conditions

$$\frac{x'}{\sqrt{x'^2+y'^2+z'^2}}=c, \quad \frac{y'}{\sqrt{x'^2+y'^2+z'^2}}=c_1, \quad \frac{z'}{\sqrt{x'^2+y'^2+z'^2}}=c_2,$$

$$\frac{y'}{x'}=a, \quad \frac{z'}{x'}=b,$$

$$y=ax+\alpha, \quad z=bx+\beta.$$

La conclusion reste la même.

620. Il est essentiel d'observer que les formules utilisées jusqu'à présent supposent expressément que la variable indépendante en fonction de laquelle sont exprimées les différentes lettres x, y ... ne figure que par sa différentielle. Comme, le plus souvent, les variables sont exprimées en fonction de l'une d'entre elles qui figure aussi sous le signe $\int$ par sa différentielle, nons allons voir comment il convient de modifier les formules dans ce cas.

A cet effet, soit x la variable indépendante ; nous désignerons par $f(x, y, p)$ une fonction définie par l'identité

$$f(x, y, p)=\frac{\mathrm{F}(x, y, x', y')}{x'}, \quad \left(p=\frac{dy}{dx}\right).$$

fonction qui s'introduit naturellement si l'on réfléchit que, $\mathrm{F}(x, y, x', y')$ étant homogène et du premier degré en x' et y', l'on a

$$\mathrm{F}(x, y, x', y',)=x'\,\mathrm{F}\left(x, y, 1, \frac{y'}{x'}\right);$$

la fonction $f(x, y, p)$ n'est donc autre que la fonction

$$\mathrm{F}\left(x, y, 1, \frac{y'}{x'}\right).$$

On aura alors

$$\left.\begin{aligned} &\delta f=f'_x\,\delta x+f'_y\,\delta y+f'_p\,\delta p,\\ &\frac{\partial \mathrm{F}}{\partial x}=x'\frac{\partial f}{\partial x}, \quad \frac{\partial \mathrm{F}}{\partial y}=x'\frac{\partial f}{\partial y},\\ &\frac{\partial \mathrm{F}}{\partial x'}=f-pf'_p, \quad \frac{\partial \mathrm{F}}{\partial y'}=f'_p \end{aligned}\right\} \quad (34)$$

$$=x'\left(f_y-\frac{df'_p}{dx}\right). \quad (35)$$

La formule (25) devient ainsi

$$\delta J_{01} = \left[(f - pf'_p)\,\delta x + f'_p\,\delta y\right]_{\lambda_0}^{\lambda_1} + \int_{\lambda_0}^{\lambda_1} dx \left(f'_y - \frac{df'_p}{dx}\right)(\delta y - p\,\delta x) \quad (36).$$

Par analogie, on pourrait introduire une fonction

$$\bar{f}(x, y, q) \qquad \text{où} \qquad q = \frac{dx}{dy},$$

d'où

$$P = y'\left(\bar{f}'_x - \frac{d\bar{f}'q}{dy}\right),$$

et mettre la variation de l'intégrale (26) sous la forme

$$\delta J_{01} = \left[\bar{f}'_q\,\delta x + (\bar{f} - q\bar{f}'_q)\,\delta y\right]_{\lambda_0}^{\lambda_1} + \int_{\lambda_0}^{\lambda_1} dy \left(\bar{f}'_x - \frac{d\bar{f}_q}{dy}\right)(\delta x - q\,\delta y).$$

Cette dernière formule pourrait être utilisée dans le cas où, par suite de l'évanouissement de x', la précédente deviendrait illusoire.

621. Avec les nouvelles notations, la condition d'extremum de l'intégrale J_{01} s'écrit, soit

$$f'_y - \frac{df'_p}{dx} = 0, \qquad (37)$$

soit

$$\bar{f}'_x - \frac{d\bar{f}'_q}{dy} = 0. \qquad (38)$$

622. L'équation

$$\frac{\partial f}{\partial y} - \frac{d}{dx}\frac{\partial f}{\partial x} = \frac{\partial f}{\partial y} - \frac{d}{dx}\frac{\partial f}{\partial y'} = 0$$

développée, s'écrit

$$\frac{\partial^2 f}{\partial y'^2} y'' + \frac{\partial^2 f}{\partial y' \partial y} y' + \frac{\partial^2 f}{\partial x \partial y'} - \frac{\partial f}{\partial y} = 0 \qquad (39)$$

M. Darboux a fait remarquer que, réciproquement, toute équation différentielle du second ordre peut être considérée comme définissant une infinité de fonctions $f(x, y, y')$ telles que l'intégrale.

$$\int f(x, y, y')\, dx$$

prise entre deux points quelconques de l'une des courbes intégrales de l'équation considérée soit un extremum.

Pour le voir, soit

$$y'' = \varphi(x, y, y') \qquad (40)$$

l'équation différentielle du 2e ordre donnée ; si ses intégrales sont les extrémales d'un problème de variation, elle devra être identique à l'équation (39), c'est-à-dire que la valeur de y'' tirée de (40) devra vérifier l'équation (39) quelles que soient x, y' et y. f sera donc une solution de l'équation aux dérivées partielles

$$\frac{\partial^2 f}{\partial y'^2} \varphi + \frac{\partial^2 f}{\partial y \partial y'} y' + \frac{\partial^2 f}{\partial x \partial y'} - \frac{\partial f}{\partial y} = 0$$

considérée comme contenant les trois variables indépendantes x, y, y'. Le problème comporte, on le sait, une infinité de solutions.

623. Cherchons, par exemple, les problèmes d'extremum qui conduisent à l'équation

$$y'' = 0.$$

Il s'agit d'intégrer l'équation

$$\frac{\partial^2 f}{\partial y \partial y'} y' + \frac{\partial^2 f}{\partial x \partial y'} - \frac{\partial f}{\partial y} = 0. \qquad (39 \text{ bis})$$

A cet effet, nous commencerons par dériver par rapport à y' ce qui donne

$$\frac{\partial^3 f}{\partial y \partial y'^2} y' + \frac{\partial^3 f}{\partial x \partial y'^2} = 0.$$

Posons

$$M = \frac{\partial^2 f}{\partial y'^2}; \tag{41}$$

l'équation précédente s'écrit

$$\frac{\partial M}{\partial y} y' + \frac{\partial M}{\partial x} = 0;$$

elle est linéaire et homogène. Pour l'intégrer, on sait qu'il faut considérer le système d'équations différentielles ordinaires

$$\frac{dx}{1} = \frac{dy}{y'} = \frac{dy'}{0}$$

dont l'intégration est immédiate. On a

$$y' = \alpha$$
$$y - \alpha x = \beta$$

d'où les deux intégrales

$$\alpha = y'$$
$$\beta = y - xy'$$

et

$$M = F(y', y - xy')$$

F étant une fonction arbitraire.

On a ensuite (41)

$$\frac{\partial^2 f}{\partial y'^2} = F(y', y - xy').$$

Intégrons et, pour éviter des confusions, changeons le nom de la variable sur laquelle porte l'intégration ; il vient

$$\frac{\partial f}{\partial y'} = \int_0^{y'} F(\xi, y - \xi x)\, d\xi + F_1(x, y)$$

$$f(x, y, y') = \int dy' \int_0^{y'} F(\xi, y - \xi x)\, d\xi + y' F_1(x, y) + F_2(x, y).$$

ou, en intégrant par parties,

$$f(x, y, y') = \int_0^{y'} (y' - \xi) F(\xi, y - \xi x) d\xi + y' F_1(x, y) + F_2(x, y),$$

F_1 et F_2 désignant des fonctions arbitraires. Mais, comme nous avons commencé par différencier, cette solution est trop générale. Il faut exprimer qu'elle convient à l'équation (39 bis), ce qui donne la condition

$$\frac{\partial F_1}{\partial x} = \frac{\partial F_2}{\partial y}$$

qui permet de considérer F_1 et F_2 comme les dérivées partielles d'une même fonction arbitraire θ. On a ainsi pour solution définitive du problème

$$f(x, y, y') = \int_0^{y'} (y' - \xi) F(\xi, y - \xi x) d\xi + y' \frac{d\theta}{\partial y} + \frac{d\theta}{dx}$$

et les extrémales de l'intégrale.

$$\int f(x, y, y') dx = 0$$

sont les droites

$$y = ax + b,$$

solutions de l'équation

$$y'' = 0.$$

624. Deuxième exemple. — *Trouver la courbe plane passant par deux points et qui, en tournant autour d'une droite de son plan, engendre une surface de révolution d'aire minimum.*

Si l'on prend l'axe de la surface comme axe des x et une perpendiculaire comme axe des y, l'élément de l'aire de la surface de révolution sera $2\pi y\,ds$, s étant l'élément d'arc de courbe. L'intégrale à rendre minimum est donc

$$\frac{1}{2\pi}\,\mathrm{J} = \int y\,ds = \int y\sqrt{1+p^2}\,dx$$

Parmi les différentes formes que l'on peut donner à la condition cherchée, nous choisirons, parce que x ne figure pas explicitement sous le signe $\int$, la suivante

$$\mathrm{P} = \mathrm{F}'_x - \frac{d}{d\lambda}\,\mathrm{F}'_{x'} = 0,$$

qui donne

$$\mathrm{F}'_{x'} = c^{te},$$

ou, à cause de (34)

$$f - p\,f'_p = a,$$

c'est-à-dire

$$y\sqrt{1+p^2} - \frac{yp^2}{\sqrt{1+p^2}} = a.$$

On en tire

$$\sqrt{1+p^2} = \frac{y}{a}$$

$$\frac{dy}{dx} = \sqrt{\frac{y^2}{a^2} - 1}.$$

Nous avons déjà rencontré (nº 449) cette équation différentielle ; elle a pour intégrale

$$y = \frac{a}{2}\left(e^{\frac{x-b}{a}} + e^{-\frac{x-b}{a}}\right)$$

C'est la méridienne de la caténoïde déjà rencontrée (tome 1er nº 528).

Les courbes extrémales, dans ce problème, sont donc des chaînettes. On déterminera les deux constantes arbitraires introduites par l'intégration en exprimant que la chaînette passe par les deux points donnés.

625. Remarque. — On ne trouve pas toujours des valeurs réelles pour les constantes arbitraires. Supposons, par exemple, que les deux points donnés A et B soient symétriques par rapport à ox, et aient pour coordonnées x_0, y_0 et $-x_0$, y_0. On voit aisément que, dans ce cas, b est nulle et que a est donnée par l'équation transcendante

$$2y_0 = a\left(e^{\frac{x_0}{a}} + e^{-\frac{x_0}{a}}\right);$$

en discutant cette équation, on trouve que l'angle AoB doit être inférieur à l'angle, 33° 32′, des deux tangentes à la chaînette issues du point o.

Nous sommes ainsi conduits à ce résultat paradoxal que le problème posé ne peut pas admettre de solutions. Cela tient à ce que nous avons exclu, dès le début de notre analyse, les solutions discontinues, par exemple les courbes qui présentent des points anguleux. Sans entrer dans la recherche de cette catégorie de solutions, recherche qui exigerait de longs développements théoriques, nous dirons qu'ici la courbe extrémale, lorsqu'elle n'est pas une chaînette, se compose de deux perpendiculaires AA′, BB′ abaissées de A et B sur ox et de la portion de l'axe ox comprise entre ces perpendiculaires. Cette solution, évidente géométriquement, peut être aussi vérifiée par le calcul : elle s'obtient, en supposant nulle la constante a que le calcul précédent supposait essentiellement différente de zéro. Il en résulte immédiatement

$$y = 0;$$

de plus nous avons implicitement supposé x' différent de zéro. Il faut donc ajouter les portions de courbes correspondant à l'hypothèse $x =$ constante, ce qui donne les deux droites AA′ et BB′.

626. Dans les deux exemples que nous venons de traiter, les variables et les dérivées se trouvent séparées sous le signe

$\int$. Ce cas se rencontre fréquemment dans les applications et nous devons y insister un peu. Soit donc l'intégrale

$$J = \int_{\lambda_0}^{\lambda_1} \varphi(x, y, z)\, ds,$$

avec

$$ds = \sqrt{x'^2 + y'^2 + z'^2}\, d\lambda = R d\lambda\,;$$

on a ici

$$F(x, y, z, x' \ldots\ldots) = R\varphi(x, y, z).$$

Les équations des extrémales (30) seront donc ici

$$R\frac{\partial\varphi}{\partial x} - \frac{d}{d\lambda}\left(\varphi\frac{dR}{dx'}\right) = 0$$

et deux autres pareilles ; par suite, comme

$$\frac{dR}{dx'} = \frac{x'}{R} = \frac{x'd\lambda}{Rd\lambda} = \frac{dx}{ds},$$

on aura

$$\left.\begin{aligned} d\left(\varphi\frac{dx}{ds}\right) - \frac{\partial\varphi}{\partial x}ds = 0 \\ d\left(\varphi\frac{dy}{ds}\right) - \frac{\partial\varphi}{\partial y}ds = 0 \\ d\left(\varphi\frac{dz}{ds}\right) - \frac{\partial\varphi}{\partial z}ds = 0 \end{aligned}\right\} \qquad (42)$$

Ces équations qui ne contiennent que des éléments géométriques et qui, d'ailleurs, se réduisent à deux, sont susceptibles d'une interprétation intéressante que nous signalerons en passant.

Les extrémales sont les figures d'équilibre d'un fil sollicité par une force dérivant de la fonction des forces — $\varphi(x, y, z)$, *la tension du fil étant assujettie à avoir la valeur* $\varphi(x, y, z)$ (Möbius, *Statique*, 2me Partie, Chap. VII).

627. Troisième exemple. — On appelle *brachistochrone* la courbe que doit suivre un point matériel pesant, abandonné à lui-même sans vitesse initiale, pour aller du point A au point B dans le temps le plus court. C'est cette courbe dont nous nous proposons d'obtenir l'équation.

Soient ox et oy les deux axes de coordonnées, le premier horizontal passant par A, le second vertical passant par B. Nous admettons comme évident que le point mobile ne sortira pas du plan vertical qui contient les deux points A et B. Cela posé, on sait que la vitesse v du mobile a pour valeur, à chaque instant, la hauteur dont est tombé le point matériel multipliée par $\sqrt{2g}$, g désignant l'accélération due à la pesanteur. On aura donc, en désignant par s la longueur de l'arc parcouru comptée à partir du point A, par t le temps et par h l'ordonnée du point A,

$$\frac{ds}{dt} = \sqrt{2g}\sqrt{h-y}$$

d'où

$$t = \frac{1}{\sqrt{2g}}\int_0^x \frac{ds}{\sqrt{h-}}.$$

L'intégrale à rendre minimum est donc

$$\int_0^x \frac{ds}{\sqrt{h-y}},$$

x étant la variable. Elle s'écrit

$$\mathrm{J} = \int_0^x \frac{\sqrt{1+p^2}}{\sqrt{h-y}}\,dx$$

et l'on peut toujours appliquer la même règle pour obtenir le minimum, c'est-à-dire écrire la condition

$$f - pf'_p = \frac{1}{\sqrt{c}}$$

ou

$$\frac{\sqrt{1+p^2}}{\sqrt{h-y}} - \frac{p^2}{\sqrt{1+p^2}\sqrt{h-y}} = \frac{1}{\sqrt{c}}$$

en désignant par c une constante arbitraire.

On déduit de là

$$1+p^2 = \frac{c}{h-y}$$

$$\frac{dy}{dx} = -\sqrt{\frac{c-h+y}{h-y}},$$

en choisissant le signe *moins* parce que les axes ont été fixés de manière que y décroisse lorsque x croît. Posons

$$h - y = c\sin^2\alpha = \frac{c}{2}(1-\cos 2\alpha)$$

d'où

$$-dy = +2c\sin\alpha\cos\alpha\, d\alpha;$$

l'équation différentielle devient

$$2c\sin\alpha\cos\alpha\, d\alpha = \pm\frac{\cos\alpha}{\sin\alpha}dx$$

$$dx = \pm 2c\sin^2\alpha\, d\alpha = \pm c(1-\cos 2\alpha)\, d\alpha,$$

et en intégrant

$$x - b = \pm c\left(\alpha - \frac{1}{2}\sin 2\alpha\right) = \pm\frac{c}{2}(2\alpha - \sin 2\alpha).$$

Si b désigne l'abcisse du point B qui correspond à $y = 0$ ($\alpha = 0$), on aura finalement pour équations de la brachistochrone

$$x = \frac{c}{2}(2\alpha - \sin 2\alpha) + b$$

$$y = h - \frac{c}{2}(1 - \cos 2\alpha).$$

On reconnait les équations d'une cycloïde dont le cercle générateur a pour diamètre c.

Remarque. — On peut généraliser le problème précédent en supposant d'une part que le point est lancé avec une vitesse initiale v_0, d'autre part que la force agissante, au lieu d'être la pesanteur, dérive d'une fonction de forces $U(x, y, z)$. Si l'on suppose constante la quantité h définie par l'égalité

$$h = \frac{mv_0^2}{2} - U(x_0, y_0, z_0),$$

le théorème des forces vives fournit l'équation

$$\frac{mv^2}{2} - U(x, y, z) = h$$

et l'intégrale à rendre minimum est

$$t = \sqrt{m} \int_{(A)}^{(B)} \frac{ds}{\sqrt{2(U + h)}}.$$

Elle rentre dans le type étudié au numéro précédent.

628. Quatrième exemple. — *Equation différentielle des lignes géodésiques.* Nous avons déjà parlé (Tome premier, n° 517) de ces lignes ; la propriété caractéristique, dont elles jouissent, d'être le plus court chemin entre deux de leurs points pourvu que ces points soient suffisamment rapprochés permet de former immédiatement leur équation différentielle. Soient u, v les coordonnées curvilignes d'un point de la surface dont les coordonnées cartésiennes sont x, y, z ; nous savons que l'élément de courbe peut se mettre sous la forme (tome premier, n° 477).

$$\begin{aligned} ds &= \sqrt{E\,du^2 + 2F\,du\,dv + G\,dv^2} \\ &= \sqrt{E + 2Fv' + Gv'^2}\,du. \end{aligned}$$

Il s'agit de rendre minimum l'intégrale

$$J = \int_{u_1}^{u_0} \sqrt{E + 2Fv' + Gv'^2}\,du.$$

On a ici

$$f=\sqrt{E+2Fv'+Gv'^2}$$

$$\frac{\partial f}{\partial v}=\frac{\frac{\partial E}{\partial v}+2v'\frac{\partial F}{\partial v}+v'^2\frac{\partial G}{\partial v}}{2\sqrt{E+2Fv'+Gv'^2}}$$

$$\frac{\partial f}{\partial v'}=\frac{F+Gv'}{\sqrt{E+2Fv'+Gv'^2}}$$

$$\frac{\partial^2 f}{\partial v'\partial u}=\frac{\frac{\partial F}{\partial u}+v'\frac{\partial G}{\partial u}+Gv''}{\sqrt{E+2Fv'+Cv'^2}}$$

$$-(F+Gv')\frac{\frac{\partial E}{\partial u}+2v'\frac{\partial F}{\partial u}+v'^2\frac{\partial G}{\partial u}+2(F+Gv')v''}{\sqrt{(E+2Fv'+Gv'^2)^3}}.$$

Il suffit de porter ces valeurs dans l'équation (37)

$$\frac{\partial f}{\partial v}-\frac{d\frac{\partial f}{\partial v'}}{du}=0$$

pour avoir l'équation cherchée que nous ne transcrirons pas, l'ayant déjà donnée dans le Tome premier (page 534) sans particulariser la variable indépendante.

Il résulte de cette équation qu'en un point d'une surface il ne passe qu'une ligne géodésique y admettant une tangente; car si pour $u=u_0$, on donne $v=v_0$ et $v'=v'_0$, l'équation fera connaître v''_0, et par suite v'''_0.... Nous avons fait observer (I, 520) qu'au contraire par deux points donnés, quelque voisins qu'ils fussent, il pouvait arriver qu'il passât une infinité de lignes géodésiques. Le fait sur lequel nous appelons l'attention du lecteur a une portée plus générale que celle d'une simple interprétation géométrique; il suffit, pour s'en rendre compte, de considérer la généralité de l'intégrale J sur laquelle nous venons de raisonner. Il faut donc concevoir que deux points ne déterminent pas toujours une extrémale de l'intégrale

$$\int_{\lambda_0}^{\lambda_1} F(x, y, x', y')\,d\lambda,$$

tandis qu'une extrémale est parfaitement déterminée par un point et la tangente en ce point.

Si d'ailleurs nous avions adopté pour le ds^2 la forme donnée dans le tome premier à la fin du n° 326, savoir

$$ds^2 = du^2 + G dv^2,$$

dans laquelle u représente la longueur d'un arc de géodésique, tandis que les courbes $u =$ constante sont les trajectoires orthogonales des géodésiques, la propriété de minimum dont nous nous occupons ici eût été immédiatement démontrée. En effet soit M un point de coordonnées u_0, v_0, situé dans la portion de surface que peut balayer entièrement sans y passer deux fois, un arc géodésique de longueur u_0 suffisamment petit tournant autour de son origine O. De O à M ira une seule ligne géodésique de longueur u_0; tout autre arc allant de O à M aura une longueur

$$\int_0^{u_0} \sqrt{du^2 + G dv^2}$$

évidemment supérieure

$$\int_0^{u_0} du = u_0.$$

629. Le problème des géodésiques peut donc encore s'énoncer de la manière suivante : mettre le ds^2 sous la forme $d\theta^2 + \sigma^2 d\theta_1^2$, c'est-à-dire trouver trois fonctions θ, θ_1 et σ de u et de v telles qu'on ait identiquement

$$E du^2 + 2F\, du\, dv + G\, dv^2 = d\theta^2 + \sigma^2 d\theta_1^2,$$

ou encore telles que $ds^2 - d\theta^2$ soit carré parfait.

Si l'on pose

$$\Delta\theta = \frac{G\left(\frac{\partial\theta}{\partial u}\right)^2 - 2F\frac{\partial\theta}{\partial u}\frac{\partial\theta}{\partial v} + E\left(\frac{\partial\theta}{\partial v}\right)^2}{EG - F^2},$$

on trouve sans peine la condition

$$\Delta\theta = 1, \tag{43}$$

qui est aussi suffisante ; car on aura alors

$$ds^2 = d\theta^2 + (m\,du + n\,dv)^2,$$

ou, en choisissant convenablement le facteur intégrant (n° 399),

$$ds^2 = d\theta^2 + \sigma^2\,d\theta_1^2.$$

Cela posé, l'on peut énoncer le théorème suivant : *Si l'on a une solution contenant une constante arbitraire* a, *l'équation générale des lignes géodésiques sera*

$$\frac{\partial\theta}{\partial a} = a'.$$

Dans cet énoncé, il faut entendre que a figure au moins dans une des dérivées $\frac{\partial\theta}{\partial u}$ ou $\frac{\partial\theta}{\partial v}$, et n'est pas seulement introduite par l'intégration de $d\theta$. L'identité

$$ds^2 = d\theta^2 + \sigma^2\,d\theta_1^2$$

différentiée en faisant varier seulement a donnera, parce que ds^2 est indépendant de a,

$$0 = d\theta\,d\left(\frac{\partial\theta}{\partial a}\right) + \sigma\,d\theta_1\left[\frac{\partial\sigma}{\partial a}\,d\theta_1 + \sigma\,d\left(\frac{\partial\theta_1}{\partial a}\right)\right].$$

Il en résulte que la fonction linéaire $d\theta_1$ de du, dv, divise $d\theta$ ou $d\left(\frac{\partial\theta}{\partial a}\right)$; mais ce ne peut-être $d\theta$, sans quoi ds^2 serait un carré parfait. Donc θ_1 est fonction de $\frac{\partial\theta}{\partial a}$ et l'on peut poser, si l'on veut,

$$\theta_1 = \frac{\partial\theta}{\partial a}.$$

Or les géodésiques ont pour équation, avec la forme choisie du ds^2,

$$\theta_1 = \text{constante} ;$$

leur équation sera donc

$$\frac{\partial\theta}{\partial a} = a'.$$

Cette équation renferme les deux constantes arbitraires a a' ; c'est l'équation générale des géodésiques.

630. Jusqu'à présent, les extrémités de la courbe cherchée étant fixes, et la courbe variée pouvant être prise arbitrairement, nous avons pu négliger la partie toute intégrée de l'équation (29). On peut souvent, par un choix convenable des variables, ramener au cas précédent des problèmes qui, à première vue, n'y paraissent pas renfermés.

Cinquième exemple. *Déterminer la courbe de longueur donnée* l *qui issue d'un point et limitée à une droite donnée, menée par le point, enferme avec la droite une aire maxima.*

Prenons le point O comme origine des coordonnées, la droite donnée comme axe des x, et une perpendiculaire à Ox comme axe des y. Il s'agit de rendre maximum l'intégrale

$$\int_{\lambda_0}^{\lambda_1} y\,dx$$

sachant que

$$\int_{\lambda_0}^{\lambda_1} \sqrt{dx^2 + dy^2} = l.$$

Le problème étant posé dans ces termes, nous ne sommes pas encore en mesure de le résoudre. Mais prenons pour variable indépendante l'arc de courbe compté à partir de l'origine ($\lambda = s$) ; nous sommes ramenés à rendre maximum l'intégrale

$$J = \int_0^l y\,dx,$$

dans laquelle x et y sont considérées comme des fonctions de s. On a, entre les variables, la relation

$$dx^2 + dy^2 = ds^2,$$

d'où l'on tire

$$dx = \sqrt{1 - \left(\frac{dy}{ds}\right)^2}\,ds$$

et J devient

$$J = \int_0^l y\sqrt{1 - \left(\frac{dy}{ds}\right)^2}\,ds.$$

La quantité à intégrer ne contenant pas s explicitement, nous appliquerons encore, comme dans le problème précédent, la formule

$$f - pf'_p = a,$$

en désignant ici par p le rapport $\frac{dy}{ds}$. Les extrémales ont donc pour équation différentielle

$$y\sqrt{1 - \left(\frac{dy}{ds}\right)^2} + \left(\frac{dy}{ds}\right)^2 \frac{y}{\sqrt{1 - \left(\frac{dy}{ds}\right)^2}} = a,$$

ou

$$\frac{y^2}{a^2} = 1 - \left(\frac{dy}{ds}\right)^2,$$

$$ds = \frac{a\,dy}{\sqrt{a^2 - y^2}},$$

$$y = a \sin\frac{s + b}{a}.$$

On a ensuite

$$\left(\frac{dx}{ds}\right)^2 = 1 - \left(\frac{dy}{ds}\right)^2 = \sin^2 \frac{s+b}{a}$$

$$\frac{dx}{ds} = \pm \sin \frac{s+b}{a}, \qquad x + c = a \cos \frac{s+b}{a}.$$

L'élimination de s donne enfin pour équation des extrémales

$$y^2 + (x+c)^2 = a^2.$$

La courbe cherchée est donc un demi-cercle : on achève le problème en déterminant les constantes arbitraires. On doit avoir, pour $s = 0$, $x = y = 0$ ce qui permet de prendre $b = 0$, $c = a$. Pour $s = l$, il faut encore avoir $y = 0$, d'où $l = a\pi$ et

$$a = \frac{l}{\pi}.$$

631. Sixième exemple. — *Trouver la surface de révolution qui, sous une aire donnée ω, renferme le volume maximum, étant entendu que cette surface rencontre son axe en deux points et en deux points seulement.*

Nous prendrons l'axe de la surface pour axe des x, un sommet de la surface comme origine des coordonnées, et, comme coordonnées, la perpendiculaire y abaissée d'un point de la méridienne sur cet axe et l'abscisse du même point. L'intégrale à rendre maximum est

$$J = \int_0^x y^2\,dx,$$

sachant que

$$K = \int_0^x y\,ds$$

a une valeur constante ω. Sous cette forme, nous ne savons pas encore résoudre le problème ; mais prenons comme deuxième variable, au lieu de x, la portion u d'aire comprise entre le sommet et un parallèle quelconque ou plutôt cette aire divisée par 2π; l'intégrale à rendre maximum sera

$$J = \int_0^\omega y^2\,dx;$$

il s'agit seulement de l'exprimer à l'aide des variables y et u. Or on a

$$du = y\,ds = y\sqrt{dx^2 + dy^2},$$

ou

$$dx = \sqrt{\left(\frac{du}{y}\right)^2 - dy^2} = du\sqrt{\frac{1}{y^2} - \left(\frac{dy}{du}\right)^2},$$

Donc

$$J = \int_0^\omega y^2\sqrt{\frac{1}{y^2} - \left(\frac{dy}{du}\right)^2}\,du = \int_0^\omega y\sqrt{1 - y^2\left(\frac{dy}{du}\right)^2}\,du.$$

Comme u ne figure pas sous le signe $\int$, c'est encore l'égalité

$$f - pf'_p = a$$

que nous allons appliquer. L'équation différentielle de l'extrémale est donc :

$$y\sqrt{1 - \left(\frac{dy}{du}\right)^2} + \left(\frac{dy}{du}\right)^2 \frac{y^3}{\sqrt{1 - y^2\left(\frac{dy}{du}\right)^2}} = a$$

ou

$$y = a\sqrt{1 - y^2\left(\frac{dy}{du}\right)^2}.$$

L'intégration s'effectue sans peine et l'on trouve

$$y^2 + \left(\frac{u - b}{a}\right)^2 = a^2.$$

Comme u et y doivent s'annuler en même temps, il faudra poser

$$b = \pm a^2,$$

ce qui donne, pour l'équation de l'extrémale,

$$y^2 + \left(\pm a + \frac{u}{a}\right)^2 = a^2.$$

Pour $y = 0$, on doit avoir $u = 0$ et $u = \omega$; nous supposerons de plus que u croisse avec y, ce qui donne finalement l'équation

$$y^2 + \left(\frac{u}{a} - a\right)^2 = a^2$$

avec l'égalité

$$\omega = 2a^2.$$

On a, d'autre part,

$$dx = \frac{du}{y}\sqrt{1 - y^2\left(\frac{dy}{du}\right)^2},$$

$$= \frac{y\,dy}{\sqrt{a^2 - y^2}};$$

donc l'équation en coordonnées cartésiennes de l'extrémale est

$$(x - c)^2 + y^2 = a^2$$

c'est une circonférence.

Nouvelles conditions nécessaires dans le cas où les points extrêmes des courbes cherchées ne sont plus fixes.

632. Jusqu'à présent nous avons toujours supposé fixes les extrémités des courbes cherchées, et le chemin de l'intégration entièrement arbitraire. Supposons maintenant que les extrémités du chemin d'intégration ne soient plus fixes, mais seulement soumises à certaines conditions. Par exemple si x_0, y_0 sont les valeurs des coordonnées x, y qui correspondent à $\lambda = \lambda_0$, x_1, y_1 celles qui correspondent à $\lambda = \lambda_1$, supposons qu'on ait entre ces quatre quantités des relations telles que

$$g_i(x_0, y_0, x_1, y_1) = 0 \qquad (i < 4). \tag{44}$$

Il est clair qu'avant tout les courbes cherchées devront être des extrémales ; un exemple simple le fera comprendre. Le plus court chemin entre deux points inconnus et soumis à certaines conditions sera toujours une ligne droite ; les conditions accessoires serviront seulement à fixer la position de la droite. De même, en général, si la courbe $f(x, y) = 0$ est une solution du problème, entre les points extrêmes de l'arc de cette courbe cet arc devra être extrémal ; sans quoi, on pourrait entre ces deux points le remplacer par un arc d'extrémale.

Nous ne sommes plus ici absolument maîtres des variations parce que, aux extrémités du champ d'intégration, il faudra satisfaire aux conditions nécessaires qui résultent de (44) c'est-à-dire aux équations (44) et à

$$g_i(x_0 + \delta x_0, y_0 + \delta y_0, x_1 + \delta x_1, y_1 + \delta y_1) = 0\,; \tag{45}$$

les équations (45) peuvent s'écrire, en se limitant aux variations premières,

$$\delta g_i = \frac{\partial g_i}{\partial x_0}\delta x_0 + \frac{\partial g_i}{\partial y_0}\delta y_0 + \frac{\partial g_i}{\partial x_1}\delta x_1 + \frac{\partial g_i}{\partial y_1}\delta y_1 = 0. \tag{46}$$

Nous choisirons les valeurs suivantes, λ_2 et λ_3 étant deux valeurs de λ comprises entre les valeurs extrêmes λ_0 et λ_1. Entre λ_0 et λ_2, nous prendrons

$$\delta x = \delta x_0 \left(\frac{\lambda - \lambda_2}{\lambda_0 - \lambda_2}\right)^3, \qquad \delta y = \delta y_0 \left(\frac{\lambda - \lambda_2}{\lambda_0 - \lambda_2}\right)^3$$

qui conservent un signe constant sur l'arc A et qui de plus se réduisent à δx_0, δy_0 pour $\lambda = \lambda_0$; entre λ_2 et λ_3, nous supposerons

$$\delta x = \delta y = 0$$

et enfin entre λ_3 et λ_1 nous poserons

$$\delta x = \delta x_1 \left(\frac{\lambda - \lambda_3}{\lambda_1 - \lambda_3}\right)^3, \qquad \delta y = \delta y_1 \left(\frac{\lambda - \lambda_3}{\lambda_1 - \lambda_3}\right)^3,$$

de sorte que la courbe *variée* sera très voisine de l'arc A et de plus satisfera aux conditions aux limites : elle est de celles vis-à-vis desquelles l'arc A doit fournir un extremum. La variation de l'intégrale est toujours donnée par l'identité (23)

$$\delta J_{01} = \Big[F'_{x'}\,\delta x + F'_{y'}\,\delta y\Big]_{\lambda_0}^{\lambda_1} + \int_{\lambda_0}^{\lambda_1} (P\delta x + Q\delta y)\,d\lambda.$$

L'arc A devant être une portion d'extrémale, on devra toujours avoir, comme d'ailleurs on le voit en adoptant les valeurs ci-dessus données pour les variations (*),

$$P = 0, \qquad Q = 0.$$

Mais il faudra de plus, pour que δJ_{01} soit nulle, que l'on ait

$$\Big[F'_{x'}\Big]_1 \delta x_1 + \Big[F'_{y'}\Big]_1 \delta y_1 - \Big[F'_{x'}\Big]_0 \delta x_0 - \Big[F'_{y'}\Big]_0 \delta y_0 = 0. \quad (47)$$

Dans l'équation précédente les indices indiquent qu'il faut remplacer, dans les dérivées $F'_{x'}$, $F'_{y'}$, les variables x, y, x', y', par x_1, y_1, x'_1, y'_1, pour celles qui ont l'indice 1 et par x_0, y_0, x'_0, y'_0 pour celles qui ont l'indice *zéro*. Des équations

(*) On pourrait se demander s'il ne serait pas possible d'annuler δJ_{01} en compensant la partie intégrée par l'autre ; mais le signe de la partie non intégrée étant arbitraire, cette partie ne pourra être dans tous les cas égale et de signe contraire à l'autre. Elle devra donc être nulle séparément.

(46), on tirera i des variations δx_0, δy_0, δx_1, y_1 pour les porter dans (47) et l'on annulera les coefficients des variations qui auront subsisté. On aura ainsi de nouvelles conditions *nécessaires*.

Supposons par exemple qu'il y ait deux relations de la forme (44)

$$\left.\begin{aligned} g_1(x_0, y_0) = 0 \\ g_2(x_1, y_1) = 0 \end{aligned}\right\} \qquad (48)$$

Les relations (46) s'écriront

$$\left.\begin{aligned} \frac{\partial g_1}{\partial x_0}\delta x_0 + \frac{\partial g_1}{\partial y_0}\delta y_0 = 0 \\ \frac{\partial g_2}{\partial x_1}\delta x_1 + \frac{\partial g_2}{\partial y_1}\delta y_1 = 0 \end{aligned}\right\}; \qquad (49)$$

en portant dans (47) les valeurs de δx_0, δx_1 tirées des égalités précédentes, et égalant à zéro les coefficients de δy_0 et de δy_1, on obtient les proportions

$$\frac{\dfrac{\partial g_2}{\partial x_1}}{\left[F'_{x'}\right]_1} = \frac{\dfrac{\partial g_2}{\partial y_1}}{\left[F'_{y'}\right]_1}, \qquad \frac{\dfrac{\partial g_1}{\partial x_0}}{\left[F'_{x'}\right]_0} = \frac{\dfrac{\partial g_1}{\partial y_0}}{\left[F'_{y'}\right]_0}. \qquad (50)$$

Ces équations jointes aux équations (48) détermineront les points x_0, y_0, x_1, y_1 où aboutiront les extrémales. On peut encore, si l'on veut, remplacer les équations (50) par les suivantes

$$\left.\begin{aligned} \left[F'_{x'}\right]_0 \delta x_0 + \left[F'_{y'}\right]_0 \delta y_0 = 0 \\ \left[F'_{x'}\right]_1 \delta x_1 + \left[F'_{y'}\right]_1 \delta y_1 = 0 \end{aligned}\right\} \qquad (51)$$

auxquelles il faut alors adjoindre les équations (49).

633. Reprenons quelques-uns des exemples déjà traités.

Nous avons vu au nº 618 que les plus courts chemins entre deux points étaient des droites. Si les points extrêmes doivent être sur deux courbes données, on aura en chacun de ces points

$$F'_{x'}\delta x + F'_{y'}\delta y = 0$$

c'est-à-dire, à cause des valeurs de $F'_{x'}$, $F'_{y'}$,

$$x'\delta x + y'\delta y = 0$$

ou

$$1 + p\frac{\delta y}{\delta x} = 0. \qquad (52)$$

C'est la condition d'orthogonalité connue; ainsi le plus court chemin entre deux courbes se compte sur une normale commune. De même si l'un des points x_0, y_0 est fixe, la plus courte distance de ce point à une courbe se compte sur une normale à la courbe issue de ce point. Remarquons, en passant, que nous avons seulement exprimé que la distance des deux points était extremum : l'on sait, en effet, que les normales issues d'un point à une courbe peuvent être des chemins maximum ou minimum.

Le deuxième exemple donnerait lieu à des remarques analogues; la chaînette, qui est l'extrémale cherchée, doit être normale aux courbes qui la limitent.

634. Théorème sur les lignes géodésiques. — Soit l'arc de *géodésique*

$$J = \int_{\lambda_0}^{\lambda_1} \sqrt{Eu'^2 + 2Fu'v' + Gv'^2}\, d\lambda;$$

sa variation, si les extrémités M_0 et M_1 décrivent deux éléments de courbes quelconques M_0N_0 et M_1N_1, aura pour expression (23)

$$\delta J = \left[\frac{(Eu' + Fv')\delta u + (Fu' + Gv')\delta v}{\sqrt{Eu'^2 + 2Fu'v' + Gv'^2}}\right]_{\lambda_0}^{\lambda_1}.$$

Or, si l'on considère les deux droites

$$\frac{X-x}{dx}=\frac{Y-y}{dy}=\frac{Z-z}{dz}$$
$$\frac{X-x}{\delta x}=\frac{Y-y}{\delta y}=\frac{Z-z}{\delta z},$$

le cosinus de leur angle aura pour expression

$$\frac{dx\delta x+dy\delta y+dz\delta z}{ds\delta s}$$

ou, en remplaçant dx par

$$\frac{\delta x}{\delta u}du+\frac{\delta x}{\delta v}dv,$$

de même dy, dz, δx, δy, δz par des développements analogues,

$$\cos(ds,\delta s)=\frac{(\mathrm{E}du+\mathrm{F}dv)\delta u+(\mathrm{F}du+\mathrm{G}dv)\delta v}{ds\delta s}.$$

La variation de l'arc de géodésique peut donc s'écrire

$$\delta \mathrm{J}=\Big[\delta s\cos(ds,\delta s)\Big]_{\lambda_0}^{\lambda_1}=\mathrm{M}_0\mathrm{N}_0\cos(ds_0,\delta s_0)+\mathrm{M}_1\mathrm{N}_1\cos(ds_1,\delta s_1).$$

C'est la généralisation d'une formule connue (I, n° 449). A l'aide de l'expression de δJ en δu, δv, on vérifierait aisément que J est une solution de l'équation (43) (n° 629).

635. Formule de Tait et Thomsom. — Les mêmes considérations permettent d'interpréter la variation d'une des intégrales définies au n° 626, ou plus exactement la partie principale de l'accroissement de cette intégrale lorsqu'on remplace la courbe *extrémale* par une courbe infiniment voisine. A cet effet reprenons la formule (23) étendue à trois variables ; comme la courbe (C) d'où l'on part est, par hypothèse, une extrémale, l'intégrale est nulle et l'on a

$$\begin{aligned}\delta \mathrm{J}&=\Big[\mathrm{F}'_{x'}\,\delta x+\mathrm{F}'_{y'}\,\delta y+\mathrm{F}'_{z'}\,\delta z\Big]_{\lambda_0}^{\lambda_1}\\&=\Big[\varphi\frac{dx}{ds}\,\delta x+\varphi\frac{dy}{ds}\,\delta y+\varphi\frac{dz}{ds}\,\delta z\Big]_{\lambda_0}^{\lambda_1}\end{aligned}$$

Désignons par $\varphi(M_0)$, $\varphi(M_1)$ les valeurs de $\varphi(x, y, z)$ aux limites et soient N_0, N_1 les extrémités de la courbe (Γ) infiniment voisine de (C) ; soient enfin M_0T_0 et M_1T_1 les tangentes à l'extrémale (C) en M_0 et M_1. On aura

$$\left[\frac{dx}{ds}\,\delta x + \frac{dy}{ds}\,\delta y + \frac{dz}{ds}\,\delta z\right]_{\lambda_0} = M_0N_0 \cos \widehat{T_0M_0N_0}$$

$$\left[\frac{dx}{ds}\,\delta x + \frac{dy}{ds}\,\delta y + \frac{dz}{ds}\,\delta z\right]_{\lambda_1} = M_1N_1 \cos \widehat{T_1M_1N_1}.$$

$$= - M_1N_1 \cos \widehat{T_2M_1N_1}$$

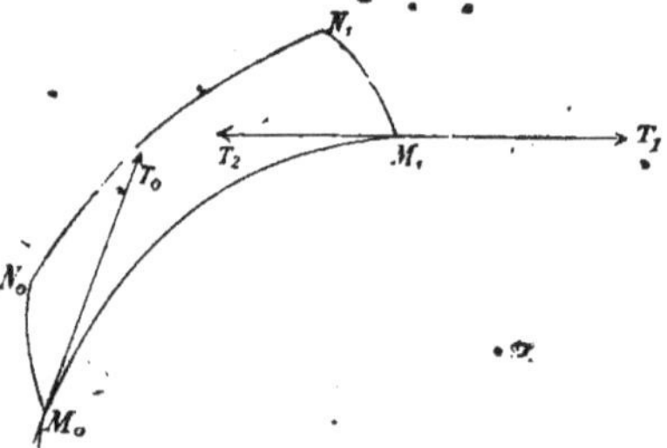

FIG. 50

et enfin

$$\delta J = - M_0N_0\,\varphi(M_0) \cos \widehat{T_0M_0N_0} - M_1N_1\,\varphi(M_1) \cos \widehat{T_2M_1N_1}$$

Telle est la formule que nous voulions obtenir.

Dans le cas particulier où $\varphi = 1$, on retrouve la formule du n° 449 tome 1er, si la courbe (C) est une ligne droite, et celle du numéro précédent, si la courbe (C) est une géodésique tracée sur une surface.

636. Les applications de la formule précédente sont nombreuses. Cherchons par exemple les extrémales, définies par les formules (42), qui vont d'une surface donnée à une autre surface donnée. Soit encore M_0 et M_1 les extrémités de l'extrémale cherchée; faisons varier seulement le point M_1. On aura

$$\delta J = - M_1N_1 \cos \widehat{T_2M_1N_1}$$

et, puisque δJ doit être nulle,

$$\cos \widehat{T_2M_1N_1} = 0.$$

Ainsi l'extrémale inconnue doit être normale à la deuxième surface ; on verrait de même qu'elle doit être normale à la première.

Par exemple les brachistochrones, correspondant à une fonction de forces donnée U (nº 627, remarque) et à une valeur donnée de la constante h, qui vont d'une surface à une autre sont normales aux deux surfaces.

637. Nous avons supposé jusqu'à présent que la quantité F, qui figure sous le signe $\int$, est indépendante des limites et qu'il est toujours possible de trouver un paramètre qui prenne les mêmes valeurs aux limites sur toutes les courbes variées. Il n'en est pas toujours ainsi; par exemple dans le problème de la brachistochrone (nº 627), si les extrémités ne sont plus données, mais seulement assujetties à se trouver sur des courbes données, la vitesse sera donnée en un point quelconque par la formule

$$v^2 - v_0^2 = 2g(y - y_0);$$

l'axe des y est toujours une verticale (dirigée cette fois vers le bas), et la quantité F contiendra y_0 et, en outre, v_0 qui peut être supposée une fonction donnée de x_0 et de y_0.

Avant de voir ce qu'il convient de faire dans ce cas, montrons qu'on peut toujours supposer les limites de l'intégrale fixes. Si l'on a en effet

$$J = \int_{\lambda_0}^{\lambda_1} f(x, y, \dots) d\lambda,$$

il suffira de poser

$$\lambda = \lambda_0 + t(\lambda_1 - \lambda_0),$$

pour transformer cette intégrale dans la suivante

$$J = \int_0^1 (\lambda_1 - \lambda_0) f(x, y, \dots) dt;$$

et ici les variables doivent être considérées comme dépendant de t et des constantes λ_1, λ_0.

Plaçons-nous donc dans cette hypothèse et soit

$$J = \int_{\lambda_0}^{\lambda_1} F\,d\lambda = \int_{\lambda_0}^{\lambda_1} F\,(x, y, x', y', x_0, y_0, x_1, y_1),\, d\lambda$$

l'intégrale à rendre extremum. On aura

$$J + \Delta J = \int_{\lambda_0}^{\lambda_1} F\,(x + \delta x, y + \delta y, x' + \delta x', \ldots\, y_1 + \delta y_1)\, d\lambda.$$

Choisissons d'abord un système de variations qui laissent fixes les extrémités de la courbe C ; il faut traiter x_0, y_0, x_1, y_1 comme des constantes. L'équation des extrémales ($P = 0$, $Q = 0$) donne alors, en se reportant à la formule (23), l'identité

$$\int_{\lambda_0}^{\lambda_1} (F'_x\,\delta x + F'_y\,\delta y + F'_{x'}\,\delta x' + F'_{y'}\,\delta y')\, d\lambda = \Big[F'_{x'}\,\delta x + F'_{y'}\,\delta y\Big]_{\lambda_0}^{\lambda_1};$$

il en résulte pour la partie principale de ΔJ, si l'on choisit les variations δx, δy comme au n° 632,

$$\delta J = \Big[F'_{x'}\,\delta x + F'_{y'}\,\delta y\Big]_{\lambda_0}^{\lambda_1} + \delta x_0 \int_{\lambda_0}^{\lambda_1} F'_{x_0}\,d\lambda + \ldots + \delta y_1 \int_{\lambda_0}^{\lambda_1} F'_{y_1}\,d\lambda;$$

c'est cette variation qui devra être nulle en vertu des égalités (46). D'où l'équation

$$0 = \Big[F'_{x'}\,\delta x + F'_{y'}\,\delta y\Big]_{\lambda_0}^{\lambda_1} + \delta x_0 \int_{\lambda_0}^{\lambda_1} F'_{x_0}\,d\lambda + \ldots + \delta y_1 \int_{\lambda_0}^{\lambda_1} F'_{y_1}\,d\lambda. \quad (53)$$

638. Appliquons ces considérations à la brachistochrone.

Soit d'abord $v_0 = 0$. On aura

$$v^2 = 2g(y - y_0)$$

d'où

$$dt = \frac{ds}{\sqrt{2g(y - y_0)}}.$$

Nous avons donc à rendre extremum l'intégrale

$$J = \int_{\lambda_0}^{\lambda_1} \frac{\sqrt{x'^2 + y'^2}}{\sqrt{y - y_0}} d\lambda.$$

D'abord la courbe cherchée, devant être une extrémale, sera une cycloïde ; les formules (49) et (53) nous apprendront seulement comment la brachistochrone aboutit aux courbes qui la limitent. On doit avoir simultanément

$$\left.\begin{aligned} &\frac{\partial g_1}{\partial x_0}\delta x_0 + \frac{\partial g_1}{\partial y_0}\delta y_0 = 0 \\ &\frac{\partial g_2}{\partial x_1}\delta x_1 + \frac{\partial g_2}{\partial y_1}\delta y_1 = 0 \\ &\left[\frac{x'}{\sqrt{x'^2 + y'^2}}\frac{\delta x}{\sqrt{y - y_0}} + \frac{y'}{\sqrt{x'^2 + y'^2}}\frac{\delta y}{\sqrt{y - y_0}}\right]_{\lambda_0}^{\lambda_1} \\ &\qquad + \delta y_0 \int_{\lambda_0} \frac{d}{dy_0}\frac{\sqrt{x'^2 + y'^2}}{\sqrt{(y - y_0)}} d\lambda = 0. \end{aligned}\right\} \quad (54)$$

Choisissons d'abord un système de variations tel que

$$\delta x_0 = \delta y_0 = 0\,;$$

l'équation (54) devient

$$x'_1 \delta x_1 + y'_1 \delta y_1 = 0, \qquad (55)$$

c'est-à-dire que la brachistochrone aboutit normalement à la courbe d'arrivée (condition nécessaire).

Si maintenant les variations δx_0, δy_0 ne sont pas nulles, nous allons transformer l'équation (54). Remarquons que l'une des équations de l'extrémale

$$P = F'_x - \frac{d}{d\lambda} F'_{x'} = 0$$

donne

$$F'_{x'} = \frac{x'}{\sqrt{x'^2 + y'^2}} \frac{1}{\sqrt{y - y_0}} = \frac{1}{\sqrt{c}} \tag{56}$$

et aussi

$$F'_x d\lambda = dF'_{x'}.$$

De même

$$F'_y d\lambda = d F'_{y'}.$$

En portant cette dernière expression sous le signe $\int$ dans (54), cette équation devient, en intégrant et tenant compte de (56),

$$\left[\frac{x' \delta x + y' \delta y}{x' \sqrt{c}}\right]_{\lambda_0}^{\lambda_1} + \delta y_0 \left[\frac{y'}{x' \sqrt{c}}\right]_{\lambda_0}^{\lambda_1} = 0$$

ou

$$(\delta x_1 - \delta x_0) + \frac{y'_1}{x'_1} (\delta y_1 - \delta y_0) = 0$$

ou enfin, à cause de la condition déjà écrite (55),

$$x'_1 \delta x_0 + y'_1 \delta y_0 = 0.$$

Au point de départ sur la courbe $g_0(x, y) = 0$ la tangente à cette courbe est donc perpendiculaire sur la tangente à la brachistochrone au point d'arrivée.

639. On aurait pu encore ne pas supposer la vitesse initiale nulle, mais supposer par exemple,

$$v_0^2 = 2g\, y_0.$$

Dans ce cas, l'extrémale est normale aux deux courbes qui la limitent ; on retombe en effet sur le cas où l'expression à intégrer est indépendante des limites, cas que nous avons étudié géométriquement (n° 635).

Cas où une intégrale conserve une valeur donnée le long du chemin qui doit rendre une autre intégrale extremum.

640. Le problème nouveau à traiter est le suivant. Il s'agit de rendre extremum l'intégrale

$$J = \int_{\lambda_0}^{\lambda_1} F(x, y, x', y')\, d\lambda$$

sous la condition que l'intégrale

$$K = \int_{\lambda_0}^{\lambda_1} G(x, y, x', y')\, d\lambda \qquad (57)$$

ait une valeur constante. Le type de ces problèmes, qu'on peut appeler *problèmes isopérimétriques,* est celui qui consiste à enfermer sous une ligne convexe fermée une aire maximum ; il faut dans ce cas rendre maximum l'intégrale

$$J = \int_{\lambda_0}^{\lambda_1} y\, ds \cos(N, y),$$

sachant que la ligne courbe a une longueur donnée

$$\int_{\lambda_0}^{\lambda_1} ds = l.$$

Nous supposerons expressément que l'extremum *absolu* de J ne peut pas être atteint, sans quoi le problème ne se poserait pas.

On peut calculer la variation de K comme on a calculé celle de J ; introduisons alors des quantités analogues à P et à Q (22), savoir

$$S = G'_x - \frac{dG'_{x'}}{d\lambda}, \qquad T = G'_y - \frac{dG'_{y'}}{d\lambda}, \tag{58}$$

la variation première de K s'écrira

$$\delta K = \Big[G'_{x'}\,\delta x + G'_{y'}\,\delta y\Big]_{\lambda_0}^{\lambda_1} + \int_{\lambda_0}^{\lambda_1} (S\,\delta x + Q\,\delta y)\,d\lambda. \tag{59}$$

Cela posé considérons toujours un arc A partagé en trois sections correspondantes aux valeurs de λ, $\lambda_0 < \lambda_2 < \lambda_3 < \lambda_1$; supposons que l'on ait entre λ_0 et λ_2

$$\delta x = \varepsilon\,(\lambda - \lambda_0)^3\,(\lambda_2 - \lambda)^3 = \varepsilon\,\Lambda,$$
$$\delta y = \eta\,\Lambda,$$

entre λ_2 et λ_3

$$\delta x = \delta y = 0,$$

et entre λ_3 et λ_1

$$\delta x = \varepsilon'\,(\lambda_1 - \lambda)^3\,(\lambda - \lambda_3)^3 = \varepsilon'\,\Lambda',$$
$$\delta y = \eta'\,\Lambda'.$$

On aura, en supposant fixes les extrémités du chemin d'intégration,

$$\delta J = \varepsilon \int_{\lambda_0}^{\lambda_2} P\Lambda\,d\lambda + \eta \int_{\lambda_0}^{\lambda_2} Q\Lambda\,d\lambda + \varepsilon' \int_{\lambda_3}^{\lambda_1} P\Lambda'\,d\lambda + \eta' \int_{\lambda_3}^{\lambda_1} Q\Lambda'\,d\lambda.$$

Les quantités Λ, Λ' restant positives, on peut appliquer le théorème de la moyenne, et, en désignant par P_m, Q_m, P_μ, Q_μ des valeurs moyennes dans les intervalles correspondants, écrire

$$\delta J = \varepsilon P_m \int_{\lambda_0}^{\lambda_2} A\, d\lambda + \eta Q_m \int_{\lambda_0}^{\lambda_2} A\, d\lambda + \varepsilon' P_\mu \int_{\lambda_3}^{\lambda_1} A\, d\lambda + \eta' Q_\mu \int_{\lambda_3}^{\lambda_1} A'\, d\lambda.$$

On aura de même

$$\delta K = \varepsilon S_m \int_{\lambda_0}^{\lambda_2} A\, d\lambda + \eta T_m \int_{\lambda_0}^{\lambda_2} A\, d\lambda + \varepsilon' S_\mu \int_{\lambda_3}^{\lambda_1} A'\, d\lambda + \eta' T_\mu \int_{\lambda_3}^{\lambda_1} A'\, d\lambda.$$

Les quatre intégrales qui figurent dans ces deux variations étant essentiellement positives, δK et δJ ne peuvent s'annuler pour des valeurs simultanées des arbitraires ε, η, ε', η' que si l'on a

$$\frac{P_m}{S_m} = \frac{Q_m}{T_m} = \frac{P_\mu}{S_\mu} = \frac{Q_\mu}{T_\mu}. \tag{60}$$

Supposons maintenant que λ_2 tende vers λ_0 et λ_3 vers λ_1, on aura

$$\lim P_m = P_0, \quad \lim Q_m = Q_0, \quad \lim S_m = S_0, \quad \lim T_m = T_0$$
$$\lim P_\mu = P_1, \quad \lim Q_\mu = Q_1, \quad \lim S_\mu = S_1, \quad \lim T_\mu = T_1,$$

et les égalités (60) se transforment dans les suivantes

$$\frac{P_0}{S_0} = \frac{Q_0}{T_0} = \frac{P_1}{S_1} = \frac{Q_1}{T_1}. \tag{61}$$

Introduisons maintenant la nouvelle hypothèse que la courbe (C) ne soit extrémale séparément ni pour l'intégrale J, ni pour l'intégrale K. Alors on n'aura pas en tous les points de l'arc (A)

$$P = 0, \quad Q = 0, \quad S = 0, \quad T = 0;$$

supposons, par exemple, qu'au point λ_1 une des quantités P et Q soit différente de zéro, Q_1 par exemple. Nous pourrons tirer des égalités (61) S_0 et T_0 et écrire

$$S_0 = P_0 \frac{T_1}{Q_1} \quad , \quad T_0 = Q_0 \frac{T_1}{Q_1};$$

d'ailleurs T_1 ne peut être nulle, sans quoi S_0 et T_0 seraient nulles et l'arc A sera extrémal pour K, ce qui est contraire à l'hypothèse. Il existe donc une constante α,

$$\alpha = -\frac{Q_1}{T_1}$$

indépendante du point initial λ_0, différente de zéro, et telle que l'on ait identiquement

$$P_0 + \alpha S_0 \equiv 0 \quad , \quad Q_0 + \alpha T_0 \equiv 0.$$

Le point initial pouvant être pris arbitrairement sur l'arc A considéré, la courbe dont cet arc fait partie doit donc satisfaire aux équations différentielles

$$\left.\begin{aligned} F'_x - \frac{d}{d\lambda} F'_{x'} + \alpha\left(G'_x - \frac{d}{d\lambda} G'_{x'}\right) = 0 \\ F'_y - \frac{d}{d\lambda} F'_{y'} + \alpha\left(G'_y - \frac{d}{d\lambda} G'_y\right) = 0 \end{aligned}\right\} \qquad (62)$$

Posons

$$H = F + \alpha G;$$

les équations précédentes s'écrivent

$$H'_x - \frac{d}{d\lambda} H'_{x'} = 0, \quad H'_y - \frac{d}{d\lambda} H'_{y'} = 0. \qquad (63)$$

Nous pouvons alors énoncer le théorème suivant : *les courbes qui rendent extremum l'intégrale* J *sous la condition que l'intégrale* K *conserve une valeur constante sont les extrémales de l'intégrale* $J + \alpha K$, α *étant une constante qui n'est ni nulle ni infinie.*

La symétrie des formules montre que les mêmes équations

feraient connaître l'extremum de K, dans le cas où, K étant variable, J conserverait une valeur constante. Le même fait se rencontre dès les théories les plus élémentaires ; il suffit de se rappeler les deux théorèmes corrélatifs qui concernent l'extremum du produit (ou de la somme) de deux nombres lorsque la somme (ou le produit) de ces deux nombres conserve une valeur donnée.

Rappelons une dernière fois que l'extremum relatif étudié dans cette section est, par hypothèse, essentiellement distinct de l'extremum absolu de J. Nous appellerons la courbe qui fournit cet extremum relatif une courbe *relativement extrémale*.

641. Exemple. — Reprenons l'exemple traité au n° 630. Il s'agit de rendre extremum

$$J = \int_{\lambda_1}^{\lambda_0} y\,dx = \int_{\lambda_0}^{\lambda_1} yx'\,d\lambda$$

sachant que

$$K = \int_{\lambda_0}^{\lambda_1} \sqrt{(x'^2 + y'^2)}\,d\lambda = l.$$

La première équation (63) donne ici

$$H'_{x'} = F'_{x'} + \alpha G'_{x'} = y + \alpha \frac{x'}{\sqrt{x'^2 + y'^2}} = a.$$

En prenant y comme variable indépendante, l'intégration est immédiate ; on a en effet

$$x' = \frac{a - y}{\sqrt{1 - \left(\frac{a-y}{\alpha}\right)^2}},$$

d'où

$$\frac{x - b}{\alpha} = \sqrt{1 - \left(\frac{a-y}{\alpha}\right)^2}$$

et enfin

$$(x - b)^2 + (y - a)^2 = \alpha^2.$$

Les courbes cherchées sont des circonférences.

642. Si les limites de l'intégration ne sont plus fixes comme nous l'avions supposé, mais si les points extrêmes vérifient des relations telles que

$$g_i(x_0, y_0, x_1, y_1) = 0 \qquad (i < 4), \tag{64}$$

une analyse analogue à celle du nº 632 permet encore d'obtenir les conditions aux limites, les seules qui restent à obtenir; il est clair en effet que les courbes cherchées doivent avant tout satisfaire aux conditions (63). L'accroissement de K lorsqu'on passe à la courbe variée est, sous la réserve que l'on part d'une courbe relativement extrémale,

$$\Delta K = \Big[G'_{x'}\,\delta x + G'_{y'}\,\delta y\Big]_{\lambda_0}^{\lambda_1} + \int_{\lambda_0}^{\lambda_1} (S\,\delta x + T\,\delta y)\,d\lambda$$
$$+ \big[\delta x, \delta y, \delta x', \delta y'\big]_2,$$

en se conformant aux notations du nº 616. Choisissons pour les variations les valeurs suivantes :
sur l'arc $\lambda_0\,\lambda_2$,

$$\delta x = \left(\frac{\lambda - \lambda_2}{\lambda_0 - \lambda_2}\right)^3 \delta x_0,$$
$$\delta y = \left(\frac{\lambda - \lambda_2}{\lambda_0 - \lambda_2}\right)^3 \delta y_0, + \varepsilon\,(\lambda_2 - \lambda)^3\,(\lambda - \lambda_0)^3,$$

sur l'arc $\lambda_2\,\lambda_3$,

$$\delta x = \delta y = 0,$$

et sur l'arc $\lambda_3\,\lambda_1$

$$\delta x = \left(\frac{\lambda - \lambda_3}{\lambda_1 - \lambda_3}\right)^3 \delta x_1, \qquad \delta y = \left(\frac{\lambda - \lambda_3}{\lambda_1 - \lambda_3}\right)^3 \delta y_1,$$

on aura

$$\Delta K = [\delta x_0, \delta y_0, \delta x_1, \delta y_1]_1 + \varepsilon \int_{\lambda_0}^{\lambda_2} T(\lambda_2 - \lambda)^3 (\lambda - \lambda_0)^3 \, d\lambda$$
$$+ [\varepsilon, \delta x_0, \delta y_0, \delta x_1, \delta y_1]_2.$$

Il résulte de là qu'on ne pourra avoir

$$\Delta K = 0 \qquad (65)$$

qu'en prenant pour ε une série du type $[\delta x_0, \delta y_0, \delta x_1, \delta y_1]_1$ puisqu'on peut choisir l'intervalle de manière que T y conserve un signe constant. L'égalité (65) entraîne aussi la suivante

$$\Delta J = \Delta (J + \alpha K);$$

d'autre part, comme nous supposons la courbe considérée relativement extrémale,

$$\Delta J = \left[H'_{x'} \delta x + H'_{y'} \delta y \right]_{\lambda_0}^{\lambda_1} + \int_{\lambda_0}^{\lambda_1} d\lambda \, (\delta x, \delta y, \delta x', \delta y')_2.$$

Grâce aux variations choisies qui sont continues ainsi que leurs dérivées premières et secondes, l'intégrale est une série de la forme $[\delta x_0, \delta y_0, \delta x_1, \delta y_1]_2$ et la condition $\delta J = 0$ se réduit à

$$\left[H'_{x'} \delta x + H'_{y'} \delta y \right]_{\lambda_0}^{\lambda_1} = 0, \qquad (66)$$

qui doit être compatible avec les conditions déduites de (64), c'est-à-dire avec

$$\frac{\partial g_i}{\partial x_0} \delta x_0 + \frac{\partial g_i}{\partial y_0} \delta y_0 + \frac{\partial g_i}{\partial x_1} \delta x_1 + \frac{\partial g_i}{\partial y_1} \delta y_1 = 0.$$

643. Septième Exemple. — *Trouver la figure d'équilibre d'un fil pesant.* Si l'on suppose l'axe des y vertical et dirigé vers le bas, l'ordonnée du centre de gravité est donnée par la formule

$$Y = \frac{1}{l}\int_{\lambda_0}^{\lambda_1} y\, ds$$

dans laquelle l est la longueur du fil ; cette ordonnée doit être maximum. Il faut donc rendre maximum

$$J = \int_{\lambda_0}^{\lambda_1} y\sqrt{x'^2 + y'^2}\, d\lambda,$$

sachant que

$$K = \int_{\lambda_0}^{\lambda_1} \sqrt{x'^2 + y'^2}\, d\lambda = l.$$

L'égalité $H'_{x'}$ = constante donne ici

$$y\frac{x'}{\sqrt{x'^2 + y'^2}} + \alpha\frac{x'}{\sqrt{x'^2 + y'^2}} = a.$$

Prenons y comme variable indépendante ; nous obtenons l'équation différentielle

$$\frac{x'}{\sqrt{1 + x'^2}} = \frac{a}{y + \alpha}$$

ou

$$\frac{dx}{dy} = x' = \frac{a}{\sqrt{(y + \alpha)^2 - a^2}}.$$

L'intégrale s'obtient immédiatement (page 352) :

$$e^{\frac{x-b}{a}} = \frac{\sqrt{(y + \alpha)^2 - a^2} + y + \alpha - a}{\sqrt{(y + \alpha)^2 - a^2} + a - y - \alpha}.$$

En ajoutant la valeur de $e^{\frac{x-b}{a}}$ à celle de son inverse, on trouve l'équation

$$y + \alpha = a\left(e^{\frac{x-b}{a}} + e^{-\frac{x-b}{a}}\right)$$

qui est celle d'une chaînette.

Introduction de dérivées d'ordres supérieurs

644. Nous supposerons maintenant que la quantité qui figure dans l'intégrale à rendre maximum contient les dérivées des variables x et y jusqu'à l'ordre p :

$$\mathrm{I} = \int_{\lambda_0}^{\lambda_1} \mathrm{F}(x, y, x', y', x'', y'' \ldots x^{(p)}, y^{(p)})\, d\lambda \qquad (67)$$

et nous n'examinerons encore que les intégrales qui sont indépendantes du choix de la variable sur la courbe variée ; on aura

$$\mathrm{I} + \Delta\mathrm{I} = \int_{\lambda_0}^{\lambda_1} \mathrm{F}(x + \delta x, y + \delta y, x' + \delta x', \ldots\ y^{(p)} + \delta y^{(p)})\, d\lambda,$$

d'où

$$\Delta\mathrm{I} = \int_{\lambda_0}^{\lambda_1} \left[\frac{\partial \mathrm{F}}{\partial x}\delta x + \frac{\partial \mathrm{F}}{\partial y}\delta y + \ldots + \frac{\partial \mathrm{F}}{\partial y^{(p)}}\delta y^{(p)}\right] d\lambda$$

$$+ \int_{\lambda_0}^{\lambda_1} (\text{termes du 2}^{\text{e}}\text{ ordre}).$$

Pour ramener les intégrales à ne contenir que les variations des variables x et y et non celles de leurs dérivées, il faut transformer les intégrales du type

$$\int \frac{\partial F}{\partial y^{(k)}} \delta y^{(k)} \, d\lambda.$$

Remarquons d'abord que

$$\delta y^{(k)} = \delta \frac{d^k y}{d\lambda^k} = \frac{d^k (y + \delta y)}{d\lambda^k} - \frac{d^k y}{d\lambda^k} = \frac{d^k \delta y}{d\lambda^k}.$$

On a alors en appliquant la formule d'intégration par parties généralisée (page 351)

$$\left.\begin{aligned} &\int \frac{\partial F}{\partial y^{(k)}} \delta y^{(k)} \, d\lambda = \int \frac{\partial F}{\partial y^{(k)}} \frac{d^k \delta y}{d\lambda^k} \, d\lambda \\ &= \frac{\partial F}{\partial y^{(k)}} \frac{d^{k-1} \delta y}{d\lambda^{k-1}} - \frac{\partial^2 F}{\partial y^{(k)} \partial \lambda} \frac{d^{k-2} \delta y}{d\lambda^{k-2}} + \dots \\ &+ (-1)^{k-1} \frac{\partial^k F}{\partial \lambda^{k-1} \partial y^{(k)}} \delta y + (-1)^k \int \frac{\partial^k F}{[\partial y^{(k)}] \, d\lambda^{k-1}} \delta y \, d\lambda. \end{aligned}\right\} \quad (68)$$

Posons

$$B = \frac{\partial F}{\partial y}, \quad B_1 = \frac{\partial F}{\partial y'}, \dots B_k = \frac{\partial F}{\partial y^{(k)}}$$

et continuons à désigner par des accents les dérivées par rapport à λ ; la formule précédente s'écrira

$$\left.\begin{aligned} &\int_{\lambda_0}^{\lambda_1} \frac{\partial F}{\partial y^{(k)}} \delta y^{(k)} \, d\lambda = \Big[B_k \delta y^{(k-1)} - B'_k \delta y^{(k-2)} + \dots \\ &+ (-1)^{k-1} B_k^{(k-1)} \delta y \Big]_{\lambda_0}^{\lambda_1} + (-1)^k \int_{\lambda_0}^{\lambda_1} B_k^{(k-1)} \delta y \, d\lambda. \end{aligned}\right\} \quad (69)$$

La variation de I se mettra donc sous la forme

$$\delta I = \Big(\sum\nolimits_x + \sum\nolimits_y \Big)_{\lambda_0}^{\lambda_1} + \int_{\lambda_0}^{\lambda_1} (P \delta x + Q \delta y) \, d\lambda, \quad (70)$$

les lettres $\sum_x$, $\sum_y$ indiquant des sommes de termes analogues au second membre de la formule (69), et les lettres P, Q ayant des significations faciles à trouver. Par exemple, en désignant par des lettres A affectées d'indices les dérivées par rapport à x, x' ..., on a

$$P = A - A'_1 + \dots + (-1)^p A_p^{(p)}$$

En raisonnant comme au n° 621, on trouvera encore; pour que I soit extremum, les conditions nécessaires

$$P = 0 \qquad Q = 0. \tag{71}$$

645. Nous n'insisterons pas davantage sur la théorie générale qui ne présente plus de difficultés sérieuses ; c'est ainsi que les conditions de la nature des équations (44) devront être différentiées par rapport au signe δ un nombre de fois suffisant pour introduire les variations de l'ordre le plus élevé rencontrées dans le problème. C'est ainsi encore que, si l'on a une condition de la forme

$$K = \int_{\lambda_0}^{\lambda_1} G\,(x, x' \dots x^{(n)}, y, y' \dots y^{(n)})\, dt = \text{constante}\,;$$

il suffira d'exprimer que l'intégrale I + αK est un extremum, α étant une constante essentiellement différente de zéro.

Nous nous bornerons à un exemple.

646. Huitième exemple. — *Trouver la courbe pour laquelle l'aire comprise entre un arc de cette courbe, les normales aux extrémités de l'arc, et l'arc de la développée compris entre les deux normales sont un minimum.*

Nous prendrons, comme aire-élémentaire, l'aire comprise entre deux normales infiniment voisines et l'arc qui joint leurs pieds; cette aire a pour partie principale $\frac{1}{2}\rho ds$ ou, en remplaçant le rayon de courbure par sa valeur en fonction de l'arc et de l'angle de contingence $d\omega$, $\frac{1}{2}\frac{ds^2}{d\omega}$, c'est-à-dire

$$\frac{1}{2}\frac{(x'^2+y'^2)\,d\lambda^2}{d\omega}=\frac{1}{2}\frac{(x'^2+y'^2)\,d\lambda^2}{d.\operatorname{arc\,tang}\frac{y'}{x'}}=\frac{1}{2}\frac{(x'^2+y'^2)^2}{x'y''-y'x''}\,d\lambda.$$

L'intégrale à rendre minimum est donc

$$\mathrm{I}=\int_{\lambda_0}^{\lambda_1}\frac{(x'^2+y'^2)^2}{x'y''-y'x''}\,d\lambda.$$

On a ici

$$\mathrm{F}(x,y,x',y',x'',y'')=\frac{(x'^2+y'^2)^2}{x'y''-y'x''}$$
$$\mathrm{F}'_x=\mathrm{F}'_y=0,$$

et

$$\delta\mathrm{I}=\int_{\lambda_0}^{\lambda_1}\left(\frac{\partial\mathrm{F}}{\partial x'}\,\delta x'+\frac{\partial\mathrm{F}}{\partial y'}\,\delta y'+\frac{\partial\mathrm{F}}{\partial x''}\,\delta x''+\frac{\partial\mathrm{F}}{\partial y''}\,\delta y''\right)d\lambda.$$

Transformons directement ces diverses intégrales :

$$\int\frac{\partial\mathrm{F}}{\partial x'}\,\delta x'\,d\lambda=\delta x\,\frac{\partial\mathrm{F}}{\partial x'}-\int\frac{d}{d\lambda}\cdot\frac{\partial\mathrm{F}}{\partial x'}\,d\lambda\,\delta x$$

$$\int\frac{\partial\mathrm{F}}{\partial y'}\,\delta y'\,d\lambda=\int\mathrm{F}'_{y'}\,\delta y'\,d\lambda=\delta y\,\mathrm{F}'_{y'}-\int\delta y\,\frac{d\mathrm{F}_{y'}}{d\lambda}\,d\lambda$$

$$\int\mathrm{F}'_{x''}\,\delta x''\,d\lambda=\delta x'.\,\mathrm{F}'_{x''}-\frac{d}{d\lambda}\,\mathrm{F}'_{x''}.\,\delta x+\int\frac{d^2\mathrm{F}'_{x''}}{d\lambda^2}\,\delta x\,d\lambda$$

$$\int\mathrm{F}'_{y''}\,\delta y''\,d\lambda=\delta y'.\,\mathrm{F}'_{y''}-\frac{d}{d\lambda}\,\mathrm{F}'_{y''}.\,\delta y+\int\frac{d^2\,\mathrm{F}'_{y''}}{d\lambda^2}\,\delta y\,d\lambda.$$

Si l'on choisit d'abord les variations qui laissent les coordonnées des extrémités de l'arc (A) et leurs dérivées invariables, on voit que δI se réduira à

$$\delta I = \int_{\lambda_0}^{\lambda_1} \left[\left(\frac{d^2 F'_{x''}}{d\lambda^2} - \frac{dF'_{x'}}{d\lambda} \right) \delta x + \left(\frac{d^2 F_{y''}}{d\lambda^2} - \frac{dF'_{y'}}{d\lambda} \right) \delta y \right] d\lambda$$

et l'on aura, pour l'annuler, les conditions

$$\frac{d^2 F'_{x''}}{d\lambda^2} - \frac{dF'_{x'}}{d\lambda} = 0 \qquad \frac{d^2 F'_{x''}}{d\lambda^2} - \frac{dF'_{y'}}{d\lambda} = 0,$$

qui s'intègrent une première fois

$$\frac{dF'_{x''}}{d\lambda} - F'_{x'} = -a \quad , \quad \frac{dF'_{y''}}{d\lambda} - F'_{y'} = -b. \qquad (72)$$

Or on a

$$F'_{x''} = \frac{y'(x'^2 + y'^2)^2}{(x'y'' - y'x'')^2}$$

$$F'_{y''} = \frac{-x'(x'^2 + y'^2)^2}{(x'y'' - y'x'')^2};$$

On en déduit aisément l'identité

$$x' \frac{dF'_{x''}}{d\lambda} + y' \frac{dF'_{y''}}{d\lambda} = F;$$

d'autre part F étant homogène et du second degré par rapport aux lettres x', y', x'', y'', on a, en vertu de l'identité d'Euler,

$$x' F'_{x'} + y' F'_{y'} + x'' F'_{x''} + y'' F'_{y''} = 2F$$

et en retranchant l'identité précédente et tenant compte de ce que l'on a aussi

$$x'' F'_{x''} + y'' F'_{y''} = -F, \qquad (73)$$

$$x' \left(F'_{x'} - \frac{dF'_{x''}}{d\lambda} \right) + y' \left(F'_{y'} - \frac{dF'_{y''}}{d\lambda} \right) = 2F, \qquad (74)$$

c'est-à-dire enfin, à cause des équations (72),

$$ax' + by' = 2F. \qquad (75)$$

Prenons s comme variable indépendante et posons

$$x' = \frac{dx}{ds} = \cos\omega \quad , \quad y' = \frac{dy}{ds} = \sin\omega.$$

Comme on a par définition, $d\omega$ étant évidemment égal à l'angle de contingence

$$2F = \frac{ds^2}{d\omega},$$

l'équation (75) devient

$$a\cos\omega + b\sin\omega = \frac{ds}{d\omega}$$

ou, en intégrant,

$$s - s_0 = b\cos\omega - a\sin\omega = \frac{a}{\cos\alpha}\sin(\alpha - \omega) = A\sin(\omega - \alpha),$$

en posant

$$b = a\,\mathrm{tang}\,\alpha \quad , \quad A = -\frac{a}{\cos\alpha}.$$

Faisons tourner les axes d'un angle α ; la formule précédente devient

$$s - s_0 = A\sin\varphi,$$

φ désignant l'angle que fait la tangente avec le nouvel axe des x. Les nouveaux cosinus directeurs de cette tangente sont

$$\frac{dx}{ds} = \cos\varphi \quad , \quad \frac{dy}{ds} = \sin\varphi.$$

On en déduit

$$dx = A\cos^2\varphi = \frac{A}{2}(1 + \cos 2\varphi)$$

$$dy = A\sin\varphi\cos\varphi = \frac{A}{2}\sin 2\varphi,$$

d'où

$$\begin{cases} x - x_0 = \frac{A}{4}(2\varphi + \sin 2\varphi) \\ y - y_0 = \frac{A}{4}(1 - \cos 2\varphi). \end{cases}$$

On reconnaît les équations de la cycloïde.

647. Il n'est pas inutile de remarquer que la théorie générale fournit des identités analogues aux identités (73) et (74). Cela résulte de ce que nous ne considérons que des intégrales indépendantes du choix de la variable, c'est-à-dire

$$F\left(x, y, \frac{dx}{d\lambda}, \frac{dy}{d\lambda}, \frac{d^2x}{d\lambda^2} \dots \frac{d^py}{d\lambda^p}\right)d\lambda = F\left(x, y, \frac{dx}{d\mu} \dots \frac{d^py}{d\mu^p}\right) d\mu.$$

Nous avons déjà posé (n° 643)

$$P = A - \frac{dA_1}{d\lambda} + \frac{d^2A_2}{d\lambda^2} \dots + (-1)^p \frac{d^pA_p}{d\lambda^p}$$
$$Q = B - \frac{dB_1}{d\lambda} + \frac{d^2B_2}{d\lambda^2} \dots + (-1)^p \frac{d^pB_p}{d\lambda^p}.$$

Le calcul, que nous avons seulement indiqué au même numéro, amènerait à poser aussi

$$P_p = A_p = \frac{\partial F}{\partial x^{(p)}}, \quad Q_p = B_p = \frac{\partial F}{\partial y^{(p)}},$$
$$P_i = A_i - \frac{dA_{i+1}}{d\lambda}, \quad Q_i = B_i - \frac{dB_{i+1}}{d\lambda}$$
$$P_0 = P, \quad Q_0 = Q.$$

L'on démontre alors les identités suivantes

$$Px' + Qy' = 0$$
$$P_p x' + Q_p y' = 0$$
$$F = P_1 x' + Q_1 y' + P_2 x'' + Q_2 y'' + \dots + P_p x^{(p)} + Q_p y^{(p)}.$$

Principe de la moindre action

648. Neuvième exemple. — Nous traiterons encore, vu son importance en mécanique, une application où figurent plus de trois variables ainsi que leurs dérivées premières.

Le *principe de la moindre action* exprime une propriété du mouvement d'un système de points matériels indépendante du temps ; les points peuvent d'ailleurs être soumis à des liaisons pourvu que ces liaisons ne varient pas avec le temps. Les forces sont supposées dériver d'une fonction U dans laquelle le temps ne figure pas explicitement. La position du système dépend de k paramètres géométriques indépendants $q_1, q_2, \dots q_k$, c'est-à-dire que les coordonnées de chaque point s'expriment par des fonctions de ces paramètres ne contenant pas le temps. Posons

$$d\omega^2 = \sum m\,(dx^2 + dy^2 + dz^2)\,;$$

$d\omega^2$ sera une forme quadratique des différentielles dq_i telle que

$$d\omega^2 = \sum a_{ik}\,dq_i\,dq_k.$$

Pour amener le système donné d'une position initiale P_0 à une position finale P_1, il suffit de concevoir que $q_1, q_2, \dots$ sont des fonctions continues d'un paramètre λ, fonctions qui prennent pour $\lambda = \lambda_0$ et pour $\lambda = \lambda_1$ les valeurs des paramètres $q_1, q_2 \dots$ par lesquelles sont déterminées les positions P_0 et P_1 du système. Il y a évidemment une infinité de systèmes de fonctions, et par suite de déplacements qui permettent d'amener le système de P_0 en P_1. Appelons généralement $q_{i\mu}$ la dérivée de q_i par rapport à un paramètre μ ; pour un déplacement déterminé, les coordonnées deviennent des fonctions de λ et l'on a

$$d\omega = \sqrt{\sum a_{ik}\,q_{i\lambda}\,q_{k\lambda}}\,d\lambda = \sqrt{2\theta}\,d\lambda,$$

la fonction θ étant définie par l'égalité précédente. Introduisons maintenant l'intégrale

$$A = \int_{\lambda_0}^{\lambda_1} \sqrt{2\theta}\sqrt{2(U+h)}\, d\lambda.$$

que nous appellerons l'*action* entre P_0 et P_1 : h est une constante donnée.

Le principe de la moindre action s'énonce ainsi : *le déplacement pour lequel l'action qu'on vient de définir est minimum, est compris parmi les mouvements naturels que prend le système matériel lorsqu'on imprime aux différents points des vitesses telles que le système passe de la position* P_0 *à la position* P_1 *et que la constante des forces vives soit égale à* h.

Cherchons en effet le minimum de A ; en désignant par F la quantité sous le signe $\int$, nous aurons à vérifier les k conditions

$$F'_{q_i} - \frac{d}{d\lambda} F'_{q'_i} = 0, \qquad (i = 1, 2, \dots k),$$

c'est-à-dire

$$\frac{\sqrt{2(U+h)}}{\sqrt{2\theta}} \frac{\partial\theta}{\partial q_i} + \frac{\sqrt{2\theta}}{\sqrt{2U+2h}} \frac{\partial U}{\partial q_i} - \frac{d}{d\lambda}\left(\frac{\sqrt{2U+2h}}{\sqrt{2\theta}} \frac{\partial\theta}{\partial q_{i\lambda}}\right) = 0.$$

Prenons comme nouvelle variable la variable t définie par l'équation

$$dt = \frac{\sqrt{2\theta}}{\sqrt{2(U+h)}} d\lambda ; \tag{76}$$

on aura d'abord

$$q_{i\lambda} = q_{it} \frac{dt}{d\lambda},$$

puis, en posant

$$\begin{aligned} 2T &= \sum a_{ik}\, q_{it}\, q_{kt}, \\ 2\theta &= 2T \left(\frac{dt}{d\lambda}\right)^2 \\ \frac{\partial\theta}{\partial q_i} &= \frac{\partial T}{\partial q_i}\left(\frac{dt}{d\lambda}\right)^2, \qquad \frac{\partial\theta}{\partial q_{i\lambda}} = \frac{\partial T}{\partial q_{it}} \frac{dt}{d\lambda}, \end{aligned} \tag{77}$$

de sorte que les équations de conditions nécessaires à l'extremum de A deviennent

$$\frac{\partial T}{\partial q_i} + \frac{\partial U}{\partial q_i} - \frac{d}{dt}\left(\frac{\partial T}{\partial q_{ii}}\right) = 0 \quad (i = 1, 2, 3 \ldots k) \quad (78)$$

On reconnait les équations du mouvement sous la forme que leur a donnée Lagrange. De plus en remplaçant, dans (77), $\frac{dt}{d\lambda}$ par sa valeur tirée de (76), on trouve

$$T = U + h,$$

ce qui est bien l'intégrale des forces vives correspondante à la valeur h de la constante.

Ainsi les trajectoires naturelles, fournies par les équations de Lagrange, s'obtiennent en écrivant que l'*action* a une variation première nulle.

Variation des intégrales multiples

649. Les méthodes précédentes s'étendent aux intégrales multiples. Nous nous bornerons aux intégrales doubles.

Soient x, y, z les coordonnées d'un point M d'une surface (S) exprimées en fonction de deux paramètres u et v. Nous poserons

$$x_u = \frac{\partial x}{\partial u}, \quad x_v = \frac{\partial x}{\partial v} \ldots$$

et nous étudierons la variation d'intégrales de la forme

$$J = \int\int_S F(x, y, z, x_u, y_u, z_u, x_v, y_v, z_v)\, du\, dv \quad (76)$$

étendues à tout ou partie de la surface (S). Nous supposerons en outre que J est indépendant du choix des coordonnées u, v et ne dépend que de la forme de la surface. Ainsi, si l'on exprime x, y, z en fonction de deux nouvelles coordonnées u, v, on aura par hypothèse

$$\int\int_S F(x, y, z, x_u \ldots z_v)\, du\, dv = \int\int_S F(x, y, z, x_p \ldots z_q)\, dp\, dq$$

ou, en bornant l'intégration à un élément de surface et appliquant les formules relatives aux changements de variables dans les intégrales définies (n° 197)

$$F(x, y, z, x_u \ldots z_v) = F(x, y, z, x_p \ldots z_q) \cdot \frac{\partial(p, q)}{\partial(u, v)}. \quad (77)$$

Par analogie avec les notations relatives aux intégrales simples, nous poserons immédiatement

$$\left.\begin{aligned} P &= F'_x - \frac{dF'_{x_u}}{du} - \frac{dF'_{x_v}}{dv} \\ Q &= F'_y - \frac{dF'_{y_u}}{du} - \frac{dF'_{y_v}}{dv} \\ R &= F'_z - \frac{dF'_{z_u}}{du} - \frac{dF'_{z_v}}{dv} \end{aligned}\right\}, \quad (78)$$

et nous indiquerons, sans démonstration (*) parce que nous ne les utiliserons pas, les identités suivantes

$$\left.\begin{aligned} &Px_u + Qy_u + Rz_u = 0, \quad Px_v + Qy_v + Rz_v = 0 \\ &F = x_u F'_{x_u} + y_u F'_{y_u} + z_u F'_{z_u} = x_v F'_{x_v} + y_v F'_{y_v} + z_v F'_{z_v} \\ &x_u F'_{x_v} + y_u F'_{y_v} + z_u F'_{z_v} = x_v F'_{x_u} + y_v F'_{y_u} + z_v F'_{z_u} = 0. \end{aligned}\right\} \quad (79)$$

(*) Le principe de la démonstration peut s'indiquer en deux mots. On prend pour p et q les valeurs $u + \varepsilon$, $v + \eta$, ε et η étant des fonctions de u et de v régulières et petites : puis l'on développe le second membre de l'identité (77) par la formule de Taylor de deux manières 1° en considérant immédiatement F comme fonction de u et de v 2° en commençant par développer $x, y, z, x_u \ldots$

630. Cela posé, considérons conjointement avec la surface (S), la surface (S′) décrite par le point $x+\delta x$, $y+\delta y$, $z+\delta z$ en désignant par δx, δy, δz des fonctions de u, v que nous considèrerons comme petites. Toute expression f définie sur (S) se transforme en $f+\Delta f$ sur (S′); la partie principalede Δf, (c'est-à-dire les termes du premier ordre dans le développement de Taylor) est la variation première δf de f. Nous aurons en particulier

$$\left.\begin{aligned}\delta x_u &= \frac{\partial(x+\delta x)}{\partial u} - \frac{\partial x}{\partial u} = \frac{\partial \delta x}{\partial u}\\ \delta x_v &= \frac{\partial \delta x}{\partial v}\end{aligned}\right\} \qquad (80)$$

et quatre formules pareilles en remplaçant x par y, puis par z.

$$\delta F = \sum_{x,y,z} (F'_x\,\delta x + F'_{x_u}\,\delta x_{u'} + F'_{x_v}\,\delta x_v) \qquad (81)$$

et enfin l'intégrale J subit, lorsqu'on passe de la surface (S) à la surface (S′), un accroissement dont la partie principale est

$$\delta J = \iint_S du\,dv\,\delta F. \qquad (82)$$

Or, si l'on remarque que l'on a l'identité

$$\frac{\partial(F'_{x_u}\,\delta x)}{\partial u} = F'_{x_u}\,\delta x_u + \delta x\,\frac{\partial F'_{x_u}}{\partial u}$$

et d'autres analogues, la formule (82) peut s'écrire

$$\left.\begin{aligned}\delta J = &\iint_S du\,dv\,(P\delta x + Q\delta y + R\delta z)\\ &+ \iint_S du\,dv\left(\frac{\partial U}{\partial u} + \frac{\partial V}{\partial v}\right)\end{aligned}\right\} \qquad (83)$$

en posant

$$U = F'_{x_u}\delta x + F'_{y_u}\delta y + F'_{z_u}\delta z$$
$$V = F'_{x_v}\delta x + F'_{y_v}\delta y + F'_{z_v}\delta z.$$

La seconde intégrale de la formule (83) se transforme à l'aide de la formule 35bis (n° 209) en une intégrale curviligne étendue à la courbe C qui limite la portion de surface considérée

$$\int_S\int du\,dv\left(\frac{\partial U}{\partial u}+\frac{\partial V}{\partial v}\right) = -\int_C (U dv - V du).$$

651. Nous sommes maintenant en mesure d'établir des conditions auxquelles satisfera nécessairement toute surface qui rend J extremum. En effet on pourra choisir un système de variations qui s'annulent sur le contour C et qui conservent au premier terme de δJ un signe constant; δJ devant s'annuler, on aura nécessairement

$$\left.\begin{aligned} P = 0 \quad &\text{ou} \quad F'_x - \frac{dF'_{x_u}}{du} - \frac{dF'_{x_v}}{dv} = 0 \\ Q = 0 \quad &\text{ou} \quad F'_y - \frac{dF'_{y_u}}{du} - \frac{dF'_{y_v}}{dv} = 0 \\ R = 0 \quad &\text{ou} \quad F'_z - \frac{dF'_{z_u}}{du} - \frac{dF_{z_v}}{dv} = 0. \end{aligned}\right\} \qquad (84)$$

Deux de ces équations entraînent la troisième. Nous appellerons encore *extrémale* de l'intégrale J toute surface définie par les trois équations précédentes.

652. L'analogie avec les extréma des intégrales simples se poursuit plus loin. Supposons que les inconnues soient soumises à la condition que l'intégrale

$$K = \int\int_S \Phi(x, y, z, x_u, y_u, z_u, x_v, y_v, z_v)\,du\,dv,$$

dans laquelle Φ est une fonction connue, ait une valeur donnée. Une analyse calquée sur celle que nous avons exposée au n° 637 montrera que le problème revient à rendre extremum l'intégrale $J + \alpha K$, α étant une constante finie et différente de zéro.

653. Dixième exemple. *Trouver les surfaces minima qui passent par une courbe donnée.*

L'élément linéaire étant défini dans les notations de Gauss par

$$ds^2 = E du^2 + 2 F du\, dv + G dv^2,$$

nous avons vu (n° 228) que l'aire a pour expression

$$J = \int\int \sqrt{EG - F^2}\, du\, dv = \int\int \sqrt{A^2 + B^2 + C^2}\, du\, dv,$$

les lettres A, B, C ayant les significations données au tome I (n° 473). Les cosinus directeurs de la normale en M à la surface ont d'ailleurs pour expression

$$X = \frac{A}{\sqrt{A^2 + B^2 + C^2}}, \quad Y = \frac{B}{\sqrt{A^2 + B^2 + C^2}}, \quad Z = \frac{C}{\sqrt{A^2 + B^2 + C^2}}.$$

Appliquons les formules du numéro précédent pour obtenir l'extremum de J : comme

$$F = \sqrt{A^2 + B^2 + C^2},$$

on voit qu'on aura

$$F'_{x_u} = y_v Z - z_v Y, \quad F'_{y_u} = z_v X - x_v Z, \quad F'_{z_u} = x_v Y - y_v X$$
$$F'_{x_v} = y_u Z - z_u Y, \quad F'_{y_v} = z_u X - x_u Z, \quad F'_{z_v} = x_u Y - y_u X.$$

Ces valeurs, portées dans les équations (84), donnent immédiatement trois conditions dont nous n'écrirons que la première

$$- P = y_v Z_u - z_v Y_u - (y_u Z_v - z_u Y_v) = 0.$$

Multiplions cette équation par X, les deux autres respectivement par Y et par Z, puis ajoutons membre à membre ; il vient

$$PX + QY + RZ = 0. \tag{85}$$

Posons enfin, avec Gauss,

$$\begin{aligned}
D &= X\frac{\partial^2 x}{\partial u^2} + Y\frac{\partial^2 y}{\partial u^2} + Z\frac{\partial^2 z}{\partial u^2} \equiv - x_u X'_u - y_u Y'_u - z_u Z'_u \\
D' &= -X\frac{\partial^2 x}{\partial u \partial v} - Y\frac{\partial^2 y}{\partial u \partial v} - Z\frac{\partial^2 z}{\partial u \partial v} \equiv - x_v X'_u - y_v Y'_u - z_v Z'_u \\
D'' &= X\frac{\partial^2 x}{\partial v^2} + Y\frac{\partial^2 y}{\partial v^2} + Z\frac{\partial^2 z}{\partial v^2} \equiv - x_v X'_v - y_v Y'_v - z_v Z'_v,
\end{aligned}$$

les troisièmes membres résultant des identités

$$\begin{aligned}
Xx_u + Yy_u + Zz_u &= 0 \\
Xx_v + Yy_v + Zz_v &= 0
\end{aligned}$$

différentiées successivement par rapport à u et à v. Avec ces notations, l'équation (85) pourra s'écrire

$$DG + D''E - 2FD' = 0. \tag{86}$$

Telle est l'équation différentielle des surfaces minima.

651. L'interprétation géométrique de cette équation est immédiate. Nous avons donné, dans le tome 1er (no 492), l'équation des rayons de courbure principaux d'une surface en un point. Un calcul, qui n'offre aucune difficulté, mais qui est trop long pour trouver place ici, montre que la somme des inverses des deux rayons de courbure R et R' a pour expression

$$\frac{1}{R} + \frac{1}{R'} = \frac{2FD' - ED'' - GD}{EG - F^2}.$$

Donc *les surfaces à étendue minima ont leur courbure moyenne* nulle. Ce théorème est dû à Monge.

Si l'on prend pour variables x et y et que p, q, r, s, t désignent les dérivées premières et secondes de z, l'équation (86) prend la forme simple (tome 1er, n° 481)

$$(1 + p^2)t - 2pqs + (1 + q^2)r = 0.$$

L'intégration introduira deux fonctions arbitraires qu'on déterminera en exprimant que la surface passe par la courbe donnée.

655. Si la surface cherchée doit enfermer un volume donné V, la courbe précédente sera réduite à zéro et l'on aura de plus

$$K \equiv \int\int_S z\, d\sigma = V.$$

D'après ce qui a été dit au numéro 651, il faudra alors chercher l'extremum de l'intégrale

$$J + \alpha K$$

ce qui donne immédiatement, à cause de la dernière équation (84),

$$\frac{1}{R} + \frac{1}{R'} = \alpha.$$

656. L'équation des surfaces minima a été intégrée par Monge. Vu son importance dans la théorie de la capillarité, nous allons l'intégrer; la première méthode rigoureuse a été donnée par Legendre qui y a appliqué sa célèbre transformation (I, n° 115)

$$X = p \quad , \quad Y = q \quad , \quad Z = xX + yY - z;$$

il obtient ainsi l'équation

$$(1 + X^2)\frac{\partial^2 Z}{\partial X^2} + 2\, XY \frac{\partial^2 Z}{\partial X \partial Y} + (1 + Y^2)\frac{\partial^2 Z}{\partial Y^2} = 0$$

qu'on intègre en commençant par la différencier par rapport à X. Si l'on remarque que

$$\frac{\partial^2 Z}{\partial X^2} = \frac{\partial}{\partial X}\frac{\partial Z}{\partial X} = \frac{\partial x}{\partial X} \quad , \quad \frac{\partial^2 Z}{\partial X \partial Y} = \frac{\partial x}{\partial Y} \text{ etc.,}$$

l'équation obtenue s'écrira

$$(1+X^2)\frac{\partial^2 x}{\partial X^2} + 2XY\frac{\partial^2 x}{\partial X \partial Y} + (1+Y^2)\frac{\partial^2 x}{\partial Y^2} + 2X\frac{\partial x}{\partial X} + 2Y\frac{\partial x}{\partial Y} = 0 \quad (87)$$

et l'on obtiendrait le même résultat en différentiant par rapport à Y.

Nous appliquerons à cette équation la méthode du n° 581. On a ici

$$\left.\begin{matrix} m_1 \\ m_2 \end{matrix}\right\} = \frac{-XY \pm \sqrt{-1 - X^2 - Y^2}}{1+X^2};$$

pour déterminer les nouvelles variables que nous appellerons ξ et η nous avons à intégrer les deux équations aux dérivées partielles du premier ordre

$$\frac{\partial u}{\partial X} + m_1 \frac{\partial u}{\partial Y} = 0 \quad , \quad \frac{\partial u}{\partial X} + m_2 \frac{\partial u}{\partial Y} = 0.$$

Soit m l'une quelconque des deux racines m_1 ou m_2 ; on sait qu'il faut intégrer le système auxiliaire

$$\frac{dX}{1} = \frac{dY}{m} \quad \text{ou} \quad \frac{dY}{dX} = m.$$

Prenons de nouveau la dérivée, il vient

$$\frac{d^2Y}{dX^2} = \frac{\partial m}{\partial X} + \frac{\partial m}{\partial Y}\frac{\partial Y}{\partial X} = \frac{\partial m}{\partial X} + m\frac{\partial m}{\partial Y}$$

et l'on vérifie sans peine que le second membre est nul ; donc l'intégrale du système auxiliaire est

$$m = \frac{dY}{dX} = c^{te}$$

et l'on pourra prendre pour nouvelles variables

$$\left.\begin{aligned}\xi &= \frac{XY + \sqrt{1 - X^2 - Y^2}}{1 + X^2}\\ \eta &= \frac{XY - \sqrt{1 - X^2 - Y^2}}{1 + X^2}.\end{aligned}\right\} \tag{88}$$

Avec ces variables, l'équation (87) devient simplement

$$\frac{\partial^2 x}{\partial\xi\,\partial\eta} = 0,$$

d'où

$$x = f'(\xi) + \varphi'(\eta),$$

$f(\xi)$ et $\varphi(\eta)$ étant des fonctions arbitraires. Un calcul analogue aurait donné aussi y comme somme de deux fonctions arbitraires.

On a ensuite

$$\frac{\partial Z}{\partial X} = x,$$

d'où

$$Z = \int x dX = \int f'(\xi)\,dX + \int \varphi'(\eta)\,dX,$$

Y étant traitée dans l'intégration comme une constante.

Mais les équations (88) peuvent s'écrire

$$\left.\begin{aligned}X &= Y\xi + \sqrt{-1 - \xi^2}\\ X &= Y\eta + \sqrt{-1 - \eta^2}\end{aligned}\right\} \tag{89}$$

d'où, en différentiant dans l'hypothèse Y = constante,

$$dX = Yd\xi + d\sqrt{-1 - \xi^2} = Yd\eta + d\sqrt{-1 - \eta^2}.$$

Portons ces deux valeurs de dX dans les intégrales correspondantes, on mettra Z, après une intégration par parties, sous la forme

$$Z = Yf(\xi) + \sqrt{-1-\xi^2}\, f'(\xi) - \int \sqrt{-1-\xi^2}\, f''(\xi)\, d\xi$$

$$+ Y\varphi(\eta) + \sqrt{-1-\eta^2}\, \varphi'(\eta) - \int \sqrt{-1-\eta^2}\, \varphi''(\eta)\, d\eta$$

$$+ F(Y).$$

Or on a, par les formules de Legendre,

$$y = \frac{\partial Z}{\partial Y},$$

la dérivée étant prise dans l'hypothèse que X et Y sont les variables indépendantes. Les équations (88) fourniront $\frac{\partial \xi}{\partial Y}$ et $\frac{\partial \eta}{\partial Y}$ et l'on obtiendra alors pour y l'expression

$$y = f(\xi) - \xi f'(\xi) + \varphi(\eta) - \eta \varphi'(\eta).$$

Comme, enfin, on a

$$z = Xx + Yy - Z,$$

on aura

$$Z = \int \sqrt{-1-\xi^2}\, f''(\xi)\, d\xi + \int \sqrt{-1-\eta^2}\, \varphi''(\eta)\, d\eta.$$

Les trois coordonnées x, y, z sont ainsi exprimées en fonction de deux paramètres arbitraires ξ et η.

657. Il n'est pas sans intérêt de montrer que ces formules, qui sont restées longtemps inutilisées, peuvent donner des surfaces réelles. A cet effet introduisons une nouvelle variable et une nouvelle fonction arbitraire définies par les trois équations

$$\frac{f''(\xi)}{1-u^2} = \frac{\xi f''(\xi)}{i(1+u^2)} = \frac{i\sqrt{1+\xi^2}\, f''(\xi)}{2u} = \frac{1}{2}\mathfrak{F}(u)\frac{du}{d\xi}$$

qui se réduisent évidemment à deux; chaque numérateur est la dérivée du terme en ξ correspondant dans x, y ou z. Soit de même

$$\frac{\varphi''(\eta_1)}{1-u_1^2} = \frac{\eta_1\varphi''(\eta_1)}{i(1+u_1^2)} = \frac{i\sqrt{1+\eta_1^2}\,\varphi''(\eta_1)}{2u_1} = \frac{1}{2}\mathcal{F}_1(u_1)\frac{du_1}{d\eta_1}.$$

Les valeurs des coordonnées prendront la forme

$$x = \frac{1}{2}\int(1-u^2)\,\mathcal{F}(u)\,du + \frac{1}{2}\int(1-u_1^2)\,\mathcal{F}_1(u_1)\,du_1$$

$$y = \frac{i}{2}\int(1-u^2)\,\mathcal{F}(u)\,du - \frac{i}{2}\int(1+u_1^2)\,\mathcal{F}_1(u_1)\,du_1$$

$$z = \int u\,\mathcal{F}(u)\,du + \int u_1\,\mathcal{F}(u_1)\,du_1.$$

Il suffit maintenant de prendre pour $\mathcal{F}(u)$ et pour $\mathcal{F}_1(u_1)$ des fonctions imaginaires conjuguées, de donner à u et u_1 des valeurs imaginaires conjuguées, enfin de choisir pour chemins d'intégration des courbes imaginaires conjuguées pour avoir des surfaces réelles. La réciproque de cette proposition évidente a été démontrée par M. Darboux (Leçons I, p. 292). Si l'on pose

$$\mathcal{F}(u) = \mathrm{F}'''(u), \qquad \mathcal{F}_1(u_1) = \mathrm{F}_1'''(u_1),$$

on obtiendra les formules suivantes, qui sont débarrassées de tout signe d'intégration,

$$\begin{aligned}
x &= \frac{1-u^2}{2}\mathrm{F}''(u) + u\mathrm{F}'(u) - \mathrm{F}(u) \\
&\quad + \frac{1-u_1^2}{2}\mathrm{F}_1''(u_1) + u_1\mathrm{F}'_1(u_1) - \mathrm{F}_1(u_1) \\
y &= i\,\frac{1+u^2}{2}\mathrm{F}''(u) - iu\mathrm{F}'(u) + i\mathrm{F}(u) \\
&\quad - i\,\frac{1+u_1^2}{2}\mathrm{F}''_1(u_1) + iu_1\mathrm{F}'_1(u_1) + i\mathrm{F}_1(u_1) \\
z &= u\mathrm{F}''(u) - \mathrm{F}'(u) + u_1\mathrm{F}''_1(u_1) - \mathrm{F}'_1(u_1)
\end{aligned}$$

et qui ont été données par Weierstrass.

En prenant par F et F_1 des fonctions algébriques, on aura des surfaces algébriques.

658. Onzième exemple. — *Reprise d'un théorème de Dirichlet relatif au potentiel.*

Nous avons cherché, page 400, l'extremum absolu de l'intégrale triple

$$J = \int\int\int \left[\left(\frac{\partial V}{\partial x}\right)^2 + \left(\frac{\partial V}{\partial y}\right)^2 + \left(\frac{\partial V}{\partial z}\right)^2\right] dx\, dy\, dz.$$

En supposant le champ d'intégration invariable, ainsi que les valeurs de V et de ses premières dérivées aux limites du champ, on a

$$\delta J = 2 \int\int\int \left[\frac{\partial V}{\partial x}\, \delta \frac{\partial V}{\partial x} + \frac{\partial V}{\partial y}\, \delta \frac{\partial V}{\partial y} + \frac{\partial V}{\partial z}\, \delta \frac{\partial V}{\partial z}\right] dx\, dy\, dz,$$

ou en intégrant par parties les trois termes respectivement par rapport à x, à y et à z et, remarquant que les parties intégrées s'annulent aux limites du champ,

$$\delta J = -2 \int\int\int \left(\frac{\partial^2 V}{\partial x^2} + \frac{\partial^2 V}{\partial y^2} + \frac{\partial^2 V}{\partial z^2}\right) \delta V\, dx\, dy\, dz.$$

Cette variation devant être nulle identiquement, on aura

$$\frac{\partial^2 V}{\partial x^2} + \frac{\partial^2 V}{\partial y^2} + \frac{\partial^2 V}{\partial z^2} = 0.$$

C'est le théorème de Dirichlet. Il prouve que, *si le minimum existe,* il est une solution de l'Equation de Laplace. Mais, ainsi que Weierstrass l'a fait observer, l'existence du minimum n'est nullement établie (*) et la démonstration manque de riguenr. De profondes recherches dues à MM. Neumann, Poincaré, Schwarz et Harnack ont élucidé cette question dans un grand nombre de cas. Nous ne suivrons pas ces savants géomètres sur ce terrain ; il nous en coûterait d'abandonner un genre de raisonnement, fécond au moins pour la découverte, et qu'on peut toujours essayer de rendre plus rigoureux dans chaque problème particulier. Nous préférons adopter l'énoncé suivant dû à M. Hilbert qui l'a appuyé par d'ingénieuses considérations (Voir la traduction dans les Nouv. Ann. de Math., année 1900) : « Tout problème « du Calcul des Variations possède une solution pourvu que « certaines hypothèses restriticves convenablement choisies, « relatives à la nature des conditions limitatives données, « soient remplies, et, nécessairement aussi, pourvu que ce « que l'on entend par le mot *solution* éprouve une générali- « sation conforme au sens, à la nature des choses. »

Extremums des fonctions définies par des équations différentielles

659. Le premier problème d'extremum que nous avons traité peut s'énoncer ainsi : déterminer une fonction y telle qu'une fonction J, définie par l'équation

$$\frac{dJ}{dx} = f\left(x, y, \frac{dy}{dx}\right),$$

soit extremum, connaissant les valeurs y_0, J_0, des variables y et J pour $x = x_0$ et la valeur y_1 de y pour $x = x_1$.

(*) C'est ainsi qu'il n'existe pas, parmi toutes les courbes qui touchent deux droites données en deux points donnés A et B, de courbe plus courte que toutes les autres, puisque le plus court chemin de A à B est la droite AB, dont les courbes cherchées peuvent évidemment se rapprocher indéfiniment sans se confondre avec elle. (Exemple communiqué par M. Hadamard).

De même le problème isopérimétrique peut être formulé de la manière suivante : connaissant les valeurs J_0, K_0, y_0, K_1, y_1, satisfaire aux équations

$$\frac{dJ}{dx} = f\left(x, y, \frac{dy}{dx}\right), \qquad \frac{dK}{dx} = \varphi\left(x, y, \frac{dy}{dx}\right)$$

de manière que z_1 soit extremum.

660. D'une manière générale, nous traiterons le problème suivant : connaissant les valeurs initiales et finales, sauf une, des variables y, z, u qui satisfont aux équations

$$\left.\begin{aligned}\varphi_1(x, y, z, u, y', z', u') = 0 \\ \varphi_2(x, y, z, u, y', z', u') = 0\end{aligned}\right\} \qquad (90)$$

déterminer les fonctions y, z, u de manière que la valeur finale inconnue soit un extremum. Nous supposerons données y_0, z_0, u_0, y_1, z_1 ; u_1 devra être extremum. Il faudra pour cela que l'accroissement de u_1 conserve un signe constant, quelles que soient les variations arbitraires attribuées aux fonctions y et z, c'est-à-dire, ainsi que nous l'avons souvent expliqué, qu'on aura toujours la condition nécessaire

$$\delta u_1 = 0.$$

D'ailleurs, au lieu de donner y_0, z_0 ..., on pourrait simplement supposer qu'il existe entre ces quantités certaines relations. Le lecteur traitera sans peine ce cas d'après les règles formulées dans les sections précédentes. De même on étendra facilement ce qui va suivre au cas d'un plus grand nombre de variables. Nous ferons seulement observer que le problème actuel est plus général que ceux traités jusqu'à présent ; par exemple, il permettrait de trouver l'extremum de l'intégrale

$$J = \int_{x_0}^{x_1} f(x, y, y', s)\, dx$$

dans laquelle s désigne la longueur de l'arc de la courbe inconnue,

$$s = \int_{x_0}^{x_1} dx \sqrt{1 + y'^2}.$$

Il suffirait d'écrire

$$\frac{dJ}{dx} = f(x, y, y', s), \qquad \left(\frac{ds}{dx}\right)^2 = 1 + y'^2$$

pour rentrer dans le type (94).

Remarquons encore que l'on pourrait éliminer une des fonctions, y par exemple, entre les équations (94). Le problème ne comporte donc au fond qu'une fonction arbitraire.

661. Différentions les équations (90) par rapport au signe δ; nous obtenons ainsi les nouvelles équations

$$\left.\begin{aligned} \varphi'_{1 \cdot y}\, \delta y + \ldots + \varphi'_{1 \cdot y'}\, \delta y' + \ldots = 0 \\ \varphi'_{2 \cdot y}\, \delta y + \ldots + \varphi'_{2 \cdot y'}\, \delta y' + \ldots = 0 \end{aligned}\right\} \qquad (91)$$

Multiplions ces équations par des indéterminées ξ_1 et ξ_2; ajoutons les et intégrons par rapport à x. Nous obtenons l'équation

$$\int_{x_0}^{x_1} \left[(\xi_1 \varphi'_{1y} + \xi_2 \varphi'_{2y})\, \delta y + \ldots\right] dx = 0\,; \qquad (92)$$

comme on a

$$\delta y' = \delta \frac{dy}{dx} = \frac{d\delta y}{dx}$$

$$\int_{x_0}^{x_1} v \delta y'\, dx = \left[v \delta y\right]_{x_0}^{x_1} - \int_{x_0}^{x_1} \delta y \frac{dv}{dx}\, dx,$$

l'équation (96) s'écrira

$$\left.\begin{array}{l}\displaystyle\int_{x_0}^{x_1}\left\{\left[\xi_1\varphi'_{1\cdot y}+\xi_2\varphi'_{2\cdot y}-\frac{d(\xi_1\varphi'_{1\cdot y'})}{dx}-\frac{d(\xi_2\varphi'_{2\cdot y'})}{dx}\right]\delta y+\ldots\right\}dx\\ \qquad+\left[(\xi_1\varphi'_{1\cdot y'}+\xi_2\varphi'_{2\cdot y'}).\delta y+\ldots\right]_{x_0}^{x_1}=0;\end{array}\right\}\quad(93)$$

choisissons ξ_1 et ξ_2 de manière à annuler les crochets multipliés par δy et par δz, sous le signe $\int$, il en résultera que celui en δu devra être aussi nul, puisque le problème comporte une arbitraire ; on aura ainsi les conditions

$$\left.\begin{array}{l}\xi_1\varphi'_{1\cdot y}+\xi_2\varphi'_{2\cdot y}-\dfrac{d(\xi_1\varphi'_{1\cdot y'})}{dx}-\dfrac{d(\xi_2\varphi'_{2\cdot y'})}{dx}=0\\ \xi_1\varphi'_{1\cdot z}+\ldots=0\\ \xi_1\varphi'_{1\cdot u}+\ldots=0\end{array}\right\}\quad(94)$$

qui, jointes aux équations (90), déterminent ξ_1, ξ_2, y, z et u.

La partie tout intégrée devra être aussi nulle ; seulement, si l'on observe que les valeurs initiales des variables sont données, on aura identiquement

$$\delta y_0=\delta z_0=\delta u_0=0$$

et l'annulation de la partie intégrée donne l'équation

$$\left[(\xi_1\varphi'_{1\cdot y'}+\xi_2\varphi'_{2\cdot y'})\,\delta y+\ldots\right]_{x_1}=0.$$

Dans le cas actuel, y_1 et z_1 sont données c'est-à-dire qu'on a encore

$$\delta y_1=\delta z_1=0$$

et il en résulte

$$\delta u_1=0;\qquad(95)$$

la condition nécessaire pour qu'il y ait extremum est donc remplie. Les constantes introduites par l'intégration des équations (94) seront déterminées par les conditions initiales.

662. Si l'on n'a qu'une équation (90) et si de plus on la met sous la forme

$$\varphi_1 \equiv u' - f(x, y, z, y', z'),$$

la seule arbitraire ξ_1 est nécessairement une constante, à cause de la dernière équation (94), et ces équations (94) se réduisent aux conditions connues

$$f'_y - \frac{d}{dx} f'_{y'} = 0$$

$$f'_z - \frac{d}{dx} f'_{z'} = 0.$$

663. Reprenons, par exemple, le problème traité au numéro 630. Il s'agit de résoudre les deux équations

$$\varphi_1 \equiv u' - y = 0, \qquad \varphi_2 \equiv z' - \sqrt{1 + y'^2} = 0,$$

sachant que la valeur de u, correspondante à $x = x_1$, doit être un minimum et que de plus, on doit avoir

$$y = z = u = 0 \quad \text{pour} \quad x = 0$$

et

$$y = 0,\ z = l \quad \text{pour} \quad x = x_1,$$

Les deux dernières équations (94) montrent d'abord que ξ_1 et ξ_2 sont constants ; si l'on appelle a le rapport de ces constantes, la première de ces équations, intégrée, donne alors

$$\frac{y'}{\sqrt{1 + y'^2}} = a\,(x - c).$$

L'intégration est immédiate ; on trouve le cercle

$$a^2\,(x - c)^2 + a^2\,(y - b)^2 = 1.$$

Les conditions aux limites, relatives à y donneront

$$a^2\,(b^2 + c^2) = 1, \qquad 2c = x_1.$$

Les constantes b et x_1, par exemple, seront ensuite déterminées par les conditions aux limites relatives à la fonction

$$z = \int_0^{x_1} \frac{dx}{1 - a^2 x^2}.$$

Elles sont faciles à écrire.

Indications sommaires permettant de distinguer dans certains cas le maximum ou le minimum

664. Le but que nous nous étions proposé est maintenant atteint ; les conditions nécessaires à l'existence du maximum ou du minimum sont établies, et le champ des recherches est limité. Les courbes ou surfaces extrémales devront être cherchées parmi les solutions d'équations que nous avons appris à former, au moins dans le cas où ces courbes et surfaces sont *a priori* supposées continues et analytiques. Mais il restera au lecteur à vérifier, dans chaque problème particulier, s'il a effectivement un extremum et même si le problème comporte un extremum. Voici à cet égard quelques indications dues à M. Hilbert (Congrès des mathématiciens, 1900, *Compte rendu*, p. 108).

665. Considérons l'intégrale

$$J_1 = \int_a^b \left[f + (y'_x - p)\, f_p'\right] dx \qquad (96)$$

dans laquelle f est mis pour $f(p, y\,;\, x)$ et f_p' est la dérivée partielle prise par rapport à p, et cherchons quelle fonction $p\,(x, y)$ il faut substituer à p pour que l'intégrale J_1 soit indépendante du chemin d'intégration. Nous avons vu (*) (Chap. II, n° 97) qu'en mettant cette intégrale sous la forme

$$\int_a^b \left[(f - pf_p')\,dx + f_p'\,dy\right],$$

on a la condition ($\delta J_1 = 0$)

$$\frac{\partial(f - pf_p')}{\partial y} - \frac{\partial f_p'}{\partial x} = 0$$

qui donne p comme solution d'une équation aux dérivées partielles du premier ordre ; cette condition développée est

$$(f_p' + pf_{p^2}'')\frac{\partial p}{\partial y} + f_{p^2}''\frac{\partial p}{\partial x} + pf_{p,y}'' + fp_{p,x}'' - f_y' = 0. \quad (97)$$

Elle a, comme on va le voir, un lien des plus intimes avec l'équation différentielle des extrémales

$$\frac{df_{y'}'}{dx} - f_y' = 0 \qquad (98)$$

relative à l'intégrale

$$J = \int_a^b f(x, y, y')\,dx.$$

Donnons en effet à y une variation δy ; nous aurons

$$\delta J = \int_a^b (f_y'\,\delta y + f_{y'}'\,\delta y')\,dx \qquad (99)$$

$$\delta J_1 = \int_a^b \left[f_y'\,\delta y + f_p'\,\delta y' + (y_x' - p)\,\delta f_p'\right] dx. \quad (100)$$

(*) Le calcul du Chap. II peut se résumer en disant que la variation de l'intégrale appelée I est nulle.

Si donc on a choisi pour p une solution de l'équation (97), les courbes intégrales de l'équation différentielle ordinaire

$$y' = p(x, y)$$

seront également intégrales de (98), c'est-à-dire seront des extrémales du problème de variations considéré. En effet, dans ce cas, δJ_1 se réduit à δJ et ces deux variations sont nulles en même temps. Réciproquement connaissant une famille, à un paramètre, de courbes extrémales, on pourra toujours former une équation du premier ordre

$$y' = p(x, y)$$

dont ces courbes soient les solutions ; la fonction p ainsi obtenue sera une intégrale de l'équation (97).

Il résulte de ce qui précède qu'en désignant par $\overline{y}$ l'ordonnée d'une extrémale et par $\overline{y}'$ sa dérivée par rapport à x, on aura

$$J_1 = \int_a^b \left[f(p) + (y' - p) f_p'(p)\right] dx = \int_a^b f(\overline{y}') \, dx :$$

la première intégrale est prise le long d'une courbe quelconque et la seconde le long d'une extrémale ; les deux intégrales sont égales puisque, par suite du choix de p, J_1 est indépendante du chemin d'intégration. Arrivons enfin à la comparaison de l'intégrale analogue prise le long d'une extrémale avec l'intégrale prise le long d'une courbe quelconque ; nous voulons parler de la différence

$$\Delta J = \int_a^b f(y') \, dx - \int_a^b f(\overline{y}') \, dx$$

dont le signe nous fixera sur la question de savoir si l'on a un maximum ou un minimum. Cette différence a pour expression

$$\Delta J = \int_a^b E(y', p) \, dx,$$

en posant, avec Weierstrass,

$$E(y', p) = f(y') - f(p) - (y' - p) f_p'(p).$$

666. Revenons, par exemple, au problème que nous avons traité dans le numéro 618 (plus court chemin entre deux points). On a

$$f(p) = \sqrt{1 + p^2} \qquad f(y') = \sqrt{1 + y'^2};$$

donc

$$E(y', p) = \sqrt{1 + y'^2} - \sqrt{1 + p^2} - (y' - p) \frac{p}{\sqrt{1 + p^2}}$$

$$= \frac{\sqrt{1 + p^2}\sqrt{1 + y'^2} - (1 + py')}{\sqrt{1 + p^2}}.$$

Le numérateur est esentiellement positif ; car le carré du premier terme est supérieur au carré du module du second en vertu de l'identité

$$(1 + p^2)(1 + y'^2) - (1 + py')^2 = (p - y')^2$$

La fonction $E(y', p)$ étant essentiellement positive, il en est de même de ΔJ et l'on a bien un minimum.

Dans le sixième exemple (n° 631), on a

$$E(y', p) = \frac{y}{\sqrt{1 - p^2 y^2}} \left[\sqrt{1 - y^2 y'^2}\sqrt{1 - p^2 y^2} - 1 + py' y^2\right]$$

et l'on voit aisément que le crochet est toujours négatif ; on a donc bien affaire à un maximum.

667. Des considérations analogues ont été développées par M. Hilbert pour les intégrales doubles. En voici la conclusion.

Désignant toujours par p et q les dérivées de z relatives à une surface extrémale, tandis que z'_x et z'_y sont les dérivées de z pour une surface quelconque. La fonction qui permettra de reconnaître si l'intégrale

$$\int\int F(x, y, z, z'_x, z'_y)\, dx\, dy$$

est maximum ou bien minimum sera

$$E(z'_x, z'_y, p, q) = F(z'_x, z'_y) - F(p, q) - (z'_x - p)\, F'_p(p, q) - (z'_y - q)\, F'_q(p, q).$$

TABLE DES MATIÈRES

CHAPITRE I

Des Intégrales indéfinies

CHAPITRE II

Des Intégrales définies

CHAPITRE III

Intégration des fonctions de variables imaginaires

CHAPITRE IV

Des polynômes de Legendre

CHAPITRE V

Séries de Fourier. Séries de polynômes.

CHAPITRE VI

Intégrales doubles.

CHAPITRE VII

Applications géométriques

CHAPITRE VIII

Intégrales triples, multiples. Application aux volumes, centres de gravité, moments d'inertie.

CHAPITRE IX

Formule de Green. — Potentiel

CHAPITRE X

Fonctions elliptiques.

CHAPITRE XI

Equations différentielles du premier ordre à deux variables.

CHAPITRE XII

Equations différentielles d'ordre quelconque à deux variables. — Cas d'abaissement.

CHAPITRE XIII

Equations linéaires d'ordre quelconque.

CHAPITRE XVI

Equations différentielles simultanées

CHAPITRE XV

Equations aux dérivées partielles du premier ordre.

CHAPITRE XVI

Equations aux dérivées partielles du second ordre.

CHAPITRE XVII

Calcul des variations.

SAINT-AMAND, CHER. — IMPRIMERIE BUSSIÈRE.

ENCYCLOPÉDIE DES TRAVAUX PUBLICS (suite)

OUVRAGES DE DIVERS AUTEURS

M. EMILE BOURRY, ingénieur des Arts et Manufactures, *Traité des Industries céramiques*, 1 vol. Voir *Encyclopédie industrielle*.............................. 20 fr.
M. CHARPENTIER DE COSSIGNY, ingénieur civil des mines, lauréat de la Société des agriculteurs de France. *Hydraulique agricole*. 2e édit., 1 vol., avec 160 figures .. 15 fr.
M. DEGRAND, inspecteur général honoraire des ponts et chaussées. *Ponts en maçonnerie* (Voir ci-dessus : *J. Résal*).
M. DERÔME, *Chimie appliquée* (Voir ci-dessus *Durand-Claye*).
M. DONIOL, inspecteur général des ponts et chaussées en retraite. *Réglementation des chemins de fer d'intérêt local, des tramways et des automobiles* 1 vol. avec fig. 10 fr.
M. le Dr DUCHESNE, ancien président de la Société de médecine pratique. *Hygiène générale et Hygiène industrielle*, ouvrage rédigé conformément au programme du *Cours d'hygiène industrielle* de l'école centrale. 1 vol. de 740 pages, avec figures..... 15 fr
M. FERET, *Chimie appliquée* (Voir ci-dessus *Durand-Claye*)
M. HENRY (Ernest). Inspecteur général des ponts et chaussées. *Théorie et pratique du mouvement des terres, d'après le procédé Bruckner*. 1 vol. 2 fr. 50. — *Ponts métalliques à travées indépendantes : formules, barèmes et tableaux*. 1 vol. de 639 pages, avec 267 figures, 20 fr. — *Traité pratique des chemins vicinaux*, volume de près de 800 pages (1).. 20 fr.
M. Maurice KŒCHLIN, ingénieur. *Applications de la statique graphique*. 1 vol. avec 311 figures et 1 atlas de 34 planches, seconde édition, revue et très augmentée... 30 fr.
M. LALLEMAND, ingénieur en chef des mines. *Nivellement de précision* (Voir ci-dessus *Durand-Claye*)
M. LAVOINNE. *La Seine maritime et son estuaire*, 1 vol., avec 49 figures....... 10 fr.
M. LECHALAS père, inspecteur général des ponts et chaussées. *Hydraulique fluviale*. 1 vol., avec 78 figures. 17 fr. 50. — *Des conditions générales d'établissement des ouvrages dans les vallées* (Voir ci-dessus : *J. Résal et Degrand* ; c'est l'introduction à leur *Traité des ponts en maçonnerie*).
M. LECHALAS fils, ingénieur en chef des ponts et chaussées. *Manuel de droit administratif*. Tome I, 20 fr. ; tome II, 1re partie, 10 fr. ; tome II, 2e partie......... 10 fr.
.LÉVY-LAMBERT, ingénieur civil, inspecteur de l'exploitation à la Compagnie du Nord. *Chemins de fer à crémaillère*, 1 vol., avec 79 figures. 15 fr. — *Chemins de fer funiculaires, Transports aériens*. 1 vol., avec 150 figures......................... 15 fr.
M. LEYGUE, ancien ingénieur auxiliaire des travaux de l'Etat, agent-voyer en chef de la province d'Oran. *Chemins de fer. Notions générales et économiques*. 1 vol. de 617 pages, avec figures.. 15 fr.
M. E. PONTZEN, ingénieur civil (l'un des auteurs de *Les chemins de fer en Amérique*) : *Procédés généraux de construction : Terrassements, tunnels, dragages et dérochements*. 1 vol. de 572 pages, avec 234 figures (médaille d'or à l'exposition de 1900) 25 fr.
M. TARBÉ DE SAINT-HARDOUIN, inspecteur général des ponts et chaussées, ancien directeur de l'École de ce corps. *Notices biographiques sur les ingénieurs des ponts et chaussées*, 1 vol.. 5 fr.

(1) Le second de ces ouvrages rend très faciles et d'une rapidité inespérée les calculs relatis aux ponts métalliques. — Le troisième élucide toutes les questions concernant les chemins vicinaux.

Chaque ouvrage se vend séparément (et quelquefois aussi chaque volume des ouvrages qui en comprennent plusieurs). Il n'y a pas de numérotage général des volumes formant la collection.

Les ouvrages entrant dans l'*Encyclopédie des Travaux publics* sont en vente chez Ch. Béranger, chez Gauthier-Villars, E. Bernard et Cie, etc.

CHIMIE ÉLÉMENTAIRE (P.C.N.)

Pour les Candidats au Certificat d'Études Physiques, Chimiques et Naturelles

DEUXIÈME ÉDITION

Par A. JOANNIS

Professeur à la Faculté des Sciences de Paris

Premier fascicule, in-16 de 300 pages avec 95 figures, 3 fr. 50 ; 2e fascicule, de 148 pages avec 29 fig., 1 fr 50 ; 3e fascicule, 264 pages avec 34 fig., 3 fr. 50 ; 4e fascicule, 150 pages avec 23 fig., 1 fr. 50. — Les quatre fascicules ont été réunis en un volume relié de 10 fr. — On continuera *provisoirement* à vendre les fascicules brochés séparément : 1er : généralités, mécanique chimique, métalloïdes : 2e : sels, métaux ; 3e : chimie organique ; 4e : analyse chimique. — Ouvrage complet en un volume, relié........... 10 fr.

SCIENCES NATURELLES (P.C.N). *Sous presse*

(*Voir ci après l'Encyc. ind. et l'Encyc. agricole*).

ENCYCLOPÉDIE INDUSTRIELLE

Vol. grand in-8° avec de nombreuses figures

Exploitation technique des Chemins de fer, par A. SCHŒLLER, et A. FLEURQUIN, 1 vol. de 408 pages et 109 fig... 12 fr.

Calcul infinitésimal, tome I (Calcul différentiel), tome II (Calcul intégral), par E. ROUCHÉ et L. LÉVY. Chaq. vol. 15 fr.

Cours de géométrie descriptive de l'Ecole centrale, par C. BRISSE, prof. de ce cours, et H. PICQUET, examinateur d'admis à l'École polytechnique 17 fr. 50

Construction pratique des navires de guerre, par A. CRONEAU, ingénieur des constructions navales, professeur à l'école du Génie maritime. 2 vol. et atlas 33 fr.

Cours d'Electricité industrielle de l'Ecole centrale des Arts et Manufactures, par D. MONNIER, Prof. de ce cours, 1 vol. de 800 p.; 404 fig..... 25 fr.

Verre et verrerie, par Léon APPERT, président de la Société des Ingénieurs civils, et J. HENRIVAUX, directeur de la manufacture de St-Gobain. 1 vol. et 1 atlas 20 fr.

Blanchiment et apprêts; teinture et impression, matières colorantes, 1 vol. de 674 p., avec 368 fig. et échantillons de tissus imprimés, par GUIGNET, directeur des teintures aux Gobelins, DOMMER, professeur à l'École de physique et de chimie appliquées, et GRANDMOUGIN (de Mulhouse).............. 30 fr.

Éléments et organes des machines, par A. GOUILLY, répétiteur de mécanique appliquée à l'École centrale, 1 vol. de 410 pages, avec 710 figures...... 12 fr.

Les associations ouvrières et les associations patronales, par HUBERT-VALLEROUX, avocat. 1 vol. de 361 p. 10 fr.

Traité pratique des ch. de fer (intérêt local) **et des Tramways**, par P. GUÉDON.......................... 11 fr.

Traité des Industries céramiques, par Emile BOURRY, ingénieur des Arts et Manufactures. 1 vol. de 755 pages avec 349 fig. ou groupes de fig. et une planche (teintes usitées en céramiques).. 20 fr.

Le vin et l'eau-de-vie de vin, par Henri de LAPPARENT, insp. gén. de l'agriculture. 1 volume de 545 p., 110 figures et 28 cartes.................. 12 fr.

Métallurgie générale : Procédés de chauffage, par LE VERRIER, 370 pages et 171 fig.................. 12 fr.

La Betterave agricole et industrielle, par GESCHWIND et SELLIER (médaille d'argent).......................... 20 fr.

Chimie organique appliquée, par A. JOANNIS, professeur à la Faculté des Sciences de Paris. 2 volumes.... 35 fr.

Traité des machines à vapeur, à gaz, à pétrole et à air chaud (1), par ALHEILIG et ROCHE, ingénieurs des constructions navales. 2 vol. de 1.176 pages, avec 693 figures. Tome Ier....... 20 fr. Tome II.......................... 18 fr.

Chemins de fer. Superstructure, par E. DEHARME (Voir *Encyc. des Travaux publics*).

Chemins de fer : Résistance des trains. Traction par E. DEHARME, professeur de chemins de fer à l'École centrale, et A. PULIN, ingénieur de la Cie du Nord. 1 vol. de 447 p., avec 95 fig. et 1 pl. 15 fr.

Chaudières de locomotives, par les mêmes, 130 fig. et 2 pl......... 15 fr.

Machines frigorifiques, par LORENZ, professeur à la faculté de Halle; traduction de PETIT, professeur à la faculté des sciences de Nancy, et JAQUET, 131 fig. 7 fr.

Industries du sulfate d'aluminium, des aluns et des sulfates de fer, par L. GESCHWIND, ingénieur-chimiste. 1 vol. avec 195 figures................ 10 fr.

Accidents du travail et assurances contre les accidents, par G. FÉOLDE (Méd. d'arg. Exp. 1900), 1 volume de 646 pages......................... 7 fr. 50

Traité des fours à gaz à chaleur régénérée, par TOLDT, traduct. de DOMMER, 392 pages, avec 68 figures....... 11 fr.

Résistance des matériaux et Éléments de la théorie mathématique de l'élasticité, par Aug. FÖPPL, professeur à l'Univ. technique de Munich; traduct. de E. HAHN, ingénieur, 75 fig... 15 fr.

1. Cet ouvrage comprend, outre les sujets qui ressortent nécessairement de son titre, la thermodynamique, le montage des machines, l'essai des moteurs, la passation des marchés, les prix de revient de construction et d'exploitation. — Des *Annexes* sont consacrées aux servo-moteurs, au système français de pas mécanique, à des tables et notes diverses (vapeurs d'eau, d'éther, de chloroforme, de benzine et d'alcool; caractéristiques des divers aciers; boulons et écrous de la Marine, etc.)

ENCYCLOPÉDIE AGRICOLE

LIBRAIRIE ARMAND COLIN, rue de Mézières, 5, PARIS

Format in-18 jésus, avec figures, à 3 fr. 50 le volume

Principes de laiterie, par E. DUCLAUX, membre de l'Institut, directeur de l'Institut Pasteur. 1 volume.

Nutrition et production des animaux, par P. PETIT, professeur à la Faculté des Sciences de Nancy. 1 vol.

La petite culture, par G. HEUZÉ, inspecteur général de l'agriculture. 1 vol.

Amendements et engrais, par A. RENARD, professeur de chimie agricole à l'École des Sciences de Rouen. 1 vol.

Les légumes usuels, par VILMORIN. 2 vol. (plusieurs centaines de figures).

Eléments de géologie, par E. NIVOIT, inspecteur général des Mines (conformes aux derniers programmes de l'Université). 1 vol.

Les syndicats professionnels agricoles, par G. GAIN, juge d'instruction à Toulon, membre de la Société des Agriculteurs de France. 1 vol.

Le commerce de la boucherie, par ERNEST PION, vétérinaire, inspecteur au marché de la Villette, avec une introduction par M.-C. LECHALAS. 1 vol.

Les cours d'eau : *Hydrologie* (par M.-C. LECHALAS) et *Législation* (par de LALANDE, avocat au Conseil d'Etat). 1 vol. (1).

Petit dictionnaire d'agriculture, de zootechnie et de droit rural, par A. LARBALÉTRIER, professeur d'agriculture. 1 vol. relié (par exception, 2 fr. 50).

(1) Cet ouvrage comprend l'exposé des beaux travaux de M. Fargue sur les rivières, des considérations importantes relatives aux rivières industrielles, des notions pratiques sur la jurisprudence concernant les rivières et les ruisseaux, etc.

Le Ministre de l'Instruction publique et celui de l'Agriculture ont souscrit à la plupart de ces ouvrages. *Les cours d'eau* et *Les légumes usuels* ont été approuvés par la Commission des *Bibliothèques scolaires*; *La nutrition et production des animaux* et *La petite culture* ont été approuvés par la Commission ministérielle des Bibliothèques populaires, communales et libres.

SAINT-AMAND, CHER. — IMPRIMERIE BUSSIÈRE

www.ingramcontent.com/pod-product-compliance
Lightning Source LLC
LaVergne TN
LVHW010111230826
846091LV00001BA/19